Armin Thomas Müller

Der lyrische Nachlass des jungen Nietzsche

Nietzsche-Lektüren

Im Auftrag der Heidelberger Akademie der Wissenschaften und der Friedrich-Nietzsche-Stiftung herausgegeben von
Andreas Urs Sommer, Sebastian Kaufmann,
Katharina Grätz, Ralf Eichberg und Christian Benne

Band 11

Armin Thomas Müller

Der lyrische Nachlass des jungen Nietzsche

Mit einer Edition des Manuskripthefts Mp I 22

DE GRUYTER

Gedruckt mit freundlicher Unterstützung der Geschwister Boehringer Ingelheim Stiftung für Geisteswissenschaften in Ingelheim am Rhein.

ISBN 978-3-11-132878-2
e-ISBN (PDF) 978-3-11-133201-7
e-ISBN (EPUB) 978-3-11-133205-5
ISSN 2568-2229

Library of Congress Control Number: 2023947384

Bibliografische Information der Deutschen Nationalbibliothek
Die Deutsche Nationalbibliothek verzeichnet diese Publikation in der Deutschen Nationalbibliografie; detaillierte bibliografische Daten sind im Internet über http://dnb.dnb.de abrufbar.

Satz: Dörlemann Satz, Lemförde
Druck und Bindung: CPI books GmbH, Leck
Dissertationsort: Albert-Ludwigs-Universität Freiburg

www.degruyter.com

Für Annelie, Marten und Lasse

Dank

Meinem Doktorvater und Mentor Prof. Dr. Sebastian Kaufmann danke ich für den jahrelangen wissenschaftlichen wie persönlichen Austausch, die Idee für das Dissertationsthema sowie seine unablässige Förderung und Fürsprache bis heute.

Prof. Dr. Andreas Urs Sommer und Prof. Dr. Katharina Grätz danke ich für die engagierte Unterstützung und Begleitung meiner Forschungen sowie den herzlichen Umgang und die Zusammenarbeit im Umkreis der Forschungsstelle „Nietzsche-Kommentar".

Prof. Dr. Ralph Häfner danke ich für die wertvollen Hinweise zu meiner Arbeit und viele lehrreiche Impulse in Kolloquien und Seminaren.

Armin Schwehr danke ich für die Bereitstellung bislang unveröffentlichter Digitalisate von Nietzsches Nachlass in Nietzsche Source, Dr. Christian Wollek für die Einsicht in seine Unterlagen zu lateinischen Texten des jungen Nietzsche, Prof. Dr. Arno Gimber für den produktiven Austausch über Nietzsches Jugendlyrik.

Dem Goethe- und Schiller-Archiv in Weimar danke ich für die freundliche Genehmigung, die Digitalisate des Manuskripthefts Mp I 22 unentgeltlich abzudrucken.

Milan, Louisa und Leon danke ich für zahllose kenntnisreiche und unterhaltsame Gespräche über Nietzsche und die Welt.

Meinen Eltern danke ich für ihr grenzenloses Vertrauen und ihren unermüdlichen Einsatz in jeder Hinsicht.

Marten und Lasse danke ich für fröhliche Momente und neue Energie an langen Tagen.

Annelie danke ich für ihre bedingungslose Unterstützung, Geduld und Liebe. Und ich danke ihr für den Glauben an mich, wenn er mir fehlte.

Mir selbst danke ich dafür, es durchgezogen zu haben.

https://doi.org/10.1515/9783111332017-001

Inhalt

Edition und Analyse des Manuskripthefts Mp I 22

Siglenverzeichnis

AT	[Das Alte Testament (1818)]. In: *Die Bibel, oder die ganze heilige Schrift des alten und neuen Testaments, nach der deutschen Uebersetzung D. Martin Luthers*. Die CXXVII Auflage. Halle. (NPB, S. 671–672)
DWB	Grimm, Jacob und Wilhelm (1854–1961): *Deutsches Wörterbuch*. 16 Bde. in 32 Teilbänden. Leipzig. Quellenverzeichnis Leipzig 1971.
FW	Nietzsche, Friedrich (1882/87): *Die fröhliche Wissenschaft („la gaya scienza")*. In: KSA 3, S. 343–651.
GA	Nietzsche, Friedrich (1899–1926): *Werke*. 20 Bde. Leipzig. [„Großoktavausgabe"]
GAG	Nietzsche, Friedrich (1892–1894): *Werke*. Peter Gast (Hrsg.). 5 Bde. Leipzig. [„Gesamtausgabe Gast"]
GAK	Nietzsche, Friedrich (1895–1897): *Werke*. Fritz Koegel (Hrsg.). 12 Bde. Leipzig. [„Gesamtausgabe Koegel"]
GM	Nietzsche, Friedrich (1887): *Zur Genealogie der Moral. Eine Streitschrift*. In: KSA 5, S. 245–412.
GSA	Goethe- und Schiller-Archiv, Weimar
HAAB	Herzogin Anna Amalia Bibliothek, Weimar
HKG	Nietzsche, Friedrich (1933–1940): „Jugendschriften 1854–1869". In: *Werke und Briefe*. Historisch-kritische Gesamtausgabe. Hans Joachim Mette (Hrsg.) 5 Bde. München.
IM	Nietzsche, Friedrich (1882): *Idyllen aus Messina*. In: KSA 3, S. 333–342.
KA	Nietzsche, Friedrich (1899–1913): *Werke*. 16 Bde. Leipzig. [„Kleinoktavausgabe"]
KGB	Nietzsche, Friedrich (1975–2004): *Briefwechsel. Kritische Gesamtausgabe*. Giorgio Colli/Mazzino Montinari (Hrsg.). Berlin, New York.
KGW	Nietzsche, Friedrich (1967 ff.): *Werke*. Kritische Gesamtausgabe. Begründet von Giorgio Colli/Mazzino Montinari. Fortgeführt von Volker Gerhardt/Norbert Miller/Wolfgang Müller-Lauter/Karl Pestalozzi. 9 Abteilungen. Berlin u. a.
KSA	Nietzsche, Friedrich (1999): *Sämtliche Werke*. Kritische Studienausgabe. Giorgio Colli/Mazzino Montinari (Hrsg.). 15 Bde. 3. Auflage. München, Berlin, New York.
MA I–II	Nietzsche, Friedrich (1878/86): *Menschliches, Allzumenschliches. Ein Buch für freie Geister*. In: KSA 2.
MCL	Meyer, Joseph (Hrsg.) (1840–1855): *Das große Conversations-Lexicon für die gebildeten Stände*. In Verbindung mit Staatsmännern, Gelehrten, Künstlern und Technikern. 52 Bde. Hildburghausen u. a.
M	Nietzsche, Friedrich (1881): *Morgenröthe. Gedanken über die moralischen Vorurtheile*. In: KSA 3, S. 9–331.
Mp...	Signaturen nachgelassener Manuskripthefte und Mappen loser Blätter, aufbewahrt im GSA, Weimar.
MusA	Nietzsche, Friedrich (1920–1929): *Gesammelte Werke*. 23 Bde. München. [„Musarionausgabe"]
NPB	Campioni, Giuliano u. a. (Hrsg.) (2003): *Nietzsches persönliche Bibliothek*. Berlin, New York.
NT	[Das Neue Testament (1818)]. In: *Die Bibel, oder die ganze heilige Schrift des alten und neuen Testaments, nach der deutschen Uebersetzung D. Martin Luthers*. Die CXXVII Auflage. Halle. (NPB, S. 669–670)
PV	Nietzsche, Friedrich (1887): *Lieder des Prinzen Vogelfrei*. In: FW.
SA	Nietzsche, Friedrich (1954–1956): *Werke in drei Bänden*. Karl Schlechta (Hrsg.). München. [„Schlechta-Ausgabe"]

https://doi.org/10.1515/9783111332017-002

WNB	Klassik Stiftung Weimar/Herzogin Anna Amalia Bibliothek (Hrsg.): *Weimarer Nietzsche-Bibliographie*. Bearbeitet von Susanne Jung u. a. URL: https://opac.lbs-weimar.gbv.de/, Stand: 20.5.2023.
WS	Nietzsche, Friedrich (1880): *Der Wanderer und sein Schatten*. In: MA II.
Z	Nietzsche, Friedrich (1883/85): *Also sprach Zarathustra. Ein Buch für Alle und Keinen*. In: KSA 4.

1 Zur Einführung

1.1 Wieso Nietzsches Jugendlyrik untersuchen?

Eine Beschäftigung mit dem Nachlass des jungen Nietzsche leuchtet aus kulturgeschichtlicher Perspektive unmittelbar ein: Schließlich ist „von keiner anderen bedeutenden Persönlichkeit des 19. Jahrhunderts [...] ein Nachlaß aus der Kindheit und Jugendzeit in einem auch nur annähernd vergleichbaren Umfang bekannt" (KGW I/1, S. V–VI). Anhand der nachgelassenen Aufzeichnungen des Kindes und Jugendlichen lässt sich ein breites Panorama des Bildungskanons um 1850 zeichnen, der darin eine produktive Aneignung erfährt. So zeigt sich, welchen großen Wissensschatz bereits der Schüler Nietzsche anhäuft, wie früh dieser sich in der kreativen Auseinandersetzung mit der Tradition übt und wie der selbsternannte „verwegene[ ] Dichter-Philosoph" (KSA 12, S. 240) Nietzsche sein Handwerk lernt.

Doch aus welchem Grund sollte gerade dem *lyrischen* Nachlass des jungen Nietzsche die besondere Aufmerksamkeit zuteilwerden, die ihm vorliegende Arbeit gibt? Zum einen motiviert diese Fokusverengung das in jüngerer Zeit stark im Wachstum befindliche Forschungsparadigma, Nietzsche nicht nur als philosophischen, sondern eben auch als dezidiert literarischen Autor wahrzunehmen, dessen zahlreiche Gedichte ebenso ernstzunehmen seien wie die – ihrerseits schon intensiv literarisch durchgeformten – Prosa-Schriften.[1] Mit einer solchen Schwerpunkt-

1 In den letzten Jahren hat Nietzsche wieder vermehrt als Dichter das Interesse der Forschung geweckt (vgl. die einschlägigen Sammelbände von Grätz/Kaufmann 2016a, Grätz/Kaufmann 2017 und Benne/Zittel 2017.). Zum einen betrifft diese Wiederentdeckung formal die spezifische Machart der Werke und Nachlassaufzeichnungen Nietzsches, die von literarischen Stilmitteln und Gattungen in auffälliger Weise geprägt werden. Zum andern zielt sie inhaltlich auf die poetologischen wie ästhetischen Ausführungen ab, die sich in allen Phasen von Nietzsches Denken und Schreiben finden. Ferner steht im gattungspoetischen Sinn Nietzsches Lyrik im Fokus: seine veröffentlichten wie nachgelassenen Gedichte, Gedichtzyklen und fragmentarischen lyrischen Entwürfe. Diese drei Aspekte widerspiegelt die von Nietzsche selbst in den Raum gestellte Bestimmung als „Philosophen-Künstler[ ]" (KSA 7, S. 431) und „verwegener Dichter-Philosoph" (KSA 12, S. 240), die seinem Verhältnis zu Literatur und Lyrik besondere Evidenz verleiht. – Von einer *Wieder*entdeckung ist die Rede, weil bereits die erste, von Kunst und Kultur getragene Rezeption um 1900 Nietzsche in erster Linie als Dichter wahrgenommen hat. Im Mittelpunkt steht damals namentlich der literarisch-philosophische Gattungshybrid *Also sprach Zarathustra* (zur Gattungsproblematik vgl. die Überblicksdarstellungen bei Grätz 2016, S. 357–360 u. Grätz/Kaufmann 2016b, S. 21–24). Die dezidiert philosophische Nietzsche-Rezeption, die bis ins 21. Jahrhundert hineinreicht und die Wahrnehmung Nietzsches als Philosoph bis heute bestimmt, setzt erst in den 1930er Jahren ein, als mehrere „systematisch-philosophische[ ] Arbeiten zu Nietzsche [...] in dichter Folge" erscheinen (Kaufmann 2019a, S. 276), insbesondere Alfred Baeumlers *Nietzsche, der Philosoph und Politiker*

https://doi.org/10.1515/9783111332017-003

verschiebung zugunsten von Nietzsches literarischem und dichterischem Schaffen geht zwangsläufig eine stärkere Gewichtung seines umfangreichen Nachlasses aus den vier Jahrzehnten zwischen 1850 und 1890 einher, denn bei der überwiegenden Mehrheit von Nietzsches Gedichten handelt es sich um nachgelassene Aufzeichnungen; die publizierten Gedichte bilden gleichsam nur die Spitze des Eisbergs. Dann ist zu berücksichtigen, dass – nimmt man allein das edierte Korpus in den Blick – von den insgesamt über 700 Gedichten und lyrischen Entwürfen Nietzsches fast die Hälfte, circa 300 Texte, aus seiner Jugend stammen (vgl. Kaufmann 2017, S. 15). Mit anderen Worten: Wer sich mit Nietzsches Nachlass beschäftigt, hat es nicht leicht, dessen lyrische Bestandteile zu ignorieren. Und wer sich mit Nietzsches lyrischem Nachlass auseinandersetzt, kommt nur schwerlich um seine Juvenilia herum.

Zum andern besitzt die Lyrik schon innerhalb von Nietzsches frühem Nachlass einen hervorgehobenen Stellenwert: Der (nicht unbescheidene) angehende Dichter Nietzsche misst seinen lyrischen Versuchen durch diverse Listen und Sammlungen sowie durch Äußerungen in Briefen und autobiografischen Texten selbst große Bedeutung bei: Sie sind sowohl bevorzugte Ausdrucksmöglichkeit als auch willkommenes Experimentierfeld, das er zur geistigen Übung nutzt. So verordnet er sich tägliche Dichtungspensa und integriert dafür gezielt Poesiestunden in seine Arbeitspläne; mit seinen Jugendfreunden Wilhelm Pinder und Gustav Krug gründet er zudem einen Verein namens Germania, der die drei Mitglieder dazu verpflichtet, in regelmäßigen Abständen wissenschaftliche oder künstlerische Leistungen zu erbringen, wobei vorzugsweise Gedichte präsentiert und auch kritisiert werden (vgl. Kap. 2.3.1).

Das Formen- und Motivrepertoire des jungen Nietzsche orientiert sich stark an den Einflüssen, die das fromme Pfarrhausmilieu seiner Jugend und der Besuch der humanistischen Landesschule Pforta geltend machen: Nietzsche rezipiert auf äußerst produktive Weise antike, mittelalterliche, neuzeitliche wie zeitgenössische Literatur und nutzt sie als Vorlagen für eigene Texte (vgl. Kap. 2.4). Hinsichtlich des frühen lyrischen Nachlasses kann folglich mit einigem Recht von epigonaler Lyrik die Rede sein, ohne dabei die „früher meist pejorativ[e]“ Wertung des Begriffs in Anschlag zu bringen (Harms 2007, S. 457; vgl. Kap. 1.3.1). In der Tat zeigen kontextualisierende Analysen, dass Nietzsches Jugendgedichte sich nicht im bloßen Kopieren und Einfügen von Lesefrüchten erschöpfen: Rekonstruiert man Nietz-

(Baeumler 1931), Karl Löwiths *Nietzsches Philosophie der ewigen Wiederkunft des Gleichen* (Löwith 1935) und Karl Jaspers' *Nietzsche. Einführung in das Verständnis seines Philosophierens* (Jaspers 1936). In diesem Kontext sind auch Martin Heideggers Nietzsche-Vorlesungen aus den Jahren 1936 bis 1942 zu sehen, die das Fundament für die beiden wirkmächtigen *Nietzsche*-Bände (Heidegger 1961) bilden. Hierzu vgl. Kaufmann 2019a, S. 275–276.

sches Schreibprozesse, zeigt sich vielmehr – wie noch zu sehen sein wird – ein permanentes Ringen um Eigenständigkeit, das großes hermeneutisches Potenzial birgt (vgl. Kap. 5).

1.2 Nietzsches lyrischer Nachlass der 1850er und -60er Jahre

Die frühesten erhaltenen Gedichte von Nietzsches Hand sind Abschriften des Siebenjährigen aus dem Jahr 1852, die er jeweils seiner Mutter Franziska Nietzsche schenkt. In eine gedruckte Vorlage für „Kindliche Wünsche am Neujahrsmorgen 1852" schreibt er das fünfstrophige Gedicht *An dem schönen Neujahrsmorgen...* ab (Mp I 76, S. 25 u. 27; KGW I/1, S. 317), das ihm womöglich von einer seiner Tanten oder der Großmutter aus einer Vorlagensammlung wie den *Gedichten und Briefen gesammelt für die liebe Jugend zum Gebrauch bei dem Wechsel des Jahres* (o. V. 1847) vermittelt wurde.[2] Zum Geburtstag am 2. Februar erhält die Mutter kurz darauf einen Farbdruck mit Blumenkranz-Motiv, in den Nietzsche einen individualisierten, mit seinem diminuierten Spitznamen „Fritzchen" versehenen Sechszeiler abgeschrieben hat (Mp I 76, S. 23; KGW I/1, S. 318). Neben solchen „*wesenhaft* rezipierte[n] Texte[n]" (KGW I/1, S. IX), die den frühesten Nachlass des unter zehnjährigen Nietzsche in Form von Mitschriften, Abschriften und Nachschriften prägen, finden sich ab 1854 vermehrt eigene, individuelle lyrische Texte mit unterschiedlichen Themen und in verschiedenartigen Stilen: In dem kleinen Manuskriptheft Mp I 1 hat Nietzsche etwa drei Nonsensgedichte notiert (Mp I 1, S. 1–5; KGW I/1, S. 6–8),[3] auf einem Einzelblatt ist in Blei das Fragment einer lyrischen Klage um den Fall Sewastopols während des Krimkriegs[4] erhalten (Mp I 4, S. 1; KGW I/1, S. 103) und einem dramatischen Fragment, das in der griechisch-römischen Götterwelt spielt, lässt er mehrfach einen Nymphenchor auftreten, der nur in (unregelmäßigen) Versen spricht (Mp I 3, S. 19–25; KGW I/1, S. 105–109). Die Geburtstagssammlung für Franziska Nietzsche aus dem Jahr 1856 enthält dann erstmals eine ganze Reihe von insgesamt neun ausgestalteten eigenständigen Gedichten unterschiedlichster Formen und Themen

2 Das betreffende Gedicht bildet die Nummer 22 der genannten Sammlung (vgl. o. V. 1847, S. 25–26).

3 Die Verse sind nicht ohne Witz: „Aus den goldenen Pokal / Soff beim lauten Tromelhall / Löwe Spinne und Schakal" (Mp I 1, S. 1; KGW I/1, S. 6).

4 Wie aus diversen Zeichnungen und Notizen zu militärischen Befestigungsanlagen, Ausrüstungen und Strategien hervorgeht (vgl. Mp V 1–Mp V 5; KGW I/1, S. 9–102), interessiert sich der junge Nietzsche in der Zeit von 1854 bis 1856 sehr für den seit 1853 dauernden Krimkrieg zwischen Russland und dem Osmanischen Reich sowie dessen Alliierten Frankreich, Großbritannien und Sardinien.

beziehungsweise Gattungen[5] – vom Geburtstagsgedicht (*Ich bringe dir eine kleine Gabe…*) über Meeres-, Sturm- und Gewittergedichte (*Meeres Sturm*, *Ein Schifflein fährt auf Meeres Bahn…*, *Gewitter*), historische und antikisierend-mythologische Gedichte (*Sepastopol*, *Des Cyrus Jugendjahre*) bis hin zu Abenteuergedichten (*Überfall*, *Rettung*) und einem *Elegie* betitelten Burggedicht (Mp I 5, S. 1–12; KGW I/1, S. 115–125).

Von dieser Zeit an nimmt sowohl der Anteil der Lyrik innerhalb des Nachlasses als auch die Diversifikation der lyrischen Dichtungen selbst kontinuierlich zu,[6] wobei die Entwicklung nicht linear verläuft, sondern in Schüben. So sind Spitzen einer gebündelten lyrischen Produktion ebenso zu beobachten wie Talsohlen einer reduzierten poetischen Schöpfung. Ausweislich der Datierung der nachgelassenen Aufzeichnungen des jungen Nietzsche, die Hans Joachim Mette im Zuge der erstmaligen systematischen Edition der „Jugendschriften" im Rahmen der *Historisch-kritischen Gesamtausgabe* in den 1930er Jahren vornimmt (HKG 1, S. LIV), erstreckt sich die produktivste Schaffensphase dabei von 1858 bis Anfang 1860. Zwischen 1860 und 1862 lässt Nietzsches dichterische Produktivität merklich nach, während sie in den Jahren 1863 und 1864 wieder zunimmt und zum Ende der Schulzeit in Pforta einen letzten Höhepunkt erreicht. Diese Anstiege schlagen sich auch jeweils in handschriftlich dokumentierten Selbstverpflichtungen Nietzsches nieder, sich intensiver der Dichtkunst zuzuwenden. In der nachgelassenen Autobiografie *Aus meinem Leben* behauptet er zum Beispiel, Anfang 1858 den Entschluss gefasst zu haben, sich „etwas mehr in der Poësie zu üben" und „jeden Abend ein Gedicht zu machen" (Mp III 4, S. 120–121; KGW I/1, S. 307). Und in einem Ferienarbeitsplan von 1863 nimmt Nietzsche sich vor, einige bereits umrissene Gedichte endlich fertigzustellen (vgl. Mp III 13, S. 2; KGW I/3, S. 144–145). Hinzu kommen zahlreiche Gedichtlisten und -verzeichnisse wie beispielsweise eine Aufstellung von ausgewählten Gedichten der Jahre 1856 bis 1860 im Manuskriptheft Mp V 7, S. 152–155 (KGW I/1, S. 21–24), die einen übersichtlichen, aber keineswegs vollständigen Einblick in die Ergebnisse von Nietzsches Betätigung als Dichter jener Jahre geben. Wie bereits erwähnt verpflichtet sich Nietzsche außerdem im Rahmen der Germania, die er gemeinsam mit seinen Freunden Gustav Krug und Wilhelm Pinder zwischen 1860 und 1863 unterhält, regelmäßig künstlerische und wissenschaftliche Arbeiten abzu-

---

5 Den mehrdeutigen Begriff ‚Gattung' verwende ich nach Hempfer 2007, S. 651 sowohl als Bezeichnung für „die als ge- und bewußte Normen die Produktion und Rezeption von Texten bestimmenden ‚historischen Textgruppen' wie Verssatire, Fabel, Ode, Tragödie" als auch für deren „Untergruppen […] als typologische und/oder historische Spezifizierungen wie Briefroman, Bürgerliches Trauerspiel, anakreontische Ode usw." Da vorliegende Arbeit keine metatheoretische Untersuchung darstellt, verzichte ich auf tiefergehende heuristische Differenzierungen des Begriffs.

6 Einen thematisch geordneten Überblick über Nietzsches Jugendgedichte gibt Kap. 2.4.

fassen (vgl. Kap. 2.3.1). Nicht selten stellen die Freunde eigene Gedichte vor und üben sich anschließend fachmännisch in Literaturkritik.

Von Mitte der 1860er Jahre an sind vorerst fast keine lyrischen Dichtungen des jungen Nietzsche mehr erhalten. Anlässlich des Abschieds von Schulpforta und der Aufname seines Studiums in Bonn scheint Nietzsche sich vom lyrischen Dichten zu verabschieden (vgl. Kap. 2.3.2). Erst die sogenannten Gimmelwalder Gedichte *An die Melancholie* und *Nach einem nächtlichen Gewitter*, die im Nachlass des Sommers 1871 erhalten sind (vgl. KSA 7, S. 389–391), dokumentieren eine Wiederaufnahme der dichterischen Tätigkeit. Einen erneuten Höhepunkt erreicht diese aber erst wieder Anfang der 1880er Jahre; im Zuge der Arbeit an der *Fröhlichen Wissenschaft* entstehen zahlreiche Gedichte und lyrische Entwürfe, die zum Teil eigenständig veröffentlicht werden, wie die *Idyllen aus Messina* (KSA 3, S. 333–342), oder zumindest in den Werkzusammenhang integriert werden, so *„Scherz, List und Rache"* als *Vorspiel in deutschen Reimen* (KSA 3, S. 353–367) und, in der Neuausgabe der *Fröhlichen Wissenschaft* von 1887, die *Lieder des Prinzen Vogelfrei* (KSA 3, S. 639–651). „[B]uchstäblich [...] am Ende von Nietzsches Schaffen" (Kaufmann 2017, S. 7) steht ebenfalls ein letzter lyrischer Höhepunkt: die von Nietzsche noch zum Druck vorbereiteten *Dionysos-Dithyramben* (KSA 6, S. 375–410), die somit qua lyrischer Gattung den Bogen schlagen zu den allerersten Aufzeichnungen von Nietzsches Hand überhaupt, den eingangs erwähnten Festtagsgedichten an die Mutter von 1852.[7]

Eine Gemeinsamkeit zwischen Nietzsches Lyrik der 1870er und -80er Jahre auf der einen und seinen Jugendgedichten der 1850er und -60er Jahre auf der anderen Seite besteht in der hervorragenden Bedeutung der literatur- wie kulturgeschichtlichen Kontexte für ihr Verständnis.[8] Mit Blick auf die oben erwähnten Gedichtzyklen verdeutlichen dies paradigmatisch die Kommentare zu Nietzsches *Idyllen aus Messina* (Kaufmann 2016) und *Dionysos-Dithyramben* (Sommer 2013, S. 639–790); für die Jugendlyrik hat Karl Pestalozzi bereits vor 40 Jahren mit einer vergleichenden Analyse des Gedichts *Noch einmal eh ich weiter ziehe...* (Mp I 75, S. 1; KGW I/3, S. 391) exemplarisch aufgezeigt, welchen produktiven Umgang schon der junge Nietzsche mit der Tradition pflegt und wie er sich anhand konkreter Vorlagen im Dichten übt (vgl. Pestalozzi 1984). Nicht nur bei den frühesten Abschriften[9] tritt eine Abhängig-

---

7 Einen ausführlichen Überblick über die Lyrik und Lyriktheorie des erwachsenen Nietzsche bietet Kaufmann 2017.

8 Zu der „große[n] Produktivität seiner Lektüren", die zu „den Konstanten in Nietzsches Leben" von den 1850er bis in die 1880er Jahre gehört, vgl. schon Müller 2020b, S. 344–345.

9 Mitunter begegnen einfache Abschriften von weniger prominenten lyrischen Vorlagen auch im Nachlass des jugendlichen Nietzsche. So handelt es sich bei den beiden nachgelassenen Gedichten *Daß ich dein auf ewig bliebe...* und *O Meer im Abendschein...* von 1861 (Mp I 4, S. 1–2; KGW I/2,

keit von vorgegebenen Texten offen zutage; auch für die Gedichte ab 1857/58 lassen sich vielfach entweder bestimmte Vorlagen und Quellen identifizieren, an denen sich der junge Nietzsche beim Verfassen eigener Gedichte eng orientiert, oder aber im weiteren Sinn inhaltliche wie formale Gattungs- und Epochenmerkmale ausfindig machen, vor deren Hintergrund Nietzsche sich bewusst im Schreiben ausgewählter lyrischer Gattungs- und Epochenvertreter übt.[10] Dieser Umstand führt zur Frage nach dem epigonalen Charakter von Nietzsches Jugendlyrik beziehungsweise nach der Bewertung ebendieses Charakters und den Folgen, die sich daraus für den Umgang mit den Gedichten und lyrischen Entwürfen ergeben. Unabhängig davon steht der bedeutende Einfluss seiner Lektüren auf den jungen Nietzsche als Dichter außer Frage.

1.3 Der junge Nietzsche als epigonaler Dichter und die Bedeutung seiner Bibliothek wie Lektüren

1.3.1 Zur Epigonalität von Nietzsches Jugendlyrik

Die Abhängigkeit des frühen lyrischen Nachlasses von den vielfältigen Lektüren Nietzsches legt den Vorwurf des Epigonentums[11] nahe, der im 20. Jahrhundert ver-

---

S. 252–253) jeweils um geringfügig angepasste Kopien der Gedichte *Einsamkeit* und *Abend am Meer* von Alfred Meißner (Meißner 1845, S. 63; vgl. Métayer 2019, S. XIX–XX).

10 Ausweislich der bisherigen, überschaubaren Forschung zum jungen Nietzsche gehören zu seinen Vorbildern unter anderen „Heine, Goethe, Platen, Lenau, Rückert" und einige „poetae minores, die wir nicht mehr kennen" (Pestalozzi 1984, 102–103), oder auch „Kerner […], Geibel, Kugler, Scheffel" (Wuthenow 1999, S. 227). Mittelalterliche (vgl. Jauslin 1998, 346–349), antike (vgl. Müller 1994) sowie geistliche Einflüsse (vgl. Müller 2020a) prägen ebenfalls den frühen lyrischen Nachlass. Die Abhängigkeit von den Vorlagen betrifft sowohl den Stoff wie den Stil, die Motivik als auch die Form der Gedichte. So erkennt Wuthenow 1999, S. 227 „Wanderlieder, Balladen, historische Genreszenen", Pestalozzi 1984, S. 102 „Volksliedhaftes […], Spruchgedichte, Erlebnisgedichte, komische Parodien". – Beim erwachsenen Nietzsche ist demgegenüber in viel höherem Maß ein „eigenwillige[r], umschmelzende[r], zuspitzende[r] Umgang mit dem von ihm Gelesenen" zu beobachten (Sommer 2016, S. 18; vgl. Sommer 2000).

11 Die „genealogische Bedeutung" des Begriffs ‚Epigone' verschiebt sich erst Mitte des 19. Jahrhunderts durch Karl Immermanns Roman *Die Epigonen* (Immermann 1836) „zugunsten der künstlerischen" (Harms 2007, S. 457). Immermann ist dem jungen Nietzsche mindestens als Autor des *Münchhausen* (Immermann 1838/39) bekannt, den er sich ausweislich eines Briefs an Franziska Nietzsche vom 29. November 1858 zu Weihnachten wünscht (vgl. KGB I/1, Bf. 39; vgl. Brobjer 1999, S. 317). – Eine Differenzierung zwischen „Epigonentum" als „ein bestimmtes künstlerisches Unvermögen" und „Epigonalität" als „ein künstlerisches Prinzip" nimmt Meyer-Sickendiek 2001, hier S. 23, mit Blick auf Beispiele ‚epigonaler' Literatur im 19. Jahrhundert vor. Dabei untersucht er

schiedentlich in kritischer, wenn nicht gar polemischer Absicht formuliert wird.[12] Aus heutiger Sicht verfängt diese „früher meist pejorativ[e]" Wertung des Begriffs ‚Epigone', „der als unselbstständig und abhängig von berühmten Vorgängern gilt" und dessen „Werke [...] auf mangelndes dichterisches Ingenium schließen lassen", jedoch nur noch bedingt. Einen kulturwissenschaftlich erweiterten Literaturbegriff vorausgesetzt, bezeichnet ‚Epigone' „nicht nur wertneutral den Autor, der ein überliefertes Konzept frei wählt [...], sondern auch positiv denjenigen, der über das Potential der Tradition verfügt" (Harms 2007, S. 457). Diese Definition als „[l]iterarisch kenntnisreicher Autor", „der seine Leistung, auch kreativ, aus dem literarischen Verfügenkönnen über eine qualitativ, thematisch und formal vielfältige literarische Vergangenheit bezieht" (Harms 2007, S. 457), mag für den jungen Nietzsche etwas hochgegriffen sein. Aber sie trifft die zentralen Aspekte, die seinen Nachlass der 1850er und -60er Jahre auszeichnen: den Kenntnisreichtum des jungen Autors und die Produktivität, mit der er seine Kenntnisse anwendet.

Die Frage lautet daher nicht, *ob* der junge Nietzsche als epigonaler Dichter zu betrachten ist. Er erfüllt die Anforderungen dieses Titels mit seiner engen Orientierung am literarischen Kanon seiner Zeit mustergültig. Die Frage besteht vielmehr darin, *wie* dieser Titel den literaturwissenschaftlichen Blick auf den lyrischen Nachlass des jungen Nietzsche beeinflusst: Wirkt er sich negativ auf die ihm zuerkannte Relevanz aus? Oder gibt das Etikett der epigonalen Lyrik einer literaturwissenschaftlichen Auseinandersetzung mit Nietzsches Jugendgedichten einen spezifischen methodischen Rahmen vor, der eine Disziplin wie die kritische Quellenforschung[13] stärker in die Analyse und Interpretation miteinbezieht als etwa eine philosophisch-phänomenologische Deutung nach dem – zugegebenermaßen extremen – Beispiel Heideggers?[14] Angesichts des historischen Erkenntnisinteres-

---

unter anderem Immermann und den erwachsenen Nietzsche. Zu Nietzsche vgl. Meyer-Sickendiek 2001, S. 215–329.

12 Vgl. Meyer 1991, S. 404, der den lyrischen Nachlass des jungen Nietzsche „mit sprachlichen Klischees, stereotypen Bildern und floskelhaften Wendungen" angefüllt sieht; seinen Gedichten fehle „künstlerische Originalität und Qualität" – kurz: sie seien „schablonierte Gefühlspoesie". Auch Ziemann 2011, S. 150, Pütz 1967, S. 51 und Klein 1936, S. 38 betonen die Epigonalität von Nietzsches Jugendlyrik.

13 Zum „Nutzen und Nachteil kritischer Quellenforschung" im Hinblick auf Werk und Nachlass des erwachsenen Nietzsche vgl. ausführlich Sommer 2000, grundlegend Montinari 1982, S. 1–9. Hödl 2009, S. 3–10 stellt den hermeneutischen Nutzen der Quellenforschung für den jungen Nietzsche heraus.

14 Heideggers „hermeneutische Auseinandersetzung mit der europäischen Geistesgeschichte", die „nicht nur Philosophen [...], sondern [...] gleichermaßen Dichter wie Sophokles, Hölderlin, Hebel, Mörike, George, Trakl und Rilke" einschließt, untersucht anhand seiner Goethe-Rezeption Kaufmann 2019b, hier S. 7. Zu Heideggers ontologischer Methode der Lyrik-Interpretation vgl. insbesondere Kaufmann 2019b, S. 26–33.

ses der vorliegenden Arbeit, die den lyrischen Nachlass des jungen Nietzsche in exemplarischer Auswahl editorisch und historisch-kontextuell neu zu erschließen sucht, erweist sich Letzteres als geeignete Prämisse. Bei der historischen Kontextualisierung der Jugendgedichte kommt der „ideelle[n] Bibliothek" (D'Iorio 2003, S. 68; vgl. Montinari 1982, S. 6) des jungen Nietzsche folglich eine große Bedeutung zu.

1.3.2 Zur „ideellen Bibliothek" des jungen Nietzsche

Bei der Identifikation von Nietzsches Lektüren der 1850er und -60er Jahre spielt der Bestand seiner persönlichen Bibliothek,[15] wie er in dem unter anderen von Giuliano Campioni herausgegebenen Verzeichnis dokumentiert ist (vgl. NPB), eine vergleichsweise kleine Rolle, weil Nietzsche als Schüler naturgemäß weniger Bücher erwerben konnte denn als (frühpensionierter) Ordinarius. Stattdessen leiht er sich Bücher und wünscht sich allenfalls einzelne Titel zu besonderen Gelegenheiten, etwa zu Weihnachten. Diese Umstände erklären auch, weshalb die aus Nietzsches Jugend erhaltenen Bücher deutlich weniger Gebrauchs- und Lesespuren aufweisen als die späteren Anschaffungen, die Nietzsche oft reich annotiert.[16] Relevanter ist deshalb die Frage nach Nietzsches Lektüren beziehungsweise der Versuch, seine „ideelle Bibliothek" zu rekonstruieren. Darunter ist in Anlehnung an Mazzino Montinari (vgl. Montinari 1982, S. 6; hierzu Campioni 2006) ein „Ensemble der Bücher und Publikationen" (D'Iorio 2003, S. 68) zu verstehen, die Nietzsche entweder (nur) besessen oder (auch) gelesen hat.

Das Teilkapitel 1.3.2 wurde bereits in bearbeiteter Form als Teil eines Sammelbandbeitrags von mir veröffentlicht: Müller 2020b, S. 342–349.

15 Zu den Transformationen, die Nietzsches persönliche Bibliothek im Laufe seines Lebens erfährt, angefangen bei der *„Bildungsbibliothek"* des Schülers über die *„Fachbibliothek eines jungen Gelehrten"* bis hin zur *„Handbibliothek eines wandernden Philosophen"* und *„Nietzsches hinterlassene*[r] *Bibliothek"*, vgl. D'Iorio 2003, hier S. 35–36 (vgl. Müller 2020b, S. 343, Anm. 1).

16 Einen ersten Eindruck von Nietzsches Annotationspraxis vermittelt das Verzeichnis von *Nietzsches persönlicher Bibliothek* (NPB), das seine Lesespuren zumindest quantitativ erschließt. Detailliert zu Nietzsches Bibliothek und seinen Lektüren informiert der neue Sammelband von Anschütz/Müller/Rottmann/Souladié 2021, mit der Untersuchung von Lese- und Gebrauchsspuren in Autorenbibliotheken des 19. und 20. Jahrhunderts beschäftigen sich die Studien in Jaspers/Kilcher 2020. Zu Nietzsches nachgelassener Bibliothek vgl. darin speziell Rottmann 2020. Zu Autorenbibliotheken generell vgl. bereits die Bände von Höppner 2018 und Knoche 2015. – Ergänzend dazu vgl. die Untersuchung der Schreibpraxis Nietzsches von Braun 2007 und die Rekonstruktion einer „Genealogie" von Nietzsches Lese-, Schreib- und Denkentwicklung von der Schulzeit bis zum Ende der 1880er Jahre durch Thüring 2008, hier S. 121.

Zur Rekonstruktion von Nietzsches ideeller Bibliothek ist es nötig, sich vor allem auf den handschriftlichen Nachlass zu verlassen, innerhalb dessen neben den erhaltenen Gedichten, Autobiografien, philologischen Aufsätzen und so weiter insbesondere die zahlreichen Arbeits- und Lesepläne, Wunschlisten und Abschriften Hinweise auf Nietzsches Lektüren geben. Betrachtet man allein das erhaltene Material des Schülers und Studenten, liegt bereits ein Zeitraum von fast 20 Jahren vor (1852–1869), für den die ideelle Bibliothek des jungen Nietzsche rekonstruiert werden könnte. Insbesondere sein Besuch der renommierten Landesschule Pforta von 1858 bis 1864, die bedeutendste Etappe seines schulischen Bildungswegs, geht für ihn mit einem kaum zu überblickenden Lesepensum in klassischer Bildung einher, von dem er sein ganzes Autorenleben lang profitiert.

Es ist davon auszugehen, dass er dabei auch die quantitativ wie qualitativ bemerkenswerten Bestände der Pfortenser Bibliothek nutzen kann. Zwar sind keine Unterlagen aus Nietzsches Pfortenser Schulzeit erhalten, aus denen die Benutzungspraxis der Bibliothek hervorgeht, doch war den Schülern ausweislich der damaligen Dienstinstruktion des Bibliothekars zumindest im Jahr 1820 noch gestattet, „Mittwochs und Sonnabends, es wäre denn ein Festag, wo die Bibliothek nicht geöffnet wird, jedes Mahl von 1. bis 2. Uhr [sic]“ Bücher vor Ort im Lesezimmer einzusehen (o. V. 1820, Abschnitt 4). Mit Einverständnis und Unterschrift eines Lehrers durften Schüler zu den genannten Zeiten „Bücher zu einem längeren Gebrauch auf ihre Stuben“ ausleihen, mit „Einwilligung des Rectoris“ war dies auch „länger als auf 3. Wochen“ möglich (o. V. 1820, Abschnitt 9–10). Entsprechende Ausleihjournale aus Nietzsches Zeit existieren leider nicht mehr.[17]

Auf der Grundlage des erhaltenen Nachlassmaterials aus der Zeit von 1856 bis 1858 hat Thomas H. Brobjer bereits einen Versuch unternommen, die vom jungen Nietzsche während des Besuchs des Naumburger Domgymnasiums rezipierten Bücher aufzulisten (vgl. Brobjer 1999, S. 315–322), womit der Forschung ein erster rekonstruierter Katalog der ideellen Bibliothek des jungen Nietzsche zur Verfügung steht, der allerdings nur eine knappe Zeitspanne abdeckt und infolgedessen stark ergänzungsbedürftig bleibt. Die Mehrheit der in Brobjers Verzeichnis aufgezählten Titel sind als Schullektüren ausgewiesen, etwa diverse Lehr- und Lesebücher für Griechisch und Latein, Religion, Geschichte, Geografie oder Mathematik. Eine Reihe von 36 Titeln entstammt dagegen einer mutmaßlich 1858/59 angefertigten Bücherliste (Mp I 13, S. 48–51), die Elisabeth Nietzsche zugeschrieben wird und alle im privaten Besitz des 13- oder 14-jährigen Bruders befindlichen Bücher aufzuzählen

17 Ich danke Petra Mücke, die für das Archiv und die Bibliothek der Landesschule Pforta verantwortlich ist, sehr herzlich für die ausführliche Auskunft und die Bereitstellung von Fotokopien der betreffenden Dienstinstruktion aus dem Jahr 1820.

beansprucht (vgl. Brobjer 1999, S. 317–318). In dieser Liste dominieren deutsche Klassiker respektive Monografien über sie,[18] beispielsweise E. T. A. Hoffmanns *Kater Murr* (Hoffmann 1819/21) oder eine zweibändige Biografie von Emanuel Geibel aus der Reihe *Moderne Klassiker* (o. V. 1859), aber auch weitverbreitete und teils bis heute bekannte Anthologien wie Gustav Schwabs *Die schönsten Sagen des klassischen Alterthums* (Schwab 1838–1840) oder Albert Knapps *Evangelischer Liederschatz für Kirche und Haus* (1837; Knapp 1850). Ferner hat Brobjer für seine Rekonstruktion der ideellen Bibliothek Nietzsches zwischen 1856 und 1858 auf die „Biographie" betitelte Aufzeichnung Nietzsches zurückgegriffen, die wohl eine Vorarbeit zur autobiografischen Schrift *Aus meinem Leben* (Mp III 4; KGW I/1, S. 281–311) darstellt und „Gedanken" über Theodor Körner, Johann Gottfried Seume, Nikolaus Lenau, E. T. A. Hoffmann, Gotthold Ephraim Lessing, August von Platen, Franz von Gaudy, Adelbert von Chamisso und Friedrich von Matthisson ankündigt (Mp III 3, S. 1; KGW I/1, S. 279). Die poetologischen Äußerungen, die sich in der Autobiografie von 1858 dann tatsächlich finden, kommen allerdings ohne Erwähnung der genannten Autoren aus. An ihrer Stelle werden Matthias Claudius' *Abendlied* zitiert (vgl. Mp III 4, S. 68; KGW I/1, S. 295) und Goethes generelle Vorbildfunktion als Dichter hervorgehoben (vgl. Mp III 4, S. 122; KGW I/1, S. 307).[19]

Auch wenn es, wie gesagt, nur einen geringen Anteil der Lektüren betrifft, können aus dem 2003 erschienenen Katalog *Nietzsches persönliche Bibliothek* (NPB), einem Verzeichnis aller in der Herzogin Anna Amalia Bibliothek (HAAB) erhaltenen beziehungsweise nachweislich erhalten gewesenen Bücher Nietzsches, trotzdem Schlüsse für die Zusammensetzung seiner ideellen Bibliothek zwischen 1850 und 1870 gezogen werden. So dokumentiert der Band beispielsweise, dass Nietzsche die im oben genannten Plan für seine Autobiografie gelistete *Minna von Barnhelm* Lessings selbst in einer Ausgabe von 1858 besaß. Wie alle erhaltenen und folglich im Katalog mit der C-Signatur der HAAB versehenen Titel soll Nietzsches Exemplar, dessen einzige Lesespuren auf Seite 17 zu finden sind – es handelt sich nur um eine kurze Unterstreichung zweier Wörter („man hört's") und die Durchstreichung eines Gedankenstrichs (vgl. Lessing 1858, S. 17; HAAB C 605) –, perspektivisch als Faksimile online eingesehen werden können.[20] Im Gegensatz dazu ist bezüglich bestimmter Lektüren des jungen Nietzsche oft nicht einmal sicher, welche Ausgabe

18 Nicht aus der Liste hervor gehen die allerdings konkreten Textausgaben; verzeichnet sind jeweils nur Kurztitel und Autor.

19 Zu den poetologischen Autoreflexionen im Nachlass des jungen Nietzsche vgl. Kap. 2.3.

20 Eine digitale kommentierte Edition der Bestände erarbeitete das von DFG und ANR geförderte Projekt „Nietzsches Bibliothek" für die Online-Plattform Nietzsche Source: https://www.philosophie.uni-freiburg.de/seminar/professur_sommer/nietzsches-bibliothek-digitale-edition-und-philosophischer-kommentar (Stand: 7.8.2023).

er konsultiert oder ob er zum Beispiel ein bestimmtes Gedicht, das er erwähnt oder nachdichtet, nicht nur aus mündlicher Quelle oder sogar nur in gänzlich anderer künstlerischer Gestalt kannte, etwa als Lied vertont.[21]

Grundsätzlich ist eine Anlage des Verzeichnisses von Nietzsches ideeller Bibliothek für die Zeit zwischen 1850 und 1870 aus den genannten Gründen nur näherungsweise möglich. Eine induktive Verfahrensweise, die von der einzelnen Stelle im Manuskript ausgehend nach potenziellen Vorlagen und Quellen forscht, eignet sich besser als der Versuch, anhand einer verbürgten Lektüre nach etwaigen Rezeptionsspuren im Nachlass zu fahnden. In der exemplarischen Analyse des Manuskripthefts Mp I 22 (Kap. 5) widmet sich daher die Kategorie ‚Kontexte' den jeweiligen Vorlagen und Quellen der zu analysierenden Texte des Hefts und trägt so neben der Kontextualisierung dieser auch dazu bei, den Inhalt der ideellen Bibliothek des jungen Nietzsche sukzessive zu rekonstruieren.

1.4 Den lyrischen Nachlass des jungen Nietzsche neu erschließen

1.4.1 Wert und Notwendigkeit einer Neuedition

Als ein Hindernis auf dem Weg zur Erschließung der Aufzeichnungen des jungen Nietzsche erweist sich deren bisherige Edition als erste Abteilung der Kritischen Gesamtausgabe, die zwischen 1995 und 2006 von Johann Figl und Hans Gerald Hödl herausgegeben wurde. Im Gegensatz zur seit 2001 erscheinenden neunten Abteilung der Kritischen Gesamtausgabe, die Nietzsches späten Nachlass ab 1885 mit den neuesten Mitteln der Editionsphilologie in ultradiplomatischer Transkription präsentiert, handelt es sich bei der ersten Abteilung um eine textkritische Ausgabe ‚alter Schule', die ausdrücklich den Grundsätzen Mazzino Montinaris folgt (vgl. KGW I/1, S. IX) und „geglättete[ ] Lesetexte" in einer nur vermeintlich gesicherten chronologischen Ordnung erstellt, die jedoch „die originale Erscheinungsweise der Aufzeichnungen entstellen" (KGW IX/1, S. XI). Dabei geht die KGW I auch nur unwesentlich über die Historisch-Kritische Gesamtausgabe der Werke Nietzsches (HKG)

21 Letzteres vermutet Ziemann 1994a, S. 185–188 mit Blick auf Nietzsches Rezeption von Eichendorffs Lyrik. Diese habe er über Vertonungen Schumanns und Mendelssohn Bartholdys kennengelernt. Die große Menge an Jugendgedichten Nietzsches, die möglicherweise Eichendorff-Gedichte zum Vorbild haben (vgl. Kap. 2.4.4), spricht allerdings gegen die Annahme, dass der junge Nietzsche Eichendorff ausschließlich über Vertonungen rezipiert habe. So enthält etwa das am Naumburger Domgymnasium genutzte *Deutsche Lesebuch* von Masius immerhin ein Gedicht Eichendorffs (vgl. Masius 1868, S. 436; vgl. Brobjer 1999, S. 321).

von Hans Joachim Mette hinaus, die in den 1930er Jahren erstmals Nietzsches Nachlass dem Anspruch nach vollständig und präzise herauszugeben beabsichtigte, aufgrund der nationalsozialistischen Kulturpolitik aber nur die Bände zu den Jugendschriften und Briefen veröffentlichen konnte (vgl. Hoffmann 1991, S. 118). Schon die HKG unterteilte den Nachlass in Texte erster Klasse und zweiter Klasse, wobei erstere gedruckt und letztere maximal im Nachbericht erwähnt wurden. In der KGW I wurden nun einige weitere Handschriften für die Edition berücksichtigt, doch – anders als im Vorwort zu KGW I/1 behauptet – die Ausgabe ist nach wie vor nicht vollständig (vgl. KGW I/1, S. VI). Das liegt vor allem daran, dass der Nachbericht der ersten Abteilung, der einen Großteil „[s]ogenannte[r] Gelegenheitsnotizen", erhaltener Zeichnungen, Begründungen vorgeschlagener Konjekturen wie auch Varianten und vermeintliche Vorstufen der zunächst edierten Texte enthalten sollte (KGW I/1, S. VIII), bis heute nicht erschienen ist.[22]

Doch selbst mit dem Nachbericht bliebe die KGW I höchst problematisch, ist eine Trennung handschriftlicher Textbestände in Lesetext und kritischen Apparat doch seit dem *material turn* der Editionswissenschaften[23] alles andere als *state of the art*. Demgegenüber ist eine zeitgemäße, materialorientierte Edition zu bevorzugen, die den handschriftlichen Beständen so genau wie möglich folgt und sie nur so linear wie nötig transkribiert, um den praktischen Umgang mit den Texten, namentlich die Zitierfähigkeit, zu gewährleisten. Eine solche diplomatische Edition, wie sie in vorliegender Arbeit exemplarisch anhand des Manuskripthefts Mp I 22 aus dem Jahr 1858 versucht wird (Kap. 4), verzichtet auf Montinaris Chronologisierungssystem zugunsten der in den Manuskriptheften und Archivmappen loser Blätter vorliegenden Ordnung und gibt alle erhaltenen Texte in der vorgefundenen Gestalt wieder (inklusive Zeichnungen, Streichungen, Dopplungen und so weiter). Dabei unterscheidet sie gemäß einem erweiterten Literaturbegriff auch nicht zwischen dem Status als ‚Gebrauchstext' oder ‚literarischer Text'.[24]

---

22 Zuletzt wurden die ersten Nachberichtsbände auf der Homepage des betreffenden Verlags nach mehreren Verschiebungen noch für 2025 und 2028 angekündigt. Mittlerweile gibt es jedoch keine Prognose mehr. Vgl. URL: https://www.degruyter.com/serial/NWKGAA1-B/html, Stand: 20.5.2023.

23 Ein erster, die Vor- und Nachteile materialorientierter Editionswissenschaft abwägender Überblick über die Material Philology, wie sie mit Bernard Cerquiglinis *Éloge de la variante* (Cerquiglini 1989) um 1990 aufkommt, liegt mit dem frühen Referenzbeitrag von Stackmann 1994 vor, der sich auf die mediävistische Germanistik konzentriert. Eine aktuelle Übersicht zu den Forschungsfeldern der materiellen Literatur- und Kulturwissenschaft gibt das Handbuch von Scholz/Vedder 2018. Zum aktuellen Stand der materialorientierten Editionswissenschaft vgl. darin Seidel 2018. Für den Versuch, die Material Philology für diskursanalytische Ansätze und Fragestellungen zu öffnen, vgl. Lechtermann 2018.

24 Zu den Richtlinien der Edition vgl. Kap. 3.2.

1.4.2 Zur Wahl des Korpus

Das Jahr 1858 spielt, wie oben gesehen (vgl. Kap. 1.2), eine wichtige Rolle in Nietzsches Entwicklung als Dichter. Sowohl quantitativ als auch qualitativ markiert es eine Evolution: Der junge Nietzsche verfasst deutlich mehr lyrische Texte als zuvor und bemüht sich zugleich darum, diese individueller zu gestalten, indem er sich seine Vorlagen selbstbewusster aneignet. Trotzdem bleibt er diesen Vorlagen in je unterschiedlichem Maße verpfichtet. Um den Blick auf Nietzsches Jugendlyrik exemplarisch zu vertiefen, erweist sich ein 1858 entstandenes Korpus vor diesem Hintergrund als besonders spannend. Denn es ermöglicht, durch den Blick auf Texte eines Dichters im Umbruch nicht nur *grosso modo* bevorzugte Themen, Formen und Quellen zu bestimmen, sondern auch im Detail Aneignungsstrategien und -techniken sowie Scheibverfahren zu analysieren, die noch im Entstehen begriffen sind.

Ich greife daher das Manuskriptheft Mp I 22 von 1858 heraus, das dem Titel „Poësie. – II.“[25] entsprechend fast ausnahmslos Gedichte und lyrische Entwürfe des jungen Nietzsche enthält, in genetisch und/oder inhaltlich verwandten Texten aber – wie in Teil III.3.2 der voliegenden Arbeit wiederholt zu sehen ist[26] – sowohl über das Manuskriptheft Mp I 22 als auch über Gattungsgrenzen hinausweist. Insofern ist die Auswahl *eines* Manuskripthefts eine heuristische Entscheidung, die einerseits dazu dient, Nietzsches Jugendlyrik besser kennenzulernen. Andererseits verdeutlicht die Auswahl, dass eine neue, zeitgemäße Edition und Interpretation des *gesamten* Nachlasses des jungen Nietzsche zwingend nötig ist. Allein der Bestand bislang unedierter Texte in diesem einen Manuskriptheft muss die Nietzsche-Forschung zu einer kritischeren Herangehensweise an die bisherigen Nachlass-Editionen veranlassen. Doch auch durch die inhaltlichen und textgenetischen Spuren, die von Mp I 22 ausgehend zu verschiedenen weiteren Manuskripten führen, leistet die vorliegende Auswahledition und -analyse größer angelegten Forschungsvorhaben Vorschub,[27] die imstande sind, den gesamten Nachlass des jungen Nietzsche ohne

25 In der Regel tragen die Manuskripthefte des jungen Nietzsche keine Titel. Manuskripthefte mit Titeln wie ‚Poesie I‘, ‚Poesie III‘ und so weiter, die zusammen mit dem vorliegenden Heft eine Reihe bilden könnten, sind nicht erhalten. Gleichwohl enthalten Hefte wie beispielsweise Mp I 21 oder Mp I 19 hauptsächlich Gedichte und lyrische Entwürfe, die zum Teil auch genetisch mit Texten in Mp I 22 zusammenhängen, sodass die Vergabe solcher Titel mit Blick auf die Heftinhalte nahegelegen hätte.

26 Vgl. beispielsweise die mit *Hecktors Abschied (nach ~~Heekomer.~~)* (Mp I 22, S. 7–8) in Verbindung stehenden Texte in Mp I 16, S. 6–14; Mp I 19, S. 2; Mp I 21, S. 8–10.

27 Eine digitale textgenetische Neuedition des gesamten Nachlasses, die sowohl praktikabel ist als auch der ursprünglichen Gestalt der Manuskripte und ihrer Ordnung sowie Entstehung in den Heften und Notizbüchern Rechnung trägt, wurde von der Forschungsstelle „Nietzsche-Kommentar“

gattungsmäßige Eingrenzung neu zu edieren und textgenetisch sowie historisch kontextualisierend zu erschließen.

Welche Probleme aus der bisherigen Edition in KGW I wie auch aus der vorhergehenden Edition in HKG konkret erwachsen, lässt sich anhand des Manuskripthefts Mp I 22 beispielhaft erläutern: In der KGW-I- wie auch in der HKG-Edition geht der besondere Status des Überlieferungsträgers Mp I 22 verloren. So bildet eine um Vorarbeiten und Varianten gekürzte Transkription der Seiten 1 bis 8 und 9 bis 52 zusammen mit den Manuskripten aus Mp I 12–14, Mp II 4, Mp I 15–19, 21 und 23 sowie Mp III 3–4 in KGW I/1 die Fragment-Gruppe 4, die den Zeitraum von Januar bis September 1858 abzudecken beansprucht (vgl. KGW I/1, S. 209). In den gekürzten Bestand aus Mp I 22 wurde außerdem ein Prosa-Entwurf des Gedichts *Jason und Medea* (Mp I 22, S. 9–11; KGW I/1, S. 263–264) eingeschoben, der nur als Fragment auf einem einzelnen Blatt erhalten ist (Mp II 5). Das von Montinari übernommene editorische Prinzip, den Nachlass in Fragmentgruppen chronologisch zu ordnen, verschleiert den materialen Zusammenhang des Manuskripthefts, dessen Texte als Nummern 4[48] bis 4[53] und 4[55] bis 4[72] innerhalb der Gruppe 4 nicht mehr unmittelbar zuzuordnen sind. Hierzu trägt nicht nur die fragwürdige, von HKG 1, S. 432 unkritisch übernommene Entscheidung bei, die Titelei auf dem Deckel des Hefts und das Gedichtverzeichnis auf den Seiten 1 und 2 unter einer gemeinsamen Ziffer (4[48]; KGW I/1, S. 257–258) als *einen* Text zusammenzulegen. Schwerer wiegt noch das Versäumnis, diverse lyrische Aufzeichnungen grundsätzlich nicht zu edieren, weil sie offenbar als sogenannte Vorstufen zu vermeintlich fertiggestellten Texten gelten. Nietzsches frühe lyrische Notizbücher wurden dergestalt nur unvollständig veröffentlicht, was nicht nur aus rein editionsphilologischer Sicht problematisch ist. Auch die hermeneutisch interessierte Interpretin muss angesichts der umfassenden textgenetischen Zusammenhänge zwischen den verschiedenen Manuskriptheften ihr Bild vom jungen Dichter insofern revidieren, als dessen Arbeitsweise viel deutlicher als *work in progress* zu kennzeichnen wäre als bislang angenommen. In der Tat tritt so eine sinnfällige Gemeinsamkeit zwischen jungem und älterem Nietzsche zu Tage, deren Texte im Lauf ihrer Entstehung langsam durch die verschiedenen Arbeitshefte wandern und sich stetig verändern. Vollzieht man diese Entwicklung beim jungen Nietzsche nach, zeigt sich, wie er sich schrittweise von seinen Vorlagen entfernt von einem imitierenden Autor zu einem aneignenden Autor wird.

---

der Heidelberger Akademie der Wissenschaften mit Sitz am Deutschen Seminar der Albert-Ludwigs-Universität Freiburg leider erfolglos im Rahmen des Akademienprogramms der Deutschen Akademien der Wissenschaft beantragt. Zur technischen Realisierung der Neuedition, die auf der Online-Plattform Nietzsche Source (http://www.nietzschesource.org/, Stand: 20.5.2023) veröffentlicht werden sollte, vgl. D'Iorio 2017. Zur (Vor-)Geschichte der Plattform vgl. Saller 2006.

1.4.3 Ziel, Zweck und Methodik der Arbeit

Innerhalb der wissenschaftlichen Auseinandersetzung mit Nietzsche als lyrischem Dichter lässt sich für die Forschungs- und Editionspraxis nicht nur eine Differenzierung zwischen der von Nietzsche selbst veröffentlichten oder zur Veröffentlichung vorbereiteten Lyrik einerseits sowie der nachgelassenen Lyrik andererseits festhalten. Vielmehr zeigt sich, dass auch innerhalb von Nietzsches Nachlass eine deutliche Zäsur besteht, die der Jahreswechsel 1869/1870 markiert. Hier trennt sich editionsphilologisch wie hermeneutisch der Nachlass des ‚jungen' Nietzsche von dem des ‚erwachsenen'. Das Korpus der zwischen 1870 und 1889 entstandenen Nachlasstexte bildet analog zum veröffentlichten Werk, aber im Gegensatz zum Nachlass der 1850er und -60 Jahre, einen kanonischen Untersuchungsgegenstand der Nietzscheforschung. Der Nachlass des jungen Nietzsche hingegen wird in aller Regel nur ausnahmsweise und im Hinblick auf einzelne Aspekte untersucht oder in Untersuchungen miteinbezogen, die sich schwerpunktmäßig Fragen zu Werk und Nachlass des erwachsenen Nietzsche widmen. So nachvollziehbar dieser Umstand aus populärwissenschaftlicher Perspektive ist, da sich die gebildete Öffentlichkeit primär für die weltberühmten Werke und Nachlass-Philosopheme Nietzsches interessiert:[28] Mit Blick auf den erweiterten Literaturbegriff, der sich im Zuge des *cultural turn* im fortgeschrittenen 20. Jahrhundert auch in den Literaturwissenschaften durchgesetzt hat, erscheint die einseitige Orientierung an den Kriterien Prominenz und Schöpfungshöhe nicht mehr haltbar für eine zeitgemäße Nietzscheforschung. Vor diesem Hintergrund gilt es, bei der neuen Beschäftigung mit dem Forschungsfeld ‚Nietzsche als Dichter' den lyrischen Nachlass der 1850er und -60er Jahre gleichberechtigt zu berücksichtigen.[29]

---

28 Eine Ausnahme liegt mit Mario Lichtenheldts fiktionalem Jugendbuch *Fritz und der Weise im Walde* vor (Lichtenheldt 2018). Darin findet ein Heranwachsender Teile des Nachlasses des jungen Nietzsche im Wald und untersucht sie gemeinsam mit seinen Freunden.

29 Eine solche Aufnahme des Korpus in den Kanon der wissenschaftlichen Beschäftigung mit Nietzsche soll allerdings nicht dazu führen, bekannte Philosopheme aus den Texten des erwachsenen Nietzsche kurzerhand in den frühen Nachlass hineinzulesen und diesen damit nicht nur im Sinne einer einseitigen teleologischen Hermeneutik festzulegen, sondern auch sein kulturgeschichtliches Erkenntnispotenzial zu verdeckenden. Dieser Versuchung ist etwa Villwock 2017, S. 15 erlegen, der in Nietzsches Jugendgedicht *Colombo* von 1858 (Mp I 22, S. 40–42; KGW I/1, S. 273–274) „die Achse, den Ausgangs- und Endpunkt seiner Lyrik und zugleich den Nullpunkt seiner Zeit- und Lebenserfahrung" formuliert sieht: „das in grenzenloser Unendlichkeit vereinsamte Ich." Mit dieser Behauptung differenziert Villwock weder lyrisches Ich und Autor des Jugendgedichts noch die gänzlich verschiedenen Kontexte dieses Textes und der späteren Lyrik. Eine valide Verbindung zum Werk des Erwachsenen besteht hier vielmehr durch die Wahl der Kolumbus-Figur, der sich Nietzsche um 1880 wieder in einigen lyrischen Texten und Entwürfen widmet (vgl. hierzu Wenner 2017).

Zu diesem Zweck verfolgt die vorliegende Arbeit das Ziel, einen Beitrag zum Abbau der beiden Hürden zu leisten, die aktuell jeder historisch verpflichteten Auseinandersetzung[30] mit dem lyrischen Nachlass des jungen Nietzsche im Weg stehen – unabhängig davon, ob sie ein philosophisches oder literaturwissenschaftliches Erkenntnisinteresse verfolgen: dass die zur Verfügung stehenden Textgrundlagen, KGW I und HKG, erstens ein falsches Bild der nachgelassenen Aufzeichnungen des jungen Nietzsche vermitteln; und dass Forschende zweitens keine Möglichkeit haben, sich über die Entstehungsbedingungen jener Aufzeichnungen eingehend und gebündelt zu informieren, was angesichts des spezifischen Charakters der Juvenilia, ihrem hohen Abhängigkeitsgrad, besonders schwer ins Gewicht fällt. Schließlich liegt, anders als beim erwachsenen Nietzsche, kein prominentes philosophisch-literarisches Werk vor, das als erster Orientierungspunkt für die Analyse und Interpretation der Nachlasstexte dienen kann. Die historische und biografische Kontextualisierung einer Aufzeichnung aus Nietzsches Jugend ist eine *conditio sine qua non* ihrer hermeneutischen Erschließung.

Methodisch setzt die Arbeit daher auf eine historische Einordnung ihres Gegenstands, um Basisinformationen zum jungen Nietzsche als lyrischem Dichter zu teilen: Zum einen beleuchtet sie die Editions- und Forschungsgeschichte von Nietzsches Jugendlyrik (Kap. 2.1–2.2), die literaturgeschichtlichen Kontexte von deren Entstehung (Kap. 2.4) sowie Nietzsches autoreflexive Aufzeichnungen, die zum Thema Lyrik erhalten sind (Kap. 2.3); zum andern bietet die Arbeit eine diplomati-

Über diese konkrete Entsprechung hinaus kann allenfalls über inhaltliche Anknüpfungspunkte spekuliert werden. Vgl. gegen den geschilderten Deutungsansatz bereits diplomatisch Pestalozzi 1984, S. 101: „Die Bedeutung, die Nietzsche für uns hat, kann leicht dazu verleiten, seine Jugendgedichte unter der Optik ‚ex ungue leonem' zu lesen, d. h. darin Spuren, vor allem inhaltlicher Art, zu suchen, in denen sich seine spätere Philosophie ankündigt. [...] Dennoch darf das nicht zu einer Vereinnahmung des frühen Nietzsche durch den späteren führen." Einen produktiven Mittelweg scheint Mathias Mayer zu gehen, wenn er allgemeiner von „Themen" spricht, die sich Nietzsche „früh [...] erschlossen hat" und „die gerade in seiner Lyrik gültig bleiben": „etwa Töne der Einsamkeit, der Melancholie, aber auch eine Gestalt wie Columbus" (Mayer 2010, S. 180).

30 Mit historisch verpflichteten Interpretationsversuchen ist in der vorliegenden Arbeit eine Hermeneutik bezeichnet, die den Anspruch erhebt, die zeitgenössischen Entstehungsbedingungen des Interpretationsgegenstandes, sprich seine geschichtlichen Kontexte (hier beispielsweise der literarische Kanon, der Schulunterricht oder das soziale Milieu, mit dem der junge Nietzsche konfrontiert wird), stets zu berücksichtigen. Zur Theoriebildung einer kontextorientierten Literaturwissenschaft im Anschluss an den namentlich von Stephen Greenblatt in der nordamerikanischen Literaturwissenschaft etablierten New Historicism und in Abgrenzung zu textzentrierten Ansätzen, etwa den der textimmanenten Interpretation, vgl. den Sammelband von Gymnich/Neumann/Nünning 2006, darin insbesondere den Überblick von Neumann/Nünning 2006. Neuere Versuche, literaturwissenschaftliche Kontextualisierungsansätze methodisch auszudifferenzieren, stammen von Engel 2018 und den Beitragenden zu Jannidis/Lauer/Winko 2014.

sche Edition eines einzelnen Manuskripthefts sowie dessen beispielhafte textgenetische und historisch kontextualisierende Analyse an (Kap. 3–5). Folglich handelt es sich um einen Beitrag zur Grundlagenforschung und mithin um eine Leistung, von der methodisch avancierte Arbeiten profitieren und auf der sie aufbauen können.

2 Nietzsches Jugendlyrik: Editionsgeschichte, Forschungsstand, Autoreflexion, Kontexte

2.1 Editionsgeschichte

2.1.1 Der Bestand im Goethe- und Schiller-Archiv

Nietzsches Nachlass wird unter der Signatur GSA 71 im Goethe- und Schiller-Archiv Weimar aufbewahrt. Der Nachlass der 1850er und -60er Jahre besteht aus Texten mit unterschiedlich hohem Vollendungsgrad, die entweder in Manuskriptheften verschiedener Größen und Längen überliefert sind oder auf losen, in Mappen zusammengefassten Blättern, denen der gesamte Bestand den Namen seiner bis heute gültigen, von Hans Joachim Mette vergebenen Signatur verdankt: „Mp" (HKG 1, S. LIV). Da sich der Nachlass des jungen Nietzsche gleichermaßen auf Einzelblätter und Hefte verteilt, führt die pauschale Bezeichnung als ‚Mappen' allerdings in die Irre. Einige Hefte hat der junge Nietzsche nur für Lyrik verwendet, so zum Beispiel das in Teil III der vorliegenden Arbeit diplomatisch edierte und kontextualisierend analysierte Heft Mp I 22 von 1858, in dem sich fragmentarische lyrische Entwürfe ebenso finden wie (fast) fertige, ins Reine geschriebene Gedichte.

Die fünf Bände der KGW I enthalten jeweils einen Nachweis über die ihnen zugrundeliegenden Manuskripte aus dem frühen Nachlass bis 1869 gemäß der aktuellen Einzelsignatur der edierten Texte (vgl. KGW I/1, S. 383–384; KGW I/2, S. 511–513; KGW I/3, S. 471–472; KGW I/4, S. 579–580; KGW I/5, S. 437). Der größte Teil der heute vorliegenden Jugendlyrik stammt aus der Schulzeit in Pforta (1858–1864): Auf der Grundlage der in KGW I präsentierten Texte lassen sich für diesen Zeitraum 177 lyrische Dichtungen und Fragmente zählen. Eine große Teilmenge, nämlich 107 Texte, ist aber auch schon vom Kind und Schüler des Domgymnasiums aus der Zeit von 1850 bis 1858 erhalten, während vom Studenten (1864–1869) – möglicherweise seiner Autodafés wegen – nur acht lyrische Dichtungen überliefert sind.[31] Hinzu

Teil 2 der vorliegenden Arbeit stellt eine aktualisierte und um die Kapitel 2.4.2, 2.4.3 und 2.4.4 erweiterte Fassung meiner im Wintersemester 2016/17 an der Philologischen, Philosophischen und Wirtschafts- und Verhaltenswissenschaftlichen Fakultät der Albert-Ludwigs-Universität Freiburg i. Br. erfolgreich eingereichten Masterarbeit mit dem Titel „‚Dichten mußt du, sollst du, kannst du, Fritz!' Nietzsches Jugendlyrik in historisch-kritischer Perspektive" dar.

31 Angesichts ihrer geringen Zahl seien sie hier in Gänze aufgeführt. Im Bereich der Lyrik haben sich erhalten: *Wär ich nicht heiser, würd ich singen…*, *Es wiegt die alte Linde…* und *Gänse mit rothen Augen…* (Mp VI 25, S. 1–2; KGW I/4, S. 1–2); *Es ist ein stiller Nachmittag…* und *Es geht mir manches durch den Sinn…* (Mp VI 11, S. 13–14; KGW I/4, S. 43–44); *Unsinnige Ueberschrift eines Bierseidels,*

https://doi.org/10.1515/9783111332017-004

kommen, abzüglich der auch in KGW I edierten Nachlass-Gedichte, neun lyrische Dichtungen, die nur als Teil von Briefen erhalten sind,[32] sowie die drei Gedichte, die Hermann Josef Schmidt außerhalb des Nachlasses ausfindig gemacht und publiziert hat (vgl. Schmidt 1994, S. 316, 319–320 u. 616; vgl. auch Schmidt 1998, S. 338, Anm. 38). Insgesamt liegen also 304 Jugenddichtungen Nietzsches aus der Zeit von 1850 bis 1869 ediert oder zumindest transkribiert vor. Durch die noch fehlende Kollation des gesamten frühen lyrischen Nachlasses hat diese Zahl bislang jedoch provisorischen Charakter.[33] Bereits der nicht repräsentative Vergleich der in Mp I 22 handschriftlich vorliegenden Texte mit den in KGW I/1 edierten Texten gibt Grund zu der Annahme, dass der Nachlass bis 1869 insgesamt eine große Dunkelziffer unedierter Vorarbeiten und Varianten enthält.[34]

Da ein garstger Nebelschleier... sowie schließlich *Blödsinn aus dem Ruseler Fremdenb.* (Mp VI 21, S. 95–97 u. 103–105; KGW I/4, S. 355–356 u. 358–359). Dazu kommen zwei dramatische Entwürfe: *Die Frankonen im Himmel* (Mp VI 1, S. 1–3; KGW I/4, S. 3–6) und *Ermanarich, Oper in drei Akte* [sic] (Mp I 14, S. 1; KGW I/4, S. 65–68).

32 Ausschließlich in den Briefen finden sich die folgenden Gedichte: *Tante Rikchen, Guten Morgen...* (an Franziska Nietzsche, 12.07.1854, KGB I/1, Bf. 5), *Schon ist der Winter kommen...* (an Franziska Nietzsche, 27.11.1858, KGB I/1, Bf. 37), *Ich muß mich beeilen...* (an Emil Schenk, erste Augusthälfte 1859, KGB I/1, Bf. 85), *Der Frühling ist kommen...* (an Wilhelm Pinder, Mitte Februar 1860, KGB I/1, Bf. 129), *Sage mir, theurer Freund, warum du so lang nicht geschrieben...* („An einen Freund", 06.03.1860, KGB I/1, Bf. 132), *–wir lauschen...* (an Elisabeth Nietzsche, Ende November 1861, KGB I/1, Bf. 288), *Grüßt alle die Bekannten...* (an Franziska und Elisabeth Nietzsche, 22.04.1866, KGB I/2, Bf. 502), *Hast Du gerade Beine...* (an Erwin Rohde, 06.06.1868, KGB I/2, Bf. 574) und *Gerettet ist das edle Glied...* (an Erwin Rohde, 06.08.1868, KGB I/2, Bf. 583). – Die Gedichte *Maienlied* (an Wilhelm Pinder, Mitte Februar 1859, KGB I/1, Bf. 55; Mp V 6, S. 45–49; KGW I/2, S. 19–20), *In der Ferne, in der Ferne...* (an Wilhelm Pinder, Mai/Juni 1859, KGB I/1, Bf. 76; Mp I 40, S. 1–7; KGW I/2, S. 180–181), *Du hast gerufen...* sowie *Schweifen, o Schweifen!* (jeweils an Raimund Granier, 28.07.1862, KGB I/1, Bf. 324; Mp I 54, S. 13–14 u. 16; KGW I/2, S. 460–462) finden sich dagegen auch im Nachlass des jungen Nietzsche und sind in KGW I ediert. – Mehr oder weniger korrekt wiedergegebene identifizierbare Zitate fremder Autoren sind: *Der König redigirt Daheim...* (an Franziska und Elisabeth Nietzsche, 10.–17.11.1864, KGB I/2, Bf. 451; aus o. V. 1864, S. 211; Hinweis in KGB I/4, S. 339), *Da's aber nicht kann sein...* (an Franziska und Elisabeth Nietzsche, 02.02.1865, KGB I/2, Bf. 460; aus Herder 1778, S. 67–68; Hinweis auf Herder 1807, S. 482 in KGB I/4, S. 348), *Und schwand ich erst, dann denkt wohl keiner mehr...* (an Raimund Granier, zweite Septemberhälfte 1865, KGB I/2, Bf. 479; *„aus Raimund Graniers Gedicht ‚Der Abschied', das er Elisabeth Nietzsche ins Poesiealbum schrieb*, GSA 71/213"; KGB I/4, S. 377), *ἔστην ἀμφιβαλὼν κρατερὸν σάκος ἀμφοτέροισι...* (an Carl von Gersdorff, 11.10.1866, KGB I/2, Bf. 523; aus: Bergk 1867, S. 420; Hinweis in KGB I/4, S. 440) und *Chor der Asketen...* (an Erwin Rohde, 20.11.1868, KGB I/2, Bf. 601; aus Goethe 1808, S. 54; Hinweis in KGB I/4, S. 533).

33 Hermann Josef Schmidt zählt in seinem Überblick der Jugendtexte bis 1864 knapp 270 lyrische Dichtungen, stützt sich aber teilweise noch auf die HKG (vgl. Schmidt 1998, S. 333 u. 338).

34 Titel, Gedichtverzeichnisse und Zeichnungen ausgenommen, stehen 38 Texten im Manuskriptheft Mp I 22 lediglich 21 edierte Texte in KGW I/1, S. 258–277 gegenüber. Das entspricht einem Anteil

Die Jugendschriften aus den 1850er und -60er Jahren sind der erste Textbestand aus Nietzsches Nachlass, dessen Edition innerhalb einer Werkausgabe zeitgenössische philologische Standards erfüllt. Trotz unvollständiger Nachberichte, fehlerhafter Transkriptionen und den Manuskriptzusammenhang auflösenden Wiedergabe der Texte sticht Hans Joachim Mettes *Historisch-kritische Gesamtausgabe* der Werke, die nach Band 5 aus politischen Gründen abgebrochen wurde,[35] damit positiv aus der Menge der Nietzsche-Ausgaben des frühen 20. Jahrhunderts heraus. Vor und nach ihrem Erscheinen werden die Juvenilia nur ausschnittweise gedruckt, unter anderem in Elisabeth Förster-Nietzsches Biografie ihres Bruders (Förster-Nietzsche 1895) und ihrer Sammlung *Der werdende Nietzsche* (Nietzsche

---

von gerundet 44,74 Prozent handschriftlicher Texte innerhalb dieses Manuskripthefts, die nicht ediert in KGW I vorliegen.

35 Der HKG wird im Februar 1938 als „Musterbeispiel einer Verwissenschaftlichung großer Werke und Persönlichkeiten“ in einem Gutachten des Amts für Schrifttumspflege, das der Dienststelle Alfred Rosenbergs zugehört, die weitere Förderung versagt: „Die Philologie nimmt hier bereits ein Eigenleben an, und stellt sich nicht mehr allein in den Dienst des Werkes, sondern überwuchert und vergewaltigt mit ihrer Akribie die grosse Gesamtanlage des Schaffens. [...] [D]ie Registrierung [...] aller Äusserungen des Knaben und aller Schülerarbeiten, die ihn noch als Lernenden und Unfertigen, keineswegs aber als die uns wesentliche schöpferische Persönlichkeit zeigen, muss als eine Entartung philologischer und psychologischer Wissenschaftsmethoden bezeichnet werden, die keinen Sinn mehr für Mass und Wert besitzt und den Unterschied zwischen geistiger Schöpfung und alltäglicher Zufälligkeit nicht begriffen hat.“ (Zit. n. Salehi 2000, S. 206 u. 219, Anm. 141; vgl. bereits Hoffmann 1991, S. 118) – Im Hintergrund dieser Begründung steht die kulturpolitische Förderung eines Nietzsche-Bildes durch die bestimmenden nationalsozialistischen Ideologen um Alfred Rosenberg und Alfred Baeumler, das jenen als systematischen Philosophen zeigt, dessen Anschauungen politisch anschlussfähig sind. Damit setzen sie eine Tendenz fort, die wiederholt bereits die Nietzsche-Rezeption(en) aus dem Umkreis der sogenannten Konservativen Revolution kennzeichnen (vgl. Kaufmann/Sommer 2018). Eine Mythologisierung zur ‚großen Persönlichkeit‘ wird Nietzsche beispielsweise prominent in Ernst Bertrams *Nietzsche. Versuch einer Mythologie* zuteil (Bertram 1918; vgl. Redl 2018, S. 110–113). Und wie Grätz 2018, S. 410 erklärt, erscheint „Nietzsches Idee des Übermenschen [...] in Rosenbergs *Mythus des zwanzigsten Jahrhunderts*“ dann „als Antwort auf eine Zeit, in der ein Vakuum an Persönlichkeit herrscht“. Eine textkritische Edition des Nachlasses, die anstelle einer (künstlichen) Systematisierung der philosophischen Grundgedanken Nietzsches qua Edition das Unfertige, Verworfene, Zufällige der Aufzeichnungen ausstellt, läuft der ideologischen Vereinnahmung Nietzsches vor diesem Hintergrund zuwider (vgl. Grätz 2018, S. 426–429). Baeumlers erklärtes Ziel besteht vielmehr darin, das „philosophische Hauptwerk Nietzsches“, den von Elisabeth Förster-Nietzsche und Heinrich Köselitz kompilierten *Willen zur Macht*, als „kühnstes und wichtigstes philosophisches Werk des 19. Jahrhunderts“ in den Mittelpunkt der Auseinandersetzung mit Nietzsche zu rücken (Baeumler 1930, S. 699–700). Dementsprechend nimmt Baeumler die Kompilation auch als Band 6 in seine Neuausgabe der Werke Nietzsches für den Kröner-Verlag auf (Nietzsche 1930b).

1924), im ersten Band der Musarionausgabe (MusA 1), in Alfred Baeumlers Werkausgabe (Nietzsche 1930a) oder in Band 3 von Schlechtas Edition (SA 3). Insbesondere nach Ablauf der Schutzfrist von Nietzsches Schriften im Jahr 1930 kommt es zu einer regelrechten Flut von Nietzsche-(Auswahl-)Ausgaben; viele von ihnen enthalten auch Jugendgedichte, die aus den Editionen des Nietzsche-Archivs einfach übernommen werden.[36] Entsprechend lange ist die HKG, die das Nietzsche-Archiv nach Ablauf der Schutzfrist zur Sicherung seiner „materielle[n] Grundlage" initiiert (Hoffmann 1991, S. 104), als einzige verlässliche Textgrundlage für die Forschung in Gebrauch, bis die frühen Aufzeichnungen knapp 50 Jahre später als letzter Nachlassbestand auch in der KGW I veröffentlicht werden. Wie die älteren Nachlassbände der KGW weist allerdings auch die erste Abteilung die Schwächen von Montinaris textkritischem Editionsverfahren auf, das in den 1990er und 2000er Jahren infolge des Aufkommens der Material Philology nicht mehr zeitgemäß ist. Erst die KGW IX unternimmt den Versuch, Nietzsches Manuskripte nach den neuesten, materialorientierten Standards zu edieren.[37]

2.1.2 Werk- und Gesamtausgaben

Erstmals im Rahmen einer Werkausgabe werden ausgewählte Aufzeichnungen des Schülers und Studenten in Band 1 der von Richard und Max Oehler wie Friedrich Würzbach herausgegebenen Musarionausgabe von 1922 veröffentlicht.[38] Ausgehend von der teleologischen Prämisse dieser monumental ausgestatteten, wissenschaftlich jedoch bedeutungslosen Ausgabe[39] gelten die Jugendschriften als Ausgangspunkt des geistigen ‚Aufstiegs' Nietzsches, dessen Werk als „abgeschlossene[ ] Einheit" (MusA 1, S. XVI) vorgestellt wird. Im „Vorwort zur Musarionausgabe" heißt es demgemäß über den ersten Band: „Damit haben wir den jungen Nietzsche unmittelbar vor uns, mit der ganzen Fülle seiner Versuche nach verschiedenen Richtungen hin, mit dem schon damals ihn kennzeichnenden Zusammenklang von

36 Für die Sichtung der Ausgaben und Anthologien, die den Nachlass des jungen Nietzsch enthalten, ist die *Weimarer Nietzsche-Bibliografie* (WNB) ein wichtiges Hilfsmittel.

37 Allerdings beschränkt sich das Unternehmen auf den späten Nachlass ab 1885. Zudem sind die ultradiplomatisch transkribierten Texte nur mithilfe (kostenpflichtiger) Fotokopien zitierbar.

38 Die ersten Werkausgaben des Nietzsche-Archivs, die ab den 1890er Jahren unter der Aufsicht von Elisabeth Förster-Nietzsche erscheinen (GAG, GAK, GA, KA), verzichten auf eine Edition des Nachlasses der 1850er und -60er Jahre. Gedichte enthalten nur GAK I/8, GA I/8 und KA 6, wobei die Herausgeber jeweils erst mit der nachgelassenen Lyrik der 1870er Jahre beginnen.

39 So das Urteil von Montinari 1982, S. 12 zur Musarionausgabe: „Ihre Monumentalität steht im umgekehrten Verhältnis zu ihrer wissenschaftlichen Bedeutung."

Wissenschaft, Musik und Dichtkunst in seiner Seele." (MusA 1, S. X–XI) Und das Ziel der gesamten Edition formuliert Richard Oehler dazu passend wie folgt:

> Wir können [...] in dieser Ausgabe den Entwicklungsgang dieses großen Genius vom Philologen zum Kämpfer gegen die Kultur seiner Zeit, zum moralistischen Kritiker, zum neuschaffenden Denker, zum Antichristen und Immoralisten, zum Umwerter aller Werte, zum Dichterphilosophen besser als bisher Schritt für Schritt verfolgen. (MusA 1, S. XI)

In drei Sektionen – „Knabenzeit", „Jünglingszeit" und „Studienzeit" (MusA 1, S. V u. VIII) – unterteilt Band 1 der Ausgabe Nietzsches frühen Nachlass und druckt daraus eine willkürliche Auswahl verschiedener Gedichte, Aufsätze, Hausaufgaben und Abschlussarbeiten, wobei die erste Sektion ausschließlich „Dichtungen des 13–15jährigen Nietzsche" (MusA 1, S. V) mitteilt. Die Auswahl dieser Sektion entspricht auffallend genau den ersten 14 Titeln aus der Erstauflage von Förster-Nietzsches *Gedichten und Sprüchen*, variiert nur unwesentlich die Reihenfolge und fügt die Gedichte *Dornröschen* und *Rückkehr* hinzu (Mp I 43, S. 1 u. 9–10; KGW I/2, S. 217–218 u. 222–223; vgl. Nietzsche 1898, S. V u. MusA 1, S. V). Von den insgesamt 45 Jugendgedichten in der Musarionausgabe ist sogar nur ein einziges nicht in den bis 1922 erschienenen sechs Auflagen der *Gedichte und Sprüche* enthalten: ebenjenes Gedicht *Rückkehr* (MusA 1, S. 18), das sich dafür in Förster-Nietzsches Biografie von 1895 (Förster-Nietzsche 1895, S. 150) findet.

Veröffentlicht werden also nur bekannte Jugendgedichte samt den falschen Titeln, die sie schon bei Förster-Nietzsche tragen.[40] Dazu passt, dass bereits 1923, nur ein Jahr nach der Veröffentlichung von Band 1 der Musarionausgabe, eine „Sonderausgabe" der Jugendschriften auf den Markt kommt, deren Textbestand eins zu eins dem des zuvor erschienenen Bandes entspricht. Teil einer ‚Werkausgabe' ist der Eröffnungsband der Musarionausgabe daher nur pro forma; streng genommen handelt es sich um eine der zahlreichen philologisch unzuverlässigen Anthologien, die vom Kreis um Förster-Nietzsche publiziert werden. Im „Vorwort" der ein Jahrzehnt später veröffentlichten HKG werden die „sachverständigen Berater[ ]" von Elisabeth Förster-Nietzsche denn auch für das Stückwerk in der Musarionausgabe kritisiert: Ihnen sei es „doch zunächst darauf an[gekommen], von der [...] unendlich reichen und vielgestaltigen Gedankenwelt Nietzsches ein möglichst vollständiges, geschlossenes, nach allen Seiten abgerundetes [!] Bild zu geben" (HKG 1, S. VII). Die von Hans Joachim Mette herausgegebene HKG verzichtet zwar ihrerseits nicht auf

40 Das Gedicht *Abschied*, wie es in einer auf den 24. Dezember 1860 datierten Weihnachtssammlung betitelt ist (Mp I 43, S. 3; KGW I/2, S. 218–219), trägt in MusA 1, S. 7 beispielsweise die Überschrift „Trennung".

gezielte ‚Abrundungen' des Textbestandes (vgl. Figl 1994), doch steht sie innerhalb der Editionsgeschichte von Nietzsches Nachlass in der Zeit vor Colli und Montinari als positive Ausnahme da. Ein Gutachten des Amts für Schrifttumspflege aus dem Februar 1938 wirft ihr bezeichnenderweise die „Verwissenschaftlichung" Nietzsches vor (zit. n. Salehi 2000, S. 206 u. 219, Anm. 141; vgl. Hoffmann 1991, S. 118). Und Montinari selbst bekennt mit Blick auf die Vorbereitungen zur KGW, dass ein „zuverlässige[r] Text [...] nur für die Jugendschriften und die Philologica" vorliege, „die in der unvollständig gebliebenen historisch-kritischen Gesamtausgabe" ediert sind (Montinari 1982, S. 19).

Alle anderen Werkausgaben aus den ersten zwei Dritteln des 20. Jahrhunderts liefern erklärtermaßen nur Ausschnitte des Nachlasses der 1850er und -60er Jahre. Alfred Baeumlers Ausgabe in acht Bänden (1930–1932) druckt unter der Rubrik „Jugendgedichte" 35 bereits aus anderen Publikationen bekannte[41] lyrische Dichtungen des Schülers (vgl. Nietzsche 1930a, S. 413–458). Walther Linden bringt 20 von ihnen in seiner vierbändigen – 1969 und 2005 mit weniger Jugendlyrik wiederaufgelegten – Ausgabe (erneut) heraus (Nietzsche 1931a, S. 5–30). Karl Schlechtas drei Bände umfassende Werkausgabe, die erstmals von 1954 bis 1956 erscheint und bis in die 1990er Jahre hinein weitgehend unverändert neu aufgelegt wird, veröffentlicht dagegen nur indirekt Jugendgedichte Nietzsches.[42] Im dritten und letzten Band versammelt Schlechta unter der Überschrift „Autobiographisches aus den Jahren 1856–1869" eine beliebige Auswahl ‚autobiografisch' etikettierter Juvenilia, darunter die Autobiografie *Aus meinem Leben* (samt dem 46 Titel umfassenden „Verzeichnis meiner Gedichte" und dem Vierzeiler *Ein Spiegel ist das Leben...*; SA 3, S. 36–37 u. 39; Mp III 4, S. 124–128 u. 136; KGW I/1, S. 308–309 u. 311) sowie die tagebuchartigen Aufzeichnungen *Pforta*, in denen Nietzsche mehrere seiner Gedichte zitiert: die Vierzeiler *Das Laub fällt von den Bäumen...* und *Was lebet muß vergehen...* (SA 3, S. 46 u. 56; Mp III 6, S. 14 u. 32; KGW I/2, S. 103 u. 115) sowie die umfänglicheren Gedichte *Ohne Heimat!* (SA 3, S. 47–48; Mp III 6, S. 16; KGW I/2, S. 104–105), *Das milde Abendläuten...* (SA 3, S. 62; Mp III 6, S. 44;, KGW I/2, S. 122) und *Heimkehr* (SA 3, S. 63; Mp III 6, S. 45–46; KGW I/2, S. 122–123). Hinzu kommt noch der antikisierende Brief an „einen Freund" vom 6. März 1860 (SA 3, S. 77–78; KGB I/1, Bf. 132), den Schlechta als einzige lyrische Dichtung außerhalb autobiografischer Rahmentexte veröffentlicht.

Nach demselben Modell wie Schlechta verfährt Band 1 der 1992 erschienenen Taschenbuchversion von Collis und Montinaris italienischer Werkausgabe *Opere di*

41 Vgl. die Erläuterungen zu den vereinzelt und in Anthologien veröffentlichten Jugendgedichten Nietzsches in Kap. 2.1.3.

42 Ivo Frenzel gibt 1967 eine Werkausgabe heraus, die Schlechtas dreibändige Edition in zwei Bänden zusammenfasst (vgl. Nietzsche 1967).

Friedrich Nietzsche (*Piccola biblioteca Adelphi*). Unter dem Titel „La mia vita. Scritti autobiografici 1856–1869“ versammelt der Band ‚Autobiografisches‘ aus der Schul- und Studienzeit Nietzsches in der italienischen Übersetzung von Mario Carpitella. Die Menge der darin enthaltenen Jugendgedichte beschränkt sich ebenfalls auf die lyrischen Dichtungen (beziehungsweise das Gedichtverzeichnis) der *Pforta*-Aufzeichnungen (Mp III 6; KGW I/2, S. 98–136) und der Autobiografie von 1858 (vgl. Nietzsche 1992).

Nur ein einziges Jugendgedicht, *Noch einmal eh ich weiter ziehe…* (Mp I 75, S. 1; KGW I/3, S. 391), enthält indes die zweibändige (in weiteren Auflagen vierbändige) Auswahl-Werkausgabe von Gerhard Stenzel (vgl. Nietzsche 1952, S. 211). Der falsche Titel „Dem unbekannten Gott“ fungiert darin sogar als Kolumnentitel für eine ganze Rubrik innerhalb einer im Inhaltsverzeichnis als „Hauptwerk“ bezeichneten, willkürlichen Zusammenstellung verschiedener „Gedichte und Sprüche“ (Nietzsche 1952, S. 5) aus Nietzsches Werk und Nachlass (vgl. Nietzsche 1952, S. 211–225). Die *Kommentierte Werkausgabe* von Alfred Läpple wartet demgegenüber zusätzlich mit dem *Bußlied* (Mp I 43, S. 5; KGW I/2, S. 220) und einem der zahlreichen Gedichtverzeichnisse des jungen Nietzsche auf (vgl. Nietzsche 1990, S. 337–339 u. 343).

Im Kontrast zu solchen Auswahl-(Werk-)Ausgaben erklärt das Vorwort zur HKG mit Nachdruck, dass „ausnahmslos alles“ zu veröffentlichen sei, was sich „in den Arbeitsheften verstreut finde[t]“ (HKG 1, S. XI), und zwar „in lückenloser zeitlicher Folge“ (HKG 1, S. X). Dieselben Prinzipien legt Montinari 30 Jahre später der Kritischen Gesamtausgabe zugrunde. Johann Figl, Herausgeber der Neuedition von Nietzsches Juvenilia im Rahmen der KGW I, lobt die in der HKG präsentierten Texte als „in hohem Ausmaß philologisch exakt entziffert“, was die Ausgabe als „wertvolle und beachtenswerte Leistung innerhalb der wechselvollen Geschichte der Nietzsche-Editionen“ ausweise (KGW I/1, S. VI). Diesem Vorzug stehen allerdings wesentliche Versäumnisse gegenüber, wie Figl resümiert (vgl. KGW I/1, S. VI–VII): Erstens fehlen wichtige Textgruppen, wie beispielsweise Schulabschriften und -notizen, alle Kollegnachschriften aus der Studentenzeit sowie Gedichtabschriften und Handschriftenteile. Zweitens verstoße die – überdies inkonsequent umgesetzte – Aussonderung der Schriften aus der Zeit vor dem Eintritt in die Landesschule Pforta am 5. Oktober 1858 gegen das selbstauferlegte Gebot einer chronologischen Wiedergabe des Materials.[43] Schließlich seien die systematischen Kriterien intransparent,

43 Die Tendenz der HKG, bekanntere Texte des jungen Nietzsche durch ihre widersystematische Platzierung innerhalb der Edition „in Aufmerksamkeit erregender Weise“ hervorzuheben, moniert auch Schmidt 1994, S. 618–619 mit Blick auf die finale Stellung von *Noch einmal eh ich weiter ziehe…* in HKG 2, S. 428.

zum Beispiel fehle eine adäquate Erläuterung der wiederholt angewandten Ausschlusskriterien.[44]

Figl erklärt, diese Mängel in der von ihm verantworteten KGW I behoben zu haben: „Die Edition der Jugendschriften folgt im generellen [sic] den Prinzipien, die für die KGW insgesamt maßgebend waren und die Mazzino Montinari mit den Begriffen Manuskripttreue, strikte chronologische Anordnung und Vollständigkeit gekennzeichnet hat" (KGW I/1, S. XI). Im Prinzip kann man die KGW I daher auch schlicht als konsequenter umgesetzte HKG bezeichnen: Die von Mette erhobenen philologischen Ansprüche bleiben formal bestehen; sie werden nur besser realisiert. Die in KGW I/1 hinzugekommenen Texte aus den Sammlungen K I–II etwa, die im Anhang als „Festtagsgedichte und Schulmaterialien" (KGW I/1, S. 313–382) herausgebracht werden, hat Mette „bei seiner Edition" noch „ausgeklammert" (KGW I/1, S. XII) – vielleicht, weil ihr Material erst 1931 zusammengestellt und katalogisiert wurde (vgl. KGW I/1, S. XII, Anm. 12), möglicherweise aber auch deshalb, weil „es sich um *wesenhaft* rezipierte Texte – vielfach um *Nachschriften* –" handelt (KGW I/1, S. IX). In KGW I firmieren sie zusammen mit den eindeutig identifizierbaren Exzerpten aus anderen Werken unter der Signatur A (vgl. KGW I/1, S. IX u. XII).

Im Vergleich zur HKG hat sich der Bestand edierter Jugendlyrik in der KGW I allerdings nur unwesentlich vergrößert. Bei der grundsätzlichen Orientierung innerhalb der großen Menge von Nietzsches Jugendgedichten leisten also die Gedichtverzeichnisse in HKG 1, S. 488–495, HKG 2, S. 481–485 und HKG 3, S. 488 noch gute Dienste. KGW I/1–4 weist zwar mit 293 lyrischen Texten eine größere Zahl auf als die in HKG 1–3 angezeigte (263), doch ist dieser Unterschied hauptsächlich durch die in HKG und KGW I verschieden konstituierten Texteinheiten zu erklären: HKG fasst zum Teil Fragmente und Gedichte als Sammlungen und Zyklen zusammen, die KGW I separat ausweist (vgl. Kaufmann 2015, S. 472). Unter den erstmals herausgegebenen Texten mit A-Signatur befinden sich denn auch nur fünf neue „Festtagsgedichte" (KGW I/1, S. 313; vgl. Mp I 1a; Mp I 76, S. 3–4, 15–16 u. 18; Mp V 3, S. 14; KGW I/1, S. 317–320).[45]

Dem von Wolfram Groddeck bereits 1991 formulierten Desiderat einer „vollständigen, textkritischen Ausgabe von Nietzsches Gedichten" (Groddeck 1991c, S. 169) kommen indes die jüngst erschienenen Ausgaben von Thomas Forrer und Guillaume Métayer (vgl. Nietzsche 2019a, Nietzsche 2019b) am nächsten. Indem

---

44 Eine detailliertere Kritik an der HKG bietet Figl 1994.

45 Durch die exemplarische Edition und Analyse von Mp I 22 in der vorliegenden Arbeit wird deutlich, dass eine Vielzahl von Vorarbeiten, Varianten und Bearbeitungsspuren im Nachlass des jungen Nietzsche in Ermangelung eines detaillierten Nachberichts zu KGW I noch immer nicht veröffentlicht wurde. Vgl. hierzu ausführlich Kap. 1.4.1.

beide Herausgeber jedoch das Gedichtkorpus von HKG und KGW übernehmen, bleiben gerade im Bereich des Nachlasses der 1850er und -60er Jahre die zahlreichen Varianten und Vorarbeiten unberücksichtigt, die HKG in den Nachberichten nur teilweise und/oder pauschal als Entwürfe zu bestimmten edierten Gedichten nennt und KGW I in Ermangelung der Herausgabe eines Nachberichts bislang nicht einmal dergestalt erwähnt. Zudem handelt es sich jeweils um Lese- und Studienausgaben (im Falle von Nietzsche 2019b mit neuer französischer Übersetzung), die Ordnung, Gestalt wie Bearbeitungsspuren der Texte in den Handschriften nicht wiedergeben, sondern die rekonstruierten normalisierten Transkriptionen und chronologischen Ordnungen von HKG und KGW übernehmen und nur bei auffälligen Unterschieden zwischen beiden Editionen fragliche Textstellen nach den Manuskripten korrigieren.[46] Teil III der vorliegenden Arbeit bietet demgegenüber exemplarisch erstmals eine pragmatische und zugleich materialorientierte Edition samt Analyse eines geschlossenen Manuskripthefts aus Nietzsches Jugend.

2.1.3 Anthologien und vereinzelte Veröffentlichungen

Von der Vielzahl der Anthologien zu Nietzsches Lyrik enthält eine beachtliche Zahl auch Jugendgedichte.[47] Das betrifft sowohl deutsch- als auch fremdsprachige Publikationen. Weniger beachtlich ist dagegen die jeweilige Auswahl der Jugendgedichte, die sich mit kleinen Ausnahmen am Fundus der von Elisabeth Förster-Nietzsche herausgegebenen Sammlungen orientiert, allen voran an den verschiedenen Auflagen der *Gedichte und Sprüche* (Förster-Nietzsche 1898).[48] Die darin präsentierten Texte werden in den meisten Gedichtausgaben des 20. Jahrhunderts anstandslos kopiert – mitsamt normalisierter, zum Teil verkürzter Textgestalt und eigenmächtig

46 Vgl. jeweils die editorischen Erläuterungen der Ausgaben: Forrer 2019, S. 482–484; Métayer 2019, S. XVII–XIX. Beide Ausgaben verzichten auf Gedichte und lyrische Entwürfe aus dem Nachlass des jungen Nietzsche, deren Status als eigene Schöpfungen Nietzsches unklar ist. Dies betrifft besonders lateinische und sehr frühe lyrische Texte. Vgl. Forrer 2019, S. 482 u. Nietzsche 2019a, S. 522; Métayer 2019, S. XX–XXII.

47 Das Gegenteil ist bei allgemeineren Gedichtsammlungen zur deutschen Lyrik der Fall: Nietzsche ist zwar grundsätzlich „in zahlreichen Anthologien deutschsprachiger Lyrik vertreten, oft schon im Titel nach dem Muster ‚Gedichte von/bis Nietzsche'" (Kaufmann 2015, S. 467–468), aber Jugendgedichte finden sich darin in der Regel nicht (vgl. etwa Detering 2017, S. 481–486; Conrady 2008, S. 521–523; Reich-Ranicki 1996, S. 475–485).

48 Vgl. bereits Groddeck 1991c, S. 169: „Im Grunde ist die Zusammenstellung, die Elisabeth Förster-Nietzsche schon 1898 herausgegeben hat, ‚eine gefällige Sammlung von Versen',[ ] auch für die heutigen Gedichtausgaben Nietzsches verbindlich geblieben.[ ]"

hinzugefügten Titeln. Nietzsches berühmtestes Jugendgedicht etwa, *Noch einmal eh ich weiter ziehe…* (Mp I 75, S. 1; KGW I/3, S. 391), firmiert aus diesem Grund noch bis heute weithin unter dem falschen Titel „Dem unbekannten Gott".

Ausgewählte Jugendgedichte werden noch zu Nietzsches Lebzeiten veröffentlicht: Im ersten Band der Biografie ihres Bruders veröffentlicht Elisabeth Förster-Nietzsche über 20 lyrische Dichtungen, die zum Teil als Kapitelmotti fungieren oder von ihr aus dem Gedächtnis zitiert werden.[49] Durch die Einschaltung in den Haupttext kommentieren sie die Lebensbeschreibung, wobei Förster-Nietzsche die Gedichte als authentische Äußerungen ihres Bruders behandelt. Das liegt im Fall der zahlreichen Casualcarmina nahe, etwa bei Geburtstagsgedichten für die Mutter, in denen ein lyrisches Ich Glückwünsche übermittelt und seine Dankbarkeit bekundet (z. B. Mp I 51, S. 1–2; KGW I/2, S. 375–376; Förster-Nietzsche 1895, S. 172). Komplexere Gedichte, etwa den *Nachtgedanken* (Mp I 73, S. 1–4; KGW I/3, S. 374–376), vereinnahmt die Schwester auf diese Weise jedoch für das von ihr gezeichnete Bild des Bruders.[50]

Neben dem ersten Teil der Biografie, der deutlich gekürzt 1912 unter dem Titel *Der junge Nietzsche* noch einmal veröffentlicht wird, druckt die Literaturzeitschrift *Pan* in Heft 2 des Jahrgangs 1897/98 fünf „Jugendgedichte / von / Friedrich Nietzsche" (Nietzsche 1897/98, S. 103). Um den Lesern die konventionellen Verse des jungen Nietzsche nicht kommentarlos zu präsentieren, schaltet die Redaktion eine Apologie vor:[51] „Wir veröffentlichen diese Versuche aus der Zeit seines siebzehnten Lebensjahrs selbstverständlich nur mit all der Zurückhaltung die wir dem Namen Nietzsches schuldig sind" (Nietzsche 1897/98, S. 103). Bei den „Versuche[n]" handelt es sich weniger um lyrische Experimente, wie sie sich im Nachlass zwischen 1850 und 1870 durchaus finden, sondern um sprachlich normalisierte Auszüge aus fertigen Gedichten oder Gedichtsammlungen: Aus der Sammlung „Neue Gedichte. // Der Germania. // Für September 1862" (Mp I 54; KGW I/2, S. 454–463) werden das zweite und dritte „Lied[ ]" sowie der siebte Titel *Schweifen, O Schweifen!* extrahiert (Mp I 54, S. 6–8 u. 16; KGW I/2, S. 456–457 u. 461–462). Hinzu kommen das Gedicht *Zweiter Abschied* und die zweite Versgruppe des

49 So den folgenden Vierzeiler, den Nietzsche „als zehnjähriger Knabe […] mehr rührend als originell […] auf Pforta" gedichtet haben soll: „Dort, wo durch enge Pfort' / Schüler gehen immerfort, / Dort, ja nur dort allein, / Dort möcht' ich sein!" (Förster-Nietzsche 1895, S. 90)

50 Darüber hinaus gibt Elisabeth Förster Nietzsche die Texte stark normalisiert wieder. Im Fall des *Nachtgedankens* beschränkt sie sich beispielsweise nicht nur auf Emendationen, um einen fehlerfreien Lesetext herzustellen, sondern setzt auch den Titel in den Plural, obwohl das Manuskript den Singular vorgibt (vgl. Förster-Nietzsche 1895, S. 186–188).

51 Vorangestellt ist ferner ein Faksimile der Handschrift von *Noch einmal eh ich weiter ziehe…* (Mp I 75, S. 1; vgl. Nietzsche 1897/98, S. 102a).

Gedichts *Erinnerung* (Mp I 71, S. 2–4; KGW I/3, S. 289–290). Ausgewählt wurden damit jeweils fortgeschrittenere und ins Reine geschriebene lyrische Texte aus dem Nachlass des 18/19-jährigen Nietzsche. Frühere Versuche, in denen der Status als Experiment und Übung jeweils stärker zum Tragen kommt, hat die Redaktion des *Pan* nicht berücksichtigt. Hinter der „Zurückhaltung", welche die Redaktion des *Pan* bei der Veröffentlichung der Jugendgedichte ausdrücklich walten lasse, steht offenbar die Strategie, das um 1900 virulente Bild von Nietzsche als innovativem Genie[52] weiterzuzeichnen: Die Vorbemerkung weist die ausgewählten, fertig ausgestalteten Gedichte lediglich als „Versuche" aus, während deren Erstellung Nietzsche erst 17, nicht bereits 18 beziehungsweise 19 gewesen sei und die vor diesem Hintergrund mit besonderem Wohlwollen zu betrachten seien. Die Leserin, deren Erwartungen gezielt gedämpft wurden, soll ob dieser Gemengelage über die unerwartet weit ausgestalteten nachgelassenen Gedicht-„Versuche" des vermeintlich 17-Jährigen staunen, während sie bereits reinschriftliche Muster-Gedichte des Pforta-Absolventen vor sich hat.

Die Anthologie mit dem größten Anteil Jugendlyrik ist Elisabeth Förster-Nietzsches Sammlung der *Gedichte und Sprüche von Friedrich Nietzsche*, die erstmals 1898 erscheint und bis in die 1920er Jahre hinein mehrere Auflagen mit variierendem Textbestand erhält. In der Abteilung „Gedichte aus der Kindheit und Jünglingszeit. 1858–1864" werden in der ersten Auflage 34 Jugenddichtungen gedruckt, in der zweiten Auflage von 1901 kommt das als Fragment vorgestellte Gedicht *Beethoven's Tod* dazu (Mp I 69, S. 1–2; KGW I/3, S. 279–280). Für die vierte Auflage werden acht Gedichte gestrichen und durch neun (beziehungsweise 13) andere ersetzt.[53] Generell fällt auf, dass Förster-Nietzsche bei der Auswahl vor allem auf solche Gedichte

52 Zur frühen Nietzsche-Rezeption um die Jahrhundertwende, die von Mythologisierung und Kult-Bildung geprägt ist, vgl. die Materialsammlung zu den Jahren von 1895 bis 1905 bei Krummel 1998a, S. 327–698 und Krummel 1998b, S. 7–305 sowie die Erläuterungen von Aschheim 1996, S. 17–50.

53 Betroffen sind die Gedichte *Pforta* (eigentlich *Nach Pforta*; Mp I 14, S. 8–9; KGW I/1, S. 221–222), *Saaleck* (Mp I 43, S. 8–9; KGW I/2, S. 222), *Gruß* (eigentlich Nummer IV, *Ihr Vöglein in den Lüften...*, aus dem Zyklus *In der Ferne*; Mp I 40, S. 6; KGW I/2, S. 182), *Lebewohl* (eigentlich titellos; Mp I 19, S. 43–44; KGW I/1, S. 249–250), *Trennung* (eigentlich *Abschied*; Mp I 43, S. 3; KGW I/2, S. 218–219), *Weihnachten* (Mp I 43, S. 12; KGW I/2, S. 224–225), *Heimkehr* (Mp III 6, S. 45–46; KGW I/2, S. 122–123) und *In der Ferne* (Nummer I des gleichnamigen Zyklus; Mp I 40, S. 1–2; KGW I/2, S. 180–181). Ihren Platz nehmen ein: *Dornröschen* (Mp I 43, S. 9–10; KGW I/2, S. 222–223), *Deutsche Sangeswonne* (Mp V 9, S. 64–67; KGW I/2, S. 325–326), *Herbst* (eigentlich titellos; Mp V 9, S. 58; KGW I/2, S. 321), *Zum 18. Oktober* (Mp I 57, S. 1–2; KGW I/3, S. 17–18), *Heimkehr, fünf Gedichte* (eigentlich *Heimkehr / Fünf Lieder*; Sammlung Zweig; KGW I/3, S. 183–188), *Vor dem Kruzifix* (Mp I 62, S. 3–7; KGW I/3, S. 109–112), *Jetzt und ehedem* (nur sechs von zehn Strophen; Mp I 62, S. 8–12; KGW I/3, S. 112–114); *Gethsemane und Golgatha* (Mp I 72b, S. 1–7; KGW I/3, S. 367–368) und *Shakespeare* (eigentlich ohne Titel; Mp I 74, S. 1–5; KGW I/3, S. 377–379).

ihres Bruders zurückgreift, die sich entweder dem (spät)romantischen oder dem religiösen Themenkreis seiner Jugendlyrik zuordnen lassen, während die Gedichte aus den Themenkreisen Kirche und Christentum sowie Antike und Klassik außen vor bleiben.[54] Wie schon in der Biografie von 1895 werden die Texte hier zudem sprachlich normalisiert wiedergegeben und zum Teil mit neuen, in den Manuskripten anderslautenden oder fehlenden Titeln versehen. Förster-Nietzsche formuliert als Ziel dieser ersten genuinen Gedichtausgabe Nietzsches, „die ganze dichterische Entwicklung meines Bruders während eines Zeitraums von dreissig Jahren" zu dokumentieren, um den Weg vom „erste[n] Stammeln poetischen Ausdrucks" in den Kindheits- und Jugendjahren bis hin zu „jener Erhebung des dichterischen Geistes" aufzuzeigen (Nietzsche 1898, S. XIII), aus der heraus die *Dionysos-Dithyramben* entstanden seien. Auch die *Gedichte und Sprüche*, die nach Wolfram Groddeck im Grunde die Vorlage für alle folgenden Anthologien von Nietzsches Gedichten bilden (vgl. Groddeck 1991c, S. 169), basieren demnach auf einer teleologischen Prämisse, wie sie später das Vorwort der Musarionausgabe formuliert (vgl. MusA 1, S. XI). Diese Teleologie scheint für die Behandlung der Jugendschriften im 20. Jahrhundert weitgehend paradigmatisch zu sein.[55] Erst Karl Pestalozzi distanziert sich ausdrücklich von dem Ansatz der „Vereinnahmung des frühen Nietzsche durch den späteren" (Pestalozzi 1984, S. 101).

Weitere ausgewählte Jugendgedichte veröffentlicht Förster-Nietzsche in den „autobiographische[n] Aufzeichnungen" *Der werdende Nietzsche* von 1924. Von den 13 darin präsentierten lyrischen Texten sind nur zwei bis dahin noch nicht publiziert worden: Das fünfte Gedicht aus dem Zyklus *In der Ferne* (Mp I 40, S. 7; KGW I/2, S. 183) sowie ein Lied mit dem Titel „Das Pförtner Leben" (Nietzsche 1924, S. 201–202), das später als Nummer 19 unter dem Titel „Nietzsches Abschiedsgedicht an die Pforte" in das *Pförtner Liederbuch* von 1933 aufgenommen wird (Vettin 1933, S. 23–24) und als Abschrift und Typoskript auch im GSA (71/361,7) vorliegt (vgl. KGB I/4, S. 262), aber weder in HKG noch in KGW I ediert ist (vgl. Schmidt 1994, S. 616–617, Anm. 170).

Die Sammlung von 1924 schließt die Reihe der Publikationen aus dem frühen Nachlass ihres Bruders ab, die Förster-Nietzsche seit den 1890er Jahren heraus-

54 Zu den Themenkreisen, in die sich Nietzsches nachgelassene Jugendlyrik heuristisch aufteilen lässt, vgl. ausführlich Kap. 2.4.

55 Vgl. zum Beispiel auch das Nachwort von Kläre Buchmann zu ihrer „Feldauswahl" der Gedichte Nietzsches: „Schon der Vierzehnjährige hatte sich vorgenommen, keinen Tag ohne ein eigenes Gedicht vorübergehen zu lassen, und so kindlich und angelehnt die in Fülle vorhandenen, kaum bekannten Verse auch beginnen, so ist in ihnen doch vieles schon vorgeahnt, was später unerhört einmalig sich gestaltet" (Nietzsche 1944, S. 92).

gibt.[56] Band 1 der Biografie von 1895 beziehungsweise 1912, die *Gedichte und Sprüche* von 1898, der 1922 erschienene Eröffnungsband der Musarionausgabe und die Anthologie von 1924 – sie alle bringen bereits zum Großteil bekannte Juvenilia in immer wieder leicht veränderten Auswahlen heraus. Emanuel Hirsch sieht sich vor diesem Hintergrund veranlasst, angesichts des Erscheinens von Förster-Nietzsches *Der werdende Nietzsche* das philologische Verdikt über die von der Schwester veranstalteten (oder verunstalteten) Sammlungen zu sprechen:

> Nietzsche's Schwester hat bekanntlich ihre alleinige Verfügung über Nietzsche's Nachlaß dazu benutzt, um ein nicht leicht übersehbares Chaos von Nietzsche-Ausgaben auf den Markt zu bringen. Immer noch etwas in Rückhalt habend, in keiner Ausgabe das Ganze bietend, so treibt sie den Nietzscheforscher in die Notwendigkeit hinein, manches doppelt zu kaufen, und nimmt ihm doch niemals das unangenehme Gefühl, mit unvollständigem Material zu arbeiten. Wer auch nur eine philologische Ader hat, steht kopfschüttelnd vor diesem Netz künstlich geschaffener Schwierigkeiten. (Hirsch 1925, S. 114)

Durch die Veröffentlichung der HKG ändert sich dieser Missstand zumindest im Hinblick auf den Nachlass des jungen Nietzsche zum Besseren.

Im Vorlauf zur HKG, die editionsphilologisch betrachtet den Gegenentwurf zur Herausgebertätigkeit des Nietzsche-Archivs im ersten Drittel des 20. Jahrhunderts bildet, veröffentlicht Carl August Emge 1931/32 in der Zeitschrift *Die Literatur* einige „[a]uthentische Mitteilungen über Nietzsches Nachlaß" (Emge 1931/32), darunter die Jugendgedichte *Zum Geburtstag* (Mp I 51, S. 1–2; KGW I/2, S. 375–376), *Was ich einst hab im vorgen Jahr...* (Mp V 6, S. 72–75; KGW I/2, S. 22–23), *Dort auf jener Felsenspitze...* (Mp I 1, S. 1–3; KGW I/1, S. 6–7), *Phantasie I* (Mp I 1, S. 3–4; KGW I/1, S. 7–8), *Liebesseupfzer, Seelenschmerz...* (Mp I 34, S. 3; KGW I/2, S. 60), *Wolkenaufthürmende Blitzeentsendtende...* (Mp I 36, S. 1; KGW I/2, S. 63–64), *Im Walde ists ganz angenehm...* (Mp I 34, S. 1–2; KGW I/2, S. 59–60), *Sechs serbische Volkslieder* (Mp I 45, S. 1–13; KGW I/2, S. 244–252) und die poetologische Selbstkritik *Fragezeichen u. beigefügte Notizen, nebst einem allgemeinen Ausrufezeichen über drei Gedichte, betitelt Prometheus* (Mp I 27b, S. 1–7; KGW I/2, S. 47–51). Emge gibt damit bislang außen vor gelassene Jugenddichtungen Nietzsches erstmals in textkritischer Edition heraus. Mit Blick auf die avisierte historisch-kritische Gesamtausgabe formuliert er das Ziel, „für die Beurtheilung des M e n s c h e n Nietzsche [...] neue Anregung" zu bieten, und zwar insbesondere „durch den reichen Stoff der Kindheit", da die „Gedankenwelt" des Erwachsenen „bereits im Wesentlichen ausgebreitet" sei (Emge 1931/32, S. 6). Obwohl dieser biografische Deutungsansatz Tücken bereithält, indem er das

56 Der Nachlass des erwachsenen Nietzsche ist allerdings weiterhin Gegenstand diverser Veröffentlichungen – vgl. etwa Nietzsche 1927.

Untersuchungspotenzial des frühen Nachlasses einseitig auf ein psychologisches Erkenntnisziel reduziert, bedeutet die Anwendung der textkritischen Methode[57] durch die HKG einen großen Fortschritt in der Editionsgeschichte von Nietzsches Schriften.

Trotz – oder, aus Sicht nationalsozialistischer Ideologen, gerade wegen – der Veröffentlichung einer textkritischen Edition (vermeintlich) aller Jugendschriften durch die HKG zwischen 1933 und 1940 werden aber schon 1944 wieder manipulierte Jugendgedichte publiziert: Kläre Buchmann gibt innerhalb einer „Feldauswahl" ein Dutzend (alt)bekannter Jugenddichtungen heraus (vgl. Nietzsche 1944, S. 7–16).[58] Im Gegensatz zur HKG kann Buchmanns Anthologie allerdings nicht der Vorwurf gemacht werden, Nietzsche allzu sehr zu ‚verwissenschaftlichen'.[59]

1964 veröffentlicht Reclam eine neue, deutlich veränderte Gedicht-Ausgabe mit einem Nachwort von Jost Hermand (Nietzsche 1964). Im Gegensatz zur ersten Reclam-Ausgabe von 1931 (Nietzsche 1931c) enthält sie – *Noch einmal eh ich weiter ziehe…* ausgenommen, das hier korrekterweise ohne Titel erscheint – auch Jugendgedichte, und zwar gleich 17 an der Zahl. Für mehrere Jahrzehnte bleibt diese Leseausgabe der Orientierungspunkt für die nicht-wissenschaftliche Auseinandersetzung mit Nietzsches Lyrik, zumal sie sich nicht auf den Bestand der *Gedichte und Sprüche* beschränkt, sondern auch unbekanntere Jugenddichtungen abdruckt, wie zum Beispiel *Was lebet muß vergehn…* (Mp III 6, S. 32; KGW I/2, S. 115, 7–10), *Entflohn die holden Träume…* (Mp I 52, S. 1–2; KGW I/2, S. 444–445), *Laß mich dir erschließen* (Mp I 54, S. 15; KGW I/2, S. 461) oder den sinnspruchartigen Zweizeiler *Ich habe dir und mir vergeben und vergessen…*, der zusammen mit den lyrischen Dichtungen *Es zuckt die Lippe und das Auge lacht…* und *Herüber, hinüber…* unter der Überschrift „Erinnerung" überliefert ist (Mp I 71, S. 3–4; KGW I/3, S. 290). Die Ausgabe erhält ausweislich der Aufstellung in der *Weimarer Nietzsche-Bibliographie* bis in die 1990er Jahre hinein acht Auflagen und Nachdrucke (vgl. WNB, ID-Nr. 749).

57 Indem die HKG ausdrücklich alle als relevant erachteten Jugendschriften unter Angabe von Varianten, Eingriffen und Vorstufen (‚Kladden') in ihren lemmatisierten Nachberichten zu veröffentlichten sucht, folgen ihre Herausgeber um Hans Joachim Mette den klassischen Schritten der Textkritik in der Nachfolge Karl Lachmanns, die je nach Überlieferungslage und historischem Kontext (mittelalterliche Handschriften, autorisierte Drucke oder Autografen in Neuzeit und Moderne) in Heuristik, Kollation, Recensio, Examinatio, Atethese, Emendatio und/oder Konjektur bestehen (vgl. Nutt-Kofoth 2007, S. 602–604). Zu den Schwächen des Ansatzes vgl. Kap. 1.4.1.

58 In einer ebenfalls von Buchmann betreuten Neuausgabe bleibt der Bestand der Jugendgedichte gleich, nur ihre Reihenfolge ändert sich (vgl. Nietzsche 1947).

59 Zum Vorwurf der „Verwissenschaftlichung" Nietzsches durch die HKG, der 1938 vom Amt für Schrifttumspflege erhoben wird, vgl. Anm. 35.

In der Schweiz erscheinen vor der Jahrtausendwende zwei sehr unterschiedliche Anthologien: Die Auswahl von Anton Friedrich (Nietzsche 1994) präsentiert 14 Jugendgedichte auf Grundlage der HKG (eine Neuausgabe folgt 2000 unter dem Titel „Die schönsten Gedichte von Friedrich Nietzsche“: Nietzsche 2000). Fünf Jahre später veröffentlicht Ralph-Rainer Wuthenow eine Sammlung mit dem irreführenden Titel „Sämtliche Gedichte“, der er allerdings weder die HKG noch die KGW, sondern die Musarionausgabe zugrunde legt. Fälschlicherweise geht Wuthenow davon aus, dass von den „vorausgehenden Nietzsche-Editionen“ die „sogenannte[ ] Musarion-Ausgabe […] als einzige sämtliche Gedichte vollständig und mit Angabe der Entstehungsdaten enthält“ (Nietzsche 1999, S. 223). Insbesondere aus dem Bestand der Jugendlyrik enthält die Musarionausgabe jedoch, wie oben gezeigt, nur eine Auswahl, die Wuthenow eins zu eins übernimmt.

Die jüngste, von Mathias Mayer herausgegebene Anthologie erscheint wieder bei Reclam und enthält 14 Jugendgedichte (vgl. Nietzsche 2010a, S. 91–104). Sie bringt erstmals die hinsichtlich der späteren Abenteurer-Lyrik[60] (wie des Motivs der Kolumbus-Imitatio; vgl. Nietzsche 2010a, S. 180–181) relevanten Gedichte *Colombo* (Mp I 22, S. 40–42; KGW I/1, S. 273–274) und *Zwei Lerchen* (Mp I 22, S. 4; KGW I/1, S. 259–260) aus dem Manuskriptheft Mp I 22 von 1858 heraus. Nicht nachzuvollziehen ist indes Mayers Entscheidung, die Juvenilia nach der HKG zu zitieren, obwohl die Textbände der KGW I bereits seit 2006 abgeschlossen sind. Ein Kuriosum liegt außerdem mit Alfred Läpples ebenfalls 2010 erschienener Sammlung *Der andere Nietzsche. Gebete von Friedrich Nietzsche* vor (Nietzsche 2010b): Neun der 27 darin veröffentlichten lyrischen Texte – genau ein Drittel – stammen aus dem Nachlass der 1850er und -60er Jahre. Die Gedichte sind größtenteils willkürlich gekürzt und werden irrigerweise als „Gebete“, als authentische Bitten und Gespräche Nietzsches mit Gott präsentiert.

Zumindest als „Versgebet“ ist Nietzsches bekanntestes Jugendgedicht, *Noch einmal eh ich weiter ziehe…* (Mp I 75, S. 1; KGW I/3, S. 391), schon in der Forschung bezeichnet worden, nämlich in Theo Meyers Arbeit *Nietzsche. Kunstauffassung und Lebensbegriff* (Meyer 1991, S. 407). In der Publikationsgeschichte von Nietzsches Jugendgedichten hat es eine Sonderstellung inne. Es wird an den Anfang von Sammlungen gestellt, obwohl – oder gerade weil – es „schon den unverwechselbaren Nietzsche-Ton“ zeige (Meyer 1991, S. 407). Das Gedicht wird auf diese Weise zum Durchbruch des Hauptwerkes stilisiert und in der Folge eher diesem als den Aufzeichnungen der 1850er und -60er Jahre zugerechnet. Unter dem falschen Titel „Dem unbekannten Gott“, den es seit Elisabeth Förster-Nietzsches *Gedichten und Sprüchen* (vgl. Nietzsche 1898, S. 40) – wie viele andere darin hinzugedichtete

60 Zu dieser Thematik vgl. Wenner 2017.

Titel – in den meisten nachfolgenden Ausgaben trägt, bildet es etwa den Auftakt der erfolgreichen, bis 1964 in neuen Auflagen herausgegebenen Edition des Insel-Verlags (Nietzsche 1923).[61] In Band 2 der Werkausgabe von August Messer eröffnet es – ebenfalls unter falschem Titel – die Abteilung „Gedichte" (Nietzsche 1930c). Dasselbe gilt für zwei Lyrik-Anthologien, die beide 1931 erscheinen: Sowohl die Kröner-Gedichtausgabe (Nietzsche 1931b) als auch die im Vergleich etwas umfangreichere erste Reclam-Gedichtausgabe mit einem Nachwort von Kurt Hildebrandt (Nietzsche 1931c) lassen auf einen „Motto"-Abschnitt „Dem unbekannten Gott" folgen. Das Gedicht findet ferner Eingang in die gemischten Auswahl-Ausgaben von Hans Weichelt (vgl. Nietzsche 1931d) wie des Kröner- (vgl. Nietzsche 1931e) und des Reclam-Verlags (vgl. Nietzsche 1931 f). 1934 bringt es der Verlag de Gruyter an dritter Stelle einer „Der Wanderer und sein Schatten" betitelten Gedichtsammlung (Nietzsche 1934), während es die kleine Anthologie der Deutschen Akademie München ein Jahr später (sowie in zweiter unveränderter Auflage 1947) ohne Exponierung inmitten verschiedener lyrischer Texte aus anderen Werkphasen Nietzsches publiziert (Nietzsche 1935). In einer 1948 veröffentlichten Sammlung mit einem Essay von Rudolf Meyer wird es als einziges Jugendgedicht gedruckt, obwohl als erste Sektion der gesamte Zeitraum „1864–1877" angegeben wird (Nietzsche 1948a). In der Reclam-Ausgabe von Mayer (Nietzsche 2010a) wiederum kommt es hingegen dazu, dass zwar mehrere Jugendgedichte berücksichtigt werden, ausgerechnet *Noch einmal eh ich weiter ziehe…* jedoch nicht.

Neben der großen Menge deutschsprachiger Anthologien zu Nietzsches Gedichten sind auch im Ausland immer wieder Sammlungen erschienen, die den Nachlass der 1850er und -60er Jahre berücksichtigen.[62] Beispielsweise veröffentlicht Italo Maione 1948 zusammen mit einer Einführung in die Lyrik Nietzsches verschiedene Gedichte im Paralleldruck auf Deutsch und Italienisch, darunter 15 Jugenddichtungen (Nietzsche 1948b). Zwei Jahre später folgt eine italienische Ausgabe von Giovanni Necco, die unter der Rubrik „Liriche giovanili (1859–1864)" zehn Gedichte des Schülers herausbringt, wobei vier davon noch nicht in Maiones Auswahl präsentiert

61 Erst die letzte Neuauflage von 1964 ändert die Textauswahl im Bereich der Jugendlyrik dahingehend, dass die zweite Strophe des Gedichts *Erinnerung* („Herüber, hinüber…"; Mp I 71, S. 4; KGW I/3, S. 290), die schon in Nietzsche 1897/98, S. 104 veröffentlicht wurde, und das eigentlich titellose Gedicht *Die Hand, die herzlich dargebotene…* unter dem Titel „Enttäuschte Liebe" (Mp I 70b, S. 1; KGW I/3, S. 287) aufgenommen werden.

62 WNB vermittelt einen ersten, keineswegs vollständigen Überblick über fremdsprachige Nietzsche-Gedichtausgaben (vgl. https://opac.lbs-weimar.gbv.de/, Stand: 20.5.2023). Es fehlen beispielsweise die von Métayer 2019, S. XI–XVI vorgestellten französischen Ausgaben aus dem 20. Jahrhundert, die Jugendgedichte enthalten: Nietzsche 1949, Nietzsche 1957 und Nietzsche 1997.

wurden (Nietzsche 1950).[63] 1973 kommt eine bilinguale Ausgabe mit Gedichten auf Deutsch und Englisch von Olga Marx auf den Markt, in der – wie in den *Gedichten und Sprüchen* – die zweite Strophe des Gedichts *Erinnerung* (Mp I 71, S. 4; KGW I/3, S. 290) als separater Text unter dem Titel „Herüber, hinüber" („Hither and thither") und – hier nicht unter dem falschen Titel „Dem unbekannten Gott" – das Gedicht *Noch einmal eh ich weiter ziehe…* (Mp I 75, S. 1; KGW I/3, S. 391) enthalten sind (Nietzsche 1973). In einer 1980 veröffentlichten Anthologie von Simion Dănilă finden sich wiederum zehn Jugendgedichte in rumänischer Übersetzung (Nietzsche 1980) – überraschenderweise auch die seltener publizierten Texte *Auf nakter Felsenklippe steh ich…* (Mp I 24, S. 1; KGW I/2, S. 23) und *Entflohn die holden Träume…* (Mp I 52, S. 1–3; KGW I/2, S. 444–445).[64]

Auch eine (etwas) vielseitigere Auswahl trifft die 1991 erschienene deutsch-französische Ausgabe von Jean-Jacques Briu (Nietzsche 1991). Neben den häufig veröffentlichten Jugendgedichten *Abendläuten* (Mp I 30, S. 1; KGW I/2, S. 53–54), *Saaleck* (Mp I 43, S. 8–9; KGW I/2, S. 222), *Ohne Heimath* (Mp I 43, S. 11–12; KGW I/2, S. 223–224) oder dem der Autobiografie *Aus meinem Leben* entnommenen Vierzeiler *Ein Spiegel ist das Leben…* (Mp III 4, S. 136; KGW I/1, S. 311) enthält die Sammlung auch weniger bekannte Gedichte: Zu den ebenso in Dănilăs Anthologie begegnenden *Auf nakter Felsenklippe steh ich…* und *Entflohn die holden Träume…* kommen der Vierzeiler *Was lebet muß vergehen…* aus den tagebuchartigen Aufzeichnungen *Pforta* (Mp III 6, S. 32; KGW I/2, S. 115) und das dritte „Lied[ ]" aus den *Neuen Gedichten der Germania: Einsam durch den düsterblauen…* (Mp I 54; S. 7–8; KGW I/2, S. 457; schon in Nietzsche 1897/98, S. 103–104). Die beiden letztgenannten Sammlungen orientieren sich offenbar an der Reclam-Ausgabe von 1964 beziehungsweise an ihren Nachdrucken und Neuauflagen. Von ebenjener ist zuletzt auch eine englische Übersetzung in zweiter Auflage erschienen: *The Peacock and the Buffalo. The Poetry of Nietzsche* von James Luchte (Nietzsche 2010c; Erstauflage 2004).[65]

---

63 Neu gegenüber Maiones Auswahl sind *La vecchia nonnina* (*Alt Mütterlein*; Mp I 48, S. 1; KGW I/2, S. 285–286), *Perduta!* (Nummer II aus dem Zyklus *In der Ferne*: Mp I 40, S. 3–4; KGW I/2, S. 181 – der falsche Titel geht zurück auf Nietzsche 1898, S. 14), *Commiato I* (*Erster Abschied*; Mp I 71, S. 1–2; KGW I/3, S. 288) und *Commiato II* (*Zweiter Abschied*; Mp I 71, S. 2–3; KGW I/3, S. 289).

64 Vgl. die Aufstellung der in Nietzsche 1980 bilingual abgedruckten Jugendgedichte in WNB, ID-Nr. 3607.

65 Der Titel greift ein poetologisches „Gleichniss" aus dem Kapitel „Von den Dichtern" im zweiten Teil von *Also sprach Zarathustra* auf, das James Luchte seinem Vorwort zur ersten Auflage seiner Übersetzung als Motto voranstellt: „They learned their vanity from the sea: is the sea not the peacock of peacocks? // Even before the ugliest of all buffaloes does it spread its tail, never becoming tired of its lace-fan of silver and silk. // Disdainfully the buffalo glances, its soul near to the sand, closer still to the thicket, nearest, however, to the swamp. // What is beauty, sea and peacock-splen-

2.2 Forschungsstand

2.2.1 Überblick

Im Vergleich zur Beschäftigung mit dem weltbekannten Werk des Erwachsenen, die jährlich eine schwer zu überschauende Menge an Forschungsliteratur hervorbringt, sind Untersuchungen zum frühen Nachlass im Allgemeinen und zur Jugendlyrik im Besonderen eher spärlich. In den letzten Jahren nimmt die Auseinandersetzung mit den Gedichten des jungen Nietzsche allerdings merklich zu, da die Forschung sich wieder vermehrt mit dem Dichter Nietzsche beschäftigt, wie die Sammelbände *Nietzsche zwischen Philosophie und Literatur* (Grätz/Kaufmann 2016a), *Nietzsche als Dichter* (Grätz/Kaufmann 2017) und *Nietzsche und die Lyrik* (Benne/Zittel 2017) zeigen. Intensiver mit einzelnen lyrischen Texten des jungen Nietzsche setzen sich bislang Beiträge von Karl Pestalozzi, Richard Perkins, Ursula Losch, Rüdiger Ziemann, Hermann Josef Schmidt und zuletzt Peter Villwock, Chiara Conterno sowie Friederike Felicitas Günther auseinander.[66] Motivorientierte Rundgänge durch Nietzsches Jugendlyrik unternehmen Pia Daniela Volz und Kurt Jauslin.[67] Dem Textbestand als ganzem widmen sich Johannes Klein, Philip Grundlehner, Hermann Josef Schmidt, Theo Meyer und Rüdiger Ziemann.[68] Wenn Bezugnahmen auf Jugendgedichte vereinzelt auch andernorts begegnen, handelt es sich

dor to it! This parable I speak to poets." (Nietzsche 2010c, S. 24; vgl. KSA 4, S. 165–166) Zarathustras Gleichnis nutzt Luchte in jenem Vorwort, um seine These von der Dichtung als möglichem Weg des philosophischen Strebens nach der Wahrheit zu veranschaulichen: „Poetry [...] opens up a *topos* for the pursuit of truth. [...] Zarathustra is tired of the vanity of *mere* poets – peacocks – who no longer desire truth [...], but who seek to escape existence and life. [...] / The buffalo is disdainful of the self-conceit of the peacock. [...] [I]t is precisely across such regions a peacock must traverse to *begin* its difficult pursuit of truth." (Luchte 2010, S. 30–31; Herv. i. O.)

66 Vgl. die Beiträge von Pestalozzi 1984, Perkins 1993, Losch/Schmidt 1994, Ziemann 1994a, Schmidt 1997, Villwock 2017, Conterno 2017, Günther 2020. Vgl. außerdem meine eigenen Beiträge zu dem Zyklus *In der Ferne* (Müller 2017a) und den Gedichten *Jetzt und ehedem* (Müller 2017c), *Der Geist* und *Bußlied* (Müller 2020a).

67 Vgl. Volz 1998, die sich eng an dem von Hermann Josef Schmidt geprägten biografisch-psychologischen Interpretationsansatz orientiert, und Jauslin 1998, der sich ausdrücklich für die historischen Kontexte der Jugendlyrik und die Identifikation ihrer Quellen und Vorlagen interessiert, bei der Interpretation jedoch ausschweift, indem er die Verwendung ausgewählter Metaphern aus Nietzsches Jugendgedichten mit derjenigen in Klassikern der (internationalen) Literatur- und Philosophiegeschichte vergleicht, die der junge Nietzsche teils gar nicht kennen konnte (etwa mit Texten von Arno Schmidt oder Gilles Deleuze; vgl. Jauslin 1998, S. 353 u. 359).

68 Vgl. die Erläuterungen in Klein 1936, S. 31–37; Grundlehner 1986, S. 3–35; Schmidt 1991a, Schmidt 1991b, Schmidt 1993, Schmidt 1994; Meyer 1991, S. 403–407; Ziemann 2011, S. 150–151. Vgl. ferner meine Überblicksdarstellungen in Müller 2019 und Müller 2020b.

in aller Regel um Versuche, die Texte als Argumentationsstützen zu instrumentalisieren (wodurch über die betroffenen Dichtungen wenig ausgesagt wird),[69] oder um Reproduktionen von Gemeinplätzen aus der vorhandenen Literatur. Letzteres gilt auch für viele Vor- und Nachworte der Anthologien aus diesem und dem vergangenen Jahrhundert (vgl. Kap. 2.1.3).[70]

Innerhalb der übersichtlichen Zahl der Publikationen, die speziell die Jugendlyrik thematisieren, haben sich bislang zwei Forschungspositionen deutlicher herausgebildet. Diese stehen zwar nicht in offener Konfrontation, verfolgen aber dennoch grundsätzlich unterschiedliche Herangehensweisen im Umgang mit Nietzsches Jugendgedichten: Der historisch-kontextualisierende Ansatz, den prominent Karl Pestalozzi und Rüdiger Ziemann repräsentieren, nimmt Nietzsches Jugendgedichte als voraussetzungsreiche literarische Texte ernst, gesteht ihnen künstlerische Autonomie zu und versucht in Analogie zur kanonischen Lyrik, sie aus kritischer Distanz und unter Rückgriff auf die Mittel der Quellen- und Einflussforschung auf ihre geschichtlichen, ästhetischen, biografischen, sozialen, politischen und/oder kulturellen Kontexte hin zu analysieren und auf dieser Grundlage zu interpretieren (vgl. Pestalozzi 1984; Ziemann 1994a; Ziemann 1994b; Ziemann 2011).

Der psychologisch-biografische Ansatz dagegen, den Hermann Josef Schmidt in seiner vierbändigen Monografie *Nietzsche absconditus* (1991–1994) sowie in zahlreichen Aufsätzen verfolgt, kapriziert sich auf den biografischen Kontext der Jugendschriften – wobei der Status als ‚Kontext' praktisch hinfällig ist: Der junge Nietzsche soll ‚erklärt' werden, damit die Philosophie des Erwachsenen verständlich wird, die

69 Über das Gedicht *Jetzt und ehedem* (Mp I 62, S. 8–12; KGW I/3, S. 112–114) sind beispielsweise die folgenden (stark verkürzenden) Äußerungen in Umlauf: Das Gedicht wird tendenziös sowohl als Ausdruck des „Sich-zurück-Sehnen[s] zu Christus" (Düsing 2006, S. 303), der „ergreifende[n] Sehnsucht nach dem entschwindenden Gott" (Hayoun 1997, S. 329) wie auch als Beleg für den Verlust des „Kinderglauben[s]" (Ottmann 1999, S. 80), für „einen zögernden Zweifel an der Wahrheit des Christentums" (Löwith 1986, S. 132) gelesen. Nur Sharma 2006, S. 39–42 diskutiert tiefergehende poetologische und religionspsychologische Beobachtungen, leitet davon ausgehend aber direkt zum ungleich bekannteren Gedicht *Noch einmal eh ich weiter ziehe…* (Mp I 75, S. 1) über.

70 Die beiden neuesten, dem eigenen Anspruch nach vollständigen Gedichtausgaben enthalten mit Forrer 2019 und Métayer 2019 dagegen ausführliche Einordnungen der Lyrik Nietzsches, die auch dem großen Bestand der lyrischen Juvenilia in ihren historischen wie biografischen Kontexten gerecht zu werden suchen. So vollzieht Forrer 2019, S. 460–470 die dichterische Entwicklung Nietzsches von 1854 bis 1867 unter Einbezug poetologischer Äußerungen und gattungspoetischer Präferenzen Nietzsches, intertextueller wie textgenetischer Verhältnisse zwischen Nachlassgedichten und deren Quellen und Vorlagen sowie sozialer Einflüsse durch Freunde, Familie und Schule nach. Métayer 2019 kommt in seiner Einleitung wiederholt auf Jugendgedichte zu sprechen, deckt Abhängigkeitsverhältnisse zu konkreten Vorlagen auf und erläutert thematische Schwerpunkte wie tonale und stilistische Vorlieben (vgl. Métayer 2019, S. XIX–XXII u. XXXI–XXXIII).

ihrerseits schon im Kind zu erkennen sei. Um diese frühe(ste) Entwicklung Nietzsches zu dokumentieren, konsultiert Schmidt die Jugendschriften unterschiedslos als mal mehr, mal weniger stark verschleierte Quellen für Nietzsches ‚wahre' Gedanken- und Gefühlswelt, die in der Regel über den bloßen Wortsinn der Texte hinausreiche und von Schmidt spekulativ und tendenziös[71] erläutert wird. Die Texte, allen voran die Gedichte, dienen ihm hierzu weniger als Untersuchungsgegenstand denn als Hilfsmittel. Vor Hermann Josef Schmidt wählt bereits Jørgen Kjaer eine psychologische Herangehensweise, um „die Genese der Philosophie Nietzsches im Zusammenhang mit seinen Kindheitserfahrungen zu verstehen" (Kjaer 1990, S. 15). Kjaer setzt den Ansatz jedoch psychologisch strenger um, indem er den Fokus dezidiert auf „die intime, tief emotionalisierte aber gleichzeitig intrikate und pathogene Interaktion und Kommunikation zwischen Nietzsche und seiner Mutter" legt, weil er „davon ausgeh[t], daß Nietzsches Philosophie vor allem ein Medium der Verarbeitung seiner inneren Konflikte war" (Kjaer 1990, S. 15–16).

Vermittelnde Positionen nehmen Johann Figl und Hans Gerald Hödl ein, die wegen ihrer Editionstätigkeit im Rahmen der KGW I mit den Texten des jungen Nietzsche gut vertraut sind, sich aber nicht spezifisch mit der Lyrik auseinandersetzen. Figl rekonstruiert in seiner Studie *Nietzsche und die Religionen* den „Bildungs- und Denkweg[ ]" Nietzsches vor dem Hintergrund seiner „Kenntnisse einer Vielfalt von Religionen" (Figl 2007, S. V). Hödl untersucht in seiner als Habilitationsschrift eingereichten Arbeit *Der letzte Jünger des Philosophen Dionysos* „Nietzsches Selbstthematisierungen im Rahmen seines Gegenentwurfes zur christlichen ‚Weltanschauung'" (Hödl 2009, S. VII). Beide stützen ihre Untersuchungen durch historische wie biografische Kontextualisierungen des Nachlasses der 1850er und -60er Jahre, wobei vor allem Hödl ein biografisches Erkenntnisziel verfolgt, indem

---

71 Der bekennende, gesellschaftlich engagierte Atheist Schmidt, der unter anderem Mitglied des Internationalen Bundes der Konfessionslosen und Atheisten (IBKA) ist, lässt innerhalb der Erläuterungen in *Nietzsche absconditus* wiederholt eine antiklerikale Agenda durchblicken, die er grundsätzlich nicht von seinem Untersuchungsgegenstand trennt. Vgl. etwa Schmidt 1991a, S. 73, Anm. 13: „Falls Sie [die Leserin, der Leser] sich ernstlich darüber empören, daß Nietzsche (und ich mit Nietzsche) an einer Religion so hart Kritik übt, die ‚doch auch ihr Gutes hat [...]', gebe ich zu bedenken, daß trotz vieles an Gutem und einer Unzahl wertvoller Menschen, die sich als Christen empfinden [...], es weltgeschichtlich gesehen wohl keine Hochreligion gibt, die in ihrer Geschichte (von der Antike bis tief in dieses Jahrhundert) vergleichbare Verbrechen auf sich geladen hat. Vor nicht wenigen dieser herrlichen Kirchen bspw. brannten Scheiterhaufen mit schreienden Frauen – und aus dem Verkauf des Holzes und den konfiszierten Vermögen, worum es ja ging, wurden [...] fürstbischöfliche Bauten des goldenen Barock finanziert ... Man kann im Christentum selbst noch die Kunst vielfach nicht ohne Sadismen haben; und zumindest ein Humanist entscheidet sich dann wohl zugunsten des vergewaltigten und gequälten Menschen und gegen diese Art von Kunst samt ihrer Produzenten; ist alles andere nicht Verrat?"

er die „Diskussion um die Verbindungen von Nietzsches Sozialisation und Biographie zu seiner Religionskritik auf eine sachliche Basis" stellen möchte (Hödl 2009, S. VII).[72] Insbesondere die Quellenstudien, die Figl und Hödl anstellen, sowie ihre Beschäftigung mit Nietzsches schulischer Karriere erweisen sich bei der Analyse der Jugendlyrik als wertvoll.

Um die vorliegende Arbeit innerhalb der Forschung zur Lyrik des jungen Nietzsche zu verorten (vgl. Kap. 2.2.3), folgt eine ausführlichere kritische Diskussion der beiden genannten Hauptpositionen, des psychologisch-biografischen und des historisch-kontextualisierenden Ansatzes, anhand ihrer prominenten Vertreter.

2.2.2 Psychologisch-biografische versus historisch-kontextualisierende Forschung zur Lyrik des jungen Nietzsche

Hermann Josef Schmidts Monografie über den jungen Nietzsche, *Nietzsche absconditus*, wertet in vier Bänden viel Material zum Leben und zu den Schriften aus der Zeit von 1854 bis 1864 aus. Literaturwissenschaftlich betrachtet erweist sich Schmidts psychologisch-biografische Lesart des Nachlasses, allen voran der Gedichte, allerdings als problematisch. Schmidts Prämisse, der zufolge der ‚wahre' Nietzsche schon von Kindesbeinen an ‚da' sei und in seinem Verhalten und seinen Texten nur ein ‚Versteckspiel' treibe, um bei seinem pietistischen Umfeld keinen Anstoß zu erregen, führt zu einer willkürlichen Behandlung des Textbestandes, in der sich immer wieder auch Schmidts gesellschaftspolitisch ambitionierter Atheismus niederschlägt. Nietzsches Jugendschriften werden interpretatorisch ‚auf Linie' gebracht, um darzustellen, wie Nietzsche schon als Kind „seine ‚christliche Erziehung' unterminiert und in heimlicher poetophilosophischer Autotherapie erstes ‚eigenes Land' gewinnt" (Schmidt 1991a, S. 1). Für Schmidts Interpretationspraxis heißt das beispielsweise: Geistliche Lyrik wird als bewusstes Täuschungsmanöver oder lästige Pflichtaufgabe ignoriert,[73] religiöse Motive werden als vermeintliche

72 Hödl 2009, S. 28–132 liefert hierzu auch eine umfangreiche „Diskussion biographisch orientierter Nietzsche-Interpretationen", in der er die Möglichkeiten und Grenzen des psychologisch-biografischen Ansatzes, namentlich die Deutungen Kjaers und Schmidts, detailliert aufzeigt.

73 Vgl. Schmidt 1991a, S. 1032: „[E]in prinzipielles Problem haben wir noch bis zum Ende der Schülerzeit Nietzsches bei jedem religiösen Text. Wir wissen fast nie [...], wann es sich um einen Pflichttext für die Schule, einen erwarteten oder erbetenen Geschenktext oder um einen von Nietzsche aus freien Stücken gearbeiteten und ausschließlich für sich selbst geschriebenen Text handelt; nur letzterer wäre ja authentisch." Streng genommen ist der Unterschied zwischen ‚Pflichtaufgabe' und ‚autonomem' Text nicht nur nicht für religiöse Texte, sondern für keinen Teil des Nachlasses der 1850er und -60er Jahre zweifelsfrei zu bestimmen. ‚Authentizität' ist als Kriterium zudem min-

Ironisierungen auf den Kopf gestellt[74] und komplexe Gedichte mit biografischen Parallelen überfrachtet, um sie wiederum als ‚authentischen' poetischen Ausdruck des Seelenlebens Nietzsches zu präsentieren.[75] So deutet Schmidt das Gedicht *Zwei Lerchen* (Mp I 22, S. 4; KGW I/1, S. 259–260) einseitig als Verarbeitung des bevorstehenden Schulwechsels nach Pforta, wobei er zugleich in pathetischer Stilisierung das krisenhafte (Pseudo-)Selbstverständnis des Erwachsenen für die Interpretation nutzbar zu machen versucht:

> Die zweite Lerche hat nur die Wahl [...] zwischen der Sonnenferne am Boden und der Sonnennähe, in Nietzsches Sprache: zwischen dumpfen Nebeln normalchristlicher Gläubigkeit etwa, wo er geistig nicht atmen konnte, und der luziden Wüstenklarheit versengender Erkenntnis, in der er nach „Leben" lechzte. (Schmidt 1991b, S. 1003)

Als eine seiner „Spurenleserregeln" präsentiert Schmidt ferner das Verfahren, „Texte, die zumindest z. T. anlaßorientiert sind, nicht im Sinne einer philosophischen Privataussage zu interpretieren, wenn sie mit Privattexten nicht oder nur

---

destens diskutabel: Einerseits ist der Begriff als philologischer Fachterminus im engeren Sinne zur Bezeichnung der „Echtheit und Originalität des in der Edition vorgelegten Textes" reserviert (Grubmüller/Weimar 2007a, S. 168). Stammt ein Nachlass-Text also von der Hand des jungen Nietzsche, ist er editionswissenschaftlich bereits ein authentischer Text, auch wenn es sich etwa um eine Hausaufgabe handelt. Andererseits hat die Kulturwissenschaft herausgearbeitet, dass die Rezeption von Authentizität im von Schmidt 1991a, S. 1032 vorausgesetzten Sinne der ‚Natürlichkeit', ‚Wahrhaftigkeit', ‚Unmittelbarkeit' vom jeweiligen Individuum abhängig ist (vgl. den Überblick bei Näser 2008, S. 3–5, ferner: Hattendorf 1994, S. 77–78; Lindner 1998, S. 80; Welz 2001, S. 94): Wenn Schmidt bestimmte Aufzeichnungen des jungen Nietzsche für nicht authentisch erklärt, sagt dies demnach mehr über Schmidts vorgeprägte Erwartungen aus als über die betreffenden Texte des jungen Nietzsche selbst, die jene offenbar nicht erfüllen. Gemäß der Definition von Erik Schilling, der zufolge „‚Authentizität' [...] ausschließlich die *Übereinstimmung einer Beobachtung mit einer Erwartung des Beobachters* [bezeichnet]", sagt derjenige, der „in diesem Sinne ‚authentisch' sagt", sogar überhaupt „nichts über die beobachtete Person oder Sache aus", sondern „nur über seine Erwartung und seine Beobachtung" (Schilling 2020, S. 10).

74 Vgl. Schmidt 1991a, S. 197–198, wo ausgehend von einer Geburtstagssammlung für die Mutter bereits dem 11-jährigen Nietzsche unterstellt wird, familiärem Leistungsdruck mit Ironie zu begegnen: „Auch das Eröffnungsgedicht [*Ich bringe dir eine kleine Gabe*...; Mp I 5, S. 1–2; KGW I/1, S. 115–116] ist von ironischen Untertönen nicht frei. Klingt das ‚Doch nimms vom lieben Gotte hin' nicht wie hingeworfen? Rhythmisch würde auch ‚von deinem Gotte' passen. Ist das gemeint? Ist Gott nur noch ‚ihr Gott'? Subtileres Spurenlesen bestätigt diese Vermutung. [...] [K]önnte das ‚ich dich möcht erdrücken' in seltenen Momenten auch im Sinne des Hasses ernst gemeint sein? Ist das Kind zuweilen schon Orestes, der, um selbst König werden zu können, seine Mutter töten muß? Korrespondiert dem zu tötenden Gott auch eine zu tötende Mutter?"

75 Vgl. die Ausführungen von Schmidt 1994, S. 329–346 zu den Gedichten *Vor dem Crucifix* und *Jetzt und ehedem* (Mp I 62, S. 1–12; KGW I/3, S. 109–114).

partiell übereinstimmen" (Schmidt 1993, S. 491). Damit gesteht sich Schmidt eine Deutungshoheit über die nachgelassenen Aufzeichnungen zu, die auch bei größter Sachkenntnis schwer zu rechtfertigen ist: Er suggeriert, dem Autor gleichsam in den Kopf schauen zu können, wenn er die Bedeutung einzelner Texte entsprechend seiner Prämisse bestimmt und sich über den Wortsinn hinwegsetzt, wo dieser der eigenen Ausgangsthese widerspricht. Schmidt will als „Metaspurenleser" gerade „*den* Nietzsche" erklären, der sich „so gut wie nur irgend möglich absichtsvoll verborgen hat" (Schmidt 1991b, S. 579). Die Akzeptanz der Behauptung, dass es ihm, Schmidt, gelungen sei, diesen ‚wahren', ‚verborgenen' Nietzsche entdeckt und verstanden zu haben, muss vor diesem Hintergrund jedoch ironischerweise eine Glaubensfrage bleiben.

Der eigenen Vermutung, „manchem Fachwissenschaftler schlicht als kriminell erscheinen" zu müssen, ist indes beizupflichten, wenn Schmidt noch einen Schritt weiter geht und erklären zu können versichert, „*was Nietzsche in seinem ‚Tagesbewußtsein' noch nicht (völlig oder überhaupt noch nicht) bewußt oder zugänglich war*" (Schmidt 1991b, S. 585; Herv. i. O.). Schmidt beansprucht also nicht nur, das zu erkennen, was Nietzsche gezielt vor allen anderen verborgen habe, sondern auch das zu wissen, was Nietzsche nicht einmal selbst von sich gewusst habe. Als Schlüssel für das Verständnis solch esoterischer Zusammenhänge bringt Schmidt schließlich freudianisch die „*Frage nach Nietzsches Geschlechtlichkeit*" ein, die als einzige „bei Nietzsche in die Tiefe zu führen" vermöge (Schmidt 1991b, S. 601).

Die diametral entgegengesetzte Position gegenüber Schmidts psychologisch-biografischer Interpretation des Nachlasses der 1850er und -60er Jahre nimmt ausgehend von Nietzsches Jugendlyrik Karl Pestalozzi ein: In einer methodologischen Vorbemerkung seines Beitrags aus den *Nietzsche-Studien* von 1984, *Nietzsches Gedicht „Noch einmal eh ich weiter ziehe..." auf dem Hintergrund seiner Jugendlyrik*, spricht er sich ausdrücklich gegen die „Vereinnahmung des frühen Nietzsche durch den späteren" aus (Pestalozzi 1984, S. 101). Zwar könne die „Bedeutung, die Nietzsche für uns hat", schnell dazu führen, in seinen Jugendgedichten nach „Spuren, vor allem inhaltlicher Art, zu suchen, in denen sich seine spätere Philosophie ankündigt" (Pestalozzi 1984, S. 101). „Angemessener und ergiebiger" sei es aber, „die Eigenart dieser frühen Gedichte aus ihnen selbst, den Umständen ihrer Entstehung und Nietzsches damaligem Selbstverständnis zu erfassen" (Pestalozzi 1984, S. 101). Jahre vor Erscheinen der *Nietzsche-absconditus*-Bände in den früher 1990er Jahren bezieht Pestalozzi damit gleichsam unter Vorgriff auf Schmidts zentrale Metapher der „Spuren" beziehungsweise des „Spurenlesens"[76] Stellung gegen dessen Ansatz.

76 Mit dem „Spurenlesen bei Nietzsche", das den Nebentitel von *Nietzsche absconditus* bildet, bezeichnet Schmidt sein Unterfangen, Nietzsches „Denkspuren, Lebensspuren, Leidensspuren" zu

Einen solchen Versuch, die „Eigenart“ von Nietzsches Jugendgedichten „aus ihnen selbst“, ihren Entstehungskontexten und „Nietzsches damaligem Selbstverständnis“ heraus zu verstehen (Pestalozzi 1984, S. 101), unternimmt Pestalozzi selbst: Er identifiziert Quellen wie Vorbilder und stellt den handwerklichen Aspekt als bestimmenden der Jugendlyrik heraus, er kontextualisiert und klärt über das Verhältnis der Gedichte zur Tradition wie auch zur Biografie auf.[77] So kommt er

---

folgen, um zu erkennen, wo dieser „die Schuhe [wechselt], [...] zwischenrein mal barfuß [geht], um dann wieder zu schwimmen oder auch ein Stückchen weit zu fliegen“ (Schmidt 1991a, S. 54). In diesem bildlichen Erklärungsversuch klingt bereits an, dass Schmidt mit seiner Metapher des „Spurenlesen[s]“ keine stringente, ausdifferenzierte Methode der Interpretation verfolgt, sondern lediglich seine Prämisse umschreibt, bevorzugt Nietzsches Primärtexte vor dem Hintergrund seines psychologisch-biografischen Erkenntnisinteresses auszudeuten und vielfach auf den Einbezug von Forschung zu verzichten, um keinen „Fehlfährte[n]“ nachzugehen (Schmidt 1991a, S. 53). Eine methodologische Definition des „Spurenlesen[s] bei Nietzsche“ gibt Schmidt nicht. Auch das „Metaspurenlesen“, mit dem Schmidt den „verborgensten Nietzsche“ – „Nietzsche absconditissimus“ – zu erkennen sucht (Schmidt 1991b, S. 579), stellt lediglich eine Steigerung jener Prämisse dar, keine nachträgliche Einführung in die Methode: Schmidt interessieren nun die subtilen (eigentlich hermetischen) „Verbergungs- und/oder Motivationszusammenhänge [...] bereits untersuchter Texte“ (Schmidt 1991b, S. 582), die Nietzsche „selbst nur zum Teil bewußt[ ]“ seien (Schmidt 1991b, S. 579), wo er zuvor vermeintlich bewusst gesetztes, von Nietzsches familiärem Umfeld nur nicht verstandenes „Hintersinniges und Ironisches“ (Schmidt 1991b, S. 578) in den hinterlassenen Aufzeichnungen ausfindig zu machen beansprucht.

77 Vgl. Pestalozzi 1984, S. 102–103: Indem der junge Nietzsche Lyriker „wie Brentano, Eichendorff, Heine, Goethe, Platen, Lenau, Rückert etc. [...] imitierte und reproduzierte, suchte er sich zum Dichter auszubilden“. Diesen aneignenden Charakter von Nietzsches Jugendlyrik bezeichnet Pestalozzi als „Parodie“ im weiteren Wortsinn. Eine solche will nach Gustav Gerbers Definition von 1885, die Pestalozzi 1984, S. 103 zitiert, „das Original irgendwie in seinem Inhalt, seinem Wesen oder doch in der Art des Eindrucks, welche diesem eigen ist, durch Verwendung derselben Worte treffen, wenigstens berühren, sei es, um an diese Worte eine weitere, tiefere Bedeutung zu knüpfen, als ihnen im Original zukommt, sei es, um scherzend oder spottend deren Gewicht zu zerstören, sei es auch nur, um durch Erinnerung an ein von Trefflichen trefflich Gesagtes Teilnahme und verstärkte Wirkung für eigene Darstellung zu gewinnen“ (Gerber 1885, S. 373). Aus der Perspektive heutiger Literaturwissenschaft ist diese Definition und die Anwendung des Begriffs auf Nietzsches Jugendgedichte allerdings nicht mehr haltbar, da „Parodie“ nunmehr als ein „in unterschiedlichen Medien vorkommendes Verfahren *distanzierender* Imitation von Merkmalen eines Einzelwerkes, einer Werkgruppe oder ihres Stils“ meint (Verweyen/Witting 2007a, S. 23; meine Herv.). Zwar gibt es parodistische Jugendgedichte, die eine solche Distanzierung kennzeichnet (z. B. *Sonnet*; Mp I 59, S. 1; KGW I/3, S. 75–76), aber das zentrale Kriterium der „distanzierende[n] Imitation“ ist nicht konstitutiv für die Jugendlyrik in Gänze. Zutreffender ist Pestalozzis Vergleich mit der „imitatio-Poetik“: „Es kam ihm [dem jungen Nietzsche] offenbar darauf an, sich als Autor erleben zu können, der durch seine Autorschaft teilhatte an der Gemeinschaft der Dichter, vor allem auch am Nimbus, mit dem sie die bürgerliche Gesellschaft umgab. [...] Wollte man aus alldem einen poetologischen Grundsatz abstrahieren, so wäre eher an die imitatio-Poetik, die in Deutschland vom Humanismus

zu dem Schluss: „Reflektierte Sprach- und Formbeherrschung, Artistik also, darin liegt vor allem das Nietzsche Eigene, das diese Jugendgedichte dokumentieren.“[78] (Pestalozzi 1984, S. 104) Diese These exemplifiziert Pestalozzi durch eine Analyse von *Noch einmal eh ich weiter ziehe…* (Mp I 75, S. 1; KGW I/3, S. 391), das er – nach einer unveröffentlichten Lizentiatsarbeit von Julia Kroedel (Kroedel 1982) – als „Kontrafaktur oder doch als Antwort“ (Pestalozzi 1984, S. 107) auf ein Kirchenlied von Balthasar Münter aus dem *Evangelischen Gesangbuch der Stadt Halle und der umliegenden Gegend* vorstellt (Münter 1856; vgl. Pestalozzi 1984, S. 105).[79]

Rüdiger Ziemanns Beiträge *Zur Brentano-Lektüre des jungen Nietzsche* (Ziemann 1994b) und *Zu zwei Jugendgedichten Nietzsches* (Ziemann 1994a) teilen Pestalozzis methodischen Ansatz: Auch Ziemann beleuchtet die Gedichte vor dem Hintergrund ihrer historischen Kontexte; detailliert analysiert er Rezeptionsverhältnisse konkreter Gedichte und macht dabei wichtige Entdeckungen. So identifiziert er zwölf Verse, die in HKG 1, S. 49–50 als Gedicht Nietzsches präsentiert werden, als exzerpiertes Binnengedicht aus Clemens Brentanos zweitem *Rheinmärchen* (vgl. Ziemann 1994b, S. 337–339),[80] weist die formalen ‚Verbesserungen‘ nach, die der junge Nietz-

bis vor Klopstock galt, zu denken als an die Goethezeitliche Poetik der Originalität.“ (Pestalozzi 1984, S. 102–103) Nach heutigem Verständnis charakterisiert die „pädagogische Technik“ der Imitatio im engeren Sinne, „die ‚klassische‘ Autoren als Vorbild und Übungsobjekt für die eigene Schreibpraxis empfiehlt“ (Entner 2007, S. 133), das lyrische Dichten des jungen Nietzsche sogar ausgesprochen gut. Ergänzend überzeugt auch die Kennzeichnung der Jugendgedichte als epigonale Lyrik im differenzierten Sinne: Als Produkt eines „[l]iterarisch kenntnisreiche[n] Autor[s], der sich mit unterschiedlichen Konzepten auf seine Vorgänger bezieht“ und „das Potential der Tradition“ nutzt (Harms 2007, S. 457; vgl. hierzu bereits Kap. 1.3.1). Zu der „Gegenüberstellung von inspiriertem Genie und poetischem Handwerker oder Ingenieur“, die durch die „gegensätzlichen Vorstellungen von Textgenese […] bestimmt wird“, vgl. grundsätzlich auch Bohnenkamp 2002, hier S. 62.

78 Meyer 1991, S. 405 dagegen spricht den Gedichten einen „Anspruch auf Kunstfertigkeit“ ab; es gehe bei ihnen vielmehr darum, „an Hand der vorgegebenen lyrischen Sprache die Gefühle des Schreibenden zum Ausdruck“ zu bringen. Diese Deutung teilt sich mit Schmidts psychologisch-biografischem Ansatz die Prämisse, dass Nietzsches Jugendgedichte – teils verschleiernde – persönliche Gefühls- und Gedankenäußerungen ihres Autors darstellen (vgl. Kap. 2.2.2).

79 Das betreffende Kirchenlied ist im Gesangbuch ohne Überschrift wiedergegeben, trägt jedoch in Münters zu Lebzeiten erschienener *Erster Sammlung geistlicher Lieder* den generischen Titel *Bußlied* (vgl. Münter 1773, S. 36–37).

80 Es handelt sich um das Gedicht *Reu und Leid* aus dem *Märchen von dem Hause Staarenberg und den Ahnen des Müllers Radlauf* (vgl. Brentano 1847, S. 338). Dass die HKG-Herausgeber das Exzerpt nicht erkannt haben, mutet kurios an, da der junge Nietzsche oberhalb der Abschrift gut lesbar seine Quelle vermerkt: „Brentano, Märchen. I. II.“ (Mp V 6, S. 36) – Im Sinne einer möglichst manuskriptgetreuen Edition wären Exzerpte wie diese freilich nicht auszuschließen (so verfährt KGW I); vielmehr kommt es darauf an, den Status als Exzerpt im Kommentar auszuweisen und das so belegte Rezeptionsverhältnis auszuwerten. Derart manifeste Lektürefrüchte sind für die

sche in einer Nachdichtung an Schillers Gedicht *Hektors Abschied* vornimmt (vgl. Ziemann 1994a, S. 181–184; Schiller 1804, S. 301–302), und zeigt, dass Nietzsche den in seiner Jugendlyrik so präsenten Eichendorff wahrscheinlich zunächst indirekt über die Vertonungen Mendelssohn Bartholdys kennenlernte (vgl. Ziemann 1994a, S. 186). Zugleich nimmt Ziemann die lyrischen Texte des jungen Nietzsche als autonome künstlerische Gebilde ernst, indem er sich neben ihrer Kontextualisierung auch um nuancierte Textinterpretationen bemüht.[81]

Erosiv wirken dagegen Berührungen mit divergenten Ansätzen: So ist es fragwürdig, die „Identifizierung des jungen Nietzsche mit dem Sprecher" des Gedichts *Reu und Leid* „durchaus anzunehmen[ ]", wenn schon im nächsten Satz der „Einwand" erfolgt, dass es sich um das Exzerpt aus einem Brentano-Märchen handelt, dem eine ‚feindliche' – nämlich katholische – Konfession zugrunde liegt (Ziemann 1994b, S. 337; vgl. Brentano 1847, S. 338). Ebenso leidet die argumentative Stringenz darunter, ein Gedicht des 13-jährigen Nietzsche nach schlüssiger Interpretation im Kontext seiner Vorbilder durch einen Konnex mit den 30 Jahre später entstandenen *Dionysos-Dithyramben* im Werkzusammenhang relevanter erscheinen lassen zu wollen.[82]

historische Kontextualisierung von Nietzsches eigener Lyrik, für die Untersuchung seines Bildungsprogramms und seiner Schreibpraktiken überaus wertvoll. Zu „Nietzsche als Leser und Exzerptor" vgl. einführend Rottmann 2019. Für eine tiefergehende Beschäftigung mit „Nietzsche als Leser" vgl. die Beiträge des neuen Sammelbands von Anschütz/Müller/Rottmann/Souladié 2021. In seinem Dissertationsprojekt *Der ‚freie Geist' exzerpiert* wird Mike Rottmann zudem „Nietzsches Lese- und Schreibpraktiken" für die Zeit von 1869 bis 1879 „zwischen disziplinierter Gelehrsamkeit und schriftstellerischer Autonomie" verorten (Rottmann 2025 [in Vorb.]). – Zur Praxis des Exzerpierens am Beispiel der europäischen Literatur des 18. Jahrhunderts vgl. weiterführend den Sammelband von Décultot 2014a, darin besonders den Überblick von Décultot 2014b.

81 So erläutert Ziemann 1994a, S. 183 beispielsweise, wie der junge Nietzsche anhand seiner Verbesserungsmaßnahmen gegenüber Schillers prominenter gleichnamiger Vorlage in *Hecktors Abschied* (Mp I 22, S. 7–8; KGW I/1, S. 261–262) „die Heldengeschichte [...] depotenziert", „ohne daß Andromaches Bild eigene Konturen erhielte". Zu *Hecktors Abschied* vgl. die Erläuterungen in Kap. 5 zu Mp I 22, S. 7–8.

82 Ziemann 1994a, S. 189 lässt durch seine Formulierung zumindest eine gewisse Mentalreservation durchblicken: Es *kann* ihm zufolge nämlich ebenso wohl *nicht* so scheinen, dass „sich in dem Lied [in HKG noch *Abschied*, eigentlich titellos; Mp I 19, S. 43–44; KGW I/1, S. 249–250] etwas von der ganz anderen Antwort dieses Dichters [Nietzsche]" ankündige, „die wir in den sieben Einsamkeiten der Dionysos-Dithyramben vernehmen werden".

2.2.3 Methodische Voraussetzungen für den Umgang mit Nietzsches Jugendlyrik

Divergierende Forschungspositionen und der Status des Untersuchungsgegenstandes als Nachlass eines Heranwachsenden, der sich noch im Schreiben übt, erfordern eine besondere Reflexion der methodischen Voraussetzungen für den Umgang mit Nietzsches Jugendlyrik. Dies gilt auch für die auto(r)fiktionalen Selbstinszenierungsstrategien,[83] die nicht nur das Werk des erwachsenen Nietzsche prägen,[84] sondern bereits innerhalb der poetologischen Äußerungen des jungen Nietzsche wiederholt deutlich werden (vgl. Kap. 2.3). Letzterer Befund erschwert es beispielsweise, die nachgelassenen Texte des jungen Nietzsche allein aus einem philosophischen oder biografischen Kontext heraus zu deuten – beziehungsweise die Texte umgekehrt als Kontext für eine Lebensbeschreibung des jungen oder philosophische Intepretationen des erwachsenen Nietzsche heranzuziehen. Das Leben des Autors kann die Textanalyse durch Zusatzinformationen zwar bereichern, indem es den Untersuchungsgegenstand in äußere Verhältnisse einzuordnen hilft und so etwa die Quellenforschung unterstützt. Texte, die nur fragmentarisch erhalten sind, die bereits auf Inszenierungsstrategien ihres Autors basieren und/oder qua Gattung künstlerische Autonomie beanspruchen können, erschöpfen sich aber nicht in einer Deutung als unmittelbare Gefühls- und Gedankenäußerungen ihres Autors.

---

83 Nach Wagner-Egelhaaf 2013a, S. 14 zeichnet sich Auto(r)fiktion durch den „Konnex von Autofiktion und Autorschaft" aus, wie er in „‚Mischungszustände[n]' zwischen ‚Fiktion' und ‚Autobiographie'" begegnet (Wagner-Egelhaaf 2013a, S. 9): „Der autofiktionale Text [...] exponiert den Autor im performativen Sinn als jene Instanz, die im selben Moment den Text hervorbringt wie dieser ihr, d. h. dem Autor, auf seiner Bühne den auktorialen Auftritt allererst ermöglicht." (Wagner-Egelhaaf 2013a, S. 14) Zu den verschiedenen Äußerungsformen von Auto(r)fiktion vgl. die Beiträge des Sammelbands von Wagner-Egelhaaf 2013b, zu Konzepten der Autorschaft bereits den Sammelband von Detering 2002. – Anhand von *Der Wanderer und sein Schatten* untersucht Brücker 2019, hier S. 8, den Zusammenhang zwischen Nietzsches „Auffassung von Autorschaft", seinem „Schreib- und Publikationsverfahren" und seiner „persönlichen Denkentwicklung" hin zur einer vorgeblichen „Philosophie des Werdens" um 1880.

84 Das „konstante[ ] autobiographische[ ] Interesse" Nietzsches, „das nach einem ersten Höhepunkt in den neuen Vorreden für die Zweitausgaben der *Geburt der Tragödie*, von *Menschliches, Allzumenschliches*, *Morgenröthe* und *Fröhlicher Wissenschaft* in *Ecce homo* [...] kulminiert", lässt sich nach Andreas Urs Sommer hinsichtlich des selbstaufhebenden Umgangs mit der autobiografischen Gattung namentlich in *Ecce homo* als Versuch einer „Autogenealogie" auffassen (Sommer 2013, S. 325), die eine „propagandistisch-protreptische Absicht" und eine „Strategie [...] der Überhöhung" des „sprechende[n], sich selbst vergöttlichende[n] Ich[s]" verfolgt (Sommer 2013, S. 327 u. 345). Ausgiebig die Auto(r)fiktion in FW Vorrede untersucht Kaufmann 2016.

Die Funktions- und Wirkungsweise des jeweiligen Textes, sein auch formaler Gehalt für sich und in Relation zu möglichen Kotexten ist deutlich besser ausgehend von ihm selbst analysierbar. Damit geht auch eine gewisse Akzeptanz des Interpreten gegenüber (performativen) Widersprüchen und unzuverlässigem Erzählen (oder Philosophieren) einher. Das gilt auch für konkrete entstehungs- und abstrakte geistesgeschichtliche Fragen sowie die Untersuchung von Rezeptionsverhältnissen: Sie bilden jeweils elementare Bestandteile der Erschließungsarbeit, ersetzen einander aber nicht. Ein kontextualisierendes Close Reading dagegen, das verstärkt auf literaturwissenschaftliche Mittel der Lyrikanalyse zurückgreift, vereint die Vorteile der verschiedenen Ansätze und minimiert zugleich ihre Nachteile.[85] Es eignet sich daher besonders gut dafür, eine Grundlage zur Beschäftigung mit Nietzsches nachgelassenen Jugendgedichten zu schaffen.

Viele Jugendgedichte Nietzsches sind als Casualcarmina oder im Rahmen von Schulaufgaben entstanden (vgl. Ziemann 2011, S. 150). Eine Grenze zwischen aufgetragenen und privaten Gedichten ist aber nicht problemlos zu ziehen. So kann es sich bei einzeln auftretenden und daher selbstständig erscheinenden (fragmentarischen) Gedichten auch um Vorarbeiten für Auftragswerke handeln; und die lyrischen Einsendungen für den zusammen mit den Freunden Wilhelm Pinder und Gustav Krug gegründeten Verein Germania[86] etwa bilden als Selbstverpflichtungen eine Mischform, die sowohl in privatem als auch institutionellem Rahmen entstehen. Ähnliches gilt für die Dichtungen, deren tägliche Anfertigung sich Nietzsche – glaubt man den Äußerungen in *Aus meinem Leben* von 1858 – eine Zeit lang selbst auferlegte.[87] Einer Kategorie das Vorrecht einzuräumen, glaubhafter zu sein als die andere(n), ist also auch deshalb spekulativ, weil keine klare Abgrenzung möglich ist. In gewisser Hinsicht ist schließlich jeder Text selbstaufgetragen, sofern man metaphysische Konzepte wie das einer göttlichen Eingabe ausschließt.

---

85 In der Verwendung „textimmanente[r] Analysetechniken, die allerdings durch die Positionierung der Texte in Kontexten historisch perspektiviert werden" (Heitmann 1999, S. 9), schließt die hermeneutische Methodik vorliegender Arbeit an den New Historicism an. Zu dessen Aufnahme in der deutschsprachigen Literaturwissenschaft vgl. die Sammelbände von Baßler 1995 und Glauser/Heitmann 1999.

86 Zur Germania vgl. Kap. 2.3.1 sowie Hödl 2009, S. 147–159.

87 In *Aus meinem Leben* behauptet der Sprecher, dass er sich am Geburtstag seiner Mutter vornahm, „jeden Abend ein Gedicht zu machen", und diesen Vorsatz auch „ein paar Wochen hindurch" ausführte (Mp III 4, S. 120–121; KGW I/1, S. 307). Tatsächlich sind aus dem Jahr 1858 auffällig viele Gedichte Nietzsches erhalten. Eine grobe Orientierung bietet das Inhaltsverzeichnis in KGW I/1, S. 393–395.

Sowohl poetologische Äußerungen des jungen Nietzsche, etwa in Aufsätzen, Notizen oder Briefen, als auch die Lyrik selbst sollten daher nicht nach dem Schema ‚Auftragswerk – persönliches Werk' unterschieden werden – zumal im editionsphilologischen Sinne alle Aufzeichnungen authentisch sind, sofern sie von Nietzsche geschrieben wurden (vgl. Grubmüller/Weimar 2007a, S. 168). Selbst im Fall von Plagiaten können die Texte mit Gewinn analysiert werden, was Thomas H. Brobjer anhand des als ein solches identifizierten *Briefs an meinen Freund, in dem ich ihm meinen Lieblingsdichter zum Lesen empfehle* gezeigt hat (Mp II 14, S. 1–11; KGW I/2, S. 338–341; vgl. Brobjer 2001b). Im Nachlass der 1850er und -60er Jahre finden sich denn auch keine Hinweise, dass Nietzsche selbst seine Dichtungen nach funktionaler und autonomer Lyrik differenziert hätte. Im Gedichtverzeichnis, das er *Aus meinem Leben* beifügt, stehen Geburtstagsgedichte beispielsweise in einer Reihe mit verschiedensten anderen lyrischen Dichtungen (vgl. Mp III 4, S. 124–128; KGW I/1, S. 308–309).

Eine gewisse Skepsis gegenüber den (Selbst-)Aussagen in Abhandlungen, den autobiografischen Schriften und auch in den Briefen ist dagegen durchaus geboten.[88] Es mag sich zwar noch nicht um eine offen zur Schau gestellte, hypertrophe „Autogenealogie" handeln, wie sie der erwachsene Nietzsche in den nachträglichen Vorreden von 1886 oder in *Ecce homo* forciert (Sommer 2013, S. 325). Dennoch sind die Aufzeichnungen des 13-Jährigen bereits von auto(r)fiktionalen Elementen geprägt, die zur interpretatorischen Vorsicht mahnen. Das beginnt bei irreführenden Äußerungen wie der Behauptung, die ersten eigenen Gedichte seien ohne Vorbilder und ganz so entstanden, „wie die Seele sie mir eingab" (Mp III 4, S. 51; KGW I/1, S. 291).[89] Und es reicht bis hin zum bekenntnishaften Gestus, der die autobiografischen Aufzeichnungen prägt, aus denen beim jungen Nietzsche ein starkes Form- und Gattungsbewusstsein spricht: Allein der Titel „Aus meinem Leben" verweist so offensichtlich auf Goethe und seine Vermengung von „Dichtung und Wahrheit" (vgl. Pestalozzi 1984, S. 102), dass das Gelöbnis, „ganz der Wahrheit getreu [...] ohne Dichtung und poëtische Ausschmückung" erzählt zu haben

88 Auch Hermann Josef Schmidt verficht zwar eine skeptische Haltung gegenüber den Selbstaussagen des jungen Nietzsche, insbesondere gegenüber seinen autobiografischen Aufzeichnungen, die er als „Dokumente [...] exoterischer Selbstinszenierung" bezeichnet (Schmidt 1991b, S. 579). Das dem Text inhärente Narrativ ersetzt Schmidt jedoch nur durch ein eigenes, wenn er dem *„verborgensten, [...] ‚eigentlichen' Nietzsche"* auf die Spur kommen will (Schmidt 1991b, S. 583). Literaturwissenschaftlich relevanter wäre es demgegenüber, die textlichen Merkmale auto(r)fiktionaler Inszenierung zu bestimmen. Vgl. hierzu Kap. 2.3

89 Wie Hödl 2009, S. 109–110 (Anm. 274) gezeigt hat, klingen schon in den frühesten erhaltenen Jugendgedichten Nietzsches Verse von Theodor Körner und Friedrich von Matthisson an. Nach Brobjer 1999, S. 320 sind dem jungen Nietzsche beide Dichter bekannt.

(Mp III 4, S. 135–136; KGW I/1, S. 311),[90] mehr von reflektiertem Witz als angehender Autor und Homo Scriptor zeugt als die damit behauptete Wahrhaftigkeit als Mensch beweist. Ähnlich der Analyse von Gedichten, denen nicht die Stimme des Autors, sondern die eines lyrischen Ichs zugeordnet wird, sollte für die Untersuchung der nachgelassenen Aufzeichnungen keine undifferenzierte Identität zwischen dem realen Autor Nietzsche und dem jeweils sprechenden Ich angenommen werden, bei dem es sich stets um ein inszeniertes Alter Ego, einen fiktionalen ‚Nietzsche' handeln kann. Die Grenzen sind besonders in den autobiografischen Texten fließend; doch auch im Fall der vielen fragmentarischen Aufzeichnungen ist Vorsicht geboten, da durch die unvollständige Textgestalt ohnehin oft unklar ist, wer zu wem mit welcher Absicht spricht.

Vor diesem Hintergrund muss der Anspruch fallengelassen werden, Nietzsches Jugendgedichte mithilfe seiner poetologischen (Selbst-)Aussagen in anderen nachgelassenen Texten der jeweiligen Zeit zu deuten, zu periodisieren oder zu bewerten. Das zeigen nicht zuletzt die widersprüchlichen, womöglich künstlich eingenommenen Haltungen zur Dichtung und zum eigenen Dichten: die vielen Verzeichnisse und Sammlungen auf der einen, die immer wieder aufkommende Selbstkritik und das (behauptete) Verbrennen der Produktionen auf der anderen Seite. Verlässliche Selbstaussagen sind angesichts einer solchen Divergenz nicht zu ermitteln. Trotzdem lohnt es sich, diese widersprüchlichen Äußerungen mit der gebotenen Vorsicht eingehender zu untersuchen, denn sie gewähren nach wie vor, gleich den Gedichten selbst, Einblick in Nietzsches Wissensbestände und helfen so dabei, auf indirektem Weg der Jugendlyrik näher zu kommen. Schulaufsätze, Autobiografien oder Briefe des jungen Nietzsche können trotz – oder gerade wegen – ihrer auto(r)fiktionalen Tendenzen darüber befragt werden, welche Dichter, Stilideale, Motive oder Formen er kannte, mit welcher Bewertung er sie kennenlernte und wie er selbst andernorts mit diesem Wissen umgeht. Gerade die Widersprüchlichkeit der Aussagen bietet einen umso größeren Fundus von Einflüssen, die sich offensichtlich auf je eigene Weise niedergeschlagen haben. So ergänzt das zwischen Selbstbewusstsein und Selbstzweifeln schwankende Verhältnis zur (eigenen) Dichtung, wie es zumindest nach außen getragen wird, das (ohnehin heterogene) Bild von Nietzsches Jugendlyrik um die Selbstinszenierungsstrategien ihres Autors.

---

90 Dieses Bekenntnis zur Wahrhaftigkeit ist ein Topos in der Gattungsgeschichte autobiografischer Schriften; die generisch betitelten *Bekenntnisse* von Augustinus und Rousseau kokettieren ebenfalls damit. Vgl. zum Thema der „Vorsicht" gegenüber den Autobiografien prominenter Persönlichkeiten auch einen thematisch einschlägigen Text des erwachsenen Nietzsche: FW 91, KSA 3, S. 447. Vgl. hierzu den ausführlichen Kommentar von Kaufmann 2022a zu FW 91.

2.3 Poetologische Autoreflexion beim jungen Nietzsche

Aussagen über das Dichten und die eigenen Gedichte finden sich beim jungen Nietzsche immer wieder. In den tagebuchartigen Aufzeichnungen *Pforta* vom Sommer 1859 behauptet Nietzsche von sich, dass „schon im 9ten Jahre" seine „Neigung zur Poesie" begann, und von da an „kleine Versuche [...] sich jährlich" wiederholten (Mp III 6, S. 65; KGW I/2, S. 135). Mit 13 Jahren beansprucht er in *Aus meinem Leben*, bereits drei Perioden lyrischen Dichtens bei sich unterscheiden zu können (vgl. Mp III 4, S. 50–53, 69–70 u. 120–123; KGW I/1, S. 291–292, 295 u. 306–307). Bis weit in die 1860er Jahre hinein fertigt er zudem detaillierte Gedichtlisten und -verzeichnisse an, von denen insgesamt 28 ediert in KGW I vorliegen. In sorgsam ausgestalteten Ferienplänen hält Nietzsche sich ferner wöchentlich gesonderte Termine für „Poesie" frei (vgl. Mp V 9, S. 12–13 u. 16; KGW I/2, S. 300–302) oder nimmt sich vor, bestimmte, schon fest umrissene Gedichte endlich niederzuschreiben (vgl. Mp III 13, S. 2; KGW I/3, S. 144–145). Und auch in Briefen kommentiert Nietzsche wiederholt seine dichterische Tätigkeit oder verschickt direkt ganze Gedichte.[91]

Durch die Vielzahl der Äußerungen zieht sich dabei eine wechselhafte Bewertung der eigenen Dichtungen: Nietzsche legt einerseits einen gleichsam buchhalterischen Sammeltrieb an den Tag, der sich in den bereits genannten, mehrheitlich datierten Listen und Verzeichnissen niederschlägt und ein starkes künstlerisches Selbstbewusstsein bezeugt.[92] Andererseits tritt in verschiedenen Texten ein ausgeprägter Hang zur Selbstkritik zutage, der in den behaupteten Autodafés seinen Höhepunkt findet. Das Bedürfnis, sich dichterisch weiterzuentwickeln, und zugleich die Zweifel, ob und, wenn ja, wie dies möglich sei, thematisieren beispielhaft die

91 Nietzsche unterbreitet Wilhelm Pinder in einem Brief aus dem Februar 1859 das Angebot, sich gegenseitig Gedichte zu schicken, um sie „recht genau [zu] recensiren und Tadel und Lob nach Verdienst [zu] erheben" (KGB I/1, Bf. 55). Zur Anregung liefert er sogleich das *Mailied* mit (KGB I/1, Bf. 55; vgl. auch Mp V 6, S. 45–48; KGW I/2, S. 19–20). Eine Antwort Pinders ist nicht erhalten; Nietzsche schickt ihm jedoch weitere Gedichte, beispielsweise *In der Ferne, in der Ferne...* in einem Brief aus dem Mai oder Juni 1859 (vgl. KGB I/1, Bf. 76), das auch in der 1860er Geburtstagssammlung für die Mutter enthalten ist (vgl. Mp I 40, S. 1–7; KGW I/2, S. 180–181). Erst die Gründung der Germania sorgt, zumindest in den ersten eineinhalb Jahren, für den von Nietzsche so gewünschten regelmäßigen geistigen Austausch (vgl. Kap. 2.3.1). Als dieser abflaut, verschickt Nietzsche wieder vermehrt Gedichte, so etwa am 28. Juli 1862 an Raimund Granier (vgl. KGB I/1, Bf. 324). Beide verschickten Gedichte finden sich etwas später wiederum in der Sammlung *Neue Gedichte*, die Nietzsche „[f]ür September 1862" in der Germania einreicht (vgl. Mp I 54, S. 13–14 u. 16; KGW I/2, S. 460–462).

92 So bittet er fünf Jahre nach dem Abschied von Schulpforta seinen Freund Paul Deussen in einer archivalischen Angelegenheit um Hilfe: „Wo ist unser Pförtner Kamerad Meier? Grüße ihn und bitte ihn in meinem Namen um meine G e d i c h t e aus der Gymnasialzeit: falls er sie noch hat. Dieselbe Bitte ergeht an Dich: sonst ist alles fort." (Brief vom 25.08.1869, KGB II/1, Bf. 24)

schon erwähnten Tagebuchaufzeichnungen aus dem Sommer 1859. Unter dem 20. August notiert Nietzsche:

> Ich schreibe jetzt fast gar keine Gedichte mehr und die wenigen sind gewöhnlich etwas gewöhnlich. So habe ich in Pforta erstens das Mailied gemacht, dann, die Maisonne, im Wald, der Schwan, Heimkehr I, II. In der Ferne, und endlich Ohne Heimath. Allerdings für die lange Zeit sehr wenig. Ich will aber vielleicht wieder einmal einführen, täglich eins zu schreiben, die dann auch in diesem Buche ihren Platz finden werden. – Wann wird aber die poetische Ader so ergiebig sein? Das ist ein sehr unangenehmer Gedanke. (Mp III 6, S. 34; KGW I/2, S. 116)

Auf den bereits in der Autobiografie von August/September 1858 mitgeteilten und damals „ein paar Wochen hindurch" offenbar auch ausgeführten Plan, „jeden Abend ein Gedicht zu machen" (Mp III 4, S. 120; KGW I/1, S. 307), gehen die *Pforta*-Aufzeichnungen nicht wieder ein. In ihnen werden fast nur bereits bekannte (und in der zitierten Stelle auch genannte) Gedichte mitgeteilt (vgl. Mp III 6, S. 16 u. 44–46; KGW I/2, S. 104–105 u. 122–123),[93] was darauf hindeutet, dass der Plan diesmal nicht in die Tat umgesetzt wurde. Bis zum Ende der Pförtner Schulzeit erweist sich „die poetische Ader" wieder als ergiebiger, sind aus der weiteren Internatszeit doch wieder mehr Jugendgedichte Nietzsches erhalten.

2.3.1 Versuche der Legitimation: Handwerkerethos, Autodidaxe, Germania

Das von Karl Pestalozzi hervorgehobene ‚Handwerkerethos' des jungen Nietzsche und dessen Bedürfnis, „an der Gemeinschaft der Dichter" teilzuhaben, „vor allem auch am Nimbus, mit dem sie die bürgerliche Gesellschaft umgab" (Pestalozzi 1984, S. 102), manifestiert sich äußerlich in der Gründung der privaten Vereinigung Germania. Konkretes Vorbild ist wohl der öffentliche Naumburger Verein Literaria, der historische, literarische und künstlerische Interessen verfolgte und zu dem die Lehrer aus Pforta wie auch, neben anderen Naumburgern, Wilhelm Pinders Vater gehörten.[94] In der am 25. Juli auf der Schönburg im heutigen Sachsen-

93 Ausnahmen bilden die Vierzeiler *Das Laub fällt von den Bäumen…* (Mp III 6, S. 14; KGW I/2, S. 103) und *Was lebet muß vergehen…* (Mp III 6, S. 32; KGW I/2, S. 115), wobei es sich bei ersterem um ein abgewandeltes Zitat der Eingangsstrophe von Siegfried August Mahlmanns *Herbstlied* handelt (vgl. Mahlmann 1839, S. 110). Zu Nietzsches Umdichtungsversuch dieses Gedichts vgl. die Erläuterungen in Kap. 5 zu Mp I 22, S. 36. Unter dem „12ten August" zitiert Nietzsche außerdem John Taverners *Missa Gloria tibi Trinitas*, das in Pforta nach dem Tischgebet von den Schülern gesungen werde (vgl. Mp III 6, S. 17; KGW I/2, S. 105).

94 Zur Literaria vgl. Bohley 1976, S. 318–320; Schmidt 1993, S. 501–502; Janz 1993, S. 104; Figl 2007, S. 24. Janz 1993, S. 86–87 vermutet auch, dass „Schumanns ‚Davidsbündler' (die ihrerseits auf

Anhalt gegründeten[95] Germania, der neben dem Initiator Nietzsche nur die Jugendfreunde Gustav Krug und Wilhelm Pinder angehören, sollen von allen Mitgliedern monatlich wissenschaftliche Abhandlungen und künstlerische Leistungen vorgebracht werden, um „vorzüglich zu einer größeren Ausbildung der Mitglieder in den Künsten und Wissenschaften bei[zu]tragen" (HKG 2, S. 438).[96] Von der Vereinsgründung im Sommer 1860 berichten – auf nicht ganz verlässliche Weise[97] – sowohl der erste Entwurf von *Meine Ferienreise* (vgl. Mp III 7a, S. 12; KGW I/2, S. 196) als auch, weiter zurückblickend und ausführlicher, der erste Vortrag *Ueber die Zukunft unserer Bildungsanstalten* von 1872:

> Wir beschlossen damals eine kleine Vereinigung von wenig Kameraden zu stiften, mit der Absicht, für unsere produktiven Neigungen in Kunst und Litteratur eine feste und verpflichtende Organisation zu finden [...]: es mußte sich ein Jeder von uns verbindlich machen, von Monat zu Monat ein eigenes Produkt, sei es eine Dichtung oder eine Abhandlung oder ein architektonischer Entwurf oder eine musikalische Produktion, einzusenden, über welches Produkt nun ein Jeder der Anderen mit der unbegrenzten Offenheit freundschaftlicher Kritik zu richten befugt war. So glaubten wir unsere Bildungstriebe durch gegenseitiges Überwachen eben so zu reizen, als im Zaume zu halten: und wirklich war auch der Erfolg der Art, daß wir immer eine dankbare, ja feierliche Empfindung für jenen Moment und jenen Ort zurückbehalten mußten, die uns jenen Einfall eingegeben hatten. (KSA 1, S. 653–654)

Ein „Verzeichniß aller Einsendungen von Aug[ust] 1860 bis Septemb[er] 1862" (Mp V 14, S. 26–28; KGW I/2, S. 480–483) dokumentiert die rege Teilnahme der drei Freunde an der selbstauferlegten Verpflichtung über anderthalb Jahre hinweg.[98]

E. T. A. Hoffmanns ‚Serapionsbrüder' fußen) bewußt oder unbewußt als Leitbild dienten". Schmidt 1993, S. 501, Anm. 10 bringt zudem die Jenaer Studentenverbindung Teutonia und den berühmten „Freundesbund von Hölderlin, Schelling und Hegel im Tübinger Stift" als mögliche Vorbilder ins Spiel.

95 Das Gründungsdatum, die Statuten, eine Chronik von Weihnachten 1861 bis Ostern 1862 sowie Kassenberichte von den Händen Krugs und Pinders sind zusammen mit der von Nietzsche verfassten September-Chronik von 1862 und einem „Verzeichniß aller Einsendungen" (Mp V 14, S. 26; KGW I/2, S. 480) in dem schwarzgedeckelten Quartheft Mp V 14 mit dem Titel „Chronik der Germania" enthalten. Die nicht von Nietzsche geschriebenen Texte aus diesem Heft, die auch in KGW I und im Textteil von HKG fehlen, druckt der Nachbericht in HKG 2, S. 438–443.

96 Eine ausführliche Auseinandersetzung mit der Germania als „Freundschaftsbund" zwischen Pinder, Krug und Nietzsche enthält bereits Hödl 2009, S. 147–159, hier S. 147.

97 Die „literarische Gestaltung" der Berichte und die im Einzelnen vorgenommenen Glättungen erläutert Hödl 1999, S. 37–41, hier S. 38.

98 Die Beiträge Gustav Krugs und Wilhelm Pinders zur Germania sind unter der Signatur GSA 71/374 in Weimar archiviert. Es handelt sich um einen 112 Blatt umfassenden Manuskriptbestand von den Händen Krugs und Pinders, der bislang weder ediert noch digitalisiert wurde. Durch eine Erschließung dieses Korpus könnte die literarische Interaktion zwischen Nietzsche, Krug und Pin-

Ab Mai 1862 kommt es jedoch zur „Verdumpfung und Versumpfung“ des Vereins, wie Nietzsche sich als „Chronist“ der Herbst-Synode vom 22. September 1862, einer regelrechten Krisensitzung, ausdrückt (Mp V 14, S. 17; KGW I/2, S. 477–478). Denn von Mai bis September 1862 reicht fast nur er selbst die obligatorischen Texte ein.[99] Auslöser der „Zerstreung [sic], Zerrissenheit und Apathie“ (Mp V 14, S. 15; KGW I/2, S. 475) innerhalb des Vereins ist offenbar, dass Gustav Krug im April 1862 eigenmächtig mit Vereinsmitteln einen Klavierauszug von Wagners *Tristan* anschafft. Dieser „Verfassungsbruch“ (Mp V 14, S. 15; KGW I/2, S. 475) bringt den Verein in – wohl übertrieben dargestellte[100] – „finanzielle[ ] Nöthe“ (Mp V 14, S. 16; KGW I/2, S. 477). Trotz einiger Änderungen der Statuten – unter anderem muss Krug erklären, „daß er für immer auf den Ankauf eines Werks Verzicht leistet“ (Mp V 14, S. 21; KGW I/2, S. 478) – nimmt die „Versumpfung“ ihren Lauf, wie die Fortsetzung des Einsendungsverzeichnisses von Oktober 1862 bis Juni 1863 zeigt, die zu einem späteren Zeitpunkt in anderer Tinte der „Chronik“ in Mp V 14 angehängt wurde (vgl. Mp V 14, S. 29; KGW I/3, S. 143): Auch die folgenden neun Monate reicht offenbar nur Nietzsche Texte ein, um die „Fiktion der Vereinigung“ aufrecht zu erhalten (Janz 1993, S. 109).

Einen nicht unwesentlichen Anteil an der schließlichen Auflösung der Germania dürfte aber auch Nietzsches eigener (Über-)Eifer haben, der die beiden Freunde offenbar zunehmend abstößt. Aus dem Sommer 1863 ist ein Verriss der

---

der im Kontext der Germania noch über die Arbeit von Hödl 2009, S. 147–159, und das vorliegende Kapitel hinaus vertieft werden. Allein die vom GSA ausgewiesenen Titel zweier Manuskripte von Krug aus dem April beziehungsweise Mai 1861, „Barbarossa's Tod“ und „Konradins Tod“, laden zu einem Vergleich mit zwei Gedichten ein, die Nietzsche drei Jahre zuvor entwirft (vgl. Mp I 22, S. 12–16: *Vor den Thore von Neapel…*; Mp I 22, S. 20–21: *Der alte Barbarossa ruht…*). Ein Inhaltsverzeichnis des betreffenden Bestands ist in der GSA-Archivdatenbank online abrufbar: https://ores.klassik-stiftung.de/ords/f?p=401:2:::::P2_ID:191481, Stand: 20.5.2023.

99 Das Einsendungsverzeichnis ist nicht zuverlässig und dokumentiert eher eine Tendenz, da Nietzsche 1863 im *Versuch einer Kritik* von Pinders eingesandten Dichtungen sowohl eine neunteilige Gedichtsammlung namens „Liebesträume“ für den Juni 1862 (Mp II 30b, S. 6; KGW I/3, S. 140) wie auch, als „letzte[ ] poetische[ ] Einsendung“ des Freundes, einen lyrischen Text zum „Tode Rolands“ bespricht (Mp II 30b, S. 9; KGW I/3, S. 141). Beide Einsendungen werden im Verzeichnis nicht erwähnt (vgl. Mp V 14, S. 28).

100 Nietzsche pflegt als „Chronist“ der Germania denselben hypertrophen Stil, den er auch im Briefverkehr mit den Freunden an den Tag legt (beispielsweise in dem langen Schreiben an Krug und Pinder vom 14. Januar 1861, in dem er einige theoretische Überlegungen zu einer „Umgestaltung des Oratorium[s]“ als Gattung darlegt; KGB I/1, Bf. 203): Die Hoffnung auf eine Überwindung der Krise knüpft er an einen „entschiedene[n] Reinigungsprozeß, eine Scheidung alles Faulen und Verderblichen, eine Läuterung der reinen und edlen Bestandtheile, auf denen sie [die Germania] gegründet ist“ (Mp V 14, S. 17; KGW I/2, S. 478). Auch bei Schmidt 1994, S. 174, Anm. 128 kommt angesichts solcher Zeilen ein „Gefühl des Theaterspielens“ auf.

„poetischen Leistungen W. Pinders“ (Mp II 30b, S. 1; KGW I/3, S. 138) erhalten, in dem er die Dichtungen des Freundes als bloße „Uebung im Schreiben und Reimen“, als „Nachahmung eines nicht empfundnen Gefühls“ abkanzelt (Mp II 30b, S. 8; KGW I/3, S. 141) und ihm „Trockenheit des Gefühls, [...] Unflüssigkeit der Phantasie und nicht genügende Durchbildung der Form“ vorwirft (Mp II 30b, S. 10; KGW I/3, S. 142). Und zu Gustav Krugs Interpretation des *Heidenröslein* notiert Nietzsche die rhetorische Frage, ob „überhaupt die Grundidee des Ganzen zum Ausdruck gekommen“ sei (Mp II 30a, S. 1; KGW I/3, S. 135). Als 1864 die Idee einer Neugründung aufkommt, ist es jedoch Nietzsche, der abwinkt. In einem Brief an beide Freunde vom 12. Juni, der vom kommenden Abschied aus Pforta und Naumburg geprägt ist, aber auch die gewachsene Distanz zu Pinder und Krug deutlich werden lässt, schreibt Nietzsche lakonisch: „Unsre Aussichten auf eine neue Vereinigung an derselben Stätte scheinen sich nicht zu erfüllen [...]. Zwingt mich nicht weiter, mit Zahlen und Berechnungen Gründe anzugeben. Das kann ich nicht.“ (KGB I/1, Bf. 426)

Außerhalb der Germania mag der vereinstypische, theatralisch-hyperbolische Stil in Nietzsches Texten nicht zu finden sein, ein gewisses Künstlerpathos ist diesen dennoch eigen. Im Herbst 1862 stellt er einem Fragment gebliebenen Versuch, eigene Gedichte von früher zu kritisieren, die Bemerkung voran, dies solle „nicht als eitles Selbstinteressantsein“ aufgefasst werden (Mp V 7, S. 156; KGW I/3, S. 24). „Im Gegentheil“, so heißt es in der Aufzeichnung, sei nicht zu zeigen, „wie man Dichter ist, geboren wird, sondern wie man Dichter wird d. h. wie aus dem fleißigen Reimschmied bei wachsender geistiger Fähigkeit auch schließlich ein wenig Dichter werden kann“ (Mp V 7, S. 156; KGW I/3, S. 24). Eine solche rezeptionssteuernde Vorsichtsmaßnahme lässt natürlich den Verdacht aufkommen, dass „eitles Selbstinteressantsein“ durchaus vorliegt.[101] Der Entwurf dürfte, ebenso wie die Aufzeichnungen über *Meine literarische Thätigkeit, sodann meine musikalische* (Mp V 15, S. 98 u. Mp III 10, S. 1–8; KGW I/3, S. 3–8), auch eine Reaktion Nietzsches auf die zunehmend mangelhafte Resonanz Pinders und Krugs in Sachen Germania darstellen: Um die „Fiktion der Vereinigung“ (Janz 1993, S. 109) zu bewahren, schreibt Nietzsche einfach alleine weiter und kommentiert kurzerhand die eigenen Texte – oder er verreißt, wie gesehen, die früheren Produktionen der anderen (vgl. Mp II 30b, S. 1–10; KGW I/3, S. 138–142). Zum einen unterstützt dieses Verhalten aber den Vorwurf der Egozentrik, zum anderen sprechen auch die vielen autobiografischen Schriften, die sich auf den gesamten Nachlass der 1850er und -60er Jahre

101 Hinzu kommt, dass die beiden ersten Sätze des Entwurfs jeweils selbstbewusst mit „Ich“ beginnen (Mp V 7, S. 156; KGW I/3, S. 24).

verteilen,[102] für ein konstantes überdimensioniertes Selbstinteresse bis ins Studium hinein.

Doch nicht nur der Form nach entlarvt die „Vorbemerkung“ (Mp V 7, S. 156; KGW I/3, S. 24) eine dem Fragment zugrunde liegende Koketterie. Argumentativ setzt der Sprecher auf Understatement: Wenn er die große zeitliche Distanz zwischen sich und den zu behandelnden Gedichten betont, die es ihm nicht erlaube, „selbstgefällige Kritiken zu schreiben“ (Mp V 7, S. 156; KGW I/3, S. 24), dann impliziert er, seitdem eine deutliche Entwicklung durchgemacht zu haben und nun bessere Gedichte zu schreiben. Mit der Differenzierung zwischen ‚geborenem‘ und ‚werdendem‘ Dichter rekurriert er in Anlehnung an das lateinische Sprichwort „poeta nascitur non fit“[103] zudem auf die traditionelle, bereits bei Pindar thematisierte Frage, ob die Gabe des Dichtens angeboren ist oder erworben werden kann. Anders als bei Pindar, in dessen zweiter und neunter *Olympischer Ode* jeweils unmissverständlich Partei für die Naturbegabung ergriffen wird,[104] positioniert sich der Sprecher im Fragment des jungen Nietzsche auf der gegenüberliegenden Seite, die im Kern dem Konzept des *poeta doctus* entspricht.[105] Den frühen Gedichten, die kritisiert werden sollen (im Fragment aber nicht genannt werden), spricht er so indirekt die Qualität

---

102 Bei den autobiografischen Schriften handelt es sich um *Aus meinem Leben* (Mp III 4, S. 3–136; KGW I/1, S. 281–311), die tagebuchartigen Aufzeichnungen *Pforta* (Mp III 6, S. 5–73; KGW I/2, S. 98–136), die drei Versionen von *Mein Lebenslauf* (Mp I 47, S. 3–4; Mp V 10, S. 1–3; Mp III 8, S. 1–9; KGW I/2, S. 255–263), *Mein Leben* (Mp III 13a, S. 1–4; KGW I/3, S. 189–192), den ebenfalls „Mein Leben“ betitelten Lebensabriss innerhalb der Abschiedsschrift für Schulpforta vom 7. September 1864 (Bibliothek Pforta 22; KGW I/3, S. 417–419), den *Rückblick auf meine zwei Leipziger Jahre* (P I 9, S. 3–61; KGW I/4, S. 506–530) sowie die drei Entwürfe eines Lebenslaufs für die Basler Erziehungsbehörde (P I 13, S. 12–14; KGW I/5, S. 40–42).

103 „Ein Dichter wird geboren, nicht gemacht.“ Der junge Nietzsche übersetzt das lateinische Sprichwort fast wörtlich. Ich danke Prof. Dr. Ralph Häfner für den Hinweis.

104 Vgl. Pindar 1855, S. 32–33 (V. 162–167): „σοφὸς ὁ πολλὰ / εἰδὼς φυᾷ· / μαθόντες δὲ λάβροι / παγγλωσσίᾳ, κόρακες ὥς / ἄκραντα γαρύετον[ ] / Διὸς πρὸς ὄρνιχα θεῖον.“ – „Die ureigene Erkenntniß / nur gibt Verstand: / Des Nachbeters vorlaut / Geschwätz das lärmt Raben gleich / vor Zeusens göttlichem Aar, / Und führt ein unnütz Gekrächze.“ Vgl. ebenfalls Pindar 1855, S. 122–123 (V. 151–160): „Was die Natur gab, erntet den Preis, / doch mühen sich manche / Menschen Größe und Ruhm durch / Nachahmung zu gewinnen. / Was göttlicher Huld entbehrt, solches Ding / In Dunkel gehüllt, leidet / keinen Schaden. Es geht sich / Ein Weg vor andrem Weg bequem, / Doch vermag nicht e i n Bemühen alle / zu erheben […].“ – „τὸ δὲ φυᾷ κράτιστον ἅπαν· / πολλοὶ δὲ διδακταῖς / ἀνθρώπων ἀρεταῖς κλέος / ὤρουσαν ἀρέσθαι. / ἄνευ δὲ θεοῦ σεσιγαμένον / οὐ σκαιότερον χρῆμ᾽ / ἕκαστον. ἐντὶ γὰρ ἄλλαι / ὁδῶν ὁδοὶ περαίτεραι, / μία δ᾽ οὐχ ἅπαντας ἄμμε θρέψει / μελέτα […].“ – Zur weiteren Geschichte des Sprichworts „poeta nascitur non fit“ und der Konkurrenz zwischen ‚geborenem‘ und ‚werdendem‘ oder ‚lernendem Dichter‘ vgl. Ringler 1941.

105 Zum *poeta doctus* im Spiegel der Wort-, Begriffs-, Sach- und Forschungsgeschichte des ‚Dichters‘ vgl. Kleinschmidt 2007, insb. S. 358–359.

ab. Je schlechter sie sind, desto höher sind Fleiß und Arbeit des „Reimschmied[s]“ zu schätzen, der schließlich doch „ein wenig Dichter“ wurde (Mp V 7, S. 156; KGW I/3, S. 24). Die vermeintlich harsche Selbstkritik erweist sich damit als Mittel zum Zweck, die eigene Leistung zu loben: Indem der Sprecher den ‚natürlichen Verdiensten‘ absagt, nimmt er für sich das vermeintlich wahre Verdienst in Anspruch, nicht von Schicksals wegen, sondern durch harte Arbeit zum Ziel gekommen zu sein. Auf nicht ungeschickte Weise gewährleistet gerade die Beteuerung uneitler Absichten so die Befriedigung der Künstlereitelkeit.

Eine ähnliche Strategie verfolgt die von Nietzsche mit 13 Jahren verfasste Autobiografie *Aus meinem Leben*. Der im ersten und einzigen Teil vorgeblich seine „Jugendjahre“, ausweislich des Nebentitels „1844–1858“ (Mp III 4, S. 4; KGW I/1, S. 281) faktisch aber sein ganzes bisheriges Leben rekapitulierende Sprecher ‚Nietzsche‘ geht darin auch auf die eigene poetische Tätigkeit ein, indem er drei verschiedene Phasen seines Dichtens unterscheidet,[106] die zusammen eine Frühform der Auto(r)genealogie darstellen – einer (Selbst-)Darstellungsweise, von der später die Vorreden zu den Zweitausgaben der *Geburt der Tragödie*, von *Menschliches, Allzumenschliches*, der *Morgenröthe* und der *Fröhlichen Wissenschaft* von 1886 sowie *Ecce homo* (1888) in ausgereifter Weise zeugen.[107] Die „ersten Gedichte“ präsentiert die Schrift als alterstypische Naturlyrik, wie sie von „jede[m] jugendliche[n] Herz“ verfasst werde (Mp III 4, S. 50; KGW I/1, S. 291). Stofflich gehe es um „[g]rauenhafte Seeabentheuer“ und „Gewitter mit Feuer“ (Mp III 4, S. 50; KGW I/1, S. 291), während Nietzsche formal auf „reimloße Verse“ habe zurückgreifen müssen, da er „Reim und Versmaß nicht sehr in [...] [s]einer Gewalt hatte“ (Mp III 4, S. 52; KGW I/1, S. 291).

---

106 Eine genaue Datierung der Perioden ist der Autobiografie nicht zu entnehmen. Die dritte und zum Zeitpunkt der Niederschrift aktuelle Phase soll zwar mit der Geburtstagssammlung für die Mutter vom 2. Februar 1858 beginnen (vgl. Mp III 4, S. 120–123; KGW I/1, S. 306–307; die betreffende Sammlung: Mp I 14, S. 1–16; KGW I/1, S. 215–226), für die erste kann aber nur indirekt ein Zeitraum um 1856 angenommen werden, da das Wandrer-Gedicht aus jener Zeit als Beispiel für diese Phase angeführt wird (Mp III 4, S. 50–53; KGW I/1, S. 291–292; gemeint ist wohl das fragmentarische *Fliehet hin an nahen Meresstrand...* – Mp I 7, S. 3–7; KGW I/1, S. 126–129 –, das in der Liste womöglich mit „II. Vergänglichkeit des Glücks“ vermerkt ist; Mp III 4, S. 125; KGW I/1, S. 308), während nach dem Ausschlussprinzip für die zweite Phase (Mp III 4, S. 69–70; KGW I/1, S. 295) nur noch das Jahr 1857 in Frage kommt. Die am Ende der Schrift angefügte chronologische Gedichtliste entspricht mit den Jahresschritten 1855/56, 1857 und 1858 zwar ungefähr jener rekonstruierten Dreiteilung (vgl. Mp III 4, S. 124–128; KGW I/1, S. 308–309), doch die dort jeweils aufgeführten lyrischen Texte passen nicht zu der Charakterisierung der Perioden, die im Fließtext gegeben wird (vgl. Mp III 4, S. 50–53, 69–70 u. 120–123; KGW I/1, S. 291–292, 295 u. 306–307). Auch Schmidt 1991a, S. 520 spricht angesichts der Liste und dem Versuch, sie mit den drei Perioden zusammen zu bringen, von „einem Verwirrspiel par excellence“ und einer „beeindruckende[n] Konfusion“.

107 Zu Auto(r)genealogie und Auto(r)fiktion beim jungen wie erwachsenen Nietzsche vgl. Kap. 2.2.3.

Den Einfluss von Vorbildern auf seine „ersten Gedichte“ leugnet er gänzlich: „Ich [...] konnte kaum mir denken, wie man einen Dichter nachahme und formte sie wie die Seele sie mir eingab.“ (Mp III 4, S. 51; KGW I/1, S. 291) Und obwohl ihm die erste dichterische Periode „bei weiten lieber als die zweite“ sei (Mp III 4, S. 51; KGW I/1, S. 291), fällt das Urteil über jene äußerst negativ aus: Die Rede ist von „mißlungene[n] Verse[n]“ und „sprachliche[n] Härten“ (Mp III 4, S. 51; KGW I/1, S. 291); letztlich trage keins der Gedichte jener Zeit auch nur einen „Funken von Poësie in sich“ (Mp III 4, S. 53; KGW I/1, S. 292).

Bereits die Charakterisierung der vorgeblichen ersten Gedichtperiode weist in mehrfacher Hinsicht auf die Unzuverlässigkeit des Ich-Erzählers hin, der aus Nietzsches „Jugendjahre[n]“ zu berichten beansprucht: So handelt es sich bei den „ersten Gedichte[n]“ keineswegs nur um „Naturscenen“ (Mp III 4, S. 50; KGW I/1, S. 291), was schon aus dem weiter unten gegebenen Beispiel vom „Wandrer unter Carthagos Trümmern“ erhellt, der nicht die Natur beobachten, sondern im Traum „die Vergänglichkeit des Glücks“ aufzeigen sollte (Mp III 4, S. 52; KGW I/1, S. 291). Tatsächlich ist das mutmaßlich gemeinte Gedicht, *Fliehet hin an nahen Meresstrand...* (Mp I 7, S. 3–7; KGW I/1, S. 126–129), mehr Gedanken- oder Reise- als Naturgedicht.[108] Wie aus der Geburtstagssammlung für die Mutter vom 2. Februar 1856 (Mp I 5, S. 1–12; KGW I/1, S. 115–125) hervorgeht, erschöpft sich das Themenarsenal der ‚ersten Periode‘ auch nicht in „Seeabentheuer[n]“ und „Gewitter[n]“. Solche Gedichte finden sich zwar auch darin (so die Nummern 2, 3, 5, 7 und 8), doch begegnen neben einigen Festtagsgedichten (in der genannten Sammlung Nummer 1 und das Widmungsgedicht) auch Kriegsgedichte (die Nummern 4 und 9) und eine Dichtung nach antikem Stoff (Nummer 6). Die Geburtstagssammlung zeigt auch exemplarisch, dass Nietzsche in seiner vermeintlichen ersten dichterischen Phase durchaus in der Lage war, einfache Reimschemata anzuwenden: Von den zehn Gedichten der Sammlung weisen vier ein Paarreim-, drei ein Kreuzreim- und nur drei entweder eine Mischung oder gar kein Reimschema auf. Die Behandlung des Metrums fällt zwar mit merklichen Schwächen auf; das Metrum ist aber nicht, wie behauptet, gänzlich absent. Das alles macht es indes unglaubwürdig, dass die frühesten Gedichte Nietzsches unmittelbar so entstanden, „wie die Seele sie [...] eingab“. Meeres- und Sturmgedichte,

---

108 In den erhaltenen Passagen, die zwei(einhalb) von wohl insgesamt vier Gesängen umfassen, bereist ein „Wandrer“ geschichtsträchtige Orte in Ägypten (Memphis) und Mesopotamien (Ninive), um schließlich angesichts des vergangenen Ruhms und der zerfallenen „Wunderwerk[e]“ (Mp I 7, S. 4; KGW I/1, S. 127) zu konstatieren, dass „das Glük vergänglich sei“ (Mp I 7, S. 7; KGW I/1, S. 129). Es ist gut möglich, dass der fehlende erste oder der unvollständige zweite Gesang den in *Aus meinem Leben* genannten Schlaf des „Wandrer[s] [...] unter Chathargos Trümmern“ behandelt (Mp III 4, S. 52; KGW I/1, S. 291).

Kriegsgedichte oder antikisierende Gedichte sind in der deutschen Lyrik des 18. und 19. Jahrhunderts schließlich keine Seltenheit.[109]

Zur Traditionsabhängigkeit schon der frühesten Dichtungen passt gut, dass die knappe Charakterisierung der zweiten dichterischen Periode unmittelbar auf ein Zitat aus Matthias Claudius' *Abendlied* folgt (vgl. Claudius 1774, S. 57–58): „Der Mond ist aufgegangen / Die gold'nen Sternlein prangen usw." (Mp III 4, S. 68; KGW I/1, S. 295) Gegenüber den „ersten Poësien", die gleichermaßen „an Form und Inhalt unbeholfen und schwer" gewesen seien, habe sich in der zweiten Periode zunächst eine größere Wertschätzung der Form, der „geschmückte[n] und strahlende[n] Sprache" entwickelt (Mp III 4, S. 69; KGW I/1, S. 295). Diese neue Tendenz sei aber schließlich in „Ziererei" und „pfrasenartige[ ] Verblümung [sic]" ausgeartet (Mp III 4, S. 69; KGW I/1, S. 295), was die (nicht genau zu identifizierenden) Gedichte der ‚mittleren' Phase „noch weit" hinter die der ersten zurückfallen lasse (Mp III 4, S. 69; KGW I/1, S. 295), obwohl diese dem Sprecher nach ja eigentlich beides, Form *und* Gehalt, haben vermissen lassen. Das Plädoyer für die „goldne[ ] Mittelstraße", in der man erst zur dichterischen „Ruhe" finde und nicht mehr „von Extrem zu Extrem" wanke, impliziert, dass Periode 1 nun doch über „die Hauptsache, die Gedanken", verfügt habe und vom selbstzweckhaften Formalismus der zweiten Phase zurückgedrängt worden sei (Mp III 4, S. 69–70; KGW I/1, S. 295). Da es keinen adäquaten Hinweis darauf gibt, welche (erhaltenen oder verlorenen) Gedichte dieser zweiten Periode angehören könnten,[110] legt den Eindruck nahe, dass es sich hierbei um eine Periode *pro forma* handelt, die allein der Gestaltung eines auto(r)genealogischen Dreischritts nach dem dialektischen Schema These, Antithese, Synthese dient (vgl. bereits Thüring 2008, S. 130).

Nietzsches „dritte[ ] Periode [s]einer Gedichte" wird denn auch ausdrücklich als eine solche Synthese der vorangegangenen beiden Perioden vorgestellt, wobei deren Attribute erneut wechseln: „In der dritten Periode meiner Gedichte versuchte ich die erste u. die zweite zu verbinden d. h. Lieblichkeit mit Kraft zu vereinen." (Mp III 4, S. 120; KGW I/1, S. 306) Weder wurden die Gedichte der ersten Phase

---

109 Erwähnt seien Goethes *Meeresstille* oder *Glückliche Fahrt* (vgl. Goethe 1855, jeweils S. 54), Geibels *Am Meere* und *Nachts am Meere* (vgl. Geibel 1848, S. 63–64 u. 84–86) oder Eichendorffs *Meeresstille* (Eichendorff 1841, S. 472). Eine mögliche Quelle für die antikisierende Nummer 6 der Geburtstagssammlung, *Des Cyrus Jugendjahre*, nennt Müller 1994, S. 169–170 mit den *Historien* Herodots (vgl. *Historien* I, 108–119; Herodot 1828, S. 108–117).

110 Die Gedichtliste hat in dieser Hinsicht, wie bereits erwähnt, keine Aussagekraft. Die an zweiter Stelle unter „1857" gelisteten Gedichte unterscheiden sich technisch nicht annähernd so stark von denen der Jahre „1855–6", wie die Erörterung es vorgibt. Deutliche Veränderungen – ein verbessertes sprachliches Ausdrucksvermögen, anspruchsvollere Themen und ein umfangreicheres Formenrepertoire – sind erst ab 1858 zu festzustellen (Mp III 4, S. 124–128; KGW I/1, S. 308).

als besonders ‚kraftvoll' noch die der zweiten Phase als ausgenommen ‚lieblich' bezeichnet; die in doppelter Hinsicht nachträglich gezeichnete Entwicklungslinie – nicht nur in der autobiografischen Retrospektive, sondern auch in der internen Chronologie des Erzählten werden die Begebenheiten im Nachhinein angepasst[111] – zielt darauf ab, die Form eines traditionsreichen Entwicklungsschemas zu imitieren: Das Zusammenspiel von Inhalt und Form ergibt das Ganze. Der Sprecher umgibt sich so mit dem Nimbus eines ganzen dichterischen Werdeganges, der ihn endlich zu sich selbst geführt habe.

Abgesehen davon, dass die dritte Periode ihren Vorgängern als prinzipiell überlegen dargestellt wird, erhält sie auch die ausführlichste und (vergleichsweise) präziseste Vorstellung. Ihr Beginn wird tagesgenau auf den 2. Februar 1858 datiert und kausal mit der Geburtstagssammlung für Franziska Nietzsche[112] in Verbindung gebracht: „Von da an nahm ich mir vor, mich etwas mehr in der Poësie zu üben, u. wenn es geht womöglich jeden Abend ein Gedicht zu machen." (Mp III 4, S. 120; KGW I/1, S. 307) Der aktuellen, eigentlichen Dichtung wird damit ein Pflichtethos zugrundegelegt, wie es sich in täglichen handwerklichen Übungen ausdrückt, und gerade nicht die – inszenierte – Vorstellung einer unmittelbaren dichterischen Inspiration, wie sie in der Charakterisierung der „ersten Gedichte" als ‚Seeleneingebungen' präsentiert wurde (Mp III 4, S. 50–51; KGW I/1, S. 291). Frei von Widersprüchen ist allerdings auch die Charakterisierung der vorgeblichen dritten Periode nicht: Dem zur Schau gestellten Fleiß eines „Reimschmied[s]", als welcher der 18-jährige sich später vorstellt (Mp V 7, S. 156; KGW I/3, S. 24), kontrastieren die mystifizierende Rede von der „wahre[n] Poësie", „die auf jede[m] Worte" liegen solle, die große Bedeutung, die in der Folge den „Gedanken" und der „Idee" beigemessen wird (Mp III 4, S. 121–122; KGW I/1, S. 307), wie auch die negative Metapher des wurmstichigen Apfels, der ja ein organisches, kein künstliches Gebilde darstellt:

> Ein gedankenleeres Gedicht daß mit Phrasen und Bildern überdeckt ist, gleicht einen rothwangigen Apfel, der im Innern den Wurm hat. Redensarten müssen in einer Dichtung voll-

111 Der textimmanente Widerspruch verleiht Nietzsches *Aus meinem Leben* mit Blick auf das generelle Verhältnis von ‚Dichtung' und ‚Wahrheit' in Autobiografien eine performative Qualität.

112 Die 14 Gedichte umfassende Sammlung ist im Manuskriptheft Mp I 14, S. 1–16 (KGW I/1, S. 215–226) erhalten geblieben. Im Vergleich zur Geburtstagssammlung von 1856 (Mp I 5, S. 1–12; KGW I/1, S. 115–125) ist eine Weiterentwicklung deutlich erkennbar: Zwar enthält auch die neueste Sammlung ein Gewitter- und ein Meeresgedicht (vgl. Mp I 14, S. 6–8 u. 11–13; KGW I/1, S. 220–221 u. 224–225) sowie einen ganzen Zyklus aus Natur- und Jahreszeitengedichten (vgl. Mp III 4, S. 2–6; KGW I/1, S. 216–220). Erstmals im frühen Nachlass tauchen hier aber auch die bekannteren und später wiederverwendeten Gedichte *Nach Pforta* (Mp I 14, S. 8–9; KGW I/1, S. 221–222) und *Wohin?* (*Ihr Vöglein in den Lüften…*; Mp I 14, S. 15–16; KGW I/1, S. 226) auf, die sich durch die souveränere Handhabung von Form und Motivik von den anderen Gedichten der Sammlung absetzen.

ständig fehlen; denn der häufige Gebrauch von Phrasen zeugt von einen Kopf, der nicht fähig ist, selbst etwas zu schaffen. Man muß überhaupt bei den Schreiben eines Werks vorzüglich die Gedanken berücksichtigen; eine Nachlässigkeit im Styl verzeiht man eher, als eine verwirrten Idee. Ein Muster hiervon sind die göthischen Gedichte in ihren goldklaren, tiefen Gedanken. (Mp III 4, S. 121–122; KGW I/1, S. 307)

Die „wahre Poësie", die hier für Nietzsches angebliche dritte Lyrik-Periode implizit beansprucht wird, ist dieser Erläuterung zufolge ‚gedankenreiche' Lyrik, ohne dass der Sprecher genauer erklären würde, was mit den „Gedanken" gemeint sei.[113] Er nennt zwar Goethe als Vorbild und hat dabei vielleicht dessen von einer „gelösten wie durchgeistigten, poetisch höchst konzentrierten Lyrik" geprägtes Spätwerk im Sinn (Mayer 1996, S. 436).[114] Im Stil dieser ist auch der die Autobiografie beschließende titellose Vierzeiler *Ein Spiegel ist das Leben…* (Mp III 4, S. 136; KGW I/1, S. 311) verfasst, dessen subjektivistischer Gehalt in der Tat einen „Gedanken" darstellt. Konkrete Hinweise jedoch, wie mit dem Vorbild Goethe umzugehen sei, welchen „Gedanken" und Weltanschauungen genau nachzueifern sei und wie sich die „Gedanken" im Zusammenspiel mit formalen Fragen zu verhalten hätten, gibt die Passage nicht. Das immerhin konkrete Gebot, auf den „häufige[n] Gebrauch von Phrasen" zu verzichten, ist jedenfalls selbst eine solche Phrase.

Ein Nachsatz, vom oben zitierten Passus durch einen Gedankenstrich getrennt,[115] verdeutlicht indes, dass auch bei der vorgeblichen dritten Periode allenfalls eine poetologische (Selbst-)Bestimmung *ex negativo* vorliegt: „Die Jugend, der noch eigne Gedanken fehlen, sucht ihre Ideenleere hinter ein [sic] schillernden glänzenden Styl zu verbergen." (Mp III 4, S. 123; KGW I/1, S. 307) Der „schillernde[ ] glänzende[ ] Styl" wurde bereits als (einziges) Merkmal der ominösen zweiten Periode vorgestellt, die sich ihrerseits als Mittel zum Zweck entpuppte, um den künstlerischen Werdegang des Dichters ‚Nietzsche' mit einem dialektischen Dreischritt-Schema aufzuwerten. Die Phase des ‚ideenleeren' Formalismus, die ausweislich der erhaltenen Dichtungen im Nachlass der 1850er und -60er Jahre so nicht existiert haben dürfte, muss nun erneut zur ästhetischen Bestimmung der dritten und wichtigsten Gedicht-

113 Offenbar setzt der Sprecher die allgemeine Verwendungsweise für den Begriff ‚Poesie' um 1850 voraus. Im *Großen Conversations-Lexicon für die gebildeten Stände* heißt es ganz ähnlich wie bei Nietzsche: „[V]on einem Gedichte selbst urtheilt man, es sey voll P[oesie], wenn es nicht nur ein Spiel mit Worten und Reimen ist, sondern einen über das Gewöhnliche erhabenen und erhebenden Inhalt hat." (MCL 27, S. 247)

114 Zu den „weltanschauliche[n] Gedichte[n]" des späten Goethe vgl. auch Conrady 1985, S. 433–443, hier S. 433–434.

115 Man fühlt sich ein wenig an die kunstvolle Verwendung des Gedankenstrichs im späteren Werk Nietzsches ab *Menschliches, Allzumenschliches* erinnert.

periode herhalten, indem sie als deren negative Kontrastfolie fungiert. Bringt man zuletzt in Anschlag, dass auch die Lyrik der ‚ersten Periode' „an Form und Inhalt unbeholfen und schwer" gewesen sei soll (Mp III 4, S. 69; KGW I/1, S. 295), gerinnen die poetologischen Erläuterungen in *Aus meinem Leben* zu der auto(r)genealogisch konstruierten Pose eines angehenden *poeta doctus*, der täglich das Dichten übt. Über Nietzsches Jugendgedichte selbst erfährt man dagegen wenig Konkretes. Einzig das „Verzeichniß meiner Gedichte" (Mp III 4, S. 124; KGW I/1, S. 307) am Ende der Autobiografie bietet mit der Auflistung von 46 Gedichttiteln samt -anfängen aus den Jahren 1855 bis 1858 handfestere Informationen. (Ein Großteil der aufgeführten Texte ist tatsächlich im Nachlass des jungen Nietzsche erhalten geblieben.)

Die nicht uneitle Selbstinszenierung als *poeta doctus* begegnet noch in weiteren nachgelassenen Aufzeichnungen der Jugendzeit. Der häufigste Fall ist eine praktische *imitatio* oder *aemulatio* der Vorbilder in Gedichtform. Rüdiger Ziemann hat etwa gezeigt, wie das Gedicht *Hecktors Abschied* (Mp I 22, S. 7–8; KGW I/1, S. 261–262) als Versuch zu lesen ist, das gleichbetitelte Vorbild von Schiller (vgl. Schiller 1804, S. 301–302), das dieser gegenüber Gottfried Körner am 27. Mai 1793 immerhin als „eins [s]einer beßten" Gedichte bezeichnete (Schiller/Körner 1859, S. 106), „gleichsam von seinen Unvollkommenheiten zu befreien" (Ziemann 1994a, S. 184). Auch mit den Werken Goethes messen sich lyrische Texte des jungen Nietzsche:[116] Das aus Distichen bestehende Gedicht *Italia* rekurriert zwar nicht formal, aber motivisch auf Mignons Lied *Kennst du das Land, wo die Zitronen blühn…* (vgl. Goethe 1855, S. 137): „Seht die Orange, sie ~~h~~ ~~glüh~~reifet in rötliche Lichte ers~~glüh~~end / Durch die Zweige so grün, blicket hochgelb die Citron'" (Mp I 19, S. 1; KGW I/1, S. 240).[117] An Goethes *Mailied* beziehungsweise *Maifest* (Goethe 1855, S. 58–59) orientiert sich Nietzsche gleich zweimal lose, wobei sein *Maigesang*[118] (Mp I 9, S. 19–20; KGW I/1,

116 Einen die nachgelassenen Prosa-Aufzeichnungen in den Mittelpunkt rückenden Überblick über die „Goethe-Emulation" des jungen Nietzsche gibt Zanucchi 2019, S. 218–221, hier S. 218.

117 Als formales Vorbild, das auch das Thema Italien abdeckt, kommen wiederum Goethes *Römische Elegien* (Goethe 1855, S. 223–241) in Betracht.

118 Hödl 2009, S. 109 (Anm. 274) sieht im *Maigesang* außerdem einen Anschluss an die erste Strophe von Höltys *Mailied* (vgl. Hölty 1783, S. 13–14). Während der Sprecher in Höltys Achtzeiler aus trochäischen Vierhebern sich aber kontinuierlich an ein lyrisches Ihr wendet, das er zur Freier des Frühlings von der Stadt in die Natur zu gehen auffordert, bleibt das lyrische Ich in Nietzsches Neunzeilern aus jambischen Dreihebern inklusive zweizeiligem Refrain auf seine eigene Befindlichkeit fixiert, indem es das „Leid" seines „Herz[ens]" mit dem Genuss der Natur im Frühling zu trösten sucht (Mp V 6, S. 47; KGW I/2, S. 20). Weder formal noch inhaltlich handelt es sich demnach um einen direkten Anschluss; sinnvoller erscheint es, Höltys *Mailied* als weitere mögliche Inspirationsquelle im weiteren Sinn neben Goethes titelgleichem Gedicht zu behandeln. Ohnehin schreibt sich der junge Nietzsche mit seinen beiden Maigedichten in die Geschichte einer Gattung ein, die um 1800 innerhalb der Natur- und Jahreszeitenlyrik stark in Anspruch genommen wird. Vgl. beispielsweise

S. 146–147) noch eine pessimistische Schlusspointe enthält[119] und sein *Maienlied* (Mp V 6, S. 45–48; KGW I/2, S. 19–20) nach Theo Meyers Dafürhalten gegenüber Goethes Gedicht durch „eine eher reflexive, die Naturstimmung gewissermaßen kommentierende Diktion gekennzeichnet" ist (Meyer 1991, S. 405). Das Gedicht *Verzweiflung* (Mp I 43, S. 4; KGW I/2, S. 219–220) überbietet zudem in der wiederholten Ausrufung „Mein Herz ist schwer, mein Freud ist aus!" die prominente Verzweiflungsgebärde aus Gretchens Lied *Meine Ruh' ist hin...* aus *Faust I* (vgl. Goethe 1808, S. 223–225).[120]

Neben der praktischen Auseinandersetzung mit den kanonischen deutschen Dichtern in der Lyrik gibt es auch theoretische Äußerungen in Prosa-Texten, die vom jugendlichen Überbietungsgestus geprägt sind: Die schon im Titel Goethes Autobiografie zitierende Schrift *Aus meinem Leben* findet am Ende nicht nur lobende, sondern auch tadelnde Worte für das Vorbild: So wird zwar konstatiert, dass man „überhaupt bei den Schreiben [sic] eines Werks vorzüglich die Gedanken berücksichtigen" müsse und „die göthischen Gedichte in ihren goldklaren, tiefen Gedanken" in dieser Hinsicht „ein Muster" seien (Mp III 4, S. 122; KGW I/1, S. 307). Doch heißt es mit Blick auf die „Zukunftspoësie" kritisch, dass wohl „in den eigenthümlichsten Bildern" geredet, „wirre Gedanken mit dunkeln, aber erhaben klingenden Beweißen" belegt würden und „kurzum Werke im Styl des Faust (zweiten Theil)" in Mode kämen (Mp III 4, S. 123; KGW I/1, S. 307). Im Entwurf *Ueber die dramatischen Dichtungen Byrons* (Mp II 15, S. 1–12; KGW I/2, S. 344–350), den (oder dessen ausgearbeitete, aber nicht erhaltene Fassung) Nietzsche im Dezember 1861 als Synodenvortrag in der Germania hält (vgl. Mp V 14, S. 28; KGW I/2, S. 483), wird ferner Byrons *Manfred* (1817) mit vereinstypischem Vorwitz kritisiert: Das Stück sei „in dramatischer Beziehung ein Ungethüm [...], erschütternd durch die furchbare Erhabenheit dieses geisterbeherrschenden Uebermenschen, entzückend durch die prachtvolle, wunderbar schöne Diktion, aber undramatisch im höchsten Grad" (Mp II 15, S. 2–3; KGW I/2, S. 345).[121] Und in einigen „Anmerkungen" zum „Erste[n] Buch der Lieder / von Horaz" (Mp II 23, S. 1–8; KGW I/3, S. 44–48) wird der Klassiker mit dem überlegenen (oder: überheblichen) Gestus eines Literaturkritikers rezensiert: „Der Anfang" des ersten ‚Liedes' sei „etwas zu schmeichlerisch", werde aber „gut gemacht durch die Wärme der zweiten Zeile" (Mp II 23, S. 1; KGW I/3, S. 44). Dem dritten ‚Lied'

Geibels *Der Mai ist gekommen...* (Geibel 1853, S. 88–89), Heines *Im wunderschönen Monat Mai...* (Heine 1827, S. 112) oder Hagedorns *Der erste May* (Hagedorn 1800, S. 98).

119 Das lyrische Ich klagt nach der Schilderung rauschhafter Frühlingsgefühle: „O daß ich muß scheiden / Vom lieblichen Wahn." (Mp I 9, S. 20; KGW I/1, S. 147)

120 Hinweise bei Pütz 1967, S. 51 und Zanucchi 2019, S. 220.

121 Zu Nietzsches Byron-Rezeption vgl. grundlegend Thatcher 1974.

wird attestiert, in der zweiten Strophe den „Vergil immer mehr aus den Augen" zu verlieren (Mp II 23, S. 7; KGW I/3, S. 47), und in ‚Lied' 23 sei für „unsern Geschmak [...] das tempestiva sequi viro beinahe etwas zu natürlich und roh" (Mp II 23, S. 8; KGW I/3, S. 48). Eine „verblümte Wendung, wie [...] in meiner Uebertragung" sei dem vorzuziehen. Gönnerhaft schließt die Kritik: „Doch gereicht unser schlechter Geschmak dem Horaz nicht zum Vorwurf." (Mp II 32, S. 8; KGW I/3, S. 48)

Die betont poetische Sprache in einigen Briefen des jungen Nietzsche bezeugt zuletzt gegenüber dem hypertrophen ‚wissenschaftlichen' Stil der Germania-Texte noch einen anderen Aspekt des gern zur Schau gestellten Künstlerpathos: Das Empfindsame und Sentimentale rückt zu Ungunsten der Gelehrtenpose in den Vordergrund. Mitte Februar 1860 schreibt Nietzsche an Wilhelm Pinder:

> Jetzt liegen die goldnen Weihnachtstage hinter uns, schon von dem leisen Duft der Ferne überzogen, aber desto heller ergrünen vor uns die freudenreichen Fastnachtstage; noch weithin Berge ragen, von lieblicher Bläue umhüllt, die heiligen Osterwochen. Ja, das Hoffen ist unser Himmelreich – die Seele sucht so gern einen Punkt, wo sie Erquikung hofft, wo eine Goldader die trägen Gesteine durchbricht. (KGB I/1, Bf. 129)

Der Passus bedient sich teilweise wörtlich derselben Motive und Wendungen wie das fünfte Gedicht der Geburtstagssammlung für die Mutter von Anfang Februar 1860: *Wohl faßt dich Angst wenn du heut durch die Pforte...* (Mp I 40, S. 7; KGW I/2, S. 183).[122] Auf das Spiel mit den Farben Blau und Grün – „Hast du noch nie gesehn, wie grüne Hügel / Von Ferne blau erscheinen?" – folgt auch darin der Ausruf: „Also ist / Auch unsre Hoffnung unser Himmelreich!" (Mp I 40, S. 7; KGW I/2, S. 183) Auf den 6. März desselben Jahres ist außerdem ein in Distichen verfasster Brief an „einen Freund" datiert (KGB I/1, Bf. 132), der vermutlich weniger zu kommunikativen Zwecken als vielmehr zur stilistischen Übung verfasst wurde: Bis auf zwei konkrete Orte („Pforta" und „Fichtelgebirg"; KGB I/1, Bf. 132) enthält der Brief nur sentenziös formulierte Allgemeinplätze, die aus dem Bereich traditioneller Freundschaftsvorstellungen[123] entnommen scheinen, auf die schon die antikisierende Form verweist:

---

122 Vgl. zu diesem Gedicht wie auch zur Sammlung in Gänze Müller 2017a, S. 37–46.

123 Eine prägnante Auflistung der wichtigsten Freundschaftsbeziehungen in der abendländischen Geistesgeschichte von Cicero über Montaigne bis Goethe und Schiller liefert Schmidt 2015, S. 411–412. Nietzsche betreibt mit Wilhelm Pinder und Gustav Krug selbst einen Freundschaftskult, wie aus Briefen, nachgelassenen Aufzeichnungen und nicht zuletzt der Gründung der Germania im Juli 1860 hervorgeht. In einem Brief an Pinder von Anfang November 1858 wünscht sich Nietzsche etwa angesichts der neuen räumlichen Trennung durch seinen Wechsel nach Schulpforta einen kontinuierlichen Briefkontakt zu seinen Freunden: „Nun, ich denke, von nun an wollen wir uns wechselweiße und ununterbrochen schreiben. Sage dies auch Gustav. –" (KGB I/1, Bf. 30) Im selben Brief macht er Pinder zudem auf seine neue „stehende Unterschrift" aufmerksam, die die Freunde

Sage mir, theurer Freund, warum du so lang nicht geschrieben?
Immer hab ich geharrt, Tage und Stunden gezählt. Denn ein gar süßer Trost ist ein Brief vom Freunde entsendet,
So wie ein sprudelnder Quell durstige Wandrer erquickt.
Viel auch ist mir werth die Kunde von deinem Befinden:
Habe auch ich doch einst ähnliche Wege gewallt,
Habe so Freud' wie Leid mit dir zusammen genossen,
Und in Freundesverein wurde das Schwerste uns leicht.
Freilich weiß ich recht wohl: Schuljahre sind schwierige Jahre,
Nie wird jegliche Last, Mühe und Arbeit gescheut.
Oft auch möchte die Seele sich los von den hemmenden Fesseln
Reißen, in Einsamkeit flüchten das fühlende Herz;
Aber auch diesen Druck erleichtert die treuliche Freundschaft,
Die sich stets voll Trost, voll von Erhebung uns naht.
Unter Freunden ist nichts, was der Eine dem Andern verbürge;
Alles theilen sie sich mit im vertrauten Gespräch.
Ist auch der Eine entfernt, die Liebe durchsegelt die Lüfte,
Und in Gestalt eines Briefs naht sie dem einsamen Freund.
Theurer! Bald nahet der Tag wo auch wir uns wieder erblicken,
Und des trauten Gesprächs lang schon entbehrten uns freun.
Aber nur kurz ist die Freud'! Denn bald enteil' ich von neuem,
Nicht nach Pforta zurück, wo nur die Strenge regiert,
Nicht nach dem Fichtelgebirg dem düsteren, nein, in die Heimath!
Ach wohl zum letzten Mal grüß ich den theuersten Ort!
Doch – die Entfernung hemmt nicht der Seelen stete Verbindung,
Et manet ad finem longa tenaxque fides!
(KGB I/1, Bf. 132)

Eine (selbst)ironische Variante jenes poetischen Stils in Briefen findet sich ferner im Schreiben an Franziska und Elisabeth Nietzsche vom 6. September 1863:

> [D]er Herbst und seine gereifte Luft hat die Nachtigallen vertrieben, und die Fliegen haben sich dabei eine Erkältung zugezogen. Und ich liebe den Herbst sehr, ob ich ihn gleich mehr durch meine Erinnerung und durch meine Gedichte kenne.

---

von da an bis 1863/64 konsequent benutzen: „Semper nostra manet amicitia!" (KGB I/1, Bf. 30 – auch abgekürzt: „S.N.M.A."; Bf. an Wilhelm Pinder, 21.8.1861, KGB I/1, Bf. 258; oder: „SNmA"; Bf. an Gustav Krug, 27.4.1862, KGB I/1, Bf. 301; vgl. bereits Hödl 2009, S. 147–148) – „Unsere Freundschaft wird immer bleiben!" (Meine Übers.) Ausdruck des Freundschaftskultes sind auch Gedichte Nietzsches wie das balladeske *An W. Pinder* (Mp I 26, S. 1–4; KGW I/2, S. 33–36), in dem ein lyrisches Ich gemeinsam mit einem Freund in abenteuerlicher Stimmung einen Wald erkundet. – Zur „Theorie und Praxis der Freundschaft" beim erwachsenen Nietzsche vgl. Freregger 2015. Ein selbstgezeichnetes „Freundschaftssiegel" Nietzsches auf einem Brief an Pinder vom 28. November 1858 (KGB I/1, Bf. 38) zeigt das Faksimile in Freregger 2015, S. 394.

Aber die Luft ist so kristallklar, und man sieht so scharf von Erde nach Himmel, die Welt liegt wie nackt vor den Augen.

[...]

Nun gehen sie wieder ab, die Schwalben, die nach dem Süden zu die Segel richten, und wir singen wieder sentimental hinterdrein und schwenken die Seidel, und mancher wischt sich die Nase vor Rührung, denn der Postillon bläst: Schier dreißig Jahre bist du alt! (KGB I/1, Bf. 376)

Wie beim oben zitierten Passus aus dem Brief an Pinder von Mitte Februar 1860 ist auch in diesem Fall ein zur selben Zeit entstandenes Gedicht erhalten, das auffällige Parallelen hinsichtlich Stimmung und Motivik aufweist: *Jetzt und ehedem* (Mp I 62, S. 8–12; KGW I/3, S. 112–114).[124] Dessen achte Strophe ist auf das Motiv der gen Süden ziehenden Schwalben genau von derselben verklärt spätromantisch-epigonalen Distanz zum Leben geprägt wie die Briefstelle, verzichtet im Gegensatz zu dieser aber auf eine ironische Brechung der sentimentalen Grundstimmung:

O daß ich könnte weltenmüd
Wegfliehen.
Und wie die Schwalbe nach dem Süd
Zu meinem Grabe ziehen:
Rings warme Sommerabendluft
Und goldne Fäden.
Um Kirchhofskreuze Rosenduft
Und Kinderlust und Reden.
(Mp I 62, S. 11; KGW I/3, S. 114)

Das Bild vom Schwenken der Bierkrüge („Seidel") und Wischen der Nase sowie der Rekurs auf das im 19. Jahrhundert sehr bekannte Lied *Der alte Mantel* (*Schier dreißig Jahre bist du alt...*) aus Karl von Holteis Drama *Lenore* (Holtei 1829, S. 42–43) unterminieren das weltschmerzliche Pathos im Brief. Dessen „dichtungsvolle Einleitung" (KGB I/1, Bf. 376), wie Nietzsche sie selbst nennt, kippt zu ihrem Ende hin gänzlich ins Komische. Mit Blick auf seine Schulzeit, die im September des kommenden Jahres enden soll, heißt es gegenüber Mutter und Schwester:

Das nennt man heut zu Tage einen Lebensabschnitt, und mancher Abiturient stellt sich jetzt das Leben wie einen Kuchen vor, von dem er das kleinere, etwas verbrannte Stück vertilgt hat, und nun geht er mit Energie und würdiger Vorbereitung daran, das größere, süßere Schnittchen zu beseitigen.

Und siehe, es bleibt [von der Schulzeit] ein schäbiger Rest, den nennt man Lebenserfahrung, und genirt sich, ihn den Hunden vorzuwerfen. Aus Pietät vielleicht. Denn er hat einem viel Zähne gekostet. – (KGB I/1, Bf. 376)

124 Vgl. zu diesem Gedicht Müller 2017c.

Diese ins Sarkastische reichende Ironie verbindet das positive Selbstbild des jungen Nietzsche, sein Selbstbewusstsein als ‚gelehrter Dichter', mit der negativen Seite, den ebenso häufig zur Schau gestellten Selbstzweifeln, die – so ist anzunehmen – während des Studiums zum temporären Abschied vom Dichten führen.

2.3.2 Versuche der Kritik: Selbstzweifel, Autodafés, Hinwendung zur Wissenschaft

Wie nah Selbstvertrauen und Selbstzweifel des jungen Dichters Nietzsche beieinanderliegen, zeigt der schon zitierte Brief an Mutter und Schwester vom 6. September 1863. In die Schilderung des Herbstidylls schaltet Nietzsche unvermittelt den folgenden, das eigene dichterische Ungenügen beklagenden Passus ein: „Wenn ich minutenlang denken darf was ich will, da suche ich Worte zu einer Melodie die ich habe und eine Melodie zu Worten die ich habe, und beides zusammen, was ich habe, stimmt nicht, ob es gleich aus einer Seele kam. Aber das ist mein Loos!" (KGB I/1, Bf. 376) Die Behauptung, dass „Melodie" und „Worte" gleichermaßen „aus einer Seele" gekommen seien, steht im Kontext der das Lyrikverständnis des späten 18. und frühen 19. Jahrhunderts beherrschenden Auffassung von Lyrik als Erlebnislyrik, wie sie im Zuge des Sturm und Drang aufkommt:[125] Der zeitgenössischen *Allgemeinen deutschen Real-Encyklopädie für die gebildeten Stände* zufolge sei lyrische Dichtung „diejenige Gattung der Poesie, durch welche der Dichter sein inneres Leben im Zustande des bewegten Gefühls unmittelbar darstellt." (O. V. 1835, S. 788–789) Sowohl die Nähe zur „Tonkunst" als auch die Vorstellung vom dezidiert „subjective[n]" Charakter der Lyrik (O. V. 1835, S. 789), die jeweils im Lexikonwissen der Zeit verankert sind, werden in der Briefstelle greifbar.

Dass beide Ingredienzen, Subjektivität und Musikalität, zwar gegeben seien, es aber trotzdem nicht zur Produktion komme – zur „wahre[n] Poësie" (Mp III 4, S. 121; KGW I/1, S. 307), um die Formulierung aus der Autobiografie aufzugreifen –, gibt der Klage eine tragische Kontur, die wiederum an die Epigonen-Thematik der nach- und spätromantischen Epoche[126] erinnert: Ein unbestimmt bleibender Fehler in der Synchronisation zwischen musikalischer und sprachlicher Idee verhindert das künstlerische Schaffen. Bei aller Unbestimmtheit könnte man dies vor dem Hintergrund der oben vorgestellten selbstlegitimierenden Äußerungen als indirekte Absage an

---

125 Zur literaturwissenschaftlichen Einordnung des Begriffs vgl. den Überblick von Wünsch 2007. Vgl. ferner die grundlegende Arbeit von Feldt 1990. Neueste Studien zum Konzept der Erlebnislyrik bündelt der Sammelband von Lessau/Zügel 2019.

126 Zur Diskussion über den epigonalen Status der Lyrik des jungen Nietzsche vgl. Kap. 1.3.1.

genieästhetische Anschauungen lesen, da das unmittelbar aus der „Seele“ Geflossene sich offenbar nicht gänzlich zur Dichtung eignet. Wie schon in *Aus meinem Leben*, wo der vermeintlich ersten, gescholtenen Gedichtperiode ebenfalls nachgesagt wird, ihre Dichtungen entstünden „wie die Seele sie [...] eingab“ (Mp III 4, S. 51; KGW I/1, S. 291), erweist sich das Konzept des ‚geborenen Dichters‘ für den Sprecher als unpassend. Der Ausruf „Aber das ist mein Loos!“ kann stattdessen als Bekenntnis zum handwerklich orientierten *poeta doctus* interpretiert werden, der dabei allerdings – hier in Kontrast zur Autobiografie des 13-Jährigen – wie ein Poet zweiter Klasse erscheint, dessen gelehrige Arbeit die fehlende Inspiration kaschiert. Schwingt im Text von 1858 noch ein gewisser Handwerkerstolz mit, überwiegt im Brief von 1863 die resignative Haltung.

Diese Resignation prägen auch einige Gedichte aus dem Nachlass der 1850er und -60er Jahre, wobei die vermeintlichen dichterischen Mängel nicht ohne Selbstironie ausgestellt werden (was schon daraus ersichtlich ist, dass Nietzsche das Dichten nicht einfach einstellt). Gleich die erste Strophe eines Neujahrsgedichts von 1858 lässt Anspruch und Wirklichkeit des dichtenden lyrischen Ichs auseinandergehen:

> Lieder und frohe
> Seelige Wünsche
> Kann ich nur bringen
> Heut zum Neujahr
> Wollt ich auch hohe
> Lieder dir bringen
> Voll von Begeistrung
> S’will nicht gelingen
> (Mp I 25, S. 3; KGW I/2, S. 26–27)

Die „Lieder und frohe[n] / Seelige[n] Wünsche“, die das lyrische Ich nach eigener Aussage ‚nur‘ statt „hohe[r] / Lieder [...] [v]oll von Begeistrung“ bringen kann, sind offenbar weniger als angedacht. In einem aus demselben Manuskript stammenden Fragment ist der Ton trotz ähnlicher Diagnose noch positiver:

> Und will mir auch kein Lied gelingen
> Wozu die Muse mir den Schwung verleiht
> So tragen dennoch der Begeistrung Schwingen
> Mich über diese kurze Erdenzeit.
> [...]
> (Mp I 25, S. 2; KGW I/2, S. 26)

Ausdrücklich wird in der fragmentarischen Variante noch die „Muse“ zur Verantwortung gezogen, die traditionell dichterische Inspiration gewähren soll:[127] Wenn sie keinen „Schwung verleiht“, kann auch „kein Lied gelingen“; das entlastet den Dichter. Darüber hinaus fungiert die „Begeistrung“, die im abgeschlossenen Gedicht den nicht gelingenden Liedern *idealiter* zugeschrieben wird und damit den Widerspruch zwischen Wollen und Können noch erhöht, in dem Fragment als Kompensationsmittel, das die „kurze Erdenzeit“ überbrücken soll: Wenn schon die Künste kein – im Kontrast weltlich konnotiertes – Glück schaffen (wollen), besteht immer noch die ‚begeisterte‘[128] Hoffnung auf die himmlische Seligkeit. Womöglich ist es diese Hoffnung, die im Fragment den Musenanruf nach antikem Vorbild ersetzt und doch noch, nach dezidiert christlicher Inspiration, lyrische Dichtung ermöglicht.[129] Im ausgearbeiteten Neujahrsgedicht dagegen besteht der Selbstwiderspruch weiterhin, obwohl der geistliche Gehalt einen deutlich größeren Raum – neun von zehn Strophen – einnimmt. Im Gegensatz zum Fragment bleibt die in Strophe 1 avisierte „Begeistrung“ explizit aus, sodass die vorliegenden Verse zwar als die „frohe[n] / Seelige[n] Wünsche“, jedoch nicht als die „hohe[n] / Lieder“ gelten können. Im Vergleich zum ursprünglichen Entwurf hat sich damit die pessimistischere Selbstbeurteilung des lyrischen Dichter-Ichs durchgesetzt.

Die Parodie einer solchen Selbstkritik ist indessen das poetologische *Sonnet*, das Nietzsche mit 18 Jahren schreibt:

„Ohne Verse, heißt es, keine Gabe!
Ohne Verse, voll von Scherz u. Witz!
Dichten mußt du, sollst du, kannst du, Fritz!“
Darum stürmt ich fort im raschen Trabe,

---

127 Zu denken ist namentlich an Euterpe, traditionell die Muse der Lyrik und Musik (vgl. Bloch 1998). Möglicherweise orientiert sich der Vers aber auch am berühmten Beginn der *Odyssee* (I, 1), dessen Musenanruf ebenfalls im Singular und anonymisiert gehalten ist: „Ἄνδρα μοι ἔννεπε, Μοῦσα, πολύτροπον, ὃς μάλα πολλὰ […]“ (Homer 1856, S. 1) – „Sage mir, Muse, die Thaten des vielgewanderten Mannes […]“ (Homer 1843, S. 3).

128 Der geistlichen Verwendung im Gedichtfragment entsprechend verortet Grimms *Deutsches Wörterbuch* den Begriff noch im sakralen Bereich und präzisiert ihn als „*impetus divinus:* himmlische Begeisterung“ (DWB 1, Sp. 1291).

129 Eine christliche Anverwandlung des Musenanrufs liegt schon bei Klopstock im *Messias* (I, 1) vor: „Sing, unsterbliche Seele, der sündigen Menschen Erlösung“ (Klopstock 1751, S. 3). Aus einem Brief an die Mutter vom 3. Oktober 1859 geht hervor, dass Nietzsche Klopstocks *Messias* möglicherweise schon früh kannte: In einer Liste mit Utensilien, die nach Pforta geschickt werden sollen, steht zwischen „Ein Messer“ und „Cacao“ auch der Eintrag „Messias“ (KGB I/1, Bf. 102).

Machte in die Ader einen Ritz,
Merkte, daß zu eng der Dichtung Schlitz,
Daß den Witz ich drinn gelassen habe;
Nimm drum, – krächzt ich auch gleich als ein Rabe, –

Dies Sonnet als einen schlechten Witz.
Freu dich, daß ich drinn gelassen habe
Spott, Satyre, Hohn sehr scharf u. spitz

Nimm mit Großmuth diese kleine Gabe
Große Dichterin, von deinem Fritz.
. . . .

„S' fehlt 'ne Zeile. Ist das auch ein Witz?"
(Mp I 59, S. 1; KGW I/3, S. 75–76)

Die als Zitat markierten Zeilen 1 bis 3 greifen die Vorstellung einer dichterischen „Gabe" auf, die zur Produktion von „Verse[n]" befähige, weshalb – der zitierten Aussage zufolge – diese auf jene schließen lässt. Der kausal eingeleitete vierte Vers macht deutlich, dass es sich bei der zuvor zitierten Rede um eine halb vorwurfsvolle, halb motivierende Aufforderung an das lyrische Ich namens „Fritz"[130] handelt, zu dichten, um seine poetischen Fähigkeiten unter Beweis zu stellen. Das vorliegende, generisch betitelte *Sonnet* ist die performative Reaktion auf die Forderung und – anders als selbstreferentiell innerhalb der Dichtung behauptet – „voll von Scherz u. Witz".[131]

---

130 Der junge Nietzsche lässt sich von seinen Freunden und Familienangehörigen unter der gängigen Kurz- und Koseform seines Vornamens ansprechen, wie aus seinem Briefwechsel hervorgeht (vgl. z. B. Bf. an Erdmuthe Nietzsche, 1.6.1850, KGB I/1, Bf. 1; Bf. an Wilhelm Pinder, 28.11.1858, KGB I/1, Bf. 38; u. passim). Für Mutter, Schwester und Jugendfreunde bleibt er auch als Erwachsener „Fritz" (vgl. z. B. Bf. an Gustav Krug, 31.10.1874, KGB II/3, Bf. 399; Bf. an Franziska Nietzsche, 19.10.1888, KGB III/5, Bf. 1133; u. passim). Im *Sonnet* scheint „Fritz" als Alter Ego des Autors Nietzsche zu figurieren.

131 Auch formal beweist das *Sonnet* vor dem Hintergrund der Gattungshistorie einen parodistisch-selbstaufhebenden Charakter: Die trochäischen Fünfheber mit wechselndem Reimschema (abba bbaa bab abb) bei nur zwei Reimen (-abe und -itz) und entsprechend variierender Kadenz aus akatalektisch-weiblichen und katalektisch-männlichen Versenden irritieren durch einen Bruch mit der deutschen Formkonvention, die jambische Fünfheber mit umarmendem Reimschema, entsprechend alternierender Kadenz und mindestens fünf verschiedenen Reimen präferiert – etwa nach dem Muster: abba abba ccd eed (vgl. Borgstedt 2009, S. 406–407). Im Zusammenspiel mit den verzerrten Bildern um das rabengleich ‚krächzende' Ich oder den zu engen „Schlitz" der „Dichtung" sowie die typografisch markierte Auslassung (beziehungsweise Verschiebung) des Schlussverses wird ein komischer Grundton erzeugt.

Offenbar hadert das Ich mit seinem künstlerischen Selbstverständnis, denn es werden ausdrücklich „Scherz u. Witz“ eingefordert, was den Status als natürliche oder Gottes-„Gabe“ nochmals unterstreicht: „Witz“ meint im Sprachgebrauch des 19. Jahrhunderts noch „eine auf vorzüglicher *Anlage* beruhende Fertigkeit, die Ähnlichkeiten an denjenigen Dingen, welcher der natürliche Verstand als verschiedenartige zu betrachten pflegt, leicht, schnell und lebendig aufzufassen und darzustellen“ (o. V. 1837, S. 315; meine Herv.). Die Klimax „mußt du, sollst du, kannst du“ bestärkt das Ich zudem in seinem Können, ohne allerdings durch den Beginn der Gradation auf den Hinweis zu verzichten, dass so begabte Menschen wie „Fritz“ auch die Pflicht hätten, ihre Gaben zu nutzen („mußt du, sollst du“).

Im zweiten Quartett des Sonetts, das durch ein vorausgehendes Enjambement den in Vers 4 begonnenen Handlungsfaden fortsetzt, greift „Fritz“ auf das Bild poetischen Aderlassens zurück,[132] um mithilfe eines Wortspiels sowohl geläufige poetologische Metaphern als auch selbstironisch das eigene Dichten aufs Korn zu nehmen. Für den zuvor so hervorgekehrten „Witz“ sei „der Dichtung Schlitz“ in der Ader „zu eng“ gewesen, weshalb er nicht habe herauskommen können. Anders als gefordert sei das entstandene Gedicht nun nicht „voll von […] Witz“, sondern – die Wortbedeutung hin zur heutigen Verwendung als pointierte Geschichte aktualisierend – „ein[ ] schlechte[r] Witz“. Neben dem Bild des Aderlasses ist auch der Bezug auf Vögel als Symboltiere lyrischer Dichtung fest in der Tradition verankert.[133] Den Aderlass stellt das Ich aber als misslungen, sich selbst als krächzend „gleich als ein

---

132 Mehr als zehn Jahre später nutzt Nietzsche diese Metapher noch einmal in einem Brief an Erwin Rohde vom 1. Juni 1874: „Sage einmal, liebster Freund, willst Du nicht auch das Mittelchen gebrauchen, das ich selbst, ebenso Overbeck, gebrauchen? Man ritzt sich die Adern und lässt etwas Blut fliessen – unzeitgemäss wie die Andern schreien, die den Aderlass als ein überwundenes und antiquiertes Heilmittel betrachten. Ich meine: willst Du nicht auch einmal Dein und unser Elend etwas ausschütten und sagen, was Du leidest? Es liegt ganz gewiss etwas Befreiendes darin, den Leuten grob zu sagen, wie unser einer sich eigentlich unter ihnen befindet. Beseitigen wir den Bandwurm der Melancholie schriftlich – indem wir die Andern zwingen, unsre Schriften zu verschlucken.“ (KGB II/3, Bf. 368)

133 Die topische Gleichsetzung von Vogel und Dichter begegnet schon in der Antike bei Pindar (*Olympische Oden* II, 165–166 u. *Nemeische Oden* III, 151–156) oder Horaz (*Oden* II, 20) und wird in der Neuzeit wiederholt aufgegriffen, etwa bei Klopstock oder Goethe (vgl. Kaufmann 2015, S. 503). – Auch im Werk des erwachsenen Nietzsche wimmelt es von Vögeln: Man denke an die titelgebende Rolle des „Prinzen Vogelfrei“ (KSA 3, S. 639) im lyrischen Anhang zur Zweitausgabe der *Fröhlichen Wissenschaft*, an den „Geyer“ im Gedicht *An die Melancholie* (KSA 7, S. 389) oder die „Krähen“ im berühmten Gedicht *Der Freigeist* (KSA 11, S. 329). Vgl. hierzu auch Kap. 2.4.4. Zum Thema der Tiere bei Nietzsche allgemein vgl. Krause 2016.

Rabe"[134] und somit, die der Metapher eigene Wertung umkehrend, als schlechten Dichter dar, weil ausgerechnet die wichtigsten Bestandteile, „Spott, Satyre, Hohn sehr scharf u. spitz", nicht in die Dichtung mit aufgenommen worden seien.

Erstmals als „[g]roße Dichterin" spricht „Fritz" das lyrische Du, dem auch das Eingangszitat zugeschrieben wird, im zweiten Terzett an. So klärt das Gedicht final über die Sprechsituation auf: Es handelt sich um ein Zwiegespräch zwischen der personifizierten Dichtkunst, hier nicht als Muse, sondern ungewöhnlicherweise selbst als ‚große' Schöpferin vorgestellt, und einem ‚kleinen' Dichter, dem Ich, der offenbar unter Zugzwang steht und vor der Dichtkunst höchstpersönlich scheint bestehen zu müssen.[135] Das Ich erhofft sich eine großmütige Aufnahme des geforderten, angeblich so schlecht geratenen Gedichts, dessen Mängel in der durch Auslassungspunkte exponierten fehlenden Schlusszeile des zweiten Terzetts noch einmal hervorgekehrt werden. Ersatzhalber liefert die „[g]roße Dichterin" den Schlussvers nach und kommentiert trocken das Understatement des lyrischen Ichs, indem sie im Fehlen des Schlusses einen weiteren „schlechten Witz" vermutet.[136] Auf den ersten Blick endet das stilistisch zugespitzte, launige Gedicht also mit einer Pointe auf Kosten des allzu fehlerhaft dichtenden Ichs. Von einer übergeordneten Ebene aus erweist es sich aber gerade als so „voll von Scherz u. Witz", wie es die „[g]roße Dichterin" verlangt hatte. Hierin besteht die eigentliche Pointe des Gedichts,

---

134 Auch in den in Anm. 133 erwähnten Pindar-Oden wird der erhabene Adler, der den Dichter repräsentiert, jeweils mit gemeinen Raben oder Krähen kontrastiert. Vgl. Pindar 1855, S. 32–33 (V. 164–167): „μαθόντες δὲ λάβροι / παγγλωσσίᾳ, κόρακες ὥς / ἄκραντα γαρύετον[ ] / Διὸς πρὸς ὄρνιχα θεῖον." – „Des Nachbeters vorlaut / Geschwätz das lärmt Raben gleich / vor Zeusens göttlichem Aar, / Und führt ein unnütz Gekrächze." Vgl. außerdem Pindar 1856, S. 36–37 (V. 151–156): „ἔστι δ' αἰετὸς ὠκὺς ἐν ποτανοῖς,[ ] / ὃς ἔλαβεν αἶψα, τηλόθε / μεταμαιόμενος, δαφοινὸν / ἄγραν ποσίν: / κραγέται δὲ κολοιοὶ / ταπεινὰ νέμονται." – „Doch flink ist der Adler unter Vögeln. / Schwingt er sich auch ferneher, so / hat er im Nu mit den Klauen / seinen Blutfang gepackt, / Während niedrigen Flug / führt die krächzende Krähe."

135 Das *Sonnet* weist gerade mit Blick auf die Sprecherhaltung Parallelen zum Gedicht *An die Melancholie* (KSA 7, S. 389–390) auf, in dem ein lyrisches Dichter-Ich zwar nicht die Dichtkunst persönlich, aber doch die poetische Inspiration gewährende Melancholie apostrophiert (vgl. hierzu ausführlich Müller 2017b). Auch stilistische Ähnlichkeiten fallen auf: Gleich der zweite Reim auf -itze im Melancholie-Gedicht entspricht in weiblicher Kadenz einem der beiden Reime aus dem *Sonnet* (-abe und -itz), die Form ist sehr regelmäßig ausgeführt und es dominieren kühne Bilder, zum Beispiel in den letzten beiden Versen der ersten Strophe: „Begehrlich schrie der Geyer in das Thal, / Er träumt vom todten Aas auf todtem Pfahle." (KSA 7, S. 389) Dazu kommen teils sehr genaue Entsprechungen, etwa das ‚Ächzen' des Ichs im drittletzten Vers der vorletzten Strophe (vgl. KSA 7, S. 390) oder die performative Selbstbezüglichkeit beider Gedichte, die jeweils ihr eigenes Entstehen als „Gabe" für die personifizierte Melancholie beziehungsweise Dichtkunst reflektieren.

136 Es dürfte im 19. Jahrhundert als klares Signal eines Scherzes betrachtet worden sein, an einer der beliebtesten lyrischen Formen überhaupt, dem Sonett, auf so offensichtliche Weise zu scheitern.

die zu Lasten der personifizierten Dichtkunst geht: Im Bemängeln der fehlenden Schlusszeile liefert die „Dichterin" sie selbst und hebt ihre Kritik selbst auf. Die offensiv ausgestellten Selbstzweifel des lyrischen Ich erweisen sich als Falle für den Leser und zeugen von einem umso breiteren dichterischen Selbstvertrauen – einem, das zur gezielten Selbstironie fähig ist.

Dass es sich bei den negativen Äußerungen über die eigenen dichterischen Fähigkeiten um inszenierte Selbstkritik handelt, erhellt bereits aus der großen Menge der Gedichte, die aller vermeintlichen Zweifel zum Trotz erhalten sind, weil sie von Nietzsche persönlich weitergegeben, verschenkt oder zumindest privatim aufbewahrt wurden. Anders verhält es sich bei der zweiten Hälfte der 1860er Jahre, Nietzsches Studienzeit. Aus ihr sind kaum Dichtungen erhalten, ebenso wenig Äußerungen über das Dichten generell wie über konkrete Gedichte oder Gedichtlisten.[137] Ein von Elisabeth Förster-Nietzsche im Vorwort zu den *Gedichten und Sprüchen* besonders hervorgehobener Passus im *Rückblick auf meine zwei Leipziger Jahre* liefert eine mögliche Erklärung für den sehr schmalen lyrischen Bestand im Nachlass der Jahre 1864 bis 1869: die vermeintlichen ‚Brandfeste' Nietzsches. Mit Blick auf Nietzsches Leipziger Kommilitonen Gottfried Kinkel, der als „kleines schwächliches Männchen mit alten, bartlosem Gesicht" vorgestellt wird, dessen „kleine[ ] wissenschaftliche[ ] Arbeiten von entschiedenem Unwerthe" seien (P I 9, S. 26 u. 28; KGW I/4, S. 516), äußert sich der Sprecher abschätzig über dessen poetische Versuche und spricht fast beiläufig das summarische Verdikt über die eigenen „Jugenddichtereien":

> Daß er [Gottfried Kinkel] dabei auch dichtete, weiß ich und er mochte oft den Wunsch hegen seine Geburten mir vorzulegen, wenn ich nicht mit größter Entschiedenheit mich gegen alle diese Jugenddichtereien erklärt hätte; ich pflegte die Zeit der Selbsterkenntnis von da an bei einem Jünglinge zu datieren, wo er seine Dichtungen in den Ofen steckt, und habe es selbst dieser meiner Anschauung gemäß in Leipzig gemacht. Friede auch dieser Asche! (P I 9, S. 28; KGW I/4, S. 516)

Seine Schwester leitet hieraus „eine grosse Neigung" Nietzsches ab, „seine früheren Productionen zu verbrennen" (Förster-Nietzsche 1898, S. XV). Ob dem so war und Nietzsche auch nach dem Abgang von Pforta weiterhin fleißig Gedichte schrieb, die er nur wieder verbrannte, oder ob er es nahezu ganz sein ließ und Förster-

137 Für die Lyrik relevante Aussagen finden sich in dem *Rückblick auf meine zwei Leipziger Jahre* (vgl. bes. P I 9, S. 29; KGW I/4, S. 516), in kleineren Notizen zum Verhältnis von Poesie und Musik (Mp VI 6, S. 1; KGW I/4, S. 32) und in den Lebenslauf-Entwürfen für die Basler Erziehungsbehörde (bes. P I 13, S. 14; KGW I/5, S. 42). Die einzige Gedichtliste jener Zeit ist in ein Verzeichnis aller Arbeiten von Sommer 1862 bis Januar 1866 eingebettet (vgl. Mp VI 18b, S. 15; KGW I/4, S. 89).

Nietzsche nur versucht, sich als heimliche Retterin um das literarische Erbe ihres Bruders verdient zu machen,[138] kann nicht mehr beantwortet werden. Dass die Aussagen von Nietzsches Schwester tendenziell unzuverlässig sind, machen ihre vagen Formulierungen hingegen mehrfach deutlich. Das Wissen über die angeblichen Autodafés stammt nach eigener Aussage vom Bruder selbst,[139] der, wie gesehen, zur Selbstinszenierung neigt.[140] Vielleicht meint Förster-Nietzsche mit dem Hinweis auf die Erzählung des Bruders sogar nur den stilisierten Passus aus dem *Rückblick auf meine zwei Leipziger Jahre*, den sie kurz darauf selbst zitiert. Schließlich beendet sie ihre Ausführungen zum Thema der ‚Brandfeste' mit einer komplexen, einige Unwägbarkeiten ausstellenden Satzkonstruktion, die ihrer Glaubwürdigkeit nicht zuträglich ist: „Liegen nun aus einer solchen Zeit, wo er tagelang geneigt war in heiteren Reimen zu sprechen, keine ernsten dichterischen Productionen vor, so bin ich vielmehr geneigt zu glauben, dass sie vernichtet sind, als dass überhaupt nichts vorhanden gewesen sein sollte." (Förster-Nietzsche 1898, S. XVI) Die Neigung, „zu glauben", ist durchaus symptomatisch für die ‚unzuverlässige Erzählerin' Elisabeth Förster-Nietzsche.

Bei aller gebotenen Vorsicht, mit der die Äußerungen der Schwester also zu behandeln sind, können sie auch wichtige Stichwortgeber sein, sofern ihr Aussagegehalt überprüfbar ist. Mit der Anmerkung, das „grosse[ ] Brandfest [...] im Jahre 1866" habe „unter dem Einfluss des Schopenhauerischen Pessimismus" stattgefunden (Förster-Nietzsche 1898, S. XVI), verhält es sich so. Dem stilisierten Bericht zufolge, den der Leipziger *Rückblick* gibt, fällt Nietzsche Schopenhauers *Welt als Wille und Vorstellung* zufällig bei einem Antiquariatsbesuch als „völlig fremd[es]" Buch in die Hände (P I 9, S. 20; KGW I/4, S. 513). Folgt man der Chronologie des *Rückblicks*, dürfte die Episode kurz nach dem Umzug nach Leipzig stattfinden, im beginnenden Wintersemester 1865/66.[141] Dazu passt, dass sich Nietzsche im Herbst 1865 die bibliografischen Daten von drei Schopenhauer-Ausgaben notiert (vgl. Mp VI 27, S. 1; KGW I/4, S. 79), von denen er zumindest eine nachweislich bis 1875 auch besitzt: die 1864 bei Brockhaus in Leipzig erschienene dritte Auflage der

138 Vgl. Förster-Nietzsche 1898, S. XV: „Was überhaupt noch existirt, ist entweder rein zufällig dem Feuer entgangen, oder von mir heimlich weggenommen und aufbewahrt worden, da ich die Gedichte, trotz meines Bruders späterem, sehr abfälligen Urtheile, aufrichtig bewunderte."

139 Vgl. Förster-Nietzsche 1898, S. XVI: „Mein Bruder lebte während dieser Zeit [zwischen den Jahren 1864 und 1871] zum grössten Theil fern von zu Hause und veranstaltete vor jeder Ferienreise, wie er mir selbst erzählte, ‚ein grosses Brandfest' [...]."

140 Zum (fiktionalen) Phänomen der Vernichtung eigener Texte vgl. Atze 2007.

141 Dass Nietzsche Schopenhauer schon in Bonn kennenlernt, beweist ein Exzerpt innerhalb seiner Kollegnachschrift aus der Vorlesung zur *Allgemeinen Geschichte der Philosophie* von Carl Schaarschmidt aus dem Sommersemester 1865, wie Figl 1991 und Broese 2004 zeigen.

Abhandlung *Über die vierfache Wurzel des Satzes vom zureichenden Grunde* (Schopenhauer 1864; vgl. NPB, S. 543).[142] Vielleicht will sich Nietzsche, ausgehend von der Lektüre des Hauptwerks, direkt weitere Veröffentlichungen Schopenhauers besorgen. Diese These stützt der Wunschzettel für Weihnachten 1865, den Nietzsche seiner Mutter und Schwester am 9. Dezember brieflich zukommen lässt: An vierter Stelle sind Schopenhauers „Parerga und Paralipomena" (Schopenhauer 1862; vgl. KGB I/4, S. 389) sowie „H e i m, Schopenhauer und seine Philosophie 1865"[143] genannt (KGB I/2, Bf. 489). Auffällig ist zudem, dass Nietzsche sich – ausweislich des erhaltenen Materials – gerade dann wieder vermehrt der Lyrik zuwendet, als er sich in den späten 1870er Jahren zunehmend von Wagner und Schopenhauer distanziert.[144]

Die genannten Indizien sprechen zumindest für den Beginn einer intensiveren Auseinandersetzung Nietzsches mit Schopenhauer ab Herbst 1865 (vgl. auch Figl 1991, S. 92–93). Zeitlich erscheint es also möglich, dass Schopenhauers Einfluss für Nietzsches angebliche Autodafés und seine temporäre Absage an die Dichtung (mit) verantwortlich ist oder ihn in seiner Entscheidung zumindest bestärkt, obwohl Schopenhauer selbst die Lyrik in seinem Werk keineswegs abwertet (vgl. Schopenhauer 1859, S. 217–218). Die im *Rückblick* gegebenen ersten Leseeindrücke der *Welt als Wille und Vorstellung* stellen jedenfalls eine von „düstere[r] Selbstverachtung" beherrschte Stimmung dar, in der sich ein „Bedürfniß nach Selbsterkenntniß, ja Selbstzernagung" ausgeprägt habe, das auch „leibliche Peinigungen" wie Schlafentzug miteinschloss (P I 9, S. 21; KGW I/4, S. 513): „So zwang ich mich 14 Tage hintereinander immer erst um 2 Uhr Nachts zu Bett zu gehen und es genau um 6 Uhr wieder zu verlassen." (P I 9, S. 21–22; KGW I/4, S. 513–514) Das Vernichten alter Dichtungen dürfte in einer solchen – wenn auch übertrieben wiedergegebenen, falls nicht gänzlich inszenierten[145] – Verfassung einhergehen mit dem „verzweifelten Aufschauen

142 Bei den anderen beiden Titeln handelt es sich um *Die beiden Grundprobleme der Ethik* (Schopenhauer 1860) und *Über den Willen in der Natur* (Schopenhauer 1854).

143 Gemeint ist Rudolf Hayms Schopenhauer-Biografie von 1864 (Haym 1864; vgl. Broese 2004, S. 18).

144 So entstehen im Sommer 1877 nicht nur die unbetitelten Erstfassungen der sogenannten Rosenlauibad-Gedichte (vgl. KSA 8, S. 395–397; die umgearbeiteten Versionen von 1884 tragen die Titel „Im deutschen November" und „Am Gletscher", KSA 11, S. 323–326); mit dem lyrischen „Nachspiel" zu *Menschliches, Allzumenschliches I, Unter Freunden*, integriert Nietzsche erstmals auch Dichtung in eins seiner Werke (vgl. KSA 2, S. 365–366).

145 Schon die Episode im Antiquariat, in der die vorgebliche Außergewöhnlichkeit des Kaufs (samt dämonischer Einflüsterung) auf das Buch selbst projiziert wird, wie auch die starke Anlehnung an Schopenhauers Vokabular – „Hier war jede Zeile, die Entsagung, Verneinung, Resignation schrie [...]. Hier sah mich das volle interesselose Sonnenauge der Kunst an, hier sah ich Krankheit und Heilung, Verbannung und Zufluchtsort, Hölle und Himmel." (P I 9, S. 20–21; KGW I/4, S. 513) – weist

zur Heiligung und Umgestaltung des ganzen Menschenkerns“ (P I 9, S. 21; KGW I/4, S. 513): Mit Blick auf Schopenhauers Hierarchie der Künste und Lebensformen, die gattungsimmanent die Lyrik hinter dem Drama, gattungsübergreifend die Dichtung hinter der Musik, lebensweltlich den Künstler wiederum hinter dem Asketen und Heiligen einordnet (vgl. Schopenhauer 1859, S. 251–316), lässt sich Nietzsches temporäre Abwendung von der Dichtung nämlich mit dem jugendlichen Ehrgeiz begründen, sich als Dichter – oder generell Künstler, denn Nietzsche komponiert auch – nicht nur „auf Augenblicke vom Leben“ zu distanzieren, sondern als Asket die „reine, wahre und tiefe Erkenntniß des Wesens der Welt“ zu erreichen, die ihn als „Quietiv des Willens [...] *auf immer* [...] vom Leben“ erlöse (Schopenhauer 1859, S. 316; meine Herv.).

Dass der *Rückblick* als Hilfsmittel gegen den extremen, wider „[s]ich selbst gerichteten Haß“ (P I 9, S. 21; KGW I/4, S. 513) den „Zwang zu regelmäßigen Studien“ anführt (P I 9, S. 22; KGW I/4, S. 514), nicht etwa den poetischen ‚Aderlass‘, erscheint vor dem Hintergrund von Schopenhauers Hierarchie wiederum konsequent. Denn die Wissenschaft beschäftigt sich nach Schopenhauer noch mit der Erscheinung, der Welt als Vorstellung, nicht dem Willen, dem sich die Kunst widmet:

> [...] Geschichte [...], [...] Naturwissenschaft [...] und [...] Mathematik [...], deren gemeinsamer Name Wissenschaft ist, gehen also dem Satz vom Grunde in seinen verschiedenen Gestaltungen nach, und ihr Thema bleibt die Erscheinung, deren Gesetze, Zusammenhang und daraus entstehende Verhältlnisse. – Welche Erkenntnisart nun aber betrachtet jenes außer und unabhängig von aller Relation bestehende, allein eigentlich Wesentliche der Welt, den wahren Gehalt ihrer Erscheinungen, [...] mit Einem Wort, die I d e e n, welche die unmittelbare und adäquate Objektivität des Dinges an sich, des Willens, sind? – Es ist die K u n s t, das Werk des Genius. (Schopenhauer 1859, S. 217)

auf den Arrangement-Charakter der Äußerungen hin. Das gilt ebenso für die betont sinnliche Schilderung der Effekte, die der Pessimismus auf den Sprecher gehabt habe. Lektüren als ‚Erlebnis‘ vorzustellen, steigert sowohl die Bedeutung des Gelesenen als auch die des Lesers, der sich so eine besondere Sensibilität und Begeisterungsfähigkeit zuschreibt. – Auch der erwachsene Nietzsche betreibt diese Inszenierung, etwa wenn die *Fröhliche Wissenschaft* in FW Vorrede 1 als „E r l e b n i s[ ]“ einer (Hoffnung auf) „G e n e s u n g“ ihrer Autor-Figur dargestellt wird (KSA 3, S. 345; vgl. hierzu ausführlich Kaufmann 2016, S. 77). – Ferner weist der pathetische Lektüre-Bericht Parallelen zur vermeintlichen Entlarvung der „Sexual-Erfahrung“ auf, die Schopenhauers Pessimismus nach GM III 6 zugrunde liegt: „Bei allen Fragen in Betreff der Schopenhauer'schen Philosophie ist, anbei bemerkt, niemals ausser Acht zu lassen, dass sie die Conception eines sechsundzwanzigjährigen Jünglings ist; so dass sie nicht nur an dem Spezifischen Schopenhauer's, sondern auch an dem Spezifischen jener Jahreszeit des Lebens Antheil hat. [...] Hören wir [...] den Ton heraus, das Leiden, das Glück, die Dankbarkeit [...]. Welche Vehemenz der Worte! Welche Bilder der Qual und des langen Überdrusses!“ (KSA 5, S. 348)

Um einen selbstzerstörerischen „Grad[ ] von Thorheit" (P I 9, S. 22; KGW I/4, S. 514) nicht zu überschreiten, ergibt es mit Blick auf die Philosophie Schopenhauers also durchaus Sinn, in der Hierarchie von Askese, Kunst und Wissenschaft eine Ebene zurückzugehen und sich letzterer wieder anzunähern.

Jener im *Rückblick* behauptete Umstand, dass die wissenschaftliche Arbeit als Nietzsches Rettungsanker aus der pessimistischen Raserei fungiert, ist allerdings nicht das Ergebnis einer beliebigen Entwicklung: Bereits seit der Vorbereitung auf das Abitur in Schulpforta zeichnet sich in den nachgelassenen Aufzeichnungen des jungen Nietzsche eine verstärkte Konkurrenz zwischen Poesie und Wissenschaft ab, bei der die ‚heiter' konnotierte Kunst zunehmend gegenüber dem wissenschaftlichen ‚Ernst des Lebens' den Kürzeren zieht. So wird schon in der autobiografischen Schrift vom September 1863, *Mein Leben*, rückblickend die eigene dichterische Tätigkeit in Verruf gebracht, obwohl Nietzsche zu dieser Zeit nach wie vor Gedichte schreibt:

> Die Weisheit etlicher Lexica war wohl in mir, alle möglichen Neigungen erwacht, ich schrieb Gedichte und Trauerspiele, schauervoll und zum Entsetzen langweilig, quälte mich damit ab, vollständige Orchestermusiken zu componieren und hatte mich so in die Idee, mir ein Universalwissen- und können anzueignen, hineingelebt, daß ich in Gefahr war, ein rechter Wirrkopf und Phantast zu werden.
> Es war darum vielfach wohlthätig, als Alumnus der Landesschule Pforta sich durch sechs Jahre hindurch einer größeren Sammlung und Richtung der Kräfte auf feste Ziele zu befleißigen. (Mp III 13a, S. 4; KGW I/3, S. 192)

Dem Ton nach könnte es sich auch um eine Schulaufgabe handeln, doch selbst wenn dies der Fall ist, wäre die Eigenschelte als „Wirrkopf und Phantast" unnötig. Das weist auf eine bestimmte Tendenz in der Selbst- und Außendarstellung hin: Sogar die Rolle als lexikonweiser *poeta doctus*, dem durch seine Gelehrtheit im Nachlass der 1850er und -60er Jahre mehr Würde zukommt als dem genialischen ‚geborenen Dichter', erscheint im zitierten Passus als zu unstet, als zu wenig ‚ernst'. Der Sprecher hält es folglich für nötig, den Lebenslauf nachträglich zu schönen, indem er das Motiv einer Umkehr einbaut: Die in Pforta vermittelte Disziplin und das dort herrschende Arbeitsethos brachten den dichtenden Vagabunden, so suggeriert es der Text, wieder auf den rechten Weg bürgerlicher Zielstrebigkeit.

Der Entwurf einer weiteren Vita aus dem Frühjahr 1868, in diesem Fall eine ‚Auftragsarbeit' für die Basler Erziehungsbehörde,[146] kontrastiert in analoger Weise

146 Die fertige Version, die in KGW I/5, S. 55–57 ediert ist, stammt aus dem Staatsarchiv Basel-Stadt (vgl. KGW I/5, S. 55).

die „künstlerische[n] Neigung[e]n“ während der Schulzeit mit der „Objektivität“ der wissenschaftlichen Praxis:

> Vor einger ~~w~~vagen Zerflossnheit in den vieln Richtungn meiner Talente bewahrte mich ein gewisse philosoph. Ernst, der nie zufriedn war, als im Angesichte der nacktn Wahrheit und eine Unerschrocknheit, ja Zuneigung zu hartn u. bösn Consequenzn. Das Gefühl, in der Universalität nicht zum Grunde zu komm, trieb mich in die Arm der strengn Wissenschaft.
> Sodann die Sehnsucht, aus den rasche Gefühlswechseln künstlerische Neigungn sich in den Hafn der Objektivität zu rettn. [sic] (P I 13, S. 14; KGW I/5, S. 42)

Im Vergleich zu der fünf Jahre zuvor entstandenen Autobiografie hat sich der Kontrast nochmals verschärft: Den betont schwärmerischen „Neigung[e]n“ steht die „streng[e] Wissenschaft“ gegenüber, die durch das ihr zugeschriebene Motiv des Hafens – eine traditionelle Allegorie für das Ende einer beschwerlichen (Lebens-) Reise – erlösende Qualität gewinnt.

Und auch in der Zwischenzeit scheint der knapp 20-jährige Nietzsche jener neuen Favorisierung der Wissenschaft gegenüber der Kunst treu geblieben zu sein, wie ein Brief an Carl von Gersdorff vom 4. August 1865 bezeugt:

> Vielleicht schrieb ich Dir um Neujahr,[147] daß ich in diesem Jahre weder dichten noch componieren wollte. Das Erstere habe ich bisjetzt durchgesetzt – genug Grund, um zu glauben, daß diese Ader erschöpft ist – gegen das Zweite habe ich erst ganz kürzlich verstoßen, indem ich wieder ein Lied[148] gemacht habe. Ich werde ein wenig zu kritisch, um mich noch länger über etwaige Begabung täuschen zu können. Darum suche ich mein kritisches Vermögen überhaupt zu entwickeln. (KGB I/2, Bf. 476)

Womöglich bezieht sich eine stichpunktartige Aufzeichnung Nietzsches aus dem Sommer 1865, die offenbar die Disposition eines weiteren Lebenslaufs darstellt, auf ebendiese Entscheidung um die Jahreswende 1864/65, einen (vorläufigen) Schlussstrich unter die eigenen dichterischen Ambitionen zu setzen. Direkt unter dem Punkt „Nicht mehr compon. wollen. ungeheur.“ heißt es dort unmissverständlich: „Dichten. Ende.“ (Mp VI 10, S. 2; KGW I/4, S. 63)

---

147 Ein solcher Brief ist nicht erhalten (vgl. KGB I/2, S. 33–37).

148 Nach KGB I/4, S. 372 handelt es sich dabei um *Junge Fischerin* (Mp I 54, S. 11). Vgl. hierzu den kurz nach dem 10. Juli 1865 geschriebenen Brief an Franziska und Elisabeth Nietzsche (KGB I/2, Bf. 475).

2.4 Literaturgeschichtliche Kontexte

Die persönlichen und geistesgeschichtlichen Kontexte, in die Nietzsches Werk und Nachlass eingeordnet werden können, spielen für das Verständnis seiner Texte eine kaum zu überschätzende Rolle. Das gilt nicht minder für die lyrischen Juvenilia, die ebenso sehr von schulischen und privaten Lektüren, persönlichen Beziehungen oder (zeit)geschichtlichen Ereignissen geprägt sind wie die späteren Schriften. Verarbeitet Nietzsche diese Einflüsse in den 1870er und -80er Jahren zunehmend aneignend-verschleiernd mit dem Ergebnis, dass mögliche Abhängigkeiten und Quellen – zumindest wo es sich nicht um offen parodistische Texte handelt[149] – besonders im publizierten Werk meist nicht mehr ohne gezielte Suche identifiziert werden können (vgl. Sommer 2000, S. 306), fallen mögliche Vorlagen seiner lyrischen Texte der 1850er und -60er Jahre oftmals schneller ins Auge (vgl. Hödl 2009, S. 109–110, Anm. 274). Es liegt auf der Hand, dass der junge Nietzsche sich noch im dichterischen Handwerk übt, indem er Vorbilder imitiert oder mit Gattungsversatzstücken experimentiert: Auf dem Fundament einer breiten, produktiv gewordenen Kenntnis des zeitgenössischen Bildungskanons bildet er sukzessive das eigene Schreiben aus (vgl. Pestalozzi 1984, S. 103).

Die Untersuchung der „ideelle[n] Bibliothek“ (D'Iorio 2003, S. 68; vgl. Montinari 1982, S. 6) des jungen Nietzsche, die sowohl seine Bibliothek im engeren Sinn – das heißt die von ihm besessenen, aber nicht zwangsläufig gelesenen Werke – als auch seine Lektüren – das heißt die von ihm gelesenen, aber nicht zwangsläufig besessenen Werke – umfasst, ermöglicht es in besonderem Maß, seinen frühen Nachlass kulturgeschichtlich zu kontextualisieren. Dies wird im vorliegenden Kapitel exemplarisch am Beispiel der literaturgeschichtlichen Kontexte der nachgelassenen Jugendlyrik unternommen, die anhand der quellen- und themenspezifischen Rückgriffe Nietzsches auf verschiedene Epochen geordnet wird: So können heuristisch ein antikisierend-klassizistischer (1), mittelalterlicher (2), geistlicher (3) und zeitgenössisch-(spät-)romantischer (4) Themenkreis unterschieden werden. In diese Themenkreise lassen sich Nietzsches Jugendgedichte jeweils idealtypisch nach ihren dominanten formalen und inhaltlichen Merkmalen einordnen.

149 Zu denken wäre beispielsweise an das unzweideutig betitelte Gedicht *An Goethe* aus den *Liedern des Prinzen Vogelfrei*, das den Chorus Mysticus des *Faust II* parodiert. Zu dieser Parodie vgl. ausführlich Zanucchi 2019, S. 229–234.

2.4.1 Antike und Klassik

Die alten Sprachen sind nicht erst durch das philologische Studium in Leipzig der Schwerpunkt auf Nietzsches Bildungsweg, der in der Anstellung als Professor für klassische Philologie in Basel gipfelt. Schon in dem vom Predigtamt-Kandidaten Karl Moritz Weber in Naumburg gegebenen „Institut zum Zwecke gründlicher Vorbereitung für Gymnasien und andere höhere Lehranstalten" (Figl 2007, S. 17), das Nietzsche zusammen mit seinen Freunden Pinder und Krug zwischen Frühjahr 1853 und Herbst 1855 besucht, erhält er erstmals Unterricht im Lateinischen und Griechischen. Im Naumburger Domgymnasium, Nietzsches nächster Bildungsstation bis 1858, stehen die alten Sprachen an der Spitze des Lehrplans, der für Latein ganze zehn und für Griechisch immerhin acht Wochenstunden vorsieht (vgl. Figl 2007, S. 20). Und die von Nietzsche zuletzt besuchte Landesschule Pforta schreibt sich zu dessen Zeit die „grundlegende[ ] Orientierung an der Antike", eine „sprachlich akzentuierte, *klassisch*-philologische Bildung" neuhumanistischer Prägung auf die Fahnen (Figl 2007, S. 28–29; vgl. auch Janz 1993, S. 75–76; Wollek 2010b, S. 267).[150]

Außerhalb der Schule bringen vor allem der Großvater mütterlicherseits, David Ernst Ohler, und die gebildeten Elternhäuser der Freunde Pinder und Krug Nietzsche in Verbindung mit der klassischen Antike (vgl. Müller 1994, S. 174–175). Daneben wirken auch die Privatlektüren philhellenischer Autoren deutscher Sprache anregend. Zu denken ist – neben den einschlägigen Klassikern Goethe und Schiller – besonders an den zu Nietzsches Jugendzeit noch verkannten Hölderlin, den er – ungeachtet des als Plagiat entlarvten *Briefs an einen Freund* (Mp II 14, S. 1–11; KGW I/2, S. 338–341; vgl. hierzu Brobjer 2001b) – spätestens 1858 für sich entdeckt,[151] aber auch an Winckelmann, den „der Primaner Nietzsche" zumindest „vom Hörensagen gekannt haben" dürfte, das heißt „als topisch aufgeladene Figur der deutschen Geistesgeschichte und Gegenstand von Festreden seiner überwiegend philologisch versierten Lehrer" (Rottmann 2017, S. 273).

Vorlagen und Quellen

Mit den griechischen und römischen Klassikern kann sich Nietzsche also schon früh bestens vertraut machen. Dass er sich dichterisch aus ihrem Themenbereich

---

Das Teilkapitel 2.4.1 wurde bereits in bearbeiteter Form als Teil eines Sammelbandbeitrags von mir veröffentlicht: Müller 2020b, S. 349–361.

---

150 Auch in Schulpforta waren für den Lateinunterricht zehn – in Tertia und Untersekunda sogar noch elf –, für Griechisch jedoch nur sechs Unterrichtsstunden vorgegeben (vgl. Bohley 1976, S. 304).

151 Vgl. die Liste der nachweisbaren Hölderlin-Lektüren Nietzsches bei Brobjer 2001b, S. 409.

bedient oder direkt als Quellen für Gedichte auf sie zurückgreift, überrascht kaum. Aus einer längeren Auflistung von „Stoff[en] / zum geschicht. Gedichten [sic]“, die mythische wie historische Gegebenheiten von 1500 bis 271 vor Christus zu versammeln beansprucht (darunter die tatsächlich zu Gedichten verarbeiteten Stoffe „Cecrops. Gr. der Burg Athens“, „Leonidas“ oder „1. messen. Krieg“; Mp I 9, S. 2–3; KGW I/1, S. 132–133), geht hervor, dass Nietzsche aber nicht nur behelfsmäßig Stoffe aus dem antiken Themenbereich für seine Gedichte wählt, um seine technischen Fähigkeiten als Lyriker zu verbessern, indem er sich an beliebig ausgewähltem Material übt. Vielmehr sucht er die dichterische Auseinandersetzung mit der Antike ganz bewusst, wie auch ein Brief an Wilhelm Pinder aus dem April oder Mai 1859 zeigt. Darin animiert Nietzsche seinen Freund zu einer gemeinsamen Bearbeitung des Prometheus-Stoffs und den dazu nötigen Vorbereitungslektüren: „Vor allem sammle also aus allen Lexicis und anderen Büchern, aus Mythologien eine möglichst vollständige Darstellung seines [Prometheus'] Lebens wie des ganzen hierher gehörigen Mythenkreises, Japetos, der Titanen, Epimetheus, Pandora.“ (KGB I/1, Bf. 70)

Nachweisbar sind für die Zeit auf dem Domgymnasium Kenntnisse Vergils, Herodots, Ovids, Cornelius Nepos', Xenophons, Lukians, Pausanias', Euripides' und natürlich Homers (vgl. Müller 1994, S. 175; Brobjer 1999, S. 315–322; Wollek 2010a, S. 26, Anm. 55), für die Zeit in Schulpforta außerdem Lektüren Caesars, Ciceros, Livius', Horaz', Tacitus', Arrians, Lysias', Sophokles', Demosthenes' und Platons (vgl. Bohley 1976, S. 306–309). Ferner kann Nietzsche auf die seinerzeit bekannten Überblicksdarstellungen der antiken Mythologie zurückgreifen: Zu Weihnachten 1856 bekommt Nietzsche Karl August Schönkes *Sagenwelt der Alten* geschenkt (vgl. Mp III 1, S. 3; KGW I/1, S. 170–171): eine Auswahl und altersgerechte Bearbeitung von Ovids *Metamorphosen* in deutscher Sprache (Schönke o. J.). Und das mutmaßlich von Elisabeth Nietzsche stammende Verzeichnis der Bücher des Bruders aus dem Jahr 1858 listet unter anderem die drei Bände von Gustav Schwabs *Schönsten Sagen des klassischen Alterthums* auf (vgl. Brobjer 1999, S. 315 u. 318; Figl 2007, S. 84–85), die zwischen 1838 und 1840 erstmals erschienen sind.[152]

Die frühesten Aufzeichnungen aus den nachgelassenen Jugendschriften, die einen Bezug zur Antike ausweisen, sind die dramatischen Entwürfe für das „Lust-

152 Die in Nietzsches persönlicher Bibliothek erhaltenen Bände von Schwabs *Sagen* in vierter Auflage von 1858 erhält Nietzsche ausweislich des „Stempelaufdruck[s] ‚studii frugiferi praemium‘“ 1860 in Pforta „als Prämie für besondere Leistungen“ (NPB, S. 545). Es ist nicht klar, ob es sich bei den schon in der Liste von 1858 verzeichneten *Sagen* um eine Leihgabe, einen Wunsch oder tatsächlich besessene Bücher handelt. In letzterem Fall beschließt Nietzsche möglicherweise nach dem Erhalt der Prämie, seine alten Exemplare abzugeben. Sie sind jedenfalls nicht erhalten.

spiel“ *Der Geprüfte* (Mp I 3, S. 19–27; KGW I/1, S. 105–110), die über den Topos des von göttlichen Mächten geprüften Protagonisten das Buch Hiob im Alten Testament ebenso assoziieren lassen wie die Irrfahrten des Odysseus. Das erste Gedicht nach antiker Vorlage ist im Rahmen einer Geburtstagssammlung für Franziska Nietzsche von Anfang 1856 erhalten: *Des Cyrus Jugendjahre* (Mp I 5, S. 7–9; KGW I/1, S. 120–122). Darin wird auf der Grundlage der *Historien* Herodots (I, 108–119; Herodot 1828, S. 108–117; vgl. Müller 1994, S. 169–170) die legendenhafte Kindheit des persischen Reichsgründers Kyros II. erzählt. Das zur selben Zeit entstandene Gedicht *Wandrer, wenn du ~~bei~~in Griechenland wanderst…* (Mp I 6, S. 1–3; KGW I/1, S. 125–126) nimmt Bezug auf das Simonides von Keos zugeschriebene und ebenfalls bei Herodot (*Historien* VII, 228) zitierte Epigramm „Ὦ ξεῖν', ἀγγέλλειν Λακεδαιμονίοις ὅτι τῇδε / κείμεθα τοῖς κείνων ῥήμασι πειθόμενοι“,[153] das auf der Gedenktafel für die in der Schlacht bei den Thermopylen (480 v. Chr.) gefallenen Spartaner gestanden haben soll. Desselben Themas nimmt sich das Gedicht *Leonidas und Telakeus* an (Mp I 9, S. 10–14; KGW I/1, S. 139–142), während die zweiteilige Dichtung *Schwarze Wolken Dunkelheit…* (Mp I 9, S. 24–26; KGW I/1, S. 150–153) einen anderen historischen Stoff behandelt, in dessen Mittelpunkt Sparta steht: die Belagerung des Berges Ithomi im ersten Messenischen Krieg, wie er in Pausanias’ *Beschreibung Griechenlands* (IV, 9–13) geschildert wird (vgl. Pausanias 1829, S. 428–445). Ovids *Metamorphosen* dienen, wie Herodots *Historien*, gleich mehrfach als Inspiration: Der 12- bis 13-jährige Nietzsche widmet sich zweimal dem in Buch IV (663–770) mitgeteilten Mythos um Andromeda, die auf Geheiß ihres Vaters, dem äthiopischen König Kepheus, zum Schutz des Landes einem Seeungeheuer geopfert werden soll, aber von Perseus gerettet wird (vgl. Mp I 8, S. 1–2; KGW I/1, S. 130–131; Mp I 9, S. 6–9; KGW I/1, S. 136–139; vgl. Ovid 1798a, S. 240–249). In einem von Nietzsche selbst irreführenderweise „Der Raub der Proserpina“ (Mp I 11, S. 10–11; KGW I/1, S. 187–191) betitelten Gedicht von 1857 behandelt er ferner die Verwandlung von Dryope in einen Baum nach der entsprechenden Geschichte im IX. Buch (326–393; vgl. Ovid 1798b, S. 150–156).

Eine mögliche Quelle für die „Sage von der Gründ. Athens“, die das Gedicht *Cecrops* (Mp I 9, S. 4–5; KGW I/1, S. 134–136) seinem Untertitel nach erzählt, ist Schönkes Sachkommentar der von ihm in der *Sagenwelt der Alten* bearbeiteten Ovid-Stelle, wo er die „Cecropische Burg“ als „Burg von Athen“ vorstellt, „deren Erbauer Cecrops war, wodurch er Stifter und erster König der Gemeinde

153 In Schillers berühmter Übersetzung aus dem Gedicht *Der Spaziergang*: „Wanderer, kommst du nach Sparta, verkündige dorten, du habest / Uns hier liegen gesehn, wie das Gesetz es befahl.“ (Schiller 1804, S. 57) In einer von Nietzsche erst 1875 erworbenen deutschsprachigen Herodot-Ausgabe lautet die Übersetzung: „Wanderer, thu’ es zu wissen den Lakedämoniern daß wir / Liegen am Wahlplatz hier, ihren Geboten getreu.“ (Herodot 1867, S. 942; NPB, S. 289)

und somit Stammvater des Athenischen Volkes und Staates wurde“ (Schönke o. J., S. 253). Durch die konkrete szenische Ausgestaltung der „Sage“ entfernt sich Nietzsche allerdings von der bekannten Überlieferungslage: In seinem Gedicht landet Kekrops als Schiffbrüchiger in Attika, tötet einen Dieb und wird daraufhin von den Bewohnern des Landes zum König gemacht, der als erste Amtshandlung eine Burg baut und nach sich selbst „Cecropia“ tauft.[154]

Von der beispielsweise aus Pindars *Nemeischen Oden* (III, 43–58) bekannten Episode aus der Jugend Achills, in der dieser vom Kentauren Cheiron ausgebildet wird, handeln drei 1856/57 entstandene fragmentarische Gedichte (vgl. Mp I 9, S. 35–40; KGW I/1, S. 160–163; vgl. Pindar 1856, S. 31–33). Das abgebrochene Gedicht *Olympos* (Mp I 11, S. 5; KGW I/1, S. 181–182) wiederum behandelt aus der Sicht eines Epigonen die große Inspirationskraft der antiken Welt: Ein lyrisches Wanderer-Ich schildert, wie es unter dem Eindruck des berühmten titelgebenden Gebirges einschläft, und möchte, nachdem es vom „Leben Unsterlicher [sic] Götter“ träumte (Mp I 11, S. 5; KGW I/1, S. 182), davon erzählen – wozu es aber nicht mehr kommt, weil das Fragment nach der Ankündigung abbricht. Die ehrfurchtsvolle Haltung des lyrischen Ichs gemahnt dabei an das philhellenische Pathos Hölderlins.

Finden sich im Nachlass des Jahres 1858 mit *Hecktors Abschied (nach Heckomer)* (Mp I 22, S. 7–8; KGW I/1, S. 261–262) und *Jason und Medea* (Mp I 19, S. 19–25; KGW I/1, S. 246–248; Mp I 22, S. 9–11; KGW I/1, S. 263–264) nochmals Gedichte und lyrische Entwürfe nach zwei – in der oben genannten Auflistung von „Stoff[en] / zum geschicht. Gedichten“ auch genannten (Mp I 9, S. 1; KGW I/1, S. 132) – antiken Sujets, nämlich dem Trojanischen Krieg und der Argonautensage,[155] sind aus den frühen 1860er Jahren erstmals auch lateinische Dichtungen Nietzsches erhalten, die den sprach-

---

154 Bei Pausanias (*Beschreibung Griechenlands* I, 2 u. 5; VIII, 2; IX, 33) und Strabon (*Geographica* IX, 1,20) wird Kekrops dagegen ohne Hintergrundinformationen nur in seiner Eigenschaft als König erwähnt (vgl. Pausanias 1829, S. 19 u. 26; Pausanias 1855, S. 775 u. 952; Strabon 1831, S. 136), und auch Ovid (*Metamorphosen* VI, 70; vgl. Ovid 1798a, S. 315) nennt nur einmal die nach Kekrops benannte Burg Kekropia auf der Akropolis. Zwar findet sich in der Apollodor von Athen zugeschriebenen *Bibliotheke* (III, 14, 1,1–III, 14, 2,1) eine ausführlichere Vorstellung von Kekrops, der dort, samt Stammbaum, als erster Herrscher über Attika und Zeuge von Athenes Inanspruchnahme des Landes geschildert wird (vgl. Apollodor 1828, S. 187–188; vgl. hierzu auch Scherf 1999); doch über die genauen Umstände von Kekrops Aufstieg zum Herrscher konnte Nietzsche auch dort nichts erfahren.

155 Im Fall des Medea-Stoffs gibt eine Nachlass-Notiz von 1858 einen Hinweis auf Nietzsches Quelle: „Argonautenzug. […] / Ovid. VII.“ (Mp I 21, S. 38; KGW I/1, S. 255) Gemeint ist das siebte Buch von Ovids *Metamorphosen* (1–158; vgl. Ovid 1798b, S. 5–18). Aber auch Euripides’ Medea-Drama kommt theoretisch als Vorlage in Betracht (vgl. etwa Brobjer 1999, S. 320). – Als Prätext für *Hecktors Abschied* identifiziert Ziemann 1994a Schillers gleichnamiges Gedicht (auch bekannt als *Hektorlied* oder *Hektor und Andromache*), das erstmals in den *Räubern* (II, 2) veröffentlicht wird, wo Amalia von Edelreich es singt (vgl. Schiller 1781, S. 64–65).

lichen Fortschritt in Schulpforta bezeugen. Zum Teil handelt es sich dabei um Übersetzungen,[156] wie etwa bei *Ad sagum militis* (Mp V 10, S. 28–29; KGW I/2, S. 287–288), einer lateinischen Übertragung des bekannten deutschen Lieds *Der alte Mantel* (*Schier dreißig Jahre bist du alt...*) aus Karl von Holteis Drama *Lenore* (vgl. Holtei 1829, S. 42–43), das Nietzsche auch im Brief an Franziska und Elisabeth Nietzsche vom 6. September 1863 zitiert (vgl. KGB I/1, Bf. 376) und hier vielleicht zur Übung im Latein benutzt hat.[157] Ähnlich steht es mit *Equus et aper* (Mp V 10, S. 30–31; KGW I/2, S. 289–290), das Christian Wollek als „schulische Arbeit" im Kontext der „Versifikation" identifiziert (Wollek 2010a, S. 53), da die Fabel vom Pferd, das sich für den Kampf gegen einen Eber dem Menschen anvertraut und dafür mit seiner Freiheit bezahlt, auf Phaedrus zurückgeht (*Fabeln* IV, 4; vgl. Phädrus 1853, S. 48–49). Der Übungscharakter zeigt sich in der Form: Nietzsche macht aus den für die Vorlage typischen jambischen Senaren, die in der antiken Tragödie vor allem als klassische Dialogverse verwendet werden und daher der Prosa näherstehen (vgl. Braak 2007, S. 117), elegische Distichen.

Auf eine andere Quelle gehen die im selben Heft überlieferten *Epigrammata* (Mp V 10, S. 30–32; KGW I/2, S. 290–291) zurück, deren Titel bereits das Ziel der mutmaßlichen Lateinübung verraten: Wieder formt Nietzsche elegische Distichen, Grundlage sind diesmal jedoch vier Sprüche aus der Lutherbibel: Prediger 1,4; Prediger 1,18; Prediger 3,19–20; Sprüche 25,14 (vgl. Wollek 2010a, S. 54–55). Eine Episode aus der *Ilias* liegt hingegen den zwei fragmentarischen Entwürfen *Iamque iterum erumpunt flammae...* zugrunde: Die Erwähnung von Hektors Knochen und Asche („Cadunt ossa Hectoris jacet cinis vir nobilissimus"; Mp V 10, S. 80; KGW I/2, S. 291) deutet auf dessen Feuerbestattung am Ende des Epos hin (XXIV, 786–794; vgl. Homer 1854, S. 328–329), die Nennung Achills jedoch auf die des Patroklos, die davor statt-

156 Übersetzungen vom Griechischen oder Lateinischen ins Deutsche sind ebenfalls erhalten. Womöglich im Rahmen einer Schularbeit zu Sophokles' *Ajax* vom November 1862 – das Manuskript enthält entsprechende Korrekturanmerkungen – übersetzt er beispielsweise das erste Stasimon (172–196; vgl. Sophokles 1851, S. 38–41) sowohl zeilengetreu (vgl. Mp IV 7, S. 18–19; KGW I/3, S. 73) als auch in Reimen (vgl. Mp IV 7, S. 20–22; KGW I/3, S. 74–75). Aus dem folgenden Jahr liegt außerdem eine Übertragung des Herakles-Monologs aus Sophokles' *Trachinierinnen* vor (1025–1091; vgl. Sophokles 1856, S. 102–107; vgl. Mp I 63, S. 1–2; KGW I/3, S. 122–125). Dazu kommen aus demselben Jahr Aufzeichnungen und Übersetzungen von Gedichten beziehungsweise Fragmenten der griechischen Lyriker Kallinos, Mimnermos, Sappho und Anakreon (vgl. Mp I 64, S. 1–5; KGW I/3, S. 125–133) sowie die Übertragung der Verse 1130 bis 1134 und 1314 bis 1317 aus Aischylos' *Agamemnon* (vgl. Aischylos 1839, S. 214 u. 221; vgl. Mp II 32b, S. 7–8; KGW I/3, S. 176–177), wobei die letztgenannte Aischylos-Stelle auch dem Epigramm *Cassandra* aus dem Herbst 1862 als Vorlage dient (vgl. Mp IV 3, S. 9; KGW I/3, S. 16). Vgl. hierzu bereits Wollek 2010a, S. 94–95 u. 150–152.

157 Vgl. Wollek 2010a, S. 50–52, der jedoch von einer Arbeit ohne Vorlage ausgeht und eine Rückübersetzung ins Deutsche vornimmt.

findet (XXIII, 217–232; vgl. Homer 1854, S. 269–270). Zweifelsfrei einer Stelle zuordnen lassen sich die Fragmente nicht (vgl. Wollek 2010a, S. 55–56).

Einen – möglicherweise fiktionalisierten – autobiografischen Hintergrund hat das in einzelnen Formulierungen „von verschiedenen literarischen Vorbildern" wie Ovid, Vergil und Horaz abhängige (Wollek 2010a, S. 61) Gedicht *Cantabo, Musae…* (Mp V 10, S. 308–310; KGW I/2, S. 341–344), in dem eine karikaturesk überzeichnete Pfortenser Schulhofverschwörung gegen Nietzsches Freund Paul Deussen in epischen Hexametern dargestellt wird.[158] Vom Untergang der im November 1861 vor der niederländischen Küste gesunkenen preußischen Segelkorvette SMS *Amazone* hingegen, über den fast zwei Dutzend elegische Distichen aus dem Januar 1862 erhalten sind (vgl. Mp V 10, S. 144–145; KGW I/2, S. 364–366), konnte Nietzsche aus der Tagespresse erfahren.[159]

Der halb deutsche, halb lateinische Gedichtentwurf *Nunc vitia quibus insana mens gaudet…* (Mp V 10, S. 189; KGW I/2, S. 367–368) ist nicht nur sprachlich als Mischform zu erkennen, sondern auch mit Blick auf die Abhängigkeit von seinen möglichen Vorlagen sowie deren Provenienz: Einerseits sind antike Bezüge durch das zweisprachige Zitat aus Vergils *Aeneis*[160] und die Anspielung auf den Mythos der Weltalter – beziehungsweise dessen zyklischer Auslegung – gegeben;[161] andererseits

---

158 Vgl. auch das etwa zur selben Zeit entstandene Schmähgedicht gegen Deussen *Αριστου μευ die Nase…* (Mp V 9, S. 20–21; KGW I/2, S. 304–305).

159 Hinweis in HKG 2, S. 435. In der *Illustrirten Zeitung* vom 14. Dezember 1861 steht beispielsweise, dass „die Königsflagge" wie „auch das Wrack der ‚Amazone' an der holländischen Küste gefunden worden" seien. (O. V. 1861, S. 426) Auf diesen Bericht als mögliche Quelle weist auch Nietzsches 14. Distichon hin: „Nil decoris superest, splendoris nil nisi pauca / Fragmina litoribus quae tulit unda vaga." (Mp V 10, S. 144; KGW I/2, S. 365) – „Nichts Rühmliches gibt's mehr, kein Glanz außer wenigen / Bruchstücken, welche an den Strand spült die bewegliche Welle." (Wollek 2010a, S. 63)

160 Vgl. Mp V 10, S. 189; KGW I/2, S. 368: „Der große weiß der Unterworfenen zu schonen aber die Uebermüthigen wird er zu überwinden wissen. Parcere subjectis […]." In der *Aeneis* (VI, 851–853) heißt es: „Tu regere imperio populos, Romane, memento: / Hae tibi erunt artes, pacisque imponere morem, / Parcere subiectis, et debellare superbos." (Vergil 1834, S. 618–619) – „Du, Römer, denke daran, die Völker zu beherrschen. / Diese Fertigkeiten werden dir sein, dem Frieden Sitten aufzuerlegen / die Unterworfenen zu schonen und die Übermütigen nieder zu zwingen." (Wollek 2010a, S. 67)

161 In Nietzsches Entwurf ist die Rückkehr der „virgoque Aestraea" gleichbedeutend mit der Geburt eines neuen Zeitalters: „[N]ova nascitur aetas" (Mp V 10, S. 189; KGW I/2, S. 368). Astraea wird die mythische Figur der Jungfrau und Göttin der Gerechtigkeit erstmals in Ovids *Metamorphosen* (I, 150–151) genannt, wo sie im Eisernen Zeitalter als letzte Göttin die Erde verlässt: „[V]icta iacet pietas, et virgo caede madentes / ultima caelestum terras Astraea reliquit." (Ovid 1853, S. 10) – „Frömmigkeit sank vor Gewalt; Asträa selber die Jungfrau / Floh, der Himmlischen letzte, die blutgefeuchteten Länder." (Ovid 1798a, S. 14) Diese Vorstellung geht zurück auf Hesiods *Werke und Tage* (195–199); darin zieht sich die personifizierte Gerechtigkeit (Νέμεσις) im fünften Welt-

seits steht das Gedichtfragment im Kontext der romantischen und patriotischen deutschen Lyrik des 19. Jahrhunderts:[162]

Will aber einer den König gegen uns herausfordern
So werden unsres Königs weltbekannte Adler
Schreckliche Blitze gegen die Feinde schleudern.
[...]
Virtus relligio mores, generosa juventus
Ingenuaeque artes Friderico rege vigebunt
Ad nos Fortuna semper erit nobis Copia [...].[163]
(Mp V 10, S. 189; KGW I/2, S. 367)

Die hier formulierte Erwartung einer neuen Herrschaft des ‚Königs Friedrich' (gemeint ist Friedrich I. Barbarossa, Kaiser des römisch-deutschen Reiches von 1155 bis 1190), die durch das Zusammenspiel mit der Vorstellung von den Weltaltern eine eschatologische Dimension erhält und die Wiederkehr des Goldenen Zeitalters zu prophezeien beansprucht, fußt auf der romantischen Rezeption der Kyffhäusersage,[164] namentlich auf den prominenten lyrischen Adaptionen Friedrich Rückerts

alter von der Erde zurück (vgl. Hesiod 1797, S. 16). Vermittelnd wirken vermutlich die *Phainomena* (96–136) des Aratus von Soloi, wo es Dike – Tochter des Astraeus, daher später Astraea – ist, die als verkörperte Gerechtigkeit im letzten Weltalter in den Himmel aufsteigt und zum Sternbild der Jungfrau wird (vgl. Aratus von Soloi 1824, S. 20–27). In Vergils vierter *Ekloge* (4–7) wiederum, in der die Weltalter zyklisch verstanden werden, geht mit der Erneuerung des Goldenen Zeitalters, wie im Entwurf Nietzsches, die Wiederkehr Astraeas einher: „Ultima Cumaei venit jam carminis aetas; / Magnus ab integro saeclorum nascitur ordo. / Jam redit et Virgo, redeunt Saturnia regna; / Jam nova progenies caelo demittitur alto." – „Schon das äusserste Alter erschien des kumäischen Liedes; / Gross von neuem beginnt ursprüngliche Folge der Säkeln. / Schon auch kehrt Asträa, es kehrt die saturnische Herschaft; / Schon ein neues Geschlecht entsteigt dem erhabenen Himmel." (Vergil 1830, S. 124–125) Vgl. zur mythischen Gestalt der Astraea den Überblick bei Graf 1997. Zur antiken Weltaltervorstellung vgl. Mähl 1965, S. 11–102 und Gatz 1967.

162 Hierzu vgl. Kap. 2.4.4.

163 „[...] Tugend, Religion, Sitten, edle Jugend / Begabung und Kunst werden unter König Friedrich herrschen / Bei uns wird immer Glück und Überfluss sein [...]." (Wollek 2010a, S. 66)

164 Um das thüringische Kyffhäusergebirge ranken sich seit dem Mittelalter viele Legenden; einige, darunter die vom in den Berg entrückten, zauberschlafenden Kaiser Friedrich, der sowohl mit der heilsgeschichtlichen Vorstellung eines ‚Friedenskaisers' verbunden als auch mit Friedrich I. Barbarossa (seit dem 16. Jahrhundert; davor dessen Enkel Friedrich II.; vgl. Rader 2010, S. 509–516; Möhring 2008, S. 208–209; Mähl 1965, S. 213–232) identifiziert wird, sind in Johann Gustav Büschings Sammlung von *Volks-Sagen, Märchen und Legenden* enthalten (vgl. Büsching 1812, S. 319–339, insb. S. 319 u. 333–339). Auch Jacob und Wilhelm Grimm nehmen den Stoff in ihre Sammlung *Deutscher Sagen* auf (vgl. Grimm 1816, S. 29–30, Nr. 23). Vgl. auch den Überblick bei Frenzel 1998, S. 237–241, wo weitere dichterische Verarbeitungen des Stoffs genannt werden, der vor allem in der „politische[n] Lyrik des 19. Jahrhunderts" (Frenzel 1998, S. 238) beliebt ist.

(*Barbarossa*, 1817; vgl. Wollek 2010a, S. 67) und Emanuel Geibels (*Friedrich Rothbart*, 1837).[165] Der Sage zufolge soll „Kaiser Friedrich I. mit einem zahlreichen Hofstaat", so die zeitgenössische Erstausgabe von Joseph Meyers *Conversations-Lexicon*, in den Kyffhäuser „verbannt seyn und tief im Schooße des Berges seiner Erlösung entgegen harren [...], u. zwar an einem steinernen Tische sitzend, durch den sein rother Bart gewachsen sey" (MCL 19/1, S. 661). Schon als 13/14-Jähriger nimmt Nietzsche sich des Stoffes an und gestaltet ein vollständig erhaltenes Gedicht aus (vgl. Mp I 22, S. 20–21; KGW I/1, S. 268–269), das noch deutlich näher an den Vorlagen Rückerts und Geibels liegt als das Fragment von 1861/62.[166] Während die antiken Bezüge des zitierten Entwurfs und auch die martialische Drohung des lyrischen Wir, dass Friedrichs „weltbekannte Adler / Schreckliche Blitze gegen die Feinde schleudern" werden,[167] auf die genannten Lektüren des jungen Nietzsche zurückgeführt werden können, bezeugt der stoffliche und motivische Synkretismus eine Experimentierfreude Nietzsches, die auch die ‚aphoristischen' Werke der 1880er Jahre auszeichnen.[168]

Eine weitere Reihe von Epigrammen, die ausweislich der Korrekturanmerkungen in der Handschrift als Schularbeit entstanden ist, liegt von Anfang Oktober 1862

---

165 Geibels Gedicht ist Nietzsche in der zweibändigen Geibel-Biografie aus der Reihe *Moderne Klassiker* zugänglich (vgl. o. V. 1859, S. 37–39), die sich in seiner persönlichen Bibliothek erhalten hat und schon 1858 – womöglich eine frühere Ausgabe adressierend – in der oben genannten, Elisabeth Nietzsche zugeschriebenen Bücherliste ihres Bruders vermerkt wird (vgl. Brobjer 1999, S. 318). Dass der junge Nietzsche Rückert kennt, beweist unter anderem die Vertonung seines Gedichts *Aus der Jugendzeit...*, die er 1863 als Bestandteil einer Liedersammlung *Rhapsodischer Dichtungen* an seinen mutmaßlichen Schwarm Anna Redtel verschickt (vgl. KGB I/4, S. 854).

166 Vgl. den entsprechenden Stellenkommentar in HKG 1, S. 465. Hödl 2009, S. 109–110, Anm. 274 zeigt, dass im Barbarossa-Gedicht von 1858 zudem Teile von Ludwig Uhlands Ballade *Der Königssohn* (Uhland 1815, S. 328–334) frei übernommen werden. – Zu Nietzsches *Der alte Barbarossa ruht...* vgl. die Erläuterungen in Kap. 5 zu Mp I 22, S. 20–21.

167 Schon Karl der Große nutzt den Adler „als Sinnbild eines weltlichen Imperators, eines Herrschers schlechthin", woraufhin der er allgemein „zum Symbol der Reichsgewalt" wird (Leonhard 1984, S. 182). Doch erst „[u]nter Friedrich I. wird ein goldener Adler kaiserliches Heerzeichen und zugleich, ebenfalls Gold in schwarzem Feld, Wappen des kaiserlichen Geschlechts" (Leonhard 1984, S. 185). Der Adler kommt auch in Geibels Gedicht vor und vertreibt dort als Zeichen des „große[n] Morgen[s]" den „Rabenschwarm" (Geibel 1859, S. 38), der in der Sage den andauernden Schlaf des Kaisers anzeigt. Die kriegerische Note von Barbarossas Herrschaftsanspruch ist bei Geibel ebenfalls angelegt: „Und der Kaiser greift zum Schwerte, / Und die Ritter wachen auf, / [...] Barbarossa mit den Seinen / Steigt im Waffenschmuck empor. // Auf dem Helm trägt er die Krone / Und den Sieg in seiner Hand, / Schwerter blitzen, Harfen klingen, / Wo er schreitet durch das Land. // Und dem alten Kaiser beugen / Sich die Völker allzugleich, / Und auf's Neu zu Aachen gründet / Er das heil'ge Deutsche Reich." (Geibel 1859, S. 38–39)

168 Zur ‚aphoristischen' Denkform des erwachsenen Nietzsche vgl. Schwab 2019.

vor (vgl. Mp IV 3, S. 312; KGW I/3, S. 15–17). Die jeweils aus zwei bis drei elegischen Distichen bestehenden Texte orientieren sich an der ursprünglichen Funktion der Gattung als Auf- oder Inschriften von (Grab-)Denkmälern (vgl. Braak 2007, S. 193) und sind je einer bekannten historischen oder mythischen Persönlichkeit aus der griechischen beziehungsweise römischen Antike gewidmet, die sie charakterisieren oder aus deren Leben sie anekdotisch oder szenisch erzählen: Solon, Augustus, Maecenas, Caligula, Julius Civilis,[169] Andromache, Kassandra, Antigone, Livia und Cornelia. Entsprechend viele verschiedene Quellen kommen für die Gedichte infrage; allein Christian Wollek nennt Herodot (*Historien* I, 29; Herodot 1828, S. 50), Sueton (*De viris illustribus*; Sueton 1841), Tacitus (*Historien* IV–V u. *Annalen* V, 1; Tacitus 1796b, S. 202–342; Tacitus 1796a, S. 334–335), Homer (*Ilias* VI, 405–409; Homer 1854, S. 153), Aischylos (*Agamemnon*, 1326–1330; Aischylos 1839, S. 222) und Sophokles (*Antigone*; Sophokles 1850; vgl. Wollek 2010a, S. 91–97).

Ende Oktober 1862 setzt sich Nietzsche intensiver mit Horaz auseinander, namentlich mit dessen *Carmina*, wie aus einigen „Anmerkungen" über das „Erste[ ] Buch der Lieder / von Horaz" hervorgeht (Mp II 23, S. 1; KGW I/3, S. 44), die die Oden I, 1; I, 3; I, 23 und I, 26 behandeln.[170] Zur selben Zeit verfasst Nietzsche zwei eigene lateinische Oden, die Horaz in Form und Stil nachempfunden sind, thematisch jedoch eigene Wege gehen:[171] *Diffuso liquido nitet...* (Mp IV 5, S. 1–2; KGW I/3, S. 48–50) orientiert sich hinsichtlich der Strophe und des wiederkehrenden Meer-Motivs an der Ode I, 3 (*Ad navem Virgilii Athenas profecturi*) und greift auch das Thema des „mächtige[n] Streben[s] der Menschheit nach dem Göttlichen" auf (Mp II 23, S. 7; KGW I/3, S. 47), das die „Anmerkungen" darin verhandelt sehen. In Nietzsches Ode wird diese Konstellation jedoch eigenständig zugespitzt: Das ruhige, himmelsgleiche Meer sucht ein Sturm heim, der als Analogon für Neid und Missgunst der Menschen fungiert, welche die göttliche Tugend gleich dem Meeres-

169 Caligula und Julius Civilis werden hier jeweils „Claudius" genannt (vgl. Mp IV 3, S. 6–7; KGW I/3, S. 16). Das ist im Falle Caligulas schlicht ein Fehler; Julius Civilis ist bis ins 19. Jahrhunderts hinein jedoch tatsächlich als „Claudius Civilis" bekannt. So nennt die *Allgemeine Encyclopädie der Wissenschaften und Künste* ebenfalls „Claudius" als seinen gängigen Vornamen (und folgt damit Tacitus' *Historien*, insb. IV–V [z. B. IV, 13; Tacitus 1796b, S. 219], in denen er nur einmal – I, 59 [Tacitus 1801, S. 410] – ‚Julius' genannt wird), setzt in Parenthese aber erwägend hinzu: „richtiger vielleicht Julius" (Haken 1828, S. 332). Vgl. auch Rembrandts Gemälde *Die Verschwörung des Claudius Civilis* (ca. 1660).

170 In Nietzsches persönlicher Bibliothek haben sich mehrere Horaz-Ausgaben erhalten (vgl. NPB, S. 307–312). Eine lateinische Gesamtausgabe (Horaz 1854) schafft Nietzsche ausweislich der Anmerkung „Nietzsche 1863" auf deren Schmutzblatt (NPB, S. 307) nicht lange nach der angesprochenen Lektüre an.

171 Vgl. jeweils die entsprechenden deutschen Übersetzungen und Kurzkommentare bei Wollek 2010a, S. 113–119.

frieden von der Erde vertreiben. Das menschliche Aufbegehren gegen die Götter, auf das Horaz' Ode die nicht enden wollenden Strafen Jupiters als scheinbar berechtigte Reaktion folgen lässt, konkretisiert Nietzsches Text im endgültigen Verlust der Tugend („Virtute"; Mp IV 5, S. 2; KGW I/3, S. 50).[172]

Die zweite Ode, *Per aspera ad astra* (Mp IV 6, S. 1–2; KGW I/3, S. 50–51), folgt formal demselben Vorbild wie die erste, ist thematisch aber deutlich unabhängiger: In erbaulicher Absicht wird ein lyrisches Du auf die Leiden eines bewusst einsam sterbenden Löwen und des vergifteten, sich selbst verbrennenden Herakles aufmerksam gemacht, die beide letztlich ewigen Ruhm für ihre Qualen ernten, indem sie als Sternbild zum Himmel beziehungsweise in den Olymp aufsteigen. Im Motiv des Aufstiegs der Helden- und Tugendhaften treffen sich beide Oden Nietzsches; es kommt zudem auch in Horaz' Ode III, 2 vor.[173] Der in der antiken Literatur vielfach bezeugte Herakles-Mythos[174] wird innerhalb der horazischen *Carmina* dagegen nur einmal kurz erwähnt, nämlich in Ode III, 3 (*Ad Caesarem Augustum*), wo aber ebenfalls auf die Entrückung des Heros verwiesen wird.[175] Eine ausführliche Schilderung von Herakles' Tod und seinem Aufstieg zum Olymp konnte Nietzsche bei Ovid finden (*Metamorphosen* IX, 1–272; vgl. Ovid 1798b, S. 130–144). Angesprochen wird dieses Schicksal auch in der *Odyssee* (XI, 601–604; Homer 1843, S. 191). Dass Nietzsche zudem Sophokles' *Trachinierinnen* bekannt sind, die denselben Stoff behandeln, zeigt seine deutsche Übersetzung des finalen Monologs des sterbenden Herakles (1025–1091), die 1863 entsteht (vgl. Mp I 63, S. 1–2; KGW I/3, S. 122–125).

---

172 Hierin sieht Wollek 2010a, S. 117 eine Parallele zur „Ovidischen Astrea" (vgl. Anm. 161).

173 Vgl. Horaz 1854, S. 52: „[V]irtus, recludens inmeritis mori / caelum, negata tentat iter via, / coetusque volgaris et udam / spernit humum fugiente penna." – „Ja, Tugend führt auf wenig betretener Bahn / Zum Himmel aufwärts, lohnend das Hochverdienst; / Doch niedern Schwarm, dunstfeuchte Tiefen / Flieht sie verachtend im Schwung des Fittigs." (Horaz 1872, S. 59)

174 Zum Herakles-Mythos gehört auch das Erlegen des Nemeischen Löwen als erste der berühmten zwölf Aufgaben (Dodekathlos), die Herakles von Eurystheus gestellt bekommt (so in Hesiods *Theogonie*, 327–332; vgl. Hesiod 1843, S. 46–47; oder in Sophokles' *Trachinierinnen*, 1069–1083; vgl. Sophokles 1856, S. 104–107). Darauf weist möglicherweise der sterbende Löwe in Nietzsches Gedicht hin, zumal der Nemeische Löwe auch zum Ursprung des entsprechenden Sternbilds erklärt wurde (prominent in Hyginus' *De astronomia* II, 24).

175 Vgl. Horaz 1854, S. 53.: „[H]ac arte Pollux et vagus Hercules / enisus arcis attigit igneas [...]." – „Darauf gestützt schwang Pollux und Hercules, / Der irre, auf zu leuchtenden Burgen sich [...]." (Horaz 1872, S. 60). – Wollek 2010a, S. 119 weist darüber hinaus auf ein indirektes Zitat aus der Ode I, 11 hin: „Sed quaeras tibi quem di dederint locum [...]." (Mp IV 6, S. 2; KGW I/3, S. 51) – „Sondern damit du suchst den Ort, den die Götter dir gaben [...]." (Wollek 2010a, S. 115). Dies verweise auf: „Tu ne quaesieris, scire nefas, quem mihi, quem tibi / finem di dederint [...]." (Horaz 1854, S. 10) – „Du kundschafte nicht aus – keiner erspäht's – was für ein Ende mir / Und [...] dir Götter ersah'n [...]." (Horaz 1872, S. 13–14)

2.4.2 Mittelalter

Der kleinste der Einzugsbereiche, aus denen der junge Nietzsche Stoffe, Formen wie konkrete Vorlagen für seine Dichtungen bezieht, umfasst die Literatur des europäischen Mittelalters. Doch obwohl nur eine vergleichsweise geringe Textmenge aus dem Nachlass der 1850er und -60er Jahre maßgeblich auf Einflüsse des literarischen Mittelalters zurückgeführt werden kann,[176] erweist sich dieser Themenkreis als relevant für die dichterische Sozialisation Nietzsches. Denn er zeigt sowohl die Offenheit des jungen Nietzsche für literarische Impulse jenseits der antiken wie neuzeitlichen Klassiker als auch nachdrücklich die Bedeutung des Schulunterrichts für seine Entwicklung als Dichter.

Prägend für die produktive Auseinandersetzung des jungen Nietzsche mit mittelalterlicher Literatur sind der Deutschunterricht am Naumburger Domgymnasium und insbesondere an der Landesschule Pforta, wo der prominente Literaturhistoriker Karl August Koberstein (1797–1870) nicht nur Deutsch gegenüber Latein und Griechisch als gleichberechtigtes Unterrichtsfach etabliert, sondern innerhalb seines Fachbereichs auch einen mediävistischen Schwerpunkt setzt.[177] Dabei wurde Nietzsche durch Kobersteins Unterricht „nicht allein *inhaltlich* mit wichtigsten mittelhochdeutschen Texten vertraut gemacht, sondern ebenso grundlegend in *sprachlicher* Hinsicht“ (Figl 2007, S. 91–92), was auch daraus erhellt, dass „das Nibelungenlied in der Ursprache gelesen wird“ (KGB I/1, Bf. 288), wie Nietzsche seiner Schwester Ende November 1861 brieflich mitteilt.

Wie positiv der Einfluss Kobersteins ausfällt, geht auch aus Nietzsches 1859 entstandenen tagebuchartigen Aufzeichnungen zum Alltag in Schulpforta hervor. Darin lobt er den Deutschunterricht im Domgymnasium gegenüber demjenigen in Pforta, wobei er diesen zu jener Zeit, in der Tertia, noch bei den Lehrern Becker, Heine und Heinze besucht. Die Koryphäe Koberstein übernimmt erst in Sekunda, also ab Herbst 1860, bleibt dann aber bis zum Abschluss 1864 Nietzsches Deutschlehrer.[178] Über den „19ten August“ 1859 schreibt Nietzsche in seinen Aufzeichnungen jedenfalls: „Ich bin hier in Pforta etwas im Deutschen zurückgekommen. In

176 Durch die Mitte des 19. Jahrhunderts stark im Kanon vertretene Romantik gibt es eine ungleich größere Zahl an Gedichten mit ‚hybrider‘ Provenienz (etwa Nietzsches Gedichte zu Barbarossa und Konradin; vgl. Mp I 22, S. 12–16 u. 20–21; KGW I/1, S. 265–269), die aufgrund der Entstehungszeit und spezifischen Epochencharakteristik jedoch dem romantischen beziehungsweise zeitgenössischen Themenkreis zugeschlagen werden. Schließlich verarbeitet Nietzsche darin das Mittelalter durch die Brille der Romantik.

177 Vgl. hierzu und zum Folgenden den Überblick bei Figl 2007, S. 87–101.

178 Zu den von Nietzsche besuchten Klassen und den behandelten Unterrichtsgegenständen vgl. Bohley 1976, hier S. 305–306.

Naumburg hatten wir schon Abhandlungen und Charakterschilderungen und hier müssen wir Geschichten zu Sprüchwörtern ersinnen u. a. –“[179] (Mp III 6, S. 32).

Vorlagen und Quellen

Die schulischen Impulse veranlassen den jungen Nietzsche zur produktiven Rezeption der nordischen und germanischen Sagenwelt, wie sie in den Liedern der *Älteren Edda*, der Dietrichepik oder dem schon erwähnten *Nibelungenlied* überliefert ist. So sind von 1862 zwei umfangreiche dramatische Gedichte erhalten, welche die Tode von Ermanarich[180] (Mp V 12, S. 50–51 u. 30–32; KGW I/2, S. 370–375) und Siegfried (vgl. Mp V 10, S. 214–217; KGW I/2, S. 376–380) behandeln. Aus dem Jahr 1858 stammen zudem mehrere Notizen, in denen die Frithjofssage genannt wird (vgl. Mp I 13, S. 66–67; KGW I/1, S. 212–213; Mp III 3, S. 1; KGW I/1, S. 279), die in der Bearbeitung des Schweden Esaias Tegnér Anfang des 19. Jahrhunderts Bekanntheit erlangt (vgl. Tegnér 1825) und ab 1842 auch in Deutschland vorliegt (vgl. Tegnér 1842a/b).[181] Zum andern setzt sich Nietzsche produktiv mit der mittel-

---

179 Vgl. hierzu schon Figl 2007, S. 87–88.

180 Der historische Ostgostenkönig Ermanarich herrscht zur Zeit der Hunneninvasion und kommt in Jordanes' Gotengeschichte *De origine actibusque Getarum* (6. Jahrhundert) vor. Dort lässt er die Frau eines Verräters grausam hinrichten und stirbt an den Folgen des Racheversuchs von deren Brüdern sowie des Hunneneinfalls 375 n. Chr. Als Sagengestalt lebt er in der mittelhochdeutschen Dietrichepik und in der altnordischen Thidrekssaga fort, wo er als Antagonist Dietrichs (Thidreks) von Bern erscheint. Im *Hildebrandslied* tritt er etwa als Odoaker auf. Zudem findet Ermanarich als Jörmunrekk mit einer ähnlichen Geschichte wie bei Jordanes Eingang in die *Ältere Edda*. Zur historischen und sagengeschichtlichen Überlieferung vgl. überblicksartig Haug 1980, Sp. 613–615, Wolfram 1989 und Beck 1989, ausführlich Belzer 1993. – Der junge Nietzsche fertigt zwischen 1861 und 1865 mehrere Texte wissenschaftlicher wie literarischer Art an, die sich um Ermanarich, seine Rolle in der Geschichte, die ihn behandelnden Sagen und deren Überlieferung drehen. Einen Überblick hierzu gibt Figl 2007, S. 93–97. – Auffällig ist, dass der junge Nietzsche Ermanarich entegegen seiner gängigen Rolle als Widersacher in den nordischen und germanischen Sagen zu einer positiven patriotischen Identifikationsfigur der (deutschen) Geschichte umzuwerten sucht. In einer Ende 1863 entstandenen Abhandlung heißt es entsprechend, Ermanarich sei der „größte[ ] u. letzte[ ] Held[ ] der Gothen bis zur Völkerwandrung, dessen Geschichte wirklich in die Geschichte gehört, wenn auch das Meiste was wir über ihn aus den Quellen erfahren, nur in sagenhafter Entkleidungen geschichtl. Ereignisse, oft nur getrübt durch den Haß, den er als Eroberer auf sich geladen, auf uns gekommen ist“ (Mp II 36, S. 5; KGW I/3, S. 241).

181 Vgl. hierzu auch Brobjer 1999, S. 320 und Figl 2007, S. 88–89. – Auszüge von Tegnérs Frithjofssage werden schon zuvor übersetzt zugänglich gemacht. So rezipiert Goethe eine Reihe von Texten über das *Morgenblatt für gebildete Stände* vom 11. Juli 1822 (vgl. Goethe 1857, S. 287–292). Der junge Nietzsche hätte Goethes Aufzeichnungen kennen können, auch wenn er das in seiner Bibliothek erhaltene Exemplar des betreffenden Bandes aus Goethes Werkausgabe erst 1868 bei Domrich in Naumburg kauft (vgl. NPB, S. 255).

hochdeutschen Lyrik, namentlich mit der Dichtung Walthers von der Vogelweide auseinander. So enthält Mp I 22, S. 30–33 (KGW I/1, S. 271) mit *O weh! ~~sind~~ist schon vergangen, alle meine Zeit…* eine profanisierende Kontrafaktur von Walthers sogenannter Elegie oder „Alterselegie“ (vgl. Brunner 2009, S. 222) *Owê war sint verswunden alliu mîniu jâr..* (Lachmann 1843, S. 124–125); und in Mp I 19, S. 54 (KGW I/1, S. 250) hat der junge Nietzsche die ersten beiden Strophen von Walthers *Do der svmer komen was…* (Lachmann 1843, S. 94–95) textnah und in reimenden Versen ins Neuhochdeutsche übertragen.

Das älteste Zeugnis der produktiven Rezeption mittelalterlicher Literatur indes, das Gedicht *Ringgrafs Kleinod* von 1856 (Mp I 9, S. 15–18; KGW I/1, S. 142–145), stellt einen freien dichterischen Versuch ohne spezifische Vorlage dar, in dem sich der Elf- oder Zwölfjährige ungezwungen an Motiven, Mythen und Themen germanischer und nordischer Sagen orientiert. Mit diesen konnte er durch das *Altdeutsche Lesebuch* des Dichters und Germanisten Karl Simrock (1802–1876; Simrock 1851) in Kontakt gekommen sein,[182] das er Anfang November 1858 gegenüber seinem Freund Wilhelm Pinder lobt (vgl. Brobjer 1999, S. 319). Pinder wünschte sich offenbar Simrocks *Lesebuch* zu Weihnachten, woraufhin Nietzsche urteilte: „[I]ch halte deine Wahl für vortrefflich.“ (KGB I/1, Bf. 30)

In Briefen und weiteren nachgelassenen Zeugnissen der 1850er und -60er Jahre äußert sich Nietzsche eher zurückhaltend über mittelalterliche Stoffe und bestätigt damit die Tendenz, die sich bereits aus den Ergebnissen seiner mäßigen lyrischen Produktion ablesen lässt. Gegenüber Mutter und Schwester bittet er lediglich mehrfach um Ausgaben und Arbeiten rund um das *Nibelungenlied*: Im Dezember 1858 wünscht er sich so die neuhochdeutsche Übersetzung von Martin Anton Niendorf zu Weihnachten (Niendorf 1854; vgl. KGB I/1, Bf. 41–42),[183] im Herbst 1863 eine

---

182 Möglicherweise kennt der junge Nietzsche auch Simrocks *Altdeutsches Lesebuch in neudeutscher Sprache* (Simrock 1854), das noch einen literaturgeschichtlichen Überblick über die mittelalterliche Dichtung enthält, angefangen bei der Völuspá und den Merseburger Zaubersprüchen. Sicher ist, dass er Simrocks Edition des altniederdeutschen Epos *Heliand* (Simrock 1856) besaß, wie aus der mutmaßlich von Elisabeth Nietzsche Ende 1858, Anfang 1859 angefertigten Bücherliste ihres Bruders (Mp I 13, S. 48; vgl. Brobjer 1999, S. 317) ebenso hervorgeht wie aus einer brieflichen Bitte Nietzsches vom 8. Januar 1860 an seine Mutter: „Bitte, schicke mir doch auch meinen Heliand, damit ich auf der Krankenstube doch etwas zu lesen habe.“ (KGB I/1, Bf. 124)

183 Von Niendorf, der ab 1869 als Abgeordneter der liberalen Deutschen Fortschrittspartei im Reichstag des Norddeutschen Bundes sitzt und 1876 zu den Gründungsmitgliedern der Partei der Agrarier gehört, stammen auch eine mit großer dichterischer Freiheit gestaltete Übertragung des Kudrunlieds von 1855 (Niendorf 1855) und eine Übersetzung von Tegnérs *Frithjofs Sage* (Tegnér 1859). Seine methodische Opposition zu Karl Lachmanns textkritischem Ansatz kommuniziert Niendorf explizit im Vorwort zur zweiten Auflage seines *Gudrun-Lieds*: Da es im Gegensatz zum Nibelungenlied für seinen Gegenstand keine Vielzahl an Handschriften gebe, „fehlt zur kritischen

Arbeit von Karl Lachmann zum 19. Geburtstag, wobei es hier offenbar zu einem Missverständnis kommt: Nietzsche klagt nach seinem Ehrentag gegenüber Mutter und Schwester, dass das erhaltene „Buch nicht das richtige ist [...]. Dies Buch hier besitze ich schon. Das gewünschte hieß ‚Anmerkungen zu den Nibelungen und zur Klage.' von K. Lachmann" (KGB I/1, Bf. 389).[184] Bemerkenswert ist ein Vergleich zwischen Medea und Kriemhild, den der junge Nietzsche 1858 im Zuge seiner Auseinandersetzung mit der Argonautensage führt. In einer fragmentarischen Notiz *Ueber die Medea* heißt es, diese sei „zu vergleichen mit der Chrimhilde des Nibelungenliedes", nur herrsche „in dieser eine deutsche Rohheit, welche sie endlich bis zum Thier erniedrigt, während jene immer den Ideenkreise der Griechen sich anschließt" (Mp I 21, S. 38; KGW I/1, S. 255).

Nietzsches intensive Auseinandersetzung mit der Ermanarichsage findet ausweislich des erhaltenen Materials nur dreimal den Weg in seine Briefe. Im Juni 1862 berichtet er der Mutter, dass er anlässlich des Schulfests „[s]ein Gedicht ‚Ermanarichs Tod' vorgetragen" hat: „Ich hatte als Censur 2 a darin, es war das beste eigene Gedicht in der Klasse." (KGB I/1, Bf. 313) Die Erstellung seiner umfangreichen Abhandlung über *Die Gestaltung der Sage vom Ostgothenkoenig Ermanarich bis in das 12 te Jahrhundert* (Mp II 36, S. 3–43; KGW I/3, S. 239–269) meldet er Franziska und Elisabeth Nietzsche am 10. November 1863: „Ich habe in vorigen Wochen eine etwas weitläufige Untersuchung über die Ermanarichsage geführt und dazu viel in alten hohen Schweinslederbänden und Chroniken herumgewühlt." (KGB I/1, Bf. 396) Schließlich fordert er 1864/65 seinen Kommilitonen Gustav Luppe in Bonn auf einer Karte auf, ihm „einmal mit Gelegenheit [s]eine Ermanarichabhandlung" zuzuschicken (KGB I/2, Bf. 450).

Reinigung all und jedes Material. Hier kann uns kein Lachmann helfen, hier kann's nur der Dichter, – man prüfe, was ich versucht habe" (Niendorf 1861, S. VIII).

184 Richtig ist, dass sich Nietzsche im Brief vom 28. September 1863 zwar Lachmanns Anmerkungen *Zu den Nibelungen und zur Klage* (Lachmann 1836) wünscht, drei Tage zuvor jedoch noch eine von Lachmann herausgegebene Ausgabe von 1851 auf die Wunschliste setzt (vgl. Bf. an Franziska und Elisabteh Nietzsche, 25.9.1863, KGB I/1, Bf. 382). Es ist daher gut möglich, dass Nietzsche selbst für den „Irrthum" (KGB I/1, Bf. 389) des falschen Geschenks verantwortlich zeichnet. – Die im Brief vom 25. September gegebenen bibliografischen Informationen weisen am ehesten auf die dritte Auflage von Lachmanns *Der Nibelunge Noth und die Klage* hin, die 1851 in Berlin erscheint (Lachmann 1851) – allerdings bei G. Reimer, nicht bei Gsellius, wie im Brief zusammen mit dem womöglich vereinfacht memorierten Titel „Die Nibelungen" (KGB I/1, Bf. 382) angegeben.

2.4.3 Christentum und Kirche

Innerhalb seiner autodidaktischen Dichterausbildung übt sich der junge Nietzsche bewusst in christlicher Lyrik, wie aus mehreren nachgelassenen Aufzeichnungen hervorgeht. Eine der zahlreichen Gedichtlisten, die er anlegt, versammelt ausdrücklich „Geistliche Gedichte" (Mp I 22, S. 1; KGW I/1, S. 257) ab 1858, wobei er in diesem Fall ausschließlich Festtagsgedichte zu einigen – nur teilweise christlichen – Feiertagen von Neujahr über Pfingsten bis hin zu Weihnachten und Silvester darunter verstanden zu haben scheint. Drei bis vier Jahre später entsteht eine Liste, in der von „2 Kirchenlieder[n]" die Rede ist (Mp V 9, S. 61; KGW I/2, S. 324). Und im Brief an Raimund Granier vom 28. Juli 1862 kündigt Nietzsche das erste von zwei mitgeschickten Gedichten, das vierstrophige *Du hast gerufen…* (vgl. auch Mp I 54, S. 13–14; KGW I/2, S. 460–461), „als Probe [s]einer Kirchenlieder" an: „ein Genre", so behauptet er, „dessen Pflege" Granier bei ihm offenbar nur „schwerlich vermuthet" hatte (KGB I/1, Bf. 324).

Der christliche Gedichtbestand in Nietzsches Jugendlyrik kann indes genauer differenziert werden: Zum einen liegen Gedichte vor, die nur partiell christliche Glaubensinhalte und Anleihen traditionell kirchlicher Formen aufweisen, etwa mit religiösen Floskeln versehene Casualcarmina, spätromantische, ins Metaphysische hineinreichende Naturgedichte im Stil Eichendorffs oder Balladen mit christlich-erbaulicher Schlusspointe. Zum anderen hat der junge Nietzsche Gedichte hinterlassen, die im engeren Sinn ‚geistlich' genannt werden können, weil sie Beiträge zu traditionellen Gattungen wie dem Kirchenlied und dem Geistlichen Lied[185] darstellen oder durch Stoff, Motivik, Metaphorik oder Funktion zuvörderst der christlichen Vorstellungswelt verpflichtet sind. Hier stehen die christliche Lehre und Glaubenspraxis im Vordergrund, während diese andernorts im Hintergrund verbleiben oder, im Fall von Mischformen, zumindest nicht allein prägend sind. Geistliche Lyrik begegnet beim jungen Nietzsche beispielsweise in Gestalt von Gebeten, Beichten oder Behandlungen biblischer Stoffe in Versen.

Aus jeder dichterischen Schaffensperiode des jungen Nietzsche liegen christliche Gedichte vor. Es fällt allerdings auf, dass in den Jahren 1857/58 und 1863/64

Das Teilkapitel 2.4.3 wurde bereits in bearbeiteter Form als Teil eines Sammelbandbeitrags von mir veröffentlicht: Müller 2020a, S. 167–172.

185 Kirchenlied und Geistliches Lied unterscheiden sich durch die liturgische Verwendung des ersteren, wobei die Grenze nicht immer scharf zu ziehen ist, da Kirchenlieder auch im Hausgebrauch, Geistliche Lieder „nach entsprechender ‚Bewährung'" (Scheitler 2007, S. 681) auch in der Kirche zum Einsatz kommen können. Zur gattungspoetischen Differenzierung vgl. Scheitler 2007, Rößler 2007 und Meid 2008, S. 115–128.

besonders viele Dichtungen entstanden sind, in denen der geistliche Gehalt im Vordergrund steht. Als Erklärung für das erstarkte Interesse um 1863/64 kommt das zum Wintersemester 1864/65 aufgenommene Theologiestudium in Bonn in Betracht. Was die gesteigerte Produktion christlicher Lyrik 1858 auslöst, ist weniger klar; möglicherweise hängt sie mit der im Herbst erfolgten Aufnahme in die Landesschule Pforta zusammen.[186]

Gattungen und Motive

Die Auswahl an Gattungen, Stoffen, Motiven und Formen in der geistlichen Lyrik des jungen Nietzsche ist denkbar breit. So begegnen im frühen Nachlass der 1850er und -60er Jahre traditionelle, etwa aus der Barocklyrik bekannte Motive, wie die Allegorie des Lebens als Schiffsfahrt[187] im *Schifferlied* von 1858 (Mp I 14, S. 11–13; KGW I/1, S. 224–225) oder die Klage um irdische Heimatlosigkeit in *Das milde Abendläuten...* (Mp I 40, S. 5; KGW I/2, S. 182). Man erkennt häufiger – teils sehr frei angeeignete – evangelische Kirchenliedstrophen wieder, so in dem bekannten Gedicht *Noch einmal eh ich weiter ziehe...* (Mp I 75, S. 1; KGW I/3, S. 391; vgl. Pestalozzi 1984, S. 104–109) oder in *Du hast gerufen...* (Mp I 54, S. 13–14; KGW I/2, S. 460–461). Zudem gestaltet Nietzsche biblische Episoden dichterisch aus: sowohl in den Casualcarmina anlässlich christlicher Feiertage, zum Beispiel im Fall von *Am Palmsonntage* (Mp I 22, S. 3; KGW I/1, S. 258–259), als auch im Rahmen von Schularbeiten, wie bei *Gethsemane und Golgatha* (Mp I 72b, S. 1–7; KGW I/3, S. 367–368). Er dichtet ferner – auch ohne offensichtlichen äußeren Anlass – pietistische Buß- und Betgedichte (*Bußlied*; Mp I 43, S. 5; KGW I/2, S. 220; *Jetzt und ehedem*; Mp I 62, S. 8–12, KGW I/3, S. 112–114), lyrische Porträts auf fiktive Ketzer (*Vor dem Crucifix*; Mp I 62, S. 3–7; KGW I/3, S. 109–112) oder ganz allgemein christliche Panegyrik (*Dem Herrn sei Lob, dem Herrn sei Dank...*; Mp I 18, S. 1; KGW I/1, S. 239).

Zum wiederkehrenden Figurenarsenal der Gedichte gehören dabei wenig überraschend Gott, Christus, Engel, Sünder und Gläubige, die in verschiedenen Konstellationen auftreten. In *Zittert all ihr Menschenkinder...*, einer lyrischen Vision des Jüngsten Tags, werden drohend die „unbekehrten Sünder" apostrophiert, denen „der Herr das Urtheil spricht" (Mp I 19, S. 3; KGW I/1, S. 241). Von „den Schaaren / Seeliger Engel" berichtet das lyrische Ich eines titellosen Neujahrgedichts von 1858/59 (*Lieder und frohe...*; Mp I 25, S. 3–4, hier S. 4; KGW I/2, S. 26–29, hier S. 28), das

186 Vgl. auch Hödl 2009, S. 122, der infolge von Nietzsches Vorhaben, „jeden Abend ein Gedicht zu machen", generell von einem „gesteigerten Bedarf an Themen" ausgeht.

187 Zur barocken „Schifffahrtsmetapher" und „Schifffahrtsallegorie" vgl. Meid 2008, S. 56–57.

neben gattungsüblicher Retrospektive – die hier allerdings auffallend allgemein bleibt[188] – besonders viel Gewicht auf das Gotteslob legt, während sich die obligatorischen Neujahrswünsche hingegen auf das demütige Gebet beschränken.[189] Das eindrücklichste Beispiel für Nietzsches Gebetslyrik stellt indes das generisch betitelte *Bußlied* dar, das ebenfalls auf 1858 datiert ist. In drastischen, wenn auch konventionellen Bildern schildert ein lyrisches Ich seine große Sündenlast und fleht Gott um seiner „Gnade Brod“ an, da „Höll und Tod“ es „[u]mdräuen“ (Mp I 43, S. 5, KGW I/2, S. 220).

Formen

Von etwaigen Vorlagen hängen Nietzsches christliche Jugendgedichte unterschiedlich stark ab. Formal bevorzugt er Kirchen- und Volksliedstrophen, wobei er sich mal kleinere, mal größere Freiheiten in der Umsetzung erlaubt. Beispiele für eine weniger stark ausgenutzte dichterische Gestaltungsfreiheit sind die beiden 1858 entstandenen Tageszeiten-Gebete *Am Morgen* und *Am Abend* (Mp I 14, S. 13–14; KGW I/1, S. 225–226). Es handelt sich um Beiträge zu den geistlichen Gattungen des Morgen- und Abendlieds, derer sich auch Paul Gerhardt (*Nun ruhen alle Wälder…*; *Lobet den Herren alle, die ihn fürchten…*; Gerhardt 1855, S. 383–385 u. 388–390), Andreas Gryphius (*Abend*; Gryphius 1658, S. 30) oder Matthias Claudius (*Abendlied*; Claudius 1774, S. 57–58) bedienen, um nur drei der berühmtesten Vertreter zu nennen. Im Fall von *Am Morgen* fügt Nietzsche dem zugrundeliegenden Achtzeiler, der laut Horst Joachim Franks *Handbuch der deutschen Strophenformen* „im Barock durch [Johann] Rists Lieder ‚Gott, der du selber bist das Licht‘ (1641), ‚O Ewigkeit, du Donnerwort‘ und ‚Gott, der du bist das höchste Gut‘ geläufig[ ]“ wurde (Frank 1993, S. 606), am Schluss eine zusätzliche Waisenzeile hinzu. Der „kunstlose […] Zehnzeiler“ aus „[f]ünf aufeinanderfolgende[n] Reimpaare[n] im Metrum jambischer Vierheber“, auf dem *Am Abend* basiert, erhält in zwei Dritteln der Zeilen weibliche Versschlüsse. Das gibt der ursprünglich „spruchhafte[n], teils […] einfältig wirkende[n]“ Strophe einen melodischeren Klang (Frank 1993, S. 708–709).

Wohl durch das Beispiel der Kirchenlieder angeregt, dominieren längere Strophenformen auch dort, wo jene nicht als Vorlage benutzt wurden. Die daktylischen Zweiheber in den achtzeiligen, unregelmäßig reimenden Strophen von *Nah und fern…* (Mp I 30, S. 2; KGW I/2, S. 54) und dem schon erwähnten Neujahrsgedicht

188 Vgl. die dritte Strophe: „Viel ward begonnen / Viel ward gelassen / Des wir gedenken / Heut zum Neujahr / Viel ist zerronnen / Alles geht nur ja / Nach Gottes Lenken.“ (Mp I 25, S. 3; KGW I/2, S. 27)

189 Vgl. die achte Strophe: „Aber aufs neue / ErFleh ich u~~m~~ns ~~Gnade~~Andern / Heil und Erbarm~~ungen~~ / Heut am Neujahr“ (Mp I 25, S. 4; KGW I/2, S. 28).

von 1858/59 sind ebenso ohne einschlägiges Vorbild wie die Acht- und Neunzeiler von *Vor dem Crucifix* und *Jetzt und ehedem* (Mp I 62, S. 1–12; KGW I/3, S. 109–114), die auf ein regelmäßiges Schema von Kreuz- und umarmenden Reimen setzen, wobei jedoch die Zahl der Hebungen in den vorwiegend jambischen Versen stark variiert.[190]

Der junge Nietzsche schreibt aber auch Gedichte, die die zugrundeliegenden Strophenformen mustergültig umsetzen: Das fragmentarische Ostergedicht *Dem Herrn sei Lob, dem Herrn sei Dank…* (Mp I 18, S. 1; KGW I/1, S. 239) ist in der „beliebtesten deutschen Schweifreimstrophe“ gehalten, in der vom 16. bis zum 18. Jahrhundert vor allem „geistliche Lieder“ verfasst wurden, darunter das bekannte *Geh aus, mein Herz…* von Paul Gerhardt (Frank 1993, S. 447–448; Gerhardt 1855, S. 391–394). Und ein fünfmal im frühen Nachlass Nietzsches vorkommendes Gedicht, das er wahlweise „Abendläuten“, „Heimkehr“ oder „Heimweh“ betitelt (Mp I 30, S. 1; KGW I/2, S. 53–54; Mp III 6, S. 44; KGW I/2, S. 122; Mp I 40, S. 5; KGW I/2, S. 182; Mp I 43, S. 2; KGW I/2, S. 218; Mp I 55, S. 7; KGW I/2, S. 467–468), wird in Franks *Handbuch der deutschen Strophenformen* sogar ausdrücklich als Exempel für eine „besonders im 17. Jahrhundert viel verwendete Kirchenliedstrophe“ herangezogen, die sich unter anderen bei Ludwig Helmbold (*Von Gott will ich nicht lassen…*; Helmbold 1856, S. 460–461) oder später auch bei Johann Christian Günther (*Der Herr führt meine Sache…*; Günther 1764, S. 78–79) findet (Frank 1993, S. 570–571).

Vorlagen und Quellen

Es ist hinlänglich bekannt, dass christliches Liedgut in der Kindheit und Jugend des Pfarrersohns Nietzsche allgegenwärtig war (vgl. Goch 1996; Figl 1999; Hödl 2009, insb. S. 30–42).[191] Darüber hinaus lassen sich aber bestimmte Werke identifizieren, die dem jungen Nietzsche als mögliche Quellen für seine Vorlagen zur Verfügung standen. So enthalten die nachgelassenen Aufzeichnungen aus seiner Kindheit und Jugend sowie die biografischen Schriften der Schwester einige Hinweise auf Nietzsches private und schulische Lektüren mit christlichem Gehalt. Konsultiert man zudem die zeitgenössischen Lehrpläne des Naumburger Domgymnasiums und

---

190 Zum Gedicht *Jetzt und ehedem* vgl. Müller 2017c.

191 Eine „vollständige Beschreibung des religiösen Umfelds des jungen Friedrich Nietzsche“ unternimmt Pernet 1989, hier S. 12, wobei er bewusst keinen „Zusammenhang[ ] zwischen Nietzsches religiöser Umwelt und seinen Selbstzeugnissen“ herstellt (Pernet 1989, S. 13). Zu Nietzsches christlicher Erziehung vgl. Bohley 1987 und Bohley 1989, zur Frage nach der Religiosität Nietzsches als Kind vgl. Figl 1995. Speziell zu Nietzsches Mutter Franziska im Kontext der „deutsch-protestantische[n] Pfarrhauskultur“ vgl. Goch 1995.

Schulpfortas[192] oder die in Mitteldeutschland zur damaligen Zeit benutzten evangelischen Gesangbücher, erweitert sich der Bestand möglicher Quellen noch. So hat etwa Hans Gerald Hödl einige lyrische Aufzeichnungen Nietzsches in einem Schulheft aus dem Jahr 1856 (K II 10) als Abschriften aus dem *Gesangbuch des Haupt-Vereins für christliche Erbauungsschriften in den Preußischen Staaten* von 1854 identifiziert (vgl. o. V. 1854a, S. 5, 24–25, 58, 68–69, 98, 100–101 u. 118), das im Religionsunterricht des Domgymnasiums verwendet wurde (vgl. Hödl 2009, S. 87–90).

Thomas H. Brobjer konnte anhand der genannten Materialien sowie unter Einbezug der in Mp I 13, S. 48–51 erhaltenen handschriftlichen Bücherliste, deren Autorschaft er Elisabeth Nietzsche zuschreibt, zudem ein ausführliches Verzeichnis der (wahrscheinlichen) Lektüren Nietzsches beziehungsweise seiner „ideellen Bibliothek" (D'Iorio 2003, S. 68–69; vgl. schon Montinari 1982, S. 6) zwischen 1856 und 1858 anlegen, das sowohl Nietzsches allgemeine Beschäftigung mit „Kirchenlieder[n]" erfasst als auch konkret seine Kenntnis von Johann Peter Langes *Biblischen Dichtungen* (Lange 1832/34) und Albert Knapps *Evangelischem Liederschatz* von 1837 (Knapp 1850) nahelegt (vgl. Brobjer 1999, S. 315–322). Eine Vielzahl der teils bereits angeführten Klassiker geistlicher Dichtung sind beispielsweise in Knapps Anthologie zu finden, darunter Werke Martin Luthers, Paul Gerhardts und Andreas Gryphius', aber auch Johannes Heermanns, Christian Fürchtegott Gellerts oder Johann Caspar Lavaters.[193] Im Nachlass der 1850er und -60er Jahre sind zudem Abschriften dieser Klassiker überliefert, die in KGW I nicht ediert sind (vgl. KGW I/1, S. IX, Anm. 9; Goch 1996, S. 120–122), unter anderem von Gellerts *Jesus lebt, mit ihm auch ich...* (Knapp 1850, S. 283) oder Gerhardts *Gieb dich zufrieden und sei stille...* und *O Haupt voll Blut und Wunden...* (Knapp 1850, S. 864 u. 236). Zu erwähnen ist nicht zuletzt das *Evangelische Gesangbuch zum Gebrauch der Stadt Halle und der umliegenden Gegend*, das dem jungen Nietzsche zum Beispiel als Quelle für seine Kontrafaktur auf Balthasar Münters Kirchenlied *Mein Gott! du bist's, zu dem ich flehe...* dient (Münter 1856; vgl. Pestalozzi 1984, S. 105).

---

192 Vgl. etwa die Materialsammlung von Bohley 1976 sowie die Untersuchungen von Brobjer 1999 und Brobjer 2001a. Zur christlichen Orientierung der von Nietzsche besuchten Schulen vgl. Figl 2007, S. 21–24.

193 Vgl. das differenzierte „Verzeichniß der Liederdichter" in Knapp 1850, S. 1303–1328.

2.4.4 Zeitgenössische Lyrik: (Spät-)Romantik. Mit einem Exkurs zu Nietzsches Burgruinenlyrik am Beispiel des Gedichts *Saaleck* im Kontext seiner Vorlagen

Den größten Einfluss auf Nietzsches Jugendlyrik hat die Literatur der (Spät-) Romantik. Allerdings kann nicht davon die Rede sein, dass der junge Nietzsche die (spät)romantische Lyrik als Bestandteil einer bestimmten literaturhistorischen Epoche bewusst rezipiert und sich produktiv aneignet. So gebraucht er den Begriff ‚Romantik' brieflich erstmals 1865, und zwar in einer langen Nachricht an Carl von Gersdorff vom 25. Mai, in der er Friedrich Spielhagens Roman *Durch Nacht zum Licht* (Spielhagen 1862) mit dem entsprechenden Attribut kritisiert: „Die schwächste Partie ist die Romantik im Hineinspielen der Zigeuner." (KGB I/1, Bf. 567) Vielmehr verhält es sich so, dass Nietzsche die (spät)romantische Lyrik als zeitgenössische kanonische Dichtung wahrnimmt und ihre Spezifika in seine eigenen Jugendgedichte einfließen lässt, ohne bei der Nachahmung und Anverwandlung ihrer typischen Formen, Motive, Themen und Gattungen jedoch eine spezifische Epochenzugehörigkeit zu reflektieren.

Gattungen und Motive

Gedichte des jungen Nietzsche, die (spät)romantischen Ideenwelten zugeordnet werden können, treten ab 1856 im Nachlass auf: als Erstes in Beiträgen zur Gattung romantischer Burgruinengedichte, die sowohl den Elf- bis Zwölfjährigen als auch den 14- bis 15-Jährigen nachhaltig zu interessieren scheinen. In der ältesten erhaltenen Gedichtsammlung, die Nietzsche seiner Mutter zum Geburtstag am 2. Februar 1856 schenkt und die als Manuskriptheft Mp I 5 erhalten ist, reiht sich das dritte Gedicht, *Elegie* (Mp I 5, S. 4–5; KGW I/1, S. 117–118) in diese Gattungstradition ein und stellt damit die erste lyrische Dichtung des romantischen Themenkreises dar, die vom jungen Nietzsche überliefert ist. Es folgen ein achtzeiliger lyrischer Entwurf zur bei Naumburg gelegenen Rudelsburg (Mp I 9, S. 23; KGW I/1, S. 149) und das Gedicht *An den Ufern der Saale…*, das ausgehend von den zahlreichen mittelalterlichen Burgen im heutigen Burgenlandkreis in Sachsen-Anhalt den Verlust einer idealisierten „Ritterzeit" (Mp I 9, S. 28; KGW I/1, S. 155) beklagt. In einer auf den 24. Dezember 1860 datierten Gedichtsammlung, die Nietzsche offenbar als Weihnachtsgeschenk angelegt hat, findet sich an siebter Stelle (von zehn) zudem das Gedicht *Saaleck*, separat datiert auf das Jahr 1859 (vgl. Mp I 43, S. 8–9; KGW I/2, S. 222).[194] Um exemplarisch einen konkreten Einblick in Nietzsches Anverwand-

194 In einer Sammlung von 1862 taucht es mit geringfügigen interpunktorischen Änderungen erneut auf (vgl. Mp I 55, S. 5–6; KGW I/2, S. 467).

lung (spät)romantischer Gattungen zu erhalten, bietet es sich an, *Saaleck* in einem Exkurs genauer zu betrachten und vor dem Hintergrund seiner Kontexte zu analysieren.

Exkurs: Das Gedicht *Saaleck* im Kontext seiner Vorlagen

Das Gedicht lautet in der reinschriftlichen Fassung von Mp I 43, S. 8–9 wie folgt:

> Saaleck.
>
> Selger Abendfrieden
> Schwebt über Berg und Thal.
> Hold lächelnd sendet die Sonne
> Hernieder den letzten Strahl.
>
> Die Höhen rings erglühen
> Und schimmern in Glanz und Pracht.
> Mich dünkt, die Ritter entstiegen
> Den Gräbern mit alter Macht.
>
> Und horch! Aus den Burgen ertönet
> Lautrauschend ein lustiger Schall.
> Die Wälder rings horchen und lauschen
> Dem wonnigen Wiederhall.
>
> Dazwischen erklingen viel Lieder
> Von Jagdlust, von Kampf und Wein:
> Hell schmettern die Hörner; es schallen
> Laut dröhnend Trommeten hinein.
>
> Da sank die Sonne; verklungen
> Verhallet der freudige Klang.
> Und Grabesstille und Grauen
> Umhüllte die Hallen bang.
>
> Die Saaleck liegt so traurig
> Dort oben im oeden Gestein.
> Wenn ich sie sehe, so schauert's
> Mir tief in die Seele hinein.

Die sechs vierzeiligen Strophen mit heterogenem Kreuzreimschema (xaxa) und alternierender Kadenz wechseln frei zwischen jambischen und daktylischen Dreihebern. Es handelt sich um die Variante einer Volksliedstrophe, deren „Freiheit doppelter Senkungen [...] vollständig oder jedenfalls überwiegend ausgeschöpft wurde" (Frank 1993, S. 115). Nach Horst Joachim Franks *Handbuch der deutschen*

Strophenform begegnet diese Form im 19. Jahrhundert vor allem in „wehmütigen Liebeslieder[n]“, sie wird aber auch bevorzugt für Gedichte auf „zerfallene[ ] Schlösser“ (Frank 1993, S. 116) verwendet. Mit *Saaleck* schreibt sich der junge Nietzsche also schon auf formaler Ebene in die Gattungsgeschichte ein.

Gattungskonstituierend ist neben der (prägenden, nicht obligatorischen) Strophenform das Motiv der Burg- oder Schlossruine, das – den Topos vom Goldenen Zeitalter abwandelnd – als Sinnbild für den Verlust der ‚guten, alten Zeit‘ des Mittelalters steht. Diese als vitale, ursprüngliche Epoche verklärte Zeit wird als positives Gegenbild einer entfremdeten Gegenwart kontrastiert, um ihren Verlust zu beklagen. Üblicherweise spricht ein lyrisches Ich seine elegischen Gedanken angesichts verfallener Burgruinen aus, um kurzfristig die Vision einer fröhlichen und ungezwungenen, von Rittern und reizenden Mädchen bevölkerten Szene zu erhalten. Fakultativ bleibt die Rückkehr in die Wirklichkeit samt Resignation.

Als prominente Gattungsvertreter nennt Frank (vgl. Frank 1993, S. 116) Goethes *Bergschloß* (vgl. Goethe 1855, S. 74–76; NPB, S. 246–247), Max von Schenkendorfs ebenso betiteltes Gedicht (vgl. Schenkendorf 1815, S. 159), Chamissos *Das Schloß Boncourt* und *Laß ruhn die Toten* (Chamisso 1831, S. 41–42 u. 236), Eichendorffs *Bei Halle* (vgl. Eichendorff 1841, S. 207–208) und Martin Greifs *Das zerfallene Bergschloß* (vgl. Greif 1895, S. 123). Besonders Eichendorff kommt als direkter Einfluss in Betracht, da der junge Nietzsche dessen Gedichte nicht nur nachweislich kannte,[195] sondern *Bei Halle* auch als einziges der genannten Gedichte konkret auf die Region verweist, in der sich auch die von Nietzsche bedichtete Burg Saaleck befindet: den heutigen Burgenlandkreis in Sachsen-Anhalt, der sich südlich von Halle an der Saale und der Burg Giebichenstein befindet, die bei Eichendorff thematisiert werden.

Die Burgen der Region sind im 19. Jahrhundert beliebte Ausflugsziele für Studenten und Burschenschaften. Das gilt insbesondere für Saaleck und Rudelsburg, die nur wenige Hundert Meter voneinander entfernt in Bad Kösen bei Naumburg auf der Südroute der heutigen Straße der Romantik liegen. Beide sind Gegenstand des Studentenlieds *Dort Saaleck, hier die Rudelsburg...* (1846) von Hermann Allmers, das mit der 25. Auflage ins *Allgemeine Deutsche Commersbuch* aufgenommen wird (vgl. Silcher/Erk 1882, S. 175). Noch zu Nietzsches Schülerzeit findet sich darin bereits Franz Kuglers Lied *Rudelsburg* von 1826 („An der Saale hellem Strande...“; vgl. Silcher/Erk 1859, S. 286), das sich auch als – im Titel variierte (Nietzsche schreibt „kühlem“ statt „hellem Strande“) – Abschrift im Nachlass von 1856 findet (vgl. Mp I 9,

195 Greif, der eigentlich Friedrich Hermann Frey heißt, ist dagegen als Angehöriger des Jahrgangs 1839 ein Zeitgenosse Nietzsches und kommt mit seinem Werk schon allein deshalb nicht als Vorlagengeber in Betracht. Darüber hinaus scheint er mit seiner epigonalen Lyrik aus demselben Vorlagenfundus geschöpft wie der junge Nietzsche.

S. 22; KGW I/1, S. IX). Inhaltlich kommt es zusammen mit Eichendorffs *Bei Halle* am ehesten als Vorlage für Nietzsches Gedicht infrage, zumal der junge Nietzsche selbst zusammen mit Mitschülern und Freunden sowohl privat als auch im Rahmen von Schulausflügen zu den Bad Kösener Burgen wandert. In einem Brief vom 22. August 1859 lädt er seinen Freund Wilhelm Pinder etwa zu einem Ausflug dorthin ein (vgl. KGB I/1, Bf. 89). Und am 8. September 1859 berichtet Nietzsche seiner Mutter erneut von einer „Sängerfahrt" zur Rudelsburg (KGB I/1, Bf. 93).

Dass dem Gedicht *Saaleck* schon eine längere Beschäftigung mit der Gattung romantischer Burgruinenlyrik vorausging, zeigen die bereits genannten lyrischen Texte von 1856/57 und 1859. Die in Mp I 5, S. 4–5 erhaltene *Elegie* (KGW I/1, S. 117–118) vermittelt – wie der Titel bereits ankündigt – besonders die wehmütige Stimmung, die die Gattung auszeichnet, und stellt den Aspekt der Natur in den Mittelpunkt, während das typische Figurenarsenal um Ritter und Gespenster fehlt. Damit ist es vergleichsweise unabhängig von den infrage kommenden Vorlagen der Gattungsvertreter um Eichendorff und Kugler. Der achtzeilige Gedichtentwurf in Mp I 9, S. 23 (KGW I/1, S. 149) zeigt zu Beginn dagegen die größte Nähe zu diesen. Der Strand der Saale, die „Gespenster" oder „Gestalten" und der Wanderer kommen so etwa auch bei Kugler vor (vgl. Kugler 1830, S. 12). Eichendorffs Gedicht enthält, neben dem Verweis auf die Region, ebenfalls die Ritter und Gespenster, verzichtet aber auf die Figur des Wanderers (vgl. Eichendorff 1841, S. 207–208). Einen weiteren Hinweis auf Kugler als mögliche Vorlage stellt die abgekürzte Ortsangabe „Rudelsb." (Mp I 9, S. 23; KGW I/1, S. 149) dar, die Nietzsche im Manuskript auf dem Kopf stehend rechts von den Versen notiert hat. Aus diesem kurzen Entwurf könnte dann das in Mp I 9, S. 28 niedergeschriebene Gedicht entstanden sein. Den gattungsspezifischen Ablauf der Burgruinengedichte setzt Nietzsche hier vollständig um: Auf das melancholische Sichten der verfallenen Gemäuer folgt ein kurzes, imaginiertes Wiederaufleben der vergangenen Zeit, um schließlich doch der Klage um die glorreiche Vergangenheit zu weichen. Diese bringt das Gedicht recht pointiert auf die Formel: „Ach die Ritterzeit ist hin." (Mp I 9, S. 28; KGW I/1, S. 155) Eine eigenwillige Variante jenes Schemas bietet zuletzt ein lyrisches Fragment aus dem Entstehungsjahr des Saaleck-Gedichts, das in der Handschrift Mp I 38, S. 2 (KGW I/2, S. 66) erhalten ist. Folgen die ersten vier Verse noch ganz dem ‚Drehbuch' der Gattung, wird die Vision eines Hoffestes oder Rittergelages überraschenderweise durch den in die Wirklichkeit transponierten, „Tanz" einer „lustge[n] Zigeunerbande" ersetzt (Mp I 38, S. 2; KGW I/2, S. 66). Dann bricht der Text ab.

Saaleck ist gegenüber den präsentierten Entwürfen nicht nur als einziges Gedicht sichtbar durchgeformt und mithin ‚fertiggestellt' (weshalb Nietzsche es in zwei reinschriftliche Geschenksammlungen aufnehmen konnte); es ist nach der sehr naturlyrisch geprägten *Elegie* auch das selbstständigste Burgruinengedicht des jungen Nietzsche. Ähnlich wie Goethe, dessen *Bergschloß* sich als Liebesgedicht erweist, und Eichendorff, der *Bei Halle* als Gedicht auf die Vergänglichkeit konzipiert, setzt der junge Nietzsche eigene inhaltliche Akzente, indem er nach einem naturlyrischen Einstieg die gattungstypische Vision auf betont klanglicher Ebene hält und das Gedicht mit einem unbestimmt bleibenden ‚Schauern' des lyrischen Ichs enden lässt, das – hier kommt die Nähe zu Eichendorff wiederum stärker zum Vorschein – vorsichtig als Ausdruck eines epigonalen Selbstverständnisses des Ichs gedeutet werden kann.

Inhaltlich einteilen lässt sich das Gedicht in drei Abschnitte à zwei Strophen: Auf eine Beschreibung der friedlichen Natur, wie sie sich in der Abendsonne darstellt, folgt die klangliche ‚Vision' des zünftigen Ritterfestes, die bereits in den Versen 3 und 4 der zweiten Strophe eingeleitet wird. Die ‚Vision' hält nur für den Augenblick des Zwielichts; als die Sonne zu Beginn der fünften Strophe gesunken ist, hat sich „der freudige Klang" (Mp I 43, S. 9; KGW I/2, S. 222) schon aufgelöst. Das Ich wird sich in der Stille seines Alleinseins bewusst und fühlt sich im Angesicht der ebenso verlassenen Burg existenziell ergriffen.

Das abendliche Idyll, mit dem der Text beginnt, erinnert an (spät)romantische Naturlyrik. Anders als etwa Eichendorffs *Mondnacht* (Eichendorff 1837, S. 391) oder Heines *Abenddämmerung* (Heine 1827, S. 311–312) wird die Szene aber zunächst nicht weiter ausgestaltet und anschließend sinnbildlich mit der menschlichen Existenz in Verbindung gebracht. Das „Mich dünkt" (Mp I 43, S. 8; KGW I/2, S. 222) des lyrischen Ichs erinnert zwar noch an die prominente Verwendung des Konjunktivs in Eichendorffs *Mondnacht*, die darin einem subjektiven Gefühl der Unsicherheit und Unzugehörigkeit Ausdruck verleiht. Bei Nietzsche artikuliert die Formulierung aber eher eine nostalgische Stimmung, die sich konkret auf das Mittelalter bezieht.[196] Der Ausruf „Und horch!" (Mp I 43, S. 8; KGW I/2, S. 222) führt denn auch plötzlich in das klangliche Festgeschehen ein, das im Indikativ geschildert wird, als befinde sich das Ich wirklich in direkter Nachbarschaft zu den feiernden Rittern. Diese Unmittelbarkeit unterscheidet *Saaleck* ebenso von Eichendorffs Burgruinengedicht *Bei Halle* wie der naturlyrische Beginn, der – wie gesagt – mehr an das Gedicht *Mondnacht* erinnert. Die dreigliedrige Struktur des Gedichts – auf das Wachen beziehungsweise Einschlafen folgt der Traum, der durch ein ernüchterndes Erwachen beendet wird – ist wiederum typisch für Heines Lyrik, beispielsweise für den Zyklus *Traumbilder* (vgl. Heine 1827, S. 5–37).

Sowohl *Bei Halle* als auch Kuglers *Rudelsburg* beginnen gleich Nietzsches oben präsentierten Entwürfen mit der Anschauung der Burgen, während die titelgebende

196 Hier ist die Ähnlichkeit zu Heines *Abenddämmerung* auffällig, in der es heißt: „Mir war als hört' ich verscholl'ne Sagen, / Uralte, liebliche Mährchen, / Die ich einst, als Knabe, / Von Nachbarskindern vernahm […]." (Heine 1827, S. 311)

Burg Saaleck bei Nietzsche erst in der letzten Strophe genannt wird und auch zuvor nur beliebig und wie nebenbei einmal von „Burgen“ und einmal von „Hallen“ die Rede ist (Mp I 43, S. 8–9; KGW I/2, S. 222). Die Zugehörigkeit zur Gattung erweist sich bei *Saaleck* also erst im Mittelteil des Gedichts, der dafür umso typischer ausfällt: „Lieder / Von Jagdlust, von Kampf und Wein“ erklingen, es „schmettern die Hörner“ und es „schallen / [...] Trommeten“ (Mp I 43, S. 8; KGW I/2, S. 222). Zum Vergleich: In der dritten Strophe von *Bei Halle* heißt es in auffallender Familienähnlichkeit: „Durch's Grün da Gesänge schallten, / Von Rossen, zu Lust und Streit“ (Eichendorff 1841, S. 208). Und die achte Strophe von Goethes *Bergschloß* lautet: „Da drängte sich frohes Behagen / Hervor aus verödeter Ruh, / Da gings wie in alten Tagen / Recht feierlich wieder zu.“ (Goethe 1855, S. 75) Die Konsequenz, mit der *Saaleck* die ‚Vision‘ als genuin klangliches Erlebnis gestaltet, findet sich in keinem der genannten Burgruinengedichte: Bei Eichendorff „*Schauten* viel schlanke Gestalten, / Gleich wie in der Ritterzeit“ (Eichendorff 1841, S. 208; meine Herv.), während bei Kugler „dem Wandersmann [...] / In den altbemoosten Steinen / Oft Gestalten zart und mild“ „*erscheinen*“ (Kugler 1830, S. 12; meine Herv.). Möglicherweise hat in diesem Punkt Heines Lyrik den jungen Nietzsche beeinflusst; in der erwähnten *Abenddämmerung* berichtet das lyrische Ich: „Mir war als *hört'* ich verscholl'ne Sagen“ (Heine 1827, S, 311; meine Herv.).

Nachdem die ‚Vision‘ „verklungen“ (Mp I 43, S. 9; KGW I/2, S. 222) ist, bietet sich kein Naturidyll, wie es zu Beginn des Gedichts geschildert wurde, sondern eine schauerromantische Szenerie: Das Ich empfindet „Grabesstille und Grauen“ (Mp I 43, S. 9; KGW I/2, S. 222), wo zuvor noch „Selger Abendfrieden“ und „lustiger Schall“ waren (Mp I 43, S. 8; KGW I/2, S. 222). Dieser Kontrast betont unvermittelt die Isolation des lyrischen Ichs, das zuvor nur positive Wahrnehmungen vermittelt hat: das Panorama zu Beginn und das fröhliche Rittergelage. Abgemildert und damit näher am Ton der resignativen Schlussstrophen von Kugler und Eichendorff fällt wiederum die finale Betrachtung der Burg Saaleck aus, die das seelentiefe ‚Schauern‘ des Ichs auslöst. Im Blick auf die verlassene Burg wird sich das Ich der eigenen Traurigkeit und inneren Ödnis bewusst, es erkennt im alten Gemäuer ein Spiegelbild seiner Existenz. Der friedliche Sonnenuntergang, mit dem das Gedicht beginnt, reiht sich vor diesem Hintergrund doch noch in das semantische Repertoire spätromantischer Naturlyrik ein: Er versinnbildlicht das Ende einer guten und glücklichen Lebensphase, die in der ‚Vision‘ noch einmal kurz wiederkehrte. In Analogie zu Eichendorffs *Bei Halle*, dessen Ende ebenfalls ein vereinsamtes lyrisches Ich zeigt, kann die Verlassenheit auch als Epochendiagnose generalisiert werden. Demnach schildert *Saaleck* das epigonale Selbstverständnis in seiner Ambivalenz: im glücklichen und schönen Rückblick auf die ‚gute, alte Zeit‘ wie auch im Bewusstsein der auf das Ende folgenden Einsamkeit.

Weitere Gattungen (spät)romantischer Lyrik

Neben der Burgruinenlyrik greift der junge Nietzsche in seinen Jugendgedichten noch auf weitere prominente Gattungen zurück, die fest zum gattungspoetischen Inventar der (spät)romantischen Lyrik gehören. Wiederholt bedient er sich etwa der schematischen Naturlyrik jener Epoche, als deren prägendster Vertreter Eichendorff gilt. So beschwört das lyrische Ich im Fragment gebliebenen *Ich habe viel geweinet…* von 1859 ganz im Stile von Eichendorffs *Abschied* den Wald als topische Sehnsuchtslandschaft:[197] Es schildert rückblickend, wie es aus Trauer und innerer Leere über den Tod des Vaters oft „[z]um düstren Wald hinaus" flüchtete und dort „[d]er Jugend Blüthenwonne […] / Im Schatten der Eichen" wiederfand (KGW I/2, S. 91–92). Es folgen Apostrophe und Lobpreis des Waldes:

> O süßer Waldesfrieden
> Du stilltest meinen Schmerz
> Und gabest Ruh hinieden
> Den schmerzerfüllten Herz
> Was mir die Welt versagte
> Fand ich so bald, so bald
> In deinen weiten Hallen
> Du deutscher, heilger Wald!
> (KGW I/2, S. 91–92)

Nietzsches lyrisches Ich stellt der vom Tod des Vaters überschatteten „Welt" den entrückten Ruheort „Wald" gegenüber, dessen „weite[ ] Hallen" den für die Romantik typischen Jenseitsbezug anzeigen. Im „freien Tempel der Natur" (Mp I 14, S. 2; KGW I/1, S. 217), wie es in einem Gedicht aus der nachgelassenen Geburtstagssammlung für die Mutter von 1858 heißt, findet der Mensch träumend zur kindlichen Unbekümmertheit zurück und kann dem weltlichen ‚Jammertal' zeitweise entfliehen. Das Präteritum markiert, in Analogie zum berühmten Konjunktiv in Eichendorffs *Mondnacht*, die eigentliche Distanz zwischen Glücksort und lyrischem Ich. Hier wird das epigonale Element spätromantischer Lyrik deutlich, zu der sich der junge Nietzsche wiederum selbst als Epigone verhält.

Ergänzend zum ‚deutschen Wald' begegnen in den romantischen Naturgedichten des jungen Nietzsche vermehrt in den Jahren 1858/59 immer wieder verschiedene Arten von Vögeln, die den romantischen Epochenbezug und namentlich die Abhängigkeit von Eichendorff markieren.[198] Aus der Geburtstagssammlung

197 Die Behandlung dieses Aspekts ist eine Übernahme aus Müller 2017a, S. 35. – Weitere Gedicht(entwürf)e in diesem Stil sind in den Handschriften Mp I 31–33 erhalten (vgl. KGW I/2, S. 55–58).

198 Vögel, insbesondere die vom jungen Nietzsche als Motive favorisierten Lerche und Nachtigall, gehören auch zum Standardrepertoire von Eichendorffs Naturlyrik. Vgl. exemplarisch die Gedichte

für die Mutter von 1858 ist etwa das volksliedhafte Heimatgedicht *Wohin?* überliefert, das die „Vöglein in den Lüften", „Lerchen" und „Nachtigall",[199] zu Strophenbeginn jeweils apostrophiert und sie zu zentralen Medien der Kommunikation mit dem fernen „Vaterhaus" macht (Mp I 14, S. 15–16; KGW I/1, S. 226).[200] Im Fragment *Der Frühling* (Mp I 17, S. 1; KGW I/1, S. 239) kombiniert Nietzsche den „Vögelsang" ferner mit dem nicht minder traditionsreichen Motiv des *liber naturae*,[201] das in der Romantik ebenfalls weite Verbreitung fand und von Nietzsche auch in dem Gedicht *Im Freien* (Mp I 22, S. 5; KGW I/1, S. 260) aufgegriffen wird. Der ebenfals von Eichendorff inspirierte Gattungshybrid *Zwei Lerchen* (Mp I 22, S. 4; KGW I/1, S. 259–260) wiederum beginnt zwar im Stil eines konventionellen idyllischen Naturgedichts spätromantischer Prägung, entfernt sich im Fortschreiten der Handlung jedoch sukzessive von dieser Gattung und entwickelt eigene, auffallend offene Deutungsangebote.[202] „Der Vöglein muntre Schaar", namentlich „Nachtigall und Lerchenschlag" (Mp I 22, S. 39; KGW I/1, S. 273), kommen auch in dem elegischen *O weh! Daß ich verlassen hab…* vor: einem Beispiel für solche romantischen Wandergedichte, die mit Einsamkeit und Heimatlosigkeit auch die Schattenseiten der Wandererexistenz beleuchten.[203]

Eine Verbindung mit dem oben erläuterten Motiv des (deutschen) Waldes gehen Nietzsches Vogelmotive schließlich in einer ganzen Reihe von lyrischen Entwürfen von 1859 ein, die in den Handschriften Mp I 31 bis Mp I 33 erhalten sind: „Vöglein" (Mp I 31, S. 1; KGW I/2, S. 55), „Lerche" (Mp I 32, S. 1; KGW I/2, S. 55) und „Nachtigall" (Mp I 32, S. 1; KGW I/2, S. 56) beschallen in verschiedenen Konstellationen den „wunderschöne[n] deutsche[n] Wald" (Mp I 32, S. 4; KGW I/2, S. 56) mit „lustig Vogelsang" (Mp I 33, S. 4; KGW I/2, S. 58). Dem steht wiederum ein schauer-

---

Die Lerche, *Nachtigall* und *Adler*, die Eichendorff in der von ihm selbst veröffentlichten Werkausgabe von 1841 in einer Reihe arrangiert hat (Eichendorff 1841, S. 222–225). Die Bedeutung der Singvögel für Eichendorff erhellt auch daraus, dass allein das „Wort *Lerche* […] in Eichendorffs Dichtung insgesamt 104 Mal" begegnet, wie Doebele-Flügel 1977, S. 246 anmerkt. Zur „Vogelmetaphorik" als „Motivation der menschlichen Flugsehnsucht, des Freiheitsverlangens, der Wanderlust […], der künstlerischen Inspiration und des dichterischen Schaffensprozesses" vgl. überblickshaft Daemmrich/Daemmrich 1995, S. 345.

199 In dem umfangreichen lyrischen Fragment, das sich in Mp I 21, S. 11 erhalten hat (vgl. KGW I/1, S. 251), treten beide Singvogelarten ebenfalls gemeinsam auf.

200 Die Texte im betreffenden Manuskriptheft Mp I 14 stammen zwar von der Hand Franziska Nietzsches, es handelt sich jedoch um Abschriften von Gedichten ihres „Fritz", wie sie in einer einleitenden Bemerkung in Mp I 14, S. 1 festhält.

201 Zur Traditionsgeschichte des ‚Buchs der Natur' vgl. Nobis 1971 und Rothacker 1979.

202 Zu *Zwei Lerchen* vgl. die Erläuterungen in Kap. 5 zu Mp I 22, S. 4–5.

203 Zu diesem Gedicht im Kontext impulsgebender Beispielgedichte von Wilhelm Müller und Eichendorff vgl. die Erläuterungen in Kap. 5 zu Mp I 22, S. 38–39.

romantisches Naturgedicht von 1861 gegenüber, in dem ebenfalls „Vögel durch die Luft [ziehen]"; namentlich genannt wird – dem Setting entsprechend – allerdings nicht die Lerche oder die Nachtigall, sondern „die Eule" (Mp V 9, S. 58; KGW I/2, S. 321). Indem Nietzsche in seinem Wanderlied *Ohne Heimath* (Mp I 43, S. 11–12 u. Mp I 55, S. 9–10; KGW I/2, S. 223–224 u. 469–470) zudem auf den Adler als weiteres Vogelmotiv zurückgreift und ihn sowohl mit der Freiheit als auch mit dem Frühlingsmonat Mai assoziiert,[204] bewegt er sich ebenfalls in Eichendorffs Fahrwasser, dessen Gedicht *Adler* den titelgebenden Raubvogel zum Zeichen des Aufbruchs und der Befreiung von der Sorgenlast erhebt:

> Und vom hohen
> Fels-Altar
> Stürzt der Aar
> Und versinkt in Morgenlohen.
>
> Frischer Morgen!
> Frisches Herz,
> Himmelwärts!
> Laß den Schlaf nun, laß die Sorgen!
> (Eichendorff 1841, S. 224–225)

‚Freiheit' ist das Stichwort, das die Brücke zur Lyrik des erwachsenen Nietzsche schlägt: Diese bevölkern andere Vogelarten. Besondere Bekanntheit haben die Vögel in den *Idyllen aus Messina* beziehungsweise den sprechend betitelten *Liedern des Prinzen Vogelfrei* aus dem Umkreis der *Fröhlichen Wissenschaft* erlangt, allen voran der „Vogel Specht" aus dem *Vogel-Urtheil* (IM; KSA 3, S. 342) beziehungsweise aus *Dichters Berufung* (PV; KSA 3, S. 639–641). Zu erwähnen sind ferner „Vogel Albatross" (vgl. IM; KSA 3, S. 341–342 u. PV; KSA 3, S. 644) sowie die „Tauben von San Marco" aus denselben Werkkontexten (PV; KSA 3, S. 648), der nach Aas suchende „Geyer" in dem Nachlassgedicht *An die Melancholie* von 1871 (KSA 7, S. 389–390),[205] die schreienden „Krähen" im ersten Teil von Nietzsches bekanntestem Gedicht überhaupt: *Der Freigeist* (KSA 11, S. 329–330), und natürlich – hier schließt sich ein Kreis – Zarathustras „Adler" (Z I Vorrede 1; KSA 4, S. 11 und passim).

---

204 „Bin wie der Aar so frei" (Mp I 55, S. 10; KGW I/2, S. 469), heißt es in der zweiten Strophe über das lyrische Ich, einen namenlosen Wanderer, der seine selbstgewählte Heimatlosigkeit in einer Variante des romantischen Motivs als glückliche, nicht beklagenswerte Existenzform besingt.

205 Zu diesem Gedicht im Kontext der Melancholie-Tradition und des thematisch verwandten Gedichts *Nach einem nächtlichen Gewitter* vgl. meine Ausführungen in Müller 2017b, S. 50–67 sowie bereits Buschendorf 1999.

Ein Aspekt romantischer Lyrik, der ebenfalls auf die Dichtung des jungen Nietzsche abfärbt, ist ihr patriotischer Gehalt. Das zeigt in Ansätzen schon der oben erwähnte Einsatz des ‚deutschen Walds' als wiederkehrendes Motiv in der Naturlyrik. Nietzsches Kyffhäuser-Gedicht *Der alte Barbarossa ruht...* (Mp I 22, S. 20–21; KGW I/1, S. 268–269) übernimmt beispielsweise die seinen Vorlagen inhärente nationalromantische Deutung der Sage vom schlafenden Kaiser Friedrich als Erlöser des deutschen Volks und Wiederbringer des Heiligen Römischen Reichs.[206] In dieselbe Stoßrichtung zielt das historische Gedicht *Vor den Thore von Neapel...* (Mp I 22, S. 12–16; KGW I/1, S. 265–278), das die Hinrichtung Konradins, des letzten Staufers, durch Karl von Anjou behandelt und dabei klar Partei für den deutschen und gegen den französischen Herrscher ergreift.[207] Einer Ikone des Nationalismus im 19. und frühen 20. Jahrhundert widmet der junge Nietzsche 1858 das Gedicht *An Theod. Körner* (Mp I 14, S. 9–10; KGW I/1, S. 222): Das betitelte Mitglied des Lützowschen Freikorps während der Befreiungskriege zwischen 1813 und 1815, Theodor Körner, hat namentlich mit der postum herausgegebenen Lyriksammlung *Leyer und Schwerdt* (Körner 1814) die patriotische Dichtung zu Nietzsches Lebzeiten selbst mitgeprägt. Mit *Über fünfzig Jahre* (Mp I 68b, S. 1–8; KGW I/3, S. 235–239) fertigt Nietzsche 1863 auch ein umfangreiches Gedicht über den Höhe- und Wendepunkt der Befreiungskriege an: die Völkerschlacht bei Leipzig, die sich in jenem Oktober zum 50. Mal jährt (*Über fünfzig Jahre*; Mp I 68a; KGW I/3, S. 235–239).

Die Nachtseite romantischer Dichtung wird vom jungen Nietzsche nicht ausgeblendet.[208] Schon manche Burgruinengedichte enthalten in Form ihres geisterhaften Figurenpersonals schauerromantische Elemente; auch Nietzsches künftige Schule erscheint in *Nach Pforta* ähnlich den mittelalterlichen Gemäuern jener Gedichte „nebelumwallt / Beleuchtet vom düsteren Scheine / In geisterhafter Gestalt" (Mp I 14, S. 9; KGW I/1, S. 222). Naturgedichte Nietzsches bedienen diese düstere Spielart der Romantik ebenfalls, zum Beispiel das Jahreszeitengedicht *Herbstnebel rings; in grauen Duft...*, das die dunkle Jahreszeit mit schauerromantischen Motiven um „Gespenster", „Nebelgestalten" oder „Grab u. Gruft" bebildert (Mp V 9, S. 58; KGW I/2, S. 321). Und das 1858 geschriebene Rollengedicht *Der Geist* (Mp I 19, S. 5–6; KGW I/1, S. 241) beginnt wie ein lyrischer „Abenteuerbericht aus Gespensterperspektive" (Müller 2020a, S. 175), endet aber mit dem christlichen Erlösungsmotiv auf einer hoffnungsvollen Note.[209]

206 Zu Nietzsches Barbarossa-Entwürfen vgl. die Erläuterungen in Kap. 5 zu Mp I 22, S. 17–18, 20–21, 52, 57–60.

207 Auch zu diesem Gedicht vgl. die Erläuterungen in Kap. 5 zu Mp I 22, S. 12–16.

208 Zur Unterströmung der Schwarzen Romantik vgl. generell Vieregge 2008 und Praz 1963.

209 Zu den Kontexten und der Interpretation von *Der Geist* vgl. ausführlich Müller 2020, S. 172–177.

Solchen milden, das Unheimliche verklärenden Aneignungen romantischer Schauerpoesie stehen eine Reihe konsequent düsterer Dichtungen gegenüber, die auch Elemente des Horrors beinhalten. Das Gedicht *Verzweiflung* (Mp I 43, S. 4; KGW I/2, S. 219–220) von 1860 behandelt beispielsweise die zunehmende Depression eines lyrischen Ichs, an deren Ende der kulturgeschichtlich aufgeladene Freitod im Wasser steht.[210] Ein grauenerregendes „[Alb-]Traumgesicht“ (Mp I 47, S. 2; KGW I/2, S. 255) von der Begegnung mit einem mörderischen Mönchsgespenst schildert das lyrische Ich der Horror-Ballade *Mich trieb der Geist einst in des Waldes Nacht…* (Mp I 47, S. 1–2; KGW I/2, S. 253–255). Die expliziten Bilder[211] machen diese zum drastischsten erhaltenen Beispiel für Nietzsches produktive Rezeption der Schwarzen Romantik. Ein Gattungshybrid aus historischem und fantastischem Gedicht ist mit dem „Prolog“ *Zum 18 Oktober 1862* erhalten, in dem Nietzsche die bereits erwähnte, in Mp I 68a lyrisch behandelte Völkerschlacht bei Leipzig als „Geisterschlacht“ wiederaufleben lässt (Mp I 56, S. 1–3; KGW I/3, S. 9–10; passim). Weniger kriegerisch als melancholisch fallen die Entwürfe einer Gespensterballade von 1862/63 aus: *Ein Lied ein feuriges durch die Nacht…* (Mp V 10, S. 53 u. 55; KGW I/3, S. 11–15). Darin verlässt eine von dem anthropomorphen Mond erweckte „Leiche“ ihr Grab und beklagt „bitterlich“ den Verlust ihrer Totenruhe (Mp V 10, S. 53; KGW I/3, S. 12).

Wandelnde Untote bilden eher eine Ausnahme in Nietzsches Jugendgedichten, wandernde Menschen die Regel. Denn auch die (spät)romantische Gattung der Wanderlyrik fällt beim jungen Dichter in Ausbildung auf fruchtbaren Boden – sowohl in ihrer optimistischen, von Fernweh und Aufbruch getragenen wie auch in ihrer pessimistischen, durch Einsamkeit und Heimatlosigkeit geprägten Ausgestaltung, welche die prominenten Gattungsvertreter um Wilhelm Müller und Eichendorff bereits vorgeben. Wandergedichte des jungen Nietzsche liegen durchgängig aus den fünf Jahren zwischen 1858 und 1863 vor, in denen er ausweislich des erhaltenen Materials die meiste Lyrik produzierte. Abschied und Heimweh des ausziehenden Wanderers stehen im Mittelpunkt des liedhaften *Schirm dich Gott mein Heimathsthal…* (Mp I 19, S. 43–44; KGW I/1, S. 249–250). Eine Klage um den Verlust des „theure[n] Vaterhaus[es]“ stimmt ebenfalls *O weh! Daß ich verlassen hab…* (Mp I 22, S. 38–39; KGW I/1, S. 272–273) an, das dem gegenwärtigen Pessimis-

210 Zur Kulturgeschichte des Wassertods, den nicht zuletzt Shakespeares Ophelia berühmt gemacht hat, vgl. del Buono 2008. – Näheres zu *Verzweiflung* bei Müller 2017a, S. 36–37.

211 Vgl. etwa die Strophen 13 bis 15: „[…] Da sprang er auf und hielt ein Haupt mir vor / Ein bleiches Haupt umringt von blutgen ~~G~~Locken // […] Die Züge wild verzer~~h~~rt, das Auge (durchbohrt) stier / Mein Bruder! Rief er ist d~~ie~~er ~~Leiche~~Todte hier / Gemordet und durchbohrt von mir, von mir! // (Und, Bruder! rief er, daß der Wald erscholl) […] Und heulend küßte er ~~den bleichen Mund~~ das Grabgesicht […].“ (Mp I 47, S. 2; KGW I/2, S. 255)

mus des lyrischen Wanderer-Ichs allerdings in einem memorierten Mittelteil die (vergangene) Euphorie des Auszugs gegenüberstellt und damit an mögliche Vorbilder wie Eichendorffs *Letzte Heimkehr* (1837) oder Wilhelm Müllers Auftakt zur *Winterreise* (1824), *Gute Nacht*, gemahnt.[212] Jene Auszugseuphorie bringt ungetrübt ein Vierzeiler aus demselben Manuskriptheft zum Ausdruck: *Ade, Ade mein Heimathsort...* (Mp I 22, S. 52; KGW I/1, S. 277).[213]

Ein lyrisches Gegenstück zu den genannten Klagen des Wanderers über den Verlust der Heimat liegt aus dem Jahr 1859 vor: In *Heimkehr* bringt ein lyrisches Ich sein Glück ob der Rückkehr ins „Vaterhaus" zum Ausdruck und schildert „Angst u. Graus", die es fernab der „Heimath" während der Wanderung empfand (Mp I 13, S. 5; KGW I/2, S. 73–74).[214] Handlungslogisch könnte es sich bei dem lyrischen Ich aus *Heimkehr* somit um dasselbe Ich handeln, das in *Schirm dich Gott mein Heimathsthal...* und *O weh! Daß ich verlassen hab...* seinen Auszug beklagt. Eine komplexere Seelenlage, welche die Stimmungen der genannten Wandergedichte zusammenbringt, schildert das lyrische Ich des ebenfalls *Heimkehr* betitelten Gedichts aus Mp I 39, S. 1 (KGW I/2, S. 90–91): Auch darin kehrt ein Ich, dem Titel entsprechend, nach Hause zurück, schwankt innerlich aber zwischen Wiedersehensvorfreude, Heimweh, vergangenem Abschiedsschmerz und der Angst davor, (aus ungenannten Gründen) enttäuscht zu werden. Der dritte lyrische Gattungsvertreter mit dem Titel *Heimkehr*, der von 1859 erhalten ist, setzt wiederum erst nach dem titelgebenden Eintreffen zuhause ein, löst die skizzierte Gefühlsspannung auf – die böse Vorahnung erweist sich als gerechtfertigt: während der Wanderschaft des Ichs ist dessen Vater gestorben – und erfährt eine Erweiterung um Gattungselemente der (spät) romantischen Naturlyrik, wenn das lyrische Ich Zuflucht, Trost und Seelenfrieden im „Schatten der Eichen" des Waldes findet (Mp III 6, S. 46; KGW I/2, S. 123). Aus dem August 1863 ist schließlich ein fünf Gedichte umfassender Zyklus namens *Heimkehr* (KGW I/3, S. 183–188)[215] erhalten, der merklich in der Tradition von Wilhelm Müllers *Winterreise* (1824) steht: Der 19-jährige Nietzsche erstellt gleich Müller mit einer

---

212 Zu den Entwürfen von *O weh! Daß ich verlassen hab...* im Kontext ihrer potentiellen Vorlagen vgl. Kap. 5 zu Mp I 22, S. 38–39.

213 Für Details über diesen Vierzeiler im Vergleich zu weiteren Wander- und Abschiedsgedichten vgl. die Erläuterungen in Kap. 5 zu Mp I 22, S. 52 (unten).

214 Eine alternative Fassung dieses Gedichts ist in einer Sammlung von 1860/61 unter dem Titel *Rückkehr* überliefert. Anstelle einer das Heimweh des Ichs fokussierenden vierten sowie einer fünften Strophe, in der das Ich „Lerchen" auffordert, nach dem Befinden der „Lieben" in der „Heimath" zu sehen (Mp I 13, S. 5; KGW I/2, S. 74), endet *Rückkehr* mit einer veränderten vierten Strophe. Darin schickt das Ich die „Nachtigall" los, um das Ende von „Schmerz" und „Klag" zu verkünden, die seit seinem Auszug im „Vaterhaus" geherrscht haben (Mp I 43, S. 1; KGW I/2, S. 218).

215 Laut KGW I/3, S. 108 befindet sich das Manuskript in der Sammlung Zweig.

Reihe von naturlyrischen Rollengedichten das Psychogramm des romantischen Wanderers pessimistischer Prägung in „eingängige[r], volkstümliche[r] Liedstrophe" (Frank 1993, S. 94).[216]

Mit dem bereits als Beispiel für Gedichte mit Vogelmotivik erwähnten *Ohne Heimath* (Mp I 43, S. 11–12 u. Mp I 55, S. 9–10; KGW I/2, S. 223–224 u. 469–470) bedient der junge Nietzsche ferner eine Spielart der romantischen Wanderlyrik, die im vorliegenden Fall und aus doxografischem Blickwinkel auffällig an die Trobador-Motivik der *Fröhlichen Wissenschaft* erinnert:[217] Das lyrische Wanderer-Ich besingt die Heimatlosigkeit seiner ungebundenen Lebensform im Refrain als „[s]ein Glück" (Mp I 55, S. 9–10; KGW I/2, S. 469–470). Indem er die vermeintliche Schattenseite der Wandererexistenz ausdrücklich benennt, jedoch positiv bewertet, stellt sich das Ich in eine Traditionslinie heiterer Wandererfiguren wie Eichendorffs Taugenichts. Noch stärker zum Ausdruck kommt dessen Einfluss in dem Gedicht *Schweifen, o Schweifen!*, das Nietzsche 1862 als September-Beitrag für die Germania einreicht: „Schweifen, o Schweifen / Frei durch die Welt so weit / Mit grünen Schleifen / An Hut und Kleid." (Mp I 54, S. 16; KGW I/2, S. 461)

Ein Crossover romantischer Wandermotive mit antikisierenden Elementen wagt der junge Nietzsche indes mit dem Titelgedicht des Zyklus *In der Ferne* (Mp I 40, S. 1–2; KGW I/2, S. 180–181), den er seiner Mutter 1860 zum Geburtstag schenkt: Das lyrische Ich vergleicht sich in der ersten Gedichthälfte mit einem Wanderer, der die Schönheit der Natur überblickt, und leitet ausgehend von diesem Bild auf den antiken Orpheus-Mythos über, um die Möglichkeiten und Grenzen poetischer Erinnerungskraft auszuloten.[218]

Die romantischen Motive der Wanderschaft und christlich konnotierten Erlösung im Tod (im Sinne einer Heimkehr zu Gott) stehen wiederum im Zentrum einiger lyrischer und Prosa-Entwürfe von 1857, die Nietzsche *Alfonso* betitelt (Mp I 10b, S. 1–4, hier S. 1, u. Mp I 11, S. 8–9, hier S. 8; KGW I/1, S. 175–180 u. 185–187).[219] In diesen sucht der junge Nietzsche Johann Gottfried Herders prominente Nachdichtung des

216 Die „eingängige, volkstümliche Liedstrophe" (Frank 1993, S. 94), die Nietzsches Zyklus durchgängig nutzt, ein Vierzeiler aus trochäischen Dreihebern mit weiblich-männlich alternierender Kadenz, begegnet auch im letzten Gedicht von Müllers Zyklus: *Der Leiermann* (Müller 1824, S. 107–108). – Ein großer Unterschied zwischen Nietzsches und Müllers Zyklen besteht darin, dass ersterer auf jegliche Liebesmotive verzichtet.

217 Hierzu vgl. ausführlich Kaufmann 2022a zum Titel der *Fröhlichen Wissenschaft*.

218 Zum Auftaktgedicht des Zyklus *In der Ferne* vgl. ausführlich Müller 2017a, S. 38–40.

219 KGW I/1, S. 174 schlägt fälschlicherweise auch die in KGW I/1, S. 175–180 edierten *Alfonso*-Entwürfe dem Manuskriptheft Mp I 11 zu, obwohl sich darin nur die teils noch in Prosa verfassten Entwürfe finden, die in KGW I/1, S. 185–187 ediert sind. Der Großteil der lyrischen Entwürfe stammt dagegen aus Mp I 10b, S. 1–4.

spanischen Nationalepos *Cantar de mio Cid* (um 1200) umzudichten,[220] indem er nicht den historischen Cid Rodrigo Díaz de Vivar (1045/50–1099) und seinen Kampf gegen die Feinde des Christentums und der spanischen Krone vor dem geschichtlichen Hintergrund der Reconquista behandelt, sondern die Suche nach dem Wesen des Glücks verfolgt, die ein Bruder Rodrigos unternimmt: der titelgebende Alfonso. Die auffälligste Referenz an Herders *Der Cid* (1805) ist die Tatsache, dass Alfonso wiederholt als „der Cid" oder „Zid" (Mp I 10b, S. 4 u. 1; KGW I/1, S. 176–177, 180 u. 186) bezeichnet wird. Darüber hinaus übernimmt Nietzsche Elemente der Eingangsszene,[221] in Teilen die Strophenform[222] von Herders *Cid* und lässt schließlich auch dessen Protagonisten Rodrigo in einem Prosa-Entwurf für das Gedichtende als Nebenfigur auftreten (und bald sterben; vgl. Mp I 11, S. 8; KGW I/1, S. 185). Seinen Alfonso charakterisiert Nietzsche dabei bewusst als friedliebenden, geradezu philosophischen[223] Gegenentwurf zu Herders Rodrigo:

> Und er sinnt der alten Helden
> Angethan mit Kraft und Stärke
> Völker zwingen und befehlen
> Das war wahres Glück wohl nicht.

---

220 Den Bezug zu Herders Dichtung stellt schon Brobjer 1999, S. 316 her. Von 1858 sind Bücherlisten erhalten, die belegen, dass Nietzsche sich eine *Cid*-Ausgabe angeschafft hat oder anschaffen will (vgl. Mp I 13, S. 66–67; KGW I/1, S. 212–213). Dass es sich dabei um eine Ausgabe von Herders Nachdichtung handelt, liegt aufgrund von deren konkurrenzloser Prominenz im 19. Jahrhundert nahe (vgl. Brobjer 1999, S. 320). Neben dem *Cid* interessiert sich der junge Nietzsche auch für das andere große Werk der spanischen Literatur: Miguel de Cervantes' *Don Quijote* (1605/1615), der ebenfalls in den Listen in Mp I 13, S. 66–67 auftaucht, und zwar als Weihnachtswunsch. Zu Nietzsches Rezeption von *Don Quijote* vgl. Arenas-Dolz 2019.

221 Beide Dichtungen beginnen mit einer Szene, in der sich eine Figur sitzend trübsinnigen Gedanken hingibt: „Auf des Schloses hoher Zinne / Sitzt Alfonso trüb und bleich / Unnennbare Sehnsucht füllet / Ihn nach dem was glücklich heißt." (Mp I 10b, S. 1; KGW I/1, S. 175) – „Traurendtief saß D o n D i e g o, / Wohl war keiner je so traurig; / Gramvoll dacht' er Tag' und Nächte / Nur an seines Hauses Schmach." (Herder 1805, S. 59)

222 Der junge Nietzsche verwendet in den ersten fünf Strophen des ersten Teils seiner fragmentarischen *Alfonso*-Entwürfe die sogenannte Romanzenstrophe: „Quartette[ ] aus reimlosen, auftaktlosen Vierhebern [...] mit alternierenden Kadenzen" (Frank 1993, S. 182). Nach Horst Joachim Franks *Handbuch der deutschen Strophenformen* hat „Herders Nachdichtung des ‚Cid' (1803/04)" diese „neue[ ] Gattungsform der Romanze" und damit „den Gebrauch des trochäischen Vierzeilers für erzählende Gedichte" in die deutsche Dichtung eingeführt (Frank 1993, S. 182).

223 In Anlehnung an die aristotelische Ethik, in der die Eudaimonia als Glück oder Glückseligkeit eine zentrale Stellung einnimmt, und in Abgrenzung zu Rodrigos von Schlachten und Eroberungen gesäumten Werdegang erscheint Alfonsos Glückssuche als philosophischer Lebensweg.

> ~~Und~~ ~~e~~Er ~~sinnt~~gedenkt der Väter selber
> Ach! Wie oft doch ⌜leider⌝ nannte
> Ihm der Vater selbst mit Thränen
> Unglück, Schmach des eigen Hauses.
> (Mp I 10b, S. 1; KGW I/1, S. 175)

Rodrigo dagegen erfüllt seinen Vater Don Diego gerade durch seinen Kampfgeist und sein Ehrempfinden mit Stolz. Als dieser seine Söhne mit einer Fesselprobe herausfordert, ist es Rodrigo, der sich als einziger wehrhaft und rachlustig zeigt. Über seine Brüder heißt es nur: „Alle, Thränen in den Augen, / Flehen um Barmherzigkeit." (Herder 1805, S. 60) Als einen dieser Brüder hat sich Nietzsche wohl seinen Alfonso vorgestellt. Das Happy End, das diesem zuteilwird, hat damit etwas von einer Ehrenrettung des sanften, vergeistigten Typus gegenüber dem aggressiven Helden der Überlieferung: Alfonso „ererbt das Land seines Bruders und herscht sehr gut. Da er gestorben ist vermacht er sein Gut einen Kloster. –" (Mp I 11, S. 8; KGW I/1, S. 186) Nietzsches Arbeiten zu *Alfonso* greifen demnach nicht nur die Wanderermotivik und den Mittelalterbezug auf, die für die Romantik typisch sind, sondern erweisen sich zudem als anschauliches Beispiel für den schon früh vorhandenen Willen Nietzsches, sich Vorlagen flexibel anzueignen, das Quellenmaterial unter neuen Vorzeichen auszugestalten und so zu etwas Eigenem zu machen.

Formen

Untrennbar verbunden mit der Romantik in Deutschland sind verschiedene Varianten der Volksliedstrophen, die sich infolge der Verbreitung der romantischen Lyrik um 1800 zu den beliebtesten deutschen Strophenformen überhaupt entwickeln. Dass der junge Nietzsche sie seinerseits bevorzugt, um die produktive Aneignung seiner Vorlagen auch formal umzusetzen, liegt auf der Hand. So begegnen innerhalb seiner nachgelassenen Jugendgedichte sowohl die bekanntesten deutschen Volksliedstrophen als auch selbstständige Variationen derselben.

Die „außergewöhnlich beliebte, nämlich die zweithäufigste Strophenform der deutschen Lyrik" (Frank 1993, S. 106), nutzt der junge Nietzsche gleich mehrfach: Von den bereits erwähnten, der Gattung romantischer Naturdichtung zugehörigen Gedichten basieren beispielsweise sowohl das fragmentarische *Ich habe viel geweinet…* (Mp I 39, S. 2; KGW I/2, S. 91–92) als auch *Wohin?* (Mp I 14, S. 15–16; KGW I/1, S. 226) auf jenem „Vierzeiler aus jambischen Dreihebern mit weiblich/männlich wechselnder Kadenz und unterbrochenem (xaxa) oder Kreuzreim (abab)" (Frank 1993, S. 106), den Wilhelm Müller unter anderem für sein berühmtes *Winterreise*-Gedicht *Der Lindenbaum* nutzt (vgl. Müller 1824, S. 83–84). Die große Verbreitung der Form geht maßgeblich auf Brentanos und von Arnims Sammlung *Des Knaben*

Wunderhorn zurück (Arnim/Brentano 1806/1808), die „fast zwei Dutzend [Volkslieder] in Strophen dieser Form" enthält (Frank 1993, S. 109). Doch auch Eichendorffs spätromantische sowie Heines ironisch eingefärbte Lyrik kanonisieren die Strophenform und prägen zugleich die „gängigsten Themen und Motive" vor (Frank 1993, S. 112), die von den epigonalen Dichtern des 19. Jahrhunderts, zu denen der junge Nietzsche gehört, aufgegriffen werden.

Seine Experimentierfreude in Formalia beweist Nietzsche ebenfalls anhand jener „zweithäufigste[n] Strophenform der deutschen Lyrik": Für *Zwei Lerchen* (Mp I 22, S. 4; KGW I/1, S. 259–260) wie auch sein Burgruinengedicht *Saaleck*[224] (Mp I 43, S. 8–9; KGW I/2, S. 222) versieht er das Metrum mit unregelmäßig auftretenden freien Doppelsenkungen beziehungsweise auftaktigen daktylischen Dreihebern und passt den Rhythmus so dem erzählerischen Charakter beider Gedichte an. Eine eigenständige Variante der prominenten Volksliedstrophe, die auf jambischen Dreihebern mit regelmäßigen Doppelsenkungen beziehungsweise auftaktigen daktylischen Dreihebern fußt, liegt ferner mit dem Elemente der Burgruinenlyrik aufgreifenden *Nach Pforta* (Mp I 14, S. 8–9; KGW I/1, S. 221–222) vor. Und für das Wander- und Naturlyrik mischende Gedicht *Heimkehr* (*Das war ein Tag der Schmerzen…*; (Mp III 6, S. 45–46; KGW I/2, S. 122–123) nutzt der junge Nietzsche die in der Romantik etwa von Matthisson (*Das Totenopfer*, *Der Alpenwanderer*, *Abendgemälde*; Matthisson 1838, S. 135–137 u. 143–152) und Eichendorff (*Sehnsucht*, *Abschied*; Eichendorff 1841, S. 31–33) bekannte Option, den Vierzeiler zu verdoppeln, um einen für „Natur- und Stimmungsbilder" prädestinierten Achtzeiler zu erhalten (Frank 1993, S. 577).[225]

Eine weitere Volksliedstrophe, die zu den „beliebtesten deutschen Strophenformen" (Frank 1993, S. 148) zählt, nutzt Nietzsche bei seinem Kyffhäuser-Gedicht *Der alte Barbarossa ruht…* (Mp I 22, S. 20; KGW I/1, S. 268–269): einen besonders im 19. Jahrhundert weitverbreiteten „Vierzeiler aus jambischen Vierhebern mit männlicher und Dreihebern mit weiblicher Kadenz" (Frank 1993, S. 148), der von (spät)romantischen Dichtern bevorzugt für „Balladen und Romanzen" wie auch für verschiedenste „Lieder" eingesetzt wird (Frank 1993, S. 151). Mit dem vierzeiligen Gedicht *Ade, Ade mein Heimathsort…* (Mp I 22, S. 52; KGW I/1, S. 277) bedient sich der

224 Vgl. hierzu den Exkurs zu *Saaleck* in Kap. 2.4.4.

225 Den Titel und den ersten Vers übernimmt der junge Nietzsche dagegen – entsprechend der bereits von Hödl 2009, S. 109–110, Anm. 274 geschilderten Strategie – fast wörtlich von einem Gedicht Emanuel Geibels, das darüber hinaus aber formal in jambischen Vierhebern mit Kreuzreimschema und hyperkatalektisch-akatalektisch alternierenden Versenden gehalten sowie inhaltlich als reuevolles Liebes(kummer)gedicht gestaltet ist. Vgl. Geibel 1848, S. 73: „Das war dereinst ein Tag der Schmerzen, / Der uns getrennt auf immerdar; / Du wandtest dich von einem Herzen, / Das reich und das dein eigen war. / […]"

junge Nietzsche schließlich auch bei der „häufigste[n] deutsche[n] Strophenform" (Frank 1993, S. 208) von allen: einem Vierzeiler aus jambischen Vierhebern mit akatalektischen Versschlüssen und Paarreimstruktur (aabb), der als „Choralstrophe" in der geistlichen Dichtung der frühen Neuzeit weitverbreitet ist (Frank 1993, S. 210). In der romantischen Lyrik begegnet die Strophe dann vermehrt mit freien Doppelsenkungen und als Form sowohl für Balladen und Romanzen wie Goethes *Erlkönig* (Goethe 1828a, S. 183–184) oder Eichendorffs *Waldgespräch* (Eichendorff 1841, S. 431) als auch für Lieder wie Eichendorffs *Nachtlied* (Eichendorff 1841, S. 384–385; vgl. Frank 1993, S. 211–212).

Trotz dieser metrischen und thematischen Aktualisierungen – oder gerade ihretwegen – büßt die Strophe seit dem Ende des 16. Jahrhunderts in Korrelation zu ihrer zunehmenden Verweltlichung schrittweise an Reichweite ein (vgl. Frank 1993, S. 213). Die aus Wilhelm Müllers *Der Leiermann* (Müller 1824, S. 107–108) bekannte „eingängige kleine Form" aus „trochäischen Dreihebern mit weiblich/männlich wechselnder Kadenz" (Frank 1993, S. 94–95), die keiner geistlichen Liedtradition entstammt und vom 18-jährigen Nietzsche seinem Zyklus *Heimkehr* (KGW I/3, S. 183–188) zugrunde gelegt wird, gewinnt demgegenüber bis ins 20. Jahrhundert hinein an Bedeutung (vgl. Frank 1993, S. 96).

Neben den verschiedenen Volksliedstrophen zählen noch weitere Strophenformen zur Epochen-DNA der Romantik in Deutschland. Der junge Nietzsche greift für *Im Freien* (Mp I 22, S. 5; KGW I/1, S. 260) und *Heimkehr* (Mp I 39, S. 1; KGW I/2, S. 90–91) beispielsweise auf die äußerst vielseitige Romanzenstrophe zurück, die nach Frank „in der Romantik zur lyrischen Universalstrophe" wurde und „im 19. Jahrhundert sogar [die] häufigste deutsche Strophenform" überhaupt darstellte: ein „Vierzeiler aus trochäischen Vierhebern mit weiblich/männlich alternierenden Kadenzen und Kreuzreim abab" (Frank 1993, S. 182 u. 180). In *Vor den Thore von Neapel…* (Mp I 22, S. 12–16; KGW I/1, S. 265–268) nutzt Nietzsche ebenfalls eine Form, die „[i]hren Aufschwung […] erst in der Romantik" nahm (Frank 1993, S. 198): einen „Vierzeiler aus trochäischen, weiblich schließenden Vierhebern mit […] gekreuztem Teilreim xaxa" (Frank 1993, S. 198), der vor allem in Heines Lyrik häufig begegnet – Frank spricht vor diesem Hintergrund sogar von der „oft nachgeahmten Heine-Strophe für Liebeslieder, Situationsbilder und Zeitgedichte" (Frank 1993, S. 200).[226]

Eine weitere „erst in der Romantik" bekannt gewordene Strophe, die der junge Nietzsche beispielsweise den inhaltlich weit auseinanderliegenden Gedichten *Verzweiflung* (Mp I 43, S. 4; KGW I/2, S. 219–220) und *Heimkehr* (*Die Lerchen jubeln mir voraus…*; Mp I 13, S. 5; KGW I/2, S. 73–74) unterlegt, ist der „unprofilierte[ ]"

226 Weitere Namen aus „der langen Reihe der Romanzen und Balladen seit der Romantik", die diese Form nutzen, nennt Frank 1993, S. 198.

Vierzeiler aus „durchweg männlich schließende[n] jambische[n] Vierheber[n] mit Kreuzreim abab“ (Frank 1993, S. 214–215). Mit der traditionellen Verwendungsweise der Form korrespondiert Nietzsches Nutzung jedoch nur partiell: Bei den genannten Jugendgedichten handelt es sich weder um „Romanzen und Balladen“ noch um „Liebeslieder[ ] und -gedichte[ ]“ (Frank 1993, S. 215). Allenfalls *Heimkehr* (Mp I 13, S. 5; KGW I/2, S. 73–74) geht noch teilweise als „Naturbild“ durch – ebenso wie die von Frank bemerkenswerterweise ausdrücklich als Musterbeispiel für die Strophe genannten „Stimmungbilder[ ] seiner [Nietzsches] Jugendlyrik wie ‚Rein zur Höh, rein zu Tal‘ [Mp V 12, S. 49; KGW I/2, S. 368–369], ‚Mein Herz ist wie ein See so weit‘ [Mp I 54, S. 6; KGW I/2, S. 456] und ‚Es ist der Wind um Mitternacht‘ [Mp I 54, S. 6–7; KGW I/2, S. 456–457]“ (Frank 1993, S. 215–216).

Vorlagen und Quellen

Eine besondere Herausforderung bei der Identifikation von Autoren, Texten oder Kompositionen, die als Vorlagen und Quellen für (spät)romantische Jugendgedichte Nietzsches infragekommen, liegt darin, die jeweiligen Einflüsse zu kontextualisieren. Da der (spät)romantische Themenkreis den maßgeblichen Anteil der kanonischen Lyrik um 1850 ausmacht, die der junge Nietzsche produktiv rezipiert, sind die entsprechenden Vorlagen und Quellen in Schule, Öffentlichkeit und privater Gesellschaft omnipräsent. Friedrich Rückerts Barbarossa-Gedicht, das den jungen Nietzsche bei der Bearbeitung seiner Gedichtentwürfe zu *Der alte Barbarossa ruht…* (Mp I 22, S. 20–21; KGW I/1, S. 268–269) wesentlich beeinflusst hat,[227] kann er beispielsweise sowohl im Deutsch- oder Geschichtsunterricht, durch private Poesie- oder Zeitungslektüren wie auch im Rahmen einer öffentlichen Veranstaltung kennengelernt haben. Ein Vergleich derjenigen Autoren, die Nietzsche im Deutschunterricht behandelt, mit denjenigen, die er nachweislich aus privaten Kontexten kannte, ergibt für den Themenkreis der (spät)romantischen Lyriker jedenfalls eine weitgehende Kongruenz.

So enthält der zweite Band des von Nietzsche 1858 gebraucht für Tertia (heute die Klassenstufen 8 und 9) angeschafften *Deutschen Lesebuchs für höhere Unterrichtsanstalten* von Hermann Masius (Masius 1857/1858; vgl. Mp I 13, S. 80; KGW I/1, S. 215; KGB I/4, S. 175; Brobjer 1999, S. 321), das er sich Anfang April 1859 und Mitte September 1861 jeweils von seiner Mutter nach Pforta schicken lässt (vgl. KGB I/1, Bf. 63 u. 272), beispielsweise gleich mehrere Gedichte der prominenten (spät)romantischen Autoren Wilhelm Müller, Emanuel Geibel, Friedrich Rückert, Adelbert von Chamisso, Joseph von Eichendorff, Ludwig Uhland, August von Platen und Nikolaus

227 Vgl. die Erläuterungen zu Mp I 22, S. 17–18, 20–21, 52, 57–60 in Kap. 5.

Lenau (vgl. Masius 1868, S. VI–VIII).[228] Neben den ‚Klassikern' Goethe und Schiller bilden jene Vertreter der (spät)romantischen Epoche mit 39 von 112 gelisteten lyrischen Texten sogar deutlich die größte Fraktion innerhalb des zweiten, der „Poesie" (Masius 1868, S. VI) gewidmeten Bandes von Masius' *Lesebuch.*[229]

Der Blick in die von Thomas Brobjer zusammengestellte Liste der Lektüren und Bibliothek Nietzsches zwischen 1856 und 1858, die neben Schullektüren[230] ebenfalls nachweisbare Kontakte mit Autoren und Werken in anderen Kontexten dokumentiert (etwa in Gestalt von brieflich geäußerten Weihnachtswünschen), offenbart ein ähnliches Bild (vgl. Brobjer 1999, S. 317–320): Sie nennt Biografien über Uhland (o. V. 1854–1859; NPB, S. 628–629), Geibel (o. V. 1859; NPB, S. 241) und Eichendorff (o. V. 1854b; NPB, S. 209) aus der zeitgenössischen populärwissenschaftlichen Reihe *Moderne Klassiker* sowie nachgelassene Hinweise auf „Gedanken" zur Lyrik Lenaus, Körners und Chamissos (Mp III 3, S. 1; KGW I/1, S. 279). Reiner Bohleys Zusammenstellung der „Lehrgegenstände, in denen […] Nietzsche unterrichtet wurde" (Bohley 1976, S. 304), bleibt demgegenüber mehrheitlich abstrakt: Aus Angaben wie „Uebungen im Vortrag von Gedichten", „Grundlinien der neudeutschen Prosodie und Verskunst" oder „Uebersicht der Geschichte der neuern deutschen Nationalliteratur von Opitz bis zum Anfange des 19. Jahrh[underts]" (Bohley 1976, S. 306) geht zwar hervor, dass sich Nietzsche im Deutschunterricht von Tertia bis Prima durchgängig mit deutscher Lyrik auseinandersetzt. Aber welche spezifischen Dichter und Dichtungen in Schulpforta behandelt wurden, erfährt man nicht aus den Jahresberichten der Landesschule, auf die Bohley sich bei seiner Zusammenstellung stützt (vgl. Bohley 1976, S. 304). Erst die „Themata zu freien Ausarbeitungen" (Bohley 1976, S. 311) geben breiter Auskunft zu konkreten Deutsch-Lektüren des Pförtners Nietzsche; allerdings handelt es sich bei diesen weniger um lyrische Texte aus der romantischen Epoche als um dramatische Texte der klassischen Epoche: beispielsweise Schillers *Wallenstein* (Schiller 1818) und *Jungfrau von Orleans* (Schiller 1844; NPB, S. 528) oder Goethes *Torquato Tasso* (Goethe 1816) und *Iphigenie auf Tauris* (Goethe 1858; NPB, S. 255); hinzu kommt das *Nibelungenlied* (Niendorf 1854) als mittelalterliches Nationalepos, das unter Nietzsches Deutschlehrer in Prima, Karl August Koberstein, in den Fokus rückt[231] (vgl. Bohley 1976, S. 312–313).

228 Nietzsches Exemplar von Masius 1857/58 ist nicht in NPB erhalten; erreichbar war nur die spätere „[v]ierte verbesserte Auflage" Masius 1868.

229 Zur Veranschaulichung: Gedichte Goethes und Schillers machen gemeinsam knapp elf Prozent der bei Masius 1868 abgedruckten Texte aus, während die Fraktion der (spät)romantischen Autoren auf einen Anteil von fast 35 Prozent kommt.

230 Brobjer 1999, S. 321 listet auch Masius 1857/58.

231 Vgl. hierzu Kapitel 2.4.2.

Edition und Analyse des Manuskripthefts Mp I 22

3 Vorbemerkungen zur Edition und Analyse

3.1 Das Manuskriptheft Mp I 22

Das Manuskriptheft mit der von Hans Joachim Mette vergebenen Signatur Mp I 22 (GSA-Signatur: 71/214,2) ist mit einem dunkelgrauen Papiereinband und einer Titelei von Nietzsches Hand versehen. Es enthält 30 gebundene Blätter aus Papier und zwei fortlaufende Paginierungen oben rechts (beginnend bei 1) und unten links (beginnend bei 42)[232] auf jedem Blatt (recto). Nur Blatt 5 (verso) ist ebenfalls oben rechts paginiert. Von 60 Seiten sind 46 beschrieben, dem generischen Titel „Poësie. – II." entsprechend fast ausnahmslos mit Gedichten, lyrischen Entwürfen sowie Gedichtlisten. Die Seiten 6, 11, 16 und 21 enthalten Zeichnungen Nietzsches, die Seiten 28 und 29 einige Stichpunkte in Prosa zu Lessings *Minna von Barnhelm*. Die Seiten 19, 22, 27, 37, 43, 47–51, 53–56 sind unbeschrieben. Alle Texte stammen von Nietzsches Hand und wurden mit schwarzer oder brauner Tinte niedergeschrieben. Anhand der Tinte und Linienführung (die braune Tinte mit dickerer, die schwarze Tinte mit dünnerer Linienführung) lassen sich mindestens zwei Bearbeitungszeiten voneinander unterscheiden, aber nicht genau datieren.[233] Archivalische Anmerkungen in Blei (Signatur, Paginierung, Hinweise „Kladde Mp I 20" auf Seite 7 und „Forts. Mp I 3,22 ff. / 19" auf Seite 11) stammen fast ausschließlich von Hans Joachim Mette; eine Ausnahme bildet ein Vermerk der GSA-Signatur auf dem Titel in Blei. Teilweise noch erkennbar – beispielsweise in Mp I 22, S. 9 – sind rudimentäre Bleistiftlinien, die Nietzsche offenbar eingezeichnet hat, um die Verse gerade auf die jeweilige Seite zu schreiben. Das anschließende Radieren hat nicht alle Spuren verwischt.

Mp I 22 enthält gleichermaßen fertig ausgestaltete, mit wenigen oder auch vielen Bearbeitungsspuren überlieferte Gedichte wie auch fragmentarische Entwürfe zu Gedichten, die entweder ebenfalls in Mp I 22, in anderen Heften, auf Einzelblättern oder überhaupt nicht erhalten sind. Zum Teil existieren zu den in Mp I 22 ausgestalteten Gedichten auch Vorarbeiten und Varianten in anderen Überlieferungsträgern der Zeit, insbesondere in Mp I 19 oder Mp I 21.[234] Inhaltlich dominieren Texte, die sich dem Themenkreis der (spät)romantisch-zeitgenössischen Jugendlyrik Nietzsches zuschlagen lassen (vgl. Kap. 2.4.4). Dabei bedient der junge Nietzsche verschiedene lyrische Gattungen der Tradition, die er in unterschiedli-

232 Die Paginierung unten links fehlt auf den unbeschriebenen Seiten 47, 49, 53 und 55.
233 Eine genauere Auseinandersetzung mit den Schichten des Manuskripts, die sich auch anhand der jeweils genutzten Tinte differenzieren lassen, erfolgt anhand der einzelnen Texte in der Analyse (vgl. Kap III.3).
234 Vgl. die Fallanalysen in Kap. 5.

https://doi.org/10.1515/9783111332017-005

chem Maße generisch oder individuell und mal stärker, mal schwächer geprägt von etwaigen Vorlagen gestaltet. So begegnen spezifische Vertreter der Kolumbus- und Barbarossa-Lyrik ebenso wie herkömmliche Jahreszeiten- oder Heimatgedichte. Aber auch antikisierende und christliche Gedichte finden sich in Mp I 22.

3.2 Richtlinien der Edition und Analyse

Ziel der vorliegenden Edition von Mp I 22 ist es, der Leserin ein exemplarisch ausgewähltes Manuskriptheft des jungen Nietzsche auf der Grundlage heutiger editorischer Standards in materialorientierter und textgenetischer Weise zugänglich zu machen,[235] ohne dabei die grundlegenden Bedürfnisse der praktischen wissenschaftlichen Arbeit mit der Edition außer Acht zu lassen. Mp I 22 wird deshalb in einer Edition präsentiert, die aus einem größentechnisch angepassten Faksimile der jeweiligen Manuskriptseite und einer diplomatischen Transkription derselben besteht. Letztere folgt der Maßgabe, die Handschrift so linear wie nötig und so originalgetreu wie möglich wiederzugeben, indem sie weitgehend auf eine Normalisierung des Textes durch Emendationen und Konjekturen verzichtet. Die Transkription dient mithin als Lesehilfe, die das Manuskript lesbar und zitierbar, seine Entstehung rekonstruierbar machen, es aber nicht ersetzen soll.[236]

Vor diesem Hintergrund wird wiederum nicht auf die Möglichkeiten einer ultradiplomatischen Edition nach dem Vorbild der KGW IX zurückgegriffen,[237] die den Nachlass Nietzsches ab 1885 in topografisch differenzierter Transkription vorlegt. Zum einen besteht der Nachlass der 1850er und -60er Jahre im Gegensatz zu dem der späten 1880er Jahre in der Regel aus ‚einfacheren' Handschriften mit vergleichsweise gut zu identifizierenden Textkörpern, sodass der ressourcenintensive Aufwand einer ultradiplomatischen Edition im Fall jener Aufzeichnungen aus

235 Zu den Chancen und Grenzen der materialorientierten Literatur- und Editionswissenschaft vgl. den frühen Überblick von Stackmann 1994 und die aktuelle Übersicht von Scholz/Vedder 2018. Zur Sonderform der textgenetischen Edition vgl. den Referenzband von Zeller/Martens 1998. Eine „kritische Sichtung bislang vorgelegter genetischer Textdarstellungen" darin gibt Martens 1998, hier S. 107. Vgl. grundlegend den Überblick bei Grubmüller/Weimar 2007b.

236 Für eine solche „Umkehrung des Rangverhältnisses" zwischen Trankription und Handschrift, die erstere zum „*Instrument* zur Lektüre und Interpretation der Handschrift selbst" macht, hat bereits Hurlebusch 1998, hier S. 49, Partei ergriffen. Zur problematischen Priorisierung von Transkription und Handschrift vgl. aktuell Seidel 2018, S. 131–132.

237 Zu den ausdifferenzierten Richtlinien der ultradiplomatischen Edition vgl. KGW IX/1, S. XV–XXI sowie Röllin/Stockmar 2007. Ein praktisches Beispiel, wie „Nietzsches Nachlass" mithilfe der KGW IX „gut zu lesen" sei, gibt der neue Beitrag von Röllin/Stockmar 2019, hier S. 36.

wissenschaftspraktischer Perspektive kein günstiges Kosten-Nutzen-Verhältnis ergibt. Zum andern sind Nietzsches nachgelassene Texte anhand der KGW IX nur unter einem erhöhten technischen Aufwand als Fotokopie der betreffenden Passus zitierbar, was Forschende spätestens bei der Publikation ihrer Arbeiten auch vor zusätzliche rechtliche und finanzielle Hürden stellt. In Anlehnung an Hans Zellers Urteil über Band I/3 der Brandenburger Ausgabe von Kleists *Der zerbrochne Krug* (Kleist 1995) zielt vorliegende Edition vielmehr ebenfalls darauf ab, „anschaulich, praktisch und informativ" zu sein, indem ihre Transkription im Zusammenspiel mit der folgenden Analyse „die Funktionen einer diplomatischen Umschrift und einer textgenetischen Darstellung vereint" (Zeller 1998, S. 98).

Die Analyse von Mp I 22 wiederum übernimmt einerseits Aufgaben eines historisch-kritischen Kommentars, indem sie im Einzelnen über die (literatur-) geschichtlichen wie biografischen Kontexte, textgenetischen Zusammenhänge und editorischen Entscheidungen der edierten Texte informiert.[238] Andererseits geht sie in dem Anspruch, auf der Grundlage der genannten Rahmeninformationen ein erstes Interpretationsangebot der Texte mit den Mitteln der literaturwissenschaftlichen Lyrikanalyse zu unterbreiten, über einen Kommentar hinaus.[239] Damit zielt

---

238 Im engeren Wortsinn kontextualisiert wird Mp I 22 inklusive seiner Einzeltexte in allen vier von Danneberg 2007, S. 333–334 differenzierten „Kontextarten": intratextuell als Untersuchung der „Beziehung eines Teiles eines Textes zu anderen Ausschnitten desselben Textes in [...] thematischer oder (nur) [...] sequentieller Hinsicht" (beispielsweise der Vergleich oder die Abfolge verschiedener Gedichtstrophen); infratextuell als Untersuchung der „Beziehung eines Textes oder eines Textabschnittes zum Textganzen" (beispielsweise die Verortung eines Verses im Gedicht); intertextuell als Untersuchung der „Beziehung eines Text(ausschnitt)s zu [...] bestimmten Textklassen oder zu [...] anderen Texten bzw. Textausschnitten" (beispielsweise die Verortung eines Gedichts im Manuskriptheft oder der Vergleich mit einer Vorlage); extratextuell als Untersuchung der „Beziehung eines Textes zu nichttextuellen Gegebenheiten" (beispielsweise die Zurückführung einer Textentstehung auf eine Schulaufgabe).

239 So orientiert sich das Analyseverfahren einerseits an den „Lektüren" und „Kommentare[n] zur Textgenese der ‚Dionysos-Dithyramben'", wie sie Groddeck 1991b, hier S. 1 u. 291, auf der Grundlage seiner textgenetischen Edition der Vorstufen und Reinschriften von Nietzsches prominentestem Gedichtzyklus (Groddeck 1991a) vorlegt. Andererseits fällt die Differenziertheit sowohl der vorliegenden Edition als auch der dazugehörigen Analyse entsprechend der Komplexität ihres Gegenstandes im Vergleich zu Groddecks Maßstäbe setzender Referenzarbeit geringer aus. Theoretisch folgt der analytische Teil vorliegender Arbeit dabei den Prämissen des New Historicism, indem er ein „*close-reading*-Verfahren[ ]" mit der „Positionierung der Texte in Kontexten" verbindet, durch welche diese „historisch perspektiviert" werden (Heitmann 1999, S. 9). – Die Notwendigkeit, bei der Auseinandersetzung mit Nietzsches Nachlassaufzeichnungen „Transkription *und* Faksimile *und* Nachbericht als komplementäre Formen der Nachlassdokumentation zu begreifen und zu benutzen", betonen jüngst auch Röllin/Stockmar 2019, hier S. 37, im Hinblick auf Nietzsches späten Nachlass. Die unten vorgelegte Verbindung von Faksimile, diplomatischer Transkription und Anadie Analyse darauf ab, die in der Forschung bislang nur ausnahmsweise berücksichtigten lyrischen Aufzeichnungen der 1850er und -60er Jahre stärker ins Bewusstsein der *scientific community* zu bringen und beizutragen, sie als vollwertigen Forschungsgegenstand innerhalb des Nietzsche-Kanons zu etablieren.

Zu diesem Zweck folgen Analysen zu umfangreicheren Texten aus Mp I 22 jeweils dem folgenden Schema: Überblick, Kontexte, Edition, Form, Inhalt. Um Wiederholungen zu vermeiden, wird bei der Analyse von solchen Entwürfen auf dieses Schema verzichtet, die eindeutig weiter ausgestalteteren Texten im Manuskriptheft zugeordnet werden können. Die klar als solche identifizierbare Vorarbeit ~~*Im Kyffhauser liegt*~~... (Mp I 22, S. 17–18) wird beispielsweise nur im Hinblick auf jene Aspekte analysiert, die sie von der Reinschrift *Der alte Barbarossa ruht...* (Mp I 22, S. 20–21) unterscheiden. Die historische Kontextualisierung der thematisch zusammengehörigen Entwürfe erfolgt im Rahmen der Analyse letzterer. Ebenfalls auf das Schema verzichtet wird bei besonders kurzen, meist fragmentarischen Texten, deren Analyse weniger Raum einnimmt als die ganzer Gedichte oder umfangreicher Vorarbeiten. Zudem können bestimmte Kategorien entfallen, wenn sie sich im Einzelfall als irrelevant erweisen – beispielsweise die Analyse der Strophenform bei einem Prosa-Text wie *Sie kommt in die Stadt aus Liebe getrieben...* (Mp I 22, S. 28–29).

3.3 Editorische Zeichen und Anmerkungen

~~Text~~	von Nietzsche gestrichener Text
~~Text~~	von Nietzsche doppelt oder mehrfach gestrichener Text
<u>Text</u>	von Nietzsche unterstrichener Text
[Text]	von fremder Hand hinzugefügter Text
Text$^?$	unsichere Lesart
x	unleserlicher Buchstabe
xx...	unleserliche Buchstabenfolge
XXX	unleserliches Wort
Text / Text	Zeilenumbruch
Text // Text	Seitenumbruch

Ad-hoc-Korrekturen einzelner Buchstaben, die nicht vollständig ausgeführt und deshalb nicht zu identifizieren sind, werden nicht transkribiert. Zeichnungen

lyse sucht den „kleinen“ wie „großen Aporien“ Rechnung zu tragen, „die der Fluss von Handschrift, Text und Edition“ auch im Fall der weniger komplexen Manuskripte des jungen Nietzsche „immer wieder bereithalten wird“ (Röllin/Stockmar 2019, S. 37).

werden ohne Transkription als Faksimile wiedergegeben, leere Seiten im Sinne der materialen Vollständigkeit ebenfalls. In der Analyse werden Zitate aus Mp I 22 nur unter Angabe der Mette-Signatur und der Seitenzahl nachgewiesen; ein pauschaler Hinweis auf die Position des betreffenden Textes in den unvollständigen Editionen von KGW I/1 und HKG 1 erfolgt, sofern der Text jeweils ediert vorliegt, pauschal in der Zwischenüberschrift (so auch in vorliegender Edition).

4 Faksimile-Edition mit diplomatischer Transkription

Mp I 22, d1

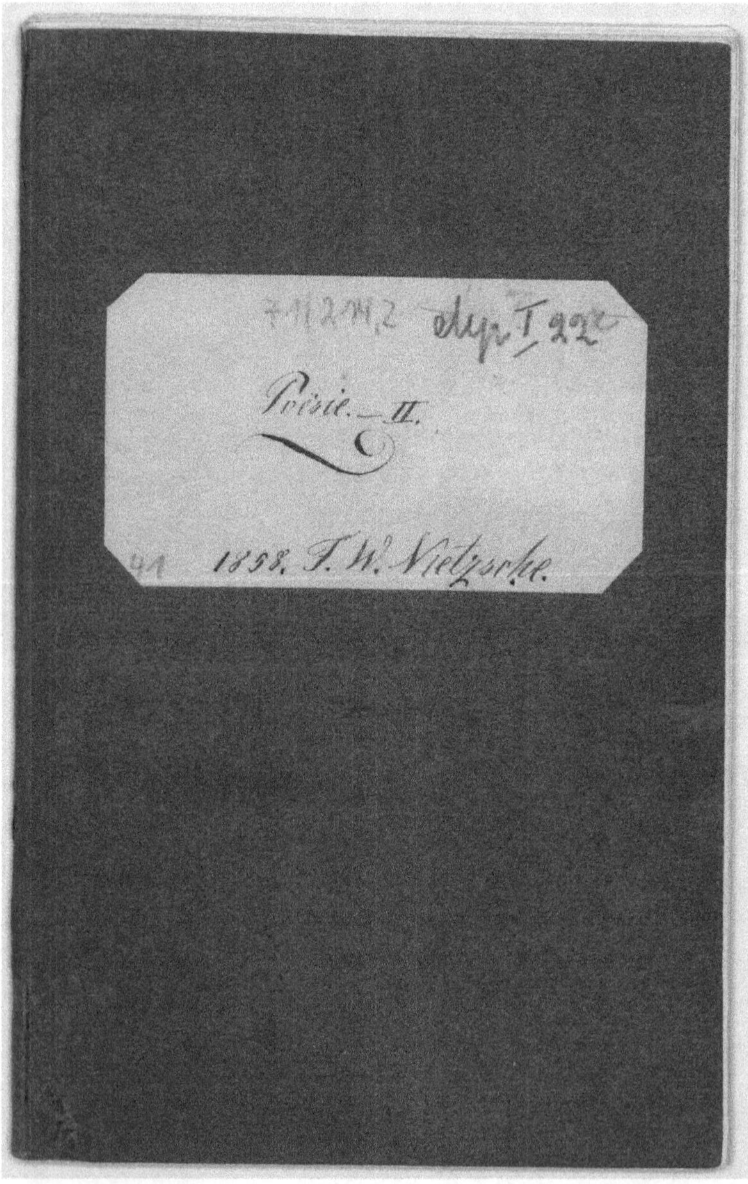

https://doi.org/10.1515/9783111332017-006

Mp I 22, d1
(Heftdeckel vorne, mit Titel; KGW I/1, S. 257; HKG 1, S. 432)

[71/214,2 Mp I 22]

Poësie. – II.

1858. F. W. Nietzsche.

[41]

Mp I 22, d2

Mp I 22, d2
(Vorsatz, mit korrigierter Blattzählung)

[~~26~~27 Bl]

Mp I 22, S. 1

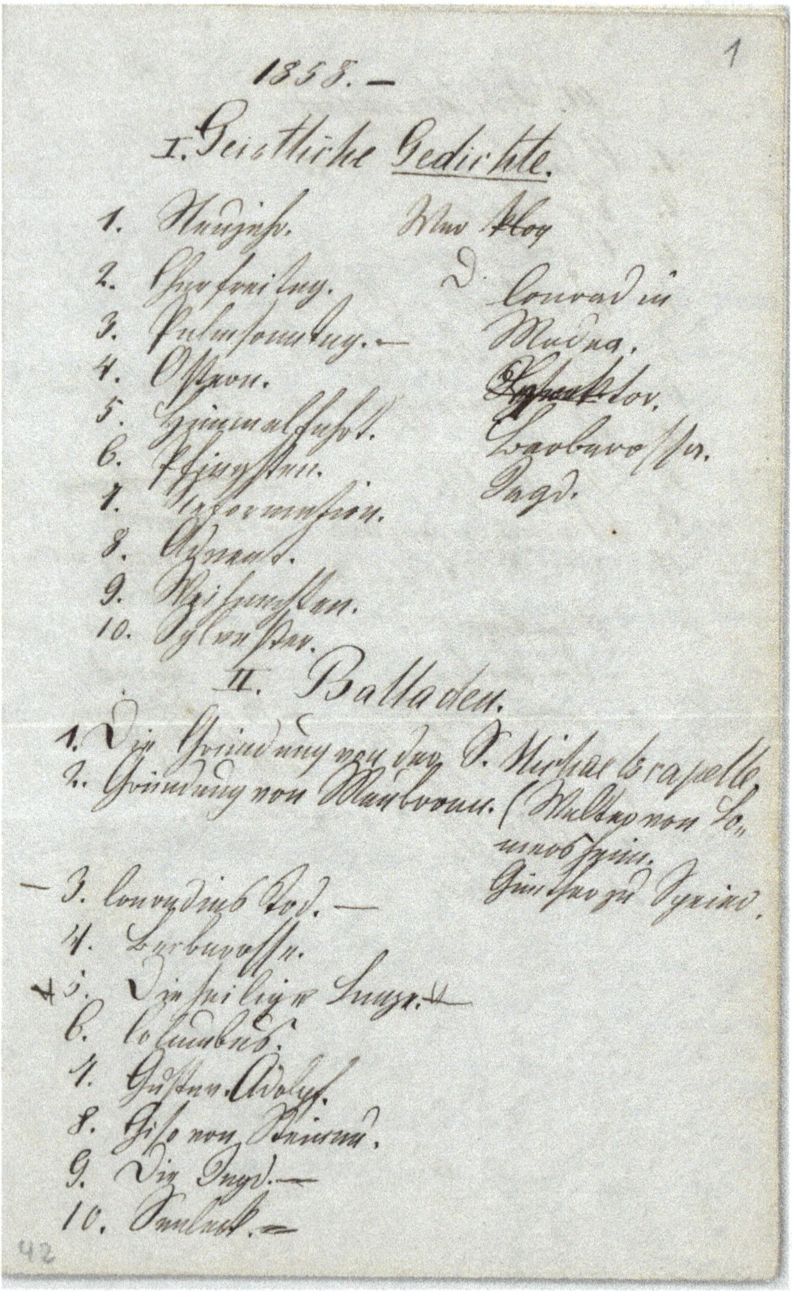

Mp I 22, S. 1
(KGW I/1, S. 257; HKG 1, S. 432)

[1]

1858. –

I. Geistliche Gedichte.

1.	Neujahr.	Wer ~~klag~~		
2.	Charfreitag.		D.	Conradin.
3.	Palmsonntag. –			Medea.
4.	Ostern.			~~Jagd~~?Hecktor.
5.	Himmelfahrt.			Barbarossa.
6.	Pfingsten.			Jagd.
7.	Reformation.			
8.	Advent.			
9.	Weihnachten.			
10.	Sylvester.			

II. Balladen.

1. Die Gründung von der S. Michaelscapelle.
2. Gründung von Maubronn. (Walter von Lomersheim. Günther zu Speier.
– 3. Conradins Tod. –
4. Barbarossa.
„5. Die heilige Lanze.“
6. Columbus.
7. Gustav. Adolpf.
8. Giso von Steinau?
9. Die Jagd. –
10. Saaleck. –

[42]

Mp I 22, S. 2

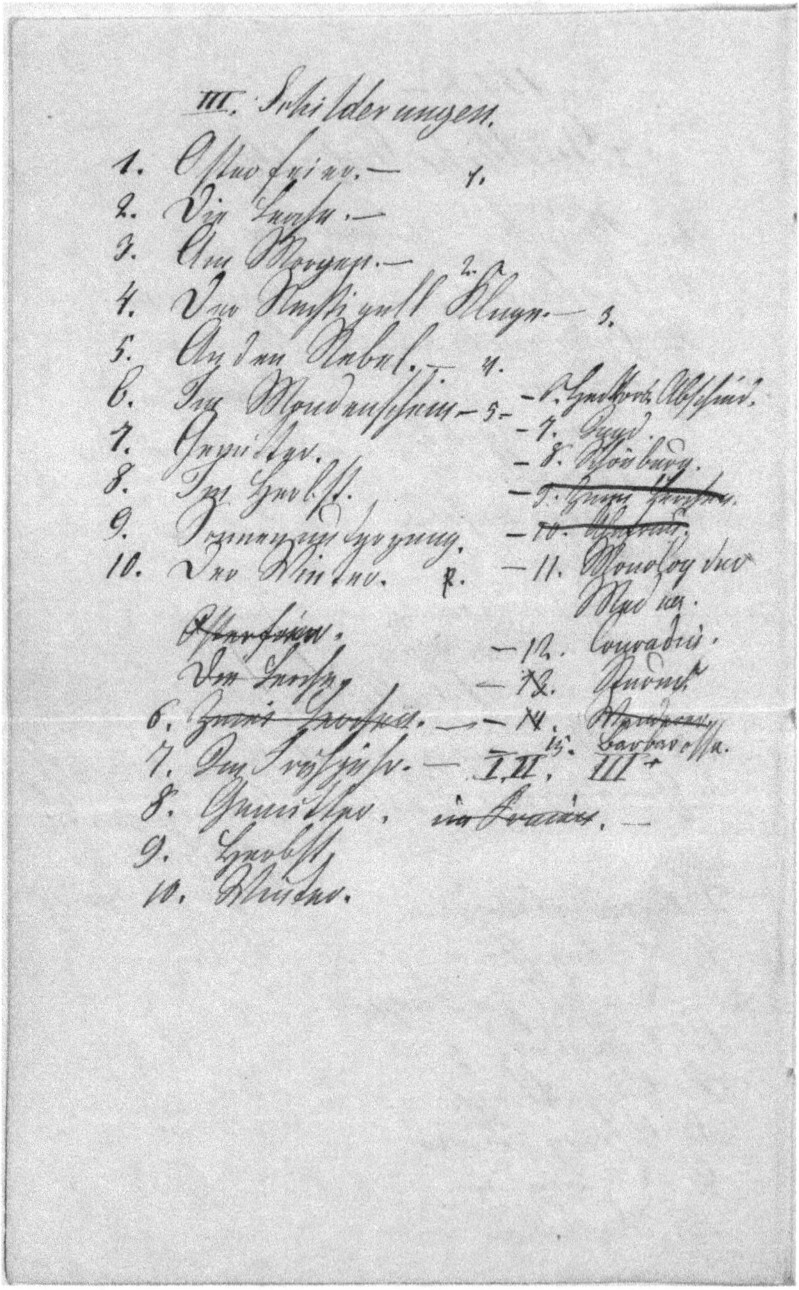

Mp I 22, S. 2
(KGW I/1, S. 258; HKG 1, S. 432)

III. Schilderungen.

1.	Osterfeier.–	1.		
2.	Die Lerche.–			
3.	Am Morgen.–	2.		
4.	Der Nachtigall Klage.–		3.	
5.	An den Nebel.–	4.		
			– 6. Hecktors. Abschied.	
6.	Im Mondenschein – 5.–			
			– 7. Jagd.	
7.	Gewitter.		– 8. Schönburg.	
8.	Im Herbst.		– ~~9. Zwei Lerchen~~.	
9.	Sonnenuntergang.		– ~~10. Ahnfrau~~.	
10.	Der Winter.	~~2~~.	– 11.	Monolog der Medea.
	~~Osterfeier~~.		– 12.	Conradin.
	~~Die Lerche~~.		– ~~13~~.	Sturm.
	6. ~~Zwei Lerchen~~. –		– ~~14~~.	~~Wanderer~~.
			15.	Barbarossa
	7. Im Frühjahr. –		I.II.	III+
	8. Gewitter.	~~im Freien~~. –		
	9. Herbst			
	10. Winter.			

Mp I 22, S. 3

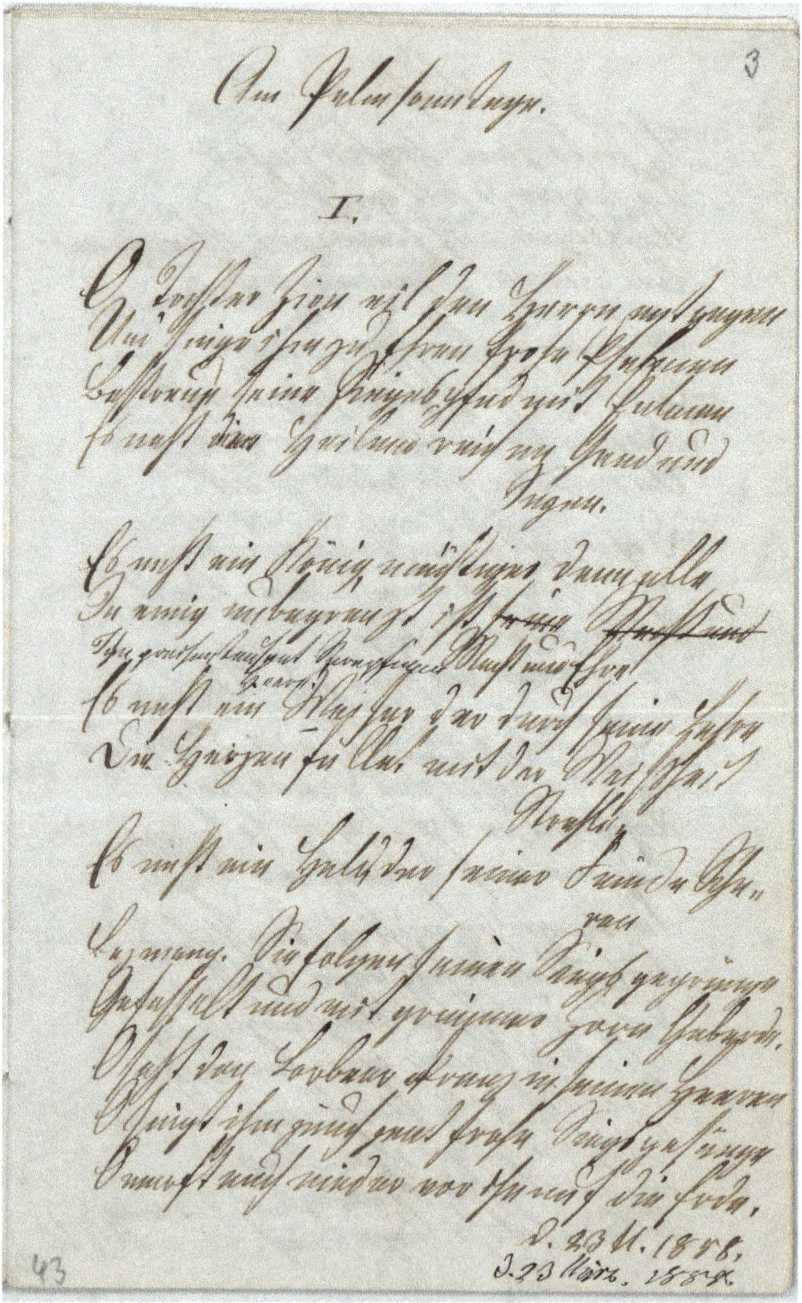

Mp I 22, S. 3
(KGW I/1, S. 258–259; HKG 1, S. 433)

[3]

Am Palmsonntage.

I.

O Tochter Zion eil den Herrn entgegen
Und singe ihm zu Ehren frohe Psalmen
Bestreue seine Siegespfad mit Palmen
Es naht ~~ein~~der Heiland reich an Gnad und
Segen.

Es naht ein König, mächtiger denn alle
In ewig unbegrenzt ist ~~seine Macht und~~
I~~n~~hn preisen tausent Serapfinen Macht und Ehre
Heere!
Es naht ein Weiser der durch seine Lehre
Die Herzen füllet mit der Weißheit Strahle.
Es naht ein Held, der seiner Feinde Scha„
ren
Bezwang. Sie folgen seinen Siegsgepränge
Gefesselt und mit grimmer Zorn Geberde.
O seht den Lorbeerkranz in seinen Haaren
O singt ihm jauchzent frohe Siegsgesänge
O werft euch nieder vor ihn auf die Erde.
d. 23. M. 1858.
d. 23 März. 1858.

[43]

Mp I 22, S. 4

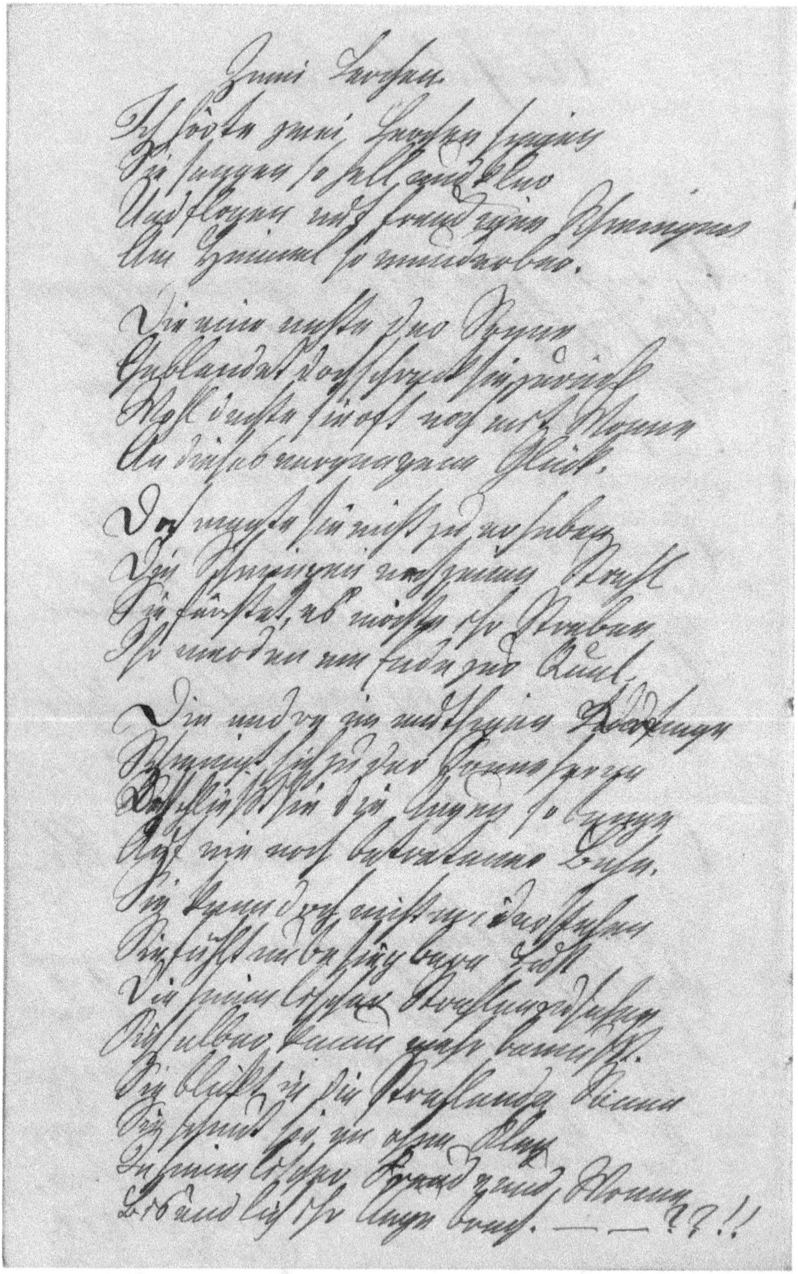

Mp I 22, S. 4
(KGW I/1, S. 259–260; HKG 1, S. 433–434)

Zwei Lerchen.

Ich hörte zwei Lerchen singen
Sie sangen so hell und klar
Und flogen auf freudigen Schwingen
Am Himmel so wunderbar.

Die eine nahte der Sonne
Geblendet doch schrack sie zurück
Wohl dachte sie oft noch mit Wonne
An dieses vergangene Glück.

Doch wagte sie nicht zu erheben
Die Schwingen nach jenen Strahl
Sie fürchtet, es möchte ihr Streben
Ihr werden am Ende zur Qual.

Die andre im muthigen ~~Leidh~~?Dramge
Schwingt sich zu der Sonne heran
~~S~~Doch schließt sie die Augen so bange
Auf nie noch betretener Bahn.

Sie kann doch nicht widerstehen
Sie fühlt unbesiegbare Lust
Die himmlischer Strahlen zu sehen
Sich selber kaum mehr bewußt.
Sie blickt in die ~~S~~strahlende Sonne
Sie schaut sie an ohne Klag
In himmlischer Freude und Wonne
Bis endlich ihr Auge brach. – – ??!!

Mp I 22, S. 5

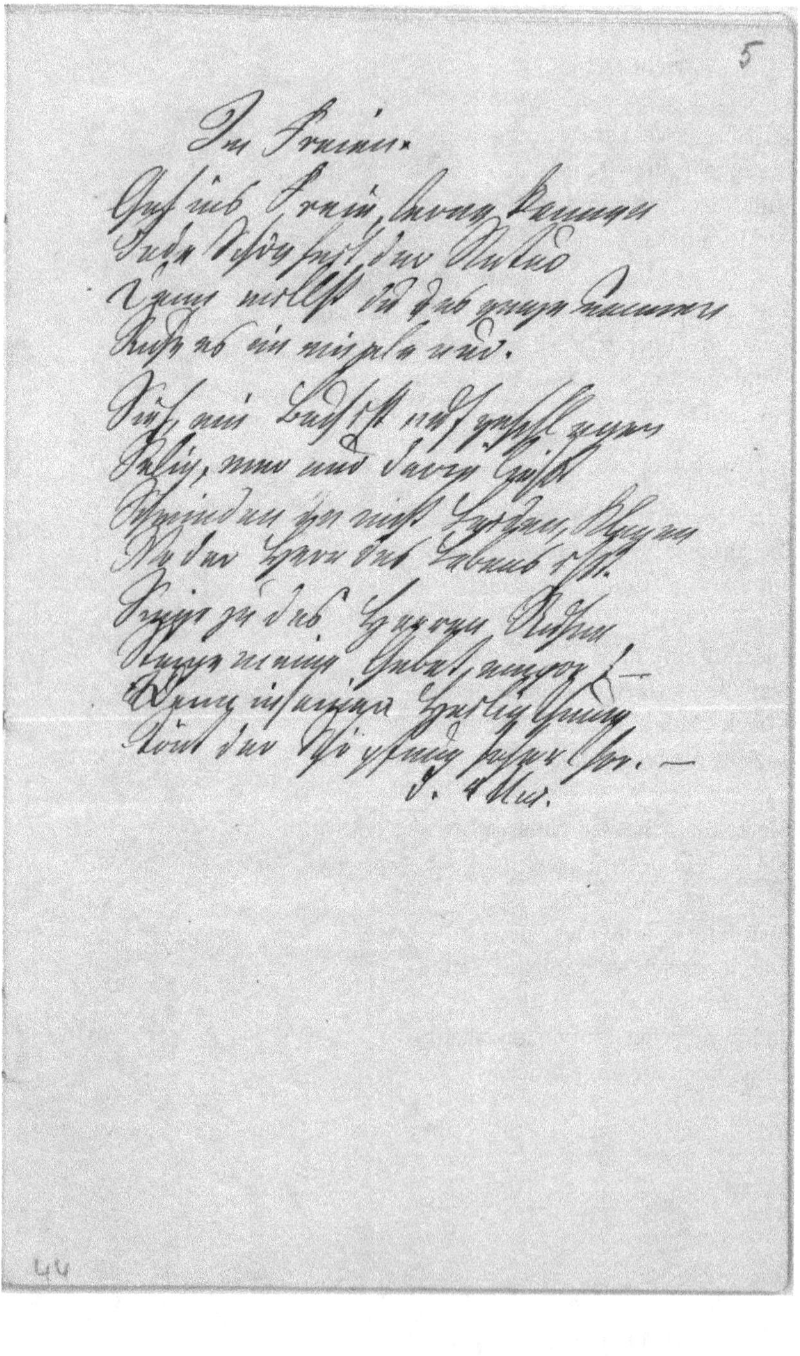

Mp I 22, S. 5
(KGW I/1, S. 260; HKG 1, S. 434)

[5]

Im Freien.

Geh ins Freie, lerne kennen
Jede Schönheit der Natur
Denn willst du das ganze nennen
Suche es im einzeln nur.

Sieh, ein Buch ist aufgeschlagen
Selig, wer nur darin ließt
Schwinden da nicht Leiden, Klagen
Wo der Herr des Lebens ißt.

Singe zu des Herren Ruhme
Steige meine Gebet empor! –
~~U~~Denn in seinen Heiligthume
Tönt der Schöpfung hoher Chor. –
d. 4 Mai.

[44]

Mp I 22, S. 6

Mp I 22, S. 6
(Zeichnung; KGW I/1, S. 261)

[6]

Mp I 22, S. 7

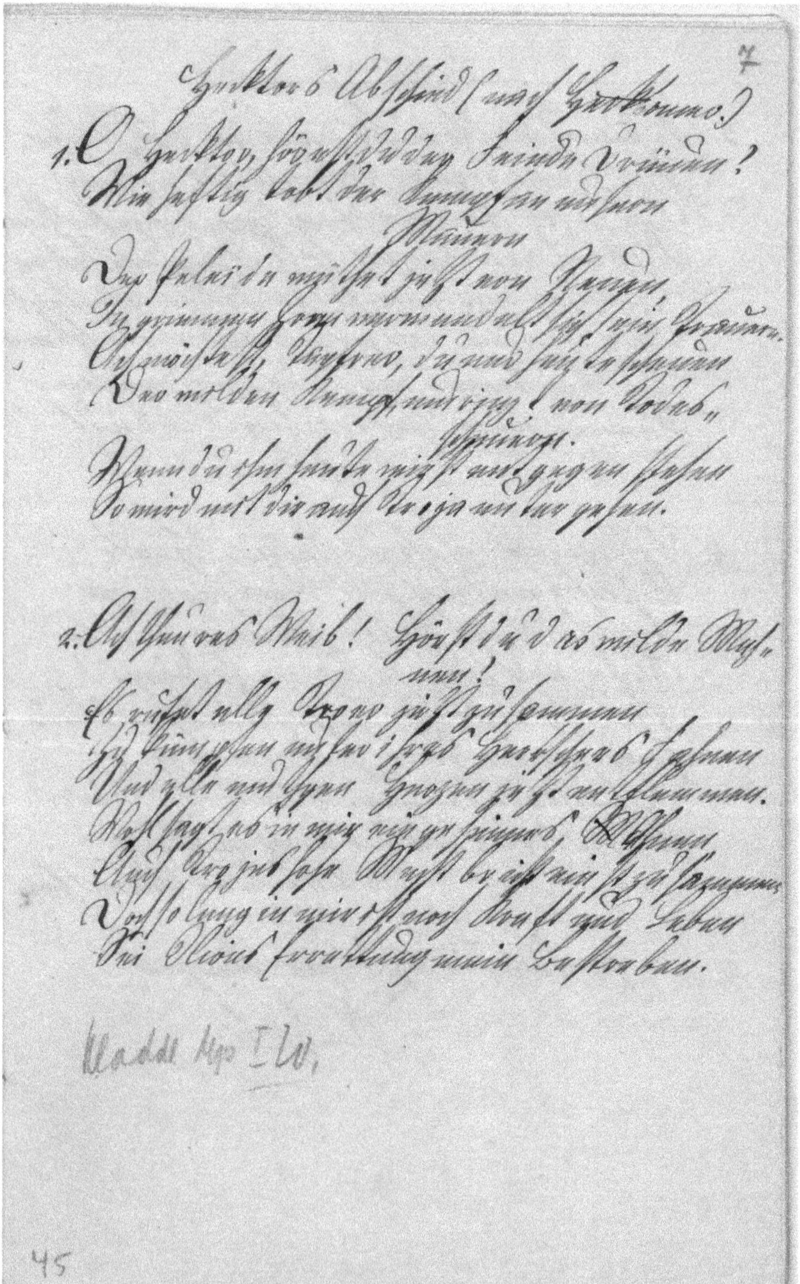

Mp I 22, S. 7
(KGW I/1, S. 261; HKG 1, S. 434)

[7]

Hecktors Abschied (nach H~~eck~~omer.)

1. O Hecktor, hörest du der Feinde Dräuen?
Wie heftig tobt der Kampf an unsern
Mauern
Der Peleïde wüthet jetzt von Neuen,
In grimmen Zo~~n~~rn verwandelt sich sein Trauern.
Ach möchtest, Tapfrer, du nur heute scheuen
Den wilden Kampf, umringt von Todes„
schauern.
Wenn du ihm heute wirst entgegenstehen
So wird mit dir auch Troja untergehen.

2. Ach theures Weib! Hörst du das wilde Mahn„
en?
Es rufet alle Troer jetzt zusammen
Zu kämpfen unter ihres Herrschers Fahnen
Und alle muthgen Herzen jetzt entflammen.
Wohl sagt es in mir ein geheimes ~~Ma~~Ahnen,
Auch Trojas hohe Macht bricht einst zusammen,
Doch so lang in mir ist noch Kraft und Leben
Sei Ilions Errettung mein Bestreben.

[Kladde Mp I 20.]

[45]

Mp I 22, S. 8

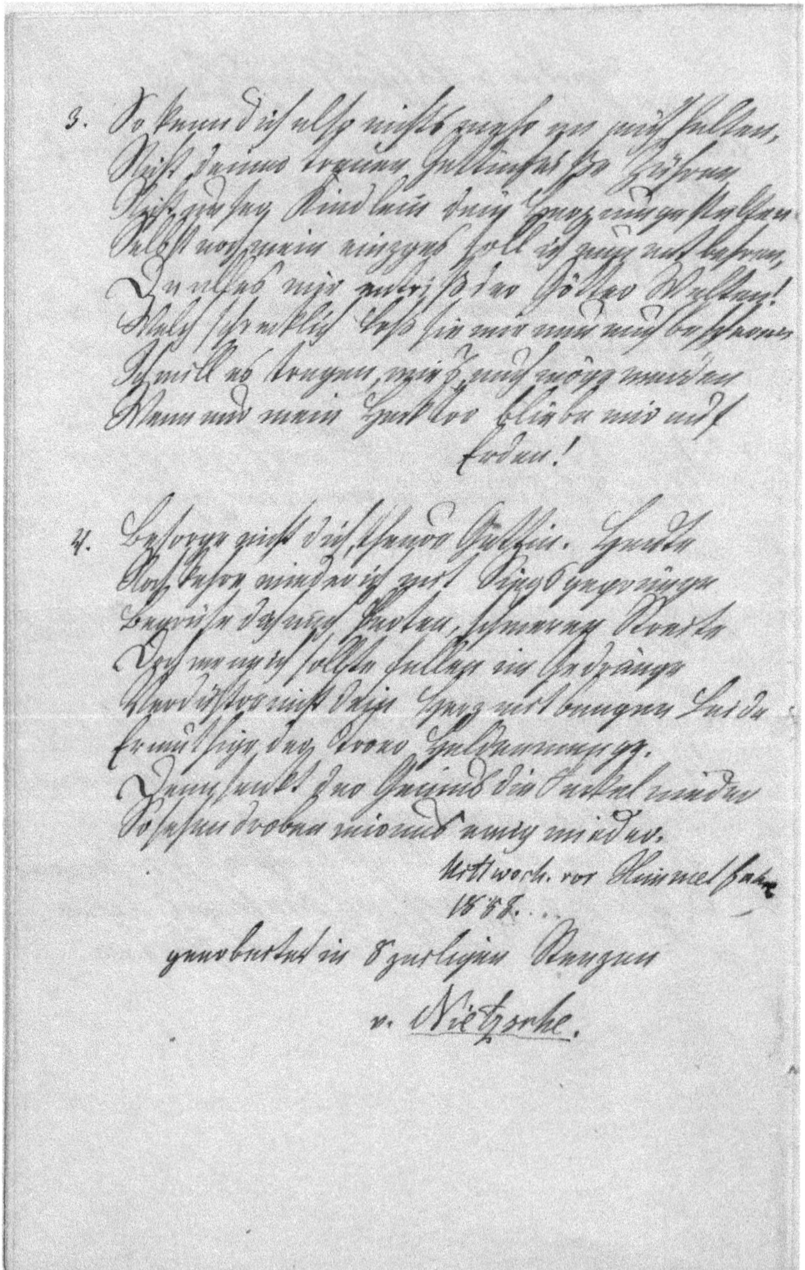
Mittwoch. vor Himmelfahrt
1858.

v. Nietzsche.

Mp I 22, S. 8
(KGW I/1, S. 262; HKG 1, S. 435)

3. So kann dich also nichts mehr an mich halten,
Nicht deiner treuen Gattin heiße Zähren
Nicht unser Kindlein dein Herz umgestalten
Selbst noch mein einzges soll ich nun entbehren,
Da alles mir entriß der Götter Walten!
Welch schrecklich Loß sie mir nun auch bescheren
Ich will es tragen, wie’s~~,~~ auch möge werden
Wenn nur mein Hecktor bliebe mir auf
Erden!

4. Besorge nicht dich, theure Gattin. Heute
Noch kehre wieder ich mit Siegsgepränge
Begrüse dich nach harten, schweren Streite
Doch wenn ich sollte fallen im Gedränge
Verdüstre nicht dein Herz mit bangen Leide
Ermuthige der Troer Heldenmenge.
Denn senkt der Genius die Fackel nieder
So sehen droben wir uns ewig wieder.

Mittwoch. vor Himmelfahrt
1858. . . .
gearbeitet in 8zeiligen Stanzen
v. Nietzsche.

Mp I 22, S. 9

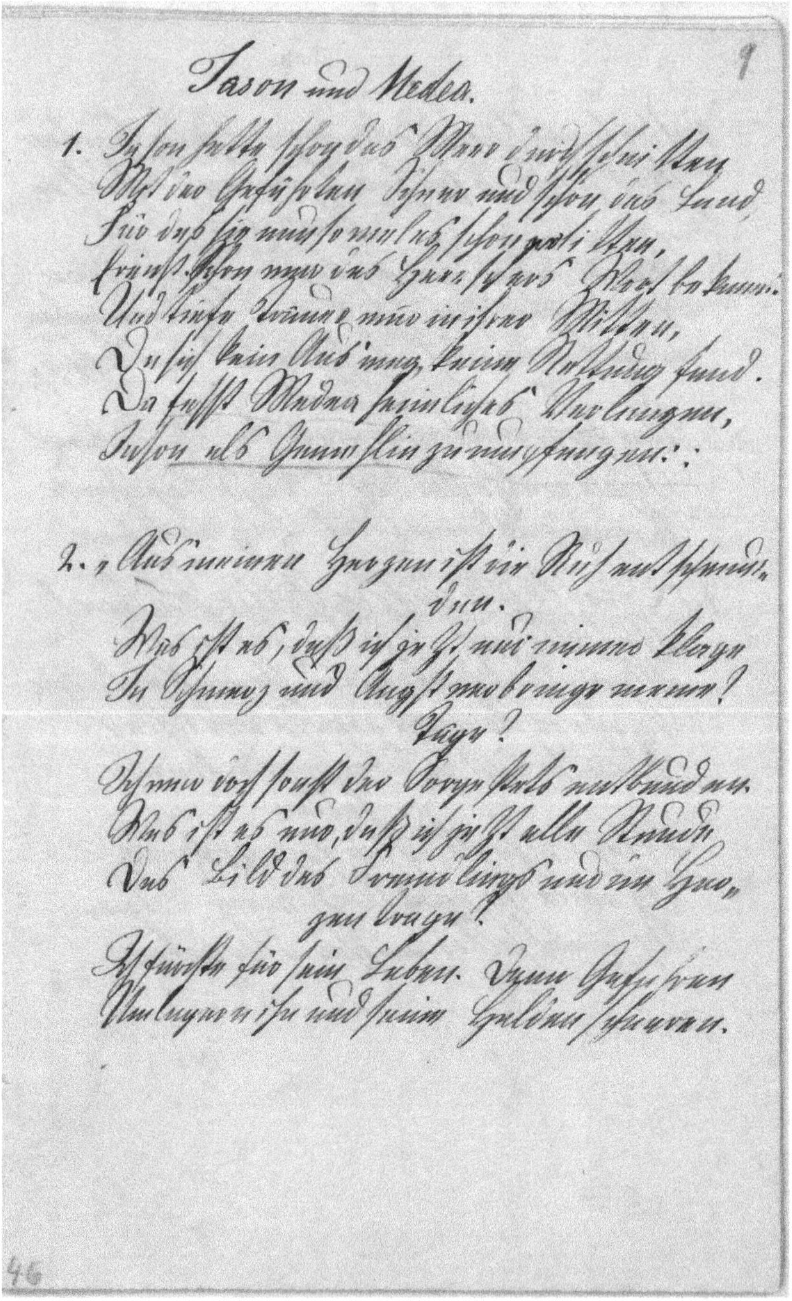

9

Jason und Medea.

1. Jason hatte schon das Meer durchschnitten
Mit den Gefährten [illegible] und schon das Land
Für das sie manche [illegible] schon gelitten,
[illegible] Kolchos betreten.
Und [illegible] in ihrer Mitten,
Da sich kein Ausweg, keine Rettung fand.
Da faßt Medea heimliches Verlangen,
Jason als Gemahlin zu umfangen.:;

2. „Aus meinem Herzen ist die Ruh entschwun-
den.
Was ist es, daß ich jetzt mit meinem Klagen
In Schmerz und Angst verbringe meine
Tage?
Ich war doch sonst der Sorgenlast entbunden.
Was ist es nur, daß ich jetzt alle Stunden
Das Bild des Fremdlings muß im Her-
zen tragen!
Ich fürchte für sein Leben. Denn Gefahren
Umlagern ihn und seine Heldenschaaren.

46

Mp I 22, S. 9
(KGW I/1, S. 263–264; HKG 1, S. 436)

[9]

Jason und Medea.

1. Jason hatte schon das Meer durchschnitten
Mit der Gefährten Schaar und schon das Land,
Für das sie nun so vieles schon ge?erlitten,
Ereicht. sSchon war des Herrschers Wort bekannt.
Und tiefe Trauer war in ihrer Mitten,
Da sich kein Ausweg, keine Rettung fand.
Da fasst Medea heimliches Verlangen,
Jason als Gemahlin zu umpfangen: :

2. „Aus meinen Herzen ist die Ruh entschwun„
den.
Was ist es, daß ich jetzt nur immer klage
In Schmerz und Angst verbringe meine?
Tage?
Ich war doch sonst der Sorge stets entbunden.
Was ist es nur, daß ich jetzt alle Stunde
Das Bild des Fremdlings nur im Herz„
en trage?
Ich fürchte für sein Leben. Denn Gefahren
Umlagern ihn und seine Heldenschaaren.

[46]

Mp I 22, S. 10

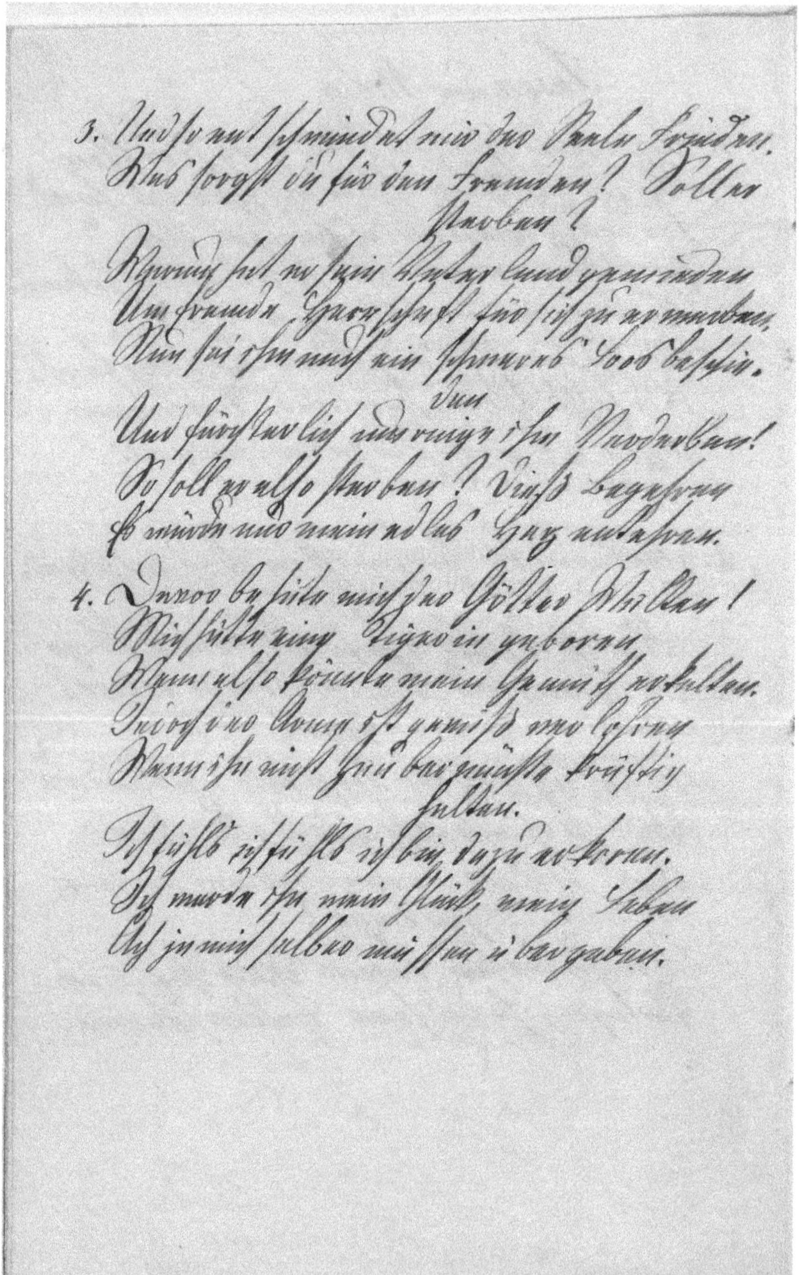
3. Und so entschwindet mir der Rache Freuden.
Was sorgst du für den Fremden? Soll er
sterben?
Warum hat er sein Vaterland gemieden
Um fremde Herrschaft für sich zu erwerben,
Nun sei ihm auch ein schweres Loos beschieden.
den
Und fürchterlich [illegible] ihn Verderben!
So soll er also sterben? Dies begehren
Es würde nie mein edles Herz entehren.
4. Davor behüten mich der Götter Walten!
Mich hätte eine Tigerin geboren
Wenn also könnte mein Gemüth erkalten.
[illegible] ist gewiß verloren
Wenn ihr nicht [illegible]
halten.
Ich fühle [illegible] ich bin dazu erkoren.
Ich werde ihr mein Glück, mein Leben
Ach ja mich selber mit ihr übergeben.

Mp I 22, S. 10
(KGW I/1, S. 264; HKG 1, S. 436)

3. Und so entschwindet mir der Seele Frieden.
Was sorgst du für den Fremdem? Soll er
sterben?
Warum hat er sein Vaterland gemieden
Um fremde Herrschaft für sich zu erwerben.
Nun sei ihm auch ein schweres Loos beschie„
den
Und fürchterlich umringe ihn Verderben!
So soll er also sterben? Dieß Begehren
Es würde nur mein edles Herz entehren.

4. Davor behüte mich der Götter Walten!
Mich hätte eine Tigerin geboren
Wenn also könnte mein Gemüth erkalten.
Jedoch der Arme ist gewiß verlohren
Wenn ihn nicht Zaubermächte kräftig
halten.
Ich fühl's, ich fühls ich bin dazu erkoren.
Ich werde ihn mein Glück, mein Leben
Ach ja mich selber müssen übergeben.

Mp I 22, S. 11

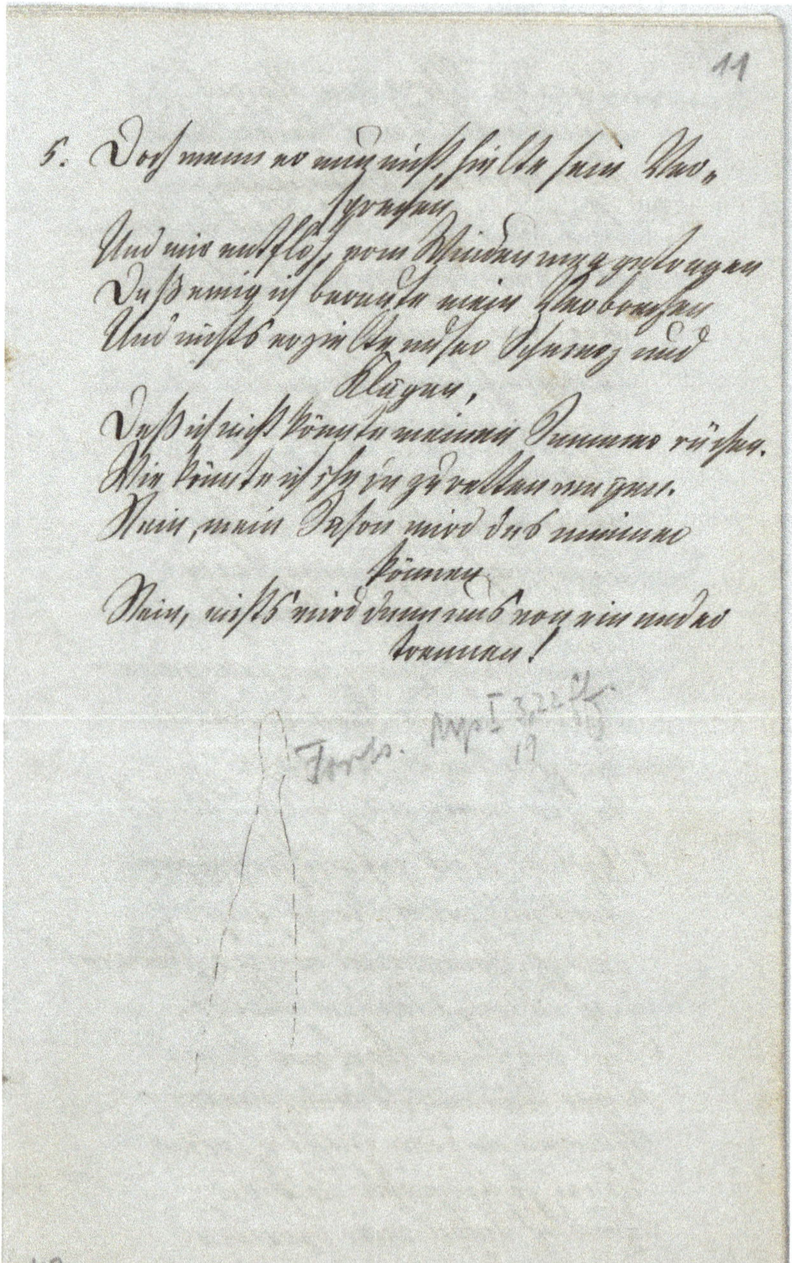

Mp I 22, S. 11
(KGW I/1, S. 264; HKG 1, S. 437)

[11]

5. Doch wenn er nun nicht hielte sein Ver„
sprechen
Und mir entflöh, vom Winden weggetragen
Daß ewig ich bereute mein Verbrechen
Und nichts erzielte auser Schmerz und
Klagen,
Daß ich nicht könnte meinen Jammer rächen.
Wie könnte ich ihn da zu retten wagen.
Nein, mein Jason wird das nimmer
können
Nein, nichts wird dann uns von einander
trennen!

[Forts. Mp I 3,22 ff.
19]

[47]

Mp I 22, S. 12

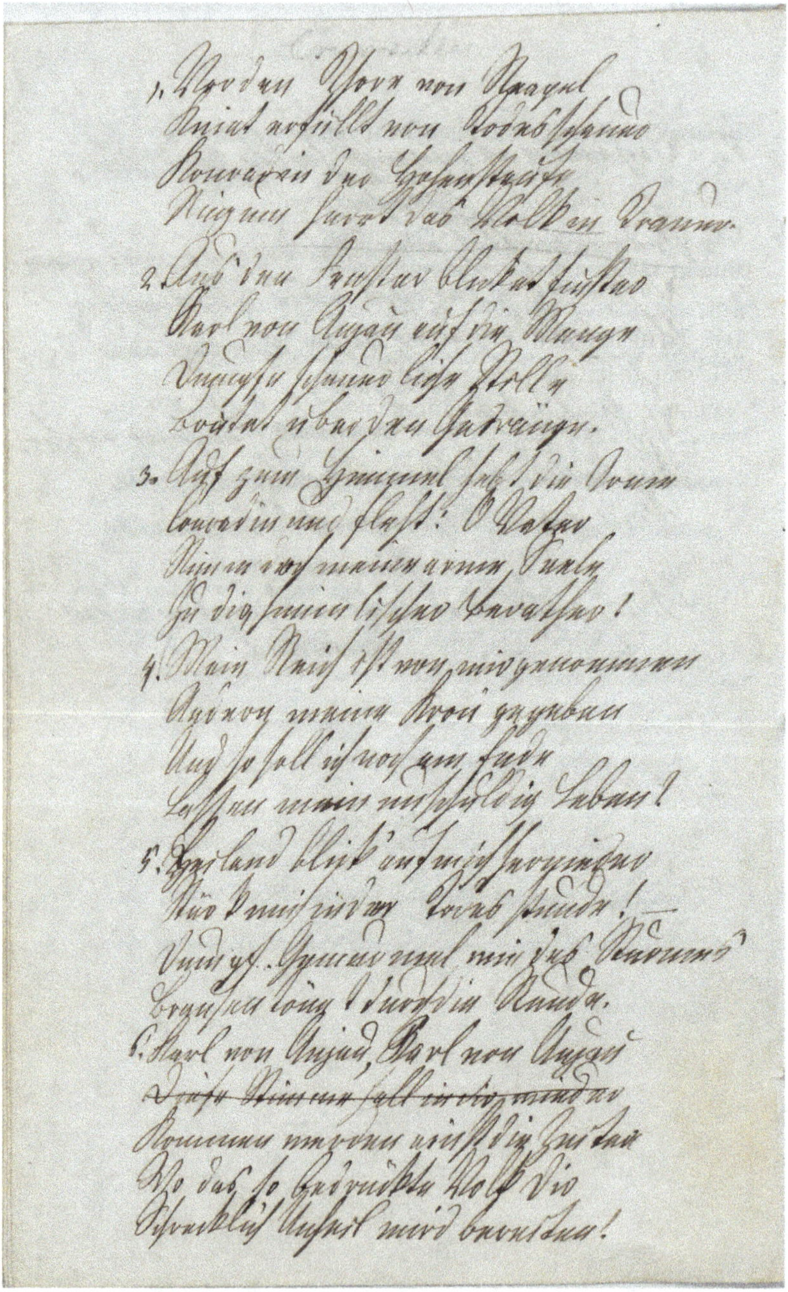

Mp I 22, S. 12
(KGW I/1, S 265; HKG 1, S. 438)

[Conradin]

1. Vor den Thore von Neapel
Kniet erfüllt von Todesschauer
Konradin der Hohenstaufe
Ringum harrt das Volk in Trauer.
2. Aus den Fenster blicket finster
Karl von Anjau auf die Menge
Dumpfe schauerliche Stille
Brütet über den Gedränge.
3. Auf zum Himmel hebt die Arme
Conradin und fleht: O Vater
Nimm doch meine arme Seele
Zu dir, himmlischer Berather!
4. Mein Reich ist von mir genommen
Andern meine Kron' gegeben
Und so soll ich noch am Ende
Lassen mein unschuldig Leben?
5. Heiland blick' auf mich hernieder
Stärk mich in der Todesstunde! –
Dumpf Gemurmel wie des Sturmes
Brausen tönet durch die Runde.
6. Karl von Anjau, Karl von Anjau
~~Diese Stimme hall in dir wieder~~
Kommen werden einst die Zeiten
Wo das so bedrückte Volk Dir
Schrecklich Unheil wird bereiten!

Mp I 22, S. 13

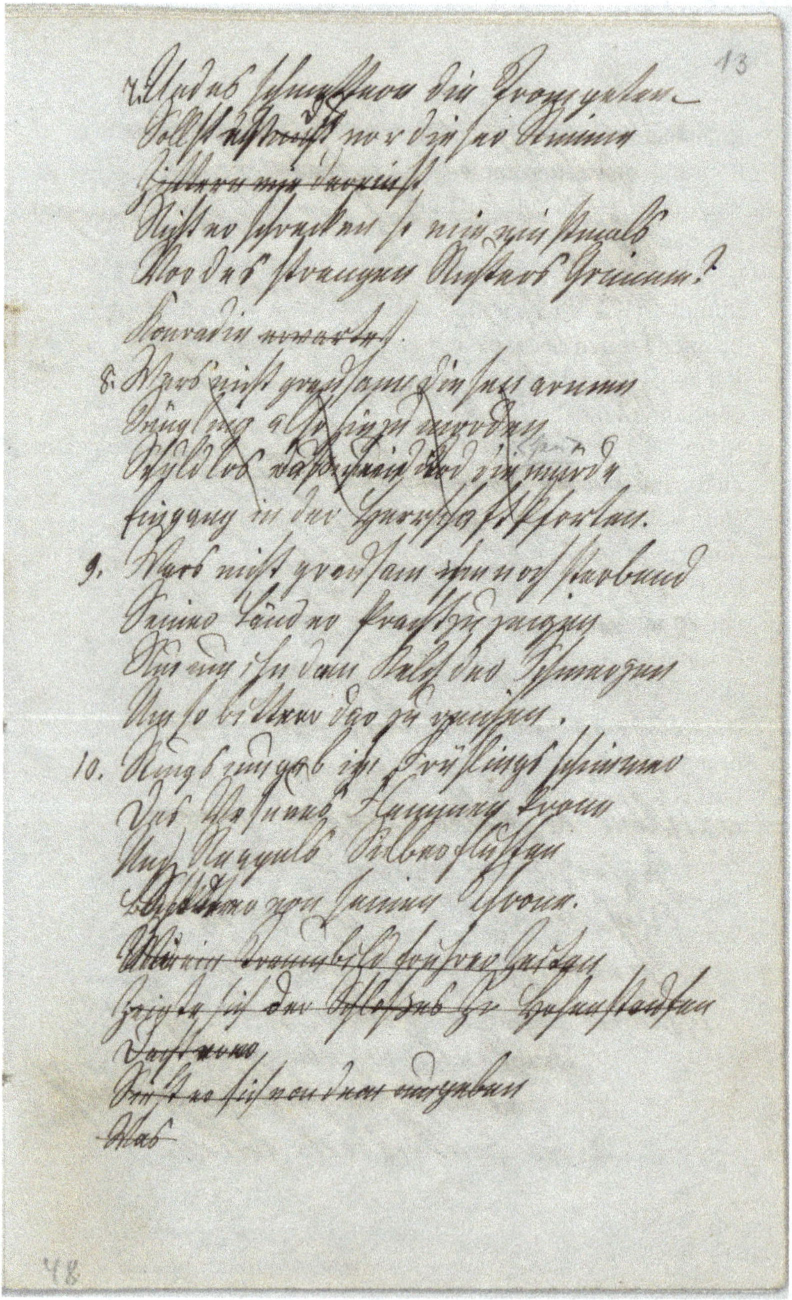

Mp I 22, S. 13
(KGW I/1, S. 266; HKG 1, S. 438–439)

[13]

7. Und es schmettern die Trompeten –
Sollst est~~dereinst~~Du vor dieser Stimme
~~Zittern wie dereinst~~
Nicht erschrecken so wie einstmals
Vor des strengen Richters Grimme?
Konradin ~~erwartet~~.

8. ~~Wars nicht grausam diesen armen~~
~~Jüngling also hinzumorden~~
~~Schuldlos daß sein Tod die[<dir>] würde~~
~~Eingang in der Herrschaft Pforten.~~

9. Wars nicht grausam ihm noch sterbend
Seiner Länder Pracht zu zeigen
Nur um ihn dem Kelch der Schmerzen
Umso bittrer darzureichen.

10. Rings umgab ~~in~~hn Frühlingsschimmer
Des Vesuves Flammenkrone
Und Neapels Silberfluhten
~~Blickte~~Schaute er von seinen Throne.
~~UndWie ein Traumbild früher Zeiten~~
~~Zeigte sich der Schloßes Zr Hohenstaufen~~
~~Dacht xer xx~~
~~Sieht er sich von dem umgeben~~
~~Was~~

[48]

Mp I 22, S. 14

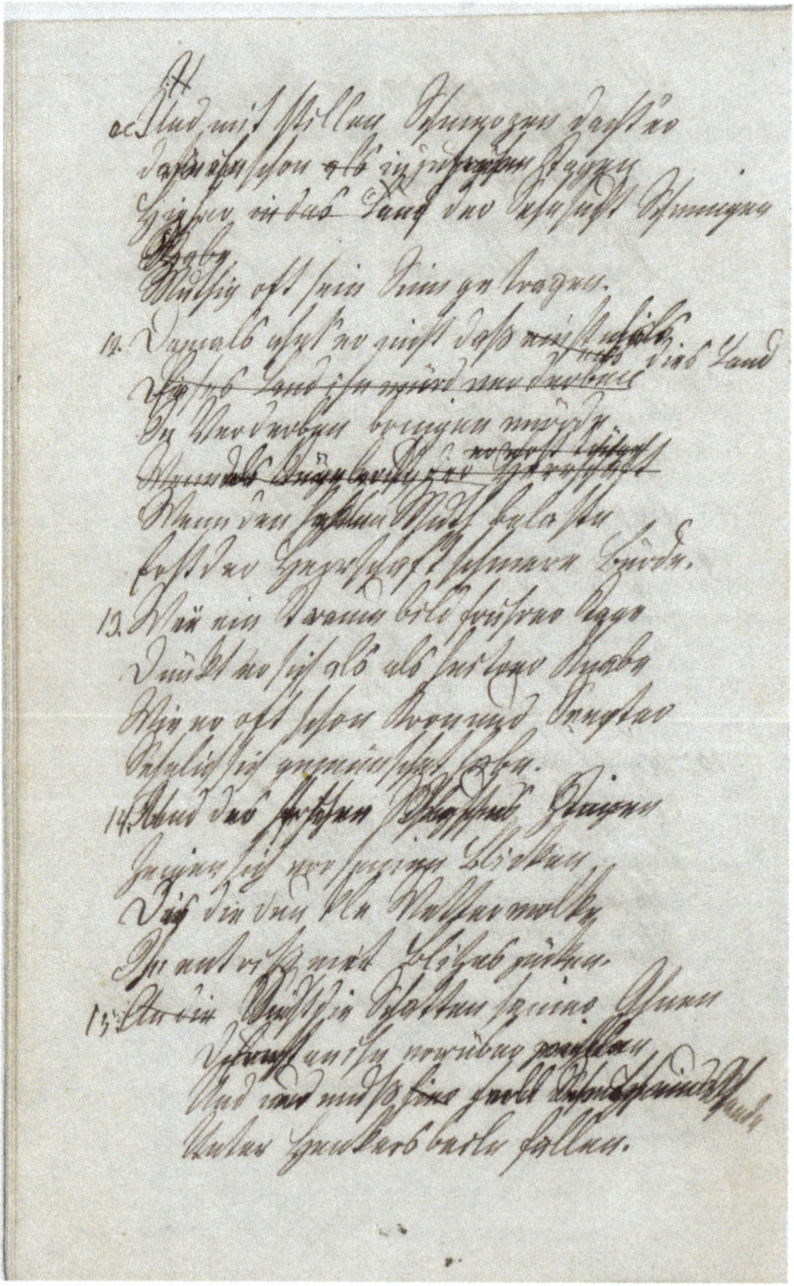

Mp I 22, S. 14

(KGW I/1, S. 266–267; HKG 1, S. 439)

~~U~~?

~~11.~~? Und mit stillen Schmerzen dacht' er
~~daß~~wie ~~xxx~~ihn schon ~~als~~ in ~~jüngsten~~frühen Tagen
Hieher ~~in das Land~~auf der Sehnsucht Schwingen
~~XHabe~~
Muthig oft sein Sinn getragen.

12. Damals ahnt'er nicht daß ~~einstmalshier~~
~~was~~? dies Land
~~DieEises Land ihn würd verderben~~
In Verderben bringen würde
er erst trüge?
~~Wenn XXX XXXX XXXX der Herrschaft~~
Wenn den ~~hohen~~edlen Muth belaste
Erst der Herrschaft schwere Bürde.

13. W~~en~~ie ein T~~a~~raumbild früherer Tage
Dünkt er sich als als heitrer Knabe
Wie er oft schon Kron und Scepter
Sehnlich sich gewünschet habe.

14. ~~Te~~? Und d~~as~~er ~~hxxx~~frühen ~~Sxxx~~Jugend ~~xxx~~Tage
Zeigen sich vor seinen Blicken
D~~as~~ie die dunkle Wetterwolke
Ihn entriß mit Blitzeszücken.

15. ~~An die~~ ~~xxx~~Sieht die Schatten seiner Ahnen
d~~xxx~~Ernst an ihn vorüber ~~ziehen~~wallen
Und ~~und~~er muß ~~hier~~ f~~xxx~~voll ~~xxxxxx~~Schimpf und Schande
Unter Henkersbeile fallen.

Mp I 22, S. 15

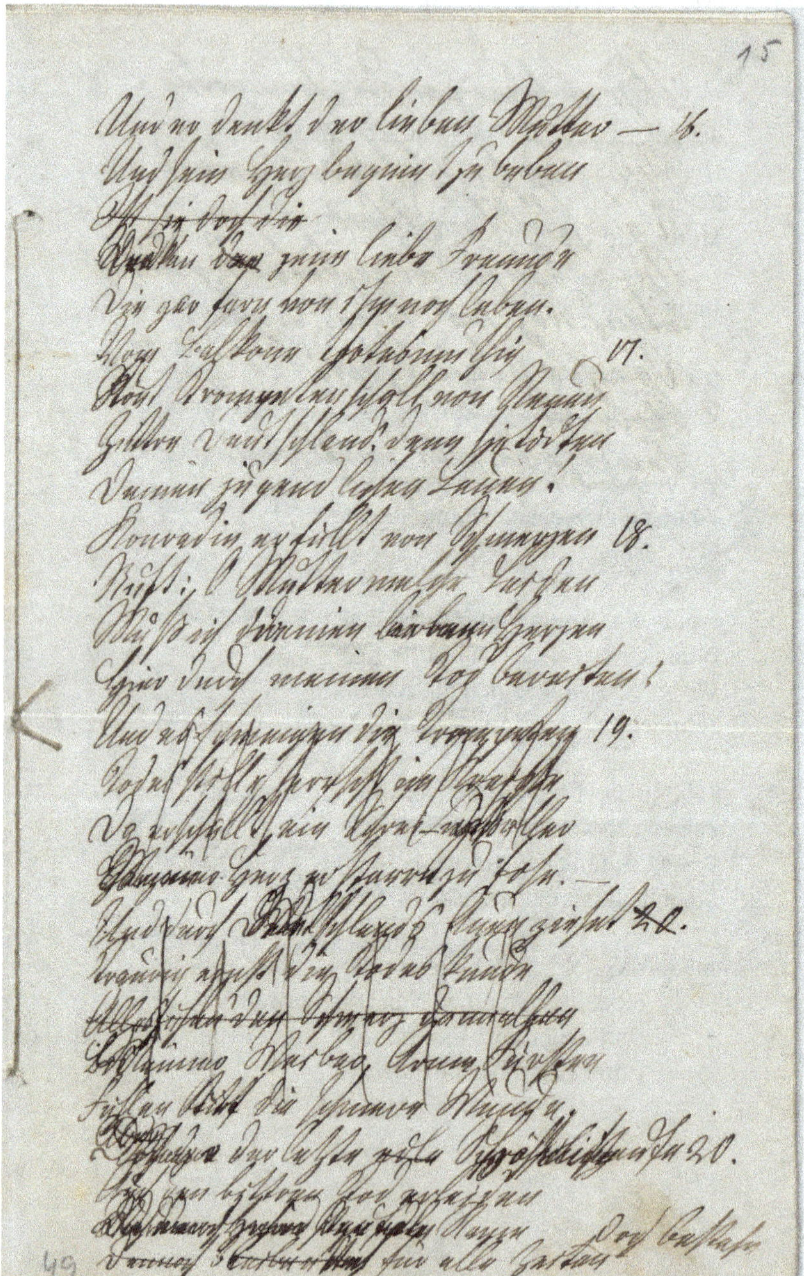

Mp I 22, S. 15
(KGW I/1, S. 267; HKG 1, S. 439–440)

[15]

Und er denkt der lieben Mutter – 16.
Und sein Herz beginnt zu beben
~~Ist sie doch die~~
~~Und~~Denk an ~~den~~ jene liebe Freunde
Die gar fern von ihm noch leben.

Vom Balkone thotesmuthig 17.
~~S~~Tönt Trompetenschall von Neuen
Zittre Deutschland! denn sie tödten
Deinen jugendlichen Leuen!

Konradin erfüllt von Schmerzen 18.
Ruft: O Mutter welche Leiden
Muß ich ~~xxx~~deinem ~~xxx~~lieben Herzen
Hier durch meinen Tod bereiten!

~~Und es schweigen die Trompeten~~ 19.
~~Todesstille herrscht in Kreise~~[?]
~~Da erschallt ein Schrei – unddaß aller~~
~~XXX~~Herz erstarrt zu Eise[?]. –

~~Und durch XXXDeutschlands Auen ziehet 20.~~
~~Traurig ernst die Todeskunde~~
~~Alles fühnln' den Schmerz XXX~~
~~XMänner Weiber, Arme Fürsten~~
~~fühlen XXXtief die schwere Wunde.~~

~~XXX~~Mag der letzte ~~edle~~ ~~XXX~~Hohenstaufe 20.
Auch den bittren Tod erleiden
~~XXX~~Dennoch ~~XXX~~wird ~~XXX~~der ~~XXX~~edle Name Doch bestehn
[49] ~~Dennoch bleiben XXX~~ für alle Zeiten

Mp I 22, S. 16

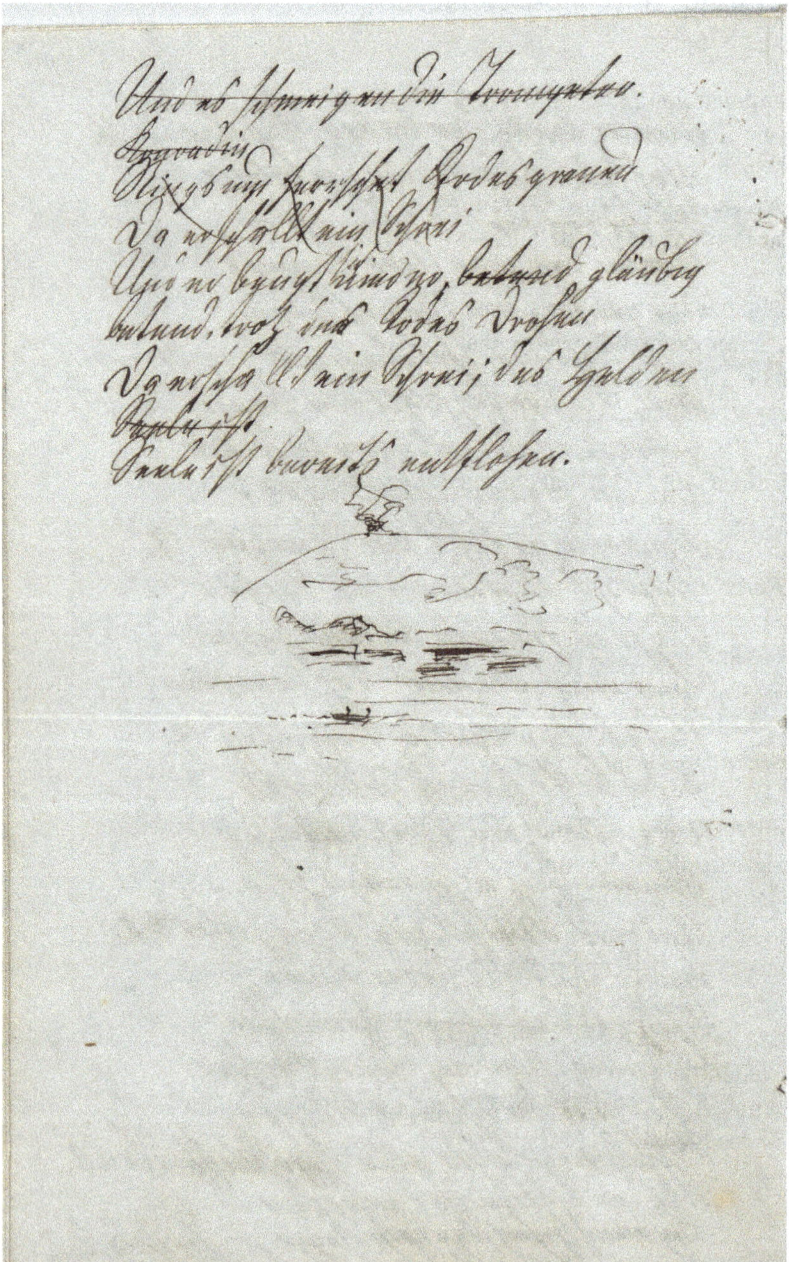

Mp I 22, S. 16

(KGW I/1, S. 267–268; HKG 1, S. 439–440)

~~Und es schweigen die Trompet~~en.
~~Konradi~~n
~~Rings um herrschet Todesgrauen~~
~~Da erschallt ein Schrei~~
                                        sich
Und er beugt nieder, ~~beten~~d gläubig
betend, trotz de~~n~~s Todes Drohen
Da erschallt ein Schrei; des Helden
~~Seele is~~t
Seele ist bereits entflohen.

Mp I 22, S. 17

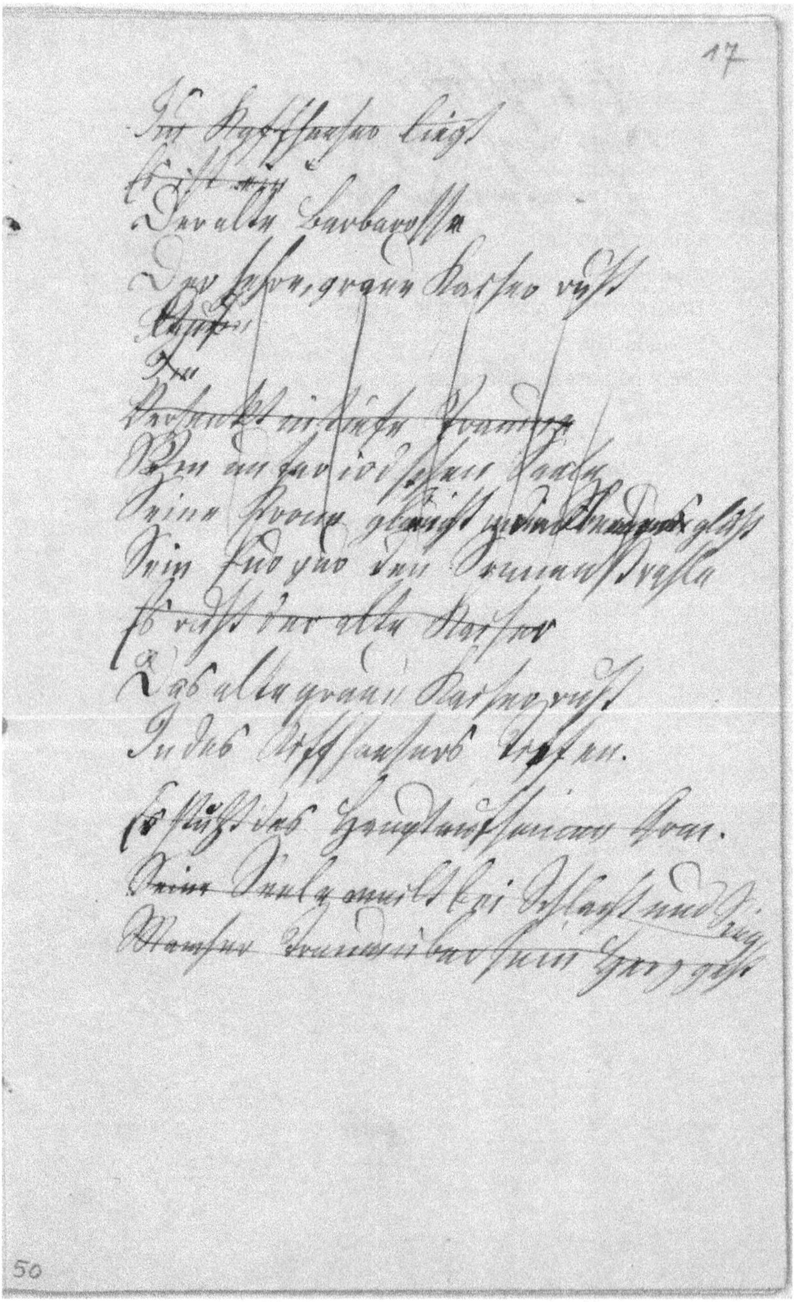

Mp I 22, S. 17

(fehlt in KGW und HKG; vgl. den unbestimmten Hinweis auf „meist durchstrichene Gedichtentwürfe“ im Nachbericht von HKG 1, S. 465)

[17]

~~Im Kyffhauser liegt~~
~~Es ist Xin~~
Der alte Barbarossea
Der hehre, graue Kaiser ruht
~~Im~~? ~~Auf~~
~~Im~~
~~Versenkt in tiefe Traume~~
~~SeIm unterirdschen Saale~~
~~Seine Krone glänn ist XXX~~ glüht
Sein Purpur den Sonnenstrahle
~~Es ruht der alte Kaiser~~
~~a~~
Der alte graue Kaiser ruht
In des Kiffhausers Ti~~f~~efen.
~~Er stützt das Haupt auf seinen Arm.~~
~~Seine Seele weilt bei Schloß und Sieg~~
~~Mancher Traum über sein Herz geht~~

[50]

Mp I 22, S. 18

Mp I 22, S. 18

(fehlt in KGW und HKG; vgl. den unbestimmten Hinweis auf „meist durchstrichene Gedichtentwürfe“ im Nachbericht von HKG 1, S. 465)

~~Er zwinketrt,~~
~~Der Knabe ihm zur Seite steht~~
~~Erwartend dass Ba~~

Mp I 22, S. 19

Mp I 22, S. 19

(unbeschriebene Seite, mit beiden Paginierungen)

[19]

[51]

Mp I 22, S. 20

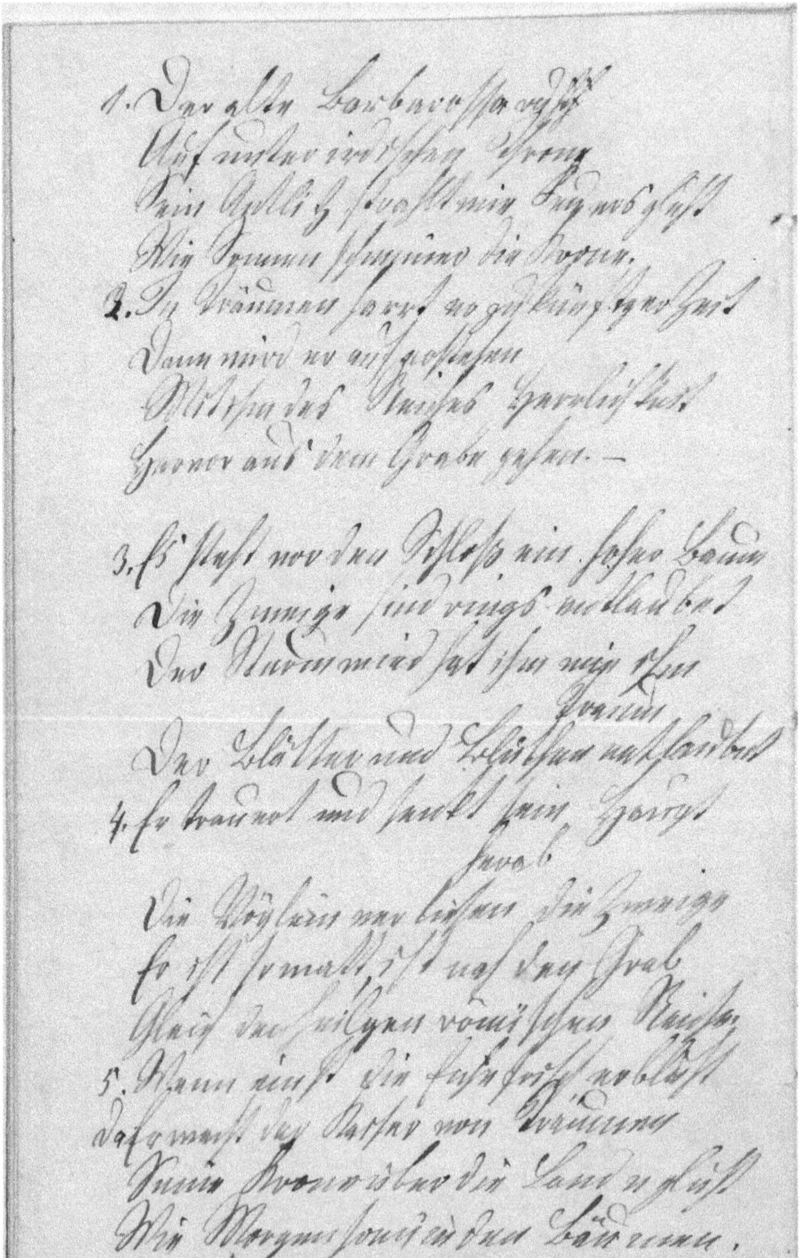

Mp I 22, S. 20
(KGW I/1, S. 268–269; HKG 1, S. 440)

1. Der alte Barbarossa ruht
Auf unterirdischen Throne
Sein Antlitz strahlt wie Feuersgluht
Wie Sonnenschimmer die Krone.
~~3~~2.In Träumen harrt er zukünftger Zeit
Dann wird er auferstehen
Mit ihm des Reiches Herrlichkeit
Hervor aus dem Grabe gehen. –

3. Es steht vor den Schloß ein hoher Baum
Die Zweige sind rings entlaubet
Der Sturmwind hat ihm wie im
Traum
Der Blätter und Blüthen entlaubet
4. Er trauert und senkt sein Haupt
herab
Die Vöglein verliesen die Zweige
Er ist so matt, ist nah den Grab
Gleich den heilgen römischen Reiche.
5. Wenn einst die Eiche frisch erblüht
da Erwacht der Kaiser von Träumen
Seine Krone über die Lande glüht
Wie Morgensonn' in den Bäumen.

Mp I 22, S. 21

21
Schon erwacht das [illegible]
[illegible];
Die goldnen Zeit wiederscheinen!
Alle Lande Söhne der für [illegible]
In Frieden und Segen vereinen. —
52

Mp I 22, S. 21
(KGW I/1, S. 269; HKG 1, S. 440)

[21]

6. Er ergreift das Scepter mit starker
Hand,
Die goldene Zeit wirderscheinen!
Alle Lande ~~XXX~~wird ~~XXX~~dann der Eintracht Band
In Frieden und Segen vereinen. –

[52]

Mp I 22, S. 22

Mp I 22, S. 22
(unbeschriebene Seite)

Mp I 22, S. 23

23

Nahe bei Luzern liegt in einem Schweizer
Thal ein Dörflein mit Namen Nübling
Felder und Wiesen ~~Wöl~~ bedecken sich und

53

Mp I 22, S. 23

(KGW I/1, S. 269; in HKG nicht ediert, der Nachbericht in HKG 1, S. 465 weist Mp I 22, S. 23–25 als „Entwürfe des Folgenden“ aus, d. i. Mp I 22, S. 26)

[23]

Nahe bei Lützen liegt in anmuthiger
Flur ein Dörflein mit Namen Röcken
Felder und Wiesen ~~Wäl~~ breiten sich um

[53]

Mp I 22, S. 24

Mp I 22, S. 24

(fehlt in KGW und HKG; der Nachbericht in HKG 1, S. 465 weist Mp I 22, S. 23–25 als „Entwürfe des Folgenden“ aus, d. i. Mp I 22, S. 26)

~~Inder Nähe von Lützen liegt das Dörf„~~
~~lein Röcken. Inder der die dxLandstraße~~
~~sie wandert schaut mit freundlichen Blick~~

Mp I 22, S. 25

Mp I 22, S. 25

(KGW I/1, S. 269; in HKG nicht ediert, der Nachbericht in HKG 1, S. 465 weist Mp I 22, S. 23–25 als „Entwürfe des Folgenden“ aus, d. i. Mp I 22, S. 26)

[25]

Nahe bei Lützen jenen weltberühmten
Ort, liegt ~~d~~ein Dörflein, von Erlengebüsch
umschattet. Viele welche die Landstraße
hin wandern werfen ihm einen freundlichen
Blick zu

[54]

Mp I 22, S. 26

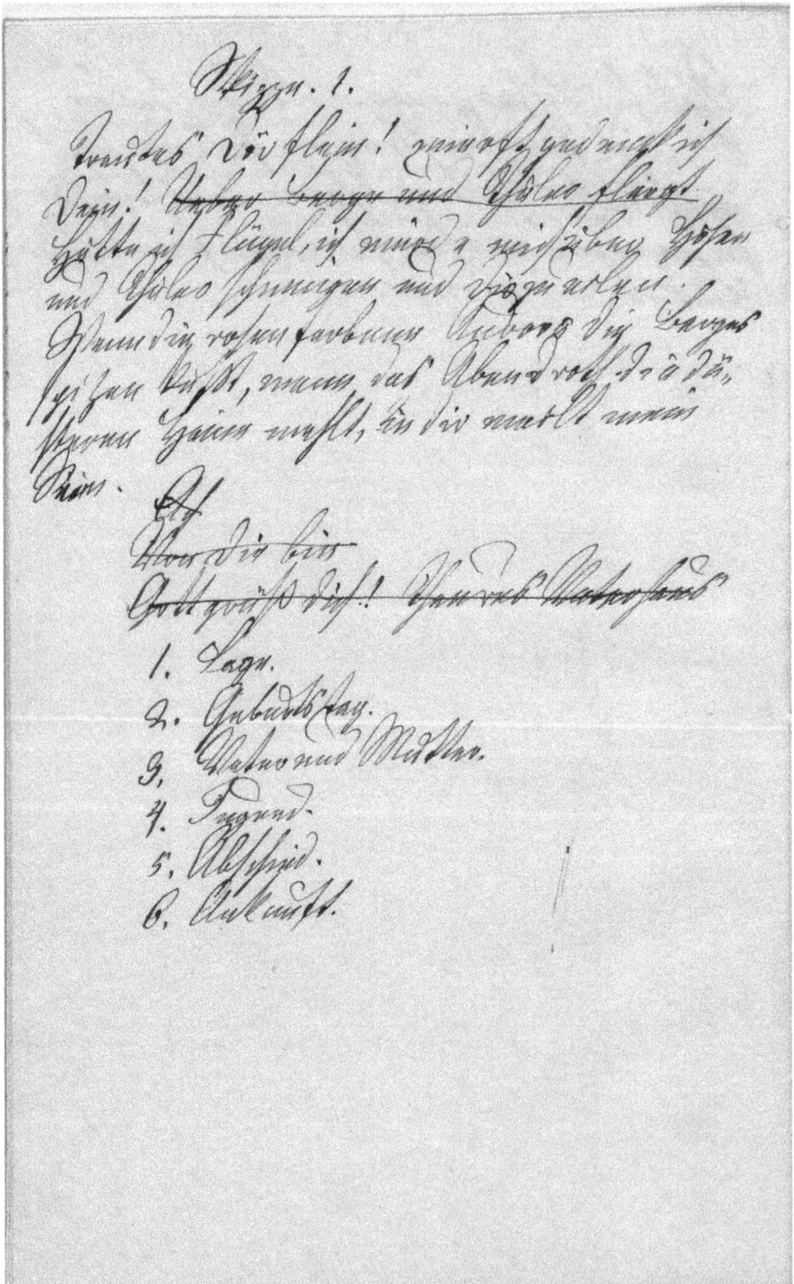

Skizze 1.

1. Sage.
2. Geburtstag.
3. Vater und Mutter.
4. Jugend.
5. Abschied.
6. Ankunft.

Mp I 22, S. 26
(KGW I/1, S. 269–270; HKG 1, S. 441)

Skizze. 1.

Trautes Dörflein! wie oft gedenck ich
Dein! ~~Ueber Burgen und Thäler fliegt~~
Hätte ich Flügel, ich würde mich über Höhen
und Thäler schwingen und Dir zu eilen.
Wenn die rosenfarbene Aurora die Berges
spitzen küßt, wenn das Abendroth die dü„
steren Haine mahlt, in dir weilt mein
S~~n~~inn.

~~Ach~~
~~Von Dir bin~~
~~Gott grüß dich! Theures Vaterhaus~~

1. Lage.
2. Geburtstag.
3. Vater und Mutter.
4. Jugend.
5. Abschied.
6. Ankunft.

Mp I 22, S. 27

Mp I 22, S. 27
(unbeschriebene Seite, mit beiden Paginierungen)

[27]

[55]

Mp I 22, S. 28

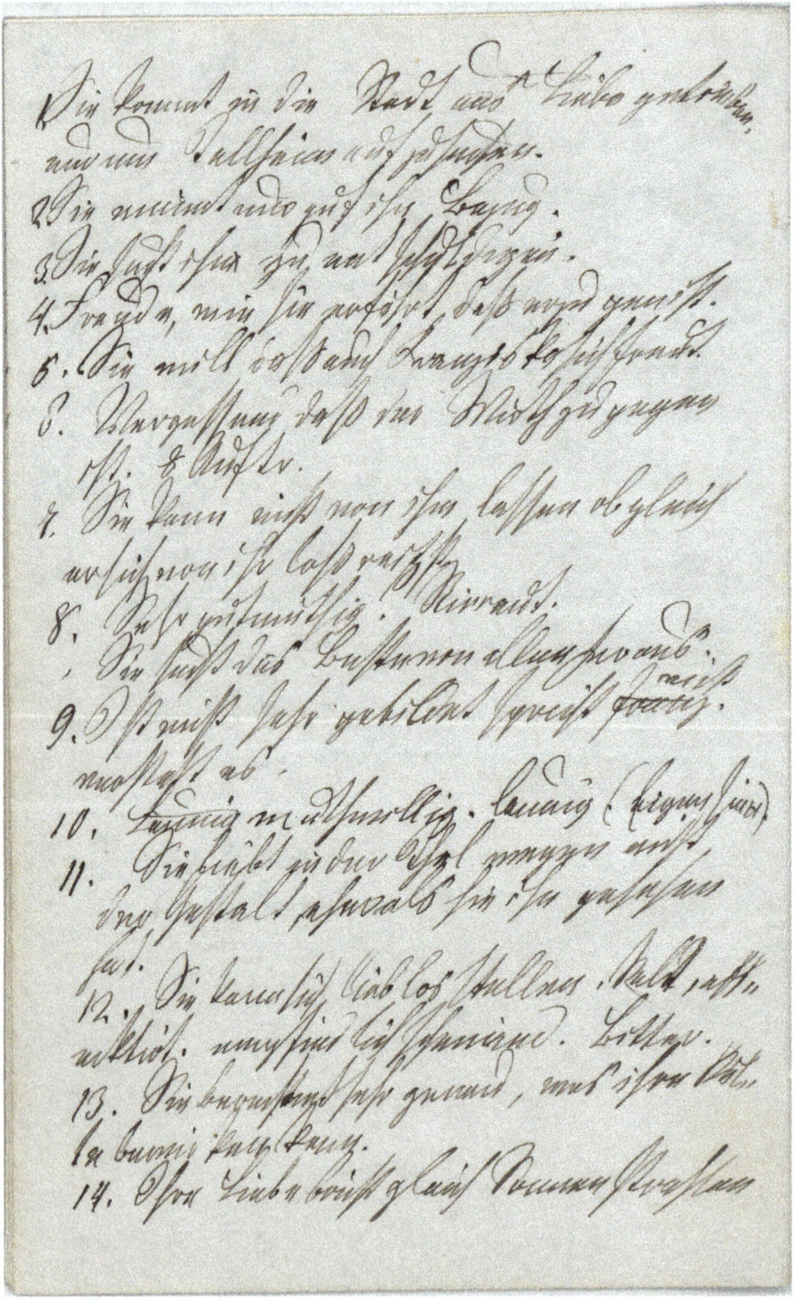

Mp I 22, S. 28
(KGW I/1, S. 270; HKG 1, S. 441)

1.Sie kommt in die Stadt aus Liebe getrieben,
nur um Tellheim aufzusuchen.
2.Sie nimmt nur auf ihn Bezug.
3. Sie sucht ih~~m~~n zu entschuldigen.
4. Freude, wie sie erfährt, daß er zugen ist.
5. Sie will daß auch Franziska sich freut.
6. Vergessend daß der Wirth zugegen
ist. ~~8~~ Auftr.
7. Sie kann nicht von ihm lassen obgleich
er sich von ihr loßreißst.
8. Sehr gutmüthig. Riccaut.
. Sie sucht das Beste von allen heraus.
9. Ist nicht sehr gebildet spricht ~~franz~~nicht.
versteht es.
10. ~~Launig~~ muthwillig. launig (. Eigensinn).
11. Sie liebt in der That wegen nicht
der Gestalt, eher als sie ihn gesehen
hat.
12. Sie kann sich lieblos stellen, kalt, aff„
ecktirt. empfindlich scheinend. Bitter.
13. Sie berech~~t~~net sehr genau, was ihre Käl„
te bewirken kann.
14. Ihre Liebe bricht gleich Sonnenstrahlen

Mp I 22, S. 29

durch den Nebel. 29

56

Mp I 22, S. 29
(KGW I/1, S. 270; HKG 1, S. 441)

durch den Nebel. [29]

[56]

Mp I 22, S. 30

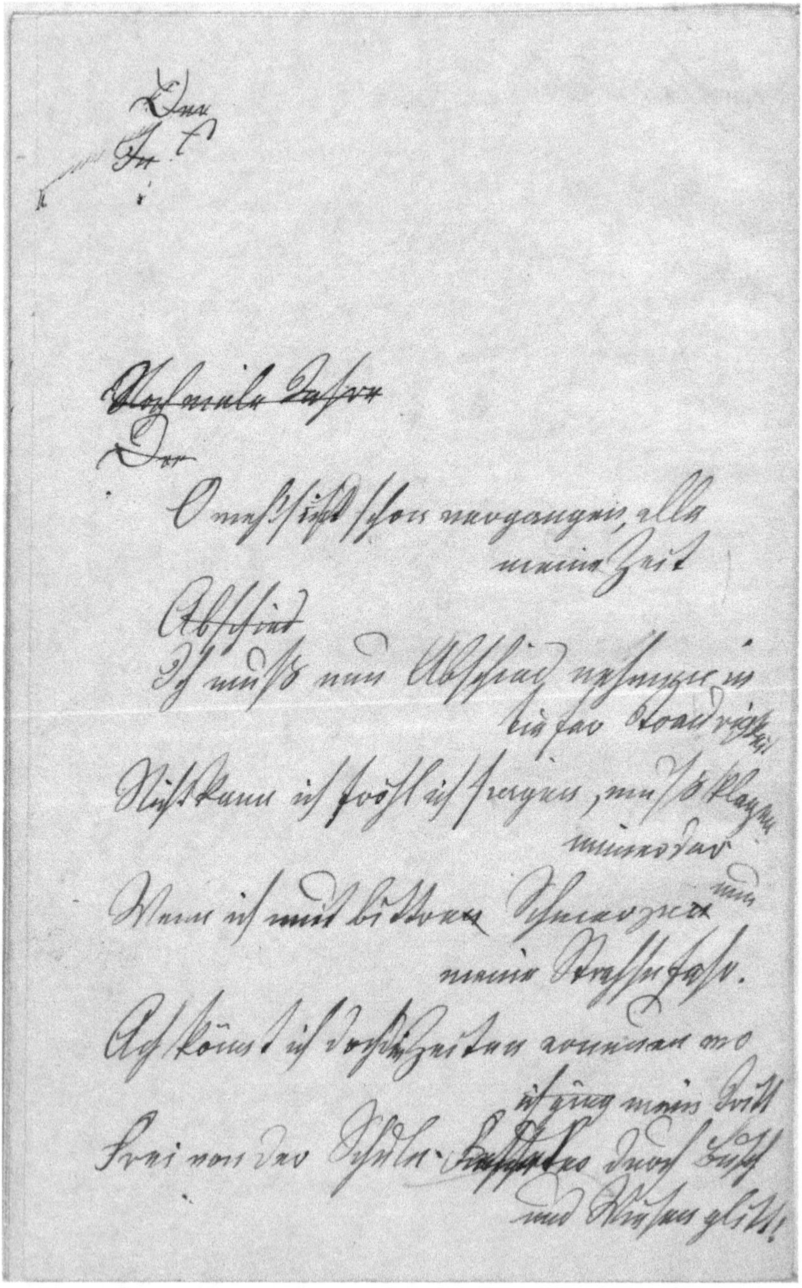

Mp I 22, S. 30
(KGW I/1, S. 271; HKG 1, S. 441)

~~Der~~
~~In~~

~~SNoch viele Jahre~~
~~Der~~
O weh! si~~n~~st schon vergangen, alle
meine Zeit
~~Abschied~~
Ich muß nun Abschied nehmen in
tiefer Traurigkeit
Nicht kann ich fröhlich singen, muß klagen
immerdar
nun
Wenn ich ~~um~~mit bittre~~n~~ Schmerze~~n~~
meine Strahse fahr.
Ach könnt ich doch die Zeiten erneuen wo
~~ich ging~~ mein Tritt
Frei von der Schule ~~Fessel~~marter durch Busch
und Wiesen glitt!

Mp I 22, S. 31

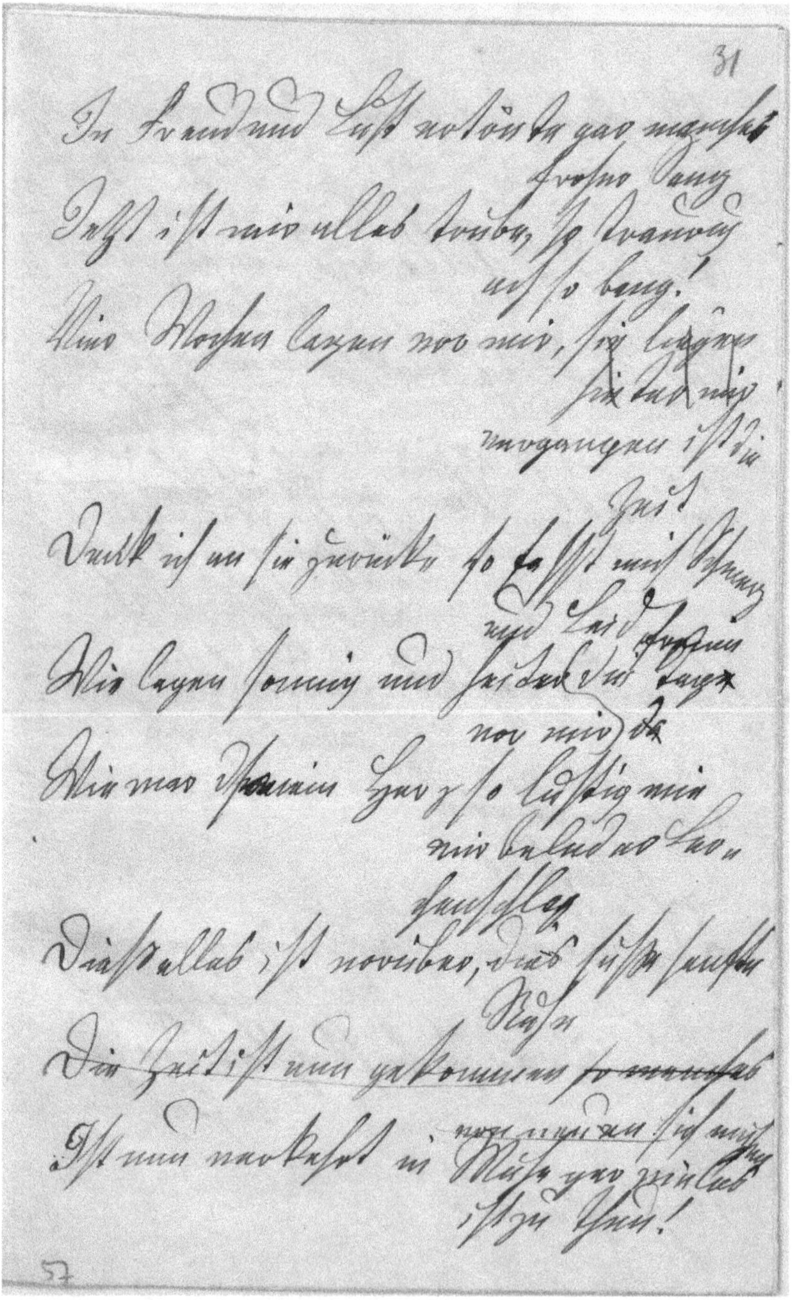

Mp I 22, S. 31
(KGW I/1, S. 271; HKG 1, S. 441–442)

[31]

In Freud und Lust ertönte gar manche~~s~~r
froher Sang
Jetzt ist mir alles trübe, so traurig
ach so bang!
Vier Wochen lagen vor mir, ~~sie liegen~~
~~hinter mir~~
vergangen ist die
Zeit
Denk ich an sie zurück, so fasst mich Schmerz
und Leid
freien
Wie lagen sonnig und heiter die Tag~~e~~
vor mir ~~da~~
Wie war ~~dsx~~?mein Herz so lustig wie
wirbelnder Ler„
chenschlag
Dieß alles ist vorüber, dies süße sanfte
Ruhn
~~Die Zeit ist nun gekommen so manches~~
~~von neuen~~ sich mühen
Ist nun verkehrt in Mühe gar vieles
ist zu thun!

[57]

Mp I 22, S. 32

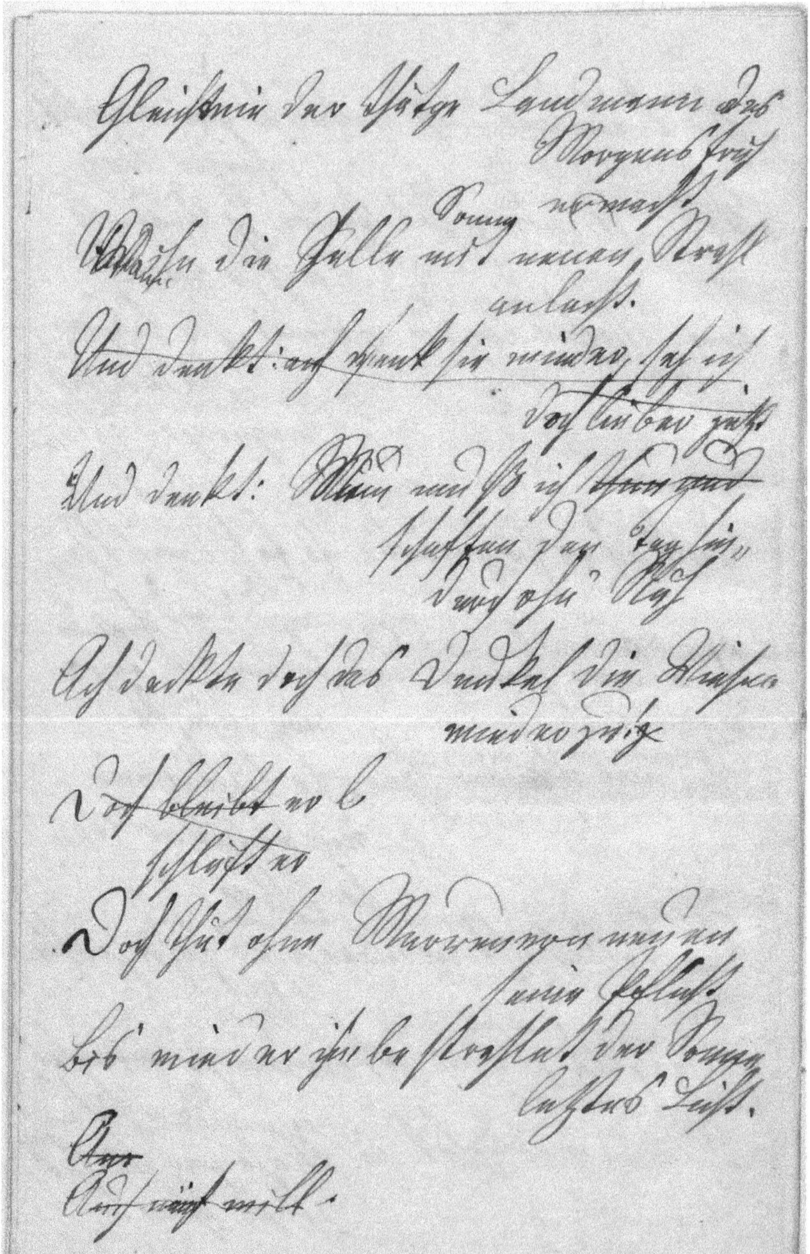

Mp I 22, S. 32
(KGW I/1, S. 271; HKG 1, S. 442)

Gleich~~t~~wie der thätge Landmann des
Morgens früh
erwacht
Sonne
~~Und~~Wann ihn die ~~S~~helle mit neuen Strahl
anlacht.
~~Und denkt: auch msenk sie wieder, seh ich~~
~~doch lieber jetzt~~
Und denkt: ~~Mu~~Nun muß ich ~~thun und~~
schaffen den Tag hin„
durch ohn’ Ruh
Ach deckte doch das Dunkel die Wiesen
wieder zu! ~~z~~
~~Doch bleibt~~ er l
~~schläft er~~
Doch thut ohne Murren von neuen
seine Pflicht
Bis wieder i~~n~~hn bestrahlet der Sonne
letztes Licht.
~~Auc~~
~~Auch nxxxich will~~

Mp I 22, S. 33

Mp I 22, S. 33
(KGW I/1, S. 271; HKG 1, S. 442)

[33]

~~Auch will~~
Drum will auch ich bis wieder die schöne
Zeit erscheint,
~~Arbeiten~~
Ohn' Trauer meine Arbeit thun. So
hab ich's gemeint.

———

[58]

Mp I 22, S. 34

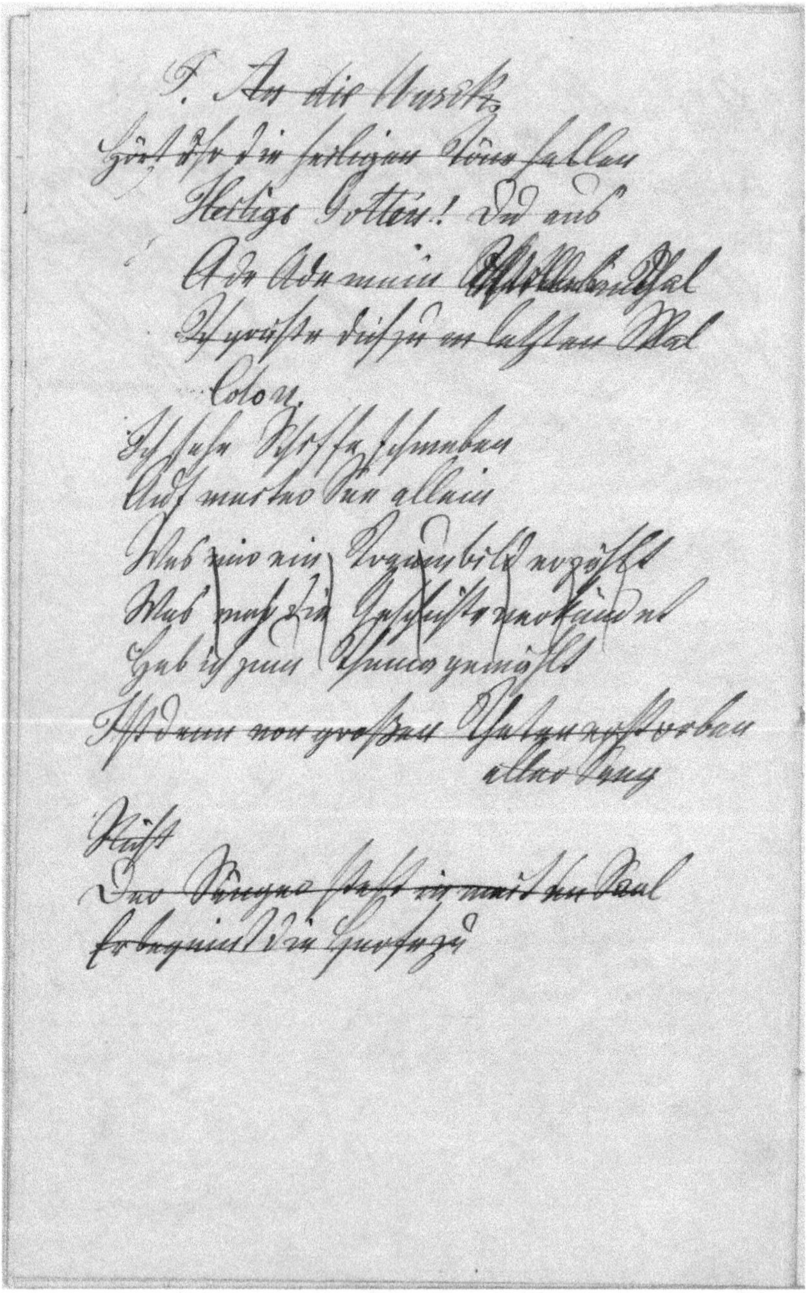

Mp I 22, S. 34

(KGW I/1, S. 272; in HKG 1, S. 442 nur „Colon." über den drei Zeilen von Mp I 22, S. 35)

~~I.~~ ~~An die Musik.~~
~~Hört dihr die heiligen Töne fal~~len
~~Heilige Gottin! Du aus~~
~~Ade Ade mein XXXHeimaths Thal~~
~~Ich grüße dich zum letzten Mal~~
Colon.
Ich sehe Schiffe schweben
Auf weiter See allein

~~Was mir ein Traumbild erzählt~~
~~Was mir die Geschichte verkündet~~
~~Hab ich zum Thema gewählt~~

~~Ist denn von großen Thaten erstreben~~?
~~aller Sang~~

~~Nicht~~
~~Der Sänger steht inmeitxen Saal~~
~~Er beginnt die Harfe zu~~

Mp I 22, S. 35

Mp I 22, S. 35
(KGW I/1, S. 272; HKG 1, S. 442)

[35]

~~Wer steht an~~
~~Ich seh ein Schi~~
Drei Schiffe seh ich fahren
Gleiten durch die See
O wie

[59]

Mp I 22, S. 36

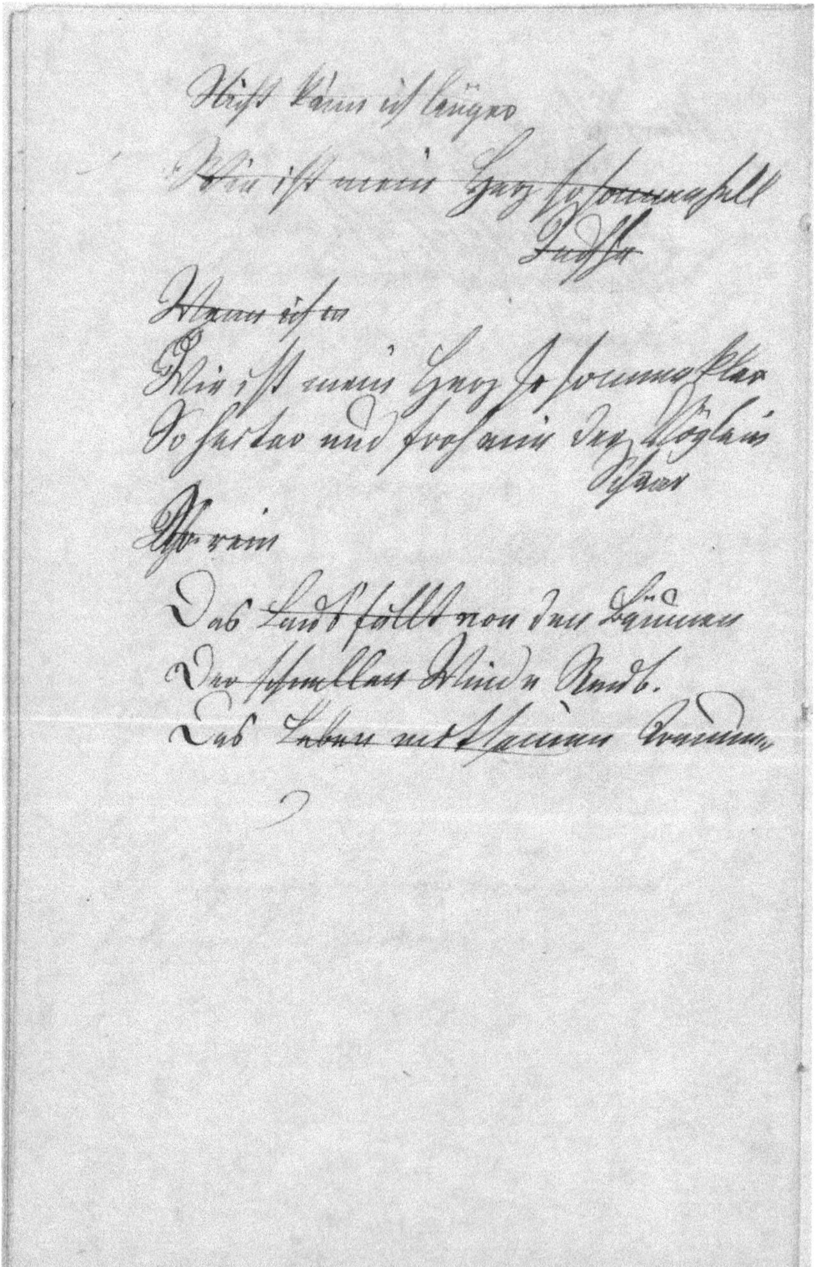

Mp I 22, S. 36
(KGW I/1, S. 272; HKG 1, S. 442)

~~Nicht kann ich lügen~~
~~Wie ist mein Herz so sonn~~enhell
                                        ~~Juchhe~~
~~Wenn ich m~~
Wie ist mein Herz so sonnenklar
So heiter und froh wie der Vöglein
                                        Schaar
~~XXXIhr~~[?] ~~xein~~[?]
Das ~~Laub fällt v~~on den Bäumen
De~~r schnellen W~~inde Raub.
Das ~~Leben mitseinen~~ Traumen

Mp I 22, S. 37

37

60

Mp I 22, S. 37
(unbeschriebene Seite, mit beiden Paginierungen)

[37]

[60]

Mp I 22, S. 38

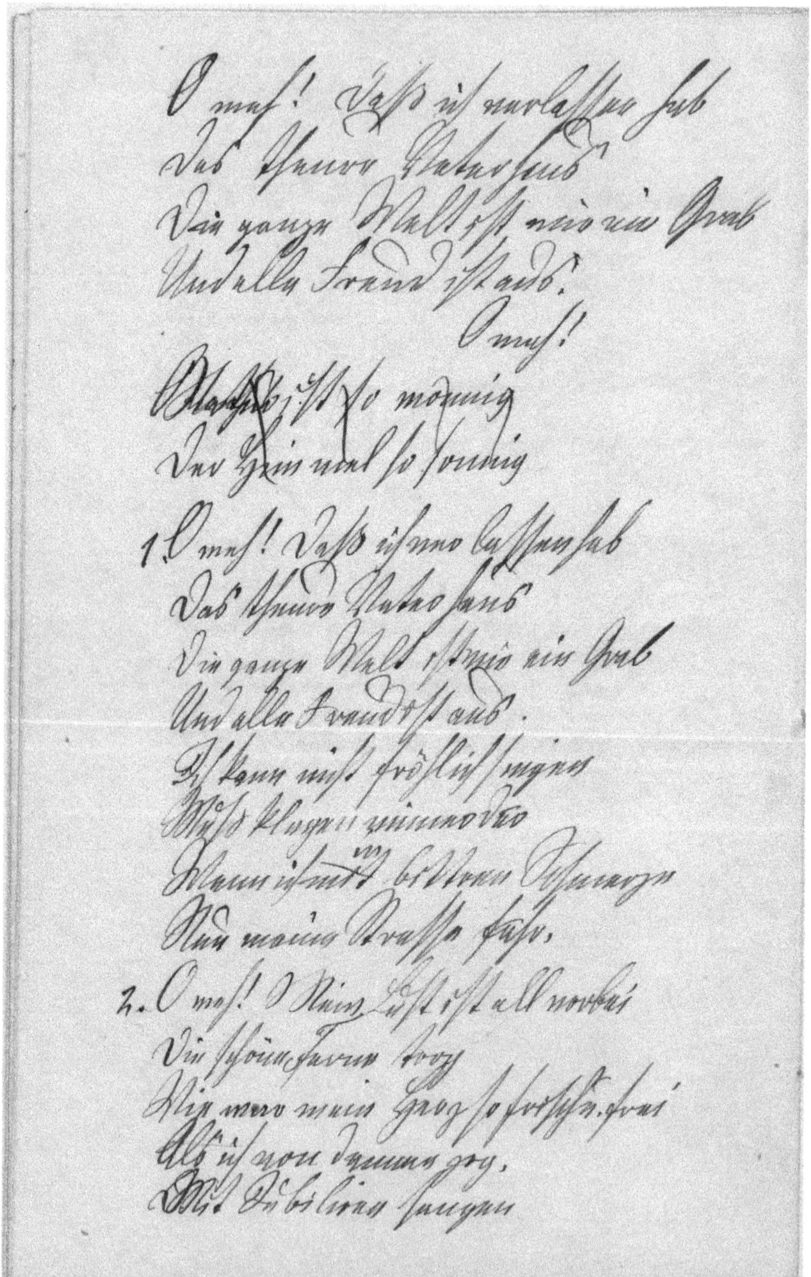

Mp I 22, S. 38
(KGW I/1, S. 272–273; HKG 1, S. 442)

O weh! Daß ich verlassen hab
Das theure Vaterhaus
Die ganze Welt ist mir ein Grab
Und alle Freud ist aus.
O weh!
~~O wehNatur ist so wonnig~~
~~Der Himmel so sonnig~~

1.O weh! Daß ich verlassen hab
Das theure Vaterhaus
Die ganze Welt ist wie ein Grab
Und alle Freud ist aus.
Ich kann nicht fröhlich singen
Muß klagen immerdar
Wenn ich ~~mit~~in bittren Schmerze
Nun meine Strasse fahr.
2. O weh! Mein Lust ist all vorbei
Die schöne Ferne trog
Wie war mein Herz so frisch u. frei
~~Als ich~~ von dannen zog.
~~D~~Mit Jubiliren sangen

Mp I 22, S. 39

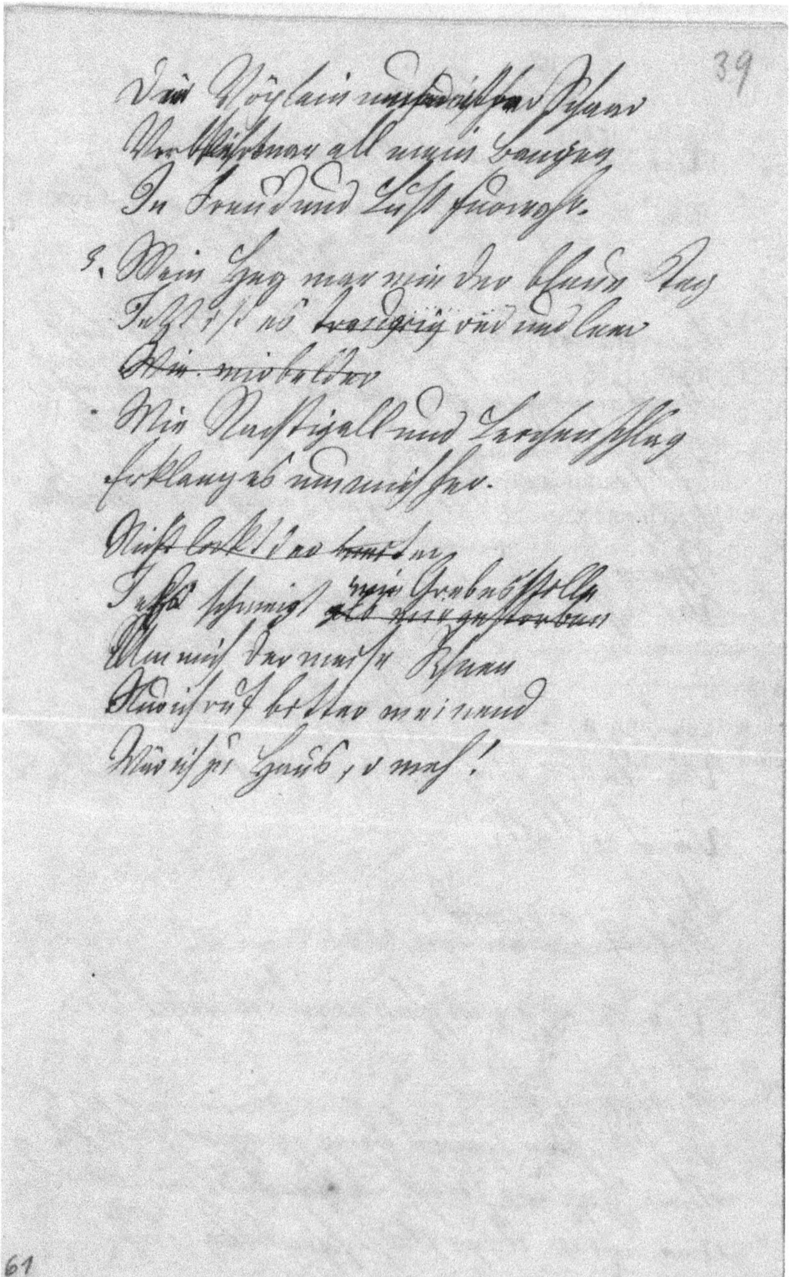

Mp I 22, S. 39
(KGW I/1, S. 273; HKG 1, S. 442–443)

[39]

D~~ie~~er Vöglein ~~uxxx~~muntre Schaar
Ver~~xxx~~kehrt war all mein Bangen
In Freud und Lust fürwahr.

3. Mein Herz war wie der blaue Tag
Jetzt ist es ~~traugrig~~ oed und leer
~~Wie mir belder~~?
Wie Nachtigall und Lerchenschlag
Erklang es um mich her.
~~Nicht lockt der xxmit m~~
~~Jetzt~~Es schweigt ~~gals wie gestorben~~ wie Grabesstille
~~N~~Um mich der weise Schnee
Nur ich ruf bitter weinend
Wär ich zu Haus, o weh!

[61]

Mp I 22, S. 40

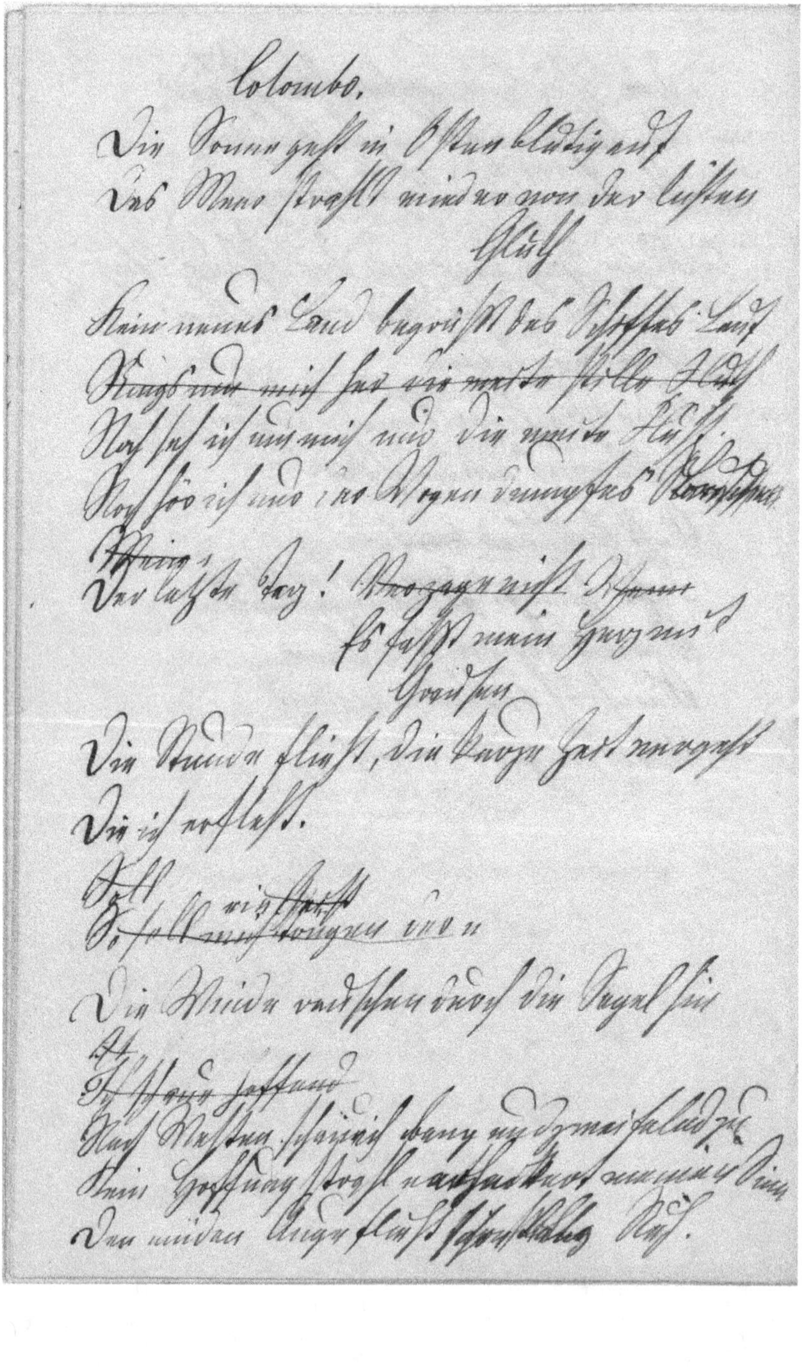

Mp I 22, S. 40
(KGW I/1, S. 273; HKG 1, S. 443)

Colombo.

Die Sonne geht in Osten blutig auf
Das Meer strahlt wieder von der lichten
Gluth
Kein neues Land begrüßt des Schiffes Lauf
~~Rings um mich her die weite stille Fluth~~
Noch seh ich um mich nur die weite Fluht.
Noch hör ich nur der Wogen dumpfes ~~Rauschen~~?Brausen.
~~Mein~~
Der letzte Tag! ~~Verzage nicht Wenn~~
Es faßt mein Herz mit
Grausen
Die Stunde flieht, die kurze Zeit vergeht
Die ich erfleht.
~~Soll~~
~~So soll mich trügenein Geist der n~~

Die Winde rauschen durch die Segel hin
~~U~~
~~Ich schaue hoff und~~
Nach Westen schaue ich bang und zweifelnd zu
Kein Hoffung strahl ~~xxx~~erheitert meinen Sinn
Den müden Auge flieht ~~xxx~~schon lang Ruh.

Mp I 22, S. 41

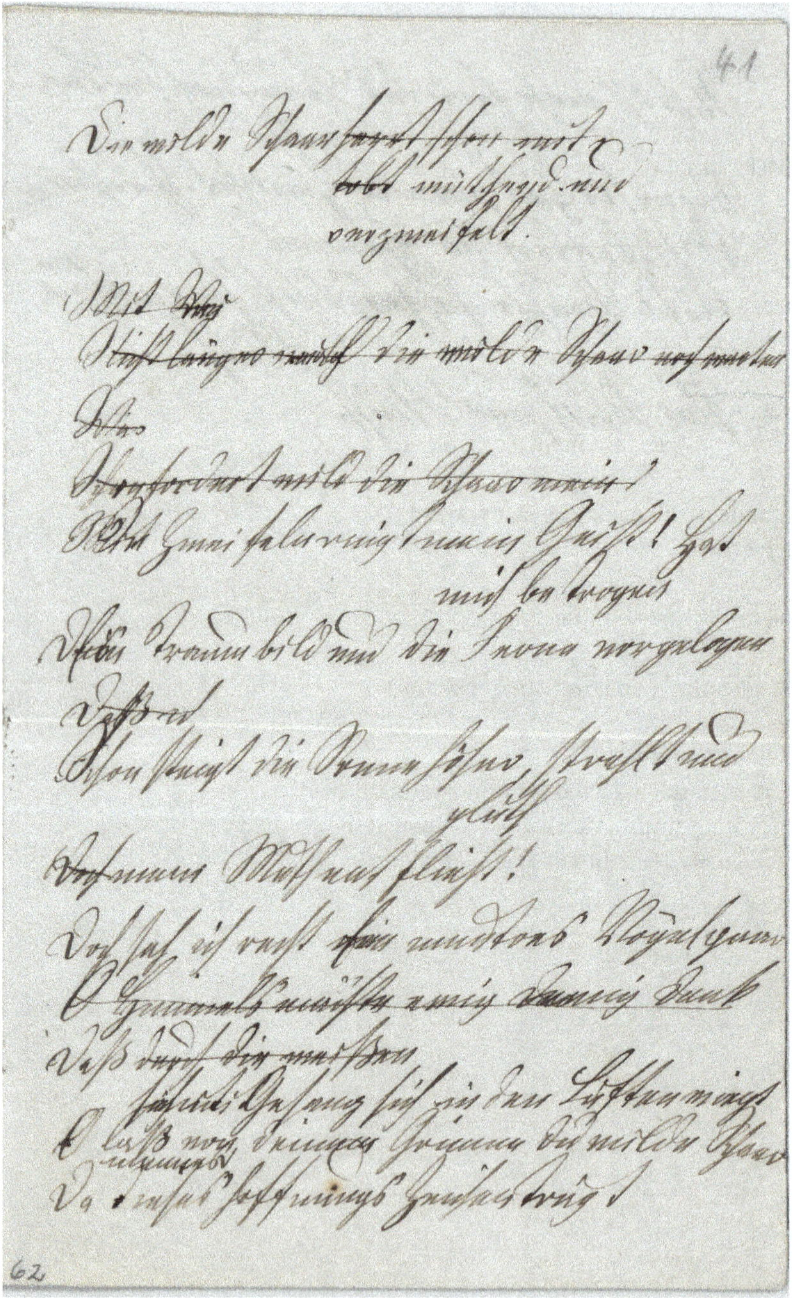

Mp I 22, S. 41
(KGW I/1, S. 274; HKG 1, S. 443)

[41]

Die wilde Schaar ~~harrt schon mit~~
~~tobt~~ wüthend. und
verzweifelt.
~~Mit Wuwü~~
~~Nicht länger willmag? die wilde Schaar noch warten~~
~~Was~~
~~Schon fordert wild die Schaar mein~~
~~Mit~~In Zweifeln ringt mein Geist! Hat
mich betrogen
~~Das~~Ein Traumbild und die Ferne vorgelogen
~~Daß e~~
Schon steigt die Sonne höher, strahlt und
glüth
~~Doch~~mein Muth entflieht!

Doch seh ich recht ~~e~~Ein muntres Vögelpaar
~~O Himmelsmächte ewig ewigDan Dank~~
Daß ~~durch die weißen~~
~~sich in~~mit Gesang sich in den Lüften wiegt
O laß von deinem Grimm du wilde Schaar
nimmer
Da dieses hoffnungs Zeichen trügt

[62]

Mp I 22, S. 42

Mp I 22, S. 42
(KGW I/1, S. 274; HKG 1, S. 443)

Nicht ist mehr fern das Land, noch heut er„
eichen
Wir unser Ziel, wo alle Zweifel ~~sch~~weichen
~~O Vater dort im Himmel~~!
Auf! Rausche ~~hinxxxss~~ Schiff hin durch die
Fluth
Nur Muth, nur Muht.

Mp I 22, S. 43

Mp I 22, S. 43
(unbeschriebene Seite, mit beiden Paginierungen)

[43]

[63]

Mp I 22, S. 44

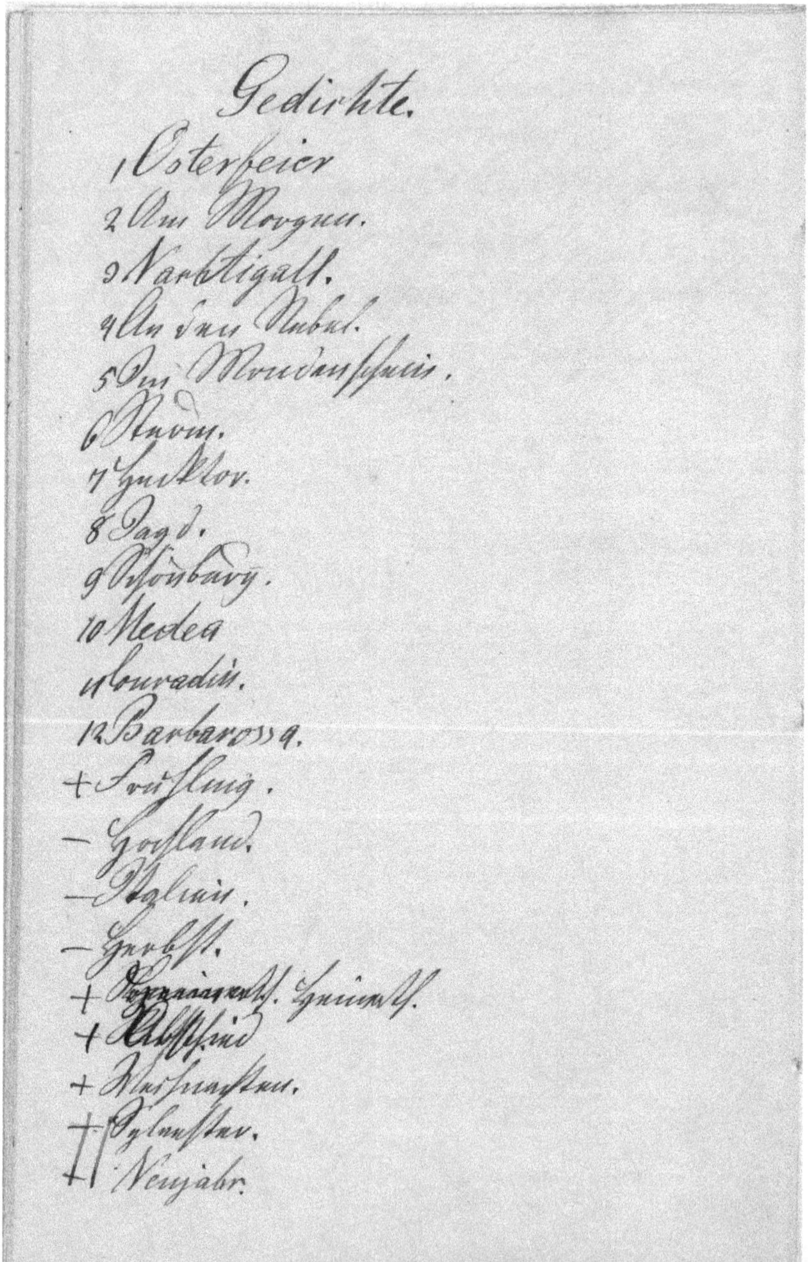
Gedichte.
1 Osterfeier
2 Am Morgen.
3 Nachtigall.
4 An den Nebel.
5 Im Mondenschein.
6 Raben.
7 [illegible]
8 Jagd.
9 Schönburg.
10 Medea
11 Conradin.
12 Barbarossa.
+ Frühling.
– [illegible]
– [illegible]
– Herbst.
+ [illegible] Heimath.
+ Abschied
+ Weihnachten.
+ Sylvester.
+ Neujahr.

Mp I 22, S. 44
(KGW I/1, S. 275; HKG 1, S. 443–444)

Gedichte.

1 Osterfeier
2 Am Morgen.
3 Nachtigall.
4 An den Nebel.
5 Im Mondenschein.
6 Sturm.
7 Hecktor.
8 Jagd.
9 Schönburg.
10 Medea
11 Conradin.
12 Barbarossa.
+ Frühling.
– Hochland.
– Italien.
– Herbst.
– ~~XXXHeimath~~. Heimath.
+ ~~Weih~~Abschied
+ Weihnachten.
+ Sylvester.
+ Neujahr.

Mp I 22, S. 45

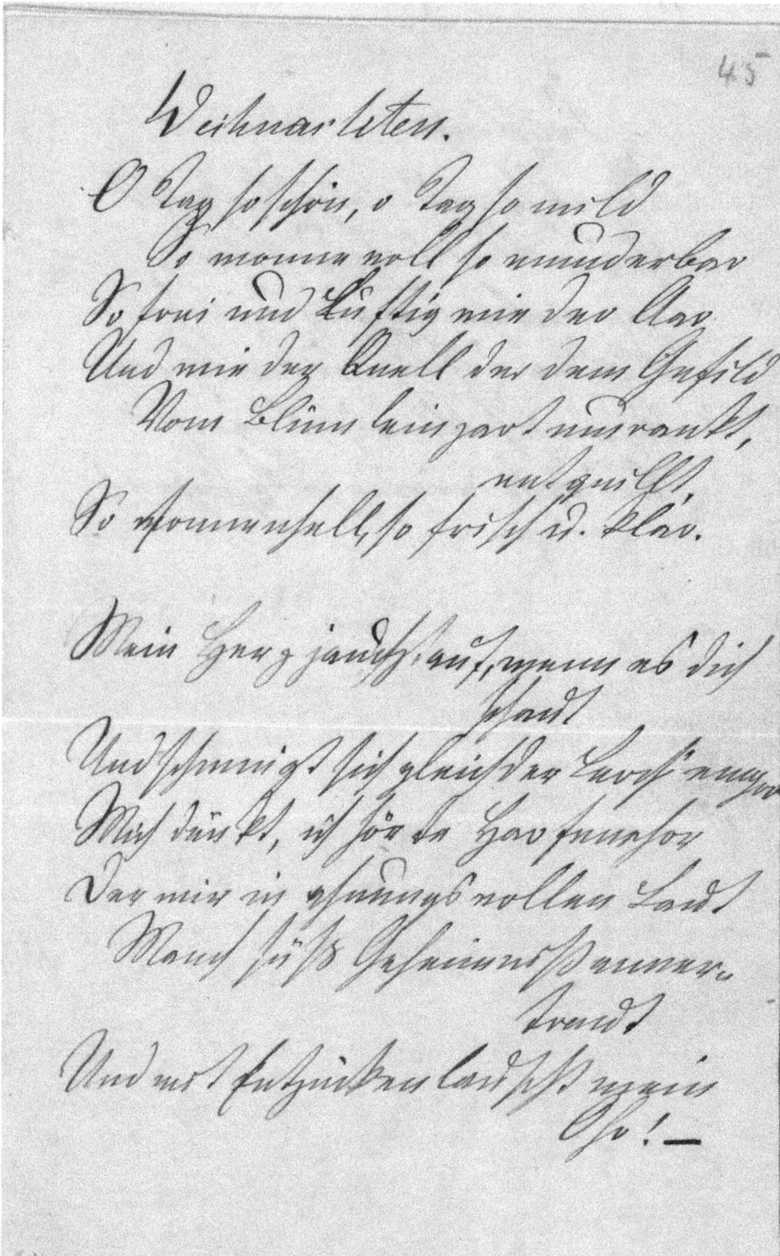
45

Weihnachten.

O Tag so schön, o Tag so mild
So wonnevoll so wunderbar
So frei und lustig wie der Aar,
Und wie der Quell der dem Gefild
Vom Blümenhain zart umrankt, entquillt,
So sonnenhell, so frisch u. klar.

Mein Herz jauchzt auf, wenn es dich schaut
Und schmiegt sich gleich der Lerch' empor
Mich dünkt, ich hör' der Harfenchor
Der mir im ahnungsvollen Laut
Manch süß Geheimniß traumvertraut
Und mit [illegible] lauscht [illegible] mein Ohr! —

64

Mp I 22, S. 45
(KGW I/1, S. 276; HKG 1, S. 444)

[45]

Weihnachten.
O Tag so schön, o Tag so mild
So wonnevoll so wunderbar
So frei und ~~L~~luftig wie der Aar
Und wie der Quell der dem Gefild
Vom Blümlein zart umrankt,
entquillt,
So sonnenhell, so frisch u. klar.

Mein Herz jauchzt auf, wenn es dich
schaut
Und schwingt sich gleich der Lerch' empor
Mich dünkt, ich hörte Harfenchor
Der mir in ahnungsvollen Laut
Manch süß Geheimniß anver„
traut
Und mit ~~e~~Entzücken lauscht mein
Ohr! –

[64]

Mp I 22, S. 46

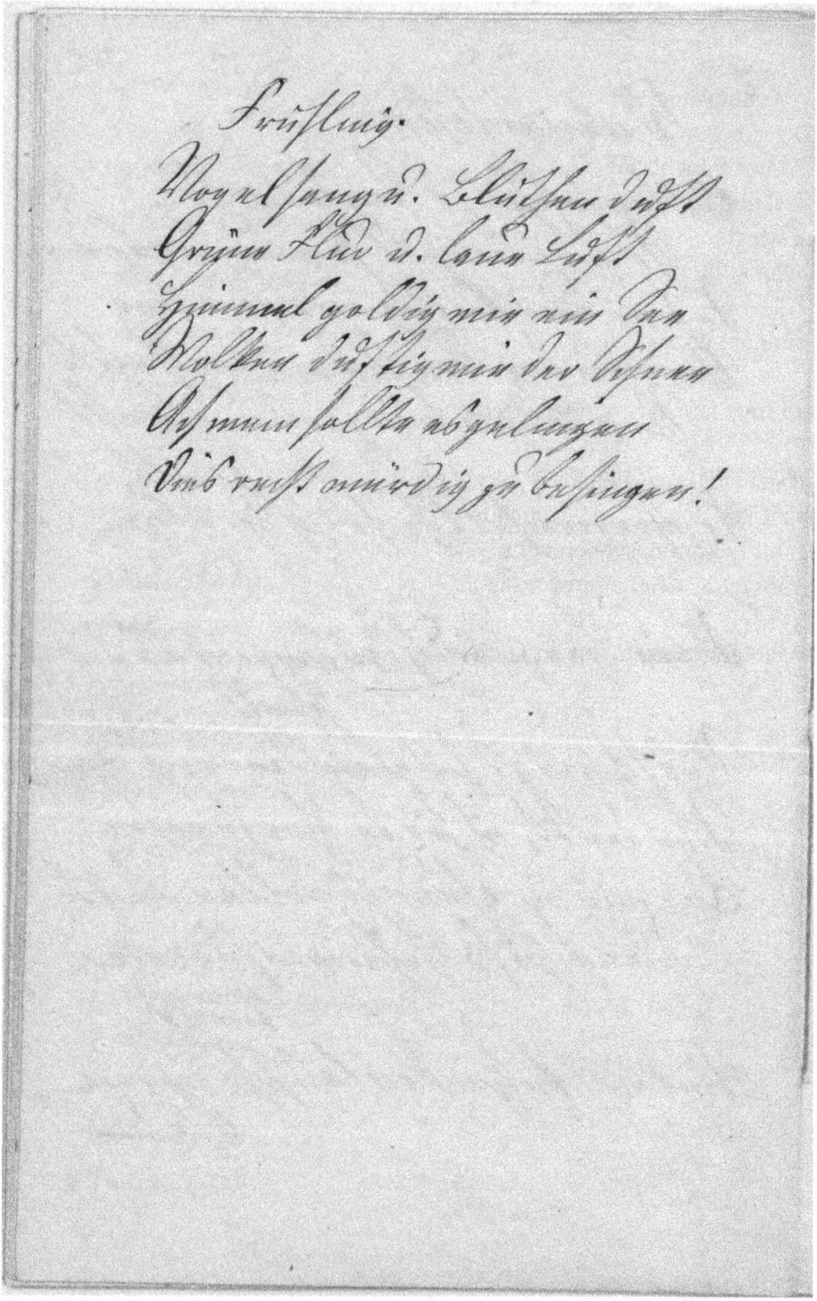

Frühling.
Vogelsang u. Blüthenduft
Grüne Flur u. laue Luft
Himmel goldig wie nie den
Wolken duftig wie der Schnee
Schmerz sollte abgelungen
Und recht würdig zu besiegen!

Mp I 22, S. 46
(KGW I/1, S. 276; HKG 1, S. 444)

Frühling.

Vogelsang u. Blüthenduft
Grüne Flur u. laue Luft
Himmel goldig wie ein See
Wolken duftig wie der Schnee
Ach wem sollte es gelingen
Dies recht würdig zu besingen!

Mp I 22, S. 47

Mp I 22, S. 47

(unbeschriebene Seite, mit einer Paginierung)

[47]

Mp I 22, S. 48

Mp I 22, S. 48
(unbeschriebene Seite)

Mp I 22, S. 49

49

Mp I 22, S. 49
(unbeschriebene Seite, mit einer Paginierung)

[49]

Mp I 22, S. 50

Mp I 22, S. 50
(unbeschriebene Seite)

Mp I 22, S. 51

Mp I 22, S. 51
(unbeschriebene Seite, mit beiden Paginierungen)

[51]

[65]

Mp I 22, S. 52

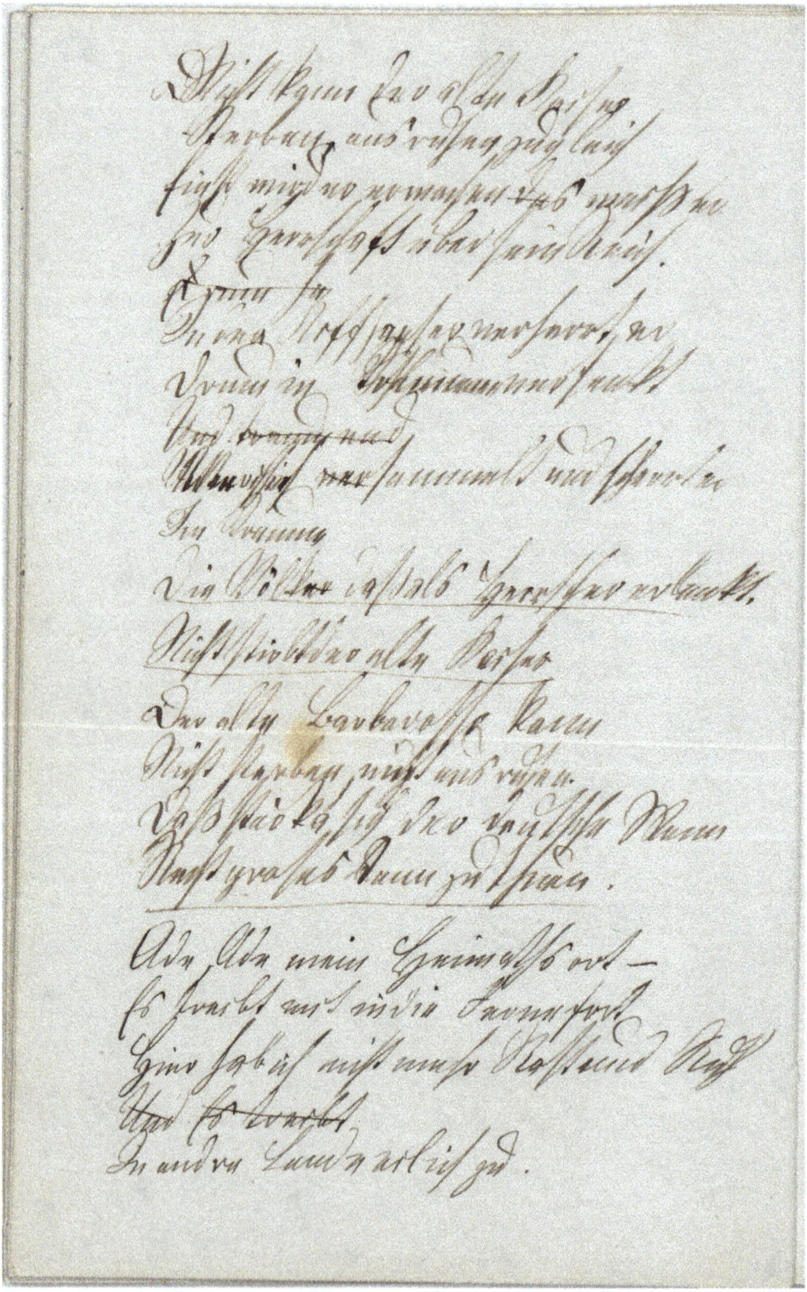

Mp I 22, S. 52

(KGW I/1, S. 277; Text oben, in brauner Tinte in HKG nicht ediert, aber im Nachbericht – HKG 1, S. 466 – erwähnt als Teil der „Entwürfe des Gedichts Barbarossa“ auf „S. 52 o. und 57–60 der Hs.“; Text unten, in schwarzer Tinte: HKG 1, S. 444)

Nicht kann der alte Kaiser
Sterben, ausruhen zugleich
Einst wird er erwachen ~~das~~ weiß er
Zur Herrschaft über sein Reich.
~~Er rum he~~
In den Kiffhauser verharrt er
Drum in ~~Schlummer~~Träumen versteckt
~~Und traum und~~
~~Unter~~Um ~~xxx~~sich ~~ver~~sammelt und scharrt er
Im Traume
Die Völk~~er~~ daß als Herrscher er lenkt.
Nicht stirbt der alte Kaiser
Der alte Barbarossa kann
Nicht sterben, nicht aus ruhen.
Daß stärke sich der deutsche Mann
Recht groses ~~b~~dann zu thuen.

Ade, Ade mein Heimathsort –
Es treibt mit in die Ferne fort
Hier hab ich nicht mehr Rast und Ruh
~~Und Es treibt~~
In andre Lande eil ich zu.

Mp I 22, S. 53

53

Mp I 22, S. 53
(unbeschriebene Seite, mit einer Paginierung)

[53]

Mp I 22, S. 54

Mp I 22, S. 54
(unbeschriebene Seite)

Mp I 22, S. 55

Mp I 22, S. 55
(unbeschriebene Seite, mit einer Paginierung)

[55]

Mp I 22, S. 56

Mp I 22, S. 56
(unbeschriebene Seite)

Mp I 22, S. 57

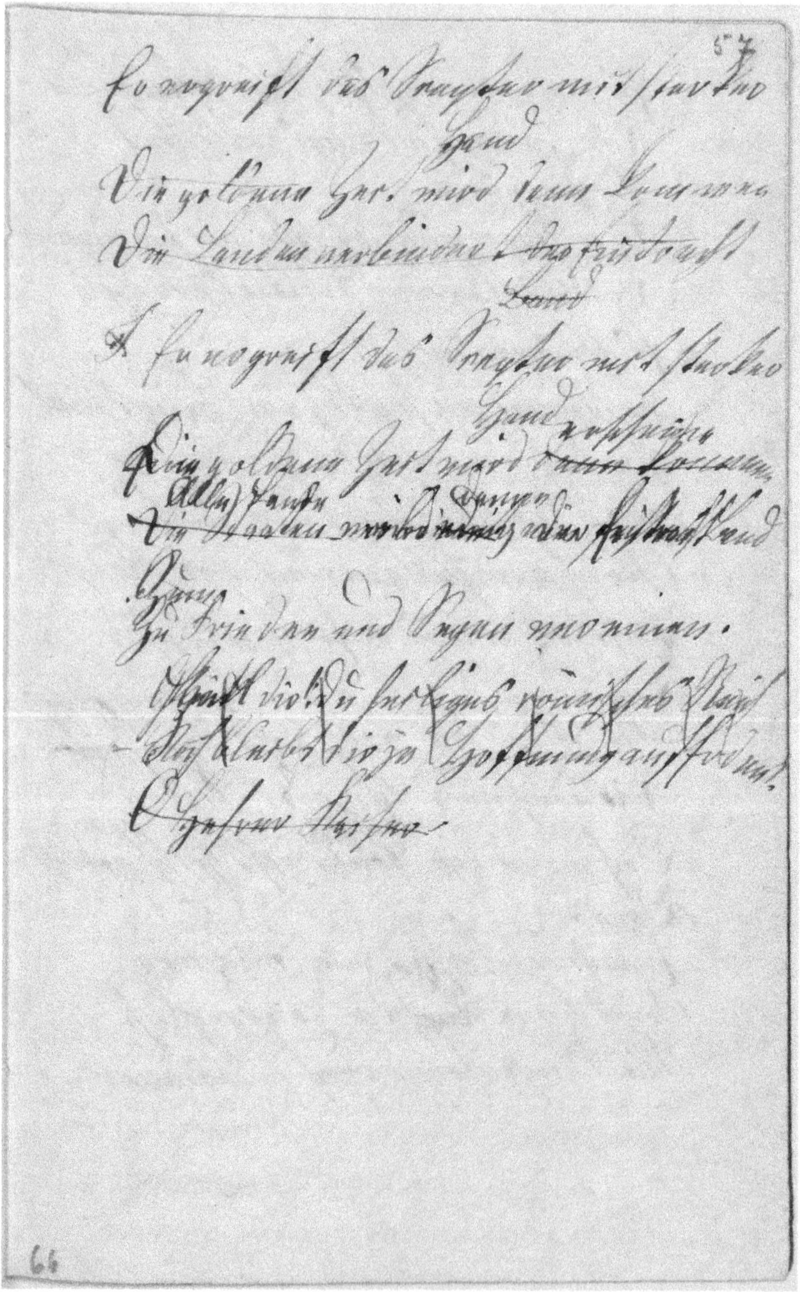

Mp I 22, S. 57

(nicht ediert in KGW I oder HKG; als „Entwürfe des Gedichts Barbarossa“ auf „S. 52 o. und 57–60 der Hs.“ jedoch erwähnt im Nachbericht von HKG 1, S. 466)

[57]

Er ergreift das Scepter mit starker
Hand
~~Die goldene~~ Zeit wird dann kommen
~~Die Landen verbindert der Eintracht~~
~~Band~~
~~I~~ Er ergreift das Scepter mit starker
Hand
erscheinen
~~Er~~Die goldene Zeit wird ~~dann kom~~men
Alle Lande dann
~~Die Staaten~~ ~~xxx~~wird ~~xxx~~ ~~xxx~~der ~~xxx~~Eintracht Band
~~Zum~~
Zu Frieden und Segen vereinen.
~~Glück~~[?]~~Gleich dir! Du heiliges römisches Reich~~
~~Noch bleibt dir ja Hoffnung auf Erden!~~
~~O Hehrer Kaiser~~

[66]

Mp I 22, S. 58

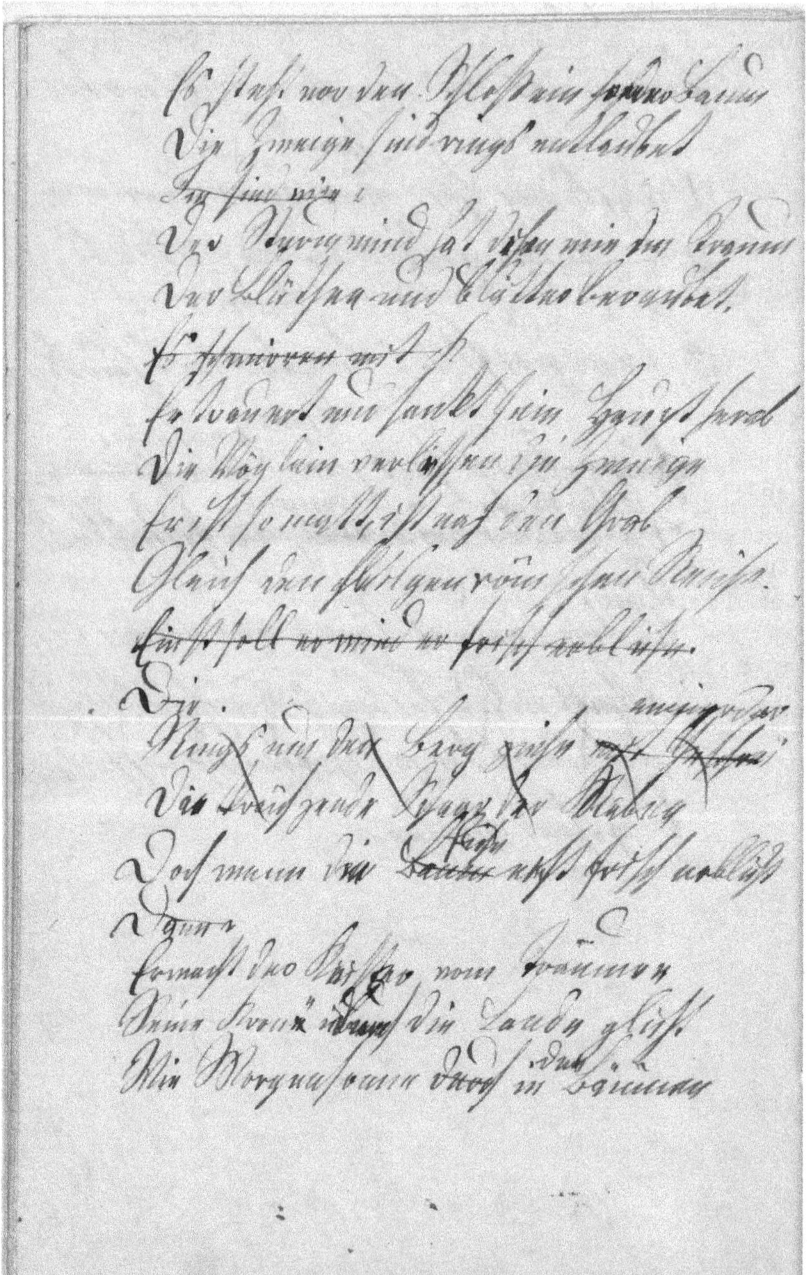

Mp I 22, S. 58

(nicht ediert in KGW I oder HKG; als „Entwürfe des Gedichts Barbarossa“ auf „S. 52 o. und 57–60 der Hs.“ jedoch erwähnt im Nachbericht von HKG 1, S. 466)

Es steht vor den Schloß ein ~~xxx~~hoher Baum
Die Zweige sind rings entlaubet
~~Im sind wie~~
Der Sturmwind hat ~~den~~ihm wie ~~d~~im Traum
Der Blüthen und Blätter beraubet.
~~Es schwirren mit K~~
Er trauert und senkt sein Haupt herab
Die Vöglein verl~~a~~issen die Zweige
Er ist so matt, ist nah dem Grab
Gleich den ~~el~~heilgen römschen Reiche.
~~Einst soll er wieder frisch erblühn.~~
~~Die~~
immerdar
~~Rings um den Berg ziehn mit Geschrei~~
~~Die kreichsende Schaar der Raben~~
Eiche
Doch wenn d~~er~~ie ~~Baum~~ einst frisch erblüht
~~Dann~~
Erwacht der Kaiser vom Träumen
Seine Kron~~e~~e ~~xxx~~über die Lande glüht
den
Wie Morgensonne ~~durch~~ in Bäumen

Mp I 22, S. 59

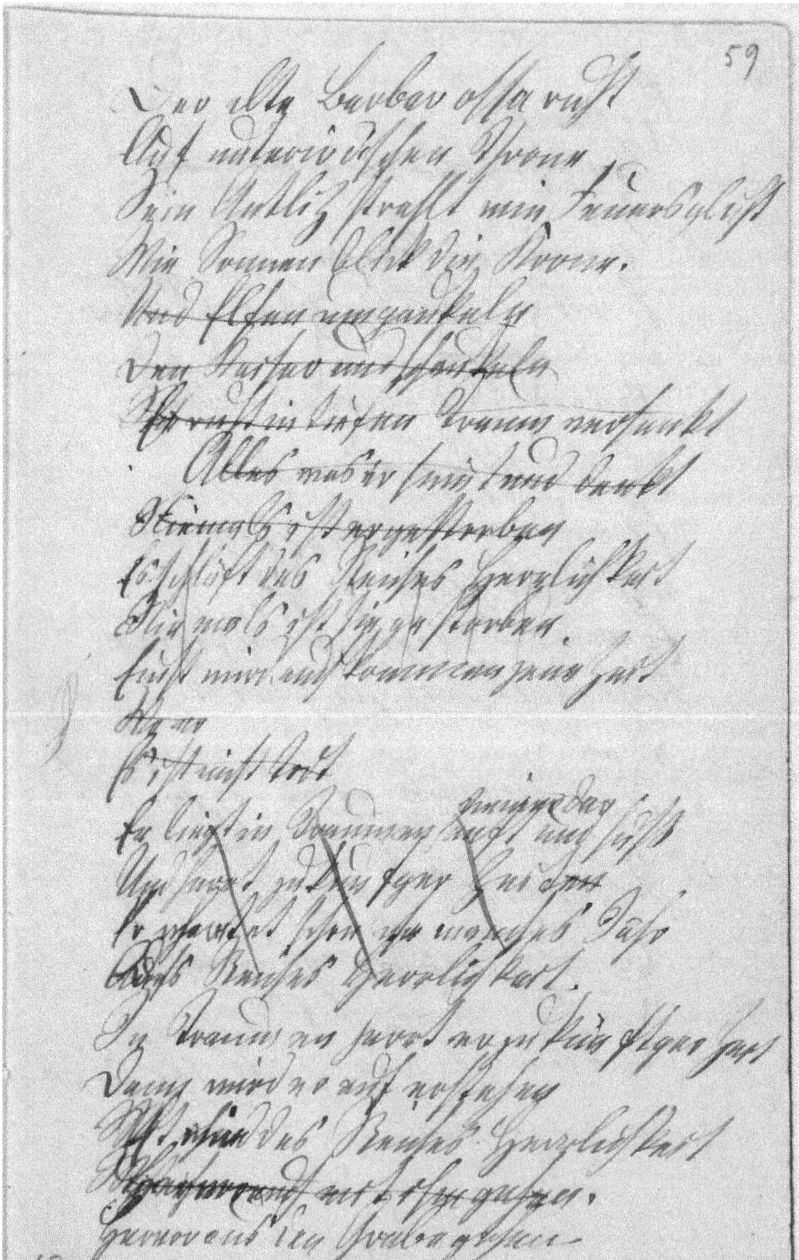

Mp I 22, S. 59
(nicht ediert in KGW I oder HKG; als „Entwürfe des Gedichts Barbarossa“ auf „S. 52 o. und 57–60 der Hs.“ jedoch erwähnt im Nachbericht von HKG 1, S. 466)

[59]

Der alte Barbarossa ruht
Auf unterirdschen Throne
Sein Antlitz strahlt wie Feuersgluht
Wie Sonnen blick die Krone.
~~Und Elfen umgaukeln~~
~~Den Kaiser und schaukeln~~
~~SxxEr ruht in tiefen Traum versenkt~~
~~Alles was er sinnt und denkt~~
~~Niemals ist er gestorben~~
~~Es schläft des Reiches Herrlichkeit~~
~~Niemals ist sie gestorben~~
~~Einst wird auch kommen jene Zeit~~
~~Wo er~~
~~Es ist nicht Zeit~~
immerdar
~~Er liegt in Träumen sanft und süß~~
~~Und harrt zukunfger Zeiten~~
~~Er harrtwartet schon einso manches Jähr~~
~~AufDes Reiches Herrlichkeit.~~
In Träumen harrt er zukünftger Zeit
Dann wird er auferstehen
~~Mit ihm~~So wie des Reiches Herrlichkeit
~~MxxxHervor auch mit ihm gehen.~~
Hervor aus dem Grabe gehen.

[67]

Mp I 22, S. 60

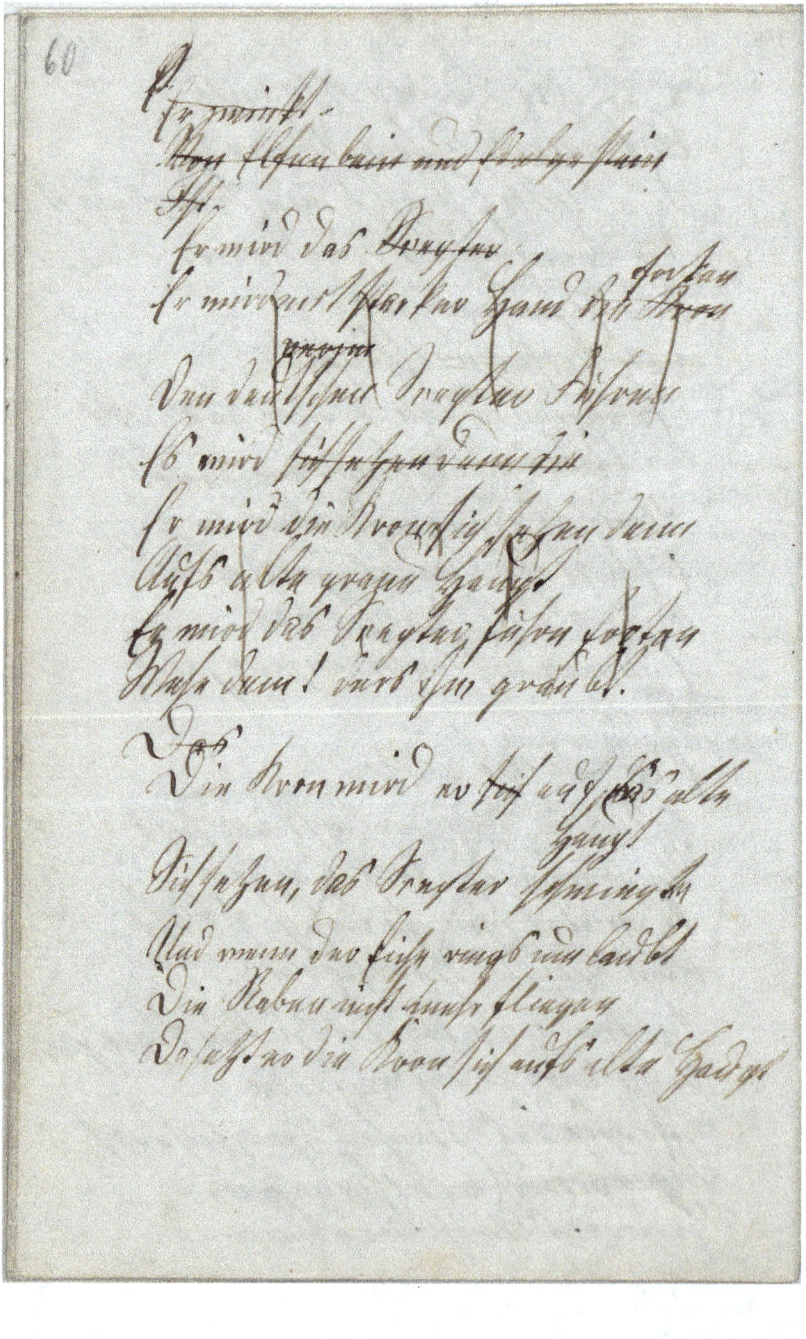

Mp I 22, S. 60

(nicht ediert in KGW I oder HKG; als „Entwürfe des Gedichts Barbarossa“ auf „S. 52 o. und 57–60 der Hs.“ jedoch erwähnt im Nachbericht von HKG 1, S. 466)

[60]

~~E~~
~~Er zwinkt –~~
~~Von Elfenbein und Edelyn[?]stein~~
~~Ist~~
Er wird das ~~Scepter~~
fortan
~~Er wird mit starker Hand die Kron~~
~~xxx~~
~~Den deutschen Scepter führen~~
Es wird ~~sich setzen dann die~~
~~Er wird die Kron sich setzen dann~~
~~Aufs alte graue Haupt~~
~~Er wird das Scepter führn fortan~~
~~Wehe dem! ders ihm graubt.~~
~~Das~~
Die Kron wird er ~~sich~~ auf~~s~~ das alte
Haupt
Sich setzen, das Scepter schwingten
Und wenn die Eiche rings umlaubt
Die Raben nicht mehr fliegen
Da setzt er die Kron sich aufs alte Haupt

Mp I 22, d3

Mp I 22, d3
(Nachsatz)

Mp I 22, d4

Mp I 22, d4
(Heftdeckel hinten)

5 Textgenetische und historisch kontextualisierende Analyse

5.1 Gedichtverzeichnisse

Mp I 22 enthält insgesamt vier Seiten mit verschiedenen Gedichtverzeichnissen, die nicht als Inhaltsangaben des vorliegenden oder eines anderen Manuskriptheftes infrage kommen, da die verzeichneten Titel nur teilweise in Mp I 22 oder den anderen Manuskripheften des Nachlasses der 1850er und -60er Jahre erhalten sind. Möglich ist, dass es sich um Listen mit Vorhaben handelt, die Nietzsche – soweit bekannt ist – nur teilweise umgesetzt hat, oder dass Nietzsche zu jener Zeit (1858) fertiggestellte oder sich in Arbeit befindliche Gedichte notiert hat, um sich über verschiedene Manuskriptgrenzen hinweg einen Überblick zu verschaffen. Streichungen, Umformulierungen, Mehrfachnennungen, Fragezeichen und offene Nummerierungen weisen zumindest darauf hin, dass Nietzsche zum Zeitpunkt der Anlage selbst noch keine Gewissheit darüber hat, wie die Verzeichnisse aussehen sollen. Das legt nahe, dass sowohl abgeschlossene, in Arbeit befindliche wie auch für die Zukunft ins Auge gefasste lyrische Texte in den Verzeichnissen versammelt sind. Mit Blick auf die Wahl der Stoffe und Formen des Jungdichters Nietzsche bilden seine Gedichtverzeichnisse, die sich im Nachlass zuhauf finden, eine wertvolle Ergänzung zu den überlieferten Gedichten und Fragmenten.

Geistliche Gedichte, Balladen, Schilderungen **(Mp I 22, S. 1–2; KGW I/1, S. 257–258; HKG 1, S. 432)**

Aus der ersten in Mp I 22, S. 1 notierten Liste wird ersichtlich, dass sich Nietzsche bewusst in Gattungen geistlicher Lyrik geübt hat, wobei damit im vorliegenden Fall Gedichte auf die zehn bekanntesten Feiertage des (protestantisch-)christlichen Jahres von Neujahr über Ostern, Pfingsten und den Reformationstag bis hin zu Weihnachten[240] gemeint sind, von denen wiederum nur Palmsonntag und Weih-

240 Die Liste der „Geistliche[n] Gedichte" in Mp I 22, S. 1 enthält mit Silvester auch einen nicht-kanonischen Festtag des Kirchenjahrs, der gleichwohl vielerorts christlich begangen wird (vgl. Strauch 1993, S. 98): Einerseits ist der 31. Dezember ursprünglich ein Heiligen-Gedenktag für Silvester I., der von 314 bis zu seinem Tod am 31. Dezember 335 Papst war (vgl. Bieritz 2005, S. 217), andererseits „gehört ein Gottesdienst am Abend des 31. Dezember", dem „Altjahrsabend", „[i]n evangelischen Gemeinden [...] zur festen Praxis" (Bieritz 2005, S. 218). Das thematisch deutlich gemischtere Verzeichnis in Mp I 22, S. 44 ergänzt noch den Neujahrstag, gegen dessen „Feier" Martin Luther noch

https://doi.org/10.1515/9783111332017-007

nachten wirklich im betreffenden Manuskriptheft vorkommen (vgl. Mp I 22, S. 3 u. 45).[241] Der junge Nietzsche partizipiert damit an einer traditionsreichen Untergattung geistlicher Lyrik: der Perikopendichtung, wie sie etwa prominent von Andreas Gryphius (*Son- und Feyrtags-Sonette*, 1663), Clemens Brentano (*Die Sonntäglichen Evangelien*, 1826/27) oder Annette von Droste-Hülshoff (*Das Geistliche Jahr*, 1851) gepflegt wurde.[242] Zahlreiche lyrische Texte im Nachlass der 1850er und -60er Jahre bezeugen freilich, dass Nietzsche durchaus ein über den kirchlichen Festtagskalender hinausgehendes Verständnis geistlicher Lyrik besaß: Auf inhaltlicher wie auch formaler Ebene deckt der junge Dichter das ganze Spektrum geistlicher Gattungstraditionen ab, schreibt Morgen- und Abendlieder, lyrische Bußgebete, Choräle, eignet sich Motive der Barocklyrik an oder nutzt Varianten der Lutherstrophe (vgl. Kap. 2.4.3; Müller 2020a).

Ein erster Blick auf das Verzeichnis von „Balladen“ in Mp I 22, S. 1 zeigt, dass die gelisteten Titel thematisch von historischen Stoffen des europäischen Mittelalters respektive der frühen Neuzeit geprägt sind. Allerdings sind zu mehreren Titeln nur bedingt Aussagen möglich, da nicht jedem Titel ein nachgelassener lyrischer Text Nietzsches zuzuordnen ist. So kann etwa nicht sicher gesagt werden, ob der Titel „Die Gründung von der S. Michaelscapelle“ auf die Geschichte der 1218 geweihten St. Michaelskapelle im Zisterzienserkloster Altzella bei Nossen verweist. Dies liegt insofern nahe, als es sich bei jener um die erste bekannte Grablege des thüringisch-sächsischen Adelsgeschlechts von Schönberg handelt, das nach eigener Überlieferung von der Burg Schönburg oder der Rudelsburg im heutigen Burgenlandkreis Sachsen-Anhalt stammt, denen der junge Nietzsche mehrere Texte widmet (vgl. Mp I 9, S. 23; KGW I/1, S. 149; Mp III 2, S. 2–3; KGW I/1, S. 202–203; Mp I 25, S. 1; KGW I/1, S. 24–25; vgl. Fraustadt 1878, S. 18–20; Hinweis bei Bundesarchiv 2021). Die Stichworte „Walter von Lomersheim“ und „Günther zu Speier“ (das ist Günther

„sehr heftig“ „polemisierte“ (Bieritz 2005, S. 220), enthält neben Weihnachten mit der „Osterfeier“ aber nur zwei ursprünglich kanonische Festtage aus dem Kirchenjahr. Zum „Kirchenjahr [...] in Geschichte und Gegenwart“ vgl. Bieritz 2005.

241 In anderen Manuskripten finden sich weitere lyrische Texte auf christliche Feiertage, wie zum Beispiel der Sechszeiler *Dem Herrn sei Lob, dem Herrn sei Dank...* in Mp I 18, S. 1 (KGW I/1, S. 239).

242 Zur Perikope und ihrer poetischen Gestaltung seit dem späten Mittelalter vgl. den Überblick von Schumacher 2007a. Genaueres zum mutmaßlichen Ursprung der Gattung um 1500 erläutert Schumacher 1993. Speziell zu Gryphius vor dem Hintergrund der Gattungsgeschichte vgl. Krummacher 1976, zu Brentano Frühwald 1977, S. 156–165, zu Droste-Hülshoff Berning 1975 und Schumacher 1998. – Dass der Festtagskanon in der Perikopendichtung auch mit künstlerischer Freiheit behandelt wurde, zeigt exemplarisch Droste-Hülshoffs Zyklus, der mit einem Gedicht auf den *Neujahrstag* beginnt und einem auf den *Letzten Tag des Jahres* endet (Droste-Hülshoff 1851, S. 1–4 u. 250–252).

von Henneberg, Bischof von Speyer) öffnen dagegen den geschichtlichen Kontext der „Gründung" des Zisterzienserklosters „Mau[l]bronn" (Mp I 22, S. 1), das 1138 ursprünglich von Walter mit seinem Erbgut Eckenweiher (damals: Eckenweiler) gestiftet, aufgrund der schlechten Lage dann 1147 von Günther auf das Bischofslehen zu Mulenbrunnen verlegt wurde (vgl. Butz 2000, S. 32–33). Über Form und Inhalt des allgemein betitelten, nicht erhaltenen Textes „Die Jagd" kann wiederum nur spekuliert werden, während der Titel „Die heilige Lanze" (Mp I 22, S. 1) wenigstens anzeigt, dass Nietzsche einen – wie auch immer gearteten – Text über das älteste Stück der Reichskleinodien der Könige und Kaiser des Heiligen Römischen Reiches intendiert, dem seit dem 8. Jahrhundert eine bemerkenswerte politische und kulturelle Bedeutung zukommt (vgl. MCL 2/5, S. 762; MCL 15, S. 509; Bock 1857; Wolf 1997). Mit „Gustav. Adolpf" (Mp I 22, S. 1) widmet Nietzsche eine geplante „Ballade[ ]" zudem einer der wichtigsten historischen Figuren des Dreißigjährigen Krieges auf protestantischer Seite, die nach mehreren Schlachten mit dem Oberbefehlshaber der kaiserlichen Armee Wallenstein im November 1632 bei Lützen fiel – also in unmittelbarer Nähe von Nietzsches Geburtsort Röcken.[243] Eine weitere „Ballade[ ]" auf eine historische Person, deren zum Titel erhobener Name bereits eine mögliche Handlung des nicht erhaltenen Textes erahnen lässt, erwägt Nietzsche für „Giso von Steinau" (Mp I 22, S. 1):[244] ein buchonischer Adliger, der 1271 zusammen mit den ihm verwandtschaftlich verbundenen Heinrich und Albert von Ebersberg zu den Anführern bei der politisch-juristisch motivierten Ermordung des Fürstabtes Bertho II. von Leibolz gehörte und im Verlauf der Flucht vor dessen Nachfolger in Kirchhasel bei Fulda ebenfalls getötet wurde (vgl. Gerlach 1972).

Drei der zehn gelisteten „Balladen" können indes mit in Mp I 22 überlieferten Gedichten und lyrischen Entwürfen identifiziert werden: „Conradins Tod" verweist auf *Vor den Thore von Neapel...* (Mp I 22, S. 12–16), „Barbarossa" auf *Der alte Barbarossa ruht...* mit seinen unterschiedlich weit fortgeschrittenen Vorarbeiten (Mp I 22, S. 17–18, 20–21, 52 u. 57–60) und „Columbus" auf *Colombo* samt fragmentarischen Vorarbeiten (Mp I 22, S. 34–35 u. 40–42). Einzig „Saaleck" rekurriert auf ein Gedicht in der Tradition der Burgruinenlyrik, das erst in einer späteren Sammlung (Mp I 43,

243 Es ist anzunehmen, dass der 13- bis 14-jährige Nietzsche durch seine protestantische Sozialisation bereits gut über Gustav II. Adolf und den Dreißigjährigen Krieg unterrichtet ist. Nicht weit zurück liegt zudem das Erscheinen einer Biografie über den König von Schweden der Jahre 1611 bis 1632, die Nietzsche gekannt haben könnte: Bötticher 1845.

244 In Prosa-Entwürfen von 1857 tritt ebenfalls ein „Giso von Steinau" auf (Mp II 1, S. 1–2; Mp II 2, S. 1; KGW I/1, S. 198–201), der dort in ein teilweise Goethes *Novelle* nachempfundenes Setting mit weiteren historischen Figuren eingebunden wird, die allerdings nicht auf das 13. Jahrhundert, sondern auf das 16. Jahrhundert als Handlungszeit hinweisen – genauer: auf die Zeit des Deutschen Bauernkrieges im Jahr 1525. Vgl. hierzu Hödl 1994, insb. S. 261–265.

S. 8–9; KGW I/2, S. 222) erhalten ist, wo es auf 1859 datiert wird. Vorarbeiten in dieser Gattung nach Vorbildern wie Goethe, Eichendorff oder Franz Kugler finden sich jedoch bereits in älteren Manuskripten.[245] Der junge Nietzsche hat offenbar längere Zeit an diesem Gedichtvorhaben festgehalten und in der vorliegenden Liste nochmals in Gestalt des späteren Titels eine Art Absichtserklärung notiert. Nicht zu rekonstruieren ist dagegen, wieso Nietzsche oben rechts in Mp I 22, S. 1, parallel zu den zehn Einträgen „[g]eistliche[r] Gedichte", eine unbetitelte Gedichtliste beginnt, die leicht variierte Titel der „Balladen" und „Schilderungen" (Mp I 22, S. 2) vorwegnimmt beziehungsweise – je nach Lesart der Schreibchronologie – wiederholt (gemeint sind „Conradin", „Barbarossa" und „Jagd"). Die Einträge „Medea" und „Hecktor" (letzterer wohl aus „Jagd" korrigiert) verweisen auf zwei Gedichte, die erst in der Liste der „Schilderungen" (Mp I 22, S. 2) genannt werden und auf den Seiten 7 bis 11 des Manuskripthefts ins Reine geschrieben wurden. Vielleicht wollte sich Nietzsche vor dem Anlegen der Verzeichnisse „II." und „III." provisorisch eine Übersicht schaffen.

Die gattungspoetische Zuordnung, die Nietzsche für die Titel seines zweiten Verzeichnisses in Mp I 22 trifft, erweist sich ebenso wie die Bezeichnung seiner Perikopengedichte als „Geistliche Gedichte" bei näherer Betrachtung als nicht unpassend. Zwar weisen die unter Punkt „II." zusammengefassten Titel unterschiedliche thematische und traditionsgeschichtliche Bezüge auf: Historische Stoffe wie die Hinrichtung des letzten Staufers Konradin, Christoph Kolumbus' Entdeckungsreise nach Amerika oder der Dreißigjährige Krieg dominieren, doch mit „Barbarossa" (das nicht die historische Person, sondern die sogenannte Kyffhäusersage behandelt), „Saaleck" und vermutlich auch dem nicht erhaltenen Gedicht über die „heilige Lanze" umfasst das Verzeichnis ebenso (geplante) Texte, die sich auf romantisch-fantastische Stoffe beziehen. Bereits um 1850, als die Gattung ‚Ballade' vor allem von ihren „Koryphäen" „Bürger, Schiller, Goethe und Uhland" (o. V. 1851, S. 219; vgl. auch MCL 4, S. 286–289) her verstanden wird und damit ein breites formales und inhaltliches Spektrum abdeckt, liegt der junge Nietzsche mit der Wahl seiner generischen Überschrift also nicht unbedingt daneben.[246]

Das größte und am stärksten bearbeitete Verzeichnis auf den ersten beiden Manuskriptseiten von Mp I 22 versammelt die von Nietzsche so betitelten „Schilderungen" und stellt thematisch – und mit Blick auf die Nummerierung der Titel – ein veritables Potpourri dar. Teilweise werden bereits in den Listen „I." und „II."

---

245 Vgl. hierzu ausführlich den Exkurs zu *Saaleck* in Kap. 2.4.4.

246 Dies gilt heute umso mehr, wenn das *Reallexikon der deutschen Literaturwissenschaft* ‚Ballade' noch offener als „[f]iktionale[n] Text geringen Umfangs in Versen" definiert, „worin ein konflikthaftes Ereignis erzählt wird" (Wagenknecht 2007, S. 192).

genannte Titel (in Varianten) wiederholt und Überschriften (mehrfach) gestrichen und/oder abgewandelt.[247] Das Verzeichnis umfasst augenscheinlich geistliche (Festtags-)Lyrik, Natur- und Jahreszeitengedichte, Burgruinen- und Geschichtslyrik[248] sowie antikisierende Gedichte, die entweder lyrischen Texten aus Mp I 22, anderen zeitnah entstandenen Manuskriptheften oder auch gar keinen uns bekannten Texten zugeordnet werden können. Ein – möglicherweise fragmentarisches – Ostergedicht liegt etwa mit *Dem Herrn sei Lob, dem Herrn sei Dank…* in Mp I 18, S. 1 (KGW I/1, S. 239) vor, Frühjahrsgedichte in Mp I 17, S. 1 (KGW I/1, S. 239) – wohl eine Vorarbeit zu *Im Freien* (Mp I 22, S. 5; KGW I/1, S. 260) – und Mp I 21, S. 11 (KGW I/1, S. 251).

Das Manuskriptheft Mp I 19 enthält mehrere (teils fragmentarische) Texte, die zu den Titeln der „Schilderungen“ passen könnten, so ebenfalls Entwürfe zu einem Frühjahrsgedicht (Mp I 19, S. 14–16; KGW I/1, S. 244–245), einem Herbstgedicht (Mp I 19, S. 38; KGW I/1, S. 249), dem lyrischen „Monolog“ Medeas (Mp I 19, S. 20–23, KGW I/1, S. 246–248), der eine Vorarbeit zu *Jason und Medea* darstellt (Mp I 22, S. 9–11; KGW I/1, S. 263–264), sowie einer lyrischen „Gewitter“-Szenerie (Mp I 19, S. 16; KGW I/1, S. 245). In der Gedichtsammlung, die Nietzsche seiner Mutter 1858 zum Geburtstag am zweiten Februar schenkt, finden sich ebenfalls mehrere Dichtungen, die zu den in Mp I 22, S. 2 verzeichneten Titeln passen: Auf das Gedicht *Der Winter* (Mp I 14, S. 2–6; KGW I/1, S. 216–220) folgen *Ein Gewitter* (Mp I 14, S. 6–8; KGW I/1, S. 220–221) und *Am Morgen* (Mp I 14, S. 13, KGW I/1, S. 225). Die gestrichene Nummer 14 der Liste, „Wanderer“, könnte sich ferner auf ein älteres antikisierendes Gedichtfragment von 1856/57 beziehen: *Wandrer wenn du ~~bei~~in Griechenland wanderst…* (Mp I 6, S. 1–3; KGW I/1, S. 125–126).

Abzüglich der bereits auf der Vorderseite verzeichneten und zum Teil auch auf passende Texte in Mp I 22 rekurrierenden Titel bleiben sechs verschiedene Überschriften, die dem heute erhaltenen Nachlassmaterial nicht zugeordnet werden können: „Der Nachtigall Klage“, „An den Nebel“, „Im Mondenschein“, „Sonnenuntergang“, „~~Ahnfrau~~“ und „Sturm“ (Mp I 22, S. 2). Naturgemäß muss offenbleiben, was es mit diesen Titeln auf sich hat, zumal hier – anders als bei den „Balladen“ auf der Vorderseite – keine konkreten historischen Personen oder Orte genannt werden, die wegen ihrer Bekanntheit bereits einen Einblick in den möglichen Textgehalt geben. Allenfalls lässt sich anhand der Titel eine topische Rubrizierung ver-

247 Allein die „Die Lerche“ respektive „Zwei Lerchen“ ist viermal gelistet, zweimal im Singular, zweimal im Plural, dabei ist nur die erste Nennung im Singular nicht gestrichen worden. Gemeint ist offenbar das – schließlich doch „Zwei Lerchen“ überschriebene – Gedicht in Mp I 22, S. 4.

248 Zur Theorie und Praxis der Geschichtslyrik von der Frühen Neuzeit bis zur Gegenwart vgl. das Kompendium von Detering/Trilcke 2013.

mutungsweise vornehmen: dass Nietzsche hier nämlich weitere Versuche unternommen hat oder unternehmen wollte, sich in (spät)romantischer Naturlyrik zu üben.

Anders als bei den „Geistliche[n] Gedichten" und „Balladen" auf der Vorderseite ist die Gattungsbezeichnung in der Überschrift heute abseits des Deutschunterrichts in der Schule[249] nicht mehr als solche geläufig. Im 18. und 19. Jahrhundert steht ‚Schilderung' aber – in Ableitung aus dem bildkünstlerischen Bereich, wo sie eine *„bildliche darstellung"*, ein *„gemälde"* oder eine *„zeichnung"* (DWB 15, Sp. 131) bezeichnet – für „eine lebhafte Beschreibung eines Dinges nach allen seinen Theilen, ein rednerisches oder poetisches Bild" (o. V. 1808, Sp. 1463).[250] Angesichts der Titelauswahl muss allerdings bezweifelt werden, dass dem jungen Nietzsche dieser Gattungshintergrund bewusst ist, weisen doch zumindest die erhaltenen und auch bereits andernorts deutlich passender rubrizierten Texte wie *Zwei Lerchen*, *Hecktors Abschied* oder die Gedichte auf die staufischen Herrscher Barbarossa und Konradin nur bedingt den Charakter „poetische[r] Bild[er]" auf; allenfalls der nicht besonders ausdifferenzierte Aspekt der ‚Lebhaftigkeit' könnte für sie in Anschlag gebracht werden. Anders verhält es sich mit den naturlyrischen Titeln wie „Herbst", „Im Frühjahr", „Sonnenuntergang" oder „Im Mondenschein", die sich nicht mit nachgelassenen Texten in Verbindung bringen lassen. So allgemein die Titel im Vergleich mit den historischen „Balladen" wie *Der alte Barbarossa ruht...* auch wirken, so besser evozieren sie doch die Vorstellung malerischer Naturschilderungen.[251]

Gedichte
(Mp I 22, S. 44; KGW I/1, S. 275; HKG 1, S. 443–444)

Mp I 22, S. 44 enthält ein weiteres Gedichtverzeichnis, das insgesamt 21 Titel listet, von denen allerdings nur vier nicht bereits in den drei Verzeichnissen am Heftanfang vorkommen: „Hochland", „Italien", „Heimath" und „Abschied". Entsprechend ihrer unbestimmten Überschrift „Gedichte" verzeichnet die Liste dabei eine

249 Vgl. Geldschläger/Willing o. J., Abs. 1: „Die *Schilderung* ist eine Textsorte, die uns vor allem im Deutschunterricht begegnet. Die Schilderung ist eine Art der Beschreibung, wobei persönliche Empfindungen, also Gefühle und Gedanken, mit der Beschreibung eines Vorgangs oder auch einer Situation verbunden werden. Der Aufsatz ist demnach subjektiv und wird im Präsens *(Gegenwart)* sowie in der Ichform geschrieben *(vgl. Ich-Erzähler)*."

250 Überliefert ist auch der Vorwurf einer regelrechten „schilderungssucht" „in der poesie", die dem „namen eines dichters [...] unwürdig" sei (DWB 15, Sp. 132).

251 In Mp III 3, S. 2 (KGW I/1, S. 280) ist ebenfalls eine Liste von „Schilderungen" erhalten, die offenbar deutlich passender Texte auf Orte des Naumburger Umlands verzeichnet.

bunte Mischung verschiedener erhaltener wie nicht erhaltener lyrischer Texte aus Mp I 22 oder anderen nachgelassen Manuskripten. Diese Gemeinsamkeit mit den „Schilderungen“ in Mp I 22, S. 2 ist kein Zufall, denn beide Verzeichnisse haben 14 Titel gemeinsam, wenn man großzügig Varianten wie „Frühling“ statt „Frühjahr“ oder „Nachtigall“ statt „Der Nachtigall Klage“ miteinander identifiziert. Die ersten zwölf Titel hat Nietzsche laufend nummeriert; die restlichen neun sind mit Spiegelstrichen versehen, von denen er wiederum sechs senkrecht durchgestrichen hat.[252] Das Schriftbild legt nahe, dass Nietzsche zunächst die laufend nummerierten zwölf Titel verzeichnet und später die restlichen Einträge ergänzt: Während die nummerierten Titel sauberer und in dickeren Linien niedergeschrieben wurden, weisen die Nachträge eine dünnere und dynamischere Linienführung auf. Auch die Titelstreichungen in der viert- und fünftletzten Zeile weisen darauf hin, dass es sich um kurzfristige Ergänzungen handelt, zumal keine inhaltlichen Korrekturen, sondern solche unleserlicher Worte („Heimath“) und der Reihenfolge („~~Weih~~Abschied“, „Weihnachten“) vorliegen.

Den hier erstmals verzeichneten Titeln lassen sich in drei von vier Fällen erhaltene Texte aus den Manuskriptheften Mp I 22 und Mp I 19 zuordnen: Letzteres enthält ein *Italia* überschriebenes Gedicht (vgl. Mp I 19, S. 1–2; KGW I/1, S. 239–240), auf das die deutsche Übersetzung des Landesnamens rekurrieren dürfte. „Abschied“ verweist möglicherweise auf das längere Gedicht *O weh! ~~sind~~ist schon vergangen, alle meine Zeit…* in Mp I 22, S. 30–33 (KGW I/1, S. 271), das gleich zu Beginn einen Moment des Abschieds behandelt und dabei wörtlich auf den in Rede stehenden Titelbegriff zurückgreift.[253] Ein Gedichtfragment in Mp I 22, S. 52 kommt ferner als Referenztext des Titels „Heimath“ infrage, weil sich auch hier schon im ersten von vier vollständigen Versen ein lyrisches Ich ausdrücklich von seinem „Heimathsort“ verabschiedet.[254] Freilich ist die Zuweisung der Titel „Abschied“ und „Heimath“

252 KGW I/1, S. 275 transkribiert die durchgestrichenen Spiegelstriche in Mp I 22, S. 44 als Pluszeichen. Die Linienführung in der Handschrift weist jedoch besonders bei den unteren Einträgen auf Streichungen hin.

253 Eine andere Möglichkeit besteht darin, den generischen Titel dem Vierzeiler in Mp I 22, S. 52 (unten; KGW I/1, S. 277) zuzuweisen, der passenderweise mit den Abschiedsgrüßen „Ade, Ade“ beginnt. Auch die lyrische Klage um das verlassene „theure vaterhaus [sic]“ in Mp I 22, S. 38–39 (KGW I/1, S. 272–273) kommt für den Titel infrage. Eine vierte Zuweisungsoption liegt darin, „Abschied“ mit *Hecktors Abschied* (Mp I 22, S. 7–8; KGW I/1, S. 261–262) zu verknüpfen. Da die Nennung des trojanischen Helden jedoch den deutlich höheren Wiedererkennungswert aufweist als das Abstraktum „Abschied“ allein, ist es unwahrscheinlich, dass Nietzsche, falls er den Titel *Hecktors Abschied* hätte abkürzen wollen, ausgerechnet auf den weniger aussagekräftigen Bestandteil der Überschrift verfallen wäre.

254 Eine gestrichene Variante der ersten beiden Zeilen des Fragments findet sich zusammen mit weiteren Gedichtfragmenten in Mp I 22, S. 34.

ihres abstrakten Gehalts wegen nicht so evident wie im Fall von „Italien"; dennoch ist zumindest die Möglichkeit einer Verknüpfung gegeben – Nietzsches Nachlass aus der Zeit um 1858 enthält für den Titel „Hochland" demgegenüber keinen passenden lyrischen Text.

5.2 Gedichte und lyrische Entwürfe

Am Palmsonntage.
(Mp I 22, S. 3; KGW I/1, S. 258–259; HKG 1, S. 433)

Auf die drei Gedichtverzeichnisse in Mp I 22, S. 1–2 folgt nicht der dort in Liste „I." vorgegebenen Ordnung entsprechend ein Neujahrsgedicht oder eines zum Karfreitag, sondern mit *Am Palmsonntage* das erst als Nummer 3 angekündigte geistliche Festtagsgedicht über den letzten Sonntag der Fastenzeit, an dem des Einzugs Jesu Christi in Jerusalem gedacht wird. Damit knüpft der junge Nietzsche an die Tradition der Perikopendichtung an und stellt sich in eine Reihe mit prominenten gattungsprägenden Dichtern wie Andreas Gryphius (*Son- und Feyrtags-Sonette*, 1663), Clemens Brentano (*Die sonntäglichen Evangelien*, 1826/27) oder Annette von Droste-Hülshoff (*Das geistliche Jahr*, 1851).[255] Innerhalb des Manuskripthefts Mp I 22 gehört die Handschrift des Gedichts zu denjenigen mit den geringsten Bearbeitungsspuren.

Kontexte

Typisch für die traditionelle Perikopendichtung ist das fast wörtliche Zitat einer Bibelstelle,[256] von dem aus der Text im Sinn der Liturgie weitergedichtet wird. Neben den Zyklen von Gryphius, Brentano und Droste-Hülshoff zu erwähnen ist außerdem Friedrich Heinrich Rankes um 1820 entstandenes, ebenfalls „Am Palmsonntage" betiteltes Kirchenlied nach Chorsätzen aus Georg Friedrich Händels Oratorien *Joshua* und *Judas Maccabaeus*, das ausgehend von Louise Reichardts Anthologie *Christlicher, lieblicher Lieder* (Reichardt o. J.) Eingang in „Schulliedersammlungen" fand und heute die Nummer 13 des Evangelischen Gesangbuchs bildet

255 Zur produktiven Auseinandersetzung des jungen Nietzsche mit der Perikopendichtung vgl. bereits die Erläuterungen zu seinen Gedichtlisten in Mp I 22, S. 1–2 u. 44.

256 Die erste Versgruppe ist hier Sacharja 9,9 nachempfunden (vgl. auch Johannes 12,15 u. Matthäus 21,5): „Aber, du Tochter Zion, freue dich sehr, und du Tochter Jerusalem, jauchze; siehe, dein König kommt zu dir, ein Gerechter und ein Helfer, arm, und reitet auf einem Esel, und auf einem jungen Füllen der Eselin." (AT, S. 910)

(Parent 2002, S. 17). Dem jungen Nietzsche dürfte es aus diesem Kontext ebenfalls bekannt gewesen sein. Im Evangelischen Gesangbuch ist Rankes Lied allerdings – unter Aussparung des Titels – der Adventszeit zugeordnet, die den Auftakt des Kirchenjahrs markiert. Da traditionellerweise am Palmsonntag jedoch „der gleiche Evangelienabschnitt" gelesen wurde „wie am 1. Sonntag im Advent", nämlich „die Geschichte vom Einzug Jesu in Jerusalem nach Matthäus 21,1–9" (Parent 2002, S. 18), ergibt die Spitzenposition von Nietzsches dieselbe Bibelstelle zitierendem Gedicht in Mp I 22 wiederum durchaus Sinn. (Wenngleich festzuhalten bleibt, dass nach wie vor ein Widerspruch zur in Mp I 22, S. 1 vorgegebenen Reihenfolge besteht und im Manuskriptheft auch erst an viel späterer Stelle, in Mp I 22, S. 45, der liturgischen Ordnung entsprechend zumindest ein Gedicht auf das Weihnachtsfest folgt, das allerdings keinerlei liturgische Implikationen enthält.)

Die prophetische Sprecherhaltung in Nietzsches Gedicht orientiert sich stark an der zugrundeliegenden Bibelstelle des Alten Testaments (Sacharja 9,9–14), in der nicht nur Aspekte des Friedens und der Demut, sondern auch solche der Unterwerfung (gegenüber Gott und dem Messias) und des Zorns (gegenüber den Gottesfeinden) prägend sind, wobei in den auf Sacharja 9,9 Bezug nehmenden Stellen des Neuen Testaments (Johannes 12,15 u. Matthäus 21,5), in denen Jesus Christus mit dem einziehenden Messias gleichgesetzt wird, letztere Aspekte ausgeklammert bleiben. Nietzsche bevorzugt die alttestamentliche Vorlage für sein Perikopengedicht und grenzt sich damit von Autoren wie Gryphius, Ranke, Droste-Hülshoff oder Brentano ab. Die Palmsonntagsgedichte in den Perikopenzyklen von Gryphius und Brentano weisen in ihren Untertiteln sogar ausdrücklich auf Matthäus 21 als Quelle hin (vgl. Gryphius 1660, S. II; Brentano 1852, S. 305), während auch bei Ranke durch den Rückgriff auf das nur bei Matthäus 21,9 vorkommende „Hosianna" keine der anderen Stellen infrage kommt (vgl. Reichardt o. J., S. 12). Droste-Hülshoff geht in ihrem ganzen Zyklus hingegen textlich äußerst frei mit der Gattung und den biblischen Vorlagen um; von der Versifizierung einer bestimmten Stelle des Alten oder Neuen Testaments kann auch im Fall ihres Palmsonntagsgedichts (vgl. Droste-Hülshoff 1851, S. 62–64) schwerlich die Rede sein.[257]

257 Nach Schumacher 1998, S. 124 ist dieser Umstand kein Zufall: „Wir wissen aus Briefzeugnisse, daß Annette von Droste ganz bewußt versuchte, möglichst wenig Bibeltext in ihre Verse aufzunehmen, woran sie sich auch weitgehend hielt." Vgl. auch Schumacher 2007b, S. 106: „Trotz der vielen intertextuellen Bezüge zur Theologie und vor allem zu den Traditionen der Bibelauslegung[,] ist kein Gedicht in diesem lyrischen Perikopenzyklus[,] eine Versifizierung eines Katechismuskapitels, eines Erbauungstextes oder einer homiletischen Predigt."

Edition

KGW I/1, S. 258–259 präsentiert gleichsam eine Reinschrift des Gedichts, ohne Streichungen und Einfügungen zu kennzeichnen oder die nicht eindeutig zu identifizierenden Abstände zwischen den Versgruppen[258] zu berücksichtigen. Dem steht nur die nachträgliche, in der schwarzen Tinte geschriebene Wiederholung der Datierung unter dem Gedicht gegenüber, in der die Angabe „d. 23. M. 1858." präzisierend um „d. 23 März. 1858." ergänzt wird (Mp I 22, S. 3). Konsequenter wäre es aus Sicht von KGW I gewesen, die frühere, verwechslungsanfällige Datierung, in der „M." auch für den Monat Mai stehen könnte, zugunsten der späteren außen vor zu lassen – oder es in der zweiten Versgruppe bei fünf Versen zu belassen und ebenfalls die partiellen Streichungen als solche markiert abzudrucken. In der vorliegenden Gestalt ist die editorische Behandlung der nachträglichen handschriftlichen Bearbeitungen jedenfalls inkonsequent, wird die erste Einfügung doch als Ersetzung, die zweite als Hinzufügung wiedergegeben, ohne dass sich beide Bearbeitungsfälle im Manuskript kategorisch unterscheiden.

Form

Auf formaler Ebene hat sich Nietzsche an einer Variante des Sonetts orientiert, das jambische Fünfheber mit durchgängig weiblicher Kadenz vorsieht, die jeweils zwei Quartette mit umarmendem und zwei Terzette mit verschränkendem Reimschema bilden. Als historische Formbeispiele kommen hierfür etwa Karoline von Günderrodes *Der Kuß im Traume* (Günderrode 1857, S. 9) und Goethes *Natur und Kunst* (Goethe 1833, S. 102) infrage. Anders als dort wiederholt das zweite Quartett von *Am Palmsonntage* jedoch nicht die Reime des ersten; ein noch größerer Unterschied besteht darin, dass es sich bei Nietzsches zweiter Versgruppe um ein Quintett mit dem Schema cdddc handelt, das Gedicht also 15 statt der sonettüblichen 14 Verse umfasst. Inwiefern diese formale Unregelmäßigkeit dem unfertigen Status als Nachlass-Gedicht geschuldet ist, ob Nietzsche in einer sauberen Abschrift des Gedichts also möglicherweise noch eine Zeile des Quintetts entfernt hätte, lässt sich nicht

258 Da Nietzsche in drei Fällen das Versende aus Platzgründen in die jeweils darunterliegende Zeile gezogen hat, ist nicht immer nachvollziehbar, ob er die sich formal durch Rhythmus und Reimschema konstituierenden Versgruppen durch Leerzeilen auch grafisch voneinander unterscheiden wollte. Nach dem ersten Quartett ist trotz des heruntergezogenen „Segen[s]" ein Abstand zur zweiten Versgruppe zu erkennen; nach dieser ist allerdings kein größerer Abstand zur nächsten Gruppe festzustellen als zwischen den beiden direkt folgenden Versen „Es naht ein Held, der seiner Feinde Scha„ / ren" und „Bezwang. Sie folgen seinen Siegsgepränge" (Mp I 22, S. 3). Während KGW I/1, S. 258–259 also die Quartette und die (manuskriptgetreu) als ein Sechszeiler zusammengefassten Terzette grafisch voneinander getrennt präsentiert, ließen sich im Blick auf die Handschrift genauso gut nur zwei Versgruppen unterscheiden. Auf den ersten Vier- würde so ein Elfzeiler folgen.

beantworten.[259] Fest steht dagegen, dass zunächst tatsächlich ein Quartett vorlag, dem in einem zweiten Bearbeitungsschritt mit anderer, schwarzer Tinte der dann mittlere Vers „I~~n~~hn preisen tausent Serapfinen Heere!" (Mp I 22, S. 3) hinzugefügt wurde. Die Edition in KGW I/1, S. 258–259 begradigt diese Unregelmäßigkeit, indem sie den zweiten Vers des zweiten Quartetts bzw. des Quintetts in Gänze ausschließt, obwohl aus der Handschrift nur eine ad-hoc-Korrektur der zweiten Vershälfte von „seine Macht und" in „Macht und Ehre" hervorgeht (Mp I 22, S. 3).

Inhalt

Der Sprecher apostrophiert zu Beginn die in der traditionsreichen Personifikation „Tochter Zion" verbildlichte Bevölkerung von Jerusalem[260] und fordert sie auf, die Ankunft des „Herrn" und „Heiland[s]" mit dem Singen von „Psalmen" und dem Niederlegen von „Palmen[zweigen]" zu zelebrieren (Mp I 22, S. 3). Nur an dieser Stelle erweitert Nietzsche sein Gedicht um neutestamentliche Elemente wie den Gesang und das Niederlegen der Palmenzweige; im Weiteren verzichtet er auf die Schilderung des in den Evangelien überlieferten Geschehens, so auf die Anweisung Jesu gegenüber seinen Jüngern, vorauszugehen und ihm einen Esel zu bringen, auf dem er in Jerusalem einreitet. Zum Vergleich: In Brentanos Palmsonntagsgedicht stehen die Handlungsmomente nach der Überlieferung von Matthäus 21 im Vordergrund. Bei Nietzsche dominiert demgegenüber der abstrakt bleibende, verherrlichende Duktus des Propheten Sacharja: Der „Heiland" wird einerseits als „König" mit „ewig unbegrenzt[er] [...] Macht und Ehre" angekündigt, der von Engelsheeren gepriesen wird; andererseits glorifiziert ihn der Sprecher als „Weise[n]", dessen „Lehre" die „Herzen" der Menschen mit Weisheit erfülle (Mp I 22, S. 3).

Nach der Aufforderung zum Lobpreis des gnadenvollen und segensreichen Messias im Auftaktquartett wird diese Forderung im folgenden Quintett mit der Bestimmung als weiser Herrscher begründet, der nicht nur die geistige, sondern auch die sinnliche Komponente seiner Untertanen, ihre „Herzen", berühre. Dabei folgt Nietzsche der alttestamentlichen Vorlage auch insofern, als er auf die

259 Ähnliches gilt für die Nummerierung („I."; Mp I 22, S. 3), von der nicht klar ist, ob sie sich auf die erste Versgruppe bezieht und bei den folgenden noch nachzutragen gewesen wäre oder ob mehrere Gedicht(teil)e unter der Überschrift *Am Palmsonntage* zusammengefasst und römisch durchnummeriert werden sollten. Jedenfalls ist Nietzsche von der ursprünglichen Idee, wie sie auch ausgesehen haben mag, offenbar wieder abgekommen, ohne jedoch die erste Nummerierung nachträglich zu tilgen.

260 Im Alten Testament bezeichnet die vorisraelitische Turmburg Zion die Stadt Jerusalem (vgl. 2. Samuel 5,7 u. passim). Zur Wahrnehmung von „Zion / Jerusalem als Frau", der Stadtbevölkerung als „Zions Kinder[ ], den Söhnen, aber auch den Töchtern" der Stadt, vgl. Steck 1992, insb. S. 133–144.

Nennung Jesu Christi verzichtet, der in den Evangelien des Neuen Testaments mit dem in Jerusalem einziehenden „König" identifiziert wird. Dass diese Identifikation trotzdem auch für Nietzsches Gedicht implizit vorausgesetzt werden kann, geht aus dem generischen Titel ebenso hervor wie aus den bereits erwähnten neutestamentlichen Elementen des Auftaktquartetts. Andererseits verzichtet Nietzsche wiederum darauf, den „König" auf einem jungen Esel einreiten zu lassen – ein Motiv, das im Gegensatz zum Empfang des Messias mit Palmzweigen und Gesang schon Bestandteil der Prophezeiung im Alten Testament (Sacharja 9,9) war.

Die finale Versgruppe, in der gemäß Nietzsches Orientierung an (einer Variante) der Sonettform auch zwei Terzette zu erkennen sind, ergänzt jenes Bild vom weisen Herrscher und Erlöser vorlagengetreu um eine kriegerische Note: Zunächst stellt der Sprecher den Einziehenden zusätzlich zu seiner Rolle als „Heiland", „Weiser" und „König" noch als „Held[en]" vor, der seine „Feinde" besiegt und einen Triumphzug („Siegsgepränge"; vgl. DWB 16, Sp. 923) abhält, dem jene „[g]efesselt und mit grimmer Zorn Geberde" folgen müssen (Mp I 22, S. 3). Bemerkenswerterweise ist der „Held" in Nietzsches Palmsonntagsgedicht gegenüber seinen Feinden offenbar weniger versöhnlich als man es von der Darstellung Jesu Christi im Neuen Testament, besonders der Bergpredigt (Matthäus 5–7), gewohnt ist.[261] Die Ähnlichkeit zu Gott, wie man ihn aus dem Alten Testament (etwa 2. Mose 21,24) kennt, ist bedeutend größer. Dieses alttestamentliche Gottesbild setzt sich in den letzten drei jeweils mit der Interjektion „O" beginnenden Versen fort, an deren Ende der Sprecher ausdrücklich zur Unterwerfung aufruft: „O werft euch nieder vor ihn auf die Erde." (Mp I 22, S. 3) Bezeichnend ist hierbei auch der Synkretismus, den „König" als Führer seines Triumphzugs einen „Lorbeerkranz" (Mp I 22, S. 3) tragen zu lassen, wie ihn römische Feldherren als *corona triumphalis* für die höchste Auszeichnung nach großen Siegen in der Öffentlichkeit trugen (vgl. MCL 7/3, S. 112).

Die Darstellung des in Jerusalem einziehenden Erlösers als aggressiver Streiter für das Gottesimperium in der letzten Versgruppe des Gedichts hat in der Perikopendichtung auf Palmsonntag so kein prominentes Vorbild; angesichts des liturgischen Hintergrunds der Gattung hinterlässt Nietzsches Beitrag somit einen ambivalenten Eindruck, der sich durch den Kontrast der Gottesbilder im Alten und Neuen Testament ergibt. Greifen predigende und/oder dichtende Interpreten in

261 Vor allem der Unterschied zu Matthäus 5,38–39 („Ihr habt gehöret, daß da gesagt ist: Auge um Auge, Zahn um Zahn. […] Ich aber sage euch, daß ihr nicht widerstreben sollt dem Uebel; sondern so dir jemand einen Streich giebt auf deinen rechten Backen, dem biete den andern auch dar."; NT, S. 8) und 5,43–44 („Ihr habt gehöret, daß da gesagt ist: Du sollst deinen Nächsten lieben, und deinen Feind hassen. […] Ich aber sage euch: Liebet eure Feinde, segnet, die euch fluchen, thut wohl denen, die euch hassen, bittet für die, so euch beleidigen und verfolgen […]."; NT, S. 8) sticht ins Auge.

der Regel auf die feierlich-friedliche Schilderung des Einzugs nach Jerusalem in Matthäus 21,1–11 zurück, bezieht sich der junge Nietzsche nicht nur direkt auf den dort zitierten Passus Sacharja 9,9, sondern berücksichtigt auch den martialischen Kontext in Sacharja 9,13–14, der in der bis heute erhaltenen Bibel seines Vaters Carl Ludwig Nietzsche von 1818 wie folgt lautet:

> Denn ich habe mir Juda gespannet zum Bogen, und Ephraim gerüstet. Und will deine Kinder, Zion, erwecken über deine Kinder, Griechenland; und will dich stellen als ein Schwerdt der Riesen. [...] Und der HErr wird über ihnen erscheinen, und seine Pfeile werden ausfahren wie der Blitz; und der HErr HErr [sic] wird die Posaune blasen, und wird einher treten, als die Wetter vom Mittag. (AT, S. 910)

Damit erweist sich Nietzsches *Am Palmsonntage* bei genauerem Hinsehen als weniger generisch denn eingangs vermutet. Der Beitrag zur Perikopendichtung hebt sich durch den experimentellen Traditionsbezug, die Akzentuierung der alttestamentlichen Prophezeiung in Sacharja 9,9–14 unter zurückhaltender Ergänzung um Elemente des Neuen Testaments, merklich von den Referenzautoren ab. Dem korrespondiert auch der ambivalente Gehalt des Gedichts, das zugleich eine Botschaft des Friedens, eine Kriegsdrohung und die Forderung nach Unterwerfung transportiert. Angesichts dieser Gemengelage ließe sich auch von einer Mythoskorrektur sprechen, die auf eine Neuinterpretation des Einzugs Jesu Christi vor dem Hintergrund des Alten Testaments abzielt. Von der traditionellen Palmsonntagsliturgie, die den Schwerpunkt auf den „Hosianna"-Jubel der Bevölkerung legt (vgl. Matthäus 21,9; NT, S. 28), entfernt sich Nietzsches Gedicht jedenfalls merklich.

Zwei Lerchen.
(Mp I 22, S. 4; KGW I/1, S. 259–260; HKG 1, S. 433–434)

Das Gedicht *Zwei Lerchen* wurde bereits von Hermann Josef Schmidt einer eingehenden, biografisch-psychologischen Interpretation unterzogen (vgl. Schmidt 1997, S. 27–35) und gehört daher zu den in der Forschung bekannteren Jugendgedichten Nietzsches. Das Gedichtverzeichnis in Mp I 22, S. 1–2 listet es zwei- beziehungsweise viermal.[262] Aus gattungspoetischer Sicht lässt sich der Text als Mischung von

262 In der Kategorie „Schilderungen" ist als Nummer 2 „Die Lerche" aufgeführt – ein Titel, der so im lyrischen Nachlass Nietzsches nicht vorkommt, der sich aber gut auf das vorliegende Gedicht beziehen lässt. Im unteren Bereich des Verzeichnisses taucht der Titel noch einmal auf, ist dort aber durchgestrichen worden. Ebenfalls durchgestrichen wurden die beiden Erwähnungen des finalen Titels – „Zwei Lerchen" – als Punkte 6 und 9 der „Schilderungen" (vgl. Mp I 22, S. 2).

Ballade und Fabel beschreiben, als „liedförmige Erzählung einer merkwürdigen Begebenheit" (Wagenknecht 2007, S. 192), in der „nicht-menschliche Akteure (Tiere, Pflanzen, unbelebte Gegenstände usw.) agieren, als stünden ihnen die Möglichkeiten menschlichen Bewußtseins zur Verfügung" (Grubmüller 2007, S. 555): Das Gedicht handelt von den Flügen zweier anthropomorpher Lerchen[263] Richtung Sonne, die wegen ihres gegensätzlichen Verhaltens unterschiedliche Schicksale erleiden.

Diese Schicksale lassen sich wiederum moralisch deuten, wobei nicht zwangsläufig christliche Moralvorstellungen in Anschlag zu bringen sind, auch wenn man dies von dem balladesk-fabelartigen Text eines 13-jährigen Pfarrerssohns erwarten könnte: Die Lerche, die der Sonne zu nah und infolgedessen zu Tode kommt, kann nicht nur nach christlichem Verständnis als mahnendes Negativbeispiel für Hybris und mangelnde Demut interpretiert werden, insofern das Geschöpf, das sich dem Absoluten, Gott, gleichzustellen sucht, bestraft wird, sondern auch im Sinne der griechischen Mythologie, die zahlreiche Fälle kennt, in denen die Götter ein solches Verhalten als Frevel verstehen und entsprechend ahnden.[264] Am nächsten kommt das Gedicht dem Mythos von Ikarus, der beispielsweise nach Ovids *Metamorphosen* (VIII, 183–235; vgl. Schönke o. J., S. 144–150) mit der wächsernen Flügelkonstruktion seines Vaters Dädalus bei der Flucht aus dem Labyrinth des Minotaurus ebenso wie die zweite Lerche zu nah an die Sonne fliegt, deren Hitze seine Flügel beschädigt, woraufhin er ins Meer stürzt und stirbt. Allerdings stellt diese moralische Deutung, die in christlicher wie auch mythologischer Lesart auf dieselbe Bescheidenheitsbotschaft hinausläuft, nur eine von zwei Interpretationsmöglichkeiten dar, die überdies auch textimmanent als Lektion begriffen werden kann, welche die erste Lerche aus ihrem Flug gelernt hat. Dem steht eine Deutung gegenüber, die wiederum der zweiten Lerche als persönliche Motivation zugeschrieben werden kann: dass „unbesiegbare Lust" und ein Augenblick „himmlischer Freude und Wonne" (Mp I 22, S. 4) es wert seien, dafür zu sterben.

Eindeutig Position für eine der Deutungen beziehungsweise Lehren (Demut/Hybris versus extremer Hedonismus), etwa in Gestalt einer pro- oder epimythischen Passage, bezieht das nur einmal im Text genannte lyrische Ich jedoch nicht; auch das Gedicht im Ganzen ist nicht auf eine eindeutige Lehre hin konstruiert, wenngleich man anhand der Chronologie des lyrisch Erzählten und der jeweils

---

263 Zum Motiv des (Sing-)Vogels, das sowohl der junge als auch der erwachsene Nietzsche in nachgelassenen und veröffentlichten Gedichten sehr häufig verwendet, vgl. Kap. 2.4.4. Zur Motivgeschichte der Lerche von der Antike bis zur Romantik vgl. Doebele-Flügel 1977.

264 Vgl. beispielsweise die Geschichten von Arachne (*Metamorphosen* VI, 1–145; Ovid 1798a, S. 310–319), Niobe (*Metamorphosen* VI, 146–312; Ovid 1798a, S. 320–333) oder Prometheus (*Theogonie*, 507–616; Hesiod 1843, S. 66–78; *Werke und Tage*, 42–105; Hesiod 1797, S. 7–11).

verwandten Versmenge eine gewisse Sympathie für die zweite Lerche annehmen könnte, die ihr Leben „ohne Klag" (Mp I 22, S. 4) dem Moment der „Freude" opfert. Stärker als die latente Sympathie wirken jedoch die irritierenden finalen Satzzeichen – jeweils zwei Gedankenstriche, Frage- und Ausrufezeichen –, in denen die bemerkenswerte Offenheit des Textes, die wiederum dem typischen „demonstrative[n] Charakter" einer Fabel (Grubmüller 2007, S. 555) zuwiderläuft, auch grafisch zum Ausdruck kommt. Darüber hinaus legt der schlichte Titel *Zwei Lerchen* nahe, dass beide Lerchen, beide Existenzentwürfe, gleichberechtigt nebeneinanderstehen. Allenfalls die Offenheit der Deutung selbst könnte als unausgesprochene Moral von der Geschicht' fungieren.

Kontexte

Als Vorlage von *Zwei Lerchen* kommt Eichendorffs *Die Lerche* in Betracht: ein Rollengedicht, in dem der titelgebende Singvogel „vor Lust und tiefem Weh" aus der Tiefe in die Höhe zur „Sonne" drängt, wo das Absolute wartet – bei Eichendorff erwartungsgemäß in der christlichen Gestalt des „Himmelsthor[s]" (Eichendorff 1841, S. 222–223). Nietzsches Orientierung an der Vorlage ist hier thematischer Natur. Formal (Eichendorff nutzt Madrigalverse; vgl. Stopp 1969, S. 816) und mit Blick auf die philosophische Grundhaltung und Aussage des Gedichts – die Offenheit der Deutung, das Ausspielen *zweier* Lerchen gegeneinander, der fabelartige Erzählton – geht der junge Nietzsche mit seinem Gedicht eigene Wege. Bemerkenswert ist allerdings, dass Nietzsches Gedicht eine Pointe gleichsam vorwegnimmt, die Hermann von Eichendorff dem Gedicht seines Vaters in der 1864 erschienenen zweiten Auflage der Werkausgabe gibt: Ein zweiter Teil von *Die Lerche*, den Hermann aus lyrischen Nachlassentwürfen seines Vaters kompiliert (vgl. Stopp 1969), endet dort wie Nietzsches Gedicht mit einem Augenblick „himmlischer Freude und Wonne" (Mp I 22, S. 4; KGW I/1, S. 260):

> Noch kann ich nichts sagen,
> Beglänzt die Brust,
> Nur mit den Flügeln schlagen,
> Vor großer sel'ger Lust!
> (Eichendorff 1864, S. 458)

Der junge Nietzsche konnte Hermann von Eichendorffs Kompilat nicht kennen. Aber die auffällige Parallelle in der Schlussnote ist ein zusätzliches Indiz dafür, dass beide beim Dichten ‚ihrer' Texte Eichendorffs *Die Lerche* vor Augen hatten.

Edition

Die Handschrift in Mp I 22, S. 4 gehört zu den saubersten und am wenigsten nachbearbeiteten im ganzen Manuskriptheft Mp I 22. Lediglich drei minimalinvasive ad-hoc-Korrekturen finden sich in den Strophen 4 und 6: Zweimal setzte Nietzsche offenbar falsch an;[265] woraus er in Zeile 13 „Dramge" (= „Drange") korrigiert, ist dagegen nicht mehr zu rekonstruieren, da er die Korrektur mitten im Wort ansetzt und dessen erste Buchstaben überschreibt. Angesichts des guten Zustands und der sehr regelmäßigen formalen Einrichtung könnte es sich bei Mp I 22, S. 4 um eine Reinschrift handeln, deren Geschlossenheit Nietzsche nicht durch Teilung des Textes auf zwei Seiten oder Blätter strapazieren wollte, weshalb die letzten beiden Strophen im Gegensatz zu den anderen keine Leerzeile zwischen sich aufweisen und die Verse derselben insgesamt enger zusammenstehen. Die Edition in KGW I präsentiert auch in diesem Fall eine geschönte Textfassung samt regelmäßiger grafischer Strophentrennung und ohne markierte Korrekturen, was im Vergleich zu anderen Transkriptionen nachgelassener Aufzeichnungen in KGW allerdings weniger schwer wiegt, weil die Handschrift so gut wie keine editorischen Härtefälle birgt.

Form

Die sechs Vierzeiler in Nietzsches *Zwei Lerchen*, bestehend aus jambischen, mit freien Doppelsenkungen versehenen beziehungsweise auftaktigen daktylischen Dreihebern im Kreuzreimschema mit weiblich-männlich alternierenden Kadenzen, orientieren sich an der „zweithäufigste[n] Strophenform der deutschen Lyrik" (Frank 1993, S. 106): die seit der Romantik besonders beliebte Volksliedstrophe, in der etwa Wilhelm Müllers *Lindenbaum* (Müller 1824, S. 83–84), Eichendorffs *Mondnacht* (Eichendorff 1837, S. 391), „fast zwei Dutzend" Stücke aus Brentanos und Arnims Sammlung *Des Knaben Wunderhorn* (Arnim/Brentano 1806/1808), aber auch bereits Goethes *König in Thule* (Goethe 1828a, S. 187–188) verfasst wurden (vgl. Frank 1993, S. 108–110). Dabei steht diese Volksliedform in Kontrast zum Handlungsreichtum von Nietzsches Gedicht, denn auch wenn „die Dichter der Romantik die Strophe immer wieder für Romanzen und Balladen" verwendeten, „erträgt" sie doch „keine dramatischen Spannungen", sondern erzeugt „vielmehr eine melodische, liedhafte Bewegung, die […] mehr zum verhaltenen Ausdruck inniger, ja wehmütiger Empfindungen neigt" (Frank 1993, S. 111). Der junge Nietzsche experimentiert mit dem Zusammenspiel von Form und Inhalt, indem er seinem auch infolge gezielter

265 Vers 15 sollte zunächst wohl mit „Schließt" beginnen, bevor Nietzsche das „Doch" vorzog; in Vers 21 hätte er „strahlende" fast großgeschrieben.

Tempuswechsel zunehmend dramatischer werdenden, klimaktischen Text eine betont liedhafte Form verleiht, die vor allem ruhige, heitere und/oder melancholische Stimmungen transportiert. Dem Kontrast der Existenzentwürfe innerhalb des Gedichts und der entsprechenden Deutungsvarianten korrespondiert demnach der Konflikt zwischen Form und Inhalt, in dem es ebenfalls eine ruhig-bescheidene und eine ekstatisch-fordernde Partei gibt.

Inhalt

Die erste Gedichtstrophe übernimmt eine expositorische Funktion und führt gleich mit dem ersten Wort des ersten Verses ein lyrisches Ich ein, das die Geschichte der titelgebenden „zwei Lerchen" erzählen wird, die es einst „so hell und klar" singen hörte und „auf freudigen Schwingen / Am Himmel so wunderbar" fliegen sah (Mp I 22, S. 4). Das Ich fungiert als lyrischer Erzähler, tritt dabei im ganzen Gedicht aber nicht mehr explizit in Erscheinung und erzielt mit zwei Wechseln des Tempus (vom Präteritum ins Präsens und zurück) und der Erzählperspektive (von der Schilderung des äußeren Verhaltens beider Lerchen zur Schilderung des inneren Erlebens derselben und zurück) eine dramatische Grundspannung, die der heiter-liedhaften Einführungsstrophe kontrastiert.

Erst mit der folgenden Strophe setzt die fabelartige Handlung im engeren Sinne ein: „Die eine" Lerche „nahte der Sonne" – ob zufällig oder absichtlich, geht aus dem Text nicht hervor –, wurde jedoch „[g]eblendet" und „schrack zurück" (Mp I 22, S. 4). Das Gedicht führt die Sonne, die kulturgeschichtlich seit jeher als zentrales Gestirn Gott, das Absolute und/oder die Wahrheit symbolisiert,[266] in der zweiten Strophe als Leitmotiv ein, ohne sie im Einzelnen zu charakterisieren. Textimmanent lässt sich nur aus dem Verhalten der beiden Lerchen die Macht der Sonne ableiten, die sowohl „Glück" als auch „Qual" bei denjenigen Geschöpfen hervorbringt, die ihren „himmlische[n] Strahlen" (zu) nahe kommen (Mp I 22, S. 4). Über diese ambivalente Wirkung der Sonne hinaus, über spezifische Merkmale, die etwa eine genauere religions-, philosophie- und literaturgeschichtliche Verortung des Motivs innerhalb von pantheistischen oder antiken mythologischen Vorstellungen beispielsweise in der Nachfolge von Platons Sonnengleichnis oder Goethes Naturlyrik ermöglichen würden, enthält der Text keine Hinweise.[267] Stattdessen kreist die Handlung um die

266 Zur Kulturgeschichte der Sonne seit Echnaton vgl. Hildebrandt 2008.

267 Deutlichere pantheistische Züge nehmen dagegen Entwürfe zu Frühlingsgedichten in Mp I 35 und Mp I 36 (vgl. KGW I/2, S. 61–64) an, die ein Jahr später entstehen. In Mp I 35, S. 1 betet ein Sprecher ehrerbietig zur Sonne: „Strahlenentsendente, alles belebende / Sonne, vor deiner unendlichen / Wonne berg ich erschroken mein / Angesicht. Nicht vermag ich ~~ich~~ die / Wonne zu fassen; denn vor deinem / undenklichen Licht müssen die an„ / dern Gestirne erblassen. Wenn du / steigst

Dialektik von Lust und Leid sowie um die Frage, ob ein intensiver, lustvoller Tod in großer Höhe dem gemäßigten (oder mäßigen) Leben auf mittlerer Höhe vorzuziehen ist, das sich in der bloßen Erinnerung an das „vergangene Glück" erschöpft, wenngleich selbst diese Erinnerung offenbar noch „mit Wonne" verbunden ist (Mp I 22, S. 4). Was die Sonne genau symbolisiert, ob sie für die Wahrheit, Gott oder beides zugleich steht, ist dabei nebensächlich.

Die erste Lerche entscheidet sich ausweislich der ihr gewidmeten Strophen 2 und 3 für eine solche gemäßigte Existenz, denn „sie fürchtet, es möchte ihr Streben" nach den beglückenden Sonnenstrahlen „[i]hr werden am Ende zur Qual" (Mp I 22, S. 4). Durch den Tempuswechsel ins Präsens wirkt die Begründung des Verhaltens der ersten Lerche, ihre Furcht vor der möglichen „Qual", wie ein Einblick in ihr inneres Erleben. Dies betont den zunehmend dramatischer werdenden Ton des Gedichts, indem auf die Emotionen der Protagonisten besonderes Augenmerk gelegt wird. „Die andre" Lerche dagegen „[s]chwingt sich zu der Sonne heran"; ihr „muthige[r]" Drang lässt sie das warnende blendende Licht auf der „nie noch betretene[n] Bahn" ignorieren, indem sie die Augen schließt (Mp I 22, S. 4). Auch über den Hintergrund und die Motivation der zweiten Lerche gibt der Text nichts weiter preis. Den Textgehalt prägen die konträren Verhaltensweisen beider Lerchen in derselben Situation: dem beabsichtigten oder unbeabsichtigten Flug Richtung Sonne, den die erste Lerche erschrocken abbricht und die zweite gegen alle Widerstände „muthig[ ]" fortführt. Das unmittelbare emotionale Erleben der Situation – hier kommt die balladeske Komponente des Textes besonders zur Geltung – hat bei der zweiten Lerche einen noch größeren Stellenwert: Im Zusammenspiel mit der zweimaligen anaphorischen Wiederholung des „Sie" zu Beginn der beiden letzten Strophen, die den Spannungsanstieg bis hin zum Höhepunkt der Handlung, dem mutmaßlichen Tod der zweiten Lerche, rhythmisch widerspiegeln, schildert das Gedicht ebenfalls im Präsens den Bewusstseinsverlust der Lerche angesichts der unwiderstehlichen, „unbesiegbare[n] Lust", die „himmlische[n] Strahlen zu sehen" (Mp I 22, S. 4). Die dramatische Schilderung erreicht ihre Klimax in der letzten Strophe, die vom Augenblick des absoluten Glücks handelt: Die zweite Lerche „blickt in die ~~S~~strahlende Sonne" und „schaut sie an ohne Klag" (Mp I 22, S. 4). Dann „brach" schließlich „ihr Auge" nach jenem Moment „himmlischer Freude und Wonne" (Mp I 22, S. 4): Die Lerche stirbt,[268] doch

aus des Grabes Nacht, jauchzt / die Natur dir ein Loblied entgegen." Und auch in dem stark nachbearbeiteten lyrischen Fragment *Wolkenaufthürmende Blitzeentsendten…*, eine versifizierte Variante von Mp I 35, S. 1, wird die Sonne demütig apostrophiert: „O Sonne o ~~laß~~ hab mit uns armen / Erbarmen / laß uns nicht durch deine Allmacht / vergehen" (Mp I 36, S. 1).

268 Dass jemandes „auge bricht", verbildlicht dessen Tod, wie auch aus Grimms *Deutschem Wörterbuch* hervorgeht, das auf Belegstellen nicht nur bei Schiller, sondern auch schon bei Hans Sachs hinweist (DWB 2, Sp. 343).

die letzten Augenblicke ihres Lebens waren vollkommen glückserfüllt. Die finalen Satzzeichen („– – ??!!"; Mp I 22, S. 4) können dabei verschieden interpretiert werden: die beiden Gedankenstriche für sich als grafische Visualisierung des einsetzenden Todes der zweiten Lerche; die Frage- und Ausrufezeichen sowohl als Veranschaulichung des Moments absoluter Ektase im Todesmoment wie auch – auf einer Meta-Ebene – im Sinne einer Infragestellung des Textinhalts. In jedem Fall stellen sie ein Irritationsmoment dar, das zur Offenheit der Textdeutung beiträgt.

Durch den Tempuswechsel zurück ins Präteritum, den erst der letzte Vers vollzieht, wird die lyrische Erzählung nicht nur gerahmt, indem das Ich die ursprüngliche epische Erzählperspektive wiederaufnimmt; durch diese Rückkehr schafft das lyrische Ich zugleich wieder eine größere Distanz zur Lerche und ihrem Verhalten, sodass die latenten Sympathiesignale abgeschwächt werden. Trotz des vermeintlich wonnevollen und klaglosen Todes der Lerche endet der Text so durchaus mit einer düsteren Note, da der innerlich erlebten „Freude und Wonne" von außen nur der Tod der Lerche korrespondiert (den diese wohl ihrerseits – „[s]ich selber kaum mehr bewußt" – nicht wahrgenommen haben dürfte). Nur das lyrische Ich und der Leser kennen beide Perspektiven, und da ersterer sich ausweislich der grafischen Irritation am Ende eines finalen Urteils enthält, ist letzterer in dem seinen frei.

Anders als im Mythos um Ikarus oder in vergleichbaren christlichen Geschichten, in denen davor gewarnt wird, ‚zu hoch' hinauszuwollen (etwa in der vom Turmbau zu Babel; Genesis 11,1–9), präsentiert Nietzsche in seiner balladesken Fabel kein eindeutig auslegbares Lehrstück über die schrecklichen Konsequenzen der menschlichen Hybris. Die zweite Lerche stirbt zwar, aber sie stirbt entsprechend ihrer inneren Einstellung absolut glücklich. Doch auch die erste Lerche folgt ihrer inneren Einstellung, vermeidet das absolute, aber letale Glück, lebt gemäßigt weiter und erinnert sich immerhin „mit Wonne" an das „vergangene Glück" (Mp I 22, S. 4). Beide Existenzentwürfe – das gemäßigte lange Leben und das intensive kurze Leben – stehen einigermaßen gleichberechtigt nebeneinander; die latente Sympathie, die der Text für die zweite Lerche hat, kann auf die Last der Tradition zurückgeführt werden, die, wie oben angemerkt, Höhenflüge gen Sonne und Gottesannäherungen rigoros betraft. Die selbstbewusste Bildsprache, der kombinierende Rückgriff auf verschiedene Gattungen und das bemerkenswert offene Ende machen *Zwei Lerchen* zu einem besonders interessanten nachgelassenen Gedicht des jungen Nietzsche. Dabei lässt sich in der provokativen Irritationskraft des Gedichts eine Parallele zum späteren Werk und dessen „Irritationseffekt" (Sommer 2019, S. 111) erblicken.

Im Freien.
(Mp I 22, S. 5; KGW I/1, S. 260; HKG 1, S. 434)

Im Freien ist ein Beispiel für die religiöse Naturlyrik des jungen Nietzsche, die in seinem Nachlass um 1858/59 häufiger begegnet[269] und sowohl dem Themenkreis christlicher als auch dem romantischer Jugendgedichte zugeordnet werden kann (vgl. Kap. 2.4.3 u. 2.4.4). Im Gedichtverzeichnis der „Schilderungen" zu Beginn des Manuskripthefts hat Nietzsche den Titel „im Freien" einmal gelistet, allerdings wieder durchgestrichen (vgl. Mp I 22, S. 2). Unter einer der dreimal verzeichneten Aufzählungsnummern „7." nennt er dort jedoch auch einen „Im Frühjahr" lautenden Titel, der – berücksichtigt man das mit „Der Frühling" ähnlich überschriebene und thematisch auch verwandte lyrische Fragment in Mp I 17, S. 1 – möglicherweise eine frühere oder spätere Variante der Überschrift von *Im Freien* darstellt.

Kontexte

Unschwer zu erkennen ist, dass besonders die spätromantische Naturlyrik, namentlich diejenige Eichendorffs und Geibels,[270] prägenden Einfluss auf die erbaulichen Naturgedichte Nietzsches hatte: Hier wie dort durchwirkt der christliche Gott die Natur, die als irdischer Abglanz des Himmels erscheint und Trost und Erlösung verspricht. Auch die beim jungen Nietzsche besonders häufig mit Namen vorkommenden Singvogelarten Nachtigall und Lerche sowie das im vorliegenden Gedicht

269 Vgl. etwa die auch als Vorarbeit zu *Im Freien* infrage kommende, auf einem einzelnen losen Blatt erhaltene fragmentarische Variante *Der Frühling* (Mp I 17, S. 1; KGW I/1, S. 239) oder die Gedichte *Der Mai hat begonnen...* (Mp I 19, S. 14–15; KGW I/1, S. 244–245), *O süßer Waldesfrieden...* (Mp I 33, S. 3; KGW I/2, S. 57) und *Im grünen Walde möchte ich sterben...* (Mp I 33, S. 4; KGW I/1, S. 58).

270 Die Rezeption Eichendorffs und Geibels durch den jungen Nietzsche hat bereits Ziemann 1994a, S. 185–189 thematisiert. Demnach lernt der junge Nietzsche Eichendorff über die Vertonungen der Gedichte *Abschied* und *Der Jäger Abschied* durch Mendelssohn Bartholdy kennen, die er als Vorlage für eines seiner ebenfalls *Abschied* (Mp I 20, S. 3–4) betitelten Gedichte benutzt (vgl. Ziemann 1994a, S. 186). Dem ist hinzuzufügen, dass sich in Nietzsches persönlicher Bibliothek eine in Leben und Werk Eichendorffs einführende Monografie aus der Reihe *Moderne Klassiker* von 1854 erhalten hat, die unter anderem auch das genannte Gedicht *Abschied* enthält (vgl. o. V. 1854, S. 13–14; NPB, S. 209). Wenngleich Nietzsche für dieses spezielle Gedicht, wie Ziemann 1994a, S. 186 plausibel anhand auffälliger Parallelen zwischen dem Liedtext Mendelssohns und Nietzsches Gedicht zeigt, wahrscheinlich wirklich primär auf die Vertonungen zurückgreift, ist festzuhalten, dass ihm in Gestalt der Monografie grundsätzlich auch eine Quelle vieler Originaltexte Eichendorffs zur Verfügung steht. Aus derselben Reihe hat sich auch eine Monografie über Geibel erhalten, die allerdings erst 1859 erscheint (vgl. o. V. 1859; NPB, S. 241). Ferner besitzt Nietzsche auch eine Biografie über Mendelssohn Bartholdy (vgl. Neumann 1854; NPB, S. 407) sowie drei undatierte Veröffentlichungen seiner Duette und Lieder (vgl. Mendelssohn Bartholdy o. J. a/b/c; NPB, S. 705).

zentrale Motiv des *liber naturae* sind – zumindest mit den Gestaltungsspezifika des vorliegenden Gedichts – jenen spätromantischen Einflüssen nachempfunden (vgl. Ziemann 1994a, S. 187–188), wobei die Traditionsgeschichte des Buchs der Natur deutlich weiter, bis in die Spätantike zu Augustinus, zurückreicht und bis zu Nietzsches Zeit bereits zahlreiche Deutungsvarianten ausgebildet wurden.[271] Im Fall von *Im Freien* dominiert der erbauliche Grundton, der die theologische Verwendungsweise des Motivs in der Tradition auszeichnet: Ein nicht näher vorgestellter Sprecher wendet sich fortwährend an ein ebenso wenig charakterisiertes lyrisches Du, das als Therapeutikum gegen „Leiden, Klagen" die „Schönheit der Natur" kennenlernen soll, die als „Buch" erscheint, dessen Lektüre „[s]elig" mache und zum „Gebet" anreize (Mp I 22, S. 5).

Edition

Wie schon das Gedicht auf der vorangegangenen Seite, *Zwei Lerchen*, gehört auch die Handschrift von *Im Freien* zu den saubersten, am wenigsten nachbearbeiteten im ganzen Manuskriptheft; es liegt nur eine einzige ad-hoc-Korrektur im vorletzten Vers vor, wo Nietzsche vielleicht zunächst ‚Und' schreiben wollte, sich dann aber schnell für „Denn" als Versauftakt entscheidet und das begonnene „U" überschreibt (Mp I 22, S. 5). Die Edition in KGW I ist dementsprechend verhältnismäßig manuskriptgetreu, da – abgesehen vom Nichtabdruck dieser minimalinvasiven Korrektur – nur die grafische Wiedergabe der Datierung auf „d. 4. Mai." und des Abstands zwischen Titel und erstem Vers[272] merklich von der Handschrift abweicht (Mp I 22, S. 5).

Die in Mp I 22, S. 6 folgende Zeichnung eines zweiteiligen Gebäudes (wahrscheinlich einer historischen Kirche, bestehend aus Turm und Schiff) nebst Waldstück und fliegendem Vogel bei Sonnenschein bildet laut Hans Joachim Mettes Nachbericht übrigens die im 12. Jahrhundert entstandene Kirche in Nietzsches Geburtsort Röcken ab (vgl. HKG 1, S. 465), für die Carl Ludwig Nietzsche von 1842 bis zu seinem frühen Tod 1849 zuständig war (vgl. Janz 1999, S. 35 u. 44). Baulich und landschaftlich passen Zeichnung und Wirklichkeit in der Tat zusammen; nur die Detailarmut der Zeichnung steht einer sicheren Identifikation im Weg.[273] Inhaltlich

271 Zur reichen Traditionsgeschichte des *liber-naturae*-Motivs vgl. überblickshaft Nobis 1971 und ausführlich Rothacker 1979.

272 Obwohl der Abstand zwischen Titel und erstem Vers im Manuskript ähnlich groß ausfällt wie der zwischen den drei Strophen, setzt KGW I/1, S. 260 nur die besagten Strophenabstände und lässt Vers 1 ohne Leerzeile auf die Überschrift folgen.

273 Einige Kindheitseindrücke der Kirche und ihrer Lage innerhalb des ländlichen Ortes schildert der junge Nietzsche nachträglich in seiner ebenfalls 1858 entstandenen autobiografischen Schrift *Aus meinem Leben* (vgl. Mp I S. 11–16; KGW I/1, S. 282–284).

wäre ein solches heimatliches Kirchenidyll wiederum eine adäquate Visualisierung der christlich-naturverbundenen Heilsbotschaft des Gedichts.

Form

Formal liegt eine konventionelle vierzeilige Strophenform aus trochäischen Vierhebern im Kreuzreimschema mit alternierender Kadenz vor: die „in der Goethezeit und im 19. Jahrhundert [...] häufigste Strophenform" der „neueren deutschen Lyrik", die „als sogenannte ‚Romanzenstrophe' mit der Romantik des 19. Jahrhunderts ihre weite Verbreitung gefunden" (Frank 1993, S. 180) und geradezu als „lyrische[ ] Universalstrophe" fungiert habe (Frank 1993, S. 182). Aus jener Zeit sind besonders „Abend- und Nachtgedichte", „Bilder", „liedhafte Liebeslyrik", Abschiedsgedichte, Epigramme, „Widmungsgedichte" und auch „politische[ ] Lyrik" jeder Couleur aus der Feder der verschiedensten Autoren bekannt (Frank 1993, S. 183–186), wie der Überblick in Franks *Handbuch der Strophenformen* zeigt. Mit dem christlich-erbaulichen Naturgedicht, das Nietzsche in dieser Form verfasst, wagt er demnach weder ein großes Experiment noch folgt er streng einer bestimmten Formtradition. Vielmehr tritt die Form hier hinter den erbaulichen Inhalt zurück und betont in aller Zurückhaltung liedhaft die heiter-erlösungsgewisse Botschaft des Textes.

Inhalt

Die drei Gedichtstrophen beginnen jeweils mit Aufforderungen gegenüber dem lyrischen Du: „Geh ins Freie", „Sieh, ein Buch", „Singe zu des Herren Ruhme" (Mp I 22, S. 5), und klingen mit lehrhaften Erläuterungen derselben aus, die die erbauliche Intention des Sprechers zum Ausdruck bringen. So teilt sich jede Strophe mittig in einen jeweils zwei Verse umfassenden imperativischen und explanativen Teil. Zunächst soll das lyrische Du demnach im titelgebenden „Freien" die „Schönheit der Natur" kennenlernen, um „das ganze [...] im einzeln[en]" zu finden (Mp I 22, S. 5). Dieses rhetorische Paradoxon vom Einzelnen, das auf das Ganze hindeutet, mahnt zur Demut: Eine unmittelbare Erkenntnis – oder ‚Benennung', wie der dritte Vers umschreibend vorgibt – des großen Ganzen, der Welt, des Sinns des Lebens beziehungsweise Gottes sei nicht möglich; nur vermittelt über das Kleine und Einzelne werde man der kosmischen Wahrheit teilhaftig, in jeder *einzelnen* „Schönheit der Natur", in jedem Blatt finde man – *pars pro toto* – die *ganze* göttliche Schöpfung.[274] Die Verse 2 und 3 weisen demnach bereits auf das Zentralmotiv des Gedichts in der zweiten Strophe voraus: das Bild vom *liber naturae*, dem zufolge die

274 Singgemäß heißt es auch in Martin Luthers *Tischreden*, dass „also Gott gegenwärtig ist in allen Creaturen, auch im geringsten Blättlein und Mohnkörnlein" (Luther 1836, S. 222).

Natur eine Geheimschrift Gottes darstellt und – je nach Interpret – unter Umständen die göttliche Wahrheit offenbart. Die Dechiffrierung jedes einzelnen Zeichens, so die Verknüpfung zur ersten Strophe, könnte mithin das Verständnis des Ganzen hervorbringen.

Mit dem Hinweis auf das ‚Buch der Natur' verbindet der Sprecher die therapeutische Absicht, das lyrische Du geistig-moralisch zu erbauen. Das Lesen im Buch der Natur mache „[s]elig", lasse „Leiden" und „Klagen" verschwinden, weil „der Herr des Lebens", Gott, sich in den kleinsten Bestandteilen der Natur, in den winzigsten Chiffren bereits manifestiere und dem demütigen Leser womöglich offenbare. Ob bereits die bloße Lektüre seligmache oder ob diese allein seligmachend sei, kann wegen der ambivalenten Bedeutung des Adverbs „nur", das sowohl eine Beschränkung auf die bloße Lektüre als auch die Ausschließlichkeit dieser einen bestimmten Lektüre auszudrücken vermag, nicht abschließend geklärt werden. Mit dem Trostversprechen, das seinerseits außer Zweifel steht, folgt der junge Nietzsche jedenfalls der vorwiegend theologischen Verwendung des Motivs in der geistlichen erbaulichen Literatur, wie sie beispielsweise in Johann Arndts *Vierdtem Buch vom wahren Christenthumb*, Angelus Silesius' *Cherubinischem Wandersmann* oder Barthold Heinrich Brockes' *Irdischem Vergnügen in Gott* vorliegt.[275] Demgegenüber führen die um 1800 vermehrt aufkommenden weltlicheren Deutungen des Motivs, etwa Goethes sinnlich-irdische Auslegung im Gedicht *Sendschreiben* oder naturphilosophische Deutungen wie diejenigen in Novalis' Romanfragment *Die Lehrlinge zu Sais* oder Friedrich Schlegels *Philosophie der Geschichte*,[276] gehaltlich eher von Nietzsches später entstehendem Jugendgedicht weg.

275 Arndts *Vierdtes Buch* trägt das „grosse Weltbuch der Natur" schon im Titel und enthält in der Vorrede Ausführungen über „unser[n] Erlöser JEsu Christo", denen zufolge „er auß dem grossen Weltbuch der Natur durch so viel tröstliche Gleichnuß das wahre Christenthumb / unnd das Himmelreich erkläret / unnd seinen Kindern für Augen stellet"; dabei werden auch die „H. Sacramenta [...] so zu zeugen unnd Siegeln der Gnaden Gottes verordnet / unnd aus dem grossen Welt-Buch der Natur genommen und Geheiligt sein" (Arndt 1610, unpag. [A iiiv–A 4r]). – Im *Wandersmann* lautet der 86. Sinnspruch des fünften Buchs bündig: „Die Schöpffung ist ein Buch; wer's weißlich lesen kan / Dem wird darinn gar fein der Schöpffer kundt gethan." (Angelus Silesius 1675, S. 185) – Brockes' Langgedicht *Die Welt* widmet mehrere Strophen dem hier abgewandelten Motiv des Buchs der Welt: „Ein Frommer aber glaubt mit Recht', es sey die Welt / Ein Buch, das Göttliche Geheimniss in sich hält: / Ein Buch, das Gottes Hand, aus ew'ger Huld getrieben, / Zu Seines Namens Ehr', und uns'rer Lust, geschrieben." (Brockes 1721, S. 464)

276 In der fünften Versgruppe des *Sendschreibens* heißt es durchaus exemplarisch für Goethes säkularen Umgang mit dem Motiv: „Sieh, so ist Natur ein Buch lebendig, / Unverstanden, doch nicht unverständlich: / Denn dein Herz hat viel und groß Begehr, / Was wohl in der Welt für Freude wär', / [...] // Und wie muß dir's werden, wenn du fühlest, / Daß du alles in dir selbst erzielest. / Freude hast an deiner Frau und Hunden, / Als noch keiner in Elysium gefunden, / [...] / Wer mit

Während in diesem also grundsätzlich die geistliche Motivtradition im Hintergrund steht – eine freirhythmische Hymne an die sinnlichen Freuden des irdischen Lebens im Nachklang des jungen Goethe aus der Feder des 13-/14-jährigen Pfarrerssohns wäre zugegebenermaßen auch eine veritable Überraschung gewesen –, kommt als konkreter Orientierungspunkt aus dem lyrischen Kanon um 1850 besonders die spätromantische Naturlyrik in Betracht. Darin treten die christlichen Bezüge wieder stärker in den Vordergrund als das bei den Frühromantikern und erst recht bei Goethe der Fall war. So ist in Eichendorffs bekanntem Naturgedicht *Abschied* die Rede vom „stille[n], ernste[n] Wort", das „im Wald geschrieben" stehe und das lyrische Ich „schlicht und wahr" zur Erkenntnis der in der Natur manifestierten metaphysischen Heilserwartung führe (o. V. 1854b, S. 14). Doch auch Emanuel Geibels Gedicht *Morgenwanderung* kommt als Orientierungspunkt in Betracht, da es zu Beginn seiner zweiten Strophe ausdrücklich das (Welt-)Buch der Natur thematisiert und im letzten Vers das Motiv des Lobgesangs auf Gott exponiert:

> Die ganze Welt ist wie ein Buch,
> Darin uns aufgeschrieben
> In bunten Zeilen manch ein Spruch,
> Wie Gott uns treu geblieben;
> [...]
> Laßt uns dem Herrn lobsingen!
> (Geibel 1853, S. 250–251)

Dieses Motiv eröffnet auch die dritte und letzte Strophe von Nietzsches *Im Freien*: Das lyrische Du soll „zu des Herren Ruhme" singen und beten, um in Gottes „Heiligthume", der freien Natur, an „der Schöpfung hohe[m] Chor" zu partizipieren (Mp I 22, S. 5). Die Natur wird schließlich ausdrücklich als Gottes Tempel präsentiert, der Aufenthalt darin als Gottesdienst vorgestellt, Gesang und Gebet inbegriffen. Weniger für die Semantik des göttlichen Naturraums als für das Verständnis der Konstellation von Sprecher und lyrischem Du bedeutsam ist indes der Perspektivenwechsel im drittletzten Vers, wo unvermittelt von „meine[m] Gebet" die Rede ist,

seiner Mutter, der Natur, sich hält, / Find't im Stengelglas wohl eine Welt." (Goethe 1828b, S. 198) – Im zweiten Teil der *Lehrlinge zu Sais* wird zwar über das „Dechiffriren" der „Buchstaben der Natur" gehandelt, damit aber keine erbauliche Absicht verbunden, sondern fragend über den Entwurf von „Naturgedanken" und „Naturcompositionen" spekuliert (Novalis 1802, S. 214–215). – Im ersten Band der *Philosophie der Geschichte* schreibt Schlegel ferner: „Auch die Natur redet in ihrer stummen Bilderschrift eine Sprache; allein sie bedarf eines erkennenden Geistes, der den Schlüssel hat und zu brauchen weiß, der das Wort des Räthsels in dem Geheimnisse der Natur zu finden versteht, und statt ihrer, das in ihr verhüllte innere Wort laut auszusprechen vermag, damit die Fülle ihrer Herrlichkeit offenbar werde." (Schlegel 1846, S. 39)

das Gott im Himmel erreichen soll, obwohl der Sprecher bislang stets ein lyrisches Du adressierte. Dieser Wechsel verändert die Konstellation dahingehend, dass die erbauliche Absicht des Textes nun auf den Sprecher selbst gerichtet erscheint, der sich im Rahmen einer lyrischen Autotherapie rhetorisch als lyrisches Du anspricht, um sich selbst ins Gewissen zu reden.[277]

Diese Volte ist in der Fragment gebliebenen Variante des Gedichts in Mp I 17, S. 1 (KGW I/1, S. 239)[278] noch nicht abzusehen:

Der Frühling.

Wenn du ins Freie tritts, so wirst du sehen
Daß die Natur ein Buch zu Gottes Ehre;
Er offenbaret sich in Windes Wehen
O, wenn e~~s~~r immer nur verstanden wäre!

Im Blühen und verblühn er vieles lehret
In Blitzesflammen er de~~n~~r Sünder ~~mehr~~ schrecket
Das Donnerrollen ~~seinen~~ ~~nur~~[?] ~~den~~ Ruhm vermehret
Der Vögelsang

Auf einen möglichen textgenetischen Zusammenhang mit *Im Freien* weisen die ähnlichen Titel beider Texte hin, die sich möglicherweise auch indirekt, als Zwischenstufe „Im Frühjahr", im Verzeichnis der „Schilderungen" zu Beginn des Manuskripthefts

---

277 Im Werk des erwachsenen Nietzsche begegnen solche rhetorischen Konstellationen häufiger, wenngleich in deutlich komplexeren, verspielteren Ausprägungen. Im zweiten Abschnitt der Vorrede zur Neuausgabe der *Fröhlichen Wissenschaft* wird etwa „Herrn Nietzsche[s]" problematische Gesundheit von einem Sprecher philosophisch kontextualisiert, der im vorangehenden Abschnitt noch aus der Ich-Perspektive bilderreich über ‚seine' „Genesung" nach langer Krankheit spricht (FW Vorrede 1–2; KSA 3, S. 345–347; vgl. hierzu Kaufmann 2016, S. 79–83). Auch die rahmenden Zwiegespräche zwischen den Titelfiguren von *Der Wanderer und sein Schatten* (vgl. KSA 2, S. 537–539 u. 703–704) sind ein literarisch anspruchsvolles Beispiel für Nietzsches „auto(r)fiktionale Selbstkonstruktionen" (Kaufmann 2016, S. 79) im späteren Werk. Dass dieses Phänomen auch an prominenter Stelle in seiner reifen Lyrik vorkommt, zeigt das zweiteilige Gedicht *Der Freigeist* (KSA 11, S. 329–330), das nicht nur im ersten Teil, *Abschied*, ebenfalls auf die Konstellation eines Sprechers zurückgreift, der ein lyrisches Du adressiert, sondern im zweiten Teil, der *Antwort* auf die melancholische „Winter-Wanderschaft" (KSA 11, S. 329) des Du, ein lyrisches Ich präsentiert, das die Äußerungen des ersten Teils wiederum vehement kritisiert.

278 Bei der Transkription des Fragments in KGW I fehlt die Mehrzahl der im vorliegenden Zitat berücksichtigten Bearbeitungsspuren. Nur die Wiederherstellung des getilgten „seinen" wurde mit eckigen Klammern als gestrichene Manuskriptstelle markiert, um die Vollständigkeit des vorletzten Verses trotz fehlender Alternative aufrechtzuerhalten (die Korrektur „nur[?] den" wurde ebenfalls gestrichen, allerdings ersatzlos).

finden (Mp I 22, S. 2). Ebenfalls für den Zusammenhang spricht die (fast) parallele Konstellation zwischen Sprecher und lyrischem Ich sowie, am deutlichsten, das Motiv des *liber naturae*, das im Fragment allerdings viel ausführlicher, nämlich über alle acht erhaltenen Zeilen hin, ausgestaltet wird. Während das Kreuzreimschema sich in beiden Texten nur mit Ausnahme der kleineren Abweichung gleicht, dass anstelle der katalektischen zweiten und vierten Verse jeder Strophe bei *Im Freien* hier durchgängig hyperkatalektische Verse vorliegen, fallen hinsichtlich der Form besonders die metrischen Unterschiede ins Auge: Der liedhaften Romanzenstrophe aus Mp I 22, S. 5 kontrastiert im Fragment aus Mp I 17 eine vierzeilige Strophenform aus jambischen Fünfhebern, die sich laut Franks *Handbuch* vor allem für die poetische Mitteilung „hingebender, weich gestimmter Empfindungen, aufsteigender Bilder und wandernder Gedanken" eigne (Frank 1993, S. 333) und folglich gut zu der ausführlichen lyrischen Auslegung des zentralmotivischen Buchs der Natur passt.

Inhaltlich korrespondiert jener formalen Differenz die zwischen christlich-erbaulicher und philosophisch-lehrhafter Intention des Sprechers, denn wo *Im Freien* aus der „Schönheit der Natur" und ihrem metaphorischen „Buch" die „Leiden" und „Klagen" verdrängende Herrlichkeit Gottes ableitet, der eine therapeutische Wirkung auf das lyrische Du beziehungsweise den Sprecher ausüben soll, beschränken sich zumindest die zwei erhaltenen Strophen von *Der Frühling* auf die explizite Ausformulierung des *liber-naturae*-Gleichnisses, dem zufolge Gott sich in allen großen und kleinen Naturerscheinungen offenbare, ohne dabei jedoch ausdrücklich als Seelentröster in Erscheinung zu treten: In „Windes Wehen", dem „Blühen und verblühn", in „Blitzesflammen", „Donnerrollen" und „Vögelsang" kommen demnach verschiedene Eigenschaften Gottes zum Ausdruck, die der Mensch bewundern oder fürchten könne, die er aber nicht immer auch verstehe. Diese Klage über Verständnisschwierigkeiten beim Lesen des Buchs der Natur macht ein Problembewusstsein deutlich, das der Sprecher von *Im Freien* nicht zu teilen scheint, da ihm zufolge (bereits) die Lektüre des Buchs (allein) seligmachend ist.

Hecktors Abschied (nach Heckomer.) **(Mp I 22, S. 7–8; KGW I/1, S. 261–262; HKG 1, S. 434–435)**

Das szenische Rollengedicht nach Homers *Ilias* (VI, 407–493) behandelt den Abschied zwischen Hektor und seiner Frau Andromache, bevor sich jener Achill im Kampf stellt (und unterliegt).[279] Es entfaltet in einer Wechselrede der Liebenden Trauer

279 Der einprägsame Moment hat in Gemälden Angelika Kauffmanns und Johann Heinrich Wilhelm Tischbeins auch bildkünstlerisch eine prominente Rezeption erfahren (vgl. Abb. 1).

Abb. 1: Johann Heinrich Wilhelm Tischbein: *Hektors Abschied von Andromache* (1812), Öl auf Leinwand, Niedersächsisches Landesmuseum für Kunst und Kulturgeschichte Oldenburg. Foto: H. R. Wacker. Rechte: Wikimedia Commons, public domain.

und Heldenmut, Sorge und – letztlich unberechtigte – Zuversicht vor dem Duell mit dem zornigen Achill, dessen besten Freund Patroklos Hektor zuvor in der Schlacht tötete. Möglicherweise plante der junge Nietzsche ursprünglich oder zusätzlich ein Klagegedicht aus der Perspektive Andromaches. Ein Fragment gebliebener Gedichtbeginn in Mp I 19, S. 2 legt dies zumindest nahe.[280] Ohnehin beschäftigt sich Nietz-

280 Im Gegensatz zu den Strophenentwürfen in Mp I 21, S. 8–10 handelt es sich beim betreffenden Fragment aber nicht um einen genetisch unmittelbar verwandten Text, da wesentliche Merkmale fehlen, etwa die direkte Ansprache Hektors, die dialogische Struktur oder der Konflikt zwischen Familie und Staat. Wahrscheinlich sollte das *Klage der Andromache* betitelte Gedicht die Emotionen

sche zu jener Zeit intensiver mit dem Trojanischen Krieg, wie ferner Entwürfe zu einem entsprechenden Drama belegen (vgl. Mp I 16, S. 6–14; KGW I/1, S. 233–238).

Kontexte

Wie Rüdiger Ziemann dargelegt hat, folgt der junge Nietzsche mit seinem Gedicht *Hecktors Abschied* nicht direkt dem in der eingeklammerten Überschrift als Vorlage exponierten Homer, sondern zunächst vor allem dem (ober)titel- und strukturgleichen Gedicht Schillers, das erstmals in den *Räubern* (II, 2) veröffentlicht wurde.[281] Dort wird es von Amalia von Edelreich für den alten Moor, den Vater ihres geliebten Karl, gesungen. Schiller überarbeitete sein Gedicht mehrfach, bis es schließlich seit der verbesserten Neuauflage der zweibändigen Sammlung *Gedichte* von 1804/05 in der vom jungen Nietzsche vermutlich rezipierten Gestalt vorlag – einschließlich des von diesem übernommenen Titels (vgl. Schiller 1804, S. 301–302). Entsprechend dem Thema und der Vorlage von Nietzsches Gedicht gehört es in den Bereich der klassizistisch-antikisierenden Lyrik aus dem Nachlass der Schulzeit (vgl. Kap. 2.4.1), der ein merkliches Gegengewicht zu den oben präsentierten christlichen Naturgedichten darstellt. Einzig der letzte Vers schlägt unvermittelt eine Volte hin zur christlichen Jenseitsvorstellung, der zufolge sich die Liebenden im Todesfall „droben […] ewig" wiedersehen (Mp I 22, S. 8), während bei Schiller noch deutlich passender, weil der antiken Mythologie gemäß, vom „finstre[n] Orkus" die Rede ist, der Hektor „verschling[e]" (Schiller 1804, S. 301).

Bei Schiller ist und bleibt Andromache von Anfang an der emotionale Gegenpart zum pflichtbewussten Hektor. So argumentiert sie in der ersten Strophe primär mit Hektors Vaterpflicht, vermeidet durch den Einsatz zweier rhetorischer Fragen aber die direkte Aufforderung, diese Pflicht über die anderen zu stellen, sodass sie (zumindest in Strophe 1) zwar als sorgende Mutter eingeführt wird – ein Aspekt, der beim jungen Nietzsche völlig fehlt –, als solche aber nicht die Fassung verliert, sondern ihr Anliegen kontrolliert und rhetorisch versiert vorbringt:

> Will sich Hektor ewig von mir wenden,
> Wo Achill mit den unnahbar'n Händen
> Dem Patroklus schrecklich Opfer bringt?

der Witwe Andromache nach Hektors tödlicher Niederlage zum Ausdruck bringen. Das Fragment ist in KGW I/1, S. 240 ediert; von 17 Zeilen (alle bis auf zwei davon gestrichen) wurden dort allerdings nur sechs transkribiert.

281 Ziemann 1994a, S. 184 deutet das Gedicht als Versuch Nietzsches, Schillers sogenanntes Hektorlied „gleichsam von seinen Unvollkommenheiten zu befreien", indem er es mit dem Wechsel von Schweifreimstrophe zu Stanzen formal aufwerte und stofflich entsprechend Homers szenischer Vorlage in der *Ilias* „auf größere Vollständigkeit hin korrigiert".

> Wer wird künftig deinen Kleinen lehren
> Speere werfen und die Götter ehren,
> Wenn der finstre Orkus dich verschlingt?
> (Schiller 1804, S. 301)

Schillers Hektor wiederum geriert sich in der zweiten Strophe rein als heldenhafter Krieger, dessen „feurig Sehnen" sich nach „der Feldschlacht" richtet und der als „des Vaterlandes Retter [...] zu dem styg'schen Fluß" niedersteigen will (Schiller 1804, S. 301). In der ersten Hälfte von Schillers Gedicht stehen sich damit die Positionen Hektors und Andromaches unversöhnlich gegenüber: Vaterpflicht trifft auf Kriegerpflicht. Einig sind sich beide nur darin, dass Hektors Gang in die Schlacht wohl oder übel mit seinem Tod enden wird. Nietzsche setzt demgegenüber auf eine Annäherung, die darauf basiert, dass *beide* das Wohl Trojas anstreben, jedoch auf unterschiedlichen Wegen erreichen zu können glauben. Schillers Andromache bewegt sich erst in der dritten Strophe leicht auf Hektor zu, indem sie ihn mit der Vision seiner in Zukunft ungenutzt umherstehenden Waffen und dem Ende der Herrscherlinie des Priamos konfrontiert – Letzteres der Aspekt, den Nietzsche in seiner ersten Strophe in den Mittelpunkt rücken wird. Darüber hinaus prophezeit sie ihm aber auch das Ende seiner Liebe zu ihr, da – der mythischen Vorstellung gemäß – der tote Hektor aus dem Fluss des Vergessens, der Lethe, trinken werde. Auf dieses Argument Andromaches reagiert Hektor ausdrücklich, indem er ein Vergessen seiner Liebe kategorisch ausschließt, während alles „Sehnen" und „Denken" (Schiller 1804, S. 302) getrost der Vergessenheit anheimfallen könne; doch der Wille, seiner Kriegerpflicht gemäß in den todbringenden Kampf zu ziehen, bleibt ungebrochen.

Am Ende steht also bereits bei Schiller die Forderung an Andromache, auf „das Trauern" zu verzichten, denn „Hektors Liebe stirbt im Lethe nicht" (Schiller 1804, S. 302). Diese kühne Behauptung einer Überwindung der Gesetze der Unterwelt wird vom jungen Nietzsche aber, wie schon die Emotionalität Andromaches, (über-) steigert, indem er an ihre Stelle synkretistisch die christliche Jenseitsvorstellung setzt, die eine *gemeinsam* verbrachte Ewigkeit in Aussicht stellt. Der ideale Held und Liebende Hektor ist Schillers und Nietzsches Hektor-Gedichten damit im Grunde gemein; es ist Nietzsches Versuch, Andromache nachdrücklich ein politisches Verantwortungsbewusstsein zuzusprechen, der eine wesentliche inhaltliche Weiterentwicklung darstellt.

Bei Homer (*Ilias* VI, 407–410 u. 431–432) dominiert indes ein aggressiver Klagegestus Andromaches Rede, in der sie Hektor vorwirft, nur aus Kampfeslust ihren Sohn zum Waisen und sie zur Witwe machen zu wollen:

> O Heilloser, dein Kampfmuth wird dich noch zu Grunde richten, und du hegst weder Mitleid für dein lallmündiges Kind noch für mich Unselige [...]! Wohlan denn, habe jetzt Mitleid mit mir und bleibe fortan hier auf dem Burgthurm, damit du nicht dein Kind zur Waise, deine Gattin zur Wittwe machst [...]. (Homer 1854, S. 153–154; NPB, S. 304)

Hektor bestätigt (*Ilias* VI, 441–448) diesen Vorwurf sogar, indem er zugibt:

> Wahrlich, es härmt mich dieß alles, o Weib; allein ich müßte mich gar zu tief schämen vor den Troern und vor den schleppgewandigen Troerinnen, wofern ich mich, einem Feigling gleich, aus der Nähe des Kriegsbrauses auf die Seite stehlen wollte; auch verbeut mir das Herz also zu handeln, da mein Sinnen nur darauf gerichtet ist, allezeit mich wacker zu beweisen und unter den vordersten Kampfreihen der Troer zu fechten, einzig zum erhabenen Ruhm meines Vaters und einzig zu meiner eigenen Ehre. (Homer 1854, S. 154; NPB, S. 304)

Zwar relativiert er diese Aussagen kurz darauf (*Ilias* VI, 450–465) mit dem Geständnis, sich mehr noch als um seine Eltern und das Schicksal Trojas „um dich, o Gattin“, zu sorgen, da Andromache im Fall der Niederlage die Sklaverei droht (Homer 1854, S. 155; NPB, S. 304). Auch ergreift ihn nach einem Gebet für seinen Sohn noch einmal das „Mitleid“ angesichts von Andromaches „Thränen“, die sich nach den anfänglichen Vorhaltungen eingestellt haben, doch verweist Hektor schließlich in seinen letzten Worten an Frau und Kind auf die Unabänderlichkeit des Schicksals und fordert Andromache dazu auf, sich ihren häuslichen Pflichten zu widmen, während er seiner Pflicht als Krieger nachkommen werde (*Ilias* VI, 476–493; Homer 1854, S. 156–157; NPB, S. 304). Weder liebeslyrische Schwüre, die Macht des Flusses Lethe zu überwinden beziehungsweise die Ewigkeit im Jenseits gemeinsam zu verbringen, noch die pessimistische Erwartung einer ‚ewigen Scheidung‘ sind in der ambivalenten Stoffgrundlage der *Ilias* vorgegeben. Schiller und der junge Nietzsche haben vielmehr je eigene Akzente gesetzt und sich die heterogene mythische Urvorlage dementsprechend angeeignet.

Edition

Bei der Handschrift von *Hecktors Abschied* in Mp I 22, S. 7–8 handelt es sich ausweislich der spärlichen Bearbeitungsspuren wohl um eine Reinschrift. Die wenigen ad-hoc-Korrekturen – Nietzsche hätte statt „Homer“ im Untertitel fast „Hecktor“ und im fünften Vers der zweiten Strophe statt „Ahnen“ fast das in Vers 1 schon vorkommende „Mahnen“ wiederholt; zudem hat er ein falsch gesetztes Komma hinter „wie's“ im siebten Vers der dritten Strophe gestrichen (Mp I 22, S. 7–8) – werden in der Edition von KGW I nicht angezeigt. Das gilt auch für die auffälligen Zeilensprünge in der ersten Strophe; Nietzsche hat offenbar zunächst Schwierigkeiten, seine Schrift den langen Elfsilbern und dem Blatt anzupassen. Ab Strophe 2 verkleiner er merklich die Spatien zwischen den Wörtern und muss daraufhin nur noch zweimal – in Strophe 2, Vers 1 und Strophe 3, Vers 8 – den Vers in die darauffolgende Zeile ziehen.

Editionsphilologisch anspruchsvoller als die Reinschrift in Mp I 22 nehmen sich die intensiv nachbearbeiteten Entwürfe zu Nietzsches Hektor-Gedicht in Mp I 21, S. 8–10 aus, auf die auch Mette – allerdings unter Verdrehung der Signatur – mit einer Bleistiftnotiz unter den ersten beiden Strophen der Reinschrift hinzuweisen suchte,[282] die aber bislang weder in HKG noch KGW I ediert worden sind.[283] Der Status als Vorarbeit ist evident, daher seien die ganze drei Manuskriptseiten füllenden Entwürfe hier erstmals vollständig nach den Editionsprinzipien der vorliegenden Arbeit (vgl. Kap. 3.2) transkribiert:

~~theuxrer~~
~~Ach Hecktor für laß dich doch erweichen~~
~~VonDurch mein Bitten, meine heißen Zähren~~
~~Das schrecklichste Geschick nur~~
~~nicht~~
~~Aus der GXX XXXSchlacht wirst du wieder kehren~~
~~Denn des Pelieden Zornn~~[?] ~~wird~~[?] ~~dich~~
ereichen.[?]
Wenn[?] du nicht in Dringen
Ich fühle es; mi~~ch~~r sagt ein höhres Ahnen
~~Dein Geist~~
~~Mit~~
Hier werde nimmer ich die[?] wiedersehn’
Wenn du nicht hör~~xx~~st ~~auf~~ mein unglich[?]
Mahnen.
Erweicht dich nicht mein Bitten noch mein
~~theurer~~ Flehn?
~~Ach~~O Hecktor! Hörst du der Feinde Dräuen
~~XXX~~Wie heftig tobt der Kampf an unsern
Mauern?
~~Ach~~
~~So überlasse doch das Treffen den~~
~~Getreuen~~
Der Peleide wüthet jjetzt von Neuen!

282 Mette notierte sich: „Kladde [= vorläufiger Entwurf] Mp I 20" (Mp I 22, S. 7). Im Manuskriptheft Mp I 20 finden sich jedoch keinerlei Aufzeichnungen, die mit *Hecktors Abschied* in Verbindung stehen. – Mp I 19 enthält dafür ein thematisch einschlägiges Fragment mit dem Titel *Klage der Andromache*.

283 Der Nachbericht in HKG 1, S. 465 weist zumindest pauschal auf „die Kladde des Gedichtes *Hektors Abschied*" auf „S. 8–10 der Hs." hin.

In grimmen Zorn verwandelt sich
sein Trauern.
~~Schon heukte~~
Ach möchtest ~~d~~Tapfrer du ~~ein einzig~~
heute
~~Mal da~~nur scheuen
Den wilden kampf, umringt von Todes„
schauern.
//

[9]
Wenn du ihm heute wirst entgegen~~st~~gehn
~~So werd ich nimer~~?
So wird mit dir auch Troja untergehn.
Ach theures Weib! hörst du das wilde
Mahnen
~~Das alle Tapfren die in Tro~~
Es rufet alle Troer jetzt zusammen
unter
Zu kämpfen ~~jetzt für~~ ihres Herrschers Fahnen
~~UnIn jeder Brust~~
Und alle muthegen Herzen jetzt entflamm,
Wohl sagt es in mir ein geheimes Ahnen
Auch Trojas hohe Macht bricht einst zusammen.
Doch so lang in mir ~~noch~~ist noch Kraft und
leben
~~So will ich ganz dem Vaterlande mi~~ch
~~ergeben~~.
~~Seine Rettung die~~
Sei Ilions Errettung mein Bestreben.

mehr
So kann dich also nichts ~~noch~~ bei mir halten
heiße
~~Vaterland~~?Nicht deiner treuen Gattin Zähren
~~In deine~~
Nichts ~~also~~
Nicht ~~dei~~unser Kindlein dein Herz umgestalten?
Selbst ~~das~~noch mein Einzge~~ns~~ soll ich nun enbehren
Da alles mir entriß der Götter Walten
Loß
~~Welch schrecklich mir doch~~
~~xxxx nur~~
Welch schrecklich Loß sie ~~die~~mir ~~jedoch~~ bescheren
nur auch
Ich will es tragen, wie es möge werden
Wenn nur mein Hecktor bliebe mir auf Erden.

[5]

//
Ach! wohl erkenne ich die bittren Schmerzen
~~Die ich dir werdeje jetzt und ferner werd~~
~~bereiten~~
~~DXXXDoch selbst in mir entbrennen heiße~~
~~Schmerzen~~
Wenn ich auf ewig von dir mich sollt
scheiden
Besorge nicht dich theure Gattin. Heute
Noch kehre wieder ich mit Siegsgepränge
dich
~~Und dich~~ begrüße ~~ich~~ ~~xxxx~~nach ~~xxxx~~harten ~~Freude~~
schweren
Streite,
Doch wenn ich ~~je sollt fa~~
sollte fallen im ~~feindlichen~~
Gedränge
~~Erfülle~~?Verdüstre nicht dein Herz mit bangen
Leide
Ermuthige der Troer Heldenmenge.
~~Und~~Denn senkt der Genius die ~~S~~Fackel nieder
So sehen droben wir uns ewig wieder.
(Mp I 21, S. 8–10)

Wie aus den transkribierten Aufzeichnungen hervorgeht, kommen die letzten Bearbeitungsstufen der in Mp I 21, S. 8–10 niedergeschriebenen Strophenentwürfe für *Hecktors Abschied* der Reinschrift des Gedichts in Mp I 22, S. 7–8 bereits sehr nahe, weshalb anzunehmen ist, dass Nietzsche diese wohl direkt auf der Grundlage jener erstellt hat. Weitere Entwürfe zum Gedicht sind nicht erhalten; etwaige frühere Stufen der Textgenese können daher nicht rekonstruiert werden.

Die größten Unterschiede zur Reinschrift betreffen die frühesten Entwürfe zur ersten und letzten Strophe, die Nietzsche zugunsten einer weiteren Zwischenstufe (so bei Strophe 1), die sodann wiederum der reinschriftlichen Fassung weicht, beziehungsweise direkt der in der Reinschrift verwendeten finalen Bearbeitungsstufe (so bei Strophe 4) gestrichen hat. Die bearbeiteten Entwürfe zur zweiten und dritten Strophe enthalten dagegen keine inhaltlich relevanten Varianten; schon die ersten Bearbeitungsstufen entsprechen ihren reinschriftlichen Pendants fast wörtlich und unterscheiden sich von ihnen nur durch kleinere ad-hoc-Korrekturen sowie verworfene Sätze und Satzanfänge, die ihren bearbeiteten Fassungen bereits sehr ähneln.[284]

---

284 So ersetzt Nietzsche etwa im dritten Vers der zweiten Strophe „jetzt für ihres Herrschers Fahnen“ durch „unter ihres Herrschers Fahnen“ und streicht im achten Vers derselben Strophe

Anders als beispielsweise die umfangreichen Aufzeichnungen zum Barbarossa-Gedicht (vgl. Mp I 22, S. 17–18, 20–21, 52 u. 57–60) bezeugen die Entwürfe zu *Hecktors Abschied* dabei allerdings keine schrittweise, textgenetisch nachvollziehbare Entfernung von Nietzsches Vorlage. Abgesehen von der formalen Übereinstimmung – Nietzsche bemüht sich bereits um die traditionelle Stanzenform – ist auch inhaltlich schon im Blick auf die verworfenen Entwürfe für die erste und die letzte Strophe der Wille zur eigenen Akzentsetzung erkennbar: Der zunächst entworfene, dann gestrichene Auftakt, in dem Andromache Hektor geradezu anfleht, sich von ihren „Bitten“ und „heißen Zähren“ „erweichen“ zu lassen, um seinem „schrecklichste[n] Geschick“ aus dem Weg zu gehen, hat in seiner ausgeprägten Empfindsamkeit weder ein Vorbild bei Homer noch bei Schiller; Nietzsche hat ihn in einer zweiten, unmittelbar darunter niedergeschriebenen Bearbeitungsstufe abgeschwächt, indem er Andromache ein „höhres Ahnen“ zuspricht, das ihre Verlustangst weniger emotional wirken lässt, und ihren Appell gegenüber Hektor in eine rhetorische Frage umformuliert („Erweicht dich nicht mein Bitten noch mein / Flehn?“), wodurch ihre Rolle rationaler, mithin würdevoller ausfällt. Diese rationalisierende Tendenz, die im ideellen Rahmen des Gedichts auch mit einer positiveren Darstellung Andromaches einhergeht, erreicht in der letzten Bearbeitungsstufe, die mit der Reinschrift nahezu identisch ist, ihren Höhepunkt: Andromache argumentiert angesichts von Achills todbringendem „Zorn“ dafür, dass Hektor wenigstens „heute“ (korrigiert aus: „ein einzig Mal“) dem „wilden kampf“ fernbleibt, begründet ihren Appell aber nicht emotional, sondern patriotisch, indem sie Hektors Funktion als symbolkräftiger Heerführer und Stammhalter Trojas betont, dessen Tod gleichbedeutend mit dem Untergang der Stadt und ihres Königsgeschlechts sei.

Nietzsches Entscheidung, die emotionale Komponente zugunsten der patriotischen zu opfern, veranschaulicht gut der gestrichene Satzanfang, der auf den Konditionalsatz „Wenn du ihm heute wirst entgegen~~st~~gehn“ folgt: Die verworfene Variante „So werd ich nimer[?]“ lässt auf die bereits in der zweiten Bearbeitungsstufe vorkommende emotionale Folgerung „Hier werde nimmer ich die[?] wiedersehn’“ schließen. Doch Nietzsche entscheidet sich gegen dieses persönliche Argument Andromaches und legt ihr stattdessen die Folgerung in den Mund: „So wird mit dir auch Troja untergehn.“ Damit wird Andromache nicht auf ihre Rolle als Hektors Ehefrau reduziert, die ihren geliebten Mann nicht verlieren möchte, sondern zum verantwortungsbewussten Mitglied der Königsfamilie erhöht, das den langfristigen

zwei Versuche (zunächst: „So will ich ganz dem Vaterlande mich ergeben.“, dann die abgebrochene Variante: „Seine Rettung die“), bevor er die Finalversion formuliert: „Sei Ilions Errettung mein Bestreben.“

Fortbestand Trojas, die auf die Zukunft gerichtete Pflicht, gegenüber der kurzfristigen Kriegerpflicht zur Tapferkeit in der Schlacht ins Feld führt.

Die Entwürfe zur letzten Strophe überarbeitet Nietzsche in ähnlicher Weise wie die Entwürfe zur ersten: Die erste Bearbeitungsstufe zeigt einen überaus emotionalen Hektor, der die „bittren Schmerzen" seiner Ehefrau, die er selbst ihr „jetzt und ferner werd[e] / bereiten", „wohl erkenne". Zugleich behauptet er mit Blick auf die Vorstellung seines Todes, dass auch in ihm „entbrennen heiße / Schmerzen", wenn er „auf ewig" sich von Andromache „sollt / scheiden" müssen. Schillers Vorlage scheint in diesem Entwurf zumindest insofern durch, als Hektor dort ebenfalls in der letzten Strophe als Liebender in den Fokus rückt, dessen Liebe zu Andromache selbst im mythischen Strom des Vergessens nicht vergehe (vgl. Schiller 1804, S. 302), wobei die ‚ewige Scheidung', von der in Nietzsches Entwurf noch die Rede ist, dieser Überwindung des Vergessens deutlich kontrastiert.

In der finalen Bearbeitungsstufe der vierten Strophe, die auch in die Reinschrift eingegangen ist, dreht Nietzsche die geschilderten Verhältnisse wiederum auf den Kopf: Hektor beschwichtigt Andromache und gibt sich zunächst siegesgewiss, um seine Frau dann doch dazu aufzufordern, im Fall seiner tödlichen Niederlage das verbliebene Heer zu motivieren. In der synkretistischen Schlussvolte stellt er ihr sogar ein Wiedersehen in der Ewigkeit „droben" in Aussicht – eine (Über-)Steigerung des Versprechens von Schillers Hektor, der seine Andromache auch im Tod nicht vergessen werde, und die Umkehrung der Perspektive einer ‚ewigen Scheidung', wie sie den Entwurf beschließt. Hektor erscheint damit, wie Andromache in Strophe 1, besonders selbst- und pflichtbewusst; als Krieger und Herrscher denkt er in mustergültiger Weise auch im Fall seines Todes an „der Troer Heldenmenge". Offenbar wollte Nietzsche jedoch auch den liebenden Ehemann Hektor in ein ideales Licht rücken, und die (christliche) Aussicht auf ein ewigwährendes Wiedersehen der Liebenden nach dem Tod ist wohl, bei allem Synkretismus, die romantischste, den Ehemann Hektor am vorteilhaftesten in Szene setzende Möglichkeit für ein *happy end*, das dem jungen Nietzsche in den Sinn gekommen ist.

Form

Unter der Datierung von *Hecktors Abschied* auf den „Mittwoch. vor Himmelfahrt 1858" offenbart Nietzsche selbst die von ihm gewählte Strophenform: Das Gedicht sei „gearbeitet in 8zeiligen Stanzen" (Mp I 22, S. 8). Aber nicht nur das: Tatsächlich verwendet Nietzsche mit seinen vier Achtzeilern aus jambischen Fünfhebern mit stets weiblicher Kadenz und der Reimordnung abababcc sehr genau die „getreue Nachdichtung" der Stanze, wie sie mit ihren Endecasillabi „in der italienischen Renaissance zur Hauptform der erzählenden Versdichtung" wurde und so etwa bei Ariost (*Orlando furioso*; Ariosto 1804–1808) oder Tasso (*La Gerusalemme liberata*;

Tasso 1800/1803) begegnet (Frank 1993, S. 676). Zur lyrischen Adaption eines Stoffes aus den homerischen Epen scheint sie als „epische Strophe", die „den Gang der Erzählung gravierend artikuliert", gut zu passen, doch hat sich in der deutschen Lyrik wegen der „Häufigkeit betonter Versausgänge" eine freiere, abwechslungsreichere Formvariante durchgesetzt, die im zweiten, vierten und sechsten Vers männliche Kadenzen vorsieht (Frank 1993, S. 676–677) und beispielsweise von Goethe für seine *Zueignung* benutzt wurde. Der junge Nietzsche, der hier die „strenge[ ] Formung" und den „hohe[n], oft rhetorische[n] Stil" der „getreue[n] Nachdichtung" präferiert, die im Deutschen primär als „Strophenform für Prologe, Festgedichte, Widmungen und Betrachtungen" verwendet wurde (Frank 1993, S. 676–677), aber auch, wie mit Goethes *Urworten. Orphisch* (Goethe 1828c, S. 101–102) eins der prominentesten Beispiele bezeugt, zum Ausdruck „spruchhafter Lebensweisheit" diente (Frank 1993, S. 678).

Nietzsche entscheidet sich demnach bei der Formwahl für die schwierigere, aber auch prestigeträchtigere Option, was Ziemann auf das Bestreben zurückführt, dem Gedicht gegenüber seiner „viel schlichteren" Vorlage[285] formästhetisch „einen höheren Rang" zu verleihen oder es „doch zumindest auf ein höheres Podest des lyrischen Sprechens" zu stellen (Ziemann 1994a, S. 181–182). Allerdings lässt sich ebenfalls dafür argumentieren, dass Nietzsche sein Gedicht formal seinem epischen Gegenstand anpassen wollte. Außerdem ist zu berücksichtigen, dass er sich 1858, zur Zeit der Entstehung des Manuskripthefts, für Tassos *Gerusalemme liberata* zu interessieren scheint, wünscht er sich doch ausweislich einiger Notizen jener Zeit und des Briefs vom 8. Dezember an seine Mutter die deutsche Übersetzung des Werks[286] (vgl. KGB I/1, Bf. 42; Mp I 13, S. 66–67; KGW I/1, S. 212–213; Brobjer 1999, S. 319).

---

285 Schillers Hektor-Gedicht bilden vier sechszeilige Strophen aus trochäischen Fünfhebern mit Schweifreimschema: immerhin auch eine „in ihrem Anspruch gehobene lyrische Form für Bilder, Gefühle, Gedanken in odischer und appellierender Anrede oder in monologischer Selbstaussprache", die „zu einer Lieblingsform des jungen Schiller" wurde (Frank 1993, S. 507–508). Im vorliegenden Fall nutzt Schiller die Strophe dazu passend, um die konfligierenden Pflichten Hektors als Ehemann, Vater, Stammhalter und Krieger, aber auch die Liebe zwischen ihm und Andromache einander gegenüberzustellen; zugleich setzt er die Szene jedoch kreativ in Form einer Wechselrede um, wodurch die monologhaft geäußerten Gefühle und Gedanken einen appellierenden Ausdruck erhalten.

286 Es handelt es sich um die zwischen 1800 und 1803 erstmals erschienene zweibändige Übersetzung von Johann Diederich Gries in der zehnten Auflage von 1855 (Tasso 1855; vgl. KGB I/4, S. 64; Brobjer 1999, S. 319), die die italienischen Endecasillabi allerdings in die freiere deutsche Stanzenvariante mit wechselnder Kadenz überträgt.

Inhalt

Die arabisch nummerierten vier Strophen des Gedichts bilden ein lyrisches Gespräch mit gleichen Redeteilen: Andromache und Hektor sprechen jeweils zwei Strophen im Wechsel aus der Ich-Perspektive, wobei Andromache beginnt und Hektor endet. Dabei lassen die gegenseitigen Apostrophen „O Hecktor" und „Ach theures Weib", die jeweils den ersten Vers der ersten beiden Strophen einleiten, sowie die wiederholt eingebauten direkten Ansprachen wie „deiner treuen Gattin", „mein Hecktor" oder „theure Gattin" (Mp I 22, S. 7–8) keine Zweifel darüber aufkommen, wer in welchem Moment spricht.

Die erste Strophe besteht aus drei Sinneinheiten: Andromache beginnt ihre Ansprache mit der rhetorischen Frage, ob der apostrophierte Hektor „der Feinde Dräuen [Drohen; vgl. DWB 2, Sp. 1343–1347]" höre, die Bedrohung durch die Griechen, deren Kampfeslärm offenbar die ganze Stadt erfüllt. Sie betont, wie „heftig [...] der Kampf an unsern / Mauern" tobe, und hebt namentlich den „Peleïde[n]" hervor: Achill, Sohn des Peleus, dessen „Trauer[ ]" um seinen von Hektor getöteten Freund Patroklos in „grimmen Zo~~n~~rn" umgeschlagen ist, der ihn die Reihen der trojanischen Kämpfer massiv lichten lässt. Diese ersten vier expositorischen Verse ersetzen zwar nicht das nötige Vorwissen über Homers *Ilias*, ohne welches das Gedicht nicht funktionieren würde – ein Umstand, der auch für Schillers Gedicht gilt –; doch dieses Vorwissen vorausgesetzt, ermöglicht es die Exposition dem Leser, die lyrische Szene gut innerhalb der epischen Geschichte über den Trojanischen Krieg zu verorten.

Über die expositorische Funktion hinaus bieten die Eingangsverse allerdings keinen gehaltlichen Mehrwert, wenn man sie als direkte Rede Andromaches ernstnimmt, denn dem angesprochenen Hektor ist die Lage bereits klar, sind die von seiner Frau kundgetanen Informationen längst bekannt. Erst mit den Versen 5 und 6 beginnt Andromaches Versuch, Hektor vom Kampf mit Achill zurückzuhalten. Darin apostrophiert sie Hektor nochmals – diesmal unter Einleitung mit dem Klagelaut „Ach" und attributiv als „Tapfrer" bezeichnet – und fordert ihn direkt dazu auf, „nur heute [...] / Den wilden Kampf" zu scheuen, dessen „Todesschauern" sie antizipieren zu können beansprucht. Die Finalverse der ersten Strophe, die qua Stanzenform durch den Paarreim eine besonders resümierende Note erhalten, liefern sodann Andromaches Argument gegen Hektors Wunsch zu kämpfen: Nicht nur, dass sie Hektors bloßes Antreten gegen Achill bereits mit seiner tödlichen Niederlage gleichsetzt; sie setzt ebendiese zugleich mit dem Verlieren des Krieges, dem Untergang Trojas in eins und bürdet ihrem Ehemann so die Verantwortung für das Schicksal seines gesamten Volkes auf. Dergestalt präsentiert der junge Nietzsche Andromache als politisch und gesellschaftlich verantwortungsbewusstes Mitglied der trojanischen Herrscherfamilie des Priamos, die – zumindest in der ersten Strophe – mit keinem Wort emotional auf die Möglichkeit von Hektors Tod reagiert.

Dieser steht seiner Ehefrau hinsichtlich patriotischen Pflichtbewusstseins in nichts nach – nur zieht er aus seinem „Bestreben“ zu „Ilions Errettung“ diametral entgegengesetzte Schlussfolgerungen. Hektors erster Redeteil, der ebenfalls in drei Sinneinheiten unterteilt werden kann, beginnt mit einem Gegenbild zu Andromaches Schilderung der wütenden Griechen an den Stadtmauern: In Umkehrung der rhetorischen Frage nach dem Hören „der Feinde Dräuen“ macht Hektor auf „das wilde Mahnen [Antreiben, Aufheizen; vgl. DWB 12, Sp. 1462]“ der „Troer“ aufmerksam, die sich „muthgen Herzen[s]“ sammeln, um zu „kämpfen unter ihres Herrschers Fahnen“. Auch die restliche zweite Strophe erweist sich als Spiegel der ersten, wenn die Verse 5 und 6 Andromaches pessimistische Zukunftsprognose aufnehmen und Hektor zugibt, dass auch ihm „ein geheimes ~~Ma~~Ahnen“ den Zusammenbruch von „Trojas hohe[r] Macht“ anzeige. Mit Blick auf diese Zukunftsaussichten will Hektor aber gerade nicht den Kampf vermeiden, sondern versuchen, Troja durch den Sieg über Achill zu retten. Schon nach dem ersten Redewechsel in Nietzsches Gedicht ist damit klar, dass Andromache und Hektor dasselbe patriotische Ziel verfolgen, das sie offenbar über ihre ehelichen wie elterlichen Verhältnisse stellen, doch zum Erreichen dieses Ziels gänzlich unterschiedliche Mittel einzusetzen wünschen: (temporäre) Flucht oder (tödlichen) Kampf.

In der dritten Strophe verlagert Nietzsche den patriotischen Grundton der ersten Gedichthälfte in den Hintergrund: An die Stelle rationaler Argumentation über den richtigen Ansatz zur Rettung Trojas tritt der emotionale Versuch Andromaches, den drohenden Kampf mit Achill zu verhindern. Nun ist es, im Gegensatz zur ersten Strophe, das Vaterland, das mit keinem Wort mehr erwähnt wird: In ihrem zweiten Redeteil appelliert Andromache heftig an Hektors Gewissen, indem sie ihm vorhält, dass offenbar weder ihre Tränen noch ihr gemeinsames Kind seinen Entschluss beeinflussen können: dass er seine Liebe als Vater und Ehemann hintanstellt. Damit subvertiert Andromache ihre eigene Argumentation aus Strophe 1, wo sie Hektors Flucht noch als politisch klügere Variante zur Rettung Trojas anpreist. Den Vorwurf, Hektor würde falsche Prioritäten setzen, steigert sie dann in einem zweiten Schritt durch die Behauptung, „der Götter Walten“ habe ihr bereits „alles“ entrissen (Mp I 22, S. 8). Nur ihr Ehemann Hektor solle ihr „auf Erden“ bleiben, dann würde sie ihr Schicksal „tragen, wie's auch möge werden“. Andromache nimmt damit den Untergang Trojas in Kauf, solange Hektor dafür am Leben bliebe. So ruft sie ihn aus persönlichen Gründen, zum Heil der Familie, offen zum Vaterlandsverrat auf.

Der Versuch, Hektors schlechtes Gewissen zu wecken, indem sie ihn vor die Wahl zwischen seiner Pflicht und Liebe gegenüber der Familie und der Pflicht und Liebe gegenüber demVaterland stellt, scheitert jedoch: Zunächst stellt Hektor, nachdem er Andromache phrasenhaft bittet, sich keine Sorgen zu machen, beschwichtigend seine siegreiche Rückkehr in Aussicht, was ja tatsächlich einer Win-win-Situation entspräche. Dieser Optimismus erscheint allerdings nur vorgeschoben, ergänzt Hektor doch sogleich das von seiner Frau so gefürchtete Szenario seines Todes „im Gedränge“: Diesen solle Andromache aber „nicht [...] mit bange[m] Leide“ tragen, sondern – als verantwortungsvolles Mitglied der Königsfamilie – zur Motivation der Soldaten nutzen, die ihren Helden Hektor rächen wollen. Der Vorwurf seiner Frau, die Pflichten als Prinz von Troja und seine Vaterlandsliebe über seine Vater- und Ehepflichten zu stellen, erscheint mit Blick auf diese Forderung Hektors durchaus gerechtfertigt. Mit der synkretistischen Schlusswendung, dass sie sich „droben [...] ewig wieder[sehen]“, zieht sich Hektor aber doch noch aus der Affäre: Die christlich konnotierte Aussicht auf eine Wiedervereinigung der Liebenden im Jenseits ermöglicht es dem Prinzen Trojas, seinen heldenhaften Tod in der Schlacht in Kauf zu nehmen, um das Vaterland durch sein Opfer zu retten, und trotzdem seiner Liebe Genüge zu tun, indem er ihr die Ewigkeit verspricht.

So schließt das Gedicht mit der Idealisierung Hektors als trojanischer Held und liebender Ehemann – vom gemeinsamen Kind ist nicht weiter die Rede –, wohingegen der Eindruck von Andromache zwiegespalten bleibt: Inszeniert Nietzsche sie zunächst als verantwortungsvolle Patriotin, konterkariert er diese Charakterisierung in ihrem zweiten Redeteil vollständig. Es wirkt so, als hätte Andromache nur die Patriotin gespielt, um Hektor zu überzeugen, und wäre dann, nach dem Scheitern dieses Versuchs, auf ihre Emotionen zurückgefallen, um Hektor durch ihre Verzweiflung doch noch zu überzeugen. Im Gegensatz zum idealen Helden und Liebenden, der sich nicht von seinem Vorhaben abbringen lässt, erscheint die Figur der Andromache vor diesem Hintergrund unfertig konzipiert. Ein Blick in die lyrischen Entwürfe zu *Hecktors Abschied* in Mp I 21, S. 8–10 bestätigen denn auch, dass Nietzsche Andromaches ersten Redeteil entsprechend dem zweiten deutlich emotionaler angelegt hatte, diese Charakterisierung dann jedoch in Strophe 1 korrigierte. Dass er diese Korrektur nicht auch auf die dritte Strophe ausdehnte, kann als konzeptionelle Unausgereiftheit verbucht werden. Denn so hätte der junge Nietzsche die Andromache-Figur im Vergleich zu derjenigen aus Schillers Vorlage nicht nur um eine interessante Facette erweitert, sondern sogar wesentlich weiterentwickelt.[287]

287 Zunächst versucht Nietzsche zwar, sich insofern von Schiller abzusetzen, als er Andromaches Emotionalität ins (übermäßig) Empfindsame steigert, Schillers Vorlage also ins Extrem zieht. Dann bemüht er sich jedoch um eine konzeptionelle Kurskorrektur, die den Charakter um ein starkes politisches Verantwortungsbewusstsein bereichert.

Jason und Medea.
(Mp I 22, S. 9–11; KGW I/1, S. 263–264; HKG 1, S. 436–437)

Auf *Hecktors Abschied* folgt in Mp I 22 ein weiteres antikisierendes Gedicht des jungen Nietzsche, das einen Beitrag zur reichen Rezeptionsgeschichte der Argonautensage darstellt.[288] Es findet in Gestalt des Stichworts „Medea" bereits auf der ersten Seite des Manuskripthefts Mp I 22 Erwähnung, wo es zusammen mit den umliegenden Gedichten über „Conradin", „Hecktor" und „Barbarossa" neben der Liste der „Geistliche[n] Gedichte[n]" genannt wird (Mp I 22, S. 1). Diese Konstellation wiederholt sich in der Gedichtliste in Mp I 22, S. 44 sowie, mit angepassten Titeln, in der Liste der „Schilderungen" in Mp I 22, S. 2.

Kontexte

Jason und Medea behandelt die Episode um Jasons Ankunft in Kolchis, wo dieser mithilfe der Königstochter Medea das Goldene Vlies an sich nimmt.[289] Das Gedicht folgt eng der Version des Mythos, die in Ovids *Metamorphosen* (VII, 1–158; Ovid 1798b, S. 1–18) präsentiert wird,[290] konzentriert sich dabei jedoch auf den Moment, in dem sich Medea folgenreich in Jason verliebt und den Entschluss fasst, ihm beim Raub des Vlieses zu helfen. Der junge Nietzsche rafft den Monolog Medeas aus den *Metamorphosen* und verzichtet ferner auf weitere Handlungselemente wie das Treffen mit Jason im Götterhain, das bei Ovid erst zum endgültigen Ausbruch von Medeas Leidenschaft führt (vgl. *Metamorphosen* VII, 74–99; Ovid 1798b, S. 11–13). Außerdem gestaltet er seine Medea-Figur stellenweise naiver als Ovid; während Medea bei diesem bewusst einen inneren Konflikt zwischen Pflicht und Leidenschaft ausficht, ist sich Nietzsches Medea zunächst gar nicht darüber im Klaren, was ihr emotional widerfährt. In ihrem Monolog beklagt sie vor allem den Verlust ihrer Seelenruhe und bemüht sich dann, durch moralisch besonders ehrenvolle Gedanken über Jason ihre Unschuld zu bewahren.

So entsteht ein zurückhaltendes Liebesgedicht, das zwar Medeas erwachende Gefühle gegenüber Jason dokumentiert und mit dem optimistischen Bekenntnis zum nun Geliebten endet. Doch bereits die erste Strophe, eine leicht geraffte Wiedergabe von Ovids Zeilen 1 bis 12, zeigt auf, dass der junge Nietzsche seine Nachdichtung noch nicht auskonzipiert hatte: So hebt sich Strophe 1 nicht nur als Ein-

288 Einen Überblick über diese verschafft Lütkehaus 2007.

289 Zum ganzen Mythos vgl. Malatrait 2008, S. 357–358 und Corbineau-Hoffmann 2008, S. 418.

290 Bei Schönke o. J. fehlt die Geschichte Medeas. Jason kommt nur als Teilnehmer der Kalydonischen Jagd vor (vgl. Schönke o. J., S. 153). – Zur Erzähl- und Darstellungsweise der Medea in Ovids *Metamorphosen* vgl. Binroth-Bank 1994.

führung in das Setting aus der Perspektive eines lyrischen Sprechers konzeptionell von den folgenden Strophen ab, die allesamt in direkter Rede des lyrischen Ich Medea verfasst sind. Der lyrische Sprecher dieser Strophe kann Medeas Empfindungen, ihr „heimliches Verlangen, / Jason als Gemahlin zu umpfangen [sic]", im Gegensatz zu ihr selbst auch ausdrücklich benennen. In Mp I 19, S. 19–25 (KGW I/1, S. 246–248) haben sich zudem stark bearbeitete Entwürfe zu *Jason und Medea* erhalten, aus denen hervorgeht, dass Nietzsche ursprünglich auch die Episode im Hain für sein Gedicht berücksichtigen wollte. Die Handschriften zeigen, dass sich Nietzsche im Verlauf des Schreibprozesses bewusst von Ovids Vorlage entfernen wollte. Dennoch haben sich noch in der Reinschrift einzelne Bilder und Motive aus der Vorlage erhalten. Das alles trägt zu einem recht heterogenen Gesamteindruck von *Jason und Medea* bei.

Stofflich hängen auch drei Entwürfe aus Mp I 21 mit dem Gedicht zusammen: In einem „Ueber die Medea" betitelten Fragment setzt sich der junge Nietzsche mit einer späteren Episode aus dem Mythos auseinander: Medeas „Rache an den Feinden des Gemahls" Jason (Mp I 21, S. 38; KGW I/1, S. 255), die arrangierte Tötung des thessalischen Herrschers Pelias durch die Hände seiner Töchter, weil jener nicht nur Jason auf die Suche nach dem Goldenen Vlies geschickt hatte, um sich seiner zu entledigen, sondern Jasons Vater Aison, Pelias' Halbbruder, vom Thron verdrängt hatte und schließlich mit der Falschmeldung, die Argo sei gesunken und sein Sohn gestorben, in den Selbstmord trieb (vgl. *Metamorphosen* VII, 297–349; Ovid 1798b, S. 30–34). Diese Episode nimmt Nietzsche zum Anlass, „Medea [...] mit der Chrimhilde des Nibelungenliedes" zu vergleichen (Mp I 21, S. 38; KGW I/1, S. 255), die ihrerseits Rache an den Mördern ihres Mannes Siegfried nimmt. Ein weiterer thematisch mit dem Gedicht in Verbindung stehender Entwurf, genauer genommen eine Liste mit Schlagworten zur Argonautensage, die auch einen Hinweis zu Nietzsches Quelle enthält, findet sich noch auf derselben Manuskriptseite:

> Uranfänge.
> Abentheuerlust.
> Argonautenzug.
> ~~Erzählung.~~ Dichter.
> Ovid. VII.
> Eintheilung.
> 1. Monolog.
> (Mp I 21, S. 38; KGW I/1, S. 255)

Offenbar hat Nietzsche Ideen für eine eigene essayistische oder künstlerische Auseinandersetzung mit dem Mythos gesammelt. Neben dem zu besprechenden Gedicht, auf das die Einträge „1. Monolog", „Ovid. VII." und „Dichter." rekurrieren, versuchte er sich auch an einem Aufsatz, der die Argonautensage wohl vor dem

Hintergrund ihrer Entstehungsgeschichte beleuchten sollte. Darin argumentiert Nietzsche dafür, die griechischen Sagen generell als Ergebnis der Verherrlichung von Abenteuern zu interpretieren, die von Kriegern und Sängern in den „roh[en] und gewaltsam[en]“ Zeiten der „Uranfänge“ des Volkes erlebt wurden (Mp I 21, S. 40; KGW I/1, S. 255). Die zentralen Stichworte „Uranfänge“, „Abentheuerlust“ und „Argonautenzug“ kommen teils wörtlich sowohl in der Liste in Mp I 21, S. 38 als auch in dem stark mit Bearbeitungsspuren versehenen Entwurf in Mp I 21, S. 40–41 vor (KGW I/1, S. 255–256).

Edition

Abgesehen von zwei minimalen ad-hoc-Korrekturen im dritten wie vierten Vers und einigen unfreiwilligen, wohl von den langen Elfsilbern herrührenden Zeilensprüngen, die schon die Reinschrift von *Hecktors Abschied* kennzeichnen, ist auch die Reinschrift von *Jason und Medea* äußerst sauber erhalten. In KGW I/1, S. 263–264 wird das Gedicht dennoch ohne Korrekturen und Zeilensprünge wiedergegeben; darüber hinaus präsentiert KGW I/1, S. 262–263 unmittelbar vor dem Text von *Jason und Medea* einen geglätteten fragmentarischen Prosa-Entwurf des Gedichts, der gar nicht in Mp I 22, sondern nur auf einem losen Blatt (Mp II 5) überliefert ist. Die lyrischen Entwürfe aus Mp I 19, S. 19–25 werden wiederum mit etwas Abstand in KGW I/1, S. 246–248 ediert – ebenfalls unter derselben, den chronologischen Entstehungszusammenhang anzeigenden Ziffer (4[33], 4[54], 4[55]]) sowie unter Auslassung fast aller Bearbeitungsspuren.[291] In HKG 1, S. 464 (Komm. 426, 14) werden diese Entwürfe bereits im Nachbericht erwähnt. Allerdings behandelt HKG 1, S. 436–437 eine Auswahl dieser Entwürfe als Fortsetzung zu Mp I 22, S. 9–11 und rekonstruiert so eine fiktive Endfassung von *Jason und Medea* in neun Strophen. Dass Mette die Entwürfe in Mp I 19, S. 19–25 als Fortsetzung von Mp I 22, S. 9–11 interpretiert, geht schon aus der Bleistiftnotiz hervor, die er unter das Ende der letzten Strophe des Gedichts in Mp I 22, S. 11 gesetzt hat: „Forts. Mp I 3,22 ff.“ Es folgte noch die notwendige Korrektur von „3“ zu „19“.

Die Entwürfe zu *Jason und Medea* in Mp I 19, S. 19–25 zeigen, dass Nietzsche sich zunächst enger an der Episode aus Ovids *Metamorphosen* orientiert hat. Im Folgenden werden sie erstmals vollständig inklusive aller Bearbeitungsspuren transkribiert und analysiert:[292]

291 Mp I 19, S. 19, die besonders viele Durchstreichungen und Versfragmente enthält, wurde beispielweise gar nicht berücksichtigt.

292 Zu den Editionsrichtlinien vgl. Kap. 3.2.

[19]

Jason und Medea.
~~Die Myn~~
~~Der Schreck~~
~~Nicht kann Medea länger wiederstreben!~~
~~XXXIch habe nicht Ruhe~~
~~Die Ruh ist hin~~
~~Ver~~
Vergebens ~~wünsch~~
~~wiederstreben ich~~. Denn
wum[?]
Gewalten fesseln mich
~~Nicht länger kann ich sie zurück mehr halten~~
~~Die Mächte die noch unbekannt d~~
ist aus meinen entschwund
~~Mein~~ armes Herz hat ~~seine~~Die Ruh verlohren
~~Vergebens wiederstrebe ich je den Gew~~alten
~~In ungewisser Angst verbrin~~
In Angst und Schmerz verbring ich meine
Tage.
Was ist es nur daß ich jetzt alle Stunden
Den Fremdling nur in meinem Herzen
trage.
Ich war doch sonst der Trauer stets enbunden
Und jetzt ~~mögt[?] ich~~
~~umgibt~~

[29]

//

1. Aus meinen Herzen ist die Ruh entschwunden
Was ist es, daß ich immer jetzt nur klage
~~Und wurd[?] das feine[?]~~
In Schmerz und Angst verbringe meine
Tage
Ich war doch sonst der Sorge stets enbunden
Was ist es nur daß ich jetzt alle Stunden
Das Bild des Fremdlings in den Herzen
trage?
~~Ich bin besorgt um ihn und seine Schaaren~~
~~den jungen Helden~~
~~Ach könnte ich doch dies Gefühl bezwingen~~
~~Und besser wärs, i ach es wird nicht~~ gelingen.
~~xxx~~ ~~xxx~~ ~~xxx~~
Es mu~~ß ein Gott in meinen Herzen le~~ben
in mir
~~Ich fühle jetzt neun[?] unbef[?]~~
~~Ich fürchte~~ für sein Leben. Denn Gefahren

Umlagern ihn und seine Helden Schaaren.
~~Ich kann ihn nicht~~
~~Was soll ich thun!~~ ~~Ve~~
~~Denn ohne Hülf ihn lassen~~
~~Ist~~
2. Und so entschwindet mir desr Seele Frieden
Was sorgt du für den Fremden? Mag
er sterben
Warum hat er sein Vaterland gemieden
Um fremde Herrschaft für sich zu erwerben?
//
[21]
~~Und doch ist ihm ein schweres Loos beschieden~~
Nun sei ihm auch ein schweres Loos beschieden
Und fürchterlich umringe ihn Verderben.
~~Der Stiere Flammenhauch die erderzeugte~~
~~XXX~~
~~Der Königsohn~~
~~Doch~~
So soll er also sterben! Dies begehren
Es würde nur mein edles Herz entehren.
3. ~~Nie~~Dafür behüte mich der Götter Walten!
~~Nein, Unglück soll ihn treffen, die Gefährten~~
~~Mißgeschick~~
~~Mag siein so stolzes~~
~~Wird se~~
Mich hätte eine Tigerinn geboren
mein Gemüht
Wenn ~~k~~also ~~mein~~könnte ~~SXXHerz~~ erkalten
~~in~~ gewiß
Jedoch der Arme ist ~~mit jeden Fall~~ verlohren!
Wenn ihn nicht Zaubermächte kräftig halten.
Ich fühls, ich fühls ich bin dazu erkohren.
Ich werde ihm ~~mein~~
Mein Heil mein Glück mein
Leben
Ach ja mich selber müssen übergeben.
4. Doch wenn er nun nicht hielte sein Versprechen
~~Er~~Und mir entflöh von Winden fortgetragen
~~Und mir zurücklassen~~
~~mir nur Schmerz Seupfzer bange Klagen~~
~~Züruckließ daß ich mein Verbrechen~~
[30]
//
~~Und ewig ich mir hielte e~~?
Daß ewig ich bereute mein Verbrechen
Und nichts ~~ich~~erzielte auser Schmerz und ~~F~~?Klagen

~~Ein schrecklich Urtheil würd ich Jason sprechen~~
~~Wenn~~
~~Die XXX e~~
Daß nicht ich könnte meinen Jammen rächen.
Wie könnte da ich ~~ich~~ihn zu retten wagen!
~~Doch ich er kann~~
Nein, mein Jason wird das nimmer können,
Nein, nichts wird denn uns von einander trennen.
5. So soll ich also diesen Land entfliehen,
~~Und di~~
Die, die mir ~~mir~~ lieb sind niemals wiedersehen
In eine andre Heimath mit den fremden ziehen
Wo andre Flüsse sind und andre Höhen
Wo andre Freuden mir als hier erblühen.
Und ~~andre fremde~~unbekannte Lüfte mich umwehen.
Doch[?] ~~sich~~, vor Jason nur allein umgeben
Erblühet mir~~ch~~ auch neue Freud und Leben.
6. Ich werd durch die Meeresfluthen gleiten
Denn mein Jason wird mich sicher wären
Nichts wird uns dann mehr von einander
scheiden
Nicht Unglück Schrecken und der See Gefahren.
~~Und dann auch Verderb~~
Er wird mit starker Hand mich immer leiten,
~~Und~~Ja mich umgürten ~~durch~~in ~~Gefährten~~der Feinde Schaaren
//

[23]

~~mannhaft stark~~[?]~~kühn wie mein~~
~~Die alle mannhaft, kühn wird mein Gemahl~~
~~Umgürtet sind mit Eisen.~~
~~Lanze Speer und Sta~~hl.
~~Und endlich me~~[?]
Me~~in Glück wird dann bis in den Himm~~el
~~reichen~~
~~Der~~
~~Die Mütter~~
~~Vor mir wird dannalles alles~~
Und alles, alles wird vor mir sich beugen
~~Wenn ich die Hi~~
~~7.~~ Mein hohes Glück bis in den Himmel
reichen.
~~Uund ewig werd ich mit ihm glücklich sein~~
7. Die Götter werd mich dann gern ansehen
~~Und Retterin wird~~
Als seine Gattin ~~XXWas~~wie ~~Machen~~wa sagtest ~~sagst~~ du?
Willst du ~~nun~~denn dein Verbrechen noch erhöhen
~~Indem du schöne Namen auchnoch dazu~~

~~diesen~~
Der schöne Name ~~hüllt~~ ~~nicht~~ nicht
deckt die Schuld ~~nicht~~ zu
~~xx~~
~~Du kannst den Zorne Gottes nicht entgehen~~
Noch ~~k~~ist es Zeit der Sünde zu entgehen
Die später rauben würde dir die Ruh! –
Vor ihren Blicke standen Schmach und Schande
So daß besiegt ~~den Rück~~
Sich Eros von ihr wandte.

[31]
//

~~Aut~~
~~Aetes Tochter seschaute in die Ferne~~
~~Die düster vor~~
~~vor ihr düster und umnachtet lag~~
~~kaum daß ihmam Himmel funkelten die Sterne~~
Medea
Jason hatte schon das Meer durchschnitten
~~Und undschon die Schreckensnachricht~~
~~dasdesHerrschers Schreckenswort uempfangen~~
~~AlsMitund seine Heldenschaar~~
~~hohen~~
~~UndMit seinenden Heldenschaar~~?~~Gefährten, die mit Freuden~~
(8) 1. Jason hatte schon das Meer durchschnitten
~~Und Pfxxus? war vom lie?~~
Mit der Gefährten Schaar ~~und~~die schon das
Land
Für das sie nun so vieles schon gelitten
Ereicht. Schon war des Herrschers Wort bekannt.
Und schwere Trauer war in ihrer Mitten.
~~Als~~Da sich kein Ausweg, keine Rettung fand
Da fasst Medea heimliches Verlangen
Jason als Gemahlin zu umpfangen.
1.

[25]

~~Und in den~~
~~Singest nun mi~~
Dort liegt ein Hein von düstern Wald umgeben
Medea wendet dahin ihre Schritte.
Jason will die Seele ihr umschweben
Selbst in des hehren Heiligthumes Mitte,
Wo zwei Altäre ~~aus~~ aus der Nacht sich heben.
~~Allmählig nahet wieder ihr der Friede~~
~~Und xxx schon xxx xxx schon ruft die Flamme~~
~~Liebe~~

Doch sieh! er naht mit demuthvoller Bitte
Um Rettung für sein ~~x~~junges, frisches Leben.
Nicht länger kann sie Amor wiederstehen
Denn sie erhört eröthend Jasons Flehen.

[32]

(Mp I 19, S. 19–25)

Nachdem er zunächst einige nur teilweise zusammenhängende und größtenteils wieder gestrichene Verse und Ansätze zu solchen notiert hat (vgl. Mp I 19, S. 19), die Vorarbeiten und Varianten der zweiten Strophe der Reinschrift – entstehungsgeschichtlich der ersten Gedichtstrophe – darstellen, orientiert sich der junge Nietzsche eng an Ovids Vorlage und konzentriert sich auf die Versifizierung von Medeas Monolog.[293] Erst in einem zweiten Schritt entwirft er die spätere Einleitungsstrophe, die für ihn ausweislich der eingeklammerten Ziffer aber auch als achte Strophe infrage kommt, und eine zusätzliche, nicht für die Reinschrift übernommene Strophe, welche die Hain-Szene aus den *Metamorphosen* behandelt. Die fünf Strophen, die die Reinschrift in Mp I 22, S. 9–11 bilden, sind in Mp I 19 bereits fast wortgleich fertiggestellt, nachdem Nietzsche mehrere Bearbeitungen vorgenommen hat, etwa die Streichung des Verweises auf den Medea beeinflussenden Liebesgott und den „Flammenhauch" der „Stiere" (Mp I 19, S. 20–21) – jeweils direkte Übernahmen aus den *Metamorphosen* (VII, 12 u. 29; Ovid 1798b, S. 6–7).

Die zusätzlichen Strophen in Mp I 19, S. 22–25, also die Entwurfsstrophen 5 bis 7, inklusive der nicht nummerierten Hain-Strophe, entsprechen den Zeilen 51 bis 83 von Ovids Vorlage (vgl. Ovid 1798b, S. 9–12). In Ihnen blickt Medea voraus in ein Leben an Jasons Seite, fernab ihrer Heimat, aber geborgen durch seine Nähe (Strophe 5 bis 6). Und sie realisiert plötzlich, durch die konkrete Vorstellung einer Ehe mit Jason, dass sie sich ihre emotionale Ausnahmesituation schönzureden versucht – und entscheidet sich gegen ihre Gefühle, „So daß besiegt ~~den Rück~~ / Sich Eros von ihr wandte." (Mp I 19, S. 23) Diese Entscheidung ist aber nur von kurzer Dauer, denn als sie Jason im Götterhain persönlich trifft, „kann sie Amor [nicht länger] wiederstehen" und „erhört eröthend" seine Bitte um Rettung (Mp I 19, S. 25). Wie schon in den verworfenen Varianten derjenigen Strophen, die er in die Reinschrift aufnimmt, folgt der junge Nietzsche seiner Vorlage hier noch sehr eng. Unter anderem die temporäre Niederlage von Eros in Strophe 7 (vgl. *Metamorphosen* VII, 73; Ovid 1798b, S. 11), das Motiv der sicheren Meerfahrt an Jasons Seite in Strophe 6 (vgl. *Metamorphosen* VII, 67; Ovid 1798b, S. 10) oder der imaginierte Abschied von

293 Dafür spricht auch der mutmaßliche Arbeitstitel des Gedichts, den Nietzsche in seiner Liste von „Schilderungen" in Mp I 22, S. 2 anführt: „Monolog der Medea."

Heimat und Familie in Strophe 5 (vgl. *Metamorphosen* VII, 52; Ovid 1798b, S. 9) sind in nahezu identischer Gestalt bereits bei Ovid zu finden.

Der Vergleich zwischen den Entwürfen in Mp I 19 und der Reinschrift von *Jason und Medea* in Mp I 22 veranschaulicht demnach, wie sich Nietzsche im Verlauf des Schreibprozesses schrittweise von seiner Vorlage löst: Folgt er Ovid in den ersten Entwürfen zunächst sehr eng und übernimmt sogar einige Formulierungen aus den *Metamorphosen* wörtlich, setzt er schließlich eigene Akzente und gestaltet seine Medea bewusst kindlicher und unschuldiger als Ovids Charakter. Allerdings schießt er dabei etwas über das Ziel hinaus und kreiert eine vergleichsweise unausgereifte Medea-Figur, wie die inhaltliche Analyse zeigen wird.

Form

Wie schon in *Hecktors Abschied* nutzt Nietzsche für seine lyrische Bearbeitung des Medea-Mythos „8zeilige[ ] Stanzen" (Mp I 22, S. 8), die er diesmal allerdings mit einer Reihe von Freiheiten versieht: und zwar mit zwei Waisen am Ende der letzten Strophe, einem trochäischen Metrum im ersten und letzten Vers der ersten sowie im vorletzten Vers der letzten Strophe und einem umarmendem Reimschema in der ersten Hälfte der zweiten Strophe. Als „epische Strophe" (Frank 1993, S. 676) passt die vom jungen Nietzsche gewählte Form auch hier gut zur Wiedergabe des mythischen Geschehens.[294]

Inhalt

Die erste Strophe ist der Exposition vorbehalten, die allerdings ebenso voraussetzungsreich angelegt ist wie die Lokalisierung des Dialogs in *Hecktors Abschied*. Der lyrische Sprecher verortet den folgenden Monolog Medeas nur anhand weniger Aussagen zu Ort und Zeit des Geschehens: Jason und die Argonauten haben nach einer entbehrungsreichen Reise ihr Ziel, die Insel Kolchis, erreicht, doch König Aietes knüpft die Herausgabe des Vlieses an unmögliche Bedingungen, wofür „sich kein Ausweg, keine Rettung fand" (Mp I 22, S. 9). Der von Ovid übernommene Gedichttitel allein hätte auch andere Episoden in der Geschichte von „Jason und Medea" abgedeckt, etwa das wenig ruhmreiche Ende der Liebesbeziehung in Korinth, wo Jason Medea verstößt, um Kreons Tochter Glauke zu heiraten, was Medea zum Rachemord an dessen neuer wie auch alter Familie veranlasst – die eigenen Kinder eingeschlossen. Spätestens mit der achten Zeile, in der Medea „Jason als Gemahlin zu umpfangen [sic]" strebt, ist jedoch klar, dass der weniger tragische Teil des Mythos beim jungen Nietzsche im Fokus steht. Kenner der Vorlage, des siebten Buchs der

294 Für weitere Details zur Form vgl. die formale Analyse von *Hecktors Abschied*.

Metamorphosen, erkennen außerdem schnell, dass der junge Nietzsche Ovids Fassung des Mythos in stark komprimierter Weise nachdichtet. Dies bezeugt auch der sich anschließende vierstrophige Monolog der für Jason entbrannten Medea in direkter Rede.[295]

Im ersten Teil ihres Monologs äußerst sich Medea primär selbstreflexiv: Sie beobachtet ihr inneres Erleben und stellt eine signifikante Veränderung ihres Gemütszustands fest: Die Ruhe ihres Herzens sei verlorengegangen, ihre Tage seien jetzt von „Schmerz und Angst" geprägt, obwohl sie „doch sonst der Sorge stets entbunden" gewesen sei (Mp I 22, S. 9). Dieser Umstand veranlasst sie, nach Gründen zu fahnden: Medea stellt zwar noch keine direkte Kausalität zur Ankunft „des Fremdlings [...] und seine[r] Heldenschaaren" [sic] her, bemerkt aber dennoch, dass sie „jetzt alle Stunde" nur noch dessen „Bild [...] im Herzen trage", und fragt sich, „Was [...] nur" dafür verantwortlich sei. Medea ist sich ihrer Liebe für Jason demnach noch nicht bewusst – mehr noch: Ihre Äußerungen, die die erwachende Liebe wie eine Heimsuchung erscheinen lassen, die plötzlich über ihr sorgenfreies Leben hereinbricht, weisen darauf hin, dass Medea sich zum ersten Mal überhaupt verliebt. Dieser Aspekt der Jungfräulichkeit ist in Ovids Vorlage bereits angelegt; allerdings charakterisiert Ovid seine Medea weniger naiv als der junge Nietzsche die seine, denn in den *Metamorphosen* kennt Medea das Konzept der Liebe bereits und kämpft bewusst dagegen an, um ihre Jungfräulichkeit nicht zu gefährden:

> [...] 'frustra, Medea, repugnas:
> nescio quis deus obstat' ait. 'mirumque, nisi hoc est,
> aut aliquid certe simile huic quod amare vocatur.
> [...]
> excute virgineo conceptas pectore flammas,
> si potes, infelix. [...]
> (*Metamorphosen* VII, 11–18; Ovid 1853, S. 215)

> [...] Umsonst ach! kämpfst du, Medea;
> Irgend ein Gott, sagt jene, bestürmt. Ja, wahrlich, das ist es,
> Oder gewiss was ähnliches dem, was Liebe genannt wird.
> [...]
> Schütte sie aus jungfräulicher Brust, die empfangene Flamme,
> Wenn du es kannst, Elende! [...]
> (Ovid 1798b, S. 6)

---

295 Nietzsche markiert den Beginn von Medeas Monolog typografisch durch Anführungszeichen zu Beginn der zweiten Strophe. Abführungszeichen am Schluss des Gedichts hat er allerdings nicht gesetzt – wohl ein Flüchtigkeitsfehler, den KGW I/1, S. 264 wiederum nicht verbessert.

Bei Nietzsche dagegen fällt das Wort ‚Liebe' gar nicht; Medea bekennt zum Ende der zweiten Strophe nur: „Ich fürchte für sein Leben", da ihr Vater Jason eine lebensgefährliche und mit menschlichen Kräften nicht zu erfüllende Aufgabe gestellt hat, um das Vlies nicht zu verlieren. Medea erscheint so weit unschuldiger, mithin infantiler als bei Ovid, da Nietzsche die emphatische Sorge um den Fremden Jason in den Vordergrund rückt, während die Medea der antiken Vorlage sich bereits vorwirft: „quid in hospite, regia virgo, / ureris, et thalamos alieni concipis orbis?" (*Metamorphosen* VII, 21–22; Ovid 1853, S. 215) – „Für den Fremdling, Tochter des Königs, / Glühest du? einen Gemahl aus entlegenen Landen erträumst du?" (Ovid 1798b, S. 7)

Diese infantilisierende Tendenz gegenüber der Vorlage setzt sich in der dritten Strophe fort: Medea beklagt erneut den Verlust ihres Seelenfriedens, geht dann aber dazu über, sich Jason als ausländischen Usurpator vorzustellen, der seinen drohenden Tod sogar verdiene. So prüft Medea ihr Herz: Findet sie ihren Frieden wieder, wenn sie sich vor Augen hält, dass Jason zur Selbstermächtigung in ein fremdes Land kommt, statt seine Heimat zu beherrschen? Unabhängig davon, dass der junge Nietzsche Medea hier Vorwürfe gegenüber Jason andichtet, die gar nicht dessen Absichten entsprechen, ist die Antwort negativ: Selbst wenn dem so wäre, das ist die Pointe der dritten Strophe, allein der Wunsch, Jason dafür sterben zu sehen, würde Medeas „edles Herz entehren". Ein- und ausgeleitet durch die rhetorische Frage, ob Jason sterben soll, erweist sich Medeas Argumentation damit als Versuch einer Selbsttäuschung: Die Unterstellung einer bösen Absicht soll den Wunsch, zu helfen, unterdrücken. Doch die unschuldige Medea bringt das nicht über sich. In diesem Punkt, Medeas Ablehnung, Jason den Tod zu wünschen, stimmt Nietzsches Gedicht wieder mit Ovids Version des Mythos überein: In den *Metamorphosen* ruft Medea sogar aus: „vivat tamen; idque precari / vel sine amore licet: quid enim commisit Iason?" (VII, 24–25; Ovid 1853, S. 215) – „Doch er leb'! und dies zu erflehn ist / Ausser der Lieb' auch erlaubt. Denn was verschuldet Jason?" (Ovid 1798b, S. 7) Auch hier erweist sich Ovids Medea als selbstbewusstere, weltgewandtere Figur, die für sich in Anspruch nimmt, Recht und Unrecht zu beurteilen. Nietzsches Medea hält demgegenüber an einem simpleren Konzept von Edelmut fest, das grundsätzlich nicht vorsieht, anderen etwas Böses zu wünschen.

Dies bekräftigt Medea in Strophe 4, wenn sie ihr emphatisches „Gemüth" betont, das – anders als der Nachwuchs einer „Tigerin" – nicht „erkalten" dürfe. Das Bild der kaltblütigen Tigertochter ist eine direkte Übernahme aus den *Metamorphosen*, wo es heißt: „hoc ego si patiar, tum me de tigride natam, / tum ferrum et scopulos gestare in corde fatebor." (VII, 32–33; Ovid 1853, S. 215) – „Duldet' ich das; dann hätte der Tigerin Schooss mich gebohren; / Dann von Felsen und Stahl ein Herz zu tragen bekennt' ich!" (Ovid 1798b, S. 8) Stärker als bei Ovid kommt bei Nietzsche aber Medeas Mitleid zum Ausdruck, wenn sie Jason als „de[n] Arme[n]" bezeichnet, der nur durch ihre Zauberkraft gerettet werden könne. Ovids Medea übt sich dagegen in Pragmatismus:

„quamquam non ista precanda, / sed facienda mihi" (*Metamorphosen* VII, 37–38; Ovid 1853, S. 215) – „Wiewohl hier gilts nicht zu beten, / Sondern zu thun!" (Ovid 1798b, S. 8) Die letzten drei Verse der vierten Strophe bezeugen schließlich erstmals, dass Nietzsches Medea sich ihrer Gefühle gegenüber Jason und deren Konsequenzen zumindest im Ansatz bewusst wird – ein Aspekt, der bei Ovid von Anfang an gegeben ist (vgl. *Metamorphosen* VII, 11–13; Ovid 1798b, S. 6). Die naivere Charakterisierung Medeas beim jungen Nietzsche kommt hier besonders gut zum Ausdruck, fühlt sie sich doch – man beachte den hervorgehobenen Schicksalsaspekt – dazu „erkoren", gleich „mein Glück, mein Leben / [...] mich selber [...] übergeben" zu müssen (Mp I 22, S. 10). Einerseits betont Nietzsche so die Gefahr für Medea, der Vergeltungsmaßnahmen von ihrem Volk drohen, sollte sie dem Fremden bei der Eroberung des Vlieses helfen und dabei entdeckt werden – eine Tat, die sie selbst weitsichtig als „mein Verbrechen" (Mp I 22, S. 11) bezeichnet. Andererseits wirkt dieses Bekenntnis ohne den genannten Kontext, den der junge Nietzsche ja noch reduzierter mitliefert als Ovid in seiner Vorlage, reichlich fremdgesteuert: Als hätte eine fremde Macht von Medea Besitz ergriffen und würde sie qua Gefühlssteuerung zwingen, sich Jason aufzuopfern. Ein entsprechender Passus fehlt denn auch in der Vorlage, die vom Ausdruck des Tatwillens Medeas direkt zu deren (wie sich herausstellt: berechtigten) Zweifeln gegenüber Jasons Treue und Verlässlichkeit übergeht.

Diese Zweifel, die die Tragik von Medeas Geschichte wesentlich ausmachen, da sich ihre Befürchtungen als allzu prophetisch erweisen werden, bilden auch den Auftakt zur letzten Strophe von Nietzsches Gedicht. Medea stellt die rhetorische Frage, was mit ihr passieren sollte, falls sie Jason ihre ganze Existenz anvertrauen und er ihr Vertrauen missbrauchen, „sein Versprechen" nicht halten würde: was sie tun würde, wenn ihr nur „Schmerz und Klagen" blieben, sie nicht einmal ihren „Jammer rächen" könne (Mp I 22, S. 11). Während Medea sich in der Vorlage Ovids jedoch daraufhin temporär gegen „Cupido" und für „Jungfräulichkeit, Recht und Naturpflicht" entscheidet (Ovid 1798b, S. 11; vgl. *Metamorphosen* VII, 72–73: „[...] et ante oculos rectum pietasque pudorque / constiterant, et victa dabat iam terga Cupido"; Ovid 1853, S. 217), um kurz darauf, beim Anblick Jasons, diesem schließlich doch zu verfallen (vgl. *Metamorphosen* VII, 77–83; Ovid 1798b, S. 11–12), streicht der junge Nietzsche das Aufbäumen Medeas gegen „Cupido" zugunsten eines so hoffnungsfrohen wie schlichten, mithin naiven Bekenntnisses: „Nein, mein Jason wird das nimmer können / Nein, nichts wird dann uns von einander trennen!" (Mp I 22, S. 11) Damit kürzt Nietzsche Medeas emotionale Entwicklung zwar nur ab; diese Abkürzung bewirkt aber, dass die Figur Medeas bei Nietzsche an Reife und Tiefe verliert, da Medeas Liebeserwachen weniger Widerstände überwinden muss.

Ovids Vorlage erzählt die Geschichte einer weltgewandten jungen Frau, der bewusst ist, was mit ihr passiert, und die sich angesichts der politischen und persönlichen Konsequenzen ihres Handelns gegen die unheilvollen Emotionen wehrt.

Dass sie ihr Schicksal voraussieht und Jason letztlich trotzdem verfällt, verleiht ihrem Mythos die Tragik. Nietzsches Gedicht erzählt dagegen die Geschichte eines naiven Mädchens, das gerade nicht weiß, wie ihm geschieht, das sich von der erwachenden Liebe leiten lässt, einer einfachen Moral des „edle[n] Herz[ens]“ folgt und auch die aufkeimenden Zweifel am Ende schlicht beiseiteschiebt. Angesichts von Medeas Schicksal lässt Nietzsches Version die tragische Kontur vermissen; seine Medea weckt allenfalls ein paternales Mitleid, diejenige Ovids birgt Identifikationspotenzial.

Vor den Thore von Neapel...
(Mp I 22, S. 12–16; KGW I/1, S. 265–268; HKG 1, S. 438–440)

Bei dem 20 Strophen umfassenden, stellenweise stark nachbearbeiteten und mehrere Strophenvarianten aufweisenden Gedicht *Vor den Thore von Neapel...* handelt es sich um eine Ballade aus dem Bereich der patriotischen Geschichtslyrik. Zusammen mit dem Gedicht *Der alte Barbarossa ruht...* (Mp I 22, S. 20–21), zu dem sich im Manuskriptheft Mp I 22 auch diverse Entwürfe erhalten haben, bezeugt es Nietzsches lebhafte Auseinandersetzung mit der Geschichte des mittelalterlichen Kaisergeschlechts der Staufer und den sich darum rankenden Mythen.[296]

Kontexte

Vor den Thore von Neapel... erzählt die finalen Momente im Leben des letzten legitimen männlichen Erben aus der Dynastie der Staufer: Konrad (genannt Konradin, abgeleitet vom italienischen Diminutiv Corradino), der 1268 nach einem missglückten Italien-Feldzug in Neapel hingerichtet wurde. Damit steht es in einer langen, bis zur Mitte des 20. Jahrhunderts andauernden Tradition literarischer, insbesondere dramatischer Bearbeitungen von Konradins Leben und Sterben von Johann Jakob Bodmer (*Conradin von Schwaben. Ein Gedicht mit einem historischen Vorberichte*;

296 Möglicherweise kannte der junge Nietzsche auch das Gedicht *Friedrich Barbarossa und Konradin* des badischen Dichters und Karlsruher Hofhistoriographen Aloys Schreiber, das 1818 in der Göttinger Zeitschrift *Wünschelruthe* erstveröffentlicht wurde (Schreiber 1818). Darin nimmt Barbarossa seinen Nachfahren Konradin nach dessen Tod in den geheimen Raum des Berges auf, in dem er bis zur prophezeiten Wiederkehr des Kaiserreichs schläft. Zum zugrundeliegenden Mythos vgl. die unten folgenden kontextualisierenden Erläuterungen zu Nietzsches Barbarossa-Gedicht (Mp I 22, S. 20–21). Zur Sagen- und Legendenbildung um die Staufer vgl. den geschichtswissenschaftlichen Überblick von Schreiner 1977, insb. S. 251–253 (zu Konradin) und S. 259–262 (zu Barbarossa im Kyffhäuser).

Bodmer 1771) über Schiller und Ludwig Uhland (*Konradin. Bruchstück*; Uhland 1823) bis hin zu Otto Gmelin (*Konradin reitet*; Gmelin 1933) und Konrad Weiß (*Konradin von Hohenstaufen*; Weiß 1938),[297] in die sich Nietzsche mit seinem Gedicht einschreibt. Von den weniger zahlreichen lyrischen Beiträgen zur Rezeptionsgeschichte des Konradin-Stoffs, die der junge Nietzsche gekannt haben könnte, sei Gustav Schwabs 15-strophiges Gedicht *Conradin* von 1828 genannt (Schwab 1828, S. 382–384), das formal und inhaltlich allerdings ganz andere Schwerpunkte setzt und folglich nicht als Vorlage in Betracht kommt. Eine solche scheint der junge Nietzsche bei *Vor den Thore von Neapel…* tatsächlich nicht benutzt zu haben.

Dennoch orientiert er sich am verfestigten frankophoben Narrativ vom tragischen Schicksal des letzten Staufers Konradin, der – für die vermeintlich gerechte Sache, sein italienisches Erbe, kämpfend – vom heimtückischen französischen ‚Erbfeind' in Gestalt Karls von Anjou unter Unterstützung des Papstes Clemens IV. geschlagen und hingerichtet worden sei. Schon der mehr als tendenziöse Artikel zu Konradin im zeitgenössischen *Conversations-Lexicon für die gebildeten Stände* bezeugt, dass sich der junge Nietzsche mit der Idealisierung Konradins und dem Fluch auf Karl von Anjou in seiner Ballade ganz auf der patriotischen Linie der gebildeten Milieus um 1850 befand, für die das unrühmliche Ende Konradins und des Staufergeschlechts mit der Zerstörung des deutschen Kaisertums und der Reichsidee einhergeht. In dem ausführlichen Lexikonartikel von 1851 heißt es dementsprechend unter anderem:

> Papst Klemens IV. aber, voll unauslöschlichen Hasses gegen das Hohenstaufen-Geschlecht, vergab das Königreich Sicilien an Karl von Anjou. Dieser, ein wilder Fürst, voll unersättlicher Geld- u. Ländergier, ließ sich zu Rom vom Papste belehnen und krönen [...]; da ergriff der Jüngling diese höhern Gedanken und Zwecke [Sizilien zurückzuerobern], da glänzte noch einmal des alten Stammes Glücksflamme empor [...]. Kaum hatte er seinen Willen verkündet, als von allen Seiten Ritter und Mannen herbeiströmten, dem letzten zarten Sprößling des glorreichen Kaisergeschlechts zu dienen. [...] Nur ein Mangel machte sich jetzt schon fühlbar, das Geld fehlte, um die Truppen zu besolden. Schon jetzt traten K[onradin]s Begleiter [...] mit der Forderung um Entschädigung des bereits gemachten Aufwandes hervor; und erst durch gänzliche Verzichtleistung auf alles Besitzthum in Deutschland vermochte K[onradin] ihre gemeinen, gierigen Gemüther zu befriedigen. [...] nach kurzem Kampfe neigte sich der Sieg auf K[onradin]s Seite [...], als Karl urplötzlich aus seinem Hinterhalte hervorbrach und über die Zerstreuten Tod und Verderben brachte. [...] Unterdessen verfolgte der Sieger mit wilder Grausamkeit, was sich nur früher zur hohenstaufischen Fahne bekannt hatte. [...] Jetzt bot sich K[onradin] nach einem kurzen Gebete unerschrocken dem Tode dar. Schon knieend, richtete er sich noch einmal empor und rief: O Mutter, welches Leiden bereite ich Dir! – Dann sank sein schönes Haupt unter dem Henkerbeile. [...] – Also gingen die Hohenstaufen unter,

297 Einen Überblick hierüber bietet Migge 1977. Zum geschichtlichen Kontext vgl. Görich 2008, S. 118–119 und zuletzt Huber 2018.

> jenes große Herrscher- u. Heldengeschlecht, das mit der größten Bürde der Macht, mit dem glänzendsten Thatenruhme die wunderbaren Reize körperlicher Schönheit u. einer reichen herrlichen Dichtergabe vereinigt, das, im Brennpunkte des Mittelalters der Sonne gleich, in die lebendigste Fülle des Frühlings seinen Glanz ausgegossen, mit dessen Verschwinden die seltenen schönen Blüthen ihre Kelche wieder schließen. [...] (MCL 18, S. 859–861)

Etwas gemäßigter fällt die Schilderung von Konradins Geschichte in Theodor Bernhard Welters *Lehrbuch der Weltgeschichte für Gymnasien und höhere Bürgerschulen* aus (Welter 1847, S. 174–176), das der junge Nietzsche seit 1855 im Geschichtsunterricht am Naumburger Domgymnasium nutzt (vgl. Brobjer 1999, S. 315–316) und 1858 auch selbst anschafft (vgl. Mp I 13, S. 80; Brobjer 1999, S. 321). Welter betont zwar, dass Konradins Eroberungsversuch gerechtfertigt sei, sieht die Schuld für die verlorene Schlacht gegen Karl von Anjou aber vor allem bei den deutschen Soldaten. Trotzdem bleibt Karl von Anjou auch bei Welter der verdammenswerte, beim Volk verhasste französische Tyrann, der an dem beliebten, zum „Retter“ idealisierten Konradin „blutige Rache“ nimmt und ihn im Zuge eines abgekarteten Gerichtsverfahrens hinrichten lässt (Welter 1847, S. 174–175).

Form

Auch in formaler Hinsicht stützt sich der junge Nietzsche bei seinem Konradin-Gedicht auf Etabliertes, indem er auf eine „der wandlungs- und ausdrucksfähigsten Kurzstrophen der deutschen Lyrik“ setzt: einen „Vierzeiler aus trochäischen, weiblich schließenden“ und akatalektischen „Vierhebern mit [...] gekreuztem Teilreim xaxa“, der sich durch einen regelmäßigen „Erzähl- oder Gedankenfluß“, „Musikalität“ sowie „Festigkeit und strophische Geschlossenheit“ auszeichnet (Frank 1993, S. 197). Bekannt wurde der Vierzeiler durch die „Romanzen- und Balladendichtung“ im 19. Jahrhundert, namentlich durch Gedichte von Tieck, Brentano, Schlegel, Platen, Chamisso und ganz besonders Heine, dessen häufiger Einsatz „die Form zur oft nachgeahmten Heine-Strophe für Liebeslieder, Situationsbilder und Zeitgedichte [hat] werden lassen“ (Frank 1993, S. 200). Doch auch der späte Goethe nutzte diesen Vierzeiler bereits mehrfach, etwa im *West-östlichen Divan* (vgl. Frank 1993, S. 199). Nietzsche greift diese zu seiner Zeit allgegenwärtige Form hier also entsprechend ihrer ursprünglichen, populären Verwendung als Balladenstrophe auf, indem er sie mit einem historisch-patriotischen Stoff füllt.

Edition

Beim Vergleich der Handschrift in Mp I 22, S. 12–16 mit den Editionen in KGW I/1, S. 265–267 und HKG 1, S. 438–440 fällt vor allem die Inkonsequenz auf, mit der die handschriftlichen Bearbeitungsspuren des jungen Nietzsche transkribiert werden.

KGW I/1 präsentiert eine Reinschrift des Gedichts, in der nur eine Handvoll editorischer Zeichen in den Strophen 8, 11, 16 und 19 auf Bearbeitungen im Manuskript hindeuten, ohne deren Ausmaß annähernd anzuzeigen, während HKG gänzlich auf die Anzeige von Nietzsches Bearbeitungsspuren verzichtet und nur minimale Konjekturen in den Strophen 1, 7, 11, 13 und 16 kenntlich macht. Vertretbar ist demgegenüber, dass beide Editionen den Titel „Conradin." als Herausgeber-Konjektur gekennzeichnet in die Transkription aufgenommen haben. Der Titel kommt in den Gedichtlisten des Manuskripthefts vor (vgl. Mp I 22, S. 1–2 u. 44) und wurde, vermutlich von Mette, über der ersten Strophe in Mp I 22, S. 12 schwach in Blei notiert.[298] Ebenfalls im Rahmen der textkritischen Editionsbestimmungen von HKG und KGW nachvollziehbar ist die Entscheidung, die in Mp I 22, S. 16 notierte, unnummerierte Strophe an die Stelle der vorletzten Strophe zu setzen. Denn nicht nur inhaltlich passt der Passus gut an die Stelle, auch die durchgestrichene Versvariante in Mp I 22, S. 15 („~~Und es schweigen die Trompeten~~"), die sich in Mp I 22, S. 16 wiederholt, weist auf diese Ordnung hin.

Trotzdem zeigt der Blick ins Manuskript, dass KGW I und HKG beim Gedicht insgesamt selbst klassischen textkritischen Ansprüchen nur schwerlich gerecht werden. Nietzsche hat ab Strophe 7 fast jede Strophe teils mehrfach intensiv nachbearbeitet, sodass einige Passagen, die durchgestrichen und/oder überschrieben wurden, zwar gar nicht mehr zu lesen und transkribieren sind. Von den letzten beiden Strophen sind zudem alternative Entwürfe erhalten, die vollständig gestrichen wurden. Diese große editionsphilologische Materialmasse haben HKG wie auch KGW aber nur im Ansatz aufbereitet: Insgesamt enthalten 14 von 20 Strophen – die genannten Alternativentwürfe ausgenommen – Bearbeitungsspuren, die bislang in keiner Edition zur Gänze angezeigt, geschweige denn kommentiert werden.[299]

Aufgrund der schieren Menge und des engen textgenetischen Zusammenhangs werden Nietzsches Bearbeitungen in die inhaltliche Analyse von *Vor den Thore von Neapel…* integriert und nicht separat hier aufgelistet. Da besonders die Strophen(entwürfe) ab Mp I 22, S. 13 aber auch zahlreiche nurmehr stilistisch relevante ad-hoc-Korrekturen aufweisen, werden diese vollständig nur in der Transkription des Gedichts angezeigt und nur dann nochmals in der Interpretation genannt, wenn sie auch inhaltlich relevant sind.

298 Einmal findet sich die Variante „Conradins Tod." unter den „Balladen" in Mp I 22, S. 1.

299 Auch der Nachbericht zum Gedicht in HKG 1, S. 465 beschränkt sich auf die Mitteilung von lediglich fünf minimalen Bearbeitungen: die Durchstreichungen in den Strophen 8 und 9, die Konjektur von „die" zu „dir" in Strophe 8 (von Mette mit Blei sogar ins Manuskript eingetragen) sowie die Großschreibung von „wir" in Strophe 11, von „betend" in Strophe 19 und von „doch" ebenfalls in Strophe 19.

Inhalt

Nietzsches lyrische Bearbeitung des historischen Stoffes fokussiert eine einzige Szene: die letzten Augenblicke vor der Hinrichtung Konradins und diese selbst. Von diesem Geschehen ausgehend, schildert ein politisch und persönlich befangener lyrischer Sprecher die Umstände und den Werdegang des zum Tode Verurteilten, verflucht dessen Henker und preist den vergangenen Ruhm des staufischen Adelsgeschlechtes. Typografisch nicht angezeigt wird ein zwischengeschalteter Monolog Konradins, der sich von der zweiten Zeile der dritten Strophe bis hin zur zweiten Zeile der fünften Strophe erstreckt.

Die ersten beiden Strophen des Gedichts verlegen sich auf die Exposition, die bereits eine deutliche patriotische Valeur aufweist: Auf dem Richtplatz vor den Toren der Stadt[300] erwartet Konradin in „Todesschauer[n]“ seine Enthauptung, während das Volk geschlossen in „schauerliche[r] Stille“ um ihn trauert und Karl von Anjou „finster“ auf die Szenerie herabblickt (Mp I 22, S. 12). Konradin erscheint so als legitimer Herrscher auch von Volkes Gnaden, der ungerechterweise vom bösen Usurpator Karl hingerichtet wird. Auch der bereits zitierte zeitgenössische Lexikonartikel weist zwar darauf hin, dass Konradin die Unterstützung der einheimischen Bevölkerung zumindest in Form „der italienischen Ghibellinen“ sicher gewesen sei (MCL 18, S. 860); allerdings steht nicht zu erwarten, dass der öffentlichen Hinrichtung des exkommunizierten ausländischen Angreifers und Papstfeindes nur trauernde Kaisertreue beiwohnen, nicht auch die papsttreuen Guelfen, um ihren Sieg auf Kosten des Verlierers zu feiern. Nur erzielt ein heterogenes Publikum nicht den gewünschten Effekt, die Rollen von Gut und Böse klar zu verteilen.

Konradins die drei folgenden Strophen bestimmender Monolog vertieft denn auch seine Charakterisierung als Streiter für die gerechte Sache. In der Todesstunde richtet er den Blick zu Gott und betet für „[s]eine arme Seele“, die ihm nicht auch noch, wie „[s]ein Reich“, „[s]eine Kron'“ und nun schließlich „[s]ein unschuldig Leben“ (Mp I 22, S. 12), verloren gehen solle. Die demütige Bitte um „Stärk[ung] [...] in der Todesstunde“ (Mp I 22, S. 12) zeigt ihn als guten Christen; das „Dumpf Gemurmel“, geradezu biblisch assoziiert mit „des Sturmes / Brausen“ (ein Hinweis auf Gottes Wohlwollen Konradin und auf seinen Groll Karl gegenüber), betont nochmals die pro-staufische Stimmung im Volk, vor der Karl sich laut Strophe 6 in Acht nehmen solle. Die typografisch unmarkierten, durch zwei Verse jeweils ein- und ausgeleiteten acht Monolog-Verse Konradins haben aber nicht nur eine charakterisierende Funktion, sondern kontextualisieren auch Konradins Situation für den his-

300 Gemäß zeitgenössischem Lexikonwissen befand sich die Hinrichtungsstätte Konradins, die heutige Piazza del Mercato, in seinem Todesjahr 1268 noch „dicht *vor* der Stadt, nahe bei der Kirche der Karmeliter [d. i. Santa Maria del Carmine Maggiore]“ (MCL 18, S. 861; meine Herv.).

torisch nicht bewanderten Rezipienten, indem sie die – schließlich vergeblichen – Opfer des letzten Staufers ansprechen.

Aus dieser Glorifizierung Konradins heraus leitet das Ende der fünften Strophe zum vier Strophen umfassenden Fluch auf Karl von Anjou ab Strophe 6 über, dem laut Sprecher „Schrecklich Unheil“ vonseiten des „bedrückte[n] Volk[s]“ drohe (Mp I 22, S. 12). Zunächst soll „Diese Stimme“ Konradins nur gleichsam als Gewissensbiss in Karl widerhallen, doch Nietzsche entscheidet sich für die verhängnisvollere Variante: die Prophezeiung („Kommen werden einst die Zeiten“) eines verheerenden Volksaufstandes, dem Karl zum Opfer fallen soll (Mp I 22, S. 12). Tatsächlich endet die von Karl noch 14 Jahre aufrecht erhaltene französische Herrschaft in Sizilien schließlich 1282 mit einer Rebellion des Volkes: der sogenannten Sizilianischen Vesper, als deren Ergebnis Sizilien Peter von Aragón zufällt.[301] Die sizilianische Bevölkerung hatte sich wegen der hohen Steuerlast und der repressiven Herrschaftsweise vollständig gegen die französischen Machthaber erhoben und erhielt Unterstützung durch den aragonischen Thron.[302]

Die siebte Strophe malt das drohende Schicksal Karls weiter aus, indem sie es mit demjenigen Konradins parallelisiert und den Volksaufstand auch klanglich durch „schmettern[de] [...] Trompeten“ antizipiert, die (noch) symbolisch zum Angriff auf Karls Herrschaft blasen. So wie Konradin sich im Hier und Jetzt des lyrisch festgehaltenen Moments seines Todes vor „des strengen Richters [d. i. Karls] Grimme“ fürchtet, so soll auch Karl vor der Rache des „strengen“, richtenden Volkes zittern (Mp I 22, S. 13).[303]

Nicht endgültig zu klären ist der Status von Strophe 8, die in der Handschrift – mit Ausnahme der Strophennummerierung – vollständig gestrichen wurde, ohne jedoch sichtlich durch eine Variante oder Reinschrift ersetzt worden zu sein. Strophe 9 beginnt zwar wortidentisch („Wars nicht grausam“; Mp I 22, S. 13), was

301 Die Konkurrenz von Peter und Karl greift Dante humoristisch in seiner *Göttlichen Komödie* auf: Im *Purgatorio* (VII, 112–114 u. 124–125) singen die beiden im Akkord (vgl. Dante 1825, S. 46–47).

302 Zum Hintergrund, Verlauf und zu den Folgen der Sizilianischen Vesper vgl. Runciman 1976. Prominente künstlerische Bearbeitungen des Aufstandes, dem eine nationalsymbolische Bedeutung im Zuge der italienischen Freiheits- und Einheitsbewegungen bis ins 19. Jahrhundert hinein zukam, vgl. die 1855 uraufgeführte Oper von Giuseppe Verdi (*Les vêpres siciliennes*) und Jakob Michael Reinhold Lenz’ Drama von 1782 (*Die Sizilianische Vesper*).

303 Zunächst wollte Nietzsche Karl auch „Zittern“ lassen „wie dereinst“ Konradin (Mp I 22, S. 13). Doch er entscheidet sich für die Varianten „einstmals“ und „erschrecken“. Zudem streicht er Konradins ‚Erwarten‘ des Schuldspruchs durch Karl (vgl. Mp I 22, S. 13). Der isoliert in der letzten Zeile stehende Name Konradins lässt sich metrisch in keinem Vers unterbringen, spielt aber inhaltlich und grammatisch eine unverzichtbare Rolle für das Strophenverständnis. Hier wird die Unfertigkeit von Nietzsches Gedicht deutlich.

auf eine Ersetzung hindeutet, führt aber – anders als im Fall von Strophe 20 beispielsweise – auch die Strophennummerierung fort. Die zweite Hälfte der achten Strophe – „Schuldlos daß sein Tod die würde / Eingang in der Herrschaft Pforten.“[304] – ist wiederum ungrammatisch, auch mit der Ersetzung von „die“ durch „dir“ in Blei, dessen Urheber (Nietzsche oder Mette?) nicht zweifelsfrei zu identifizieren ist. Wie dem auch sei: Ob die achte Strophe für Nietzsche nun noch Teil des Gedichts war oder nicht, sie sei – *in dubio pro reo* – hier für die Interpretation als Bestandteil behandelt.

Dementsprechend sind die Strophen 8 und 9 anaphorisch durch die anklagende Wiederholung „Wars nicht grausam“ verbunden, was Karls moralische Schuld hervorhebt. Dieser habe nicht nur einen unschuldigen „armen / Jüngling“ ermordet (Mp I 22, S. 13), sondern ihn durch die öffentliche Hinrichtung auch noch gedemütigt. Gemeint ist der Schauprozess, der Konradin gemacht wurde: In Gefangenschaft gehalten und öffentlich für schuldig erklärt, gerichtet vor den Toren der ihm als Erbschaft zustehenden Stadt Neapel, solle Konradin den Verlust „Seiner Länder Pracht […] / Umso bittrer“ empfinden (Mp I 22, S. 13). Auf diese greift der Sprecher in der zehnten Strophe zurück und malt diese „Pracht“ als „~~Traumbild~~“ Konradins von „~~frühre[n] Zeiten~~“ (Mp I 22, S. 13) *in extenso* über sechs Strophen aus. Im letzten Moment vor seinem Tod sieht Konradin demnach sein verlorenes staufisches Erbe in seiner Schönheit vor dem inneren Auge vorüberziehen und gedenkt der „Ahnen“ wie auch der kindlichen Sehnsucht nach ‚seinem‘ Thron (Mp I 22, S. 14). Dieser illusionäre Blick zurück beginnt mit konkreten Besonderheiten des zeitgenössischen Königreichs Sizilien: „Des Vesuves Flammenkrone / Und Neapels Silberfluhten“ erblickt Konradin „von seine[m] Throne“ aus; der ihn umgebende „Frühlingsschimmer“ markiert seinen Traumzustand, denn Konradin wurde eigentlich im Herbst, am 29. Oktober, hingerichtet, und symbolisiert zugleich das Versprechen einer neuen, jungen Herrschaft, das sich jedoch *realiter* nicht erfüllt. Die folgenden fünf verworfenen fragmentarischen Verse antizipieren ferner den Rückblick in Konradins Kindheit (vgl. Mp I 22, S. 13: „~~UndWie ein Traumbild früherer Zeiten / Zeigte sich der Schloßes Zr Hohenstaufen~~“), den die Strophen 11 bis 14 ausführlich behandeln.[305]

Schon „in ~~jüngsten~~frühen Tagen“ habe Konradin oft sehnsüchtig an sein staufisches Erbe in Sizilien gedacht – freilich ohne zu ahnen, „daß […] / dies Land / […] Verderben bringen würde“, wenn „der Herrschaft schwere Bürde“ erst auf ihm laste (Mp I 22, S. 14). Konradin visualisiert sein jüngeres Ich betont unschuldig als

304 „daß sein Tod“ wurde korrigiert aus einer nicht mehr rekonstruierbaren Vorstufe des Verses.

305 Der erste Vers von Strophe 13 entspricht fast wortidentisch der ersten der hier verworfenen Zeilen; nur aus „Zeiten“ wurden synekdochisch „Tage“ (Mp I 22, S. 13–14).

„heitre[n] Knaben“, der doch nur „Kron und Scepter / Sehnlich sich gewünschet habe“, bis „die dunkle Wetterwolke“ – eine offensichtliche Metapher der unmittelbar bevorstehenden Hinrichtung – ihn schnell und gewaltsam, „mit Blitzeszücken“, aus seinem „T~~a~~raumbild“ reißt (Mp I 22, S. 14). Die Vision der „Schatten seiner Ahnen“, die „Ernst an ihn [sic] vorüber ~~ziehen~~wallen“, setzt den Kontrapunkt: So wie Konradins Jugend und Herrschaftstraum unterm „Henkersbeile“ schrecklich ende, so ende auch das stolze Herrschergeschlecht der Staufer „voll [...] Schimpf und Schande“ mit Konradins Tod ebendort (Mp I 22, S. 14).

Allerdings beziehen sich „Schimpf und Schande“ keineswegs auf Konradin selbst: Der Sprecher wirft ihm nicht vor, durch seinen missglückten Zug nach Italien die Zukunft der Staufer-Blutlinie geopfert zu haben. „Schimpf und Schande“ sind vielmehr bei Konradins Henkern zu suchen, die dem glorreichen deutschen Herrschergeschlecht ein unrühmliches Ende auf dem Schafott bereiten. Diese Idealisierung Konradins kommt auch in seinen vermeintlichen letzten Gedanken zum Ausdruck, die er „der lieben Mutter“ und „jene[n] liebe[n] Freunde“ in der Ferne widmet (Mp I 22, S. 15): Kein Wunsch nach Rache an seinen Richtern regt sich in Konradin; stattdessen dominieren Freundschaftsbande und die Liebe des Kindes gegenüber seiner Mutter. Zudem beklagt der Sprecher im Zusammenspiel mit einer dramatisierenden Apostrophe Deutschlands („Zittre Deutschland!“; Mp I 22, S. 15) den Tod von dessen „jugendlichen Leuen [Löwen]“: des legitimen Erben der kaiserlichen Herrschaft aus dem Haus der Staufer.[306]

Ein erneut ausgestoßener „Trompetenschall“ (Mp I 22, S. 15) gibt den Befehl zur Vollstreckung des Urteils: Noch einmal wird Konradin als besonders edler Herrscher und Mensch inszeniert, als er „erfüllt von Schmerzen“ lauthals die „Leiden“ seiner Mutter beklagt, deren „liebe[s] Herz[ ]“ durch seinen Tod zu brechen drohe (Mp I 22, S. 15).[307] Die lange angekündigte Enthauptung Konradins vollzieht sich schließlich in Strophe 19, von der drei verschiedene Varianten in Mp I 22, S. 15–16 enthalten sind (vgl. Tabelle 1).

---

306 In der Heraldik wie auch in vorheraldischer Zeit werden Löwen nicht nur generell „als Symbol weltlicher Macht und Herrschergewalt in Siegel gesetzt“ (Leonhard 1984, S. 206); der Löwe ist auch das Wappentier der Staufer: In Gestalt der drei nach rechts schreitenden schwarzen Löwen mit roten Zungen auf goldenem Grund zieren sie noch heute als sogenannte Stauferlöwen das Wappen Baden-Württembergs.

307 An dieser Stelle folgt das Gedicht fast wörtlich den entsprechenden Passus in Welter 1847, S. 176 („O Mutter, Mutter, welche Leiden bereite ich dir!“) und MCL 18, S. 861 („O Mutter, welches Leiden bereite ich Dir!“).

Tabelle 1: Variantenvergleich von Strophe 19 des Konradin-Gedichts (Mp I 22, S. 15–16)

Variante A	Variante B	Variante C
~~Und es schweigen die~~ ~~Trompeten~~ 19. ~~Todesstille herrscht in Kreise~~[?] ~~Da erschallt ein Schrei –~~ ~~unddaß aller~~ ~~XXX~~Herz erstarrt zu Eise[?]. –	~~Und es schweigen die~~ ~~Trompeten~~. ~~Konradin~~ ~~Rings um herrschet~~ ~~Todesgrauen~~ ~~Da erschallt ein Schrei~~	sich Und er beugt nieder, ~~betend~~ gläubig betend, trotz de~~n~~s Todes Drohen Da erschallt ein Schrei; des Helden ~~Seele ist~~ Seele ist bereits entflohen.
(Mp I 22, S. 15)	(Mp I 22, S. 16)	(Mp I 22, S. 16)

Die Herausgeber von KGW I und HKG haben sich dafür entschieden, Variante C als 19. Strophe zu edieren, ohne die Existenz der Varianten zu erwähnen.[308] Aus textkritischer Sicht ist Variante C wegen des geringen Grads der Nachbearbeitungen sowie den Streichungen der Varianten A und B klar zu präferieren, doch gerade die inhaltlichen Verschiebungen, die zwischen Variante A, B und C stattfinden und die Handschrift interpretatorisch besonders reizvoll machen, konnten so bislang nicht aufgearbeitet werden.

Chronologisch betrachtet ist Variante A zuerst entstanden, worauf schon ihre Position im Strophenverlauf des Gedichts hinweist. Variante B, bereits auf der folgenden Seite 16 nachgetragen, erreicht als erster Korrekturentwurf nicht den Finalisierungsgrad der ersten Variante. Erst Variante C, direkt unter Variante B notiert, ist weiter gediehen als Nietzsches erster Strophenentwurf und stellt ausweislich der ausgebliebenen Streichung auch die von Nietzsche bevorzugte Variante dar. In ihr weicht die in den Varianten A und B noch dominierende Dramatik der schon in den vorhergehenden Strophen verfolgten Heroisierung Konradins: Beschwört der Sprecher in den Varianten A und B noch eine „~~Todesstille~~" beziehungsweise ein „~~Todesgrauen~~" im Augenblick der Hinrichtung, die beziehungsweise das schließlich „~~ein Schrei~~" aus ungenannter Quelle durchbricht,[309] woraufhin – zumindest in Variante A – „~~aller~~ / Herz […] zu Eise" erstarren, „trotz[t]" Konradin in Variante C ausdrücklich „gläubig / betend […] de~~n~~s Todes Drohen" (Mp I 22, S. 15–16). Auch hier fehlt zwar nicht der „Schrei" aus anonymer Quelle, doch die von Konradin offen zur Schau gestellte Demut gegenüber seinem Schicksal („er beugt sich nieder"; Mp I 22,

308 Nicht einmal der Nachbericht in HKG 1, S. 465 erwähnt die Varianten.

309 Als Urheber des Schreis kommt sowohl Konradin in Betracht, der ihn buchstäblich in letzter Sekunde, bevor das Henkerbeil seinen Nacken erreicht, noch loslässt, als auch ein betroffener Anhänger der Staufer aus dem Publikum, den der Verlust ‚seines' Königs hart trifft.

S. 16) und das Gebet vermitteln den Eindruck souveräner Akzeptanz, während Konradin in den ersten beiden Strophenvarianten nur passiv in Erscheinung tritt – als Enthaupteter, dem vielleicht noch in letzter Sekunde ein Schrei entfuhr. In Variante C ist demgegenüber explizit die Rede vom „Helden“, dessen „Seele“ sofort entfliehe (Mp I 22, S. 16) – ein ungleich erhabeneres Bild.

Auch von Strophe 20 haben sich zwei Varianten in Mp I 22 erhalten: erneut ein vollständig gestrichener und ein ‚nur‘ stark nachbearbeiteter Entwurf, diesmal jedoch beide mit der Strophennummerierung „20.“ Versehen (vgl. Tabelle 2).

Tabelle 2: Variantenvergleich von Strophe 20 des Konradin-Gedichts (Mp I 22, S. 15)

Variante A	Variante B
~~Und durch XXXDeutschlands Auen ziehet 20.~~ ~~Traurig ernst die Todeskunde~~ ~~Alles fühnln' den Schmerz XXX~~ ~~XMänner Weiber, Arme Fürsten~~ ~~fühlen XXXtief die schwere Wunde.~~ (Mp I 22, S. 15)	~~XXX~~Mag der letzte ~~edle~~ ~~XXX~~Hohenstaufe 20. Auch den bittren Tod erleiden ~~XXX~~Dennoch ~~XXX~~wird ~~XXX~~der ~~XXX~~edle Name Doch bestehn ~~Dennoch bleiben XXX~~ für alle Zeiten (Mp I 22, S. 15)

HKG und KGW I enthalten auch in diesem Fall nur die offensichtlich jüngere, ungestrichene Variante B, während auf Variante A, die Nietzsche direkt unter den ersten Entwurf von Strophe 19 niedergeschrieben hat, nicht einmal hingewiesen wird. Eine interessante inhaltliche Verschiebung ist hier ebenso zu beobachten: Zwar steht in beiden Entwürfen jeweils die Wirkung von Konradins Tod im Mittelpunkt, doch während der Sprecher in Variante A die Trauer um den toten Herrscher im Fokus auf das deutsche Vaterland zelebriert, das standesübergreifend „~~den Schmerz~~“ des Verlusts fühle, setzt er in Variante B einen hoffnungsvollen Schlusspunkt, indem er – wenn auch unbestimmt – die historischen Verdienste der Staufer und ihren Ehrenplatz in der Geschichte grundsätzlich und „für alle Zeiten“ hervorkehrt. Die bedrückende Ausgangslage in Strophe 1, die Konradin „erfüllt von Todesschauer“ (Mp I 22, S. 12) und umringt von trauerndem Volk zeigt, wird damit positiv aufgelöst, obwohl die Hinrichtung ihr erwartetes Ende findet.

Die Zeichnung, die der junge Nietzsche direkt unter den beiden nachgetragenen Entwürfen von Strophe 19 auf Seite 16 des Manuskripts angefertigt hat (Abb. 3),[310] greift offenbar eine Szene aus dem Gedicht direkt auf: Mutmaßlich

310 Vgl. auch KGW I/1, S. 268, wo die Zeichnung unter der letzten Gedichtstrophe abgedruckt wurde. In HKG hingegen ist die Zeichnung weder veröffentlicht noch im Nachbericht erwähnt.

Abb. 2: Joseph Rebell: *Blick auf den Golf von Neapel* (1813–1815), Öl auf Pappe, Staatliche Kunsthalle Karlsruhe. Foto: The Yorck Project (2002). Rechte: Wikimedia Commons, public domain.

Abb. 3: Mp I 22, S. 16 (Ausschnitt). GSA 71/214,2. Fotos und Rechte: Goethe- und Schiller-Archiv, Weimar.

zu sehen ist der Golf von Neapel vom Meer aus betrachtet, mit einem kleinen, von zwei Personen besetzten (Fischer-)Boot im Vordergrund, dem rauchenden Vesuv[311] im Hintergrund und Teilen der Stadt Neapel am Fuß des Vulkans. Die Zeichnung ist zeitgenössischen Panorama-Bildern des Golfs von Neapel nachempfunden; wahrscheinlich ließ Nietzsche sich von einem entsprechenden Gemälde wie demjenigen Joseph Rebells (Abb. 2) inspirieren. Mit Blick auf das Text-Bild-Verhältnis stellt die Zeichnung eine Illustration der zehnten Gedichtstrophe dar, die Konradins Kindheitsvision von „Des Vesuves Flammenkrone / Und Neapels Silberfluhten" (Mp I 22, S. 13) behandelt. Das Bild ist demnach gleichsam ein Schnappschuss aus Konradins Kopf, eine Momentaufnahme seiner Gedanken- und Traumwelt kurz vor seinem Tod. Darüber hinaus kann die Zeichnung aber auch als Schlussbild des Gedichts interpretiert werden: Der Blick des Sprechers verlässt langsam den Ort des Geschehens, der Golf von Neapel bleibt als *locus historicus* mit dem Ende der Staufer verknüpft, das in Strophe 20 noch einmal idealisierend in Szene gesetzt wird.

Nietzsches Auseinandersetzung mit der Geschichte der Staufer findet in seiner Ballade über die finalen Augenblicke im Leben des letzten staufischen Königs Konradin einen zwar patriotischen, aber nichtsdestoweniger den natürlichen wie historischen Umständen Rechnung tragenden Ausdruck. In mehreren Entwürfen in Mp I 22, S. 17–18, 20–21, 52, 57–60 hat der junge Nietzsche indes auch den entgegengesetzten, die übernatürlichen und mythischen Aspekte der Staufergeschichte betonenden Ansatz verfolgt und dabei den bekanntesten Mythos aufgegriffen, der mit den Staufern in Verbindung steht: die Kyffhäusersage, die nicht das Ende der Stauferdynastie in den Mittelpunkt rückt, sondern sowohl den Beginn als auch den qua Prophezeiung avisierten Höhepunkt der staufischen Herrschaft in Form eines neuen utopischen Reiches. Darin spielt auch nicht der unglückliche Konradin die Hauptrolle, sondern sein Ururgroßvater Friedrich I. Barbarossa, dessen Italienfeldzüge zwar ebenfalls nur durchwachsenen Erfolg hatten, der jedoch als erster Staufer 1155 zum römisch-deutschen Kaiser gekrönt wurde und dies bis zu seinem Tod 1190 auch 35 Jahre lang blieb.

311 Erst seit 1944 ruht der Vesuv. Davor brach er immer wieder aus – mehrfach auch zu Nietzsches Lebzeiten. Vgl. hierzu die Übersicht von Scandone 1993.

~~Im Kyffhauser liegt~~... (Mp I 22, S. 17–18)[312]

Textgenetisch betrachtet handelt es sich bei den Notizen in Mp I 22, S. 17–18 wahrscheinlich um Nietzsches älteste Entwürfe zu seinem Kyffhäuser-Gedicht, während in Mp I 22, S. 20–21 bereits die am weitesten fortgeschrittene Fassung dieses Gedichts folgt. Als genetische Zwischenstufen können die in Mp I 22, S. 57–60 niedergeschriebenen Strophenentwürfe gelten, die Nietzsche merklich intensiver bearbeitet hat als die sauber abgeschriebenen Strophen in Mp I 22, S. 20–21. Die Entwürfe in Mp I 22, S. 52 hingegen sind nicht klar einzuordnen, weil sie sich am deutlichsten von der Reinschrift in Mp I 22, S. 20–21 unterscheiden: Es handelt sich entweder um die allerersten Gedichtentwürfe überhaupt, die der junge Nietzsche aus Willkür sehr weit hinten ins Manuskriptheft geschrieben hat, um die nicht aufgegriffenen Entwürfe einer weiteren Strophe oder um die verworfene Alternative zu einer Strophe, die es in die Reinschrift geschafft hat.

Der fragmentarische Status und die inhaltlichen Parallelen zur ersten Strophe der Reinschrift in Mp I 22, S. 20 sprechen indes dafür, die bislang unveröffentlichten Entwürfe in Mp I 22, S. 17–18 als Nietzsches erste dichterische Versuche zum Kyffhäuser-Thema zu betrachten: Fast mit jeder Zeile setzt er neu an. Dabei ist zu beobachten, dass Nietzsche sich noch enger an seinen oben genannten lyrischen Vorlagen orientiert als bei den folgenden Versuchen. So liegen die obersten Entwürfe in Mp I 22, S. 17 am nächsten an Emanuel Geibels *Friedrich Rothbart*: Der Beginn – „~~Im Kyffhauser liegt~~ [...] Der alte Barbarossea" – erinnert an dessen Eingangspassus „Tief im Schooße des Kyffhäusers [...] Sitzt der alte Kaiser Friedrich" (Geibel 1859, S. 37); außerdem wird der wallende „Purpurmantel" (Geibel 1859, S. 37) aus Geibels zweiter Strophe in Mp I 22, S. 17 ebenfalls angedeutet, wenn Nietzsche sich dort „Purpur den Sonnenstrahle" notiert. Sodann scheint sich Nietzsche aber intensiver an Friedrich Rückerts *Barbarossa* zu orientieren: So lässt sich die Zeile „Der alte Barbarossea" (Mp I 22, S. 17) auch als Strophenbeginn lesen, der dann Rückerts ersten Vers auf den Buchstaben genau übernimmt; die drei gestrichenen Zeilen in Mp I 22, S. 18, die in der Reinschrift keine Entsprechung haben, alludieren durch die Motive des Zwinkerns und des Knaben zudem Rückerts sechste Strophe, in der Barbarossa zwinkernd einem Knaben aufträgt, nach den um den Berg kreisenden Raben zu schauen (vgl. Rückert 1817, S. 270–271). In handschriftlicher Nähe

312 Die Analyse der in Mp I 22, S. 17–18 vorliegenden Entwürfe konzentriert sich auf die Erläuterung ihrer textgenetischen Einordnung im Hinblick auf das ausgestaltte Gedicht *Der alte Barbarossa ruht...* in Mp I 22, S. 20–21. Für die umfangreiche Analyse des Kyffhäuser-Gedichts im Kontext seiner Vorlagen und Vorarbeiten vgl. die Erläuterungen zu Mp I 22, S. 20–21.

zum Gedichtanfang hat Nietzsche hier, auf der Rückseite, vielleicht kurz an einem ersten Entwurf für das Gedichtende gearbeitet.

Die Verse „Der alte graue Kaiser ruht / In des Kyffhausers Tifefen“ (Mp I 22, S. 17) stellen dann eine Mischung von Rückerts und Geibels Vorlagen dar und weisen motivisch und formal bereits auf den Uhland nachempfundenen reinschriftlichen Gedichtbeginn voraus, in dem der „graue Kaiser“ direkt beim Namen genannt und „des Kyffhausers Tifefen“ durch den „unterirdischen Throne“ ersetzt wird (Mp I 22, S. 20). Ebenfalls von Rückert *und* Geibel beeinflusst sind wohl die letzten drei Versentwürfe in Mp I 22, S. 17, die Nietzsche gestrichen hat: Die Motive des aufgestützten Kopfes und des Träumens kommen bei Rückert in den Strophen 4 beziehungsweise 6 vor (vgl. Rückert 1817, S. 270–271), nicht jedoch bei Geibel. Der verworfene Verweis auf „Schloß und Sieg“ (Mp I 22, S. 17) wiederum gemahnt an Geibels martialische Schlussstrophen, in denen Barbarossa mit angelegtem „Waffenschmuck“ und ergriffenem „Schwerte […] den Sieg in seine[ ] Hand“ nehme (Geibel 1859, S. 38–39).

1. Der alte Barbarossa ruht… (Mp I 22, S. 20–21; KGW I/1, S. 268–269; HKG 1, S. 440)

Mit seinem mythologischen Gedicht *Der alte Barbarossa ruht…* trägt der junge Nietzsche zu einer im 19. Jahrhundert beliebten lyrischen Gattung bei, die nach ihrem zentralen mythischen Stoff als ‚Barbarossa-‘ oder ‚Kyffhäuserlyrik‘ bezeichnet werden kann. Sowohl die zahlreichen Entwürfe, die stofflich und textgenetisch den vorliegenden sechs Strophen zuzuordnen sind (vgl. Mp I 22, S. 17–18, 52 u. 57–60), wie auch die Erwähnungen des Titels „Barbarossa“ in jedem Gedichtverzeichnis des Manuskripthefts (Mp I 22, S. 1–2 u. 44) sprechen dafür, dass der junge Nietzsche diesem Gedicht aus dem (spät)romantischen Themenkreis seines lyrischen Nachlasses vergleichsweise viel Aufmerksamkeit gewidmet hat. Im Vergleich der vorliegenden und der dazugehörigen Entwürfe in Mp I 22, S. 17–18, 52 u. 57–60 mit den Vorlagen, die Nietzsche bei der Erstellung seines Barbarossa-Gedichts beeinflussen, zeigt sich denn auch, wie dieser sich sukzessive von jenen löst, um eigene Akzente zu setzen.

Kontexte

Die heilsgeschichtlich grundierte Sage um Barbarossa, die Nietzsche lyrisch zu verarbeiten sucht, handelt davon, dass der römisch-deutsche Kaiser im thüringischen Kyffhäusergebirge zauberschlafend seiner Wiedererweckung harrt, um schließlich als Friedenskaiser das Heilige Römische Reich zu erneuern und damit ein geeintes Deutschland zu neuem Glanz zu führen. Die zeitgenössische Erstausgabe von Meyers *Conversations-Lexicon* berichtet entsprechend, dass „Kaiser Friedrich I. mit einem zahlreichen Hofstaat" in den Kyffhäuser „verbannt sey[ ] und tief im Schooße des Berges seiner Erlösung entgegen harren" soll, „u. zwar an einem steinernen Tische sitzend, durch den sein rother Bart gewachsen sey" (MCL 19/1, S. 661). Maßgeblich popularisieren den Stoff im 19. Jahrhundert zum einen die mythologischen Sammlungen von Johann Gustav Gottlieb Büsching (*Volks-Sagen, Märchen und Legenden*, 1812)[313] und den Gebrüdern Grimm (*Deutsche Sagen*, 1816),[314] zum andern die „politische Lyrik des 19. Jahrhunderts" (Frenzel 1998, S. 238), beispielsweise die Barbarossa-Gedichte Friedrich Rückerts (1817) und Emanuel Geibels (1837),[315] an denen sich der junge Nietzsche – neben Ludwig Uhlands *Der Königssohn* (1815) – nachweislich orientiert.[316]

Auch auf dem Höhepunkt patriotischer Staufer-Glorifizierung zu Nietzsches Zeit, dem 1896 fertiggestellten Kaiser-Wilhelm-Denkmal auf dem Kyffhäuser, wird die Barbarossa-Sage[317] aufgegriffen, indem dieses Wilhelm I. als Vollender der prophezeiten Reichseinigung inszeniert (vgl. Abb. 4).[318] Neben den bekannten Gedichten konnte sich Nietzsche überdies in einer seiner Schullektüren für den Geschichtsunterricht, Welters *Lehrbuch der Weltgeschichte*, über die Kyffhäuser-

313 Büsching 1812, S. 319–339 enthält ausgehend von der Sage um den schlafenden Kaiser einige weitere Legenden, die sich seit dem Mittelalter um das thüringische Gebirge ranken.

314 Vgl. Grimm 1816, S. 29–30: „Friedrich Rothbart auf dem Kyfhäuser. // [...] // Von diesem Kaiser gehen viele Sagen im Schwange. Er soll noch nicht todt seyn, sondern bis zum jüngsten Tage leben, auch kein rechter Kaiser nach ihm mehr aufgekommen [sic]. Bis dahin sitzt er verholen in dem Berg Kyfhausen und wann er hervorkommt, wird er seinen Schild hängen an einen dürren Baum, davon wird der Baum grünen und eine beßre Zeit werden. [...] Gewöhnlich sitzt er auf der Bank an dem runden steinernen Tisch, hält den Kopf in der Hand und schläft, mit dem Haupt nickt er stetig und zwinkert mit den Augen. Der Bart ist ihm groß gewachsen, nach einigen durch den steinernen Tisch, nach andern um den Tisch herum, dergestalt daß er dreimal um die Rundung reichen muß, bis zu seinem Aufwachen, jetzt aber geht er erst zweimal darum. / [...] / Auch einen Schäfer führte ein Zwerg hinein, da stand der Kaiser auf und fragte: fliegen die Raben noch um den Berg? Und auf die Bejahung des Schäfers rief er: nun muß ich noch hundert Jahre länger schlafen."

315 Für weitere dichterische Verarbeitungen des Stoffs vgl. Frenzel 1998, S. 237–241. Vgl. außerdem den Überblick zur lyrischen Rezeption der Kyffhäusersage bei Kaul 2007a, S. 96–106.

316 Vgl. bereits den Hinweis auf Rückerts Gedicht in HKG 1, S. 465. Dass Nietzsches Barbarossa-Gedicht „in seiner ersten Strophe Teile des Gedichtes ‚Der Königssohn' [1815] von Ludwig Uhland" paraphrasiert (vgl. Uhland 1815, S. 328–334), zeigt Hödl 2009, S. 109–110, Anm. 274.

317 Barbarossa ist erst seit dem 16. Jahrhundert Protagonist der Kyffhäusersage und Symbol der Hoffnung auf ein neues Reich. Zuvor übernimmt Barbarossas Enkel Friedrich II. die Rolle als Friedenskaiser (vgl. Rader 2010, S. 509–516; Möhring 2008, S. 208–209; Mähl 1965, S. 213–232). Noch Büsching 1812, S. 319 spricht offen nur von „Kaiser Friedrich [...], von wegen der Liebe des Friedens, nicht daß er also getauft sei".

318 Zum Themenkomplex ‚Barbarossa im Kyffhäuser' vgl. die grundlegende interdisziplinäre Studie von Kaul 2007a/b.

Abb. 4: Kyffhäuserdenkmal (1896), Thüringen. Wilhelm I. und Friedrich Barbarossa. Foto: Kora27. Rechte: Wikimedia Commons, CC BY-SA 4.0.

sage informieren. Am Ende des Kapitels über Barbarossa wird die „Volkssage" darin in einer ausführlichen Fußnote unter Berücksichtigung aller gängigen Varianten nacherzählt: von den wiederkehrenden Besuchen Sterblicher, den über dem Berg kreisenden Raben und dem Adler, der sie einst vertreibt, bis hin zu dem Schlaf-Zyklus von 100 Jahren und dem Marmor-Tisch, den Barbarossas Bart am Tag seiner Auferstehung gänzlich umwachsen haben soll (vgl. Welter 1847, S. 163–164, Anm.).

Wie die drei von Nietzsche als Vorlagen genutzten Gedichte in ihren für den Vergleich relevanten Passagen lauten, ist Tabelle 3 zu entnehmen. Insbesondere anhand der ersten Strophe der Reinschrift in Mp I 22, S. 20 wird deutlich, dass der Status als Vorlage bei Uhlands Gedicht auf die formale und wörtliche Ebene sowie die erste Strophe beider Texte beschränkt ist.[319] Ab der zweiten Strophe gehen die

319 Da die erste Strophe des achten Teils von Uhlands Ballade die erste Strophe des ersten Teils spiegelt, ist sie der Vollständigkeit halber als mögliche Vorlage für Nietzsche ebenfalls in der Übersicht abgedruckt. Auch Hödl 2009, S. 110, Anm. 274 zitiert bereits beide Strophen.

Tabelle 3: Vergleich der drei Vorlagen für Nietzsches Barbarossa-Gedicht (Mp I 22, S. 20–21)

Uhland 1815, S. 328 u. 334	**Rückert 1817, S. 270–271**	**Geibel 1859 [1837], S. 37–39**
Der Königssohn.	Barbarossa.	Friedrich Rothbart.
1. Der alte, graue König sitzt Auf seiner Väter Throne, Sein Mantel glänzt wie Abendroth, Wie sinkende Sonn' die Krone. [...] 8. Der König und die Königin, Sie stehen auf dem Throne, Da glüht der Thron wie Morgenroth, Wie steigende Sonn' die Krone. [...]	Der alte Barbarossa, Der Kaiser Friederich, Im unterirdschen Schlosse Hält er verzaubert sich. Er ist niemals gestorben, Er lebt darin noch jetzt; Er hat im Schloß verborgen Zum Schlaf sich hingesetzt. Er hat hinabgenommen Des Reiches Herrlichkeit, Und wird einst wiederkommen, Mit ihr, zu seiner Zeit. Der Stuhl ist elfenbeinern, Darauf der Kaiser sitzt; Der Tisch ist marmelsteinern, Worauf sein Haupt er stützt. Sein Bart ist nicht von Flachse, Er ist von Feuersglut, Ist durch den Tisch gewachsen, Worauf sein Sinn ausruht. Er nickt als wie im Traume, Sein Aug' halboffen zwinkt; Und je nach langem Raume Er einem Knaben winkt. Er spricht im Schlaf zum Knaben: Geh hin vor Schloß, o Zwerg, Und sieh, ob noch die Raben Herfliegen um den Berg. Und wenn die alten Raben Noch fliegen immerdar, So muß ich auch noch schlafen Verzaubert hundert Jahr.	Tief im Schooße des Kyffhäusers, Bei der Ampel rothem Schein, Sitzt der alte Kaiser Friedrich An dem Tisch von Marmorstein. Ihn umwallt der Purpurmantel, Ihn umfängt der Rüstung Pracht, Doch auf seinen Augenwimpern Liegt des Schlafes tiefe Nacht. Vorgesunken ruht das Antlitz, Drin sich Ernst und Milde paart, Durch den Marmortisch gewachsen Ist sein langer, goldner Bart. Rings wie ehr'ne Bilder stehen Seine Ritter um ihn her, Harnischglänzend, schwertumgürtet, Aber tief im Schlaf, wie er. Heinrich auch, der Ofterdinger, Ist in dieser stummen Schaar, Mit den liederreichen Lippen, Mit dem blondgelockten Haar. Seine Harfe ruht dem Sänger In der Linken ohne Klang, Doch auf seiner hohen Stirne Schläft ein kräftiger Gesang. Alles schweigt, nur hin und wieder Fällt ein Tropfen vom Gestein, Bis der große Morgen plötzlich Bricht mit Feuersgluth herein; Bis der Adler stolzen Fluges Um des Berges Gipfel zieht,

Tab. 3 (fortgesetzt)

Uhland 1815, S. 328 u. 334	Rückert 1817, S. 270–271	Geibel 1859 [1837], S. 37–39
		Daß vor seines Fittigs Rauschen Dort der Rabenschwarm entflieht. Aber dann wie ferner Donner Rollt es durch den Berg herauf, Und der Kaiser greift zum Schwerte, Und die Ritter wachen auf, Laut in seinen Angeln tönend Springet auf das ehr'ne Thor, Barbarossa mit den Seinen Steigt im Waffenschmuck empor. Auf dem Helm trägt er die Krone Und den Sieg in seiner Hand, Schwerter blitzen, Harfen klingen, Wo er schreitet durch das Land. Und dem alten Kaiser beugen Sich die Völker allzugleich, Und auf's Neu zu Aachen gründet Er das heil'ge deutsche Reich.

Gedichte inhaltlich unterschiedliche Wege: Uhlands Ballade hat mit der Kyffhäusersage nichts zu tun, sondern erzählt die Geschichte des titelgebenden Königssohns, der auszieht, um sich ein eigenes Königreich zu erobern. Die Gedichte Rückerts und Geibels haben Nietzsches Text dagegen inhaltlich stark geprägt, während sie formal andere Rhythmen vorgeben.[320]

Genau andersherum verhält es sich mit Heinrich Heines Persiflage der Kyffhäusersage in den Kapiteln XIV bis XVI des 1844 erschienenen satirischen Versepos *Deutschland. Ein Wintermärchen*: Nietzsche nutzt zu Beginn seines Barbarossa-Gedichts zwar dieselbe Strophenform wie Heine;[321] doch passen weder der ernste Ton noch die stofflichen Einzelheiten seiner Entwürfe zu Heines Persiflage. In

320 Für einen detaillierten Vergleich zwischen Nietzsches Gedicht und seinen Vorlagen vgl. die unten folgenden Erläuterungen zum Inhalt.

321 Zur Form des Gedichts vgl. die unten folgenden Erläuterungen.

dieser kennt der Protagonist H. die Sage vom schlafenden, aber heilsbringenden Barbarossa von seiner Amme aus Kindertagen, begegnet im Traum aber einem abgehalfterten Kaiser, dem für die Wiedererrichtung des Reiches nicht nur Pferde fehlen, sondern augenscheinlich auch der nötige Kampfgeist. Denn auf die Forderung H.s, die Soldaten anstelle von Pferden Esel reiten zu lassen, um endlich loszuschlagen, heißt es nur:

> Der Rothbart erwiederte lächelnd: „Es hat
> Mit dem Schlagen gar keine Eile,
> Man baute nicht Rom in einem Tag,
> Gut Ding will haben Weile.
>
> „Wer heute nicht kommt, kommt morgen gewiß,
> Nur langsam wächst die Eiche,
> Und chi va piano va sano, so heißt
> Das Sprüchwort im römischen Reiche."
> (Heine 1844, S. 352–353)

Kennen konnte der junge Nietzsche die ernsten, patriotisch grundierten Kyffhäuserdichtungen, denen Heines Spott gilt, aus schulischen und privaten Lektüren. Geibels Gedicht findet sich etwa in der zweibändigen Geibel-Biografie der Reihe *Moderne Klassiker* (o. V. 1859), die sich in Nietzsches persönlicher Bibliothek erhalten hat (vgl. NPB, S. 241) und schon – womöglich eine frühere Auflage adressierend – in der Elisabeth Nietzsche zugeschriebenen Bücherliste ihres Bruders vermerkt ist (vgl. Brobjer 1999, S. 318; Mp I 13, S. 50). Zudem enthält das von Nietzsche im Naumburger Domgymnasium benutzte *Deutsche Lesebuch für höhere Unterrichts-Anstalten* von Hermann Masius Geibels *Friedrich Rothbart* (vgl. Masius 1868, S. 456; vgl. Brobjer 1999, S. 321).[322] Dass der junge Nietzsche den Autor Rückert kennt, beweisen sowohl dessen drei Gedichte, die Masius in seinem *Deutschen Lesebuch* abdruckt (vgl. Masius 1868, S. 409, 458, 537), als auch die Vertonung des Rückert-Gedichts *Aus der Jugendzeit…*, die Nietzsche 1863 als Bestandteil einer Liedersammlung *Rhapsodischer Dichtungen* an seinen mutmaßlichen Schwarm Anna Redtel verschickt (vgl. KGB I/4, S. 854). Grundsätzlich handelt es sich bei den beiden Barbarossa-Gedichten Rückerts und Geibels wie auch bei Uhlands *Der Königssohn* ohnehin um Texte, die um 1850 fest zum lyrischen Kanon gehörten und weithin bekannt sind, wie aus verschiedenen zeitgenössischen Lyrikanthologien und Schulbüchern hervorgeht.[323]

322 Die von Nietzsche genutzte zweite Auflage des *Lesebuchs* (Masius 1857/58) konnte leider nicht eingesehen werden.

323 So findet sich Rückerts *Barbarossa* beispielsweise in Karl Goedekes Anthologien *Deutschlands Dichter* (Goedeke 1844, S. 357) und *Elf Bücher deutscher Dichtung* (Goedeke 1849, S. 400), in Theodor

Edition

Der junge Nietzsche investierte insgesamt neun Seiten von Mp I 22 in seinen Versuch, ein Kyffhäuser-Gedicht zu verfassen. Sie enthalten eine Vielzahl lyrischer Texte, die thematisch wie textgenetisch eng zusammenhängen. Von jenen neun Manuskriptseiten sind bislang allerdings nur ein Drittel in KGW I ediert worden: Zum einen die sechs weit gediehenen, fast gar nicht bearbeiteten vorliegenden Strophen in Mp I 22, S. 20–21, die KGW I/1, S. 268–269 als fertiges, „Barbarossa" betiteltes Gedicht präsentiert;[324] zum andern mehrere unterschiedlich weit ausgeformte Strophenentwürfe in Mp I 22, S. 52, die KGW I/1, S. 277 als eigenständigen Text oder als thematische Variante des Textes in Mp I 22, S. 20–21 bringt. Entsprechend den Editionsrichtlinien Montinaris (vgl. KGW I/1, S. XI–XII) wurden die restlichen sechs Manuskriptseiten wohl als Vorstufen der genannten sechs Strophen klassifiziert und für den kritischen Apparat des noch nicht veröffentlichten Nachberichtsbandes reserviert. In HKG 1, S. 440 sind hingegen nur Mp I 22, S. 20–21 als abgeschlossenes und von Herausgeberhand „Barbarossa" betiteltes Gedicht ediert worden. Der Nachbericht erwähnt lediglich die „meist durchstrichene[n] Gedichtentwürfe" in Mp I 22, S. 17–18, ohne diese jedoch als Entwürfe des Kyffhäuser-Gedichts zu identifizieren (HKG 1, S. 465). Immerhin pauschal als „Entwürfe des Gedichts *Barbarossa*" deklariert der Nachbericht demgegenüber die Texte auf „S. 52 o. und 57–60 der Hs." (HKG 1, S. 466).

Im Gegensatz zu den Entwürfen in Mp I 22, S. 17–18 wurde die Reinschrift von Nietzsches Kyffhäusergedicht in KGW I/1, S. 268–269 wie auch in HKG 1, S. 440 ediert. Da die Reinschrift kaum Bearbeitungsspuren aufweist, entsprechen die Editionen dem Handschriftenbefund verhältnismäßig genau.[325] Minimal glättend haben die Herausgeber von KGW I und HKG dennoch eingegriffen: Abgesehen von der jeweils typografisch als Herausgebereingriff gekennzeichneten Ergänzung des Titels „Bar-

Echtermeyers *Auswahl deutscher Gedichte für gelehrte Schulen* (Echtermeyer 1854, S. 96–97) oder in Heinrich Kurz' *Handbuch der poetischen Nationalliteratur der Deutschen* (Kurz 1840, S. 621). Geibels *Friedrich Rothbart* wie auch Uhlands *Der Königssohn* sind Bestandteil des *Deutschen Lesebuchs zur Uebung im richtigen und schönen Vortrage und zum Unterricht in der deutschen Sprache* (o. V. 1858, S. 260–261 u. 273–275). Uhlands Ballade begegnet ebenfalls in Goedekes *Elf Büchern* (Goedeke 1849, S. 433–434). Gittermanns *Deutschland, seine Natur, Geschichte und Sage, von seinen Dichtern besungen* enthält eine ganze Reihe von Kyffhäuser- und Barbarossa-Gedichten, unter anderen auch diejenigen Rückerts und Geibels (Gittermann 1857, S. 230–240, hier S. 231–232).

324 Auch in diesem Fall haben die Herausgeber auf die Gedichtlisten in Mp I 22, S. 1–2 u. 44 zurückgegriffen, in denen dieser Titel jeweils vermerkt ist.

325 Die Editionen des Barbarossa-Gedichts in KGW I/1, S. 268–269 und HKG 1, S. 440 unterscheiden sich untereinander nur dadurch, dass Mette in der letzten Zeile der dritten Strophe „beraubet" aus „entlaubet" sowie in der zweiten Zeile der fünften Strophe „erwacht" aus „Erwacht" korrigiert.

Abb. 5: Mp I 22, S. 21 (Ausschnitt). GSA 71/214,2. Fotos und Rechte: Goethe- und Schiller-Archiv, Weimar.

Abb. 6: Wappen des Königreichs Württemberg (seit 1817) mit drei schreitenden und einem stehenden, das Schild haltenden Stauferlöwen. Foto: Jamesvonwurttemberg. Rechte: Wikimedia Commons, CC BY-SA 4.0.

barossa“, der auch in den Gedichtlisten in Mp I 22, S. 1–2 und 44 vorkommt, wurden die Korrektur der Zählung bei Strophe 2 wie auch die nicht mehr nachvollziehbare Korrektur in Strophe 6 nicht angezeigt, aus der „wird dann“ entsteht (KGW I/1, S. 268–269; HKG 1, S. 440). Die nachträgliche Einfügung von „da“ in der zweiten Zeile der fünften Strophe wurde trotz der Übernahme der falschen Großschreibung von „Erwacht“ in KGW I/1, S. 269 nicht angezeigt; ferner haben die Herausgeber von KGW I und HKG zwischen allen Strophen Leerzeilen eingefügt, obwohl eine solche in der Handschrift nur zwischen den Strophen 2 und 3 vorliegt, während durch den Seitenwechsel zwischen den Strophen 5 und 6 zumindest unklar ist, ob Nietzsche auch hier eine Leerzeile gesetzt hat.

Schwerer als diese kleineren Glättungen des Textes wiegt indes, dass die Zeichnung, die Nietzsche unmittelbar unter der letzten Gedichtzeile angefertigt hat (Abb. 5), nicht als Faksimile in die Ausgabe integriert wurde, wie es etwa bei der Edition des Konradin-Gedichts in KGW I/1, S. 268 der Fall ist. Das von Nietzsche Gezeichnete ist zwar nicht besonders gut erkennbar; erschwerend kommen eine energische Schraffierung und ein großer Tintenklecks hinzu. Mit etwas Fantasie ließe sich dennoch entweder die rechte Gesichtshälfte eines bärtigen und gekrönten Mannes erahnen – naheliegenderweise eine Darstellung Barbarossas – oder das Wappentier der Staufer: der Stauferlöwe (vgl. Abb. 6). In jedem Fall ist dem Text ein – höchstwahrscheinlich auch inhaltlich zugehöriges – Bild beigegeben, das – wenn auch auf basaler Ebene – gerade in seiner Kommentierungsbedürftigkeit editionswürdig ist.

Form

Deuten die fragmentarischen Entwürfe in Mp I 22, S. 17–18 nur ungefähr Nietzsches Ideen zur formalen Gestaltung seines Kyffhäusergedichts an, gehen jene aus den ins Reine geschriebenen Strophen in Mp I 22, S. 20–21 ungleich klarer hervor: Der junge Nietzsche setzt auf einen Vierzeiler mit regelmäßig umgesetztem Kreuzreimschema, dem metrisch der konstante Wechsel steigender vier- und dreihebiger Verse korrespondiert. Diese lauten zunächst, im ersten Gedichtdrittel, überwiegend jambisch, weisen danach jedoch kein festes Versmaß mehr auf, da in der zweiten Gedichthälfte die Zahl der Silben stärker variiert und zunehmend doppelte Senkungen vorkommen. Diese schrittweise Auflösung des Metrums zeigt, dass es sich noch nicht um einen (form)vollendeten Text handelt.

Die zu Beginn gewählte Form, eine klassische Volksliedstrophe, gehört nach Horst Joachim Frank zu den „beliebtesten deutschen Strophenformen“, die – abgeleitet von der sogenannten Vagantenzeile – im weltlichen Bereich vor allem für „Liebeslieder[ ] und Volksballaden“ genutzt wurde, sich grundsätzlich aber durch eine besondere „Vielseitigkeit […] bis in die Gegenwart hinein“ auszeichnet (Frank

1993, S. 148 u. 154). Aus der geistlichen Lieddichtung kommend, erfreut sich die Form ab 1800 unter den Frühromantikern besonderer Beliebtheit. Heinrich Heine nutzt sie, wie oben erwähnt, für sein 1844 erschienenes satirisches Versepos *Deutschland. Ein Wintermärchen* (vgl. Frank 1993, S. 151–152), das in den Kapiteln XIV bis XVI die Barbarossa-Sage persifliert.

Inhalt

Inhaltlich hat Nietzsche sein Barbarossa-Gedicht wie folgt gestaltet: In einer Mischung aus szenischer Beschreibung und visionsartiger Verkündigung geht ein namenloser lyrischer Sprecher in den sechs Strophen, die sich zu drei inhaltlich zusammengehörigen Paaren verknüpfen lassen, schrittweise die Sage durch. Zunächst beschreibt er die zentrale Barbarossa-Figur in ihrer unterirdischen Ruhestätte und affirmiert deren Traumvision einer Wiederauferstehung von Kaiser und Reich. Die damit einhergehende „Herrlichkeit" korrespondiert dabei den Barbarossa zugeschriebenen Attributen „Feuersgluht" und „Sonnenschimmer" (Mp I 22, S. 20), was im Zusammenspiel mit dem Grab-Motiv einen eindrücklichen Kontrast bildet. Im Mittelteil, den Strophen 3 und 4, analogisiert der Sprecher den aus seiner Sicht verbesserungswürdigen Zustand des „heilgen römischen Reiche[s]" mit einem kahlen „hohe[n] Baum" vor dem hier erstmals genannten „Schloß" Barbarossas; das Leben, anhand des Baums verbildlicht durch „Blätter und Blüthen" wie „Vöglein", verlässt das Reich, das „nah den Grab" steht (Mp I 22, S. 20).[326] In den letzten beiden Strophen steht schließlich die Verwirklichung der Traumvision im Mittelpunkt, die wiederum von der Blüte des nun genauer als „Eiche" (Mp I 22, S. 20) deklarierten Baums – die Eiche gilt schon zu Nietzsches Zeit als deutscher Nationalbaum[327] – markiert wird: Barbarossa erwacht, belebt

326 Beim identischen Reim in den Versen 2 und 4 der dritten Strophe („entlaubet") könnte es sich um einen Flüchtigkeitsfehler Nietzsches handeln. Auf der Manuskriptseite 58 heißt es in einem Entwurf der betreffenden Strophe noch besser „beraubet", was HKG 1, S. 440 dazu veranlasst haben dürfte, an dieser Stelle den Entwurf zu bevorzugen.

327 Die Erhebung der Eiche zum deutschen Nationalbaum geht maßgeblich auf Friedrich Gottlieb Klopstock zurück, der beispielsweise in seiner Ode *Der Hügel und der Hain* (1767) und in seinem Drama *Hermanns Schlacht* (1769) unter Rückgriff auf die altgermanische Verehrung der Eiche – zu denken ist etwa an die prominente Donareiche (vgl. Fischer-Rizzi 2007, S. 55–57) – die botanischen Eigenschaften des Baums (Langlebigkeit, Holzhärte) auf sein Heimatland überträgt und mit dem deutschen Gründungsmythos, der Schlacht im Teutoburger Wald, verbindet (vgl. Martin 2014, S. 56). Vgl. Klopstock 1771, S. 255: „Laß fliegen, o Schatten, die goldene Leyer / Den mächtigsten Flug, / Und rufe mir einen der Barden / Meines Vaterlandes herauf! // Einen Herminoon, / Der unter der tausendjährigen / Eichen wandelte, / Unter deren alternden Sproß ich wandle. // [...] // Wer kommt? wer kommt? Kriegerisch ertönt / Ihm die thatenvolle Telyn! / Eichenlaub schattet auf seine glühende

die darbenden „Lande“ wieder und stiftet „Frieden und Segen“ in ihnen (Mp I 22, S. 20–21). Die Ankündigung einer „goldene[n] Zeit“ (Mp I 22, S. 21) verweist schließlich auf die auch in der Romantik topische heilsgeschichtliche Vorstellung der Rückkehr eines Goldenen Zeitalters.[328]

Mit dieser ist die Kyffhäusersage über das *tertium comparationis* des Friedenskaisers mit dem sprechenden Namen Friedrich auch schon in Büschings Sammlung verknüpft (vgl. Büsching 1812, S. 319). Darüber hinaus schreibt der junge Nietzsche circa drei bis dreieinhalb Jahre später einen fragmentarischen, halb lyrischen, halb prosaischen Entwurf in Deutsch und Latein nieder, der in Teilen ebenfalls den Topos des Goldenen Zeitalters mit Motiven der Kyffhäusersage verknüpft:

> Will aber einer den König gegen uns herausfordern
> So werden unsres Königs weltbekannte Adler
> Schreckliche Blitze gegen die Feinde schleudern.
> [...]
> Virtus relligio mores, generosa juventus
> Ingenuaeque artes Friderico rege vigebunt
> Ad nos Fortuna semper erit nobis Copia [...].[329]
> (Mp V 10, S. 189; KGW I/2, S. 367–368)

Stirn! / Er ist, ach er ist ein Barde meines Vaterlandes!“ Vgl. auch Kloptsock 1769, S. 73: „Du gleichst der dicksten schattichsten Eiche / Im innersten Hain! / Der höchsten, ältesten, heiligsten Eiche, / O Vaterland!“ Bereits Jäger 1877, S. 21 verortet den Ursprung des Motivs der ‚deutschen Eiche‘ bei den „Barden-Dichter[n] des vorigen [18.] Jahrhunderts“: „Das deutsche Volk hat die Eiche zum Sinnbild gewählt, oder vielmehr die Barden-Dichter des vorigen Jahrhunderts haben diese Idee in das Volk verpflanzt. Seit Kloptsock wird die Eiche gern ‚die Deutsche Eiche‘ genannt und als solche gefeiert.“ Zur Etablierung des Motivs der ‚deutschen Eiche‘ in der Spätromantik sowie zu Heinrich Heines polemischer Dekonstruktion des Motivs vgl. Martin 2014, S. 56–63. Zur Motivgeschichte der ‚deutschen Eiche‘ vgl. weiterführend Fischer-Rizzi 2007, S. 55–59 und Lehmann 2001, S. 191–192.

328 Vgl. bereits Mähl 1965, S. 213, der die „Heilserwartungen“ des Mittelalters in der „Verklärung des damit anbrechenden goldenen Zeitalters [...] auf einen Weltkaiser, einen Erneuerer des christlich-römischen Imperiums, einen Friedensfürsten“ gerichtet sieht: eine Rolle, die zunächst Friedrich II., dann, im Ausgang des Mittelalters, Friedrich Barbarossa einnimmt (vgl. Rader 2010, S. 509–516; Möhring 2008, S. 208–209). Zur „Weltkaiser-Prophetie des Mittelalters und ihr[em] Nachklang in der deutschen Kaisersage“ vgl. Mähl 1965, S. 213–232. Die „Herkunft und Geschichte der Idee des goldenen Zeitalters seit dem Altertum“ schildert ausführlich der erste Teil der Studie von Mähl 1965, S. 11–252. Zu den „Motivgruppen Weltalter, goldene Zeit und Kulturentwicklung“ als Ausdruck des „antike[n] Wunschdenken[s]“ im Besonderen vgl. Gatz 1967, S. V.

329 „[...] Tugend, Religion, Sitten, edle Jugend / Begabung und Kunst werden unter König Friedrich herrschen / Bei uns wird immer Glück und Überfluss sein [...].“ (Übers. von Wollek 2010a, S. 66)

Auch hier wird eine Utopie mit dem Namen Friedrich verknüpft, wenngleich dieser Entwurf des 17-jährigen Nietzsche inhaltlich wie formal andere Schwerpunkte setzt als die 1858 entstandenen Gedichtentwürfe. Eine gewisse Treue gegenüber den damaligen Vorlagen lässt sich indes nicht von der Hand weisen, denn neben der Glücksverheißung, die allen Texten gemein ist, erinnert die Drohung des lyrischen Wir, dass Friedrichs „weltbekannte Adler / Schreckliche Blitze gegen die Feinde schleudern“ werden, an das martialische, von „Donner“ und „blitzen[den]“ „Schwerter[n]“ (Geibel 1959, S. 38–39) geprägte Finale von Geibels Barbarossa-Gedicht, nicht zuletzt hinsichtlich des Adler-Motivs:[330] Ein Adler kommt auch in Geibels Gedicht vor und vertreibt dort als Zeichen des „große[n] Morgen[s]“ den „Rabenschwarm“ (Geibel 1859, S. 38), der den fortdauernden Schlaf des Kaisers symbolisiert.

Die 1858 entstandene Reinschrift von Nietzsches Kyffhäusergedicht orientiert sich hingegen noch am engsten an dem bis heute bekanntesten Beitrag zur Gattung Kyffhäuserlyrik: dem schlicht *Barbarossa* betitelten achtstrophigen Gedicht aus jambischen Dreihebern mit Kreuzreimstruktur von Friedrich Rückert, 1817 erstmals im zweiten Band von dessen *Kranz der Zeit* veröffentlicht. Nicht nur gleichen sich die ersten Verse von Nietzsches und Rückerts Gedicht fast wörtlich: „Der alte Barbarossa [ruht]“, auch diverse Motive werden unmittelbar übernommen: so die Rede vom „unterirdschen Schlosse“ beziehungsweise „Throne“, von des „Reiches Herrlichkeit“ und von der „Feuersglu[h]t“ (jeweils Rückert 1817, S. 270 u. Mp I 22, S. 20). Angesichts dieser wörtlichen Entsprechungen ist sicher davon auszugehen, dass Nietzsche sich an Rückerts bekanntem Text orientiert hat, zumal die fragmentarischen Entwürfe noch mehr Übernahmen dieser Art aufweisen, die Nietzsche jedoch nicht weiterverwendet hat.[331] Denn er versucht auch, sich von seiner Vorlage abzugrenzen, indem er zum Beispiel anderen Überlieferungsvarianten folgt: So wird die Rückkehr des Kaisers in Nietzsches Text mit der wieder erblühenden Eiche angekündigt,[332] wohingegen in Rückerts Gedicht die um den Berg – der wiederum weder bei Nietzsche noch bei Rückert ausdrücklich als Kyffhäuser angesprochen wird – kreisenden Raben als Zeichen für den fortzusetzenden Schlaf fungieren. Zudem lässt Rückert anders als der junge Nietzsche einen „Knaben“ als Boten Barbarossas auftreten (Rückert 1817, S. 271). Aber auch die letzte Strophe in Nietzsches

330 Der Adler ist seit der Regierungszeit von Friedrich I. „kaiserliches Heerzeichen und [...] Wappen des kaiserlichen Geschlechts“ (Leonhard 1984, S. 185).

331 Hierzu vgl. die unten beziehungsweise oben an entsprechender Stelle platzierten Analysen zu den Gedicht-Entwürfen in Mp I 22, S. 17–18, 52 u. 57–60.

332 Diese Variante könnte Nietzsche Grimms *Deutschen Sagen* entnommen haben (vgl. Grimm 1816, S. 29).

Gedicht ist ohne Vorbild bei Rückert: Die energische Rede von der „starke[n] Hand" Barbarossas, die „Eintracht", „Frieden und Segen" stifte (Mp I 22, S. 21), ist deutlich offensiver und optimistischer gehalten als Rückerts pessimistische Konditionalkonstruktion: „Und wenn die alten Raben / Noch fliegen immerdar, / So muß ich auch noch schlafen / Verzaubert hundert Jahr." (Rückert 1817, S. 271)

Für den patriotischen Schlusspunkt kommt der andere bereits erwähnte Gattungsbeitrag als Vorlage in Betracht, den Nietzsche unter anderem aus Masius' *Lesebuch* kennen konnte (vgl. Masius 1868, S. 456): Geibels 1837 entstandenes Gedicht *Friedrich Rothbart*, dessen zwölf Strophen jeweils aus trochäischen Vierhebern bestehen und einem regelmäßigen Kreuzreimschema folgen. Der vaterländisch-kämpferische Gestus, den die letzten Strophen beider Gedichte teilen, legt eine Rezeption nahe. Vor allem Geibels Motive von der siegreichen „Hand" und dem Schreiten durch das „Land" kehren in Nietzsches Reinschrift wieder (Geibel 1859, S. 39; vgl. Mp I 22, S. 20–21).

Ferner zeigt ein genauer Blick auf die formale Vorlage von *Der alte Barbarossa ruht…*, Uhlands Ballade *Der Königssohn*, dass Nietzsche auch in diesem Fall versucht hat, sich das vorhandene Material inhaltlich anzueignen (vgl. Tabelle 4).[333]

Tabelle 4: Vergleich der ersten Strophen von Uhlands *Der Königssohn* (Uhland 1858, S. 328) und Nietzsches Entwurf seines Barbarossa-Gedichts (Mp I 22, S. 20)

Der alte, graue König *sitzt* **Auf** seiner Väter **Throne**, **Sein** Mantel *glänzt wie Abendroth*, **Wie** *sinkende Sonn'* **die Krone**. (Uhland 1815, S. 328)	**Der alte** Barbarossa *ruht* **Auf** unterirdischen **Throne** **Sein** Antlitz *strahlt wie Feuersgluht* **Wie** *Sonnenschimmer* **die Krone**. (Mp I 22, S. 20)

Selbst wo Nietzsche nicht wörtlich übernimmt (**fett** markiert), setzt er sinnverwandte Begriffe ein (*kursiv* markiert), sodass nur ein Bruchteil ‚eigener', nicht im engeren oder weiteren Sinn kopierter Worte übrigbleibt. Allerdings ist hervorzuheben, dass dort, wo der junge Nietzsche sinnverwandte Begriffe einsetzt, durchaus eine Sinnverschiebung zu beobachten ist: Indem Nietzsche aus „glänzt wie Abendroth" „strahlt wie Feuersgluht" und aus „sinkende Sonn'" „Sonnenschimmer"

333 Darauf hat bereits Hödl 2009, S. 109–110, Anm. 274 hingewiesen: Ihm zufolge finden sich in diesem Fall wie auch in anderen Jugendgedichten gegenüber bestimmten Vorlagen „Anklänge […], die jedoch in sehr eigenständiger Weise in anderen inhaltlichen Zusammenhängen weitergesponnen werden" (Hödl 2009, S. 109, Anm. 274). Wie gezeigt entfernt sich der junge Nietzsche tatsächlich inhaltlich von Uhlands Ballade, um sich stattdessen an Rückert und Geibel zu orientieren.

macht, erscheint seine Barbarossa-Figur um ein Vielfaches vitaler als der „alte, graue König“ aus Uhlands Ballade. Auf den zweiten Blick erweist sich also auch dieser Rückgriff auf eine konkrete Vorlage als differenziertere Auseinandersetzung Nietzsches mit dem Kanon, als es die strukturelle Ähnlichkeit der Texte vermuten lassen würde.

Nahe bei Lützen liegt in anmuthiger... (Mp I 22, S. 23; KGW I/1, S. 269)

Das dreizeilige Prosa-Fragment in Mp I 22, S. 23 bildet den Auftakt zu einer Reihe von autobiografisch geprägten Vorarbeiten (vgl. Mp I 22, S. 24–25), die der junge Nietzsche für die elegische *Skizze. 1.* in Mp I 22, S. 16 angefertigt hat. Den darin behandelten Themenkomplex Heimatverlust und -sehnsucht verarbeitet Nietzsche häufig auch lyrisch,[334] im Manuskriptheft Mp I 22 etwa durch das Gedicht *O weh! Daß ich verlassen hab...* (Mp I 22, S. 38–39).[335] Inhaltlich geht das vorliegende Fragment nicht über eine sehr grobe Ortsbeschreibung hinaus: Der Sprecher verortet Nietzsches Heimatort, das „Dörflein“ Röcken,[336] „[n]ahe bei Lützen“[337] und attestiert jenem eine Lage in „anmuthiger / Flur“, gesäumt von „Felder[n] und Wiesen“ (Mp I 22, S. 23). Der direkt hinter „Wiesen“ folgende Wortansatz „~~Wäl~~“ verrät, dass Nietzsche kurzzeitig erwägt, die landschaftliche Trias aus Feldern, Wiesen und Wäldern zu vervollständigen.

Ediert wurde das Fragment bislang in KGW I/1, S. 269, wo allerdings der gestrichene Ansatz „Wäl“ (Mp I 22, S. 23), die einzige Bearbeitungsspur auf der Manuskriptseite, keine Berücksichtigung findet. HKG 1, S. 465 enthält lediglich eine Anmerkung im Nachbericht, welche die Fragmente in Mp I 22, S. 23–25 korrekterweise als „Entwürfe des Folgenden“, also der *Skizze. 1.* in Mp I 22, S. 26 ausweist, ohne sie jedoch wiederzugeben.

334 Vgl. hierzu exemplarisch meine Interpretation des thematisch ähnlich gelagerten Gedichtzyklus *In der Ferne* von 1860 in Müller 2017a, S. 37–46.

335 Möglicherweise weisen hierauf die Einträge „Heimath“ oder „Abschied“ im Gedichtverzeichnis in Mp I 22, S. 44 hin.

336 Zu Nietzsches Beziehung zu seinem Geburtsort vgl. Eichberg 2011, Dambeck 2010, Schmidt 1995 u. Hödl 1992.

337 Seit 2009 ist der 600-Einwohner-Ort Röcken auch offiziell ein Ortsteil von Lützen.

~~*Inder Nähe von Lützen liegt das Dörf*~~*„...*
(Mp I 22, S. 24)

Der gestrichene Prosa-Entwurf in Mp I 22, S. 24 stellt weder quantitativ noch qualitativ eine Weiterentwicklung des vorangehenden Fragments dar: Ebenfalls auf drei Zeilen beschränkt, bezeugen die ungrammatischen Satzfragmente „~~Inder der die dxLandstraße~~ / ~~sie wandert schaut mit freundlichen Blick~~" Nietzsches Versuch, den zweiten Prosa-Entwurf inhaltlich anders zu gestalten als den ersten in Mp I 22, S. 23. Doch Nietzsche hat diesen Versuch ohne weiteren Korrekturansatz direkt wieder abgebrochen. Die neuen Motivideen, die Landstraße, das Wandern und der freundliche Blick, überträgt er allerdings in seinen dritten Entwurf auf der folgenden Manuskriptseite. Es handelt sich beim zweiten Entwurf folglich um eine schnell niedergeschriebene und ebenso schnell wieder verworfene Zwischenfassung.

Als solche haben den Entwurf offenbar auch die Herausgeber von KGW I verstanden, denn anders als die Fragmente in Mp I 22, S. 23 u. 25 sowie den Text in Mp I 22, S. 26 haben sie das vorliegende Fragment nicht in KGW I/1, S. 269 ediert.

Nahe bei Lützen jenen weltberühmten...
(Mp I 22, S. 25; KGW I/1, S. 269)

Das fünfzeilige Prosa-Fragment in Mp I 22, S. 25 ist die jüngste der drei Vorarbeiten zur lyrisch geprägten *Skizze* in Mp I 22, S. 26. Der junge Nietzsche hat darin Motive der beiden älteren Fragmente kombiniert: Präziser als von der „Flur" (Mp I 22, S. 23) ist nun die Rede vom „Erlengebüsch", das den Ort „bei Lützen [...] umschattet", und die vormals zusammenhanglosen Satzteile aus Mp I 22, S. 24 ergeben das heitere Bild von Wanderern auf der „Landstraße", die dem Ort „einen freundlichen Blick zu[werfen]" (Mp I 22, S. 25).[338] Nicht mehr namentlich genannt wird dagegen das betroffene „Dörflein" Röcken selbst; dem Bezugsort Lützen attestiert der Sprecher dafür ironisch Weltruhm.

Editionsgeschichtlich teilt das Fragment in Mp I 22, S. 25 das Schicksal der Zeilen in Mp I 22, S. 23: Beide wurden in KGW I/1, S. 269 ediert, und zwar ohne Berücksichtigung der einzigen kleinen Bearbeitungsspuren auf den jeweiligen Seiten. So geht aus der Edition in KGW I/1, S. 269 nicht hervor, dass Nietzsche in der zweiten

---

338 Dieses Bild hat der junge Nietzsche etwas später fast wörtlich in seiner nachgelassenen Autobiografie *Aus meinem Leben* rezykliert: „Das Dorf Röcken liegt eine halbe Stunde von Lützen dicht an der Landstraße. Wohl jeder Wanderer, der an ihm vorbei seine Straße zieht, wirft ihm einen freundlichen Blick zu." (Mp III 4, S. 11; KGW I/1, S. 282)

Zeile das Possessivpronomen „dein“ durch Streichung des „d“ in das Indefinitpronomen „ein“ verwandelt und so den Eindruck einer äußerst interessanten Kommunikationssituation – der Sprecher adressiert den Autor Nietzsche über dessen „Dörflein“ – bereits im Keim erstickt.

Skizze. 1.
(Mp I 22, S. 26; KGW I/1, S. 269; HKG 1, S. 441)

Der Prosa-Text in Mp I 22, S. 26 basiert auf den Fragmenten in Mp I 22, S. 23–25 und entwickelt das darin Vorbereitete inhaltlich und formal weiter: Anders als der Titel erwarten lässt, arbeitet der junge Nietzsche in dieser *Skizze* bewusst mit sprachlichen Lyrismen und setzt auch inhaltlich entsprechende Akzente, indem er die prosaische Bodenhaftung von „Felder[n] und Wiesen“ (Mp I 22, S. 23) zugunsten eines dichterischen Höhenflugs hin zu des „Berges / spitzen“ (Mp I 22, S. 26) aufgibt. Die Flug- beziehungsweise Vogelmetaphorik verbindet die *Skizze* zudem mit dem Gedicht *O weh! Daß ich verlassen hab...* (Mp I 22, S. 38–39), das ebenfalls das hier verhandelte Thema des Heimatverlustes und der Sehnsucht nach der Heimat umsetzt.

Edition

Die Editionen in HKG 1, S. 441 und KGW I/1, S. 269 lassen jeweils die Bearbeitungsspuren des jungen Nietzsche unberücksichtigt: Weder die ad-hoc-Korrektur am Textende – die Streichung eines falsch gesetzten ‚n‘ in „Sinn“ – noch die Änderung der infinitivischen Flugbeschreibung („Ueber Burgen und Thäler fliegt“) zur Konditionalkonstruktion im Konjunktiv II („Hätte ich Flügel, ich würde mich über Höhen und Thäler schwingen und Dir zueilen.“; Mp I 22, S. 26) lassen sich in den Editionen nachvollziehen. Dasselbe gilt für die Emendationen der *Skizze*: Stillschweigend drucken HKG 1, S. 441 wie KGW I/1, S. 269 „gedenk“ statt „gedenck“ und „Bergesspitzen“ statt „Berges spitzen“, wobei diesen zuletzt genannten Eingriff zumindest der textkritische Apparat im Nachbericht in HKG 1, S. 465 erwähnt.

Inhalt

In der *Skizze. 1.* weicht der idyllisch-beschreibende Tonfall, der noch die Entwürfe in Mp I 22, S. 23–25 kennzeichnet, einer dynamischen, Assoziationen des Erhabenen weckenden Exclamatio des namenlosen „Dörfleins“ (Mp I 22, S. 26), welches das sprechende Ich mehr noch als in den Vorarbeiten zum Sehnsuchtsort stilisiert. Zugleich bleibt das Ich in der Ansprache des „Dörfleins“ merklich abstrakter: Nicht nur wird es selbst nicht namentlich genannt (wie schon im Entwurf auf der vorhergehenden Manuskriptseite), auch den vormaligen Referenzort Lützen erwähnt das Ich in der *Skizze* nicht mehr. Die „anmuthige[ ] / Flur“, die „Felder und Wiesen“ und die „Landstraße“ in der Umgebung des „Dörflein[s]“ (Mp I 22, S. 23 u. 25), von denen in den Entwürfen noch die Rede war, tauscht das Ich wiederum gegen eine erhabene Höhenmetaphorik ein, die zwischen lieblichen Attributen wie der „rosenfarbene[n] Aurora“ und herben Bildern wie dem der „düsteren Haine[n]“ mäandert (Mp I 22, S. 26). Einen lyrischen Eindruck vermittelt der Prosa-Text aber nicht nur wegen seiner rhetorischen Gestalt, die besonders von der natürlichen Metaphorik geprägt wird, sondern auch durch seine inhaltliche Konzentration auf die Gefühlslandschaft des sprechenden Ich, die so zum Ausdruck gebracht wird: durch die Imagination des eiligen Flugs nach Hause, das Bekenntnis der den ganzen Tag währenden Sehnsucht nach dem Heimat-„Dörflein“, des zur Morgenröte („Aurora“) beginnenden und erst zum „Abendroth“ (Mp I 22, S. 26) endenden Heimwehs.

Auch die Betrachtung der in Mp I 22, S. 23–26 niedergeschriebenen Texte ermöglicht daher einen interessanten Einblick in die Entwicklung des jungen Nietzsche als Dichter – und zwar gerade wegen ihres Status als Prosa. Denn ausgehend von den drei fragmentarischen Entwürfen ‚lyrifiziert‘ Nietzsche seine *Skizze* bewusst und übt sich damit bereits früh im Bereich gattungspoetischer Mischformen, die den erwachsenen ‚Dichter-Philosophen‘ Nietzsche später auszeichnen werden.[339]

~~Ach~~...
(Mp I 22, S. 26)

Die drei gestrichenen Zeilen zwischen *Skizze. 1.* und der Liste in Mp I 22, S. 26 stehen ausweislich des als *tertium comparationis* fungierenden Motivs vom ‚teuren Vaterhaus‘ sowie der explizit durch die Signalwendungen „O weh!“ (Mp I 22, S. 38) und „Ach“ ausgedrückten klagenden Grundhaltung in textgenetischem Zusammenhang mit dem Gedicht *O weh! Daß ich verlassen hab...* (Mp I 22, S. 38–39). Möglicherweise handelt es sich um einen ersten versuchsweisen Ansatz zur Niederschrift. Weder in HKG 1 noch in KGW I wird der Versuch berücksichtigt.

339 Zu Nietzsches Stellung zwischen Philosophie und Literatur vgl. ausführlich den Sammelband von Grätz/Kaufmann 2016a.

1. Lage. (Mp I 22, S. 26; KGW I/1, S. 270; HKG 1, S. 441)

Vermutlich plante der junge Nietzsche, ein mehrteiliges Gedicht, einen lyrischen Zyklus oder eine Prosa-Textfolge zum Thema Heimat zu verfassen, wie aus der vorliegenden Liste hervorgeht, die direkt auf die thematisch einschlägigen Textversuche auf derselben Manuskriptseite folgt. Zum einen sind die einzelnen Stationen – angefangen bei „Lage", endend bei „Ankunft" (Mp I 22, S. 26) – mit entsprechenden, inhaltliche Erwartungen schürenden Einträgen versehen; zum andern sprechen die Nummerierung „1." hinter „Skizze." im Titel des ersten Textentwurfs der Manuskriptseite sowie der inhaltliche Schwerpunkt auf der „Lage" des adressierten „Dörflein[s]" in jenem Text stark für einen solchen Zusammenhang (Mp I 22, S. 26). Die Stationen 2. bis 6. wurden vom jungen Nietzsche ausweislich des erhaltenen Materials allerdings nicht mehr geschlossen im Rahmen eines Zyklus in Angriff genommen. Allenfalls das bereits genannte *O weh! Daß ich verlassen hab…* (Mp I 22, S. 38–39) könnte noch hinter den generischen Titeln „Abschied" oder „Ankunft" (Mp I 22, S. 26) stecken. Neben der thematischen Korrespondenz zur *Skizze. 1.* und den genannten Titeln der Liste indiziert nicht zuletzt die räumliche Nähe der drei gestrichenen Zeilen, die mit *O weh! Daß ich verlassen hab…* textgenetisch verknüpft sind, einen Zusammenhang mit dem geplanten Zyklus.

Beide Editionen haben die Liste, die vom jungen Nietzsche nicht mit Bearbeitungsspuren versehen wurde, handschriftengetreu veröffentlicht (vgl. HKG 1, S. 441; KGW I/1, S. 270).

1.Sie kommt in die Stadt aus Liebe getrieben… (Mp I 22, S. 28–29; KGW I/1, S. 270; HKG 1, S. 441)

Bei den von 1 bis 14 nummerierten Notizen in Mp I 22, S. 28–29[340] handelt es sich um stichwortartige Prosa-Aufzeichnungen zu Lessings 1767 uraufgeführtem Lustspiel *Minna von Barnhelm oder das Soldatenglück.*[341] Die Notizen drehen sich vor allem um Lessings Titelfigur und stellen möglicherweise die Vorarbeit einer Charakter-

340 Mp I 22, S. 29 enthält lediglich das Ende des letzten auf der Manuskriptseite 28 unter Punkt 14 notierten Satzes: „Ihre Liebe bricht gleich Sonnenstrahlen // durch den Nebel." (Mp I 22, S. 28–29)

341 Zu Lessings Drama vgl. grundsätzlich den Überblick in Fick 2016, S. 262–283. Vgl. ferner die jüngst erschienene, intertextuell ausgerichtete Interpretation von Ter-Nedden 2016, S. 241–310, die sozialgeschichtliche Einordnung von Saße 1993 und die rezeptionsgeschichtlichen Studien in Steinmetz 1979.

beschreibung dar, wie sie der junge Nietzsche im Deutschunterricht in Schulpforta des Öfteren anzufertigen hat.[342]

Kontexte

In Nietzsches persönlicher Bibliothek sind zwei Bände mit dem Text der *Minna von Barnhelm* erhalten: der zweite Band einer Leipziger Ausgabe von Lessings *Werken*, die allerdings erst 1867 veröffentlicht wurde (Lessing 1867, S. 1–102; NPB, S. 351), und eine passend 1858 erschienene Leseausgabe des Dramas (Lessing 1858; NPB, S. 353), die Elisabeth Nietzsche mutmaßlich auch (ohne bibliografische Angaben wie Ort und Jahr) in der 1858/59 angelegten Liste über den Buchbestand ihres Bruders vermerkt (Mp I 13, S. 49; vgl. Brobjer 1999, S. 317).

Der junge Nietzsche selbst erwähnt das Stück nur einmal ausdrücklich, und zwar in einer ebenfalls 1858 entstandenen Auflistung von „Gedanken" in Mp III 3, S. 1: „Ueber Lessing. Minna v. Barnhelm." Die Liste bezieht sich möglicherweise auf zukünftige oder vergangene, teils umgesetzte, teils verworfene oder noch ausstehende Schreibprojekte, wie den weiteren Einträgen der Liste zu entnehmen ist, die beispielsweise auf „Hecktor", „Medea", „den Aberglauben", oder auch „m[eine] Gedichte" verweisen (Mp III 3, S. 1). Beim erwachsenen Nietzsche kommt Lessings Lustspiel dagegen zweimal explizit vor, jeweils im Nachlass und in Bezug auf den vermeintlich preziösen, ‚französischen' Sprachstil des Werks. Zum einen heißt es in einer nachgelassenen Aufzeichnung von 1873 zeitkritisch: „Welches Nachdenken, welche Vertrautheit mit der Seele zu Zeiten Diderots und Friedrich des Grossen! Selbst die Minna von Barnhelm, durch und durch auf französischer

---

342 Bohley 1976, S. 312–314 listet für Nietzsches Schuljahre zwischen 1860 und 1864 allein sieben Aufsatzaufgaben auf, in denen es um die Erstellung von Charakterbeschreibungen aus Werken der kanonischen (meist deutschen) Literatur geht. So sollte er etwa die Charaktere des Octavio und der Gräfin Terzky aus Schillers *Wallenstein* (Schiller 1818), des Königs aus Schillers *Jungfrau von Orleans* (Schiller 1844; NPB, S. 528), des Hermann aus Goethes *Hermann und Dorothea* (Goethe 1856; NPB, S. 248), der Kriemhild aus dem Nibelungenlied (Niendorf 1854), des Cassius aus Shakespeares *Julius Caesar* (Shakespeare o. J.; NPB, S. 552) und des Pylades aus Goethes *Iphigenie* (Goethe 1858; NPB, S. 255) beschreiben. Zum Teil sind die entsprechenden Aufsätze noch in Nietzsches Nachlass erhalten, beispielsweise der mit den Korrekturanmerkungen des Deutschlehrers August Koberstein überlieferte *Versuch einer Charakterschilderung des Oktavio in Schillers Wallenstein* vom 18. Dezember 1861 in Mp II 16, S. 1–14 (KGW I/2, S. 350–353). – Für das hier relevante Schuljahr 1858 berichtet Bohley 1976 dagegen aufgrund seiner beschränkten Quellenlage lediglich kurz über folgenden Lernstoff in Deutsch: „Uebungen im Vortrag von Gedichten und prosaischen Erzählungen, Leseübungen, Correctur der Aufsätze" (Bohley 1976, S. 306). Für seine Zusammenstellung konnte er nur auf die „Jahresberichte in den Programmen der Königlichen Landesschule Pforta 1859–1865" (Bohley 1976, S. 304) zurückgreifen.

Gesellschaftssprache aufgebaut, ist jetzt zu fein. Wir sind rohe Naturalisten.“ (KSA 7, S. 741) Zum andern exzerpiert Nietzsche rund 14 Jahre später aus Paul Fouchers *Les coulisses du passé* von 1873 das Urteil:[343] „Lessing setzte Molière unter Destouches // Minna von Barnhelm – ‚un marivaudage raisonné‘.“ (KSA 13, S. 32; vgl. Foucher 1873, S. 148)

Edition

Editionen der Aufzeichnungen Nietzsches zu Lessings *Minna von Barnhelm* liegen sowohl in KGW I als auch in HKG vor. In beiden Versionen haben die Herausgeber bei der Transkription in den Manuskripttext eingegriffen, dies jedoch nur teilweise kenntlich gemacht. KGW I/1, S. 270 gibt die Herausgeberemendationen unter den Punkten 4. („zu⟨ge⟩gen“ statt „zugen“), 9. („nicht [franz⟨ösisch⟩],“ statt „~~franz~~nicht.“) und 11. („Tha⟨t⟩“ statt „That“[344]) mittels editorischer Zeichen wieder, berücksichtigt jedoch nicht die ad-hoc-Korrekturen unter den Punkten 3. („ih~~m~~n“), 6. („~~8~~“), 10. („~~Launig~~“) und 13. („berech~~t~~net“). Im Fall von Punkt 6. wird die Streichung der „8“ sogar rückgängig gemacht. Die anderen Bearbeitungsspuren bleiben für Nutzer der KGW I/1 unsichtbar. Etwas tiefer in den Textbestand greift die Edition von Mette ein: Die Transkription in HKG 1, S. 441 enthält mehr Emendationen als KGW I/1, S. 270, markiert allerdings nur dieselben Herausgebereingriffe wie die Referenzedition von Figl und Hödl, nämlich die (grammatisch nötigen) Ergänzungen unter den Punkten 4. und 9., die auch jeweils wie in KGW I/1, S. 270 mitgeteilt werden.[345] Nur der Hinweis auf die Streichung von „franz“ im Manuskript fehlt in HKG 1, S. 441 im Gegensatz zu KGW I/1, S. 270. Dafür ignoriert HKG 1 nicht nur dieselben ad-hoc-Korrekturen des jungen Nietzsche wie KGW I,[346] sondern lässt darüber hinaus unter Punkt 6. den (korrekten) Hinweis auf den „~~8~~ Auftr[itt]“ wegfallen.

Inhalt

Lessings Titelfigur, um die Nietzsches Aufzeichnungen fast ausnahmslos kreisen, wird kein einziges Mal namentlich genannt. Von Anfang an ist von ihr in der dritten

343 Hinweis bei Campioni/Röllin/Trenkle 2008, S. 298.

344 Tatsächlich liegt hier offenbar ein Transkriptionsfehler vor, da in Mp I 22, S. 28 erkennbar ein kleines ‚t‘ ausgeführt wird, dem nur der Querstrich fehlt.

345 Die fehlerhafte Ergänzung des im Manuskript vorhandenen kleinen „t“ unter Punkt 11. findet sich dagegen nur in KGW I/1, S. 270.

346 Auch im Nachbericht finden die Eingriffe und Auslassungen keine Erwähnung (vgl. HKG 1, S. 465).

Person Singular die Rede, während andere wichtige Charaktere wie Minnas Verlobter Major von Tellheim, ihre Magd Franciska, der auch bei Lessing anonyme Wirt und der Betrüger Riccaut de la Marlinière mit Namen respektive dem Ausgangstext entsprechend mit ihrer Berufsbezeichnung angesprochen werden. Diese explizit benannten Nebenfiguren sind es auch, die es überhaupt ermöglichen, Nietzsches eher abstrakten Aufzeichnungen einem bestimmten Gegenstand zuzuordnen. Ohne konkrete Namen könnten Nietzsches Notizen als interpretative Charakterisierungsskizzen für eine Vielzahl von fiktiven Figuren wie auch von realen Personen herhalten.

Diesen Umstand verstärkt auch Nietzsches expositionsloser Quereinstieg in die Dramenhandlung zum zweiten Aufzug, in dem die Titelfigur das allererste Mal auftritt. Nietzsches durchnummerierte Notizen beziehen sich jeweils auf wichtige Stationen der Dramenhandlung, in denen die Titelfigur im Mittelpunkt steht. Den dritten Aufzug scheint Nietzsche deshalb nicht berücksichtigt zu haben. Die Punkte 1 bis 14 in Mp I 22, S. 28 lassen sich hingegen gut bestimmten Auftritten und Dialog- beziehungsweise Monologpassagen bei Lessing zuordnen (vgl. Tabelle 5).

Die Übersicht zeigt, dass der junge Nietzsche sich bei den vorliegenden Notizen zu seiner mutmaßlichen Charakterbeschreibung der Minna von Barnhelm oft noch sehr eng an am Interpretationsgegenstand orientiert hat. Neben der chronologischen und auftrittsweisen Ordnung sprechen besonders die teils wörtlichen Übernahmen von Figurenrede und Regieanweisungen für eine gezielte Re-Lektüre des Dramas ‚mit Stift in der Hand', wobei Nietzsche seine Lesefrüchte in Mp I 22, S. 28–29 festgehalten hat.[347] Weiterführende, über werkimmanente Schlussfolgerungen hinausgehende Erkenntnisse zu Lessings Lustspiel sind den Notizen jedoch nicht zu entnehmen. Auch für seine poetischen Versuche scheint Nietzsche seine Aufzeichnungen trotz Niederschrift im ‚Gedichtheft' „Poësie. – II." (Mp I 22, d1) nicht weiterverwendet zu haben.

347 Ein mit Lesespuren versehenes Exemplar der *Minna von Barnhelm* aus Nietzsches Schulzeit ist nicht erhalten. Lessing 1858 weist laut NPB, S. 353 lediglich zwei Eselsohren auf.

Tabelle 5: Vergleich von Nietzsches Notizen und den entsprechenden Stationen in Lessings *Minna von Barnhelm*

Nietzsches Notizen (Mp I 22, S. 28–29)	**Stationen der *Minna von Barnhelm* (Lessing 1858; NPB, S. 353; Herv. i. O.)**
1.Sie kommt in die Stadt aus Liebe getrieben, nur um Tellheim aufzusuchen.	II 1: „**Das Fräulein.** [Minna von Barnhelm] [...] – Franciska, mein Herz sagt es mir, daß meine Reise glücklich sein wird, daß ich ihn finden werde." (Lessing 1858, S. 18)
2.Sie nimmt nur auf ihn Bezug.	II 1: „**Das Fräulein.** Es sind nicht alle Officiere Tellheims. [...] Im Vertrauen, Franciska, ich glaube, der Mann ist ein Verschwender." (Lessing 1858, S. 18–19)
3. Sie sucht ih~~m~~n zu entschuldigen.	II 1: „**Das Fräulein.** Du Unglückliche! – [...] Wer weiß, welche Umstände – [...]." (Lessing 1858, S. 19–20)
4. Freude, wie sie erfährt, daß er zugen ist.	II 3: „**Das Fräulein.** Nun habe ich ihn wieder, Franciska! [...] Ich weiß nicht, wo ich vor Freuden bin!" (Lessing 1858, S. 27)
5. Sie will daß auch Franziska sich freut.	II 3: „**Das Fräulein.** Doch du sollst dich, du mußt dich mit mir freuen." (Lessing 1858, S. 27)
6. Vergessend daß der Wirth zugegen / ist. ~~8~~ Auftr.	II 8: „**v. Tellheim.** Gnädiges Fräulein – (Sieht starr den Wirth an und zuckt die Schultern.) / **Das Fräulein** (wird den Wirth gewahr und winkt der Franciska). Mein Herr –" (Lessing 1858, S. 31)
7. Sie kann nicht von ihm lassen obgleich er sich von ihr loßreißst.	II 9: „**Das Fräulein.** Nichts suche ich mehr. (Mit offenen Armen auf ihn zugehend.) Alles, was ich suchte, habe ich gefunden. [...] **v. Tellheim.** [...] – Lassen Sie mich, Minna! (reißt sich los, und ab.)" (Lessing 1858, S. 32–35)
8. Sehr gutmüthig. Riccaut. / . Sie sucht das Beste von allen heraus.	IV 2: „**Das Fräulein.** Mein Herr, Ihre Irrung ist sehr zu vergeben, und Ihre Verwunderung sehr natürlich. [...] Franciska, der Mann dauert mich im Ernste. Ob er mir es wohl übel nehmen würde, wenn ich ihm etwas anböte? [...] Spotte nicht, Franciska; ich verdiene es nicht. [...] Es war einem Unglücklichen zugedacht. [...] Vielleicht, daß er nun hingeht, seine kleine Schuld bezahlt, von dem Reste, so weit er reicht, still und sparsam lebt, und an das Spiel nicht denkt." (Lessing 1858, S. 57–63)
9. Ist nicht sehr gebildet spricht ~~franz~~nicht. / versteht es.	IV 2: „**Riccaut.** Nit? Sie sprek nit Französisch, Ihro Gnad? / **Das Fräulein.** Nein Herr, in Frankreich würde ich es zu sprechen suchen. Aber warum hier? Ich höre ja, daß sie mich verstehen mein Herr. Und ich, mein Herr, werde Sie gewiß auch verstehen; sprechen Sie, wie es Ihnen beliebt." (Lessing 1858, S. 58)

Tab. 5 (fortgesetzt)

Nietzsches Notizen (Mp I 22, S. 28–29)	**Stationen der *Minna von Barnhelm* (Lessing 1858; NPB, S. 353; Herv. i. O.)**
10. ~~Launig~~ muthwillig. launig (. Eigensinn).	IV 6: „**Das Fräulein.** […] Ich bin Ihre Gebieterin, Tellheim; Sie brauchen weiter keinen Herrn. – Sie verabschiedet zu finden, das Glück hätte ich mir kaum träumen lassen! […] / **v. Tellheim.** Jetzt höre ich nur das muthwillige Mädchen, liebe Minna." (Lessing 1858, S. 68)
11. Sie liebt in der That wegen nicht / der Gestalt, eher als sie ihn gesehen / hat.	IV 6: „**v. Tellheim.** Sie erinnern sich, gnädiges Fräulein, daß ich Ordre hatte, in den Aemtern Ihrer Gegend die Kontribution mit der äußersten Strenge baar beizutreiben. Ich wollte mir diese Strenge ersparen, und schoß die fehlende Summe selbst vor. / **Das Fräulein.** […] Ich liebte Sie um dieser That willen, ohne Sie noch gesehen zu haben." (Lessing 1858, S. 69)
12. Sie kann sich lieblos stellen, kalt, aff„ / ecktirt. empfindlich scheinend. Bitter.	V 5: „**Das Fräulein** (mit einer affektirten Kälte). Aus, Herr Major. – […] Alles recht gut, Herr Major! Aber es ist nun einmal geschehen. Ich habe Sie Ihrer Verbindlichkeit entlassen […]." (Lessing 1858, S. 78–79)
13. Sie berechtnet sehr genau, was ihre Käl„ / te bewirken kann.	V 5: „**Das Fräulein** (in ihrem wahren Ton). Hat Sie dieses Wort beleidigt, Herr Major?" (Lessing 1858, S. 79)
14. Ihre Liebe bricht gleich Sonnenstrahlen // durch den Nebel.	V 5: „**v. Tellheim.** Aergerniß und verbissene Wuth hatten meine ganze Seele umnebelt: Die Liebe selbst, in dem vollesten Glanze des Glückes, konnte sich darin nicht den Tag schaffen. Aber sie spendet ihre Tochter, das Mitleid, die, mit dem finstern Schmerze vertrauter, die Nebel zerstreuet […]." (Lessing 1858, S. 80)

O weh! ~~sind~~ist schon vergangen, alle / meine Zeit... (Mp I 22, S. 30–33; KGW I/1, S. 271; HKG 1, S. 441–442)

Das mit mehreren Bearbeitungsspuren versehene, unbetitelte Gedicht in Mp I 22, S. 30–33 hat der junge Nietzsche möglicherweise unter dem Titel „Abschied" in einer der Gedichtlisten des Manuskriptheft verzeichnet (vgl. Mp I 22, S. 44).[348] Es ist aufgrund seiner Vorlage im Kontext des mittelalterlichen Themenkreises innerhalb der Jugendlyrik zu verorten und entwickelt als mutmaßliche Schularbeit zugleich eine performative Dimension.

Kontexte

Bei *O weh! ~~sind~~ist schon vergangen, alle meine Zeit...* handelt es sich um eine Kontrafaktur der sogenannten Elegie oder „Alterselegie" (Brunner 2009, S. 222) Walthers von der Vogelweide: *Owê war sint verswunden alliu mîniu jâr...* (Lachmann 1843, S. 124–125),[349] worauf bereits der Nachbericht in HKG 1, S. 465 hinweist.[350] Vollzieht das lyrische Ich im Gedicht Walthers angesichts des verheerenden „Zustand[s] der Natur, der Mitmenschen und [...] [der] politischen Verhältnisse" eine umfassende „Weltabsage", die es erst am Schluss der dritten Strophe durch die Möglichkeit eines sinnstiftenden Kreuzzugs relativiert (Brunner 2009, S. 227),[351] stimmt das lyrische Ich bei Nietzsche angesichts des erneuten Schulbeginns eine profane, ironisch gebrochene Klage um die zu Ende gegangene Ferienzeit an. Berücksichtigt man die prominente mittelhochdeutsche Vorlage, gehört das Gedicht zum vergleichsweise kleinen Themenkreis derjenigen Jugendlyrik Nietzsches, die sich an ganzen Texten oder einzelnen Motiven der deutschen wie auch europäischen Literatur des Mittelalters bedient (vgl. Kap. 2.4.2).[352] Mit dieser kommt der junge Nietzsche auf

348 Der für Gedichttitel generell sehr beliebte Begriff „Abschied" kommt allerdings auch für andere Gedichte und Entwürfe des Manuskriptheft infrage, etwa für den Vierzeiler in Mp I 22, S. 52 (unten).

349 Eine ausführliche Darstellung der Forschung zu und Überlieferung von Walthers Elegie unternimmt Volkmann 1987.

350 Figl 2007, S. 89, Anm. 204 spricht fälschlicherweise unter Verweis auf HKG 1, S. 465 davon, dass Nietzsche „den berühmten Text [...] in Neuhochdeutsch wiedergegeben" habe. Tatsächlich um eine neuhochdeutsche Wiedergabe Nietzsches handelt es sich hingegen bei dem ebenfalls von Figl 2007, S. 89, Anm. 204 genannten Text *Da der Sommer kommen was...* (Mp I 19, S. 54; KGW I/1, S. 250), der die ersten beiden Strophen von Walthers *Do der svmer komen was...* (Lachmann 1843, S. 94–95) textnah aus dem Mittelhochdeutschen übersetzt (vgl. auch HKG 1, S. 464).

351 Thum 1977 interpretiert Walthers Elegie im Hinblick auf den historischen Kontext des Landesausbaus im Donauraum noch in Gänze als unmissverständlichen Aufruf zum Kreuzzug. Auch Haubrichs 1977, der die Argumentationsstruktur der Elegie minutiös analysiert, sieht in ihr letztlich vor dem historischen Hintergrund ein Mittel der Kreuzzugs-„Propaganda" (Haubrichs 1977, S. 12–25, hier S. 24).

352 In Mp I 22 fallen neben *O weh! ~~sind~~ist schon vergangen, alle meine Zeit...* noch das Barbarossa-Gedicht (Mp I 22, S. 20–21) samt Entwürfen sowie *Vor den Thore von Neapel...* (Mp I 22, S. 12–16) als

dem Naumburger Domgymnasium wie auch in Schulpforta in Kontakt. Im Sommersemester 1865 besucht er in Bonn zudem Karl Simrocks Vorlesung über Walther von der Vogelweide und fertigt eine bis heute erhaltene Mitschrift an (vgl. GSA 71/44, C II 4).[353] Im späteren Werk und Nachlass Nietzsches kommt Walther von der Vogelweide nicht mehr vor. An anderer Stelle übersetzt der junge Nietzsche eines seiner Lieder ins Neuhochdeutsche (vgl. Mp I 19, S. 54; KGW I/1, S. 250), spart den Hinweis auf die mittelhochdeutsche Vorlage aber aus.

Bei der mustergültigen Kontrafaktur[354] der „Alterselegie" kann es sich zum einen um die Ableistung einer (ihrerseits nicht erhaltenen) Schulaufgabe in Deutsch handeln. Andererseits kommt auch infrage, dass der 13-jährige Gymnasiast seine persönliche Erfahrung, sein Leid angesichts einer verlorenen Ferienzeit, ‚erlebnislyrisch' verarbeitet und dabei auf eine besonders zur Klageintention passende Textvorlage zurückgegriffen hat, die womöglich noch kurz zuvor im Unterricht behandelt wurde.

Edition

Die Handschrift in Mp I 22, S. 30 beginnt mit vier abgebrochenen und gestrichenen Zeilen, von denen nur eine mehr als ein – denkbar kurzes (zweimal „~~Der~~", einmal „~~In~~") – Wort umfasst: „~~SNoch viele Jahre~~". Das Zeitmotiv ist ein Indiz dafür, dass die vier Zeilen schnell verworfene Ansätze zum folgenden Gedicht darstellen, wenngleich sich die hermeneutische Bedeutung aufgrund ihrer Kürze in Grenzen hält. Jedenfalls sind sie in KGW I/1, S. 271 und HKG 1, S. 441 u. 465 jeweils unberücksichtigt geblieben – ebenso wie das Gros der weiteren handschriftlichen Bearbeitungen Nietzsches. Die Editionen in KGW I und HKG 1 unterscheiden sich hierbei nur marginal. Lediglich zwei Manuskriptstellen wurden minimal unterschiedlich ediert. Erstens: Während HKG 1, S. 441 in Zeile 4 das im Manuskript gestrichene

---

thematische Hybride (zusammen mit dem Bereich der spätromantisch-zeitgenössischen Lyrik) in die Kategorie ‚Mittelalter'.

353 Karl Simrocks *Altdeutsches Lesebuch* (Simrock 1851) gehört zu den Quellen aus dem Themenkreis des Mittelalters, die der Schüler Nietzsche nutzt (vgl. Kap. 2.4.2).

354 Im engeren Sinn um eine Kontrafaktur handelt es sich nach der kanonischen Prägung von Hennig 1909, S. 1 u. passim bei der „Umdichtung eines weltlichen Liedes in ein geistliches und umgekehrt" (Verweyen/Witting 2007b, S. 338). Der junge Nietzsche erfüllt diese Prämisse, indem er die geistlich fundierte „Weltabsage" (Brunner 2009, S. 227) Walthers zur Schülerklage profaniert und dabei „konstitutive Merkmale der Ausdrucksebene" seiner Vorlage „zur Formulierung einer eigenen Botschaft über[nimmt]" (Verweyen/Witting 2007b, S. 337). Dadurch, dass Nietzsche mit der Strophenstruktur bricht, eigene Formulierungen und Motive wählt, sich metrisch zugleich wiederum an Walthers „Langzeilenform" orientiert, die „auf die Zeit der frühen deutschen Lyrik des 12. Jahrhunderts (Kürnberger) und auf die Nibelungenstrophe verweist" (Brunner 2009, S. 222), unterscheidet sich sein Gedicht indes von solchen Varianten der Kontrafaktur wie der Parodie, Travestie, Palinodie oder Contradictio.

„n" bei „bittre~~n~~" als Herausgeberergänzung wiedereinsetzt, obwohl der Vers trotz dieser vermeintlichen Emendation ungrammatisch bleibt („Wenn ich mit bittre⟨n⟩ Schmerze nun meine Strahse fahr."; HKG 1, S. 441),[355] belässt es KGW I/1, S. 271 bei der nach textkritischem Verständnis ‚letzten', ebenfalls ungrammatischen Textgestalt: „Wenn ich mit bittre Schmerze nun meine Strahse fahr." Zweitens: KGW I/1, S. 271 beendet Zeile 16 korrekterweise mit einem Punkt, während HKG 1, S. 442 am Versende fälschlicherweise ein Komma setzt.

Identisch fällt demgegenüber der Umgang beider Editionen mit dem übrigen handschriftlichen Text in Mp I 22, S. 30–33 aus: Die von Nietzsche gestrichenen Textpassagen werden ebenso konsequent nicht transkribiert wie die nachträglichen Einfügungen oder unfreiwilligen, dem Platzmangel auf der Heftseite geschuldeten Zeilensprünge innerhalb der sechshebigen Langverse nicht abgebildet werden. Den Nutzern von HKG 1 und KGW I entgehen daher die folgenden, teils auch inhaltlich relevanten Bearbeitungen des jungen Nietzsche am eigenen Gedicht: Gleich die erste ad-hoc-Korrektur zeigt etwa, dass sich Nietzsche seine Kontrafaktur textlich bewusst von Walthers Vorlage distanziert, indem er statt „s ist schon vergangen" aus „sind schon vergangen" korrigiert – die Verwendung der dritten Person Singular, die sich auf „meine Zeit" am Versende bezieht, überträgt Walthers erste Zeile „war sint verswunden alliu mîniu jâr" freier als die mutmaßlich zunächst intendierte, textnähere Variante in der dritten Person Plural: „sind schon vergangen, alle meine Jahre". Dass Nietzsche zuerst erwog, sich näher an Walthers Elegie zu orientieren, erhellt daher überdies aus dem schon erwähnten gestrichenen Versfragment „~~SNoch viele Jahre~~" (Mp I 22, S. 30).

Aus den Bearbeitungen geht außerdem der Wille des jungen Nietzsche hervor, sich dichterisch stetig zu verbessern, wenngleich diese Korrekturen inhaltlich-hermeneutisch oftmals weniger relevant erscheinen als beispielsweise noch der Austausch von „der Schule Fessel" durch „der Schule marter" (Mp I 22, S. 30), der die – ironisch gebrochene, aber nicht aufgehobene – Schulkritik merklich drastischer wirken lässt. Eine Bearbeitung, die das Niveau von Nietzsches Gedicht spürbar hebt, liegt zum Beispiel in der Ersetzung von „~~sie liegen~~ / ~~hinter mir~~" durch „vergangen ist die / Zeit" vor, da so der verseinleitende Hauptsatz „Vier Wochen lagen vor mir" nicht mehr syntaktisch gespiegelt wird (Mp I 22, S. 31). Auch die Variante: „Ist nun verkehrt in Mühe gar vieles / ist zu thun!", anstelle von: „~~Die Zeit ist nun gekommen so manches~~ / ~~von neuen~~ sich mühen" (Mp I 22, S. 31), hinterlässt einen elaborierteren Eindruck, weil sie – formal qua Paarreim veredelt – den vorangehenden Vers aufnimmt und bewusst „verkehrt", statt ohne verknüpfende Reaktion fortzuschreiten.

355 Grammatisch wäre der Vers geworden, wenn Mette ein ‚m' statt eines ‚n' ergänzt hätte. Möglich ist auch, dass hier schlicht ein Satzfehler vorliegt.

Eine Verbesserung gelingt Nietzsche ferner durch die Bearbeitung und Verschiebung des Verses: ~~Und denkt: auch msenk sie wieder, seh ich~~ / ~~doch lieber jetzt~~", zugunsten von: „Und denkt: ~~Mu~~Nun muß ich ~~thun und~~ / schaffen den Tag hin„ / durch ohn' Ruh / Ach deckte doch das Dunkel die Wiesen / wieder zu!" (Mp I 22, S. 32) Nietzsche wollte offensichtlich die Klage des lyrischen Ich, das sich an dieser Stelle mit einem „thätgen Landmann [Landwirt]" identifiziert, der unter der Last seines Tagwerks leidet, zusätzlich begründen und fügte dessen Rede dementsprechend den expliziten Hinweis auf das tägliche „[S]chaffen [...] ohn' Ruh" hinzu (Mp I 22, S. 32), das den Wunsch des Ich nach dem metaphorischen Sonnenuntergang textimmanent motiviert und ihn nachvollziehbarer macht als er es in der ursprünglichen Variante ist. Die zwei gestrichenen Varianten des Versbeginns von: „Doch thut ohne Murren von neuen / seine Pflicht", zeigen zudem auf, dass Nietzsche das lyrische Ich über dessen „Landmann"-Identifikation bewusst aktiver gestalten wollte: Trotz seiner Sehnsucht nach Ruhe „bleibt er" nicht nur nicht „l[iegen?]", „schläft er" nicht nur nicht, sondern „thut" aktiv und „ohne Murren [...] seine Pflicht" (Mp I 22, S. 32).

Für die inhaltliche Interpretation weniger gewichtig sind dagegen Nietzsches wohl jeweils syntaktisch, stilistisch beziehungsweise metrisch bedingte Verschiebungen des „Abschied[s]" (Mp I 22, S. 30) und des „~~Arbeiten~~[s]" (Mp I 22, S. 33) vom Zeilenbeginn in die Zeilenmitte im zweiten beziehungsweise letzten Vers. Wohl aus denselben Gründen hat Nietzsche den vorletzten Vers insgesamt viermal angesetzt („~~Auc~~" / „~~Auch nxxxich will~~" // „~~Auch will~~" / „Drum will auch ich [...]"; Mp I 22, S. 32–33), „ich ging" durch „mein Tritt" in Vers 5 ersetzt (Mp I 22, S. 30), im 16. Vers „Wann" aus „Und" korrigiert sowie der „Sonne" nachträglich das Attribut ‚hell' zugeschrieben (Mp I 22, S. 32). Ihrem Grund nach nicht mehr nachvollziehbar ist die Korrektur von „um" in „mit" im vierten Vers sowie die bereits angesprochene Streichung des Plurals zugunsten des Singulars ebendort, die sich hier – anders als im Fall von „Wie lagen sonnig und heiter vor mir ~~da~~ die freien Tage" (Mp I 22, S. 31) – auch metrisch nicht auswirkt: „mit bittre~~n~~ Schmerze~~n~~" (Mp I 22, S. 30). Verbesserungen mutmaßlicher Verschreiber wie „manchesr", „~~dsx~~?mein" (Mp I 22, S. 31), „Gleich~~t~~wie", „~~Mu~~Nun" und „~~i~~nhn" (Mp I 22, S. 32) erklären sich von selbst.

Form

Der junge Nietzsche orientiert sich an der „Langzeilenform" (Brunner 2009, S. 222) seiner Vorlage,[356] verzichtet jedoch auf die bei Walther stark ausgeprägte Strophenstruktur: Mp I 22, S. 30–33 enthält eine große, 22 Zeilen umfassende Versgruppe, während die ‚Alterselegie' aus drei kunstvollen Strophen zu je 17 Versen besteht,

356 Eine differenzierte Analyse der Form vor dem Hintergrund der Überlieferung von Walthers Elegie gibt Kornrumpf 1989.

die jeweils durch den Klagelaut „owê"/„ouwê" als erstes wie auch letztes Wort jeder Strophe markant ein- und ausgeleitet werden. Metrum und Reimstruktur des mittelhochdeutschen Gedichts übernimmt Nietzsche dagegen für seine Kontrafaktur: Die paarreimenden jambischen Sechsheber mit akatalektischem Versschluss und auffälliger Mittelzäsur bilden als Grundbestandteil der vierzeiligen Nibelungenstrophe beziehungsweise Kürenbergerstrophe eins der bekanntesten Verspaare der mittelhochdeutschen Dichtung (vgl. Frank 1993, S. 347).

Bereits in Walthers Elegie kommt dieses Verspaar allerdings in einer individuellen Strophengestalt zum Einsatz, die statt eines vierhebigen Abverses zum jeweiligen Strophenabschluss nach vier Zeilen einen zusätzlichen isolierten Dreiheber als Abschluss nach jeweils 16 Langversen vorsieht. Walthers strophische Verwendung des Verses in *Owê war sint verswunden alliu mîniu jâr...* stellt auch im Vergleich zum modernen Wiederaufgriff des ‚Nibelungenverses' in der „historisierenden Romantik" des 19. Jahrhunderts ein Unikum dar: Die „neue Nibelungenstrophe" (Frank 1993, S. 347) bildet zwar unter Verzicht auf die zusätzliche, vierte Hebung im Abvers der letzten Zeile eine einheitlichere Gestalt aus als ihr mittelhochdeutsches Vorbild, bleibt aber der Vorgabe von vier Zeilen treu. Das bekannteste Beispiel für den Einsatz des ‚neuen Nibelungenverses', Ludwig Uhlands weit verbreitete Ballade *Des Sängers Fluch* (Uhland 1815, S. 335–337), konnte dem jungen Nietzsche durch Masius' *Deutsches Lesebuch* bekannt gewesen sein (vgl. Masius 1868, S. 494–496), das am Naumburger Domgymnasium benutzt wurde (vgl. Brobjer 1999, S. 321).[357] Der erwachsene jedenfalls kannte die Ballade sicher, denn er rekurriert im abschließenden „E p i l o g" der zweiten Ausgabe der *Fröhlichen Wissenschaft* wörtlich auf Uhlands Titel (vgl. FW 383; KSA 3, S. 638).[358]

Inhalt

Inhaltlich geht Nietzsches Kontrafaktur auf deutlich größere Distanz zu Walthers Vorlage als in formaler Hinsicht, wie ein kontrastiver Vergleich zwischen beiden Texten zeigt (vgl. Tabelle 6).

Auf die sinngemäße Übersetzung von Walthers erstem Vers – aus „Owê war sint verswunden alliu mîniu jâr!" wird „O weh! sinst schon vergangen, alle / meine Zeit" – folgt keine ernste, perspektivenreiche und metaphysisch fundierte Zeit- und Weltkritik wie in der mittelhochdeutschen Vorlage, die hier in der zeitgenössischen Edition Karl Lachmanns wiedergegeben wird, sondern die allzu profane Klage

357 Nicht unwahrscheinlich ist außerdem, dass Uhlands Ballade auch in der Publikation *Ludwig Uhland. Kurzbiographie und Proben aus seinen Werken* (o. V. 1854–1859) abgedruckt war, die Nietzsche ausweislich von NPB, S. 628–629 besaß. Nietzsches Exemplar dieser heute kaum zu beschaffenden Veröffentlichung des Verlags Moderne Klassiker ist nicht in HAAB erhalten.

358 Zur Funktion des Rekurses im Kontext des Abschnitts vgl. umfassend Kaufmann 2022b zu FW 383.

Tabelle 6: Vergleich zwischen Nietzsches Kontrafaktur und der Vorlage Walthers von der Vogelweide

Lachmann 1843, S. 124–125	Mp I 22, S. 30–33
Owê war sint verswunden alliu mîniu jâr!	O weh! si~~n~~st schon vergangen, alle
ist mir mîn leben getroumet, oder ist ez wâr?	meine Zeit
daz ich ie wânde daz iht wære, was daz iht?	~~Abschied~~
dar nâch hân ich geslâfen und enweiz es niht.	Ich muß nun Abschied nehmen in
nû bin ich erwaht, und ist mir unbekant	tiefer Traurigkeit
daz mir hie vor was kündic als mîn ander hant.	Nicht kann ich fröhlich singen, muß klagen
liut unde lant, dâ ich von kinde bin erzogen,	immerdar
die sint mir frömde [worden] reht als ob ez sî	nun
gelogen.	Wenn ich ~~um~~mit bittre~~n~~ Schmerze~~n~~
die mîne gespilen wâren, die sint træge unt alt.	meine Strahse fahr.
vereitet ist daz velt, verhouwen ist der walt:	Ach könnt ich doch die Zeiten erneuen wo
wan daz daz wazzer fliuzet als ez wîlent flôz,	~~ich ging~~ mein Tritt
für wâr ich wânde mîn ungelücke wurde grôz.	Frei von der Schule ~~Fessel~~marter durch Busch
mich grüezet maneger trâge, der mich kande ê	und Wiesen glitt!
wol.	//
diu welt ist allenthalben ungenâden vol.	In Freud und Lust ertönte gar manche~~s~~r
als ich gedenke an manegen wünneclîchen tac,	froher Sang
die mir sint enpfallen als in daz mer ein slac,	Jetzt ist mir alles trübe, so traurig
iemer mêre ouwê.	ach so bang!
Owê wie jæmerlîche junge liute tuont,	Vier Wochen lagen vor mir, ~~sie liegen~~
den nû vil riuweclîche ir gemüete stuont!	~~hinter mir~~
die kunnen niuwan sorgen: wê wie tuont si sô?	vergangen ist die
swar ich zer werlte kêre, dâ ist nieman frô:	Zeit
tanzen, singen, daz zergât mit sorgen gar:	Denk ich an sie zurück, so fasst mich Schmerz
nie kristenman gesach sô jæmerlîche schar.	und Leid
nû merkent wie den frouwen ir gebende stât:	freien
die stolzen ritter tragent an dörpellîche wât.	Wie lagen sonnig und heiter die Tage
uns sint unsenfte brieve her von Rôme komen,	vor mir ~~da~~
uns ist erloubet trûre und fröide gar benomen.	Wie war ~~dsx~~?mein Herz so lustig wie
daz müet mich inneclîchen sêre (wir lebten ie vil	wirbelnder Ler„
wol),	chenschlag
daz ich nû für mîn lachen weinen kiesen sol.	Dieß alles ist vorüber, dies süße sanfte
die wilden vogel betrüebet unser klage:	Ruhn
waz wunders ist dâ bî, ob ich dâ von verzage?	~~Die Zeit ist nun gekommen so manches~~
waz spriche ich tumber man durch mînen bœsen	~~von neuen~~ sich mühen
zorn?	Ist nun verkehrt in Mühe gar vieles
swer dirre wünne volget, hât jene dort verlorn	ist zu thun!
iemer mêre ouwê.	//
Ouwê wie uns mit süezen dingen ist	Gleich~~t~~wie der thätge Landmann des
vergeben!	Morgens früh
ich sihe die [bittern] gallen mitten in dem honege	erwacht
sweben:	

Tab. 6 (fortgesetzt)

Lachmann 1843, S. 124–125	Mp I 22, S. 30–33
diu Welt ist ûzen schœne, wîz grüen unde rôt,	Sonne
und innân swarzer varwe, vinster sam der tôt.	~~Und~~Wann ihn die ~~S~~helle mit neuen Strahl
swen si nû habe verleit, der schouwe sînen trôst:	anlacht.
er wirt mit swacher buoze grôzer sünde erlôst.	~~Und denkt: auch msenk sie wieder, seh ich~~
dar an gedenkent, ritter: ez ist iuwer dinc.	~~doch lieber jetzt~~
ir tragent die liehten helme und manegen herten	Und denkt: ~~Mu~~Nun muß ich ~~thun und~~
rinc,	schaffen den Tag hin„
dar zuo die vesten schilte und diu gewîhten	durch ohn' Ruh
swert.	Ach deckte doch das Dunkel die Wiesen
wolte got, wan wær ich der sigenünfte wert!	wieder zu! ~~z~~
sô wolte ich nôtic man verdienen rîchen solt.	~~Doch bleibt~~ er l
joch meine ich niht die huoben noch der hêrren	~~schläft er~~
golt:	Doch thut ohne Murren von neuen
ich wolte sælden krône êweclîchen tragen:	seine Pflicht
die möhte ein soldener mit sîme sper bejagen.	Bis wieder i~~n~~hn bestrahlet der Sonne
möht ich die lieben reise gevaren über sê,	letztes Licht.
sô wolte ich denne singen wol, und niemer mêr	~~Auc~~
ouwê.	~~Auch nxxxich will~~
	//
	~~Auch will~~
	Drum will auch ich bis wieder die schöne
	Zeit erscheint,
	~~Arbeiten~~
	Ohn' Trauer meine Arbeit thun. So
	hab ich's gemeint.
	———

eines Schülers angesichts des Ferienendes, die – gemessen an ihrem Gegenstand – äußerst umfangreich, detailorientiert und stilistisch elaboriert ausfällt. Im direkten Kontrast zur ernsten Vorlage ist ein merklicher ironischer Gehalt in Nietzsches Gedichts nicht zu verhehlen. Der daraus resultierende komische Effekt bezieht sich dabei aber nicht auf Walthers Elegie; vielmehr wird deren tragender Ernst genutzt, um die eigene Klage augenzwinkernd zu entkräften.

Dass eine solche Relativierung intendiert ist, geht besonders aus dem letzten Satz hervor, der etwaigen Missverständnissen vorbeugen soll: Das lyrische Ich zieht nicht ernstlich Konsequenzen aus seiner Klage darüber, dass der schulische Ernst des Lebens wieder beginnt. Es gelobt, „[o]hn' Trauer [s]eine Arbeit [zu] thun" (Mp I 22, S. 33), und versichert, keineswegs „gemeint" zu haben, gegen die anstehende „Arbeit" und „Mühe" (Mp I 22, S. 31) aufzubegehren. Inwieweit diese Versicherung im Hinblick auf den biografischen Kontext des Schülers Nietzsche nicht eine weitere ironische Volte schlägt, ist wiederum eine andere Frage. Immerhin war er wohl, entgegen Elisabeth Nietzsches idealisierender Berichte über den ‚kleinen Pastor' Fritz,[359] kein Kind von Traurigkeit.[360]

Nietzsches 22-zeilige Kontrafaktur lässt sich inhaltlich in sechs Sinneinheiten unterteilen: fünf Passagen à vier Zeilen, die formal jeweils der oben erläuterten „neue[n] Nibelungenstrophe" (Frank 1993, S. 347) entsprechen, und ein einzelnes Verspaar an vierter Position, das eine Scharnierfunktion übernimmt, indem es zwischen den retrospektiven ersten drei Einheiten und den prospektiven letzten beiden Einheiten vermittelt.

Die erste Einheit erweckt, an und für sich genommen, noch den Eindruck einer herkömmlichen Elegie und ist frei von ironischen Implikationen: Ein lyrisches Ich beklagt den Ablauf einer unbestimmten Frist und die daraus folgende Notwendigkeit eines unverzüglichen Abschieds. Dabei verwendet es viel Raum, um explizit über „tiefe[ ] Traurigkeit", „bittre[ ] Schmerzen" und das Unvermögen zu „klagen", „fröhlich singen" zu können, während es „nun [s]eine Strahse" fahre (Mp I 22, S. 30) – eine Metaphernvariante des Lebenswegs –, die infolge des Abschieds offenbar sehr karg ausfällt. So weit, so abstrakt: Die ersten vier Zeilen des Gedichts enthalten nicht viel mehr als den generischen Grundgehalt einer Elegie im weitesten Wortsinn: Etwas Gutes ist unwiederbringlich fort. Was bleibt, ist Trauer. Ein Trost liegt, wenn überhaupt, im kathartischen Ausdruck dieser Trauer. Doch schon dieser letzte Aspekt betrifft eine performative Textdimension, die in diesem Fall nicht durch einen poetologischen Gehalt im Gedicht verankert ist und dementsprechend Gegenstand von Spekulation bleiben muss.

Eine konkretere Vorstellung der „vergangen[en]" Zeit, die das Ich traurig verabschiedet, vermittelt die ebenfalls mit einem generischen Klagelaut („Ach") beginnende zweite Sinneinheit (Mp I 22, S. 30). Demnach handelt es sich um eine Zeit unbeschwerten Naturgenusses, in der sich das Ich durch „Busch und Wiesen" bewegte und – Zeile 3 („Nicht kann ich fröhlich singen") ausdrücklich kontrastierend – „manche[n] frohe[n] Sang" anstimmte (Mp I 22, S. 30). Als wesentliches Attribut dieser Zeit von „Freud und Lust" erscheint indes die „Frei[heit] von der

---

359 Noch Janz 1999, S. 50–51 reproduziert dieses Bild vom jungen Nietzsche, das auf die Biografie der Schwester zurückgeht (vgl. Förster-Nietzsche 1895, S. 30).

360 Vgl. etwa die spätere, von Schmidt 1994, S. 329–330 rekonstruierte Episode um ein Trinkgelage am Bad Kösener Bahnhof im April 1863, von dem der 18-jährige Nietzsche seiner Mutter am 16. März brieflich berichtet: „Ich bin also vorigen Sonntag betrunken gewesen und habe auch keine Entschuldigung weiter, als daß ich nicht weiß, was ich vertragen kann" (KGB I/1, Bf. 350). Schmidt 1994, S. 329–348 ist der Überzeugung, dass der junge Nietzsche seinen Fehltritt und die daraus resultierenden Konsequenzen, den Verlust des Status als Primus, hernach in den Gedichten *Vor dem Crucifix* und *Jetzt und ehedem* (Mp I 62, S. 1–12) verarbeitet hat. Vgl. demgegenüber meine Erläuterungen in Müller 2017c.

Schule ~~Fessel~~marter“ (Mp I 22, S. 30), wobei „Schule“ und das Leiden an ihr hier nicht metaphorisch im Sinne einer Schule des Lebens zu verstehen ist, sondern vielmehr ganz wörtlich als die – scheinbar quälende (vor Streichung von „Fessel“ ‚nur‘ einengende) – Lehranstalt des lyrischen Ich, worauf insbesondere die zwei Zeilen weiter unten folgende konkrete Zeitangabe von „[v]ier Wochen“ ebenso hindeutet wie der das Gedicht abschließende Vorsatz des Ich, „[s]eine Arbeit [zu] thun“, „bis wieder die schöne Zeit erscheint“ (Mp I 22, S. 31 u. 33). Versteht man „Schule“ wörtlich, wird wiederum recht schnell deutlich, welcher schönen Zeit genau das Ich eigentlich nachtrauert: den Ferien.

Genauer: den Sommerferien, wie die zeitliche Konkretisierung auf „[v]ier Wochen“ und die Beschreibung der Zeit als „sonnig und heiter“ in der dritten Sinneinheit nahelegt (Mp I 22, S. 31).[361] In dieser letzten retrospektiven Einheit lässt das lyrische Ich besonders die Vorfreude wiederaufleben, die es angesichts der „freien Tage“ verspürte, als diese noch vor ihm lagen, und kontrastiert jene mit dem „Schmerz / und Leid“ der Erinnerung an die „vergangen[e] […] Zeit“ (Mp I 22, S. 31). Diese lässt das Ich durch den Vergleich seines „Herz[ens]“ mit „wirbelnde[m] Lerchenschlag“ (Mp I 22, S. 31) wiederum mit der Frühlingszeit assoziieren, was im Umkehrschluss dazu führt, dass die von Klagen geprägte Gegenwart als Herbstzeit erscheint: die melancholische Jahreszeit, in der Gefühle des Abschieds und der Nostalgie vorherrschen. Unter der Oberfläche schwingt der elegische Gehalt des Gedichts also stets mit; im Übergang von der dritten in die vierte Sinneinheit wird dieser Umstand besonders augenfällig. Denn in der Gedichtmitte, im Übergang zur vierten Sinneinheit, schlägt die Stimmung erneut markant um, wenn auf das Bekenntnis vom „Herz“, das „so lustig“ gewesen sei „wie wirbelnder Lerchenschlag“, die resignative Aussage folgt: „Dieß alles ist vorüber“ (Mp I 22, S. 31). Das lyrische Ich wendet sich zu Beginn der zweiten Gedichthälfte Gegenwart und Zukunft zu: Das „süße sanfte / Ruhn“ der Ferien schlägt um in die „Mühe“ eines neuen Schuljahrs; das Ich setzt seine Klage fort, doch die Richtung ist nun prospektiv: „gar vieles / ist zu thun!“ (Mp I 22, S. 31) Diese Exclamatio nutzt das Ich, um zu seinem Gleichnis vom „thätge[n] Landmann“ (Mp I 22, S. 32) überzuleiten, das den Rest des Gedichts, die vierte und fünfte Sinneinheit, vollständig einnimmt.

In diesem Abschnitt vergleicht sich das Ich mit einem fleißigen Bauern, der mit dem ersten Sonnenstrahl des Tages aufsteht, in Gedanken klagt, „den Tag hindurch ohn’ Ruh“ arbeiten zu müssen (Mp I 22, S. 32), und sich deshalb wünscht, dass „doch das Dunkel die Wiesen wieder zu[deckte]“ (Mp I 22, S. 32). Durch die veraltete, aber gehobene Bezeichnung „Landmann“ nobilitiert das Ich dabei nicht nur den

361 Auch der 13-jährige Nietzsche hatte ausweislich der Briefe an seine Tante Rosalie vom 1. Juli und von Mitte August 1858 in jener Zeit zwischen vier und sechs Wochen Sommerferien (vgl. KGB I/1, Bf. 17 u. 18).

Bauern, sondern, da es sich mit ihm identifiziert, gerade auch sich selbst. Diese Tendenz führt die letzte Sinneinheit weiter: Trotz seiner Klagen „thut“ der Bauer schließlich „ohne Murren von neuen / seine Pflicht / Bis wieder ~~in~~hn bestrahlet der Sonne / letztes Licht.“ (Mp I 22, S. 32) Bauer und lyrisches Ich zeichnen sich demnach sogar durch ihr besonderes Ethos aus, das sie trotz Sehnsucht nach der schönen Zeit (beziehungsweise der Schulferien) und dem morgendlichen Wunsch, die Sonne möge direkt wieder untergehen, pflichtgemäß ihrer Arbeit nachgehen lässt. Das Elegische des Gedichts wird durch diese Pointe zum Mittel der elaboriert eingeleiteten, doch in selbstaufhebender Plakativität vorgetragenen Inszenierung des Ichs: „Drum will auch ich bis wieder die schöne / Zeit erscheint, / ~~Arbeiten~~ / Ohn’ Trauer meine Arbeit thun. So / hab ich’s gemeint.“ (Mp I 22, S. 33) Das finale Verspaar des Gedichts unterminiert den hermeneutischen Anspruch, den das Gleichnis – und das Gedicht als ganzes – generisch aufruft, und betont auf einer performativen Ebene zugleich die Rolle des Schülers, die das lyrische Ich innehat: Der Schluss suggeriert, das Schüler-Ich müsse schließlich in aller Ausdrücklichkeit deutlich machen, dass es die Pflicht über Feriensehnsucht und Arbeitsklage hängt, damit auch ja kein Lehrer, der das Gedicht zu Gesicht bekommt, eine falsche Idee entwickelt.

Mit Blick auf die ernste, gesellschaftliche, politische wie metaphysische Ansprüche verfolgende Vorlage Walthers von der Vogelweide erhält die Kontrafaktur des jungen Nietzsche so einen doppelten, unter Berücksichtigung des biografischen Kontexts gar einen dreifachen Boden: Die explizite Behauptung des Ich, es ‚so gemeint‘ zu haben, wie es der Lehrer gerne hätte, geht nämlich mit einer poetischen Lizenz einher, gerade das Gegenteil des vermeintlich Gemeinten zu schreiben, das wiederum – unter dem Deckmantel des explizit Erklärten – doch dem eigentlich Gemeinten entspricht. Man könnte argumentieren, dass sich der junge Nietzsche in gewisser Hinsicht bereits die „Schelmenkappe“ (FW 107; KSA 3, S. 465) der Kunst aufzieht, die der erwachsene Nietzsche später in der *Fröhlichen Wissenschaft* prominent als temporäres Gegengewicht zum philosophischen Ernst des Denkers präsentiert (vgl. Kaufmann 2022a zu FW 107) – mit der Einschränkung, dass der Philosoph hier noch ein Schüler ist und der Künstler noch übt.

~~*I. An die Musik.*~~
(Mp I 22, S. 34)

Das nur zwei Verse und den mit der römischen Ziffer ‚I‘ nummerierten Titel umfassende Gedichtfragment ~~*I. An die Musik.*~~ eröffnet eine ganze Reihe bruchstückhafter Texte in Mp I 22, S. 34–38, die teils gänzlich verworfen wurden, teils mehr oder minder verändert in ausgestaltete(re) lyrische Texte eingegangen sind. Der vorliegende, vollständig gestrichene und auch nicht weiterverfolgte Entwurf liegt weder in KGW I noch in HKG ediert vor; der Nachbericht in HKG 1, S. 465–466 enthält ebenfalls keine Erwähnung des Fragments ~~*I. An die Musik.*~~ – auch nicht in Form eines pauschalen Hinweises auf „Entwürfe" wie im Fall der autobiografisch geprägten Vorarbeiten für die elegische *Skizze. 1* in Mp I 22, S. 23–25 oder der Varianten und Vorarbeiten zu Nietzsches Barbarossa-Gedicht in Mp I 22, S. 52 u. 57–60.

Kontexte

Ausweislich des generischen Titels handelt es sich bei dem Fragment um den Versuch eines hymnischen Gedichts oder einer Ode ‚an die Musik'. Hierzu ließ sich der junge Nietzsche möglicherweise von Franz Schuberts 1817 komponiertem Lied gleichen Titels inspirieren, das ein Gedicht Franz von Schobers vertont:

> An die Musik.
>
> Du holde Kunst, in wieviel grauen Stunden,
> wo mich des Lebens wilder Kreis umstrickt,
> hast du mein Herz zu warmer Lieb' entzunden,
> hast mich in eine bess're Welt entrückt,
> in eine bess're Welt entrückt.
>
> Oft hat ein Seufzer, deiner Harf' entflossen,
> ein süsser, heiliger Accord von dir,
> den Himmel bess'rer Zeiten mir erschlossen,
> du holde Kunst, ich danke dir dafür,
> du holde Kunst, ich danke dir.
> (D 547 / Schubert 1897)

Dass der 13-jährige Nietzsche Schubert bereits kennt, ist nicht unwahrscheinlich. Zumindest drei Jahre nach der Arbeit an dem Manuskriptheft Mp I 22 schreibt er seiner Schwester Ende November 1861 mit Blick auf deren Weihnachtsgeschenke, dass er ihr zum „Vorspielen [...] andere Sachen von Schubert z. B. vorschlagen" könne (KGB I/1, Bf. 289), nachdem sie seine ursprüngliche Geschenkidee, „ein Werk Schumanns, [...] ‚Frauenliebe und Leben' [nach] Gedichte[n] von Chamisso",[362] nicht akzeptierte (KGB I/1, Bf. 288). Knapp 20 Jahre später widmet der erwachsene Nietzsche Schubert neben Bach, Händel, Haydn, Beethoven, Mozart, Mendelssohn Bartholdy, Chopin und Schumann (vgl. MA II WS 149–152, 157 u. 160–161) einen eigenen Abschnitt in *Der Wanderer und sein Schatten*, der jenen als „geringere[n]

362 Gemeint ist Robert Schumanns 1843 veröffentlichter Liederzyklus *Frauenliebe und -leben* (Opus 42) nach dem gleichnamigen Gedichtzyklus von Adelbert von Chamisso (Chamisso 1831, S. 11–22).

Artist[en] als die andern grossen Musiker" tituliert, ihm dafür jedoch „den grössten Erbreichthum an Musik" (MA II WS 155; KSA 2, S. 617) zuspricht: Künftige Musiker-Generationen würden sich demzufolge mehr an Schubert als an anderen berühmten Musikern seiner Zeit abzuarbeiten haben.

Inhalt

Nietzsches fragmentarischer und gestrichener Zweizeiler von 1858 schlägt indes einen etwas anderen Ton an als der Referenztext von Schubert/Schober. Preist dieser in regelmäßigen jambischen Fünfhebern mit Kreuzreimschema aus hyperkatalektisch-akatalektischen Versen die erbaulichen Eigenschaften der apostrophierten Musik und entwickelt dabei selbst, auf einer performativen Ebene, eine bedächtig-erbauliche Wirkung, lässt jener trotz seines begrenzten Umfangs durch die Apotheose der Kunst bereits ein ambitioniertes sakrales Pathos erahnen: Bei Schubert/Schober wird zärtlich die „holde Kunst" angerufen, die das lyrische Ich mit einem „süsse[n], heilige[n] Accord" entrücke, während es beim jungen Nietzsche die „[~~h~~]~~eilige Göttin~~" ist, die „~~heilige Töne fall~~en" lasse (Mp I 22, S. 34) – und damit weniger auf Sehnsucht als auf Ehrfurcht abzielt. Dabei ist das lyrische Fragment ebenfalls jambisch dominiert, aber durch mehrere zusätzliche Senkungen metrisch deutlich freier gehalten.[363] Legt man die – in Nietzsches Falls zumindest angestimmte – Tonlage beider Texte zugrunde, erweist sich das Fragment in Mp I 22, S. 34 im direkten Vergleich daher als selbstbewussterer lyrischer Lobpreis der Musik: Beim jungen Nietzsche figuriert diese unmittelbar als Göttin, bei Schubert/Schober ‚nur' als Mittel zur Entrückung in eine „bess're Welt" – höchstens noch in den allenfalls metaphorischen „Himmel bess'rer Zeiten".

~~Ade Ade mein XXXHeimaths Thal~~...
(Mp I 22, S. 34)

Der gestrichene Zweizeiler „~~Ade Ade mein XXXHeimaths Thal / Ich grüße dich zum letzten Mal~~" schließt in der Handschrift unmittelbar an das verworfene Hymnenfragment ‚an die Musik' an (und wurde, wie dieses, weder in KGW I noch in HKG 1 ediert oder im Nachbericht auch nur erwähnt), gehört textgenetisch als Vorarbeit beziehungsweise Variante jedoch zu einem anderen Entwurf innerhalb des Manuskripthefts: dem Vierzeiler *Ade, Ade mein Heimathsort*... in Mp I 22, S. 52 (unten), auf

363 Man könnte wegen der Doppelsenkungen zu Beginn beider Verse insgesamt auch von drei Daktylen sprechen. Der (aufgrund des Status als Fragment provisorische) Eindruck eines unregelmäßigen Metrums bleibt davon jedoch unberührt.

den möglicherweise der Eintrag des Titels „Abschied" in einer der Gedichtlisten des Manuskripthefts verweist (vgl. Mp I 22, S. 44). Die regelmäßige Form des Vierzeilers, der aus jambischen Vierhebern mit akatalektischen Versschlüssen und Paarreimschema (aabb) besteht, ist in der vorliegenden Vorarbeit bereits angelegt. Inhaltlich vollzieht sich hingegen eine geringfügige Akzentverschiebung: Zum einen wird das ‚Heimats*tal*' zum etwas weniger konkreten ‚Heimats*ort*', zum andern ersetzt der junge Nietzsche den zweiten Vers dergestalt, dass der in Vers 1 vollzogene Abschied nicht mehr als der „letzte[ ]" vom „Heimaths Thal" gekennzeichnet, sondern durch ein Gefühl des Fernwehs begründet wird („Es treibt mih [sic] in die Ferne fort"; Mp I 22, S. 52). Diese Änderung verleiht dem Vierzeiler im Vergleich zum gestrichenen Zweizeiler eine positivere Grundstimmung: Das lyrische Ich entscheidet sich aktiv für den Abschied, um einer persönlichen Sehnsucht zu folgen. Die passive Melancholie des ‚letzten Mals' weicht zukunftszugewandtem Tatendrang.

Colon.
(Mp I 22, S. 34; KGW I/1, S. 272; HKG 1, S. 442)

Der einzige in Mp I 22, S. 34 nicht gestrichene Text besteht aus den beiden „Colon." überschriebenen Versen, die wie die fünf Zeilen auf der folgenden Manuskriptseite (Mp I 22, S. 35) eine Vorarbeit zum historischen Rollengedicht *Colombo* in Mp I 22, S. 40–42 darstellen.

Edition

Ediert wurde der Entwurf bislang nur in KGW I/1, S. 272, wo er gemeinsam mit den drei nicht gestrichenen Zeilen in Mp I 22, S. 35 als ein zusammengehöriges Textelement in zwei Strophenentwürfen erscheint, obwohl drei weitere Textfragmente und ein Seitenumbruch die Texte im Manuskript deutlich trennen.[364] Die inhaltliche Ähnlichkeit der Texte lässt vermuten, dass es sich um zwei Ansätze für dieselbe Strophe handelt. Ob der junge Nietzsche sie direkt hintereinander oder mit zeitlichem Abstand niederschreibt, geht aus dem Manuskript nicht hervor. Die räumliche Trennung ist jedoch ein Indiz dafür, dass Nietzsche sich in der Zwischenzeit auch anderen Entwürfen widmet. In HKG 1, S. 442 indes liegt eine eigenwillige Manuskripttranskription der drei Zeilen aus Mp I 22, S. 35 vor, die den vorliegenden

364 Der Handschriftenbefund legt auch nicht nahe, dass der junge Nietzsche aus Platzgründen spontan auf der gegenüberliegenden Seite seinen Entwurf fortgesetzt hat, denn die Texte liegen keineswegs parallel zueinander. Vielmehr befindet sich der Zweizeiler in Mp I 22, S. 34 in der Mitte der Manuskriptseite, während die fünf Zeilen in Mp I 22, S. 35 isoliert am Anfang der Seite stehen.

Zweizeiler insofern betrifft, als dessen Titel „Colon." kurzerhand übernommen wurde, ohne die Existenz des allenfalls sinnverwandten Entwurfs in Mp I 22, S. 34 auch nur im Nachbericht zu erwähnen (vgl. HKG 1, S. 465).

Form

Formal ist der Zweizeiler weit von dem ausgestalteten Gedicht *Colombo* und dessen Vorlage, Carl August Friedrich Fetzers *Columbus* (vgl. Masius 1868, S. 505–506), entfernt:[365] Anstelle der epischen jambischen Fünfheber setzt der junge Nietzsche hier – genauso wie im ersten der drei nicht gestrichenen Verse auf der gegenüberliegenden Manuskriptseite – jambische Dreiheber mit hyperkatalektisch-akatalektisch alternierenden Versschlüssen im Kreuzreimschema, die auch eine der klassischen Volksliedstrophen kennzeichnen (vgl. Frank 1993, S. 106–114): Die entsprechende formale Gestaltung der einzigen beiden Verse des Entwurfs lässt vermuten, dass der junge Nietzsche zunächst beabsichtigte, auf diese Strophenform – „nämlich die zweithäufigste [...] der deutschen Lyrik" (Frank 1993, S. 106) – zurückzugreifen.

Inhalt

Thematisch gibt der Titel „Colon." die Zugehörigkeit des Entwurfs zum weiter ausgestalteten Kolumbus-Gedicht in Mp I 22, S. 40–42 klar zu erkennen. ‚Colon' (eigentlich ‚Colón') ist die spanische beziehungsweise kastilische Variante von ‚Kolumbus', ‚Colombo' die italienische. Der junge Nietzsche greift also zunächst auf die Namensform desjenigen Königreichs zurück, in dessen Dienst Kolumbus seine Entdeckungsreisen unternahm, wählt für den Titel des ausgestalteten Gedichts aber die ursprüngliche Form des Namens, schließlich war Kolumbus gebürtiger Genuese, wie der erwachsene Nietzsche in seinen späteren Kolumbus-Gedichten aus dem Umkreis der *Fröhlichen Wissenschaft* nicht müde wird zu bedichten.[366]

---

365 Zur Vorlage sowie zu weiteren möglichen Inspirationsquellen Nietzsches vgl. die Erläuterungen zu Mp I 22, S. 40–42. Auch die Kolumbus-Gedichte Schillers und Louise Brachmanns weisen keine Ähnlichkeiten zum vorliegenden Entwurf auf (vgl. Schiller 1795; Brachmann 1834, S. 182–185).

366 In einem Werkzusammenhang publiziert liegt nur *Nach neuen Meeren* aus den *Liedern des Prinzen Vogelfrei* von 1886 vor (KSA 3, S. 649). Aus dem Nachlass der 1880er Jahre sind jedoch mehrere Varianten des Gedichts überliefert, die Kolumbus teilweise namentlich nennen (vgl. KSA 10, S. 12, 34, 53 u. 108; KSA 11, S. 328; KGB III/1, Bf. 321). Zu dieser „Abenteurerlyrik" Nietzsches vgl. ausführlich Wenner 2017. – Für Genaueres zu den Gemeinsamkeiten und Unterschieden der Kolumbus-Gedichte des jungen und erwachsenen Nietzsche vgl. unten die Analyse zum Gedicht *Colombo*.

Weitere elementare Unterschiede zwischen beiden Gedichtenwürfen in Mp I 22, S. 34–35 und dem ausgestalteten Gedicht in Mp I 22, S. 40–42 bestehen zum einen in der Wahl der Perspektive des lyrischen Ichs, zum andern in der stilistischen Gestaltung, im Tonfall des Textes: Handelt es sich bei *Colombo* um ein klassisches Rollengedicht, in dem der junge Nietzsche die historische Titelfigur Christoph Kolumbus als lyrisches Ich sprechen lässt, weisen die wenigen in Mp I 22, S. 34–35 niedergeschriebenen Zeilen zumindest darauf hin, dass das lyrische Ich nicht mit dem titelgebenden Kolumbus identisch ist. Die lyrisch geschilderte Außensicht auf (drei) zur See fahrende Schiffe legt nahe, dass hier entweder ein unbeteiligtes, das (noch ungeschriebene) Geschehen rein beobachtendes lyrisches Ich infrage kommt, über das der Leser weiter nichts erfährt, oder eine andere, mehr oder minder involvierte Rollenfigur als lyrisches Ich auftritt, etwa ein Vertreter der indigenen Bevölkerung Amerikas, der die Ankunft von Kolumbus' drei Segelschiffen Santa Maria, Niña und Pinta am Horizont beobachtet.

Stilistisch heben sich die fragmentarischen Entwürfe wiederum durch ihre beobachtende Zurückhaltung von der expressiven, die Gefahr und das Abenteuer der Mission unmittelbar aus Kapitänsperspekive beschwörenden Sprechweise ab. Besonders augenfällig wird dies bereits im Vergleich der ersten beiden Verse: „Ich sehe Schiffe schweben / auf weiter See allein“ (Mp I 22, S. 34) – „Die Sonne geht in Osten blutig auf / Das Meer strahlt wieder [sic] von der lichten Gluth“ (Mp I 22, S. 40). Dem stillen, friedlichen Eindruck des Fragments steht ein geradezu apokalyptisches Bild zu Beginn des ausgestalteten Gedichts gegenüber. Die stilistischen Extreme entsprechen dabei den Schilderungen für die Zeit zwischen dem 6. September und 12. Oktober 1492, die der historische Kolumbus im Bordbuch seiner ersten Reise niedergeschrieben hat (vgl. Columbus 1986, S. 75–148). Während der drohende Aufstand der Besatzung und die erlösende Sichtung des Vogelpaars über dem Schiff, die den erzählerischen Kern des Gedichts *Colombo* darstellen, besonders auf die Einträge vom 13., 14. und 26. September und vom 6. Oktober zurückgehen (vgl. Columbus 1986, S. 83–84, 86–87 u. 89–90), greift die friedvolle Stimmung der Entwürfe Kolumbus' Schilderungen von der ruhigen See auf, welche sich in den Einträgen vom 16., 18. und 20. September finden (vgl. Columbus 1986, S. 84–85).

~~*Was mir ein Traumbild erzählt*~~*...*
(Mp I 22, S. 34)

Mit dem verworfenen Dreizeiler ohne textgenetischen Zusammenhang in Mp I 22 wollte der junge Nietzsche möglicherweise ein mythologisches oder historisches Gedicht beginnen: Ein lyrisches Ich erklärt im Stil prominenter Prologe,[367] dass es das „~~Thema~~" des folgenden (hier gerade nicht erhaltenen oder gar nicht verfassten) Gedichts im „~~Traum~~[ ]" beziehungsweise in der „~~Geschichte~~" erhalten habe (Mp I 22, S. 34). Ähnlich einem traditionellen Anruf der Musen, mit dem beispielsweise die *Odyssee* (I, 1; vgl. Homer 1843, S. 3) beginnt, autorisiert die empfangende Haltung des Ichs von vornherein dessen Bericht und qualifiziert es zugleich wahlweise als *poeta vates*, der seine Inspiration einem „~~Traumbild~~" verdankt, oder als *poeta doctus*, dessen Wissen über die „~~Geschichte~~" geradezu aus ihm heraussprudelt (Mp I 22, S. 34). Implizit besitzt der Dreizeiler damit auch einen poetologischen Gehalt. Da von dem vollständig gestrichenen Fragment nur die drei Zeilen überliefert sind, die inhaltlich nicht mehr als den Rekurs auf Traum und Geschichte als Quelle des (unbekannten) Themas enthalten, bleibt allerdings offen, in welcher Form sich mythologischer und historischer Gehalt sowie inspiriertes und gelehrtes Wissen im Gedicht zueinander verhalten (hätten).

Auch auf formaler Ebene hält die Aussagekraft des Fragments in engen Grenzen: Die Vergruppe, bestehend aus einem anklingenden Kreuzreimschema mit akatalektisch-hyperkalatekisch alternierenden Versenden und um freie Senkungen teilweise zu daktylischen Versen ergänzten jambischen Dreihebern, lässt sich keiner traditionellen deutschen Strophenform zuordnen (vgl. Frank 1993).

Editionsphilologisch wurde der Entwurf bislang ignoriert; weder in KGW I/1 noch in HKG 1 findet sich eine Transkription oder ein pauschaler Hinweis auf die Existenz der drei gestrichenen Verse.

~~*Ist denn von großen Thaten erstreben*~~*?...*
(Mp I 22, S. 34)

Der isolierte gestrichene Vers „~~Ist denn von großen Thaten erstreben~~? / ~~aller Sang~~" weist ebenfalls keinen textgenetischen Zusammenhang innerhalb von Mp I 22 auf und wurde, wie das darüber notierte dreizeilige Fragment, in den bislang erschienenen Editionen (KGW I und HKG) nicht berücksichtigt. Als jambischer Sechsheber

367 Vgl. etwa den Beginn des Nibelungenlieds in der mittelhochdeutschen Version der Handschrift C: „Uns ist in alten mæren wnders vil geseit / [...]." (Lachmann 1826, S. 3)

mit vereinzelter freier Senkung und akatalektischem Schluss spiegelt die auffallend epische Zeile formal den altertümelnden Sprachstil wider, der in der inversen Genitiv-Konstruktion und dem Substantiv „Sang“ (statt ‚Gesang‘) zum Ausdruck kommt. Es wirkt, als habe der junge Nietzsche versucht, einen epischen Hexameter mittels Jamben ins Deutsche zu übersetzen.

Inhaltlich setzt Nietzsche wie beim darüberliegenden *~~Was mir ein Traumbild erzählt~~*... (Mp I 22, S. 34) ein historisch-mythologisches Thema, indem der lyrische Sprecher die rhetorische Frage stellt, ob der Ursprung der Lyrik[368] im Streben nach Heldentaten liege. Allerdings stehen in diesem Fall – zumindest indizieren dies die wenigen erhaltenen Zeilen – weniger die von „~~Traumbild~~“ oder „~~Geschichte~~“ eingeflüsterten Taten oder Geschehnisse selbst im Vordergund als vielmehr die poetologische Dimension ihres Bedichtens, die im Dreizeiler noch implizit bleibt. Trotzdem liegt eine konzeptionelle Nähe beider Entwürfe auf der Hand, ungeachtet auch ihrer unterschiedlichen formalen Gestaltung.

~~Nicht~~ / ~~Der Sänger steht inmeitxen Saal~~...
(Mp I 22, S. 34)

Der unterste Entwurf der Manuskriptseite rekurriert durch das Motiv des Sängers mit der Harfe auf die romantische Dichtungstradition, namentlich auf Ludwig Uhlands berühmte Ballade *Des Sängers Fluch* von 1814, die Nietzsche aus Hermann Masius' *Deutschem Lesebuch* kennen konnte (vgl. Masius 1868, S. 494–496). Das zweizeilige lyrische Fragment, das auf die ebenfalls gestrichene isolierte Negationspartikel „Nicht“ folgt, weist keine textgenetischen Verbindungen zu anderen Entwürfen in Mp I 22 auf und wurde weder für die Edition in KGW I/1 noch für die in HKG 1 berücksichtigt. Aussagen zur von Nietzsche beabsichtigten Form lassen sich wegen des fragmentarischen Status kaum treffen; lediglich das jambische Metrum der ungrammatisch überlieferten erste Zeile und eine Tendenz zur Doppelsenkung in der zweiten Zeile können festgehalten werden.

Die drei prägenden Motive des fragmentarischen Zweizeilers, „Sänger“, „Saal“ und „Harfe“ (Mp I 22, S. 34), legen nahe, dass der junge Nietzsche bei der Niederschrift ein poetologisches Gedicht in romantischer Tradition im Sinn hatte.[369] Die

---

368 Der junge Nietzsche bedient sich hier einer traditionellen Metapher und verwendet den Begriff ‚Gesang‘ für die Dichtkunst. Hintergrund dieser Metapher ist der „antike[...] Ursprung der Lyrik aus dem Gesang zu den Tönen der Lyra (woraus sich auch die Etymologie ergibt)“ (Kaufmann 2015, S. 507).

369 Zu Nietzsches produktiver Rezeption (spät)romantischer Lyrik vgl. Kap. 2.4.4.

angedeutete Konstellation verweist konkret auf die Strophen 5 und 6 aus Uhlands Ballade, in denen „die beiden Sänger im hohen Säulensaal" für den König zu spielen beginnen, wobei „der Alte [Sänger] mit der Harfe" den Gesang begleitet und „die Saiten [...] wundervoll" anschlägt (vgl. Uhland 1815, S. 335–336). Ob das Gedicht des jungen Nietzsche ein ebenso tragisches Ende genommen hätte wie dasjenige Uhlands, geht aus dem Fragment nicht hervor.

~~Wer steht an~~...
(Mp I 22, S. 35; KGW I/1, S. 272; HKG 1, S. 442)

Wie beim Zweizeiler *Colon* auf der gegenüberliegenden Manuskriptseite (Mp I 22, S. 34) handelt es sich auch bei diesem Fragment um eine Vorarbeit zum Kolumbus-Gedicht in Mp I 22, S. 40–42, die sich (noch) nicht an dessen spezifischer Vorlage orientiert: Fetzers *Columbus* aus Masius' *Deutschem Lesebuch* (vgl. Masius 1868, S. 505–506).[370]

Edition
Beide Vorarbeiten zu *Colombo* wurden abzüglich der gestrichenen zwei Versanfänge auf der vorliegenden Seite gemeinsam als ein zusammengehöriger Entwurf in KGW I/1, S. 272 ediert. HKG 1, S. 442 führt ebenfalls beide Entwürfe editorisch zusammen, kombiniert allerdings nur den Titel „Colon." aus Mp I 22, S. 34 mit den drei ungestrichenen Vers(anfäng)en auf der folgenden Seite.

Form
Die formale Gestaltung des Fragments fällt ausweislich der einzigen beiden abgeschlossenen Verse als widersprüchlich auf: Entspricht der jambische Dreiheber mit hyperkatalektischem Versschluss, „Drei Schiffe seh ich fahren", noch dem angeschlagenen Metrum von *Colon*, kehrt der darauffolgende Vers, „Gleiten durch die See", die Form als trochäischer Dreiheber mit katalektischem Versschluss gleichsam um (Mp I 22, S. 35). Die übrigen, gestrichenen und/oder unabgeschlossenen Zeilen können formal nicht eindeutig analysiert werden; allenfalls der verworfene Zeilenbeginn „~~Ich seh ein Schi~~" könnte noch dem jambischen Metrum zugewiesen werden. Alles in allem nutzt der junge Nietzsche diesen zweiten Entwurf zu seinem Kolumbus-Gedicht wohl auch zum metrischen Experimentieren.

370 Zu den Kontexten von *Colombo* vgl. die Erläuterungen in Mp I 22, S. 40–42.

Inhalt

Als experimentell erweist sich ebenfalls die inhaltliche Gestaltung des Entwurfs in Mp I 22, S. 35. Auffällig ist besonders eine Konkretisierung im Vergleich zum Zweizeiler auf der vorangehenden Seite: Auch wenn sich an der oben beschriebenen Sprecherperspektive des lyrischen Ichs grundsätzlich nichts ändert,[371] so ändert sich doch das von diesem Beschriebene. Denn das lyrische Ich beobachtet hier, wie „[d]rei Schiffe [...] durch die See [gleiten]" (Mp I 22, S. 35), und spielt damit spezifischer auf Kolumbus' Schiffe Santa Maria, Niña und Pinta an. Außerdem wollte Nietzsche, wie aus den gestrichenen Zeilen hervorgeht, zunächst nur „~~ein Schi~~[ff]" vom lyrischen Ich in den Blick nehmen lassen, an dessen Deck womöglich Kolumbus persönlich oder einer seiner Männer stehen sollte („~~Wer steht an~~"; Mp I 22, S. 35). Dieser Umstand spricht dafür, dass Nietzsche beim vorliegenden Entwurf ursprünglich einen anderen Ansatz zu verfolgte als beim Zweizeiler in Mp I 22, S. 34, bis er ihn zugunsten der älteren Idee wieder verwarf.

Was für die inhaltliche und teilweise auch formale Orientierung an *Colon* gilt, lässt sich ferner auch stilistisch über den Entwurf in Mp I 22, S. 35 festhalten: Im Vergleich zum ausgestalteten Kolumbus-Gedicht in Mp I 22, S. 40–42 dominiert eine beobachtende Zurückhaltung – auch in den beiden gestrichenen Zeilen. Nur die Exklamation „O wie" (Mp I 22, S. 35), die das Fragment abschließt, deutet eine emotionale Aufwallung des lyrischen Ichs an, über deren Gestaltung und Hintergrund jedoch mangels handschriftlicher Überlieferung keine Aussagen getroffen werden können.

~~*Nicht kann ich lügen*~~
(Mp I 22, S. 36)

Die gestrichene Zeile „Nicht kann ich lügen" steht isoliert am oberen Ende von Mp I 22, S. 36 und wurde editorisch weder in KGW I/1 noch in HKG 1 berücksichtigt. Ein textgenetischer Zusammenhang innerhalb von Mp I 22 besteht ebenfalls nicht. Die auffällige Inversion weist darauf hin, dass die Zeile als Teil eines lyrischen Entwurfs zu betrachten ist. Ein weiteres Indiz hierfür ist das Metrum der Zeile: ein einzelner hyperkatalektischer Chorjambus. Hermeneutisch bietet die Aussage des lyrischen Ichs, nicht lügen zu können, keinen weiteren Raum zur Interpretation.

---

371 Zur geschilderten Außensicht auf die (drei) zur See fahrenden Schiffe in *Colon* vgl. die Erläuterungen zu Mp I 22, S. 34.

~~Wie ist mein Herz so sonnen~~hell... (Mp I 22, S. 36)

Ein weiteres, nicht in KGW I/1 und HKG 1 berücksichtigtes lyrisches Fragment liegt in dem gestrichenen Entwurf für ein liedhaftes Stimmungsgedicht in Mp I 22, S. 36 vor. Obwohl der junge Nietzsche diesen ersten von zwei Versuchen bereits nach einer Zeile und einem womöglich als Refrain vorgesehenen Jubelausruf („~~Juchhe~~“; Mp I 22, S. 36) abgebrochen hat, lassen sich aus dem erhaltenen Material doch interpretatorische Schlüsse ziehen. So hinterlässt der Jubelausruf im Zusammenspiel mit der konventionellen Naturmotivik und dem im akatalektischen jambischen Vierheber anklingenden Metrum einen generischen Eindruck, den der folgende Gedichtentwurf, eine etwas umfangreichere Variante des vorliegenden Entwurfs, bestätigt. Für beide Entwürfe gilt: Ein lyrisches Ich bekundet in natürlicher Bildsprache seine Heiterkeit und Ausgelassenheit, wobei kein Indikator auf eine allfällige ironische Brechung hinweist.

~~Wenn ich m~~ / Wie ist mein Herz so sonnenklar... (Mp I 22, S. 36; KGW I/1, S. 272; HKG 1, S. 442)

Nietzsches zweiter in Mp I 22, S. 36 überlieferter Entwurf eines Stimmungsgedichts nach *~~Wie ist mein Herz so sonnen~~hell / ~~Juchhe~~* besteht aus einem vollständigen Verspaar und einer abgebrochenen und verworfenen Zeile darüber.

Edition

Anders als der erste Entwurf wurde der vorliegende sowohl in KGW I/1 als auch in HKG 1 ediert – allerdings ohne jeweils das gestrichene Zeilenfragment „~~Wenn ich m~~“ (Mp I 22, S. 36) zu berücksichtigen. In HKG 1, S. 442 irritiert zudem, dass der von Nietzsche nicht mit weiteren Bearbeitungsspuren versehene Zweizeiler direkt auf die Transkription des dreizeiligen Kolumbus-Gedichtentwurfs von Mp I 22, S. 35 folgt, was fälschlicherweise eine Zusammengehörigkeit der Entwürfe im Manuskriptbefund suggeriert. KGW I/1, S. 272 päsentiert das Fragment dagegen richtiger als selbstständigen Text unter der eigenen Nummerierung 4[65].

Form

Formal und stilistisch entfernt sich der zweite Versuch durch den Wegfall des Ausrufs „~~Juchhe~~“ (Mp I 22, S. 36), der einen Refrain indiziert, etwas vom liedhaften Charakter des ersten Fragments; auch der Grad der Ausgelassenheit, die durch den Jubelausruf transportiert wird, vermindert sich infolgedessen. Formal fällt auf, dass der zweite Vers zwei Doppelsenkungen enthält, die das ansonsten aus dem ersten Entwurf übernommene Metrum, den jambischen Vierheber mit akatalektischem Versschluss, leicht variieren. Zudem stellt das Reimpaar „sonnenklar“ – „Vöglein Schaar“ (Mp I 22, S. 36) eine Weiterentwicklung gegenüber dem ersten, reimlosen Entwurf dar.

Inhalt

Motivisch und inhaltlich indes bleibt der junge Nietzsche grundsätzlich bei seiner ursprünglichen Idee und bewegt sich ausweislich der natürlichen Metaphorik sowie der ungebrochen zum Ausdruck gebrachten Heiterkeit und Freude auch im zweiten Fragment in den generischen Bahnen fröhlicher Stimmungslyrik. Dass Nietzsche dabei auf die in seiner Jugendlyrik ohnehin äußerst präsenten Vogel- und Sonnenmotive zurückgreift,[372] mit denen das lyrische Ich seine Unbeschwertheit ausdrückt, verstärkt diesen Eindruck zusätzlich. Unklar bleibt die Bedeutung des früh abgebrochenen und gestrichenen Konditionalsatzes über dem Verspaar („~~Wenn ich m~~“; Mp I 22, S. 36).

~~*XXXIhr*~~[?] ~~*xein*~~[?] (Mp I 22, S. 36)

Zwischen den fragmentarischen Entwürfen ~~*Wenn ich m*~~ / *Wie ist mein Herz so sonnenklar...* und *Das ~~Laub fällt v~~on den Bäumen...* enthält Mp I 22, S. 36 ein nicht mehr rekonstruierbares, da stark nachbearbeitetes und letztlich gestrichenes, ursprünglich wohl nur zwei Wörter umfassendes Zeilenfragment, das sich keinem anderen Textentwurf in Mp I 22 zuordnen lässt.

Das ~~Laub fällt v~~on den Bäumen... (Mp I 22, S. 36)

Der teilweise gestrichene lyrische Entwurf *Das ~~Laub fällt v~~on den Bäumen...* ist ein frühzeitig verworfener Beitrag zur romantischen Jahreszeitenlyrik – eine Gattung, an der sich der junge Nietzsche wiederholt abarbeitet (vgl. Kap. 2.4.4). Die große

372 Zu den Vogelmotiven in Nietzsches Jugendlyrik vgl. den entsprechenden Überblick in Kap. 2.4.4. Vogel- und Sonnenmotivik spielen gemeinsam eine wesentliche Rolle in dem Gedicht *Zwei Lerchen*. Vgl. die Erläuterungen zu Mp I 22, S. 4. Zur pantheistisch geprägten Sonnenmotivik in den entworfenen Frühlingsgedichten in Mp I 35 und Mp I 36 vgl. Anm. 267.

Nähe zur eindeutig identifizierbaren Vorlage markiert den nachgelassenen Dreizeiler als Versuch einer Umdichtung.

Kontexte

Umzudichten versucht der junge Nietzsche mit dem vorliegenden Fragment das populäre *Herbstlied* (1805) von Siegfried August Mahlmann (1771–1826).[373] Den ersten und dritten Vers übernimmt er wortidentisch. In den autobiografischen Aufzeichnungen *Pforta* aus dem August 1859 ist sodann eine reinschriftliche Fassung des Fragments aus Mp I 22, S. 36 erhalten. Der Eintrag zum 10. August verweist anlässlich eines kühlen und bedeckten Sommertages auf „das bittere Gefühl des Herbstes", das den Sprecher im „vorigen Jahre […] in Naumburg" ereilt habe (Mp III 6, S. 14; KGW I/2, S. 103). Auf eine Schilderung der Erinnerung eines einsamen Herbstspaziergangs[374] folgt ein vollständiger Vierzeiler, dessen letzter Vers sein Äquivalent bei Mahlmann ebenfalls fast wortidentisch übernimmt (vgl. Tabelle 7).

Tabelle 7: Vergleich zwischen Mahlmanns *Herbstlied* und Nietzsches Umdichtungsversuchen

Mahlmann 1839, S. 110	Mp I 22, S. 36	Mp III 6, S. 14
Das Laub fällt von den Bäumen, Das zarte Sommerlaub! Das Leben mit seinen Träumen Zerfällt in Asch' und Staub!	Das ~~Laub fällt v~~on den Bäumen De~~r schnellen W~~inde Raub. Das ~~Leben mitseinen~~ Traumen	Das Laub fällt von den Bäumen, Der wilden Winde Raub; Das Leben mit seinen Träumen Vergeht zu Asch' und Staub!

Die autobiografische Schilderung des Sprechers legt nahe, dass der junge Nietzsche den vorliegenden dreizeiligen Entwurf als Reaktion auf jenen Herbstspaziergang in enger Orientierung an Mahlmanns Gedicht anfertigt und im Jahr darauf für die *Pforta*-Aufzeichnungen wieder auf ihn zurückgreift. Möglich ist aber auch, dass Nietzsche Mahlmanns erste Strophe jeweils schlicht falsch aus dem Gedächtnis zitiert.

---

373 Vgl. bereits Métayer 2019, S. XXI.

374 Vgl. Mp III 6, S. 14; KGW I/2, S. 103: „Ich ging da allein vor dem Marienthor spazieren; der Wind strich über die kahlen Stoppelfelder, die Blätter fielen gelb zu Boden und mich durchdrang es so schmerzlich: der blühende Lenz der glühende Sommer, sie sind dahin! […] Bald wird der weiße Schnee die sterbende Natur begraben!"

Edition

Die drei erhaltenen Zeilen des jungen Nietzsche weisen keine textgenetischen Zusammenhänge innerhalb von Mp I 22 auf und wurden in KGW I/1 und HKG 1 nicht berücksichtigt. Es ist davon auszugehen, dass sie später auf der Manuskriptseite niedergeschrieben wurden als die vorhergehenden fragmentarischen Entwürfe, da Nietzsche für jene eine etwas dunklere Tinte verwendete als bei diesen. Die rätselhaft anmutenden, jeweils nur das zweite und dritte Wort jedes Verses komplett abdeckenden Streichungen[375] sind möglicherweise ein Zeichen dafür, dass der junge Nietzsche den vorliegenden Entwurf sehr schnell wieder verworfen und entsprechend unsauber durchgestrichen hat. Oder Nietzsche bereitete damit schon einen nächsten, von der Vorlage distanzierteren Entwurf vor, indem er gezielt Versteile aussortierte, die zu sehr an Mahlmanns Gedicht erinnern. Ein solcher, weiter gediehener Entwurf ist allerdings nicht erhalten.

Form

Bei der von Mahlmann vorgegebenen Form der Verse handelt es sich um die „zweithäufigste Strophenform der deutschen Lyrik“: einen „Vierzeiler aus jambischen Dreihebern mit weiblich/männlich wechselnder Kadenz und [...] Kreuzreim (abab)“ (Frank 1993, S. 106). Die „leicht zu handhabende Form“ machen ab 1800 vor allem Autoren der Romantik als Strophe für den „Ausdruck inniger, ja wehmütiger Empfindungen“ berühmt, auch wenn jene sie „immer wieder“ auch „für Romanzen und Balladen“ nutzen (Frank 1993, S. 111). Das vorliegende Gedichtfragment orientiert sich entsprechend Mahlmanns Vorlage eher an der ersteren Verwendungsweise.

Inhalt

Aus den drei in Mp I 22, S. 36 erhaltenen Versen allein lässt sich nicht ableiten, wie stark sich Nietzsche bei seiner Umdichtung auch inhaltlich an Mahlmanns *Herbstlied* orientiert hätte. Anders als es der generische Titel und die erste Strophe vorzugeben scheinen, beschränkt sich der lyrische Sprecher in der Vorlage nicht auf eine melancholische Herbstbetrachtung in Versen, sondern greift auch auf die anderen drei Jahrszeiten aus, indem er aus der Perspektive des Herbstes als gegenwärtiger Zeit den Sommer als nahe vergangene, den Frühling als ferne kommende und den Winter als unmittelbar bevorstehende Zeit präsentiert. Letztlich zielt das themengerecht aus vier Strophen bestehende *Herbstlied* damit nicht auf eine rein

375 In Vers 3 hat Nietzsche auch das vierte Wort gestrichen, das er allerdings bereits in der Niederschrift mit dem dritten zusammengezogen hatte. Schriftbildlich betrachtet handelt es sich also doch um das dritte Wort der Zeile.

melancholische Betrachtung des (Lebens-)Herbstes, sondern auf eine Apologie des Herbstes und des ganzen jahreszeitlichen Zyklus als solchen ab, wie auch die hoffnungsvolle Schlusspointe des Gedichts zum Ausdruck bringt:

> Der Winter sei willkommen,
> Sein Kleid ist rein und neu!
> Den Schmuck hat er genommen,
> Den Keim bewahrt er treu!
> (Mahlmann 1839, S. 110)

Für sich genommen schlägt Nietzsches zweiter Vers indes eine merklich andere Richtung ein als sein Äquivalent in Mahlmanns erster Strophe: An die Stelle eines idealisierenden Rückverweises auf „[d]as zarte Sommerlaub“ (Mahlmann 1839, S. 110) rückt in Nietzsches Fragment eine dramatisierende Begründung für die herbstliche Abszission, wenn der lyrische Sprecher das fallende Laub als „[d]e~~r schnellen W~~inde Raub“ vorstellt (Mp I 22, S. 36). Nietzsches Entwurf wirkt dadurch in seiner Bildlichkeit konsequenter als die erste Strophe der Vorlage; womöglich hätte er aus dem versöhnlichen *Herbstlied* Mahlmanns insgesamt ein pessimistischeres Gedicht gemacht, das dementsprechend aber auch weniger ambivalent ausgefallen wäre als Mahlmanns Vorlage.

Dass die ins Reine geschriebene Fassung des Vierzeilers aus dem folgenden Jahr jedoch Mahlmanns vierten Strophenvers ebenfalls fast wortidentisch übernimmt, eröffnet die Interpretationsmöglichkeit eines versehentlichen Falschzitats aus dem Gedächtnis. Dagegen spricht jedoch der über eine Stabreimkonstruktion („Der wilden Winde Raub“) gegenüber der Vorlage von Mahlmann sowie der Vorarbeit in Mp I 22, S. 36 künstlerisch merklich verbesserte zweite Vers aus Mp III 6, S. 14 sowie die poetisierend-abmildernde Wirkung des Verbwechsels von ‚zerfallen‘ zu ‚vergehen‘ im letzten Vers ebendort.

O weh! Daß ich verlassen hab...
(Mp I 22, S. 38)

Der elegische Fünfzeiler zum Thema Heimatverlust, mit dem Mp I 22, S. 38 beginnt, entspricht nahezu wortidentisch der ersten Strophenhälfte des umfangreichen Klagelieds,[376] das Nietzsche noch auf derselben sowie der darauffolgenden Manu-

---

376 Die einzige Abweichung betrifft Vers 3: An der Stelle des im Dativ stehenden Reflexivpronomens in der 1. Person Singular, „mir“, steht im ausführlichen Entwurf die Vergleichspartikel „wie“. Durch diese Veränderung verliert die Aussage des lyrischen Ichs, der zufolge die „ganze Welt“ (ihm

skriptseite niedergeschrieben hat. In der vorliegenden Gestalt funktioniert der Text als selbstständiges Gedicht.

Edition

Aus der Handschrift geht nicht hervor, ob es sich beim vorliegenden Fünfzeiler textgenetisch um eine Vorarbeit zu dem ausführlichen dreistrophigen Gedicht in Mp I 22, S. 38–39 handelt oder um eine eigenständige Variante. Sicher ist hingegen, dass er in KGW I/1 und HKG 1 nicht ediert wurde, obwohl keine Streichungen oder sonstigen Bearbeitungsspuren vorhanden sind, die auf einen Status als Fragment oder ältere und verworfene Variante hinweisen. Möglicherweise adressierte Nietzsche den vorliegenden Fünfzeiler und/oder das ausführliche dreistrophige Gedicht in Mp I 22, S. 38–39 unter den Titeln „Heimath" beziehungsweise „Abschied" in der Gedichtliste in Mp I 22, S. 44.

Kontexte

Heimatlosigkeit ist ein oft wiederkehrendes Motiv in Nietzsches Jugendgedichten (vgl. Müller 2017a, S. 31–37), was einerseits – literaturgeschichtlich – auf einen entsprechenden thematischen wie motivischen Schwerpunkt in der von Nietzsche rezipierten kanonischen Lyrik um 1850 zurückzuführen ist, andererseits aber auch – biografisch – mit dem frühen Verlust sowohl des Vater als auch des Bruders in den Jahren 1849 und 1850 erklärt werden kann.[377] Rückt man die biografischen Umstände des jungen Nietzsche in den Fokus der Interpretation des vorliegenen Entwurfs, erweisen sich daher die Motive des Vaterhauses und des Grabes als besonders augenfällig: Der Fünfzeiler gewinnt eine zusätzliche Bedeutungsebene, nach der das ausgezogene lyrische Ich, das mit dem Autor Nietzsche zu identifizieren wäre, sich nicht etwa nach seiner physischen Heimat sehnt,[378] sondern auch metaphysisch nach der transzendenten Instanz des Vaters, die es verloren hat. Beides, Heimat wie Vaterinstanz, symbolisiert das „theure Vaterhaus"; sein Verlust verwandelt die (Stimmungs-)Welt des Ichs in das „Grab" (Mp I 22, S. 38), das

beziehungsweise wie) „ein Grab" sei (Mp I 22, S. 38), an subjektiver Färbung und vermittelt eher einen allgemeingültigen Eindruck.

377 Zum biografisch-psychologischen Interpretationsansatz bei der Auseinandersetzung mit dem Nachlass des jungen Nietzsche, den besonders Hermann Josef Schmidt konsequent verfolgt, vgl. Kap. 2.2.2.

378 Da der junge Nietzsche zur mutmaßlichen Zeit der Niederschrift des Entwurfs nicht in Pforta zur Schule ging (das tat er erst ab Oktober 1858), sondern noch das Naumburger Domgymnasium besuchte, kommt das Heimweh des frischgebackenen Internatsschülers nicht als biografischer Kontext infrage.

ihm auch vom Vater nur geblieben ist. Vor dem Hintergrund dieses biografischen Kontexts erscheint der Entwurf als einer von vielen Versuchen, den Vaterverlust künstlerisch zu verarbeiten. Mit Blick auf den deutlich umfangreicheren Gedichtentwurf in drei Strophen, der den vorliegenden Fünfzeiler nach Vers 4 in Mp I 22, S. 38–39 fortschreibt, bleibt dieser aber gerade durch die Abhängigkeit von der biografischen Kontextualisierung in der künstlerisch-handwerklichen Entwicklung des Dichters Nietzsche hinter jenem zurück.

Form

Gegenüber der eigentümlich zur Strophenhälfte das Metrum wechselnden Form der drei Achtzeiler, aus denen der ausführliche Entwurf in Mp I 22, S. 38–39 besteht, hinterlässt das fünfzeilige Gedicht einen formal geschlossenen, homogenen Eindruck. Die ersten vier Verse aus alternierenden jambischen Vier- und Dreihebern mit durchgehend akatalektischen Schlüssen bilden die kreuzreimende Chevy-Chase-Strophe – eine nach Franks *Handbuch der deutschen Strophenformen* „flüssige und vielseitig verwendbare Liedstrophe", die sich im 18. und 19. Jahrhundert einer „außerordentliche[n] Beliebtheit" erfreute (Frank 1993, S. 140). Im vorliegenden Fall folgt der junge Nietzsche dabei der von Goethe und den Romantikern (namentlich Ludwig Tieck, Ludwig Uhland, Justinus Kerner, August von Platen, Wilhelm Müller, Gustav Schwab oder Nikolaus Lenau) geprägten Verwendungsweise der Strophe als „Nachtlied des Einsamen, der […] des Entschwundenen wehmütig gedenkt" (Frank 1993, S. 144). Das lyrische Ich beklagt den Verlust des „theure[n] Vaterhaus[es]", obwohl es dieses nach eigener Aussage selbst „verlassen" hat (Mp I 22, S. 38).

Das in separater Zeile notierte finale „O weh!", das im Zusammenspiel mit dem initiierenden Klageausruf eine anaphorische Klammer bildet, stellt nicht allein reimschematisch eine Waise im engeren Sinne des Begriffs dar, sondern mit Blick auf die gesamte Form des Entwurfs. Die hervorgehobene rechtsbündige und abstandslos an die vorhergehende Zeile anschließende Positionierung im Manuskript weist indes den besonderen Status des Ausrufs innerhalb des Fünfzeilers – und außerhalb der traditionellen vierzeiligen Strophenform – aus; zugleich kann angesichts dieses schriftbildlichen Befunds ausgeschlossen werden, dass Nietzsche analog zum ausführlichen Entwurf in Mp I 22, S. 28–39 mit dem „O weh!" eine weitere Strophe beginnen wollte, die er hier dann jedoch nicht mehr ausführte.

Inhalt

Auch wenn Motivik, Form und Gehalt des Fünfzeilers sehr konventionell ausfallen, hat sich der junge Nietzsche beim vorliegenden Entwurf – anders etwa als im Fall des vorangegangenen Fragments *Das ~~Laub fällt von~~ den Bäumen…* in Mp I 22, S. 36 – nicht an einem speziellen kanonischen Gedicht als Vorlage orientiert. Innerhalb der von den beiden „O weh!“-Ausrufen markierten Klageklammer äußert ein nicht näher charakterisiertes lyrisches Ich in pathetischen Worten tiefes Bedauern über den Weggang von seinem Zuhause, den es augenscheinlich jedoch selbst zu verantworten hat. Die Klage gilt der eigenen Entscheidung, das „theure Vaterhaus“ (Mp I 22, S. 38) verlassen zu haben, keinen äußeren Umständen, die es dazu zwangen. Gründe für das Bedauern über den Weggang, welche die (melo)dramatischen Aussagen der Verse 3 und 4 („Die ganze Welt ist mir ein Grab / Und alle Freud ist aus.“; Mp I 22, S. 38) kontextualisieren, gibt das lyrische Ich allerdings nicht preis. Textimmanent interpretiert bleibt die Klage damit eine Behauptung, der elegische Fünfzeiler als ganzer von außen betrachtet eine Pose.

~~O wehNatur ist so wonnig~~...
(Mp I 22, S. 38)

An der Stelle des gestrichenen Verspaars, das zwischen den beiden Klageliedern in Mp I 22, S. 38 steht und weder in KGW I/1 noch in HKG 1 editorische Berücksichtigung fand, setzte der junge Nietzsche zunächst wohl für eine weitere Klagelied-Variante an, wie der durch das Wort „Natur“ überschriebene Beginn „O weh“ nahelegt (Mp I 22, S. 38). Dass es sich bei dem gestrichenen Verspaar auch um den Entwurf einer weiteren Strophe handelt, ist aufgrund der deutlichen inhaltlichen und formalen Unterschiede zu den beiden anderen Texten der Manuskriptseite jedoch nahezu ausgeschlossen: Die paarreimenden jambischen Zweiheber mit Doppelsenkungen jeweils in der Versmitte und hyperkatalektischen Versschlüssen, die sich auch als auftaktige daktylische Verse mit katalektischen Enden lesen lassen, gemahnen zumindest metrisch an eine Strophenform aus kreuzreimenden „daktylische[n] Vierzeiler[n]“, die nach Horst Joachim Franks *Handbuch der Strophenformen* „in der neueren Lyrik einigen Anklang gefunden hat“ und – entsprechend Nietzsches vorliegendem Gedichtfragment – „zumeist [...] im Landschafts- und Naturbild“ verwendet wurde (Frank 1993, S. 86). Der motivisch und stilistisch sehr simpel gehaltene inhaltliche Fokus des Verspaars auf die ‚so wonnige Natur‘ und den ‚so sonnigen Himmel‘ (vgl. Mp I 22, S. 38) verweist wiederum mehr auf die thematisch ähnlich gelagerten lyrischen Fragmente in Mp I 22, S. 36 (*~~Wie ist mein Herz so sonn~~enhell...*, *Wie ist mein Herz so sonnenklar...*, *Das ~~Laub fällt v~~on den Bäumen...*) denn auf die umliegenden Klagelied-Entwürfe in Mp I 22, S. 38–39, in denen die Naturmotive allenfalls das innere Erleben des lyrischen Ichs widerspiegeln und somit hinter die elegischen und stimmungslyrischen Aspekte zurücktreten.

1. O weh! Daß ich verlassen hab…
(Mp I 22, S. 38–39; KGW I/1, S. 272–273; HKG 1, S. 442–443)

Die ersten vier Verse des umfangreichen dreistrophigen Klagelieds zum Thema Heimatverlust sind nahezu wortidentisch[379] mit denen des Fünfzeilers, mit dem die Manuskriptseite beginnt. Das mit Naturmotiven gespickte Gedicht, für das der junge Nietzsche keine bekannte literarische Vorlage verwendet hat, enthält wenig Bearbeitungsspuren und liegt sowohl in KGW I/1, S. 272–273 als auch in HKG 1, S. 442 ediert vor. Besonders auffällig ist die heterogene Form der drei achtzeiligen Strophen, die jeweils zwei eigenständige Strophenformen zu verbinden scheinen. Im Gegensatz zur inhaltlichen wie formalen Geschlossenheit des Fünfzeilers steht dieser experimentelle Formhybrid im Widerspruch zum konventionellen Gehalt der drei Strophen. Zu ebendiesem passen die möglichen Titel „Heimath“ und „Abschied“, die der junge Nietzsche in seiner Gedichtliste in Mp I 22, S. 44 notierte.

Kontexte

Der konventionelle Eindruck des Gedichts speist sich vornehmlich aus dem romantischen Wandermotiv, das der junge Nietzsche im vorliegenden Text traditionell ausgestaltet: Das lyrische Ich leidet an Heimweh und kontrastiert seinen gegenwärtigen Schmerz mit der vergangenen Freude über den einstigen Aufbruch ins Unbekannte.[380] Die Natur widerspiegelt die jeweiligen Gefühlszustände des Ichs und figuriert wahlweise als „muntre Schaar“ von „Vöglein“, die „[m]it Jubiliren sangen [sic]“, und als „oed[e] und leer[e]“ Winterlandschaft voll von „weise[m] Schnee [sic]“, die eine als fürchterlich empfundene „Grabesstille“ ausstrahlt (Mp I 22, S. 38–39). Die dergestalt zum Ausdruck gebrachte Zerrissenheit des Ichs, das zwischen Heim- und Fernweh, Sehnsucht und Verzweiflung pendelt, gehört zum Standardrepertoire besonders der literarischen Spätromantik. Gedichte wie Eichendorffs *Letzte Heimkehr* (1837) oder Wilhelm Müllers Auftakt zur *Winterreise* (1824), *Gute Nacht*, veranschaulichen dies beispielhaft. Neben dem Wandermotiv kommen die beiden genannten Texte auch über das *tertium comparationis* des

379 Zur einzigen textlichen Abweichung vgl. Anm. 376.

380 Zum Motiv des Wanderers, das „bereits früh eine Polarstruktur“ entwickelt und „einerseits als Sinnträger für ein positiv empfundenes Freiheitsverlangen“ erscheint, „andererseits als Warnung vor den Gefahren des ruhelosen Schweifens in die Fremde“ dient, vgl. den Artikel in Daemmrich/Daemmrich 1995, S. 372–375, hier S. 372. Namentlich über „die Darstellung des Wanderns in zahlreichen Werken der Romantik“ heißt es bei Daemmrich/Daemmrich 1995, S. 374: „Die wechselnden Stimmungen fangen sehr oft die Sehnsucht nach dem Unbekannten *und* das Heimweh ein.“ (Meine Herv.) Zur deutschen Wanderliteratur um 1800 vgl. den Sammelband von Albrecht/Kertscher 1999.

Schnee- beziehungsweise Wintermotivs sowie, im Falle Eichendorffs, über die trügerische „schöne Ferne“ wenn auch nicht als spezifische Vorlagen,[381] so doch zumindest als mögliche gedankliche (und formale)[382] Inspirationsquellen und konkrete Bildspender für Nietzsches *O weh! Daß ich verlassen hab…* in Betracht (vgl. Tabelle 8).

Tabelle 8: Vergleich zwischen Nietzsches Klagelied und möglichen Inspirationsquellen von Wilhelm Müller und Eichendorff

Müller 1824, S. 77	**Eichendorff 1837, S. 57**	**Mp I 22, S. 39**
Fremd bin ich eingezogen,	Der Wintermorgen glänzt so klar,	[…]
Fremd zieh’ ich wieder aus.	Ein Wandrer kommt von ferne,	O weh! Mein Lust ist all vorbei
Der Mai war mir gewogen	Ihn schüttelt Frost, es starrt sein	Die schöne Ferne trog
Mit manchem Blumenstrauß.	Haar,	[…]
[…]	Ihm log die schöne Ferne,	Mein Herz war wie der blaue Tag
Nun ist die Welt so trübe,	Nun endlich will er rasten hier,	Jetzt ist es ~~traugrig~~ oed und leer
Der Weg gehüllt in Schnee.	Er klopft an seines Vaters Thür.	[…]
		~~Jetzt~~Es schweigt ~~gals wie gestor-~~
[…]	Doch todt sind, die sonst auf-	~~ben~~ wie Grabesstille
	gethan,	~~N~~Um mich der weise Schnee
	Verwandelt Hof und Habe,	Nur ich ruf bitter weinend
	[…].	Wär ich zu Haus, o weh!
	Da sang kein Vöglein weit und breit,	
	Er lehnt’ an einem Baume,	
	Der schöne Garten lag verschneit,	
	Es war ihm wie im Traume,	
	[…].	

381 Die Gedichte Müllers und Eichendorffs unterscheiden sich durch ihren thematischen Schwerpunkt zu sehr von demjenigen Nietzsches, um eine bewusste Nachdichtung durch letzteren anzunehmen. Weder das Liebesthema aus Müllers *Gute Nacht* noch das christliche Erlösungsthema in Eichendorffs *Letzte Heimkehr* werden bei Nietzsche aufgegriffen. In dessen *O weh! Daß ich verlassen hab…* bleibt es vielmehr bei der nicht weiter differenzierten Klage über Heimweh und Heimatverlust.

382 Eichendorffs Sechszeiler weist mit seinen kreuzreimenden, zwischen jambischen Vier- und Dreihebern wechselnden Versen eine gewisse metrische wie reimschematische Ähnlichkeit zu Nietzsches Gedicht auf. Zu dessen Form vgl. die unten folgenden Ausführungen. Zur Strophenform von *Letzte Heimkehr* vgl. Frank 1993, S. 437–440.

Edition

Die in KGW I/1, S. 272–273 und HKG 1, S. 442–443 vorliegenden Editionen des Gedichtentwurfs präsentieren nahezu identische, bereinigte Transkriptionen, in denen Nietzsches handschriftliche Bearbeitungsspuren nicht berücksichtigt werden. Die kleineren Korrekturen, die Ersetzung von „mit" durch „in" im siebten Vers der ersten Strophe, die Überschreibungen des „D" im fünften Vers der zweiten Strophe und des „N" im drittletzten Vers des Gedichts sowie die kasusbedingte Umwandlung des „Die" in „Der" in Vers 6 von Strophe 2 gehen aus den Editionen ebensowenig hervor wie die umfangreicheren Bearbeitungen innerhalb der zweiten und dritten Strophe: Die – ausweislich des fehlenden Ersatzes offenbar in Gedanken zurückgenommene – Streichung von „Als ich" im vierten Vers der zweiten Strophe ist in KGW I und HKG nicht vermerkt worden; ebensowenig die nicht mehr rekonstruierbaren, durch die Adjektive „muntre" und „Verkehrt" korrigierten Varianten in den Versen 6 und 7 der zweiten Strophe (Mp I 22, S. 38). Dass der junge Nietzsche das metaphorische Herz des lyrischen Ichs in Vers 2 von Strophe 3 außerdem zunächst als „traurig" statt als „oed und leer" bezeichnen wollte und eine erste Version der darauffolgenden Zeile auf halber Länge zugunsten des metaphorischen Vergleichs mit „Nachtigall und Lerchenschlag" abbrach (Mp I 22, S. 39), geht aus den Editionen ebenfalls nicht hervor. Dasselbe gilt für die temporalen und stilistischen Korrekturen im fünften Vers der letzten Strophe[383] sowie für dessen erste, abgebrochene und verworfene Fassung, in der offenbar das zu Beginn der zweiten Strophe bereits erwähnte Motiv des Fernwehs anhand einer nicht mehr bestimmbaren Verlockung wiederaufgegriffen werden sollte: „~~Nicht lockt der xxmit m~~" (Mp I 22, S. 39).

Die einzigen transkriptiven Unterschiede zwischen den Editionen betreffen die im Manuskript abgekürzte Konjunktion „und", die HKG 1, S. 442 ausschreibt, während KGW I/1, S. 272 beim originalen „u." bleibt, sowie die Bestimmung des ersten Wortes der vorletzten Gedichtzeile, das in HKG 1, S. 443 bewusst als Temporaladverb „Nun" transkribiert wurde,[384] in KGW I/1, S. 273 jedoch – wie in der vorliegenden Edition – als exkludierendes Adverb „Nur". Die Edition in KGW I/1, S. 272–273 bewegt sich damit insgesamt geringfügig näher an der Handschrift als ihr älteres Äquivalent in HKG 1, S. 442–443.

---

383 Die Zeitangabe „Jetzt" entfällt; der metaphorische Vergleich zur Betonung der Stille und Leblosigkeit der Gefühlslandschaft durch das Substantiv „Grabesstille" anstelle der Verbkonstruktion „als wie gestorben" wirkt elaborierter (Mp I 22, S. 39).

384 Hierbei handelt es sich ausweislich des Nachberichts in HKG 1, S. 466 allerdings um eine Konjektur.

Form

Wie bereits in den Erläuertungen zur fünfzeiligen Variante in Mp I 22, S. 38 dargelegt, weisen die achtzeiligen Strophen des vorliegenden Gedichts eine hybride Form auf: Bilden die ersten vier Verse jeweils eine kreuzreimende Chevy-Chase-Strophe (vgl. Frank 1993, S. 140–145), ergeben die Verse 5 bis 8 jeweils die prominente Volksliedform aus jambischen Dreihebern mit hyperkatalektisch-akatalektischen wechselnden Versschlüssen, die in der (Spät-)Romantik, namentlich bei Eichendorff und Heine, größte Verbreitung fand (vgl. Frank 1993, S. 106–114) und hier in den Strophen 1 und 3 in der Variante mit unterbrochenem Reim (axax), in der zweiten Strophe mit Kreuzreim (abab) verwendet wird. Mit Blick auf die historische Verwendung der beiden Strophenformen, die der junge Nietzsche in *O weh! Daß ich verlassen hab…* vermengt, mutet der experimentelle Formwechsel zur Strophenmitte jedoch etwas weniger kühn an: In der Verwendungsweise als „Nachtlied des Einsamen, der […] des Entschwundenen wehmütig gedenkt", passt die Chevy-Chase-Strophe schließlich inhaltlich wie stilistisch ausgesprochen gut zum „verhaltenen Ausdruck inniger, […] wehmütiger Empfindungen", für den die betreffende Volksliedstrophe bekannt ist (Frank 1993, S. 144 u. 111). Womöglich wollte der junge Nietzsche die Strophen durch den „lebendigen Wechsel der Kadenzen", den die Volksliedform auszeichnet, noch etwas „melodische[r], liedhafte[r]" ausklingen lassen (Frank 1993, S. 111).

Inhalt

Eine umfangreichere Ausgestaltung des dreistrophigen Gedichts im Vergleich zur fünfzeiligen Variante bewirkt, dass das Wanderermotiv in jenem stärker zur Geltung kommt als in diesem und der Text im Ganzen an Komplexität gewinnt. Damit geht einher, dass die hermeneutische Abhängigkeit vom biografischen Kontext bei der Deutung nicht mehr gegeben ist: Das Gedicht funktioniert ohne diesen als Referenz an die Spätromantik wie auch als elegische Gegenüberstellung von Gegenwart und Vergangenheit, als Ausdruck enttäuschter Hoffnungen angesichts der Wanderrealität. Konkrete Erfahrungen und Gründe für die Enttäuschung und die Sehnsucht nach dem „theure[n] Vaterhaus" (Mp I 22, S. 38) teilt das lyrische Ich auch in dieser langen Variante indes nicht mit. Solche narrativen Elemente, wie sie etwa in den mutmaßlichen lyrischen Inspirationsquellen Wilhelm Müllers und Eichendorffs noch fest verankert sind, vermeidet der junge Nietzsche zugunsten motivischer Variationen des Heimweh-Fernweh-Themas. *O weh! Daß ich verlassen hab…* bleibt so merklich abstrakter als die genannten Beispielgedichte der Tradition.

Die drei Strophen des Gedichts sind jeweils auf eigene chronologische Perspektiven hin gestaltet und beleuchten, wie unterschiedlich das lyrische Ich sich und seine Umstände jeweils bewertet: Fokussiert es in Strophe 1 die zu beklagende Gegenwart, richtet es den Blick in der mittleren Strophe auf die von Optimismus und Aufbruchsstimmung geprägte Vergangenheit, in der es von zuhause auszog. In der letzten Strophe schließt das Ich die pessimistische Klammer und bezieht sich wieder auf die trostlose Gegenwart, die es der fröhlichen Vergangenheit nun mehrfach direkt gegenüberstellt, um die Klage stärker zu konturieren. Die Epanadiplose der Klageformel „O weh!" (Mp I 22, S. 38 u. 39), mit der das Gedicht sowohl beginnt wie auch endet, betont diesen Klammereffekt auch rhetorisch.

In der ersten Strophe wird die melodramatische Klage des lyrischen Ichs, wie sie bereits in der fünfzeiligen Variante am Anfang der Manuskriptseite zum Ausdruck kommt, noch uneingeschränkt fortgeschrieben: Auf die schon bekannte Behauptung, dass „alle Freud [...] aus" sei, folgt in der zweiten Strophenhälfte die präzisierende – sowie poetologische und autoreferentielle – Bekräftigung des Ichs, es müsse „klagen immerdar", wenn es „mit bittren Schmerze[n] / Nun [s]eine Strasse fahr" (Mp I 22, S. 38). Die zentrale Wandermotivik wird so von Beginn an besonders pessimistisch ausgestaltet: etwa das Motiv der Lebensfahrt, dem beispielsweise auch in Eichendorffs *Letzte Heimkehr* große Bedeutung zukommt, wo die Fahrt in der himmlischen Erlösung allerdings ein (wenn auch jenseitiges) *happy end* findet,[385] oder das Motiv des Wandergesangs, das besonders prominent in Eichendorffs lyrisch durchsetzter Erzählung *Aus dem Leben eines Taugenichts* (1826) umgesetzt wurde.[386] Im vorliegenden Gedicht des jungen Nietzsche führt die Lebensfahrt nun jedoch in eine freudlose Winterlandschaft ohne Erlösung; die Möglichkeit des (u)topischen „fröhlich[en] [S]ingen[s]" (Mp I 22, S. 38) wird ausdrücklich negiert.

Der anaphorische Strophenbeginn, die wörtliche Wiederholung des Klageausrufs „O weh!" (Mp I 22, S. 38), markiert rhetorisch die kurzzeitige Fortsetzung der pessimistischen Grundstimmung des lyrischen Ichs zu Beginn der zweiten Strophe. Im Bekenntnis, dass „[s]ein Lust [...] all vorbei" sei, variiert das Ich nurmehr den vierten Vers der ersten Strophe, in dem es dasselbe über „alle Freud" behauptet (Mp I 22, S. 38). Der im zweiten Vers folgende Hinweis auf die „schöne Ferne" (Mp I 22, S. 38), die sich als trügerisch erwiesen habe, läutet demgegenüber den ersten Perspektivwechsel ein: Das lyrische Ich berichtet über seinen einstigen Auszug von Zuhause, der sich noch durch eine optimistische Aufbruchsstimmung auszeichnete, die in der Natur widerklang:

---

385 Vgl. Eichendorff 1837, S. 58: „Der Wandrer drauf: ich kann nicht mehr – / Ist's Morgen, der so blendet? / Was leuchten dort für Länder her? – / Sein Freund die Fackel wendet: / ‚Nun ruh zum letztenmale aus, / Wenn du erwachst, sind wir zu Haus.'"

386 Besondere Prominenz erlangte gleich das erste Lied, das der Protagonist des *Taugenichts* zum Besten gibt: „Wem Gott will rechte Gunst erweisen, / Den schickt er in die weite Welt, / Dem will er seine Wunder weisen / In Feld und Wald und Strom und Feld. // [...] // Die Bächlein von den Bergen springen, / Die Lerchen schwirren hoch vor Luft, / Was sollt' ich nicht mit ihnen singen / Aus voller Kehl' und frischer Brust? // [...]." (Eichendorff 1826, S. 4–5)

> Wie war mein Herz so frisch u. frei
> ~~Als ich~~ von dannen zog.
> ~~D~~Mit Jubiliren sangen
> D~~ie~~er Vöglein ~~uxxx~~muntre Schaar […].
> (Mp I 22, S. 38–39)

Explizit rekurriert das Ich dabei auf die zuvor in den Versen 4 und 9 *ex negativo* genannten Stimmungen von „Freud und Lust“, die jene Zeit bestimmten, wenngleich eine gewisse Distanz deutlich wird, da das Ich die Schilderung des optimistischen Auszugs aus der gegenwärtigen, pessimistischen Perspektive vornimmt: Es geht vom aktuellen „Bangen“ aus und stellt die damalige Stimmung als ‚Verkehrung‘ desselben in „Freud und Lust“ dar (Mp I 22, S. 39). Das Ich verliert sich nicht in der schönen Erinnerung, sondern teilt diese wehmütig im vollen Bewusstsein seiner aktuellen Lage und Stimmung mit.

Anders als die ersten beiden Strophen beginnt Strophe 3 nicht mit dem Klageausruf „O weh!“, sondern endet damit und setzt so einen (melo)dramatischen Schlussakzent. Der erste Vers der Strophe bezieht sich demgegenüber noch in meteorologischer Metaphorik auf den Rückblick in die positiv konnotierte Zeit des Aufbruchs zur Wanderschaft, in der „das Herz“ des Ichs „wie der blaue Tag“ gewesen sei (Mp I 22, S. 39) – gleichsam frei von den trüben Wolken der Gegenwart, deren Herkunft das Ich auch in der dritten Strophe nicht aufklärt. Tandemartig stellt es vielmehr den vergangenen Optimismus und den gegenwärtigen Pessimismus einander gegenüber: Auf den retrospektiven Vergleich des Herzens mit dem „blaue[n] Tag“ folgt das Bekenntnis, es sei „[j]etzt […] oed und leer“ (Mp I 22, S. 39); und dem Rekurs darauf, dass die damalige, frühlingshaft anmutende Stimmung des Ichs im Gesang der „Nachtigall“ und Flügelschlag der „Lerche[ ]“ widerklingt, stellt das Ich die „Grabesstille“ und den „weise[n] Schnee [sic]“ (Mp I 22, S. 39) einer verlassenen Winterlandschaft entgegen. Im Gedichtfinale regiert dann wieder die reine Klage: Das auf sich allein gestellte Ich „ruf[t] bitter weinend“ (Mp I 22, S. 39) nach seinem Zuhause.

Das lyrische Ich dreht sich mit seiner Klage im Kreis; und auch Nietzsches Gedicht weist in Ermangelung konkretisierender inhaltlicher Elemente einen tautologischen Charakter auf. Spezifischere weltanschauliche, religiöse oder psychologische Deutungen lassen sich aus ihm nicht ableiten. Als epigonales Gedicht, das sich der tradierten Formen und Motive einer Epoche und Gattung bedient, kann es literaturhistorisch jedoch im Sinne einer negativen Reaktion auf (spät)romantische Wanderlieder interpretiert werden – beispielsweise als Gegenentwuf zu den optimistischen Liedern aus Eichendorffs *Taugenichts*. Vor diesem Hintergrund bietet sich der lyrische Text des jungen Nietzsche auch für einen Vergleich mit dem wahrscheinlich bekanntesten Gedicht Nietzsches an – dem ersten, „Abschied“

überschriebenen Teil von *Der Freigeist* aus dem lyrischen Nachlass des Jahres 1884:[387]

> „Die Krähen schrei'n
> Und ziehen schwirren Flugs zur Stadt:
> Bald wird es schnei'n –
> Wohl dem, der jetzt noch – Heimat hat!
>
> Nun stehst du starr,
> Schaust rückwärts ach! wie lange schon!
> Was bist du Narr
> Vor Winters in die Welt – entflohn?
>
> Die Welt – ein Thor
> Zu tausend Wüsten stumm und kalt!
> Wer Das verlor,
> Was du verlorst, macht nirgends Halt.
>
> Nun stehst du bleich,
> Zur Winter-Wanderschaft verflucht,
> Dem Rauche gleich,
> Der stets nach kältern Himmeln sucht.
>
> Flieg', Vogel, schnarr'
> Dein Lied im Wüsten-Vogel-Ton! –
> Versteck', du Narr,
> Dein blutend Herz in Eis und Hohn!
>
> Die Krähen schrei'n
> Und ziehen schwirren Flugs zur Stadt:
> Bald wird es schnei'n,
> Weh dem, der keine Heimat hat!"
> (KSA 11, S. 329)

Die Sprecherperspektive unterscheidet sich merklich von derjenigen des Jugendgedichts: Ein lyrisches Du wird kontinuierlich angesprochen und wiederholt als „Narr" tituliert, wobei offenbleibt, ob es sich nicht um ein harsches lyrisches Selbstgespräch handelt, in dem ein Ich mit sich selbst ins Gericht geht. (Der zweite

387 Auch der jüngste Beitrag zu Nietzsches Gedicht, Lütkehaus 2019, interpretiert dieses vor dem Hintergrund der romantischen Tradition. Allerdings fokussiert Lütkehaus 2019 mit Franz Schuberts *Winterreise* nicht die literarische, sondern musikalische Inspiration Nietzsches – wenngleich Schubert seinerseits auf Wilhelm Müllers bereits erwähnten lyrischen Zyklus als literarische Vorlage zurückgriff.

Gedichtteil, „A n t w o r t.“, untermauert diese Vorstellung noch – ebenso die Anführungszeichen, in denen der erste Teil steht; vgl. KSA 11, S. 330.) Motivisch fallen hingegen frappante Analogien auf, da der erwachsene Nietzsche 26 Jahre später aus demselben spätromantischen Repertoire schöpft wie zur Zeit der Benutzung des Manuskripthefts Mp I 22, die Elemente allerdings elaborierter ausgestaltet und letztlich noch einmal deutlich zuspitzt: Der desillusionierte Wanderer leidet unter dem Verlust seiner „Heimat“; die einsame, karge Winterlandschaft – „tausend Wüsten stumm und kalt“ (KSA 11, S. 329) – widerspiegelt sein pessimistisches Gemüt. An die Stelle der verstummten „Vöglein“, „Nachtigall und Lerche [...]“ (Mp I 22, S. 39), rücken die ‚schreienden‘ „Krähen“ und der Wanderer selbst, der als „Vogel“ und dessen Klage als „Lied im Wüsten-Vogel-Ton“ apostrophiert wird (KSA 11, S. 329). Und am Ende steht wieder die pointierte Klage der Heimatlosigkeit, die im Klageausruf dem Jugendgedicht fast wörtlich entspricht: „*Weh* dem, der keine Heimat hat!“ (KSA 11, S. 329; meine Herv.) – „Wär ich zu Haus, o *weh*!“ (Mp I 22, S. 39; meine Herv.)

Was das nachgelassene Gedicht des Erwachsenen von demjenigen des Jugendlichen allerdings vor allem anderen abhebt, ist sein zweiter Teil, der – entsprechend dem Titel „A n t w o r t.“ als Gegenrede formuliert – den ersten betont spöttisch desavouiert und so dessen pessimistisches Stimmungsbild sarkastisch bricht:

> Daß Gott erbarm’!
> Der meint, ich sehnte mich zurück
> In’s deutsche Warm,
> In’s dumpfe deutsche Stuben-Glück!
>
> Mein Freund, was hier
> Mich hemmt und hält ist dein Verstand,
> Mitleid mit dir!
> Mitleid mit deutschem Quer-Verstand!
> (KSA 11, S. 330)

Diese kritische ‚Antwort‘ auf den Pessimismus und das verzweifelte Heimweh des ersten Teils erzeugt nicht nur eine komplexe Sprecherkonstellation, die nicht restlos aufzuklären ist: Handelt es sich um ein schizophren anmutendes lyrisches Selbstgespräch, um einen Dialog zweier gegensätzlicher Figuren, die jeweils als lyrisches Ich auftreten, oder um den kühnen Versuch eines konsistenten und rhetorisch versierten Ichs, der im ersten Teil transportierten Gefühls- und Gedankenlandschaft performativ eine Absage zu erteilen? Unabhängig von der genauen Beschaffenheit dieser Sprecherkonstellation liegt zweifellos eine entschiedene Kritik an der im „A b s c h i e d“ präsentierten pessimistischen Stimmung und Weltanschauung vor, die im Jugendgedicht *O weh! Daß ich verlassen hab...* keine

Entsprechung findet. Die Einsamkeit des Wanderers wird *ex negativo* bejaht, die Sehnsucht nach der verlorenen Heimat als Zeichen beschränkter, schwächlicher Verirrung dargestellt („Quer-Verstand"; KSA 11, S. 330), die Heimat selbst als Stätte „dumpfe[n] deutsche[n] Stuben-Glück[s]" (KSA 11, S. 330) verspottet. Die lyrische Auseinandersetzung mit der romantischen Tradition erfolgt demnach jeweils auf unterschiedlichen Ebenen, die eine dichterische Weiterentwicklung Nietzsches bezeugen: Der epigonalen, identifikatorischen Nachdichtung des jungen Nietzsche[388] steht die sarkastische wie unterhaltsame und zugleich doch kunstvolle, da komplexe Ablehnung der Tradition gegenüber, die sich bewusst ihrer Mittel bedient.

Natürlich ist auch und gerade in diesem sehr interessanten Fall auffälliger Parallelen zwischen Texten, die mit einem Zeitabstand von 26 Jahren entstanden sind, beim Gedichtvergleich Vorsicht geboten, denn der geistige, handwerkliche wie persönliche Entwicklungsvorsprung des 39/40-jährigen Nietzsche gegenüber seinem jüngeren Ich ist kaum zu ermessen: Keineswegs sollten die erläuterten Analogien wie Differenzen daher als Indizien einer bewussten Reaktion des erwachsenen Nietzsche auf eines seiner zahlreichen Jugendgedichte interpretiert werden. Allerdings zeigt der Vergleich der lyrischen Texte auf eindrückliche Weise, dass das Erbe der romantischen Dichtung Nietzsche über verschiedene Altersstufen hinweg stark beschäftigt und sowohl beim 13-Jährigen wie auch beim 39/40-Jährigen produktive wie (sarkastisch-)kritische Reaktionen hervorgerufen hat, die sich an spezifischen Motiven festmachen lassen. Und dieser Umstand ist durchaus eine valide Erkenntnis über die gut vier Jahrzehnte andauernde Entwicklung Nietzsches als Dichter.

Colombo.
(Mp I 22, S. 40–42; KGW I/1, S. 273–274; HKG 1, S. 443)

Sein erstes Kolumbus-Gedicht schreibt Nietzsche mit 13 Jahren, wie aus den stark durchgearbeiteten lyrischen Entwürfen in Mp I 22, S. 40–42 hervorgeht, die KGW I/1, S. 273–274 und HKG 1, S. 443 jeweils als Reinschrift bar aller Bearbeitungsspuren

388 In der Sache ähnlich urteilt auch Lütkehaus 2019, S. 14: „Wie der junge Nietzsche in seinen Pfortenser Anfängen die Lyrik so sehr geschätzt und gepflegt hatte, dass er zu einem ihrer herausragenden Dichter geworden war, so hatte er die klassisch-romantische Lyrik gepflegt und noch in der Stunde der Not, in der er vergeblich auf die Heimatsuche gegangen war, einen anderen Ton: den der Versöhnung, der Wiederannäherung gesucht – bis der ‚freie Geist' über ihn kam und ihn mit der Katastrophe des Schnees abstürzen zu lassen drohte."

ediert haben. Anders als die ‚Abenteurer-Lyrik' (oder -Prosa)[389] des erwachsenen Nietzsche, die im Umkreis der Arbeit an der *Fröhlichen Wissenschaft* Anfang der 1880er Jahre ihren Höhepunkt erreicht und immer wieder eine philosophische Idenfikation mit dem genuesischen Entdecker Christoph Kolumbus durchspielt (vgl. Wenner 2017), handelt es sich bei *Colombo* um ein historisches Rollengedicht, in dem der titelgebende Seefahrer selbst als lyrisches Ich auftritt und in Form eines lyrischen inneren Monologs aus erster Hand die brenzlige Lage an Bord der *Santa Maria* schildert. Diese steht kurz vor einer Meuterei, doch die plötzlich auftretenden Zeichen des nahenden Landes bewahren die Stimmung innerhalb der Besatzung vor dem Kippen – und verhindern ein unrühmliches Ende von Kolumbus' Entdeckungsreise kurz vor ihrem Ziel.[390] Bemerkenswert ist dabei ein gewisser Impressionismus *avant la lettre*, der in der untergangsschwangeren Schilderung der äußeren Eindrücke des Ichs mitschwingt. Inhaltlich fällt zudem das psychologische Interesse auf, das den jungen Nietzsche offenbar bei der Konzeption seines Gedichts geleitet hat: Kolumbus' Eindrücke werden zunächst unmittelbar mitgeteilt, ohne dass seine Funktion als lyrisches Ich deutlich ist. Im weiteren Strophenverlauf hat der Leser dann unmittelbar Teil an den zunehmenden Zweifeln des Ichs, letztlich aber auch an dessen Erleichterung und Wiedergewinnung des Selbstvertrauens.

Das Verzeichnis in Mp I 22, S. 1 listet den vorliegenden Gedichtentwurf unter der Namensvariante „Columbus" gattungspoetisch nicht ganz stimmig als Punkt 6 der „Balladen". Die Reduktion der äußeren Handlung auf ein Minimum – die Sonne geht auf, innerhalb der Besatzung regt sich Widerstand, das Vogelpaar erscheint – bei gleichzeitiger Fokussierung der spannungsvollen Gedankenwelt des lyrischen Ichs, die quantitativ die große Mehrheit der Verse ausmacht, legt eher nahe, das Gedicht als Meditation oder Reflexion zu rubrizieren, die im vorliegenden Fall freilich zumindest einen passiven Bezug zur Außenwelt des Reflektierenden hat. Das Gedicht bildet gleichsam einen Moment des Innehaltens, der temporären internen Fokalisierung ab, in dem Kolumbus seine Situation bewertet, hofft und bangt, um schließlich durch den *deus ex machina* des „muntre[n] Vögelpaar[s]" (Mp I 22, S. 41) erlöst zu werden und sich mit neuer Hoffnung wieder dem äußeren Geschehen zuzuwenden. Die Schlussbotschaft, „Nur Muth, nur Muht [sic]" (Mp I 22, S. 42), verdeutlicht dabei rückwirkend den selbsterbaulichen und -vergewissernden Zweck

---

389 Ein besonders instruktives Beispiel der Kolumbus-Identifikation in Nietzsches Prosa stellt der letzte Abschnitt der *Morgenröthe* dar: „W i r L u f t - S c h i f f f a h r e r d e s G e i s t e s!" (M 575; KSA 3, S. 331) Vgl. zu diesem Text einleitend Schmidt 2015, S. 452–455.

390 Auch die beiden fragmentarischen Vorarbeiten in Mp I 22, S. 34–35 setzen – zumindest ausweislich der geringen erhaltenen Textmenge – noch andere Schwerpunkte als der ausgestaltete Entwurf in Mp I 22, S. 40–42. Vgl. die Erläuterungen zu Mp I 22, S. 34–35.

der Gedanken des Ichs. Im Gegensatz zu den Texten des erwachsenen Nietzsche, die Kolumbus als kühnen Entdecker unbekannter Welten inszenieren, der als *role model* für den ‚freien Geist' taugt, zeigt Nietzsches Jugendgedicht *Colombo* seinen Titelhelden damit im Augenblick der schwindenden Hoffnung und des Zweifelns.

Kontexte

Als Vorlage von *Colombo* fungierte Carl August Fetzers neunstrophiges Kolumbus-Gedicht, das unter dessen Pseudonym Berthold Staufer in Hermann Masius' *Lesebuch für höhere Unterrichts-Anstalten* aufgenommen wurde (vgl. Masius 1868, S. 505–506)[391] – ein Schulbuch für den Deutschunterricht, das der junge Nietzsche nachweislich während seiner Zeit am Naumburger Domgymnasium benutzt (vgl. Brobjer 1999, S. 321) und sich später für Schularbeiten wie Examina mehrfach von seiner Mutter nach Schulpforta schicken lässt (vgl. KGB I/1, Bf. 63 u. 272). Eine direkte Gegenüberstellung beider Gedichte veranschaulicht die Gemeinsamkeiten und Unterschiede zwischen Fetzers Vorlage und Nietzsches Nachdichtung (vgl. Tabelle 9).

Von Fetzers *Columbus* übernimmt der junge Nietzsche die achtzeilige Strophenform, den Gedichttitel (den er von der latinisierten deutschen Schreibweise in die ursprüngliche italienische übersetzt) und die gattungspoetische Gestaltung als Rollengedicht, das aus der Perspektive des Titelhelden Kolumbus den letzten Tag seiner Frist bis zur Meuterei und die erlösende Entdeckung des landanzeigenen Vogelpaars schildert.[392] Allerdings rafft Nietzsche das bei Fetzer neun Strophen umfassende Geschehen auf ein Drittel der ursprünglichen Länge zusammen, ohne die wesentlichen Punkte der äußeren oder inneren Handlung um Fristende, Selbstzweifel und erlösendes Vogelpaar außen vor zu lassen. Der junge Nietzsche verzichtet vielmehr auf die detaillierten Ausschmückungen in der lyrischen Gedankenrede der Titelfigur: Beispielsweise werden aus den zwei Strophen 7 und 8, in denen Kolumbus bei Fetzer das Vogelpaar unter Lobpreisungen, Bibelverweisen und hoffnungsvollen Erwartungen von Land apostrophiert, bei Nietzsche – Gestrichenes ausgeklammert – nur mehr zwei Zeilen: „Doch seh ich recht eEin muntres Vögelpaar / [...] / Daß [...] mit Gesang sich in den Lüften wiegt" (Mp I 22, S. 41; KGW I/1, S. 274). Obwohl es denselben historischen Gegenstand behandelt und sich zum

391 Die von Nietzsche genutzte zweite Auflage des *Lesebuchs* (Masius 1857/58) konnte leider nicht eingesehen werden.

392 Bei Fetzer wird der Titelheld zwar konsequent als lyrisches Du angesprochen, doch indiziert die unmittelbare, teils in wörtlicher Rede gehaltene Wiedergabe der Gedanken Kolumbus' sowie die ausgestellte Identifikation mit dessen Zielen und Zweifeln, dass es sich bei dem Sprecher um Kolumbus selbst, bei dem Gedicht um ein lyrisches Selbstgespräch handelt.

Tabelle 9: Vergleich zwischen dem Kolumbus-Gedicht Fetzers und dem Kolumbus-Gedichtentwurf des jungen Nietzsche

Fetzer: *Columbus* (Masius 1868, S. 505–506)	**Nietzsche: *Colombo* (Mp I 22, S. 40–42)**
Columbus.	Colombo.
1. Der Tag bricht an, der letzte, den sie gönnten. Halt aus, o Colon, kühnes Herz, halt aus! O daß mit deinem Aug' sie sehen könnten, Wie freudig blickten sie in's Meer hinaus! Nur heut' noch, Schiff, flieg hin auf deiner Bahn, Nur heute noch zerbrich nicht, morscher Kahn! Der Tag bricht an, der letzte, den sie gönnten, Der Tag bricht an!	Die Sonne geht in Osten blutig auf Das Meer strahlt wieder von der lichten Gluth Kein neues Land begrüßt des Schiffes Lauf ~~Rings um mich her die weite stille Fluth~~ Noch seh ich um mich nur die weite Fluht. Noch hör ich nur der Wogen dumpfes ~~Rau-~~ ~~schen~~?Brausen.
2. Noch ruht es dämmernd auf dem dunkeln Meere, In leichten Wellen kräuselt sich die Fluth, Gen Westen fliegt im Morgenhauch die Fähre, In frischem Glanz der reine Himmel ruht. Dir ist, o Colon, längst dahin die Nacht, Nun tagt der Himmel auch in goldner Pracht, Es weicht die Morgendämmerung vom Meere; Der Tag erwacht.	~~Mein~~ Der letzte Tag! ~~Verzage nicht Wenn~~ Es faßt mein Herz mit Grausen Die Stunde flieht, die kurze Zeit vergeht Die ich erfleht. ~~Soll~~ ~~So soll mich trügenein Geist der n~~
3. Das Steuer hält er fest in seinen Händen, Gen Westen zielend durch die Wasserflur. „Kehr' um, o Thor, du wirst es nicht vollenden. Wohin? Von Land ist nirgends eine Spur." Das Schiffsvolk murrt, ihn läßt es unbethört. „Werft ihn in's Meer, wenn uns der Narr nicht hört." Das Steuer hält er fest in seinen Händen, Kein Droh'n ihn stört.	Die Winde rauschen durch die Segel hin ~~U~~ ~~Ich schaue hoff und~~ Nach Westen schaue ich bang und zweifelnd zu Kein Hoffung strahl ~~xxx~~erheitert meinen Sinn Den müden Auge flieht ~~xxx~~schon lang Ruh. // Die wilde Schaar ~~harrt schon mit~~ ~~tobt~~ wüthend. und verzweifelt.
4. Ist es dasselbe Volk, sind es die Braven, Die so vertrauungsvoll auf dich nur sahn, Da als du steuertest aus Palos' Hafen Hin in den grenzenlosen Ocean? Nun murren sie, ein jedes Herz verzagt, Nur deines nicht; licht hat es dir getagt. Und ist's nicht mehr dasselbe Volk von Braven: Du hast's gewagt!	~~Mit Wuwü~~ ~~Nicht länger willmag? die wilde Schaar noch~~ ~~warten~~ ~~Was~~ ~~Schon fordert wild die Schaar mein~~ ~~Mit~~In Zweifeln ringt mein Geist! Hat mich betrogen
// 5. Und wirst's vollführen, eh' sich niederneiget Die Sonn', und eh' die Nacht von Osten kehrt, Ob auch das Schiffsvolk dumpfen Brütens schweiget, Und widerwillig deine Worte hört.	~~Das~~Ein Traumbild und die Ferne vorgelogen ~~Daß e~~ Schon steigt die Sonne höher, strahlt und glüth ~~Doch~~mein Muth entflieht!

Tab. 9 (fortgesetzt)

Fetzer: *Columbus* (Masius 1868, S. 505–506)	**Nietzsche: *Colombo* (Mp I 22, S. 40–42)**
O würd' vom Himmel dir ein Zeichen doch! – Ein frischer Fahrwind! – Wohl! Dein Herz schwillt hoch. Du wirst's vollführen, eh' der Tag sich neiget, Ja, heute noch. 6. Sieh da! Horch auf! Was flattert dort am Maste? Läßt auf die Segelstange nieder sich? – Halt aus, o Herz, im Jubel, der dich faßte; Du hast's vollbracht; nicht brich, o Herz, nicht brich! Wie lieblich tönt's herab zu dir, wie klar! Und wird nun, was der Geist dir zeigte, wahr? Es ist kein Traum, es flattert dort am Maste Ein Vögelpaar. 7. Was führt euch her, ihr süßen, süßen Sänger? Ihr singt so hell von der Gezweige Grün. O fliegt nicht fort, o singt, o singt noch länger, Ihr singt vom Strand, wo frische Blumen blüh'n. Ihr Boten nahen Lands, ein dürstend Ohr, Ein männlich Herz, sie lauschen euch empor. Laßt strömen euren Sang, ihr süßen Sänger, Aus euch hervor. 8. Seit aus der Arche Noah's flog die Taube Und wiederkehrend einen Oelzweig trug, Hat so bewegt niemals ein hoher Glaube, So froh begrüßet eines Vogels Flug. Nah muß das Land sein, tönt der Vögel Sang. Nie sah hinaus nach euch ein Aug' so bang, Seit aus der Arche Noah's flog die Taube. Die Fahrt war lang. 9. Flieg' hin, o Schiff, du mußt das Land erreichen! Noch heute grüßt ein Feuer dich vom Strand! O Vögelpaar, du bist ein sichres Zeichen, Und morgen ruht der Fuß auf festem Land! So wie die Flügel lüstet dich der Schwan, So schwillt das Segel, fliegt auf seiner Bahn Das Schiff. Flieg' hin, du mußt das Land erreichen! Wohlan! Wohlan!	Doch seh ich recht ~~e~~Ein muntres Vögelpaar ~~O Himmelsmächte ewig ewigDan Dank~~ Daß ~~durch die weißen~~ ~~sich in~~mit Gesang sich in den Lüften wiegt O laß von deinem Grimm du wilde Schaar nimmer Da dieses hoffnungs Zeichen trügt // Nicht ist mehr fern das Land, noch heut er„ eichen Wir unser Ziel, wo alle Zweifel ~~sch~~weichen ~~O Vater dort im Himmel~~! Auf! Rausche ~~hinxxxss~~ Schiff hin durch die Fluth Nur Muth, nur Muht.

Teil bemerkenswert eng an Fetzers Versen orientiert,[393] wirkt Nietzsches *Colombo* infolge dieses Entschlackungsprozesses, der das gesamte Gedicht betrifft, um ein Vielfaches prägnanter und konsequenter als die Vorlage.

Zur Niederschrift eines Kolumbus-Gedichts inspiriert haben könnten den jungen Nietzsche ferner die Kolumbus-Gedichte Louise Brachmanns und Friedrich Schillers, die allerdings inhaltlich wie formal gänzlich anders gestaltet wurden und demnach nicht als konkrete textliche Vorlagen in Betracht kommen. Während Brachmanns historische Ballade die Geschehnisse an Bord der *Santa Maria* ausführlich in zwölf Strophen behandelt und das Augenmerk nicht auf Kolumbus' inneren Konflikt mit den Zweifeln an sich selbst legt, sondern auf den äußeren mit der Besatzung (vgl. Brachmann 1834, S. 182–185), nutzt Schiller die historische Gegebenheit für eine in antikisierenden Distichen gehaltene Variation der in seiner Lyrik wiederholt vorkommenden „Zweiteilung in Darstellungs- und Deutungsebene"; so schließe sich an „das poetisch entfaltete Bild der ‚Entdeckungsfahrt' (V. 1–6) [...] das sentenzhafte Resümee an, das aus dem besonderen Fall eine allgemeine Wahrheit ableitet (V. 7 f.)" (Kurscheidt 2008, S. 857):

Columbus.

Steure muthiger Segler! Es mag der Witz dich verhöhnen,
    Und der Schiffer am Steur senken die lässige Hand.
Immer, immer nach West! Dort *muß* die Küste sich zeigen,
    Liegt sie doch deutlich und liegt schimmernd vor deinem Verstand.
Traue dem leitenden Gott, und folge dem schweigenden Weltmeer,
    Wär' sie noch nicht, sie stieg' jetzt aus den Fluten empor,
Mit dem *Genius* steht die *Natur* in ewigem Bunde,
    Was der Eine verspricht, leistet die andre gewiß.
(Schiller 1795, S. 179)

Den Spott der Zeitgenossen und die Ignoranz der Besatzung ignorierend, solle Kolumbus seine Fahrt selbstgewiss fortsetzen. Allein kraft seiner geistigen Vorstellungskraft werde er die anvisierte Küste erreichen, da Natur und Genius letztlich an einem Strang ziehen und einander nicht betrügen. Wenn das Bild der Küste Kolumbus so deutlich vor Augen stehe, dann müsse sie auch existieren. Diese idealistische Prämisse bringt der Sprecher mit der hyperbolischen, nicht wörtlich zu verstehenden Behauptung pointiert zum Ausdruck, der zufolge die Küste „jetzt aus den Fluten

393 Die erbaulichen Gedichtenden ähneln sich zum Beispiel sehr: „So [...] fliegt auf seiner Bahn / Das Schiff. Flieg' hin, du mußt das Land erreichen! / Wohlan! Wohlan!" (Masius 1868, S. 506) – „Auf! Rausche ~~hinxxxss~~ Schiff hin durch die Fluth / Nur Muth, nur Muht." (Mp I 22, S. 42)

empor[stiege]“, wenn „sie noch nicht“ existiere (Schiller 1795, S. 179). Ein solcher, philosophisch ausgeprägter Idealismus, der *Columbus* als Beitrag zu Schillers „klassische[r] Lyrik [...] der Jahre 1795–1799“ ausweist, die als „philosophische Lyrik“ ein Set an „Grundgedanken [...] vielfach variiert“, um „philosophische Erkenntnis [zu] transportieren“ (Koopmann 2011, S. 333–334), liegt Nietzsches Jugendgedicht inhaltlich ebenso fern wie auf formaler Ebene die Distichen.

Es steht außerdem im Raum, dass Nietzsche über Fetzers Vorlage und die genannten potenziellen Inspirationsquellen hinaus in seinem Kolumbus-Gedicht weitere schulische oder private Wissensimpulse verarbeitet hat. Als Informationsquelle zu Kolumbus' Entdeckungsreise kommt etwa der zweite Band von Theodor Bernhard Welters 1826 und 1830 in Erstauflage erschienenem *Lehrbuch der Weltgeschichte für Schulen* (vgl. Welter 1847, S. 287–288) infrage, das der junge Nietzsche wie Masius' *Deutsches Lesebuch* am Naumburger Domgymnasium benutzte (vgl. Brobjer 1999, S. 315–316) und 1858 gebraucht anschaffte (vgl. Mp I 13, S. 80). Darin konnte der junge Nietzsche eine geraffte Zusammenfassung über den drohenden Aufstand an Bord der Santa Maria und die erlösende Entdeckung von Land lesen, die auf Kolumbus' Bordbucheinträgen zwischen 6. September und 12. Oktober 1492 basieren (vgl. Columbus 1986, S. 81–96). Welters Bericht weist auffällige motivische Parallelen zum Jugendgedicht auf, wenngleich Nietzsche die Chronologie des Geschehens und die Konnotation der Motive unterschiedlich gestaltet:

> Allein mit jedem Tage der lang sich hinziehenden Fahrt minderte sich die Hoffnung und wuchs die Ungeduld der Matrosen, obgleich ihnen Columbus klüglich verschwieg, wie ungeheuer groß die zurückgelegte Meilenzahl sei. [...] Nichts schien ihnen gewisser, als daß Columbus sie hier einem unvermeidlichen Untergange entgegen führe. Sie machten ihm die bittersten Vorwürfe und droheten, ihn über Bord zu werfen, wenn er nicht umkehre. Columbus besänftigte sie durch sein ruhiges und heiteres Vertrauen, so daß sie endlich ihm erklärten, noch drei Tage wollten sie sich seinen tollkühnen Planen fügen. / Unterdessen zeigten sich Vorboten des Landes. [...] Landvögel flogen auf die Masten. Die Sonne war eben untergegangen. Noch sah man nichts [...]. Endlich röthete sich im Osten der Himmel und siehe! Da lag vor ihrem staunenden Blicke ein lieblich grünendes Eiland, vom Glanze der aufgehenden Sonne erhellt [...]. (Welter 1847, S. 287–288)

Das Motiv der Morgenröte und des Glanzes der aufgehenden Sonne, die hier in positiver Konnotation mit dem sichtbaren Erreichen des Ziels verknüpft sind, dienen dem jungen Nietzsche als apokalyptisch anmutender Auftakt seines Gedichts, nicht als Illustration der Erlösung. Kolumbus' kalkuliertes Deeskalationsmanagement, das Verschweigen der „zurückgelegte[n] Meilenzahl“, das Besänftigen der Besatzung durch „ruhiges und heiteres Vertrauen“, das den erlösenden „Vorboten des Landes“ vorausgeht (Welter 1847, S. 287–288), kommt im Gedicht wiederum nur indirekt vor: Die Erwähnung des „letzte[n] Tag[s]“ und der „kurze[n] Zeit“, die das

Ich „erfleht" habe (Mp I 22, S. 40), weisen auf die dreitägige Frist hin. Doch anders als bei Welter, der den Kapitän selbstgewiss, souverän und optimistisch darstellt, tritt Kolumbus in Nietzsches Gedicht der Vorlage Fetzers entsprechend selbst als Verzweifelter in Erscheinung, der offenbar seinen Männern gegnüber nur die Rolle des optimistischen Kapitäns spielt. Das Auftauchen des „Vögelpaar[s]" (Mp I 22, S. 41) erleichtert ihn genauso sehr wie seine Besatzung. Allerdings steht am Ende des Gedichts wiederum nur die dergestalt indizierte Gewissheit des nahenden Ziels, nicht das Ziel selbst, das Welter den „staunenden Blicke[n]" der Seeleute noch unmittelbar als „lieblich grünendes Eiland" präsentiert (Welter 1847, S. 288).

Edition

Beide kritischen Ausgaben enthalten fast identische Editionen der Aufzeichnungen zu *Colombo* in Mp I 22, S. 40–42. Die Transkriptionen in HKG 1, S. 443 und KGW I/1, S. 273–274 unterscheiden sich nur an zwei Stellen: in einer durch editorische Zeichen als Herausgebereingriff ausgewiesenen Konjektur im vierten Vers der zweiten Strophe, wo HKG 1, S. 443 aus metrischen Gründen ein „e" bei „lang" ergänzt, um den zehnsilbigen Rhythmus halten zu können; und im letzten Vers der zweiten Strophe, in dem HKG 1, S. 443 das Possessivpronomen am Versanfang großschreibt. In KGW I/1, S. 273 hat der betreffende Vers manuskriptgetreu nur neun Silben; das „mein" bleibt kleingeschrieben. Dessen ungeachtet zeichnen sich die Editionen auch im vorliegenden Fall dadurch aus, dass sie den handschriftlichen Textbefund konsequent glätten und die Bearbeitungsspuren des jungen Nietzsche nahezu vollständig unberücksichtigt lassen, obwohl beide Ausgaben für deren Wiedergabe eigentlich ein differenziertes Set editorischer Zeichen vorgeben. Selbst im Nachbericht von HKG 1 wird nur die genannte Konjektur des Possessivpronomens vermerkt, ohne darauf hinzuweisen, dass das „mein" bereits von Nietzsche selbst aus der Konjunktion „Doch" korrigiert wurde (Mp I 22, S. 41; vgl. HKG 1, S. 466).

Dabei gehören die *Colombo*-Aufzeichnungen zusammen mit dem Konradin-Gedichtentwurf (Mp I 22, S. 12–16) und den Entwürfen des Barbarossa-Gedichts (Mp I 22, S. 17–18, 20–21, 52, 57–60) zu denjenigen ausgestalteten, nichtfragmentarischen Texten in Mp I 22, die der junge Nietzsche ausweislich der Spuren im Manuskript am intensivsten bearbeitet hat. Eine besonders tiefgreifende Änderung besteht beispielsweise darin, dass Nietzsche in der dritten Strophe gezielt solche Verse gestrichen hat, die den christlichen Glauben des lyrischen Ichs bezeugen:[394]

394 Damit entfernt sich der junge Nietzsche auch von seiner Vorlage, deren achte Strophe dem biblischen Vergleich mit der Geschichte der Arche Noah gewidmet ist (Genesis 6–9; vgl. Masius 1868, S. 506): Bekanntlich zeigt eine ausgesandte Taube Noah an, dass die Flut zurückgeht, da sie mit einem Olivenzweig im Schnabel zurückkehrt (vgl. Genesis 8, 11).

An die Stelle religiöser Demut und gottesfürchtiger Dankbarkeit angesichts des nahenden Landes rücken so die weltliche Hoffnung und persönliche, gleichsam psychologische Selbstvergewisserung Kolumbus' fernab transzendenter Bezüge. Darin liegt eine relevante textgenetische Wendung, die für Nietzsches gesamte dichterische Entwicklung unter dem Schlagwort einer lyrischen Säkularisierung als Paradigma geltend gemacht werden könnte.

Nicht jede Korrektur Nietzsches wirkt sich derart stark auf den Inhalt (oder die Form) des Gedichts aus, dass sie die grundsätzliche weltanschauliche Ausrichtung desselben auf den Kopf stellt. Doch auch kleinere Akzentverschiebungen erweisen sich als relevant: So verhindert in der ersten Strophe etwa die Korrektur des vierten Verses aus „Rings um mich her die weite stille Fluth" in „Noch seh ich um mich nur die weite Fluht" eine Relativierung der apokalyptischen Motivik, die den Gedichtbeginn prägt (Mp I 22, S. 40). Die Bezeichnung als „stille Fluht" gemahnt an die Vorarbeiten zu *Colombo*, in denen noch von „schweben[den]" beziehungsweise „gleiten[en]" Schiffen die Rede war (Mp I 22, S. 34 u. 35), was auf eine friedliche, nicht unruhige und gefährliche Szenerie hindeutet. Mit der Änderung von „Rauschen" in „Brausen" im darauffolgenden Vers wird diese Linie beibehalten: Wo ‚Meeresrauschen' auch beruhigend wirken kann, lässt das „Brausen" als Synonym zum ‚Tosen' des Meeres eine wildere und gefährlichere Seite der See assoziieren. In dieses Bild passt, dass der junge Nietzsche möglicherweise ursprünglich den letzten Vers der zweiten Strophe – „mein Muth entflieht" – unter den genannten Zeilen platzieren wollte, wie der gestrichene Auftakt „Mein" indiziert (Mp I 22, S. 40–41). Er entschied sich dann dafür, das Ich von der unheilvollen Beschreibung der äußeren Welt in die nicht minder unheilvolle Beschreibung der Innenwelt wechseln zu lassen und die gewährte Gnadenfrist der Schiffbesatzung als Aufhänger für den Wechsel des Bezugspunkts zu nutzen. An diesem Punkt wollte Nietzsche durch den Aufruf „~~Verzage nicht~~" offenbar zunächst – in deutlichem Gegensatz zur fatalistischen Option „mein Muth entflieht" – einen ersten erbaulichen Kontrapunkt setzen, bevor er dann doch die bis dahin äußerst pessimistische Grundstimmung der ersten Strophe fortschrieb, indem er Kolumbus' „Herz mit Grausen" erfassen ließ (Mp I 22, S. 40).[395]

Offenbar erwog der junge Nietzsche kurzzeitig, diese Stimmung zu Beginn von Strophe 2 in das Motiv vom trügerischen Traumbild münden zu lassen, das in der letzten Bearbeitungsstufe schließlich die zweite Strophenhälfte einleitet. Dies geht aus einer gestrichenen fragmentarischen Zeile hervor, für die er zweimal ansetzte:

395 In einer Zwischenstufe setzte Nietzsche hinter dem verworfenen Ausruf „Verzage nicht" noch mit „Wenn" an (Mp I 22, S. 40), woraus sich allerdings keine weiteren Schlüsse für Textgenese und/oder Interpretation ableiten lassen, da die – ebenfalls gestrichene – Konjunktion nicht auf einen anderen, entsprechend eingeleiteten Vers verweist und als Bindewort and und für sich keine inhaltliche Relevanz aufweist.

„~~Soll~~ / ~~So soll mich trügenein Geist der n~~“ (Mp I 22, S. 40). Die bereits in einer Zwischenkorrektur verworfene Rede vom „[T]rügen“ und der nachträglich eingefügte Bezug zum „Geist“ nehmen das – seinerseits durch kleine ad-hoc-Korrekturen eingeleitete („In“ aus „Mit“, „Ein“ aus „Das“;[396] Mp I 22, S. 41) – Verspaar vorweg, in dem Kolumbus' Geist „[i]n Zweifeln ringt“ und befürchtet, dass ein „Traumbild“ ihn „betrogen“ haben könnte (Mp I 22, S. 41). Eine weitere Überlegung Nietzsches bestand ferner darin, auf Kolumbus' stropheneinleitende Wahrnehmung der „Winde“, die „durch die Segel [rauschen]“, einen stimmungsauflockernden, hoffnungsvollen Blick gen Westen folgen zu lassen, wie aus dem zweimal angesetzten, letztlich gestrichenen Zeilenfragment „U / Ich schaue hoff und“ hervorgeht (Mp I 22, S. 40). Doch auch an dieser Stelle entschied sich der junge Nietzsche dazu, die das lyrische Ich belastende Lage weiter zuzuspitzen und es lieber „bang und zweifelnd“ Richtung Westen „schaue[n]“ zu lassen (Mp I 22, S. 40). Nicht mehr rekonstruieren lassen sich indes die Stellen, aus denen Nietzsche in den Versen 3 und 4 der zweiten Strophe die Wörter „erheitert“ und „schon lang“ korrigiert hat.

Aus den gestrichenen, größtenteils fragmentarischen Zeilen, mit denen Mp I 22, S. 41 beginnt, geht hervor, dass Nietzsche die kurz vor der Meuterei stehende Besatzung zunächst bereits in Strophe 2 in Erscheinung treten lassen wollte, und zwar in größerem und bedrohlicherem Maße als es in der letzten Strophe schließlich der Fall ist:

Die wilde Schaar ~~harrt schon mit~~
~~tobt~~ wüthend. und
verzweifelt.
~~Mit Wuwü~~
~~Nicht länger willmag~~? ~~die wilde Schaar noch warten~~
~~Was~~
~~Schon fordert wild die Schaar mein~~
(Mp I 22, S. 41)

Die innerliche, auf sich selbst bezogene Verzweiflung Kolumbus' der äußeren Verzweiflung seiner Mannschaft vorzuziehen, wie es die jüngste Bearbeitungsstufe der Strophe vorgibt, hält das Gedicht demgegenüber konsequent in der Innenperspektive des lyrischen Ichs: Die Sonne steigt höher, der Ablauf der Frist rückt näher, die Hoffnung sinkt. Die verworfenen Verse,[397] in denen die „wilde Schaar […] ~~tobt~~“, in

396 Mit „~~Daß e~~“ setzt Nietzsche auch für die vorletzte Zeile noch einmal an (Mp I 22, S. 41). Aus diesem Handschriftenbefund lassen sich hier aber keine interpretatorischen Konsequenzen ableiten.

397 Streng genommen hat Nietzsche die allererste Zeile der Manuskriptseite nicht vollständig gestrichen. Da die Versteile, die ungestrichen bleiben, jedoch einen äußerst fragmentarischen Eindruck hinterlassen und sich auch nicht formal und/oder inhaltlich sinnvoll in den Zusammen-

denen sie als ungeduldig, „wüthend“, „verzweifelt“ und vermutlich auch blutrünstig[398] vorgestellt wird, hätten den Fokus unvermittelt auf die äußere Bedrohung gelenkt. Die Variante, das Ich über den Tagesanbruch mittelbar die Bedrohung reflektieren zu lassen, die aus dem Ablauf der Frist erwächst, mutet dagegen im Gesamtzusammenhang konsistenter und eleganter an.

Die erlösende Sichtung des „Vögelpaar[s]“, mit der die finale Strophe beginnt, wollte Nietzsche anscheinend zuerst als Schlusspunkt der zweiten Strophe setzen, wie das dort zugunsten des Possessivpronomens gestrichene „Doch“ nahelegt, mit dem der erste Vers von Strophe 3 beginnt (Mp I 22, S. 41). Der Übergang zwischen den Strophen wäre dadurch fließend geworden – allerdings auf Kosten der Dramatik, denn das erlösende Zeichen entfaltet als Antwort auf den fatalistischen Ausruf am vorhergehenden Strophenende eine größere Wirkung.[399]

Die relevantesten Korrekturen, die Nietzsche an der dritten Strophe vorgenommen hat, betreffen indes die folgenden Zeilen wie auch den vorletzten Vers der letzten Strophe:[400] Auf die plötzliche Wahrnehmung des Erlösungszeichens folgte zunächst nicht die präzisierende Beschreibung, wie sich das „muntre[ ] Vögelpaar […] ~~sich in~~mit Gesang […] in den Lüften wiegt“, sondern ein (abgebrochenes) Stoßgebet des lyrischen Ichs: „~~O Himmelsmächte ewig ewigDan Dank~~ / Daß ~~durch die weißen~~“ (Mp I 22, S. 41). Diese gestrichene Wendung identifiziert den *deus ex machina*, der Kolumbus in Gestalt des „Vögelpaar[s]“ in letzter Minute vor der Meuterei rettet, als den christlichen Gott. In der finalen Bearbeitungsstufe des Gedichtentwurfs ist von Gott beziehungsweise den „Himmelsmächte[n]“ dagegen keine Rede mehr;[401] die konsequente Tilgung religiöser Bezüge bezeugt ebenfalls

hang der nicht gestrichenen Gedichtentwürfe integrieren lassen, behandle ich sie ebenfalls als verworfene Variante.

398 Der abgebrochene Vers „~~Schon fordert wild die Schaar mein~~“ (Mp I 22, S. 41) lässt nicht viel Raum zur Spekulation: Wenig Fantasie ist nötig, um den Vers mit dem Wort ‚Leben‘ zu beenden, zumal Nietzsche ausweislich der Handschrift den ersten Buchstaben des folgenden Wortes schon ansetzte und dieser Federstrich zur Gestalt seines großen ‚L‘ passt.

399 Dass der junge Nietzsche auf diese Wirkung abzielt, zeigt auch eine Bearbeitung im drittletzten Vers des Gedichts: Zunächst wollte er möglicherweise schreiben, dass angesichts des Hoffnungszeichens „alle Zweifel [schwinden]“, worauf das bereits angesetzte und wieder gestrichene „sch“ hinweist (Mp I 22, S. 42). Er entschied sich dann jedoch für das stärkere „weichen“ (Mp I 22, S. 42), das überdies zum Reimschema passt.

400 Keine interpretatorische Relevanz für die dritte Strophe haben die nachträgliche Einfügung des Temporaladverbs „nimmer“ im vierten Vers (Mp I 22, S. 41), das bei der ersten Niederschrift offenbar schlicht vergessen wurde, und die durch Streichungen und Überschreibungen nicht mehr rekonstruierbare Stelle im vorletzten Vers zwischen „Rausche ~~hin~~“ und „Schiff“ (Mp I 22, S. 42).

401 Der fragmentarische Vers „Daß ~~durch die weißen~~“ (Mp I 22, S. 41) deutet darauf hin, dass der junge Nietzsche das „muntre[ ] Vögelpaar“ in der ersten Bearbeitungsstufe als weiße Tauben aufeine verworfene Variante der vorletzten Zeile, in der Kolumbus den „Vater dort im Himmel“ (Mp I 22, S. 42) apostrophiert. Dabei gibt es für diese Absenz von Glaubensinhalten angesichts Kolumbus’ katholischer Sozialisation historisch betrachtet gar keine Veranlassung. Der junge Nietzsche hat sich offenbar bewusst gegen die christliche Aufladung des Gedichts entschieden, die durch den biblischen Vergleich mit der Arche Noah auch in Fetzers Vorlage schon angelegt war. Stattdessen belässt er die Persönlichkeit Kolumbus und dessen weltliche Glaubenskrise, die durch das finale „Nur Muth, nur Muht.“ (Mp I 22, S. 42) gelöst erscheint, bis zuletzt im Fokus.

Form

Die vom jungen Nietzsche aus Fetzers Vorlage übernommene achtzeilige Strophe kombiniert zwei prominente Formen, die jeweils in unterschiedlichen Kontexten Verwendung fanden: Die erste Strophenhälfte bildet einen kreuzreimenden Vierzeiler aus jambischen Fünfhebern mit akatalektischen Versschlüssen ab, der nach Franks *Handbuch der deutschen Strophenformen* unter „dem Einfluß der englischen Gefühlslyrik nach Art der ‚Elegy written in a Country Church-Yard‘ von Thomas Gray“ als „weltliche Strophe […] in der empfindsamen Lyrik des späteren 18. Jahrhunderts“ bekannt wurde (Frank 1993, S. 303). Die „[e]legische Beschaulichkeit“ der Form, die sie auch in der „Lyrik des 19. Jahrhunderts“ als Strophe für „Betrachtungen und Bilder von Verfall und Vergänglichkeit, Einsamkeit und Tod“ qualifizierte (Frank 1993, S. 303), passt im vorliegenden Fall sehr gut zur bedrohlichen Situation und der Verzweiflung Kolumbus’. In gewisser Weise erscheint Fetzers und Nietzsches Wahl sogar avantgardistisch, denn die Hochzeit dieser Strophenform setzte erst „um die Wende zum 20. Jahrhundert“ ein, als zunächst Hofmannsthal, George und Heym ihre „elegischen Ausdrucksmöglichkeiten“ nutzten; mit dem Expressionismus etablierte sich der Vierzeiler dann als „bevorzugte[ ] Strophenformen der neueren Lyrik […] zum Ausdruck des Schmerzes und der Wehmut“ (Frank 1993, S. 304).

Die zweite Hälfte der Strophenform, in der auf zwei hyperkalatektisch endende, paarreimende Fünfheber zwei akatalektisch schließende, paarreimende Verse mit einmal fünf Hebungen und einmal zwei Hebungen folgen, stellt demgegenüber eine Variante der mit Jamben nachgebildeten Sapphischen Strophe dar, die durchgehend weiblich kadenzierte, hyperkatalektische Versenden aufweist. Während diese ursprüngliche Form besonders als „vereinfachte Kirchenliedstrophe“ seit dem

treten lassen wollte, die im Christentum als Symbol für den Heiligen Geist wie auch generell als „Sinnbild der Versöhnung und des Friedens“ fungieren (Seibert 1980, S. 302; vgl. auch Lengiewicz 2012; Forstner/Becker 1991, S. 228–234). Auch motivisch wäre der christliche Gehalt damit fest im Gedicht verankert gewesen.

16. Jahrhundert gebräuchlich war und erstmals Ende des 14. Jahrhunderts belegt ist (Frank 1993, S. 274), geht die von Fetzer und vom jungen Nietzsche genutzte Variante auf Übersetzungen des *Genfer Psalters* durch Martin Opitz (1637) zurück und wurde nach Franks *Handbuch der deutschen Strophenformen* exklusiv „in der geistlichen Lieddichtung des 17. Jahrhunderts" verwendet, etwa bei Paul Fleming und Catharina Regina von Greiffenberg (Frank 1993, S. 276). In auffallendem Gegensatz zu der weltlichen elegischen Form, auf die Fetzer und Nietzsche in der ersten Strophenhälfte zurückgreifen, reicht die Tradition dieser der zweiten Hälfte zugrundeliegenden Form in der Breitenwirkung nicht über das 18. Jahrhundert hinaus; auch außerhalb „der geistlichen Lieddichtung hat diese jambische Sonderform der sapphischen Strophe eine viel geringere Bedeutung erlangt" als im religiösen Kontext (Frank 1993, S. 275).

Nicht unerwähnt bleiben sollte jedoch, dass die vorzugsweise thematische Verwendung der jambisch nachgebildeten Sapphischen Strophe für Lieder auf „Tod, Passion und Trost im Sterben" (Frank 1993, S. 275) durchaus zum elegischen Ton der kreuzreimenden Form passt – ja, sie steigert diesen sogar. Nur angesichts der sich infolge der erlösenden Vorzeichen von Land einstellenden Stimmungsaufhellung und Ermutigung Kolumbus' am Gedichtende bricht Fetzers und Nietzsches Verwendung der Form wiederum mit deren Tradition. Allerdings ist durch den christlichen Gehalt von Fetzers Gedicht dennoch gleichsam über Bande eine Kontinuität gewährleistet, die beim jungen Nietzsche zumindest temporär, in Gestalt des abgebrochenen Stoßgebets auf einer textgenetischen Zwischenstufe, beibehalten wird.

Inhalt

Die drei Strophen von *Colombo* folgen einem klaren Spannungsbogen, den Fetzers Kolumbus-Gedicht vorgibt: Die einleitende Strophe schildert zunächst eine bedrohliche Ruhe vor dem Sturm, um zur Strophenmitte mit den angsterfüllten Ausrufen des lyrischen Ichs angesichts der ablaufenden Frist die dramatische Spannung zu erhöhen. In der zweiten Strophe erreicht diese ihren Höhepunkt, wenn Kolumbus' zunehmende Verzweiflung in Hoffnungslosigkeit umzuschlagen droht und die Sonne fast ihren Zenit erreicht hat, das Ende der Frist also unmittelbar bevorsteht. Strophe 3 löst sich die Spannung unvermittelt auf, indem das „muntre[ ] Vögelpaar" (Mp I 22, S. 41) nahendes Land anzeigt; das lyrische Ich begreift das Zeichen als Erlösung, der verlorene Mut kehrt zurück. In diesem Dreiklang – anschwellende Spannung, siedende Spannung, gelöste Spannung – bringt *Colombo* zum einen die seelische Belastung seiner Titelfigur Schritt für Schritt zum Ausdruck; zum andern gibt das Gedicht ein anschauliches Exempel von Resilienz, denn indem Kolumbus den ansteigenden Druck innerlich vearbeitet, statt ihn nach außen zu tragen, erreicht er letztlich sein anvisiertes Ziel.

Die ersten beiden Verse des Gedichts, in denen der junge Nietzsche mit einem lyrischen Impressionismus *avant la lettre* experimentiert, heben sich stilistisch von Fetzers Vorlage ab: Die Bilder der tiefrot in Richtung der Alten Welt aufgehenden Morgensonne und der durch Meeresspiegelung wie Lava erscheinenden See erzeugen ein apokalyptisches Panorama, das die bedrohliche Situation an Bord der Santa Maria eindrücklich einfängt. Die veranschaulichte Bedrohung bezieht sich zum einen konkret auf Kolumbus' Schicksal, da den Kapitän angesichts der womöglich gescheiterten Mission eine Meuterei erwartet. Obwohl es sich erst in Vers 4 als solches offenbart, prägt das lyrische Ich auch die ersten drei Verse mit seiner persönlichen Perspektive. Zum andern ergibt sich die Apokalyptik des einleitenden Panoramas möglicherweise auch aus der dem Mittelalter im 19. Jahrhundert angedichteten Vorstellung, die Erde sei eine Scheibe,[402] an deren Ende – dem räumlichen ‚Ende der Welt' – kein Leben möglich sei.[403] In Fetzers *Columbus* „ruht" der „reine Himmel" dagegen in „frischem Glanz" und „tagt [...] in goldner Pracht", als „die Morgendämmerung vom Meere" weicht (Masius 1868, S. 505).

Von den abstrakten Natureindrücken des ersten Verspaars schweift das lyrische Ich zur konkreteren Feststellung, dass „[k]ein neues Land [...] des Schiffes Lauf [begrüßt]" (Mp I 22, S. 40): Kolumbus verengt den Fokus auf das Wesentliche, den Ablauf seiner Gnadenfrist, die ihm die Besatzung erteilt hat, und liefert so indirekt die Begründung der eingangs verbildlichten Bedrohungslage. Die Anapher des Temporaladverbs „[n]och" in der Strophenmitte weist jedoch darauf hin, dass Kolumbus seine Hoffnung auf „neues Land" (Mp I 22, S. 40) *noch* nicht gänzlich aufgegeben

402 Der historische Irrtum, das Mittelalter habe sich die Erde als Scheibe vorgestellt und Kolumbus' erste Reise sei der Versuch gewesen, die Kugelförmigkeit der Erde zu beweisen, stammt aus dem 19. Jahrhundert und wurde namenlich durch Washington Irvings zum Teil fiktive Biografie *A History of the Life and Voyages of Christopher Columbus* verbreitet, die 1828 auch in deutscher Übersetzung vorlag (Irving 1828). Vgl. hierzu besonders Simek 2002, Wolf 2004 und Aufgebauer 2006. Es ist nicht auszuschließen, dass der junge Nietzsche in den 1850er Jahren ebenfalls im schulischen oder privaten Bereich mit der Vorstellung vom mittelalterlichen Glauben an eine Erdscheibe in Kontakt kam, die noch im 20. Jahrhundert Eingang in Schulbücher fand und dort vielerorts bis in die 2000er Jahre verblieb (vgl. Bernhard 2013). Aus Welter 1847 geht diese Überzeugung allerdings nicht hervor; dort liegt Kolumbus' Motivation im Finden eines „kürzere[n] Weg[s] nach Indien" beziehungsweise der Entdeckung „ein[es] große[n] Land[es] daselbst" (Welter 1847, S. 286). Inwiefern Kolumbus' Besatzung jedoch anderen Glaubens gewesen sei, ist aus Welters Schilderung nicht zu entnehmen. Bei ihm heißt es nur unbestimmt, dass ihnen „[n]ichts [...] gewisser [schien], als daß Columbus sie hier einem unvermeidlichen Untergange entgegen führe" (Welter 1847, S. 287). Damit kann auch der Hungertod auf hoher See gemeint sein, nicht unbedingt die Konfrontation mit dem ‚Ende der Welt'.

403 Zur Gestalt der „Enden der Welt [...] auf mittelalterlichen Weltkarten" vgl. von den Brincken 1992.

hat. Die „weite Fluht“ und das „dumpfe[ ] Brausen“ (Mp I 22, S. 40) der See erscheinen dem Ich am Morgen des schicksalsträchtigen Tages ebenso wie die unheilsschwangeren Natureindrücke beim Sonnenaufgang *noch* als Momentaufnahmen, wenngleich die Angst vor dem Irrtum und das drohende Scheitern seiner Mission bereits die Stimmung des Ichs bestimmt, wie aus der zweiten Strophenhälfte hervorgeht: Der das „dumpfe[ ] Brausen“ des Meeres gleichsam durchbrechende (gedankliche) Ausruf „Der letzte Tag!“, das Bekenntnis der Angst („Es faßt mein Herz mit Grausen“) und die wiederum vergleichsweise nüchterne Feststellung des Fristablaufs („die kurze Zeit vergeht“) kontextualisieren rückwirkend Kolumbus’ Gedanken der ersten Strophenhälfte (Mp I 22, S. 40). Diese gewinnen angesichts der noch am selben Tag endenden Frist an Dramatik.

Die zweite Strophe von *Colombo* zeigt die Konsequenzen auf, die aus der dramatischen Zuspitzung der Lage erwachsen: Kolumbus verliert die am Morgen *noch* leise bestehende Hoffnung auf „neues Land“ und lässt sich – zumindest innerlich – von seinen Selbstzweifeln übermannen. Erneut markiert ein Natureindruck den Strophenbeginn, wobei die Rede von den Winden, die „durch die Segel“ rauschen (Mp I 22, S. 40), einen überraschend kalmierenden Kontrapunkt zum bedrohlichen Gedichteinstieg setzt. Angesichts der steigenden Verzweiflung des lyrischen Ichs, die im Verlauf der Strophe manifest wird – auch wenn sie offenbar bereits subkutan in Vorbereitung war, wie die „müden Augen“ Kolumbus’ belegen, die „schon lang Ruh“ vermissen (Mp I 22, S. 40) –, erweist sich der im ersten Vers wiedergegebene Eindruck aus dessen Perspektive als zynisch. Denn rauschende Winde auf See suggerieren ein Fortkommen, an das Kolumbus zu diesem Zeitpunkt nicht mehr unbedingt glaubt: Der Blick „[n]ach Westen“ erfolgt nunmehr angsterfüllt und nährt die Zweifel – „[k]ein Hoffung strahl […] erheitert [s]einen Sinn [sic]“ (Mp I 22, S. 40).

Auf dem dramatischen Höhepunkt in der Gedichtmitte sollte ausweislich der gestrichenen Partien zu Beginn von Mp I 22, S. 41 ursprünglich die „wilde Schaar“ auftreten und bereits in den letzten Augenblicken vor Mittag Kolumbus’ Leben einfordern. Doch der junge Nietzsche entschied sich dafür, den konsequenten Fokus auf das Seelenleben des lyrischen Ichs beizubehalten und ihn nicht zugunsten des äußeren Geschehens zu verlieren.[404] Kurz bevor die – noch immer bedrohlich ‚strahlende‘ und ‚glühende‘ – Sonne ihren Zenit erreicht und das Fristende erreicht ist, bekennt das lyrische Ich daher die „Zweifel[ ]“, die seinen „Geist“ quälen, und stellt seine ganze Unternehmung infrage: „Hat / mich betrogen / ~~Das~~Ein Traumbild

404 Auch hier setzt sich der junge Nietzsche damit von Fetzers Vorlage ab, in der dem „Schiffsvolk“ die Drohung in den Mund gelegt wird: „Werft ihn in’s Meer, wenn uns der Narr nicht hört.“ (Masius 1868, S. 505)

und die Ferne vorgelogen“ (Mp I 22, S. 41). Auch wenn das entsprechende typografische (Frage-)Zeichen fehlt, erhellt doch aus dem Kontext, dass es sich um eine rhetorische Frage handelt, die Kolumbus’ Glaubensverlust zum Ausdruck bringt. Dieser Verlust gipfelt in dem gedanklichen Ausruf, der die zweite Strophe abschließt: „~~Doch~~mein Muth entflieht!“ (Mp I 22, S. 41)

Der dramatische Höhepunkt von *Colombo* ist zugleich der Wendepunkt des Gedichts. Durch das Erscheinen des *deus ex machina* in Gestalt eines „muntre[n] Vögelpaar[s]“ (Mp I 22, S. 41) löst sich die aufgebaute Spannung im entscheidenden Augenblick auf: Die „Vorboten des Landes“ (Welter 1847, S. 288), die nicht nur bei Fetzer (vgl. Strophe 6–8; Masius 1868, S. 506), sondern auch bei Welter auftreten, und zwar als „Landvögel“, die „auf die Masten“ fliegen (Welter 1847, S. 288), bewahren Kolumbus vor der Meuterei und die Mission vor dem Scheitern. Kolumbus gewinnt angesichts der himmlisch anmutenden Zeichen unmittelbar den – bewusst weltlich ausgeprägten – Glauben an den Erfolg seiner Reise zurück und schöpft neuen Mut, der sich auch im Selbstvertrauen und der inneren Autorität gegenüber seiner Mannschaft niederschlägt. Diese mahnt er in Gedanken sofort zur Ruhe und schwört sie wieder auf ihr Ziel ein: das nicht mehr ferne Land, „wo alle Zweifel ~~sch~~weichen“ (Mp I 22, S. 42).

Diese scheinbar nebensächliche Charakterisierung des Ziels als Land, das alle Zweifel beseitigt, rekurriert auf den dramatischen Höhepunkt in Strophe 2, auf dem Kolumbus gerade diese seine Zweifel bekennt und den Mut verliert. Die erbauliche Rede, die das Ich in der zweiten Hälfte der letzten Strophe in Gedanken hält, ist vor diesem Hintergrund nicht primär als Probelauf einer finalen Motivationsansprache gegenüber seiner Mannschaft zu verstehen, sondern gilt – wie schon in Fetzers Vorlage (vgl. Strophe 6; Masius 1868, S. 506) – in erster Linie ihm selbst, der bereits im Begriff war, das Vertrauen zu verlieren – oder es bereits verloren hatte. Das finale Verspaar bringt die Selbsterbauung, die Kolumbus in diesem letzten Teil des Gedichts performativ durch Eigenansprache vollzieht, ohne Umschweife zum Ausdruck: „Auf! Rausche ~~hinxxxss~~ Schiff hin durch die / Fluth / Nur Muth, nur Muht.“ (Mp I 22, S. 42) Der nachdrückliche, durch die Geminatio auch rhetorisch verdeutlichte Aufruf zum Mut bezieht sich dabei nicht auf die Santa Maria, sondern auf ihren Kapitän.

Mit dem neu geschöpften Mut beendet der junge Nietzsche sein erstes Kolumbus-Gedicht auf einem Motiv, das seine spätere „Abenteurer-Lyrik“ (Wenner 2017) im Umkreis der *Fröhlichen Wissenschaft* von Grund auf prägt. Die zweite Strophe eines der nachgelassenen Gedichte aus dem Sommer 1882 könnte beispielsweise als enthusiasmierte Fortschreibung des Jugendgedichts gedeutet werden. So beginnt sie bereits mit dem Wort, mit dem *Colombo* endet:

Muth! Auf offnem Meer bin ich,
Hinter mir liegt Genua.
Und mit dir im Bund gewinn ich
Goldland und Amerika.
(KSA 10, S. 12)

Auch das einzige Kolumbus-Gedicht, das Nietzsche selbst zu seiner Lebenszeit veröffentlicht hat,[405] weist mit den Motiven des wiedergewonnenen Vertrauens und des – wenn auch auf dem Meer treibenden, es nicht durchrauschenden (vgl. Mp I 22, S. 42) – Schiffes merkliche Parallelen zum Jugendgedicht auf. In der ersten Strophe von *Nach neuen Meeren* aus den *Liedern des Prinzen Vogelfrei* heißt es:

Dorthin – will ich; und ich traue
Mir fortan und meinem Griff.
Offen liegt das Meer; in's Blaue
Treibt mein Genueser Schiff.
(KSA 3, S. 649)

Ein bewusster Anschluss an sein Jugendgedicht von 1858 sei dem Enddreißiger beziehungsweise Mitvierziger Nietzsche – die *Lieder des Prinzen Vogelfrei* erscheinen erst 1888 im Rahmen der Neuausgabe der *Fröhlichen Wissenschaft* – damit nicht unterstellt. Aber die Tatsache, dass den Dichter Nietzsche das Thema Kolumbus über einen Zeitraum 30 Jahren so interessiert, dass er es mehrfach, wenn auch jeweils zeitlich gebündelt, wiederaufgreift, bleibt bemerkenswert – ob es sich nun um eine bewusste oder unbewusste Entscheidung handelt.

Weihnachten.
(Mp I 22, S. 45; KGW I/1, S. 276; HKG 1, S. 444)

Neben *Am Palmsonntage* (Mp I 22, S. 3), dem allerersten Gedicht des Manuskripthefts, ist *Weihnachten* eines der beiden Gedichte, die sich gattungspoetisch im Umkreis der Perikopendichtung[406] verorten lassen. Das zweistrophige Gedicht, das in Mp I 22, S. 45 nahezu ohne Bearbeitungsspuren und in einer auf den 24. Dezember 1860 datierten Weihnachtssammlung (Mp I 43; KGW I/2, S. 217–225) mit einer

405 Ausgerechnet dieses Gedicht nennt Kolumbus nicht beim Namen. Die textlichen Parallelen zu den einschlägigen Varianten, die Kaufmann 2022b zu PV Meeren aufführt, und die Rede vom „Genueser Schiff" (KSA 3, S. 649) rechtfertigen es aber, den Text zum entsprechenden Umfeld zu zählen.
406 Zur Gattungstradition vgl. die Ausführungen zu Nietzsches *Am Palmsontage* (Mp I 22, S. 3).

geringfügigen Änderung[407] überliefert ist, von dem sich in Mp I 21, S. 6–7 aber auch ein stark bearbeiteter Entwurf erhalten hat, wird in den Gedichtverzeichnissen „Geistliche Gedichte" (Mp I 22, S. 1) und „Gedichte" (Mp I 22, S. 44) gelistet. Dort steht es zwar jeweils im Umkreis weiterer Titel, die Terminen aus dem (christlichen) Festtagskalender gewidmet sind. Allerdings verzichtet der junge Nietzsche bei der Gestaltung des vorliegenden Weihnachtsgedichts auf den für die Perikopendichtung traditionell gattungsprägenden – aber in der jüngeren Gattungsgeschichte nicht obligatorischen[408] – Bezug auf eine spezifische Bibelstelle. Sein *Weihnachten* ist ein ebenso intimer wie unorthodoxer casualpoetischer Lobgesang anlässlich des titelgebenden Festtags, der sich ein gutes Stück weit in Redundanzen und Katachresen verliert. Denn obwohl Weihnachten ausweislich des Titels, der einleitenden Apostrophe und der konstanten Ansprache durch das lyrische ich so sehr im Mittelpunkt steht, nutzt Nietzsche wiederholt thematisch abseitige Bilder und Motive, die zu einem konventionellen Frühlingsgedicht besser passen würden. Ins Positive gewendet: Der junge Nietzsche beweist mit *Weihnachten* erneut seine experimentellen Ambitionen als Dichter in Ausbildung, indem er die thematischen Grenzen im Erwartungshorizont möglicher Leserinnen und Leser – oder Zuhörerinnen und Zuhörer – eines Weihnachtsgedichts weit hinter sich lässt. Wäre *Weihnachten* als traditionelles Gelegenheitsgedicht anlässlich des titelgebenden Festtags im Familienkreis vorgetragen worden, hätte es sicherlich Irritationen beim Publikum ausgelöst.

Kontexte

Möglicherweise manifestiert sich in *Weihnachten* die große – und frühzeitige, entstand Mp I 22 doch zwischen Januar und September 1858 (vgl. KGW I/1, S. 209–210) – Vorfreude seines 13-jährigen Autors auf das betreffende Fest. Dass sich der junge Nietzsche zumindest ab November dieses Jahres nachweislich sehr auf das kom-

407 Abgesehen von einigen typografischen Ergänzungen und der Auflösung des abgekürzten „u." in Vers 6 der ersten Strophe verbessert Nietzsche nur den dritten Vers der zweiten Strophe für die Weihnachtssammlung von „Mich dünkt, ich hörte Harfenchor" (Mp I 22, S. 45) sinnentsprechend zu „Mir ist's, als hört ich Harfenchor," (Mp I 43, S. 12). Ob Nietzsche *Weihnachten* in Mp I 43, S. 12 zu Recht auf das Jahr 1856 datiert, lässt sich auf der Grundlage des erhaltenen Manuskriptbestandes nicht verifizieren. Der früheste bekannte Entwurf stammt aus dem Heft Mp I 21, S. 6–7, das wegen der textgenetischen Verbindungen zum von Nietzsche selbst auf 1858 datierten Heft Mp I 22 demselben Zeitraum zugerechnet wird (vgl. HKG 1, S. 465; KGW I/1, S. 209).

408 Auch Droste-Hülshoff legt in ihrem *Geistlichen Jahr* einen freien Umgang mit diesem traditionellen Gattungskonstituens an den Tag, indem sie etwa „bewußt versuchte, möglichst wenig Bibeltext in ihre Verse aufzunehmen" (Schumacher 1998, S. 124). Vgl. zu diesem Umstand auch Schumacher 2007b, S. 106.

mende Weihnachten freute, geht aus einer Reihe von Briefen hervor, die in jener Vorweihnachtszeit entstanden.[409] So schreibt er seinem Freund Wilhelm Pinder am 23. November: „Nun sind es nur 4 lange Wochen bis Weihnachten; es wird mir ganz überselig, wenn ich an die schöne Zeit denke." (KGB I/1, Bf. 36) Fünf Tage später versichert er erneut gegenüber Pinder, „der Gedanke an Weihnachten" gebe ihm „immer neuen Muth" (KGB I/1, Bf. 38). Ferner teilt Nietzsche in jenen Wochen seiner Mutter mit, dass er „jetzt Weihnachten kaum mehr erwarten" könne und er sich „die schönen Tage oft" vergegenwärtige (03.12.1858, KGB I/1, Bf. 41). Mitte Dezember scheint die Begeisterung plötzlich abzuflauen: „Ueber Weihnachten will ich nicht mehr schreiben", bekennt Nietzsche seiner „Mamma"; doch liegt das nicht an fehlender Vorfreude, sondern offenbar am Willen, Redundanzen zu vermeiden: „Was ich wohl [über Weihnachten] schreiben könnte, habe ich schon unzähliche Mal" geschrieben (11.12.1858, KGB I/1, Bf. 44). Man kann ergänzen: nicht nur in Briefen, auch im Gedicht.

Edition

Ediert wurde *Weihnachten* sowohl in HKG 1, S. 444 als auch in KGW I/1, S. 276. Angesichts des reinschriftlichen Charakters der Manuskriptseite überrascht es nicht, dass die Transkription dem handschriftlichen Befund in Mp I 22, S. 45 sehr genau entspricht. Nur die einzigen beiden Bearbeitungen Nietzsches in Gestalt der minimalen ad-hoc-Korrekturen der Verse 3 und 12, die Klein- beziehungsweise Großschreibung von „~~L~~luftig" und „~~e~~Entzücken", sind in den Editionen nicht nachvollziehbar gemacht worden (auch nicht im Nachbericht von HKG 1, S. 466). Zudem transkribiert HKG 1, S. 444 die Abkürzung „u." im letzten Vers der ersten Strophe ohne editorische Zeichen ausgeschrieben als „und" (Mp I 22, S. 45), während beide Editionen die handschriftliche Einrückung des zweiten Gedichtverses der ersten Strophe im Gegensatz zu den Einrückungen der vorletzten Verse in beiden Strophen unberücksichtigt lassen.

Schwerer als diese Nicht-Berücksichtigung minimalinvasiver ad-hoc-Korrekturen in Mp I 22, S. 45 wiegt indes die Tatsache, dass die ungleich stärker durchgearbeiteten Entwürfe des Weihnachtsgedichts in Mp I 21, S. 6–7 in keiner der beiden kritischen Gesamtausgaben editionsphilologisch erschlossen wurden. KGW I hätte sie wohl entsprechend der Editionsgrundsätze Montinaris als Vorstufen in den bis

---

409 Aus den Jahren zuvor sind keine Briefe entsprechenden Inhalts überliefert. Allerdings war Nietzsche zu jener Zeit auch noch nicht durch den Besuch Schulpfortas von Familie und Freunden getrennt. In den Jahren nach 1858 unterhält Nietzsche wiederum eine rege vorweihnachtliche Korrespondenz. Offensichtlich gewann das Fest und der Austausch darüber infolge des Internatslebens für Nietzsche massiv an Bedeutung.

heute nicht erschienenen Kommentar zu Band 1 der ersten Abteilung des Nachlasses ausgelagert (vgl. Kap. 2.1.2); der entsprechende Nachbericht in HKG 1 enthält jedoch gar keinen Hinweis darauf. Die Entwürfe, über deren Text in Mp I 21, S. 6 Nietzsche bemerkenswerterweise selbst in großen, fetten Lettern den Gedichttitel „Weihnachten“ geschrieben hat, seien hier folglich erstmals vollständig transkribiert:

O Tag so schön o Tag so ~~licht~~mild
So sonnenhell so frisch u. klar
~~Als wie ein~~
So wonnevoll so wunderbar
~~Als wie ein~~
~~L~~Als wie der Quelle ~~rein u. licht~~
der dem Gefild
V~~onGestrauch umrangt~~ von Blümlein
umrankt
zart entquillt.
~~Und durch~~.
~~Nicht kann ich all die Won~~
So frei und luftig wie der
Aar
So sangeshell, so
Weihnachten.
O Tag so schön o Tag so mild
So wonnevoll so wunderbar.
So frei u. luftig wie der Aar
der
~~Als~~Und wie der Quell dem Gefild
Von Blümlein zart umrangt, entquillt
~~So sonnenhell so frisch u. klar,~~
— giltnicht
//
~~So~~

Mein Herz ~~ist~~jauchzt auf wenn er
dich schaut
Und schwingt sich gleich der Lerche ~~auf~~empor.
Mi~~r~~ch ~~ist~~dünkt ich hörte ~~ich~~ harfen Chor
~~Es tönt um mich manch süßer Laut~~
Der mir in ahnnungsvollen Laut
Manch süß geheimniß anvertraut!!
Und ~~in~~mit Entzücken lauscht mein Ohr!
(Mp I 21, S. 6–7)

Deutlich lassen sich in Mp I 21, S. 6 zwei durch den überdimensionierten Titel anschaulich getrennte Entwürfe für die erste Strophe, in Mp I 21, S. 7 ein Entwurf für die zweite Strophe identifizieren. Der Entwurf auf der oberen Hälfte von Mp I 21, S. 6 ist ausweislich der Korrekturdichte und der Textgestalt im Vergleich zum reinschriftlichen Entwurf in Mp I 22, S. 45 der älteste der erhaltenen Texte; die beiden Strophenentwürfe, die sich im Manuskript jeweils auf der unteren Seitenhälfte gegenüberstehen,[410] bilden dagegen eine schwächer nachbearbeitete Textversion, die dem jüngsten Text in Mp I 22, S. 45 bereits, wenige Streichungen ausgenommen, fast wörtlich entspricht.

Grundsätzlich gilt für alle Entwürfe zu *Weihnachten*, dass Motivik und Stil von Anfang an feststehen und sich die Änderungen im Text auf die Anpassung der Interpunktion, einzelner Formulierungen, etwa die Korrektur von „licht" durch „mild" in Vers 1 (Mp I 21, S. 6), und die Umstellung der Versreihenfolge beschränken. So steht der in Mp I 22, S. 45 als letzte Zeile von Strophe 1 platzierte Vers im ersten Strophenentwurf noch an zweiter Stelle, unterscheidet sich in der konkreten Textgestalt aber nur durch ein noch fehlendes Komma nach „sonnenhell" vom jüngsten Entwurf. Darauf folgt – eingeklammert von zwei identischen verworfenen Ansätzen des vierten Verses der Finalversion – wiederum die Zeile, die in Mp I 22, S. 45 die zweite Position einnimmt. Der unkonventionelle Vergleich des „schön[en]" Weihnachtstages mit dem „frei[en] und luftig[en]" Adler (Mp I 21, S. 6) steht im ersten Entwurf noch in der vorletzten Zeile, wobei das gestrichene große „L" zu Beginn des Verses, der den Quell-Vergleich in der Strophenmitte einleitet, auch als Hinweis auf eine Positionierung an dieser Stelle verstanden werden kann. Denn in Mp I 22, S. 45 korrigiert Nietzsche ebenfalls das kleine „l" bei „luftig" aus dem fälschlich gesetzten Großbuchstaben. Der erwähnte Quell-Vergleich unterliegt in der Gegenüberstellung der Entwürfe in beiden Manuskriptheften der vergleichsweise größten Transformation: In Mp I 21, S. 6 wird der „Quelle" zunächst abstrakt als „rein u. licht" und zugleich rustikal als von „Gestrauch umrangt" beschrieben, bevor Nietzsche aus diesem sehr heterogenen Bild fast wörtlich die Endversion korrigiert, die sich nur durch die einleitende Konjunktion („Und" statt „Als")[411] sowie den Numerus der beziehungsweise des „Blümlein[s]" vom ersten Entwurf unterscheidet (Mp I 21, S. 6; Mp I 22, S. 45). Die drei fragmentarischen, teils bereits gestrichenen Zeilen am Ende des ersten Entwurfs, „~~Und durch.~~ / ~~Nicht kann ich all~~

410 Die obere Seitenhälfte von Mp I 21, S. 7 enthält ein gestrichenes, bislang nicht ediertes dreizeiliges Liedfragment samt Noten: „Nicht länger kann ich schweigen, ach / Mein Herz wallt auf vor Freud / Lust / ~~Ve~~Von Trübsal ist erfüllt die Brust".

411 Diese Korrektur der einleitenden Konjunktion nahm Nietzsche im zweiten Entwurf der ersten Strophe vor (vgl. Mp I 21, S. 6 unten).

~~die Won~~ / [...] / So sangeshell, so“ (Mp I 21, S. 6), spielen in der weiteren Textgenese von *Weihnachten* dagegen keine Rolle mehr.

Im Vergleich zu den folgenden Entwürfen erscheint der erste Entwurf in Mp I 21, S. 6 oben damit wie ein Experimentierfeld, auf dem der junge Nietzsche Verse und Formulierungen noch ohne feste Platzierung niedergeschrieben hat. Schon der zweite Entwurf in Mp I 21, S. 6–7 weist nur noch wenige Bearbeitungsspuren auf und gleicht dem reinschriftlichen Entwurf in Mp I 22, S. 45 fast wörtlich, was für eine intensive gedankliche Vorarbeit spricht. Die überwiegende Mehrzahl der Bearbeitungen bilden die kleineren Ad-hoc-Korrekturen in den Versen 4 („Und“ aus „Als“), 7 („jauchzt“ aus „ist“), 8 („empor“ aus „auf“), 9 („Mich“ aus „Mir“, „dünkt“ aus „ist“) und 12 („mit“ aus „in“). Hinzu kommen die Streichungen des abgebrochenen Ansatzes zum siebten Vers, „So“, eines überzähligen „ich[s]“ in Vers 9 sowie einer ersten Variante des zehnten Verses, „Es tönt um mich manch süßer Laut“, dessen Gehalt Nietzsche auf zwei Verse aufgeteilt hat, die schließlich vom „ahnungsvollen Laut“ und „süß[en] geheimniß“ handeln (Mp I 21, S. 7). Ebenfalls streichen wollte Nietzsche zunächst den letzten Vers der ersten Strophe, „So sonnenhell so frisch u. klar“; diese Entscheidung nahm er jedoch ausweislich der darunterliegenden Notiz „giltnicht“ wie auch des finalen Entwurfs in Mp I 22, S. 45 wieder zurück.

Form

Weihnachten umfasst zwei homogene sechszeilige Strophen aus jambischen Vierhebern mit durchgehend akatalektischen, männlich kadenzierten Versschlüssen und einem zweideutigen Reimschema (abbaab), das sowohl als erweiterte Variante eines umarmenden (abba-ab) wie auch eines Paarreimschemas (a-bbaa-b) gelesen werden kann. Die Strophe kommt damit als individuelle Variante[412] einer Kichenliedsrophe in Betracht, die traditionell drei aufeinanderfolgende Reimpaare (aabbcc) vorsieht und vor allem „durch Luthers Kirchenlied ‚Vater unser im Himmelreich‘ (1539)“ verbreitet wurde, „nach dessen Vorbild und meist auch Melodie viele evangelische Gemeindelieder im 16. Jahrhundert entstanden“ (Frank 1993, S. 484–485). Es gab zwar auch einen weltlichen Gebrauch der Strophe bis ins 20. Jahrhundert hinein, der sowohl Volksballaden, Liebesgedichte wie auch patriotische Lieder umfasste; doch die „geistliche[ ] Formtradition“, die der junge Nietzsche durch seine protestantische Sozialisation sicher kannte, ist zum einen im Hinblick auf die historische Häufigkeit dominant (Frank 1993, S. 485–486). Zum andern

412 Nach Franks *Handbuch der deutschen Strophenformen* „ermöglicht das Metrum dieser Strophenform bei der Gleichheit der Kadenzen grundsätzlich [...] mancherlei Varianten“, wie zum Beispiel Gottfried August Bürgers *Lied vom braven Manne* (1778) mit dem Schema ababcc; allerdings „haben solche [Varianten] keine größere Bedeutung erlangt“ (Frank 1993, S. 486).

ist der Weg vom geistlichen Kontext zur Verwendung der Strophenform für ein Weihnachtsgedicht naturgemäß kürzer als derjenige von einer weltlichen Gattung.

Die erste Strophe von *Weihnachten* besteht im Grunde genommen nur aus einer Aufzählung positiver Eigenschaften des titelgebenden, metonymisch auf einen einzigen „Tag“ (Mp I 22, S. 45) zugespitzten Fests, die das lyrische Ich erst in Strophe 2 ausdrücklich mit sich und seinem Empfinden in Bezug setzt. Die eintönige Wirkung des Aufzählens unterstreichen auf formaler Ebene die verschiedenen Wortwiederholungsfiguren um die Intensitätspartikel „so“, die in den ersten sechs Versen des Gedichts insgesamt siebenmal vorkommt: Die Verse 2 und 3 beginnen anaphorisch mit „So“; die epanaleptische Wiederholung zu Beginn des sechsten Verses schlägt nach dem exkursiven „Quell“-Vergleich im vierten und fünften Vers die Brücke zum Strophenbeginn und schafft so rhetorisch einen Rahmen, der die Strophe konturiert. Epanaleptisch wird die Intensitätspartikel zudem innerhalb der Verse 1, 2 und 6 wiederholt. Dabei betrifft die Epanalepse innerhalb des ersten Verses nicht nur die Partikel selbst, sondern auch die initiale Apostrophe des Festtags: „*O Tag so* schön, *o Tag so* mild“ (Mp I 22, S. 45; meine Herv.).

Inhalt

Durch Eintönigkeit fällt die Aufzählung auch inhaltlich auf: Das lyrische Ich nennt Weihnachten am Strophenbeginn nacheinander „schön“, „mild“, „wonnevoll“ und „wunderbar“ (Mp I 22, S. 45), ohne sein mit wenig aussagekräftigen Adjektiven vorgebrachtes Festtagslob eingehender zu er- wie begründen. Die Mitte und Ende der Strophe einnehmenden Vergleiche des Fests mit einem Adler und einer Quelle in lieblicher Landschaft, die es als „frei und ~~L~~luftig“ sowie als „sonnenhell, […] frisch u. klar“ darstellen (Mp I 22, S. 45), fallen zwar spezifischer aus, erscheinen angesichts der Flug- und Frühlingsmotivik („wie der Aar“, „[v]om Blümlein zart umrankt“; Mp I 22, S. 45) allerdings katachrestisch. Mit Blick auf die Entstehungszeit der Manuskripthefte Mp I 21 und Mp I 22, Januar bis September 1858 (vgl. KGW I/1, S. 209), ist man geradezu geneigt davon auszugehen, dass sich der junge Nietzsche bei der Arbeit an *Weihnachten* allzu sehr vom frühlingshaften oder sommerlichen Wetter außerhalb der Schreibstube hat beeinflussen lassen. Jedenfalls würde es nicht nur nicht auffallen, wenn der Titel „Weihnachten“ gegen ‚Ostern‘ oder ‚Pfingsten‘ getauscht würde; Titel und erste Strophe würden so vielmehr einen deutlich konsistenteren Gesamteindruck vermitteln.

Strophe 2 gemahnt besonders mit dem Bild der sich emporschwingenden „Lerch’“ (Mp I 22, S. 45) ebenfalls an traditionelle Frühlingslyrik. Doch das lyrische Ich, das in der zweiten Strophe erstmals durch Personal- und Possessivpronomen in der ersten Person Singular direkt in Erscheinung tritt, schlägt hier auch ‚weihnachtlichere‘ Töne an, wenn es den „ahnungsvollen“ Klang von „Harfenchor“ (Mp I 22,

S. 45) mit dem nunmehr in der zweiten Person Singular[413] angesprochenen Weihnachtsfest assoziiert.[414] Grundsätzlich verändert sich in der zweiten Strophe die Dynamik zwischen apostrophiertem Weihnachtsfest und lyrischem Ich: Nachdem es seinen so einstimmigen wie auch eintönigen Lobpreis des Weihnachtsfests vorgebracht hat, schildert es in der zweiten Gedichthälfte die Wirkung des Fests auf sein eigenes Fühlen und Denken, was dem Gedicht mehr Dynamik verleiht (auch wenn das Ich eine vermittelnde Reserve gegenüber seinem inneren Geschehen aufrecht erhält, die sich im Nebensatz „Mich dünkt" [Mp I 22, S. 45] manifestiert): Der Gedanke an Weihnachten bringe zum einen das „Herz" des Ichs in Vorfreude zum ‚Jubeln' – eine Metonymie für die Beschleunigung des Herzschlags – und zum ‚Fliegen' – ein mit Blick auf das Weihnachtsthema katachrestischer Vergleich der Festtagsbegeisterung mit frühlingshaftem Vogelflug; zum andern rufe er die Vorstellung des genannten Harfenspiels hervor, dem das Ich „mit eEntzücken lauscht" und das ihm – *pars pro toto* ist im letzten Vers von „mein[em] Ohr" die Rede – „[m]anch süß Geheimniß anvertraut" (Mp I 22, S. 45).

Worin dies „Geheimniß" bestehe, bleibt selbst geheim. Möglicherweise ist die Vorahnung der Bescherung gemeint und das Ich schwelgt in der Vorfreude auf seine Weihnachtsgeschenke?[415] Außer Frage steht demgegenüber die ‚entzückende' Wirkung der Imagination von „Harfenchor" und „Geheimniß" auf das Ich, das in dieser zweiten Strophe gleichsam die Begründung für den Lobpreis des Weihnachtsfests in der ersten Gedichthälfte nachliefert. Es bleiben zwar viele Aspekte des Gedichts opak – von der Bedeutung der katachrestischen Vergleiche, in denen Frühlings- und Weihnachtsbilder eine unstimmige Verbindung eingehen, bis hin zum Inhalt des mysteriösen Geheimnisses an Ende, welches das Ich so fasziniert –, doch zumindest die uninspirierten Lobpreisungen des „so schön[en]", „mild[en], „wonnevoll[en]" (et cetera) Tages (Mp I 22, S. 45) erweisen sich im Nachinein als Ausdruck selbst empfundener Begeisterung des lyrischen Ichs. Gattungspoetisch funktioniert *Weihnachten* so vor allem als casualpoetischer Lobgesang im weiteren

413 Analog zum Wechsel eines unbestimmten lyrischen Sprechers zum lyrischen Ich im Strophenumbruch wird aus dem zunächst in der dritten Person Singular apostrophierten Festtag ein lyrisches Du, welches das Ich direkt anspricht: „*Mein* Herz jauchzt auf, wenn es *dich* schaut" (Mp I 22, S. 45; meine Herv.).

414 Harfenspiel ist zur musikalischen Untermalung des Weihnachtsfestes traditionell beliebt, da es in besonderem Maße Besinnlichkeit und Einkehr zum Ausdruck bringt (vgl. Heuerding 2020). Vgl. auch Psalm 108, 2–3: „Gott, es ist mein rechter Ernst; ich will singen und dichten, meine Ehre auch. / [...] Wohlauf, Psalter und Harfen! Ich will früh auf seyn." (AT, S. 611)

415 Diese These würde im Rahmen einer biografischen Lesart durch einige Briefstellen des jungen Nietzsche gestützt, in denen er sich gegenüber verschiedenen Adressaten über mögliche Weihnachtsgeschenke äußert. Vgl. die Analyse der Kontexte des vorliegenden Gedichts.

Sinne: Die wörtliche Bedeutung als ‚lobendes Besingen' steht im Vordergrund, Gattungstraditionen und historische, besonders biblische Kontexte oder literarische Vorlagen scheint der junge Nietzsche in diesem Fall nicht berücksichtigt zu haben.

Frühling.
(Mp I 22, S. 46; KGW I/1, S. 276; HKG 1, S. 444)

Der junge Nietzsche hält sich in Mp I 22 an den jahreszeitlichen Zyklus und lässt auf sein Weihnachtsgedicht das nicht minder einschlägig betitelte Gedicht *Frühling* (Mp I 22, S. 46) folgen, dessen Überschrift auch in seiner „Gedichte"-Liste in Mp I 22, S. 44 verzeichnet ist. Anders als *Weihnachten* bewegt sich das Frühlingsgedicht in seinen Bildern und Motiven aber noch nicht in der vorausliegenden Jahreszeit (hier: dem Sommer), sondern verbleibt – mit einer Ausnahme im Mittelteil – thematisch im Erwartungshorizont, den der Titel setzt. Einen doppelten Boden erhählt der Sechszeiler durch seine autopoetologische Schlusspointe, die den aus lieblichen Naturbildern und -vergleichen bestehenden Hauptteil performativ in Zweifel zieht. Der lyrische Sprecher, der sich so als Dichter der vorliegenden Verse zu erkennen gibt, spricht sich darin ironisch-klagend die eigenen Fähigkeiten ab und inszeniert sich als Epigone.

Kontexte

Bei der für Natur- und Jahreszeitengedichte des jungen Nietzsche typischen Orientierung an (spät)romantischer Lyrik[416] bildet *Frühling* folglich keine Ausnahme; inbesondere die Nutzung des Konjunktivs im Zusammenspiel mit der epigonalen Sprecherhaltung am Ende gemahnt an das in der Jugendlyrik mehrfach alludierte Vorbild Eichendorffs, der diese Haltung beispielsweise prominent in seinem Gedicht *Mondnacht* (vgl. Eichendorff 1837, S. 391) ausstellt. Im Fall des vorliegenden Frühlingsgedichts ist jedoch weniger an die Nachdichtung eines bestimmten Gedichts zu denken als an den losen, möglicherweise unbewussten Rückgriff auf eine um 1850 kanonische Formen-, Bilder- und Motivwelt, die auch teils aus dem literarischen Repertoire Eichendorffs resultierte. Das betrifft nicht nur *grosso modo* die idealisierenden Naturschilderungen, sondern auch ganz konkrete Formulierungen. So begegnet etwa die von Nietzsche in Vers 2 verwendete Wendung „laue Luft" (Mp I 22, S. 46) bei Eichendorff sowohl in den Erzählungen *Aus dem Leben eines Taugenichts*

416 Vgl. hierzu den Überblick in Kap. 2.4.4 sowie exemplarisch die Analysen zu dem Gedicht *Im Freien* (Mp I 22, S. 5) und dem Fragment *Das ~~Laub fällt~~ von den Bäumen*... (Mp I 22, S. 36).

und *Das Marmorbild* wie auch in den Gedichten *Ständchen*, *Frische Fahrt* und *Warnung* (vgl. Eichendorff 1826, S. 19, 171, 172, 202, 214 u. 224). Auffällig ist demgegenüber, dass die weltanschaulich-religiöse Komponente der spätromantischen Dichtung, die Verortung von Gottes Reich hinter jeder Erscheinung der Natur, in Nietzsches Frühlingsgedicht nicht aufgegriffen wird. Das ist in dem religiösen Naturgedicht *Im Freien* (Mp I 22, S. 5) noch anders.

Das poetologische Epigonenmotiv, dem die lieblichen Natureindrücke als Mittel zum Zweck des Ausdrucks zugeordnet sind, steht demnach konkurrenzlos im Mittelpunkt von *Frühling*. Von der satirischen Schärfe, die das epigonale Thema im vier Jahre später entstandenen autopoetologisch-selbstkritischen *Sonnet* (Mp I 59, S. 1) erhält,[417] kann im vorliegenden Gedicht hingegen noch nicht die Rede sein. Allenfalls die oxymoronischen Vergleiche im Mittelteil von *Frühling* könnten auch als bewusst schief gezogene Vergleiche so interpretiert werden, dass sie das dichterische Unvermögen des lyrischen Sprechers performativ veranschaulichen. Dies wäre ein spöttelnder Vorgeschmack auf die ironischen oder satirischen Äußerungen von Selbstkritik, die in Lyrik und Prosa des jungen Nietzsche wiederholt begegnen (vgl. Kap. 2.3.2).

Edition

Die Handschrift von *Frühling* weist keinerlei Bearbeitungsspuren auf und wurde dementsprechend manuskriptgetreu in KGW I/1, S. 276 ediert. HKG 1, S. 444 weicht in der Transkription von Mp I 22, S. 46 lediglich insofern ab, als sie die in den ersten beiden Versen des Manuskripts als „u." abgekürzte Konjunktion „und" ausschreibt. Großes Irritationspotenzial birgt dagegen die editorische Entscheidung, den in Mp I 22, S. 52 unter einem (übrigens nicht edierten) frühen Entwurf des Barbarossa-Gedichts notierten Vierzeiler *Ade, Ade mein Heimathsort…* in HKG 1, S. 444 direkt unter dem Frühlingsgedicht zu platzieren und nur durch eine Leerzeile von diesem zu trennen. So erscheint *Frühling* in HKG 1, S. 444 fälschlicherweise als Gedicht in zwei Versgruppen, die nicht so recht zusammenpassen.[418]

417 Zum *Sonnet* voll „Spott, Satyre, Hohn sehr scharf u. spitz" (Mp I 59, S. 1) vgl. die Interpretation in Kap. 2.3.2.

418 Der in HKG jeweils als Hochzahl am Seitenrand platzierte Hinweis auf die handschriftliche Provenienz jedes edierten Textes verhindert den Eindruck der Zusammengehörigkeit nicht, da zusammengehröige Textentwürfe in der Praxis nicht selten durch mehrere Manuskriptseiten getrennt sind. Auch im Nachbericht weist HKG 1, S. 466 zur betreffenden Textstelle lediglich darauf hin, dass „auf S. 52 o. und 57–60 der Hs. […] Entwürfe des Gedichtes *Barbarossa* (S. 440) [stehen]". Der Nutzer von HKG muss folglich selbst darauf verfallen, aufgrund der großen formalen und inhaltlichen Unterschiede zwischen *Frühling* und *Ade, Ade mein Heimathsort…* und entgegen dem optischen Eindruck, den HKG 1, S. 444 erweckt, von zwei unabhängigen Texten auszugehen.

Form

Formal variiert *Frühling* eine „schlicht und fest“ klingende sechszeilige Strophe aus paargereimten „trochäischen, männlich schließenden Vierhebern“ (Frank 1993, S. 454), deren Ursprünge ins 13. Jahrhundert zurückreichen. Indem das letzte Verspaar nicht katalektisch, sondern akatalektisch-weiblich endet, wird die poetologische Schlusspointe auf klanglicher Ebene betont. Damit löst der junge Nietzsche die „Problematik“, die Horst Joachim Frank der traditionellen Form attestiert: das Fehlen eines „merklichen Abschluß[es]“ (Frank 1993, S. 454). Gekannt haben dürfte Nietzsche die Form aus der älteren Kirchenlieddichtung, die vielfach auf „[s]olche männlich gereimten Vierheberpaare“ zurückgriff, der Barocklyrik, in der durch Veränderung der „Reimordnung“ und Bildung von Refrains diverse Varianten entstanden, sowie einiger weniger weltlicher Gedichte, zum Beispiel Wilhelm Müllers *Est Est!* (Frank 1993, S. 454–455; Müller 1824, S. 68–71).[419]

Inhalt

Den drei Verspaaren, aus denen *Frühling* besteht, korrespondiert eine inhaltliche Dreiteilung: In den Zeilen 1 und 2 beschränkt sich der lyrische Sprecher darauf, verschlagwortete Assoziationen zum titelgebenden Frühlingsthema in einem akkumulativen Parallelismus aneinanderzureihen. Es handelt sich dabei um konventionelle Frühlingsmotive, die allerdings vier der fünf klassischen Sinneswahrnehmungen des Menschen ansprechen: das Hören („Vogelsang“), Riechen („Blüthenduft“), Sehen („[g]rüne Flur“) und Tasten beziehungsweise Fühlen („laufe Luft“).[420] Mit diesem Einstieg vermittelt der lyrische Sprecher nicht nur die unterschiedlichen Ebenen, auf denen der Frühling wahrgenommen werden kann; im Hinblick auf den poetologischen Gehalt des Gedichts unterstreicht er vielmehr auch die besondere Qualität von Dichtung – namentlich der Jahreszeitenlyrik –, die auf (fast) alle Sinne wirkt.

Den Mittelteil des Sechszeilers bilden zwei auffällige oxymoronische Vergleiche, die sich vom Titelthema entfernen und eher allgemeine Natureindrücke aufgreifen. Das in Vers 1 und 2 indirekt angestoßene Thema der Sinneswahrnehmung führt der lyrische Sprecher dennoch weiter, indem er von den gewohnten Perzeptionsweisen abweicht und performativ die besonderen Möglichkeiten der Dichtkunst illustriert, auch Empfindungs- und Denkweisen jenseits der Norm auszudrücken. So spielt die dritte Zeile mit dem Kausalitätsprinzip, indem es das gängige Bild vom sich im Wasser spiegelnden Abendrot per Vergleich umkehrt: Der „Himmel“ sei „goldig wie

419 Zu weiteren Varianten der Strophenform, die oft, wie im Fall des vorliegenden Jugendgedichts, durch die Integration akatalektisch-weiblicher Versendungen entstanden, vgl. Frank 1993, S. 456–460.

420 Warum ausgerechnet der Geschmackssinn fehlt, ist nicht ersichtlich.

ein See" (Mp I 22, S. 46), nicht ein See (durch Oberflächenspiegelung) goldig wie der Himmel. In Vers 4 bezeichnet der Sprecher zudem die „Wolken" als „duftig wie der Schnee" (Mp I 22, S. 46), was jedoch keine Synästhesie anzeigt (die Wolken ‚duften' nicht wie Schnee), sondern innerhalb des meteorologischen Bildbereichs auf das Erscheinungsbild der Wolken abhebt. Denn gemäß Grimms *Deutschem Wörterbuch* hat das Adjektiv „duftig" nicht nur eine olfaktorische Bedeutung („wolgeruch verbreitend"), sondern meint auch schlicht „dunstig" (DWB 2, Sp. 1505–1506), also ‚neblig' und ‚trüb'. Allerdings ist „Schnee" als Erscheinungsform des festen Aggregatzustands von H_2O wiederum gerade nicht „dunstig". In ihrer Widersprüchlichkeit bringen beide Vergleiche den hohen Anspruch des lyrischen Sprechers zum Ausdruck, den dieser an ein ‚würdiges Besingen' des Frühlings stellt. *Ex negativo* zeigt er auf, dass sinnliche Metaphern und kühne Oxymora allein – also die bloße Verwendung von Stilmitteln abseits des künstlerischen Talents oder der Inspiration – noch kein ‚würdiges' Gedicht machen.

Das letzte Gedichtdrittel bildet die epigonale Schlusspointe: Der Sprecher nimmt eine autopoetologische Perspektive ein, um die vorangehenden vier Verse indirekt als misslungene dichterische Versuche zu kritisieren und rhetorisch nach besseren Dichtern zu fragen, die den titelgebenden Frühling „würdig [...] besingen" können (Mp I 22, S. 46). Eingeleitet durch den Klagelaut „Ach", der bereits einen semantischen Bruch mit den bis dahin transportierten Frühlings- und Natureindrücken markiert, nimmt der Sprecher unvermittelt eine übergeordnete Perspektive ein, indem er Modus und Relation seiner Aussage wechselt: Im Konjunktiv II rekurriert er mittels Pronomen („Dies"; Mp I 22, S. 46) auf die in Beginn und Mittelteil bedichteten Assoziationen wie Vergleiche und geht auf kritische Distanz zu ihnen – und zur eigenen dichterischen Leistung. Die rhetorische Frage nach dem Subjekt, „[d]em [...] es gelingen" sollte, den titelgebenden Frühling „recht würdig zu besingen" (Mp I 22, S. 46), zielt indes nicht auf einen bestimmten ‚würdigeren' Dichter, sondern fällt durch ihre Unbestimmtheit letztlich auf den Sprecher selbst zurück, der vor allem die eigene Unzulänglichkeit auszustellen strebt. Die Gemengelage aus Selbstanklage, konjunktivischer Sprechweise und poetologischem Gehalt hat literaturhistorisch besonders in der Spätromantik Tradition, die der junge Nietzsche auch andernorts produktiv rezipiert (vgl. Kap. 2.4.4).

Nicht kann der alte Kaiser...
(Mp I 22, S. 52 oben; KGW I/1, S. 277)

Die in brauner Tinte niedergeschriebenen fragmentarischen Gedichtentwürfe, welche die oberen zwei Drittel von Mp I 22, S. 52 einnehmen, gehören wie die Texte in Mp I 22, S. 17–18, 20–21 u. 57–60 zum thematischen Umkreis der Kyffhäuser-

Lyrik.[421] Während die Entwürfe in Mp I 22, S. 17–18 u. 57–60 allerdings textgenetisch klar dem ausgestalteten Barbarossa-Gedicht in Mp I 22, S. 20–21 als Vorarbeiten zuzuordnen sind, gibt es für die Texte in Mp I 22, S. 52 mehrere Möglichkeiten der Rubrizierung, weil sie sich am deutlichsten vom fast ausgestalteten Gedicht *Der alte Barbarossa ruht…* (Mp I 22, S. 20–21) unterscheiden. So kommen die Entwürfe in Mp I 22, S. 52 sowohl als Neuansatz des Gedichts, als weitere Strophenversuche wie auch als erste Versuche eines Kyffhäuser-Gedichts überhaupt in Betracht.

Innerhalb der Entwürfe können ferner fünf Strophenansätze unterschieden werden, wobei die Ansätze 2 (wegen unsicherer Lesart und Semantik: „~~Er rum he~~") und 4 (weil es sich um einen schnell abgerochenen Neuansatz der ersten zwei Zeilen der Seite handelt: „Nicht stirbt der alte Kaiser") zu vernachlässigen sind (vgl. Tabelle 10).

Tabelle 10: Vergleich dreier Strophenansätze für Nietzsches Barbarossa-Gedicht (Mp I 22, S. 52)

Ansatz 1	Ansatz 3	Ansatz 5
Nicht kann der alte Kaiser Sterben, ausruhen zugleich Einst wird er erwachen ~~das~~ weiß er Zur Herrschaft über sein Reich.	In den Kiffhauser verharrt er Drum in ~~Schlummer~~Träumen versteckt ~~Und traum und~~ ~~Unter~~Um ~~xxx~~sich ~~ver~~sammelt und scharrt er Im Traume Die Völk~~er~~ daß als Herrscher er lenkt.	Der alte Barbarossa kann Nicht sterben, nicht aus ruhen. Daß stärke sich der deutsche Mann Recht groses ~~b~~dann zu thuen.

Edition

Dass vorliegende Entwürfe im Gegensatz zu den eindeutigen Vorarbeiten in Mp I 22, S. 17–18 u. 57–60 in KGW I/1, S. 277 separat ediert wurden, kann auf die größere textliche Differenz zur Reinschrift in Mp I 22, S. 20–21 zurückzuführen sein. Allerdings bestehen trotz der relativen textlichen Distanz auch im Fall von Mp I 22, S. 52 merkliche Verbindungen zu den anderen Barbarossa-Entwürfen des Manuskripthefts, die eine editorische Sonderbehandlung *summa summarum* nicht rechtfertigen. Zu diesem Schluss kamen offenbar auch die Herausgeber der HKG, welche im Nachbericht die Texte „auf S. 52 o[ben]" gemeinsam mit denen

421 Zum historischen Kontext vgl. die Analysen zu den Gedichtentwürfen in Mp I 22, S. 17–18 u. 20–21.

auf Seite „57–60 der H[andschrift]" pauschal als „Entwürfe des Gedichts *Barbarossa*" bezeichnen (HKG 1, S. 466) – allerdings ohne einen der Entwürfe auch zu edieren.

Die handschriftlichen Bearbeitungsspuren, die den Entwurfscharakter der Texte besonders verdeutlichen, bleiben wie im Fall der meisten anderen bearbeiteten Entwürfe des Manuskripthefts auch in der Transkription von Mp I 22, S. 52 in KGW I/1, S. 277 unberücksichtigt: In Zeile 3 wird ein gestrichenes „das" unterschlagen; die ursprünglich fünfte Zeile, ein abgebrochener, nicht mehr lesbarer Vers, ebenso; in Zeile 7 wird die Korrektur von „Schlummer" in „Träumen" rückgängig gemacht; der folgende durchgestrichene Versbeginn („Und traum und"), der jene Korrektur wahrscheinlich begründet hat, wird ebenso ignoriert wie der *nicht* gestrichene Versbeginn in Zeile 10 („Im Traume"), der motivisch auch mit der Korrektur in Zeile 7 zusammenhängt; schließlich verzichtet die Edition in KGW I/1, S. 277 noch auf eine Wiedergabe der leichten Bearbeitungsspuren im neunten und elften Vers, wobei die ursprüngliche Verwendung des Plurals von „Volk" in Kombination mit der postulierten „Herrschaft" Barbarossas an die letzte Strophe von Emanuel Geibels lyrischer Vorlage von *Der alte Barbarossa ruht…*, *Friedrich Rothbart* (1837), erinnert, der zufolge sich „die Völker allzugleich" „dem alten Kaiser beugen" (Geibel 1859, S. 39).

Hinzu kommt ferner, dass in KGW I/1, S. 277 Leerzeilen eingefügt wurden, um eine Strophenform zu suggerieren, die im Original gar nicht vorliegt. Auch die Unterstreichungen der Zeilen 11, 12 und 16 sind nicht handschriftengetreu wiedergegeben: nämlich mit deutlich größerem Abstand, sodass sie wie Trennstriche wirken. Letztlich verliert die Manuskriptseite 52 durch die Edition in KGW I/1, S. 277 die deutlichsten Merkmale ihres experimentellen Wesens. Dass Nietzsche sie – anders als die Seiten 20 und 21, die noch eher den Eindruck einer Reinschrift erwecken – innerhalb seiner Schreibwerkstatt intensiv als Übungsblatt nutzte (was auch aus der räumlichen Nähe zu dem inhaltlich in anderem Zusammenhang stehenden, sogar in anderer Tinte niedergeschriebenem Entwurf *Ade, Ade mein Heimathsort…* hervorgeht), ist ihr nicht mehr unmittelbar anzusehen.

Form

Innerhalb der Entwürfe in Mp I 22, S. 52 kann nachvollzogen werden, wie der junge Nietzsche sich schrittweise für die Strophenform entscheidet, die seinem Kyffhäuser-Gedicht in Mp I 22, S. 20–21 zugrundeliegt (auch wenn sie gen Ende hin nicht mehr streng durchgehalten wird). Er experimentiert zunächst, in den Ansätzen 1 und 3, unter regem Einsatz freier Senkungen mit jambischen Dreihebern, in die sich aber auch wiederholt trochäische Rhythmen mischen – so jeweils in der zweiten Zeile der Ansätze 1 und 3, die beide trochäisch anklingen und in Chorjamben mit akatalektischen Versschlüssen ausklingen.[422] (Die zweite Zeile des ersten Ansatzes kombiniert sogar zwei Chorjamben nach dem Schema: – ◡◡ – ◡◡ –) Die übrigen Verse des ersten und dritten Ansatzes alternieren zwischen weiblichen, hyperkatalektischen und männlichen, akatalektischen Kadenzen. In diesem Wechselspiel ist die „kreuzweise Reimbildung“ (Frank 1993, S. 148) der Volksliedstrophe bereits angelegt, die Nietzsche für *Der alte Barbarossa ruht…* (Mp I 22, S. 20–21) nutzt. Lässt man die trochäischen Rhythmen in den Ansätzen 1 und 3 außen vor, ließe sich außerdem argumentieren, dass Nietzsche anfänglich die einfache wie prominente Volksliedstrophe nachzubilden versuchte, die beispielsweise auch Wilhelm Müllers *Der Lindenbaum* zugrundeliegt (vgl. Frank 1993, S. 106–114). Im fünften Ansatz ist dann der Schritt zur differenzierteren Volksliedstrophe getan, der das Barbarossa-Gedicht in Mp I 22, S. 20–21 formal nachempfunden ist: Jambische Vierheber mit akatalektisch-männlichen und jambische Dreiheber mit hyperkatalektisch-weiblichen Versschlüssen alternieren entsprechend dem Kreuzreimschema (abab).

Inhalt

Die Ansätze 1, 3 und 5 weisen aus textgenetischer Perspektive eine merklich größere Distanz zu den Strophen des jüngsten Entwurfs in Mp I 22, S. 20–21 auf als die deutlich als Vorarbeiten zu identifizierenden Entwürfe in Mp I 22, S. 17–18 und Mp I 22, S. 57–60. Gleichwohl ist nicht von der Hand zu weisen, dass hinsichtlich des Settings, der Motivik und Sprecherhaltung Verbindungslinien zu den ersten beiden Strophen in Mp I 22, S. 20 bestehen: Die Ankündigung von Barbarossas Erwachen zur erneuten „Herrschaft über sein Reich“, die die ersten vier Zeilen in Mp I 22, S. 52 bestimmt, findet sich mit anderen Worten auch in der zweiten Strophe in Mp I 22, S. 20 („Dann wird er auferstehen / Mit ihm des Reiches Herrlichkeit“). Der dritte Ansatz, der Barbarossas „Träumen“ und die Versammlung seines Volks behandelt, kann als das Wiederauferstehungsmotiv vorbereitender Entwurf ebenfalls an die Stelle jener zweiten Strophe gesetzt werden („In Träumen harrt er zukünftger Zeit“). Die letzten vier Zeilen der Gruppe in Mp I 22, S. 52 scheinen dagegen die Bezüge unübersichtlich zu vermischen: Der erste Vers spielt durch den wortidentischen Auftakt „Der alte Barbarossa“ auf den Beginn des Gedichts in Mp I 22, S. 20 an; die darauffolgende Zeile wiederholt fast wörtlich den zweiten Vers in Mp I 22, S. 52; und der patriotische Erbauungston aus den letzten beiden Zeilen passt auch gut in die finale Strophe des Gedichts in Mp I 22, S. 21 („Er ergreift das Scepter mit starker Hand, / Die goldene Zeit wird erscheinen! / Alle Lande wird dann der Eintracht Band / In Frieden und Segen vereinen. –“). Eine präzise textgenetische Einordnung des Entwurfs in Mp I 22, S. 52

422 Vgl. Mp I 22, S. 52: „Stérben, ausrúhen zugléich“; „Drúm in ~~Schlummer~~Träúmen verstéckt“.

mit Blick auf das mutmaßlich ‚fertige' Gedicht in Mp I 22, S. 20–21, wie dies für die Texte in Mp I 22, S. 17–18 u. 57–60 möglich ist, erlauben diese partiellen Nähen allerdings nicht.

Ade, Ade mein Heimathsort... (Mp I 22, S. 52 unten; KGW I/1, S. 277; HKG 1, S. 444)

Den Entwurf des liedhaften Abschieds- und Wandergedichts, auf den möglicherweise die Titel „Heimath" oder „Abschied" in der „Gedichte"-Liste in Mp I 22, S. 44 rekurrieren, hat der junge Nietzsche ausweislich der Linienbreite und Tintenfarbe mit anderer Feder – also wohl auch zu einem anderen Zeitpunkt – unter die Kyffhäuser-Gedichtentwürfe in Mp I 22, S. 52 geschrieben. Untypisch für ein Abschiedsgedicht des adoleszierenden Nietzsche ist die positive Grundstimmung des Vierzeilers: An die Stelle der als Mangel empfundenen Heimatlosigkeit rückt hier ein zum Auszug antreibendes Fernweh, das auffällig ungetrübt von Wehmut oder Nostalgie bleibt. Eine erste Vorarbeit liegt in Gestalt eines gestrichenen Zweizeilers in Mp I 22, S. 34 vor: „~~Ade Ade mein XXXHeimaths Thal~~ / ~~Ich grüße dich zum letzten Mal~~".[423]

Kontexte

Ade, Ade mein Heimathsort... erscheint stimmungslyrisch als Gegenentwurf oder Komplementärgedicht zu dem melancholischen *O weh! Daß ich verlassen hab...* in Mp I 22, S. 38–39, das in der Tradition romantischer Klagen um den Heimatverlust des Wanderers steht. Womöglich stellt der vorliegende Vierzeiler textgenetisch eine Vorarbeit zu den Entwürfen in Mp I 22, S. 38–39 dar, welche die dort in den Strophen 2 und 3 memorierte frühlingshafte Aufbruchsstimmung unmittelbar im Präsens wiedergibt. Literaturgeschichtlich bewegt sich das Gedicht so oder so im selben Fahrwasser wie jene achtzeiligen Strophen, die sich weiter vorne im Manuskriptheft finden: Nur die positive Konnotation von Fernweh und Aufbruch bringen andere Referenztexte – nicht unbedingt -autoren – ins Spiel, nämlich beispielsweise die lyrischen Binnentexte in Eichendorffs Erzählung *Aus dem Leben eines Taugenichts*, die von einer idealisierenden Wandermotivik geprägt sind.[424]

---

423 Zu dieser Vorarbeit und ihren Unterschieden zum vorliegenden Vierzeiler vgl. die Erläuterungen zu Mp I 22, S. 34.

424 Vgl. Schneider 2012, S. 345; Bosse/Neumeyer 1995, S. 193; Daemmrich/Daemmrich 1995, S. 372–375.

Edition

Sowohl KGW I/1, S. 277 als auch HKG 1, S. 444 enthalten eine geglättete Edition des Vierzeilers, welche die einzige Bearbeitungsspur des handschriftlichen Textes nicht berücksichtigen, nämlich die verworfenen Ansätze zum letzten Vers: „~~Und Es treibt~~" (Mp I 22, S. 52). Die gestrichene Konjunktion lässt sich hermeneutisch nicht weiter analysieren; beim zweiten Ansatz scheint der junge Nietzsche dagegen entweder versehentlich den zweiten Vers zu wiederholen – oder er erwog kurzzeitig, auf diesen anaphorisch zurückzuverweisen, was wiederum einen refrainartigen Effekt gezeitigt und das Liedhafte des Vierzeilers noch stärker betont hätte. Der einzige Unterschied zwischen beiden Transkriptionen besteht darin, dass HKG 1, S. 444 in der zweiten Zeile „mit" zu „mich" emendiert, was der Nachbericht allerdings transparent macht (vgl. HKG 1, S. 466). KGW I/1, S. 277 bleibt dagegen beim handschriftlichen Ausdrucksfehler.

Form

Die vier paarreimenden jambischen Vierheber mit durchgehend akatalektisch-männlich schließenden Versenden „bilden die häufigste deutsche Strophenform", deren Prominenz auf ihre – namentlich von Luther vorangetriebene – weite Verbreitung als Kirchenliedstrophe „in der Reformationszeit" zurückzuführen ist (Frank 1993, S. 208–209). Erst im späteren 18. Jahrhundert setzte die Form sich auch in der weltlichen Lyrik, in Empfindsamkeit und Sturm und Drang durch; Nietzsches Verwendung als Abschieds- und Wandergedicht schließt dabei an den jüngeren volkstümlichen Gebrauch der Strophe an, der sie auch abseits geistlicher Gattungen „zu einer besonders populären Liedstrophe" machte (Frank 1993, S. 211). Einen entsprechend (volks)liedhaften Charakter erhält der Vierzeiler, abseits der einschlägigen Motivik, durch die einleitende Geminatio des Abschiedsgrußes „Ade" und die alliterierende Zwillingsformel „Rast und Ruh" (Mp I 22, S. 52), die unter anderem schon bei Goethe im Gedicht *Rastlose Liebe* (1776) begegnet (vgl. Goethe 1855, S. 67–68, hier S. 68; NPB, S. 246–247).

Inhalt

Entgegen der Paarreimstruktur prägen kreuzweise alternierende Bezugspunkte inhaltlich die Ansprache des lyrischen Ichs: Die Verse 1 und 3 adressieren unmittelbar den „Heimathsort" – das „[h]ier" –, an dem sich das Ich gegenwärtig noch befindet, von dem es aber Abschied nimmt. Die Verse 2 und 4 richten den Blick dagegen in die „Ferne", die das Ich von dort ‚forttreibe' (Mp I 22, S. 52). Den Grundbass jeder Zeile bildet damit, unabhängig von der Perspektive, die angestrebte Bewegung hin in „andre Lande" (Mp I 22, S. 52), die ihrerseits nicht genauer bestimmt werden. Fernweh wirkt im vorliegenden Gedicht *ex negativo* qua Ablehnung des *status quo*:

Der Reiz des Unbekannten mag indirekt und unausgesprochenerweise die Motivation zum Auszug von zuhause mitbestimmen; ausdrücklich nennt das Ich nur das Phänomen, in seinem „Heimathsort [...] nicht mehr" zur Ruhe zu kommen (Mp I 22, S. 52). Dem Ich fällt dort offenbar die sprichwörtliche Decke auf den Kopf.

Negative Gefühle verknüpft es damit aber nicht: Der Ton ist besonnen bis heiter, der Abschied frei von Tränen. Wollte man die lyrische Szene lebensnah kontextualisieren, es wäre wohl eine typische Abschiedsszene zwischen stolzen Eltern und herangewachsenem Kind, das sich auf in die Welt macht, weil ihm das Heimatörtchen zu klein geworden ist. Vor dem Hintergrund von Nietzsches Wechsel ins Internat Schulpforta, der ausweislich der Datierung von Mp I 22 auf Januar bis September 1858 (vgl. KGW I/1, S. 209) zum Zeitpunkt der Niederschrift des Verzeilers bereits absehbar war, tut sich bei der Interpretation von *Ade, Ade mein Heimathsort...* folglich auch eine mögliche biografische Lesart auf.

Er ergreift das Scepter mit starker / Hand... (Mp I 22, S. 57)

Die letzten vier Seiten des Manuskripthefts Mp I 22 enthalten fortgeschrittene, intensiv bearbeitete und textgenetisch klar zuzuordnende Strophenentwürfe zu Nietzsches Kyffhäuser-Gedicht in Mp I 22, S. 20–21. Der junge Nietzsche hat zur Erstellung der Entwürfe auf der letzten Seite des Manuskripthefts begonnen und sich von dort aus in das Heft ‚hineingearbeitet'. Die Entwürfe in Mp I 22, S. 17–18 ausgenommen, stehen die ältesten Vorarbeiten zu Strophe 6 deshalb ganz hinten in Mp I 22, S. 60, die jüngsten – vom Ende aus betrachtet – vorne in Mp I 22, S. 57. Dazwischen liegen in Mp I 22, S. 59 Arbeiten zu den Strophen 1 und 2 sowie diejenigen zu den Strophen 3 bis 5 in Mp I 22, S. 58. Ausweislich der Bearbeitungsintensität der jeweiligen Manuskriptseiten und der parallelen Konstellation in Mp I 22, S. 17–18[425] ist davon auszugehen, dass Nietzsche die erste und letzte Strophe seines Gedichts vor den mittleren Strophen 2 bis 5 in Angriff genommen hat – und sich bei jenen auch am schwersten tat. In KGW I/1 wurden die Vorarbeiten in Mp I 22, S. 57–60 bislang gar nicht berücksichtigt, finden als „Entwürfe des Gedichts *Barbarossa*" (HKG 1, S. 466) aber zumindest pauschal im Nachbericht zu HKG 1 Erwähnung. Dabei erweisen sich die Entwürfe nicht nur der editorischen Vollständigkeit halber als relevant: Mit ihrer Hilfe lässt sich sowohl ein genauerer Blick in die Entstehungsgeschichte des

425 Dort stehen sich ebenfalls – wenn auch, im Fall von Mp I 22, S. 18, noch deutlich rudimentäre – Entwürfe zur ersten und letzten Strophe gegenüber. Vgl. hierzu die Erläuterungen zu Mp I 22, S. 17–18.

Kyffhäuser-Gedichts werfen als auch fallstudienartig untersuchen, wie der junge Nietzsche mit seinen Quellen und Vorlagen arbeitet (hier: Rückert 1817, S. 270–271; Geibel 1859, S. 37–39). Denn diese sind in den älteren Vorarbeiten zum Kyffhäuser-Gedicht, besonders in Mp I 22, S. 60, noch präsenter als im fast ausgestalteten Gedicht in Mp I 22, S. 20–21.

Die Entwürfe in Mp I 22, S. 57 bilden zusammen mit denen in Mp I 22, S. 60 Vorarbeiten zur sechsten Strophe von *Der alte Barbarossa ruht…* (Mp I 22, S. 20–21). Im Kontrast zu diesen liegen jeneverhältnismäßig nah an der Endversion der Strophe, für die Nietzsche in den ersten acht der insgesamt elf Zeilen der vorliegenden Manuskriptseite zweimal ansetzt (vgl. Tabelle 11).

Tabelle 11: Vergleich zweier Ansätze für die sechste Strophe des Barbarossa-Gedichts

Ansatz 1 (Mp I 22, S. 57)	Ansatz 2 (Mp I 22, S. 57)
Er ergreift das Scepter mit starker Hand ~~Die goldene~~ Zeit wird dann kommen ~~Die Landen verbindert der Eintracht~~ ~~Band~~	~~I~~ Er ergreift das Scepter mit starker Hand erscheinen ~~Er~~Die goldene Zeit wird ~~dann kom~~men Alle Lande dann ~~Die Staaten~~ ~~xxx~~wird ~~xxx~~ ~~xxx~~der ~~xxx~~Eintracht Band ~~Zum~~ Zu Frieden und Segen vereinen.
Endversion (Mp I 22, S. 21)	
6. Er ergreift das Scepter mit starker Hand, Die goldene Zeit wirderscheinen! Alle Lande ~~XXX~~wird ~~XXX~~dann der Eintracht Band In Frieden und Segen vereinen. –	

Die rekonstruierbaren Veränderungen, die Nietzsche hier noch im Wechsel vom ersten zum zweiten Ansatz oder erst im Zuge der Niederschrift in Mp I 22, S. 21 durchführt, sind überwiegend stilistischer Natur: Aus „dann kommen" wird „erscheinen", aus „Die Staaten" korrigiert er „Alle Lande". Zudem weist das isolierte „I" in der vierten Zeile, das Nietzsche zugunsten des zweiten Ansatzes verworfen hat, auf die Finalversion des letzten Gedichtverses hin, die Ansatz 2 temporär mit der Präposition „Zu" (in einem ersten, ad hoc verworfenen Ansatz: „Zum")[426] begin-

426 Eine weitere ad-hoc-Korrektur ist das gestrichene Personalpronomen in der dritten Person Singular zu Beginn des zweiten Verses im zweiten Ansatz, das zugunsten der „goldene[n] Zeit"

nen lässt: Hier setzte Nietzsche offenbar noch zum letzten Vers an, der im ersten Ansatz fehlt. Ferner erwog Nietzsche für die zweite Hälfte der Strophe ursprünglich ein anderes Tempus: Im zweiten Ansatz setzt er die Formulierung im Futur I fort, die der vorhergehende Vers beginnt, während Ansatz 1 an dieser Stelle zurück ins Präsens wechselt. Woraus Nietzsche die Versversion korrigiert, die auch die Endversion des vorletzten Verses in Mp I 22, S. 21 bildet, kann indes nicht mehr rekonstruiert werden.

Keine direkte textgenetische Verbindung zur letzten Gedichtstrophe in Mp I 22, S. 21 weisen die letzten drei Zeilen der Manuskriptseite auf, die Nietzsche allesamt gestrichen hat:

> ~~Glück~~[?]~~Gleich dir! Du heiliges römisches Reich~~
> ~~Noch bleibt dir ja Hoffnung auf Erden!~~
> ~~O Hehrer Kaiser~~
> (Mp I 22, S. 57)

Die Versentwürfe scheinen das Ergebnis einer kurzzeitigen Erwägung Nietzsches zu sein, noch vehementere patriotische Töne anzuschlagen, indem das „heilige[ ] römische[ ] Reich" ebenso wie der „[h]ehre[ ] Kaiser" direkt mit der Botschaft angesprochen werden sollten, dass ihnen „ja Hoffnung auf Erden" noch bleibe. Besonders die Ausrufezeichen, die eine fordernde Tonlage zum Ausdruck bringen, fallen dabei aus dem Rahmen des Gedichts. Den derart forcierten erbaulichen Gestus hat Nietzsche zugunsten einer selbstgewissen Proklamation von „Frieden und Segen" im Gedichtfinale fallengelassen. Auch auf die erneute Nennung des Reichs, das bereits in Strophe 4 auftaucht (vgl. Mp I 22, S. 20: „Gleich den heilgen römischen Reiche"), verzichtet er.

Es steht vor den Schloß ein ~~xxx~~hoher Baum...
(Mp I 22, S. 58)

Mp I 22, S. 58 enthält fortgeschrittene Entwürfe der Strophen 3 bis 5 des Barbarossa-Gedichts in Mp I 22, S. 20. Von den insgesamt 19 Zeilen finden sich zwölf fast wortidentisch in der Endversion wieder (vgl. Tabelle 12).

(Mp I 22, S. 57) verworfen wurde. Hier liegt offenbar ein Flüchtigkeitsfehler Nietzsches vor, der versehentlich ein zweites Mal zum ersten Vers ansetzte.

Tabelle 12: Vergleich von drei Strophenentwürfen zu Nietzsches Barbarossa-Gedicht

Mp I 22, S. 58	**Mp I 22, S. 20**
Es steht vor den Schloß ein ~~xxx~~hoher Baum	3. Es steht vor den Schloß ein hoher Baum
Die Zweige sind rings entlaubet	Die Zweige sind rings entlaubet
[...]	Der Sturmwind hat ihm wie im
Der Sturmwind hat ~~den~~ihm wie ~~d~~im Traum	Traum
Der Blüthen und Blätter beraubet.	Der Blätter und Blüthen entlaubet
[...]	
Er trauert und senkt sein Haupt herab	4. Er trauert und senkt sein Haupt
Die Vöglein verl~~a~~issen die Zweige	herab
Er ist so matt, ist nah dem Grab	Die Vöglein verliesen die Zweige
Gleich den ~~el~~heilgen römschen Reiche.	Er ist so matt, ist nah den Grab
	Gleich den heilgen römischen Reiche.
[...]	
Doch wenn d~~er~~ie ~~Baum~~ einst frisch erblüht	5. Wenn einst die Eiche frisch erblüht
[...]	da Erwacht der Kaiser von Träumen
Erwacht der Kaiser vom Träumen	Seine Krone über die Lande glüht
e	Wie Morgensonn' in den Bäumen.
Seine Krone ~~xxx~~über die Lande glüht	
den	
Wie Morgensonne ~~durch~~ in Bäumen	

Neben diversen ad-hoc-Korrekturen, durch die Nietzsche mehrfach praktisch die Version aus Mp I 22, S. 20 herstellt,[427] beschränken sich die weiteren Unterschiede (mit einer Ausnahme) auf stilistische Anpassungen: den Tausch von „Blüthen und Blätter[n]“ im vierten Vers der dritten Strophe, die Verschlimmbesserung, ebendort „entlaubet“ statt „beraubet“ zu schreiben, im ersten Vers der fünften Strophe die Konjunktion „Doch“ zu tilgen, den darauffolgenden Vers mit dem Temporaladverb „da“ statt „Dann“ (wie in Mp I 22, S. 58 direkt wieder verworfen) einzuleiten sowie – auch des Metrums wegen – die „Morgensonne“ im vierten Vers der fünften Strophe

427 Im Entwurf zur dritten Strophe in Mp I 22, S. 58 korrigiert Nietzsche im ersten Vers „hoher“ aus einer unleserlichen Variante, im dritten Vers „ihm“ aus „den“ und „im“ aus einer nach dem ersten Buchstaben („d“) abgebrochenen Variante. Für die vierte Strophe stellt Nietzsche Vers 2 ad hoc von Präsens auf Präteritum um („verlassen“ wird zu „verlissen“ [sic], in Mp I 22, S. 20 „verliesen“ [sic]); zudem korrigiert er im vierten Vers „heilgen“ aus einer fragmentarischen Variante, die er nach zwei Buchstaben verworfen hat. Im vorletzten Vers der fünften Strophe nimmt Nietzsche ferner die Apokope der „Krone“ zurück und korrigiert ebenda die Präposition „über“ aus einer nicht mehr rekonstruierbaren Variante. Für den letzten Vers der fünften Strophe tauscht Nietzsche schließlich Präpositionen („in“ statt „durch“; Mp I 22, S. 58) und ergänzt den passenden bestimmten Artikel im Akkusatv („den“).

zu apokopieren. Den unbestimmten „~~Baum~~“ im ersten Vers der fünften Strophe konkreter als „Eiche“ zu benennen,[428] erweist sich angesichts der symbolischen Funktion der Eiche in der deutschen Kulturgeschichte dagegen auch als hermeneutisch relevant (wie der folgende Absatz zeigt).

Die in Mp I 22, S. 58 gestrichenen Verse behandeln indes mehrheitlich das aus Nietzsches Vorlagen, den Gattungsbeiträgen zur Kyffhäuser-Lyrik von Friedrich Rückert und Emmanuel Geibel, schon bekannte Motiv der um den Berg kreisenden Raben (vgl. Rückert 1817, S. 271; Geibel 1837, S. 38). Dessen Berücksichtigung hat Nietzsche an diesem Punkt der Vorarbeit – wie auch in Mp I 22, S. 60 zu sehen ist – offenbar zunächst noch erwogen, schließlich jedoch verworfen. Lässt sich die fragmentarische dritte Zeile, „~~Im sind wie~~“ (Mp I 22, S. 58), als früh verworfene Variante zum dritten Vers lesen, die inhaltlich nicht über die finale Version in Mp I 22, S. 20 hinausgeht,[429] weist schon die abgebrochene sechste Zeile, „~~Es schwirren mit K~~“ (Mp I 22, S. 58), durch das Verb „schwirren“ auf den Flug der Raben hin. Besonders hervorzuheben sind aber die gestrichenen Zeilen 13 und 14: „Rings um den Berg zieh[t]“ – zunächst „mit Geschrei“, nach einer Korrektur dann „immerdar“ – „Die kreichSende [sic] Schaar der Raben“ (Mp I 22, S. 58). Auch bei Rückert sollte der „Knabe“ ausdrücklich nachsehen, ob die Raben noch „immerdar“ (Rückert 1817, S. 271) um den Berg fliegen.

Bei der Wahl des Zeichens für Barbarossas Wiederauferstehung entschied sich Nietzsche in vorliegenden Entwürfen bewusst für eine Überlieferungsvariante, die ihm offenbar bekannt, aber nicht durch Rückert und Geibel besetzt war: das Zeichen des blühenden Baumes, den Nietzsche noch in Mp I 22, S. 58 durch die symbolträchtigere Eiche ersetzt. Dass die kahle Eiche bei Nietzsche allerdings sowohl Symbol für das darniederliegende Deutschland als auch, in blühendem Zustand wiederum, als eine Art selbsterfüllende Prophezeiung, Zeichen der Wiederauferstehung Barbarossas ist, infolge derer Deutschland eigentlich erst wieder zu neuer Glorie kommen sollte, ist eine ganz eigene Version der Stoffvariante. In Grimms *Deutschen Sagen* heißt es beispielsweise nur, dass Barbarossa nach seinem Erwachen „seinen Schild [...] an einen dürren Baum“ hängen werde: „davon wird der Baum grünen und eine beßre Zeit werden“ (Grimm 1816, S. 29). Der junge Nietzsche überdehnt in seiner Version die Baum-Metapher, die ursprünglich ‚nur‘ den Zustand des Reiches anzei-

428 Ausweislich des Bearbeitungsstatus des Passus, „derie ~~Baum~~“, begann Nietzsche die Korrektur bereits in Mp I 22, S. 58 durchzuführen.

429 Grammatisch ist das Fragment nur, wenn die Präposition „Im“ als verunglücktes Personalpronomen im Dativ, als „Ihm“, gelesen wird: Folgt man dieser Prämisse, bezieht sich dieses Inhaltlich auf den zuvorgenannten „Baum“, dem – vorausgesetzt Nietzsche wollte die Motive des „Traum[s]“ und des Blattverlusts auch in dieser verworfenen Variante nutzen – ‚wie im Traum‘ die „Blüthen und Blätter“ abhandenkommen (Mp I 22, S. 58).

gen soll: Bei ihm übernimmt sie zusätzlich noch die Funktion der kreisenden Raben, die dem Kaiser signalisieren, wann seine Schlafenszeit endet.

Der alte Barbarossa ruht… (Mp I 22, S. 59)

Die Vorarbeiten zu den ersten beiden Strophen des Barbarossa-Gedichts in Mp I 22, S. 20–21 finden sich in der vorletzten beschriebenen Manuskriptseite von Mp I 22. Der Entwurf zur ersten Strophe unterscheidet sich hier von der späteren Version nur durch eine Synkope in der zweiten Zeile („unterirdschen" statt „unterirdischen"; Mp I 22, S. 59 u. 20), mit der Nietzsche Rückerts Vorlage kopiert,[430] sowie eine Variante des „Sonnenschimmer[s]" (Mp I 22, S. 20) in der vierten Zeile, wo in Mp I 22, S. 59 noch das schiefe Bild vom „Sonnen blick" der „Krone" zu finden ist. Darunter folgen diverse verworfene und abgebrochene Ansätze – ganze 14 gestrichene Zeilen – für die zweite Strophe, bis diese schließlich am unteren Ende der Seite ebenfalls nahezu ‚fertig', das heißt in der Version von Mp I 22, S. 20, dasteht (vgl. Tabelle 13).

Kurios mutet die Rede von den Barbarossa „umgaukeln[den]", „schaukeln[den]" „Elfen" an, um die der allererste, nach zwei Verse abbrechende Strophenansatz kreist. Der Bezug zu den mythischen Fabelwesen ist in keiner der Vorlagen zu finden, auf die der junge Nietzsche zurückgegriffen hat; in Rückerts *Barbarossa* kommt nur ein „elfenbeinern[er]" Thron vor, auf dem der Kaiser schlafe (Rückert 1817, S. 270). Ab dem zweiten, fragmentarischen Strophenansatz, der die Zeilen 3 und 4 umfasst, rücken der träumende Kaiser und das schlafende Reich als Hauptmotive in den Vordergrund der Entwürfe: Zunächst legt Nietzsche den Fokus auf den „tiefen Traum" Barbarossas, in dem sich „[a]lles" abzuspielen scheint, was dieser „sinnt und denkt". In einem separaten Versentwurf, der sich metrisch und inhaltlich vom zweiten Ansatz abhebt und daher heuristisch als dritter Strophenansatz behandelt wird, lässt Nietzsche sodann ausdrücklich betonen, dass Barbarossa „[n]iemals […] gestorben" sei.

Textgenetisch schlägt der dritte Ansatz damit eine Brücke zum vierten, in dem der Versentwurf unter Austausch des Personalpronomens fast wortgleich wiederholt wird: In Analogie zum zweiten Ansatz ist es nun „des Reiches Herrlichkeit", die zwar „schläft", aber „[n]iemals […] gestorben" sei. Der vierte Ansatz ist außerdem weiter gediehen als die vorherigen: Ein dritter Versentwurf öffnet eine Zukunftsper-

430 In Rückerts erster Stophe hält sich Barbarossa im „unterirdschen Schlosse […] verzaubert" (Rückert 1817, S. 270).

Tabelle 13: Vergleich von Entwürfen für die zweite Strophe von Nietzsches Barbarossa-Gedicht

Mp I 22, S. 59	Mp I 22, S. 20
~~Und Elfen umgaukeln~~	
~~Den Kaiser und schaukeln~~	
~~SxxEr ruht in tiefen Traum versenkt~~	
~~Alles was er sinnt und denkt~~	
~~Niemals ist er gestorben~~	
~~Es schläft des Reiches Herrlichkeit~~	
~~Niemals ist sie gestorben~~	
~~Einst wird auch kommen jene Zeit~~	
~~Wo er~~	
~~Es ist nicht Zeit~~	
immerdar	
~~Er liegt in Träumen sanft und süß~~	
~~Und harrt zukunfger Zeiten~~	
~~Er harrtwartet schon einso manches Jähr~~	
~~AufDes Reiches Herrlichkeit.~~	
In Träumen harrt er zukünftger Zeit	~~3~~2.In Träumen harrt er zukünftger Zeit
Dann wird er auferstehen	Dann wird er auferstehen
~~Mit ihm~~So wie des Reiches Herrlichkeit	Mit ihm des Reiches Herrlichkeit
~~MxxxHervor auch mit ihm gehen.~~	Hervor aus dem Grabe gehen. –
Hervor aus dem Grabe gehen.	

spektive, die hier noch unbestimmt bleibt, weil der Entwurf in der folgenden Zeile just nach den zwei Wörtern „Wo er“ abbricht. Mit Blick auf den finalen Strophenentwurf in Mp I 22, S. 20 wie auch die Vorlagen Nietzsches steht zu erwarten, dass Barbarossas – und folglich des Reiches – Auferstehung angekündigt werden sollte. In diesem Ansatz wird außerdem besonders deutlich, dass der junge Nietzsche sich bei der Arbeit an seinem Barbarossa-Gedicht zunächst eng an seinen Vorlagen orientierte: Die Formulierungen „Niemals ist sie [beziehungsweise er] gestorben“, „Es schläft des Reiches Herrlichkeit“ und „Einst wird auch kommen jene Zeit“ finden sich teils wortidentisch schon in den Strophen 2 und 3 von Rückerts Gedicht:

> Er ist niemals gestorben,
> [...]
> Er hat hinabgenommen
> Des Reiches Herrlichkeit,
> Und wird einst wiederkommen,
> Mit ihr, zu seiner Zeit.
> (Rückert 1817, S. 270)

Die folgende Zeile, „~~Es ist nicht Zeit~~", stellt entweder einen separierten fünften Strophenansatz oder eine abgebrochene ad-hoc-Variante der dritten Zeile des vierten Strophenansatzes dar. Statt „jene Zeit" positiv anzukündigen, in der Kaiser und Reich wiederauferstehen, setzt die Variante auf eine Ankündigung *ex negativo*, indem sie festhält, dass (jetzt noch) „nicht Zeit" dafür sei. Wie der folgende, vorletzte Ansatz in Mp I 22, S. 59 zeigt, hat der junge Nietzsche die Negationsvariante jedoch sofort wieder verworfen. Als erster Entwurf zur zweiten Strophe, der es auf volle vier Zeilen bringt, versammelt dieser Ansatz die meisten Motive, die letztlich die Endversion der Strophe in Mp I 22, S. 20 prägen: Der „immerdar" (korrigiert aus der kitschigen Variante „sanft und süß") träumende Barbarossa eröffnet den Strophenentwurf; sein Warten (zunächst Harren) auf „zukunfge[ ] Zeit~~en~~", das „schon ~~ein~~so manches Jähr" anhalte, nimmt in dieser Bearbeitungsstufe noch mehr Raum ein als in der jüngeren Version, wo Barbarossas optimistisches Harren „zukünftger Zeit" das Attribut seines „sanft[en] und süß[en]" beziehungsweise fortgesetzten Träumens ersetzt. Was in diesem Entwurf noch fehlt, ist der explizite Rekurs auf die Wiederauferstehung von Kaiser und Reich. Noch begnügt sich der junge Nietzsche in der vorliegenden Version damit, „~~Auf~~Des Reiches Herrlichkeit" als Ziel von Barbarossas Warten zu präsentieren, ohne dabei den kausalen Zusammenhang zwischen dem erwachenden Kaiser und dem erwachenden Reich ausdrücklich proklamieren zu lassen.

Der jüngste Strophenentwurf in Mp I 22, S. 59 unterscheidet sich schließlich nur noch marginal von der Endversion in Mp I 22, S. 20. Der junge Nietzsche hat das Auferstehungsmotiv in der zweiten Zeile ergänzt und lässt es den Sprecher im letzten Vers des Strophenentwurfs zudem pointiert wiederaufgreifen. Dafür rückt das Motiv der Erwartung „zukünftger Zeit" vom zweiten in den ersten Vers, wo es mit dem Traum-Motiv kombiniert wird. Der Hinweis auf die lange Zeit von Barbarossas Warten, die im vorangegangenen Entwurf den dritten Vers einnimmt, entfällt dagegen zugunsten der Wiederholung des Auferstehungsmotivs im vierten Vers, durch welche „des Reiches Herrlichkeit" an dritter Stelle der Versfolge proklamiert wird. Eine gestrichene Variante der letzten Strophenzeile wiederholt das Auferstehungsmotiv dabei zunächst deutlich weniger eindrücklich als die finale Version, indem sie auf die Metapher des „Grabe[s]" verzichtet. Die Variante, aus der das einleitende Adverb „[h]ervor" in dem verworfenen Versentwurf ad hoc korrigiert wurde, kann nicht mehr rekonstruiert werden.

Der einzige Unterschied, der den vorliegenden Entwurf in seiner Schicht letzter Hand von der jüngsten Version in Mp I 22, S. 20 noch trennt, besteht in einer die Perspektive minimal variierenden ad-hoc-Korrektur im vorletzten Vers, die der junge Nietzsche für die letzte Version schlicht wieder rückgängig macht: So gehe in Mp I 22, S. 59 Barbarossa „[s]o wie des Reiches Herrlichkeit [...] aus dem Grabe" hervor, während Nietzsche zunächst (und danach wieder) „des Reiches Herrlichkeit" „[m]it ihm", Barbarossa, „aus dem Grabe [hervor]gehen" lasse.

~~E~~ / ~~Er zwinkt~~...
(Mp I 22, S. 60)

Die letzte Seite des Manuskripthefts enthält wie Mp I 22, S. 57 Entwürfe zur sechsten Strophe von Nietzsches Kyffhäuser-Gedicht in Mp I 22, S. 20–21. Sie stellen ausweislich des Bearbeitungsstands und der Nähe zu Rückerts Vorlage die älteren Versuche dar, die überdies auch Material enthalten, das letztlich in die fünfte Strophe eingegangen ist.[431] Der Anteil des verworfenen Textmaterials lässt annehmen, dass sich der junge Nietzsche beim Schluss seines Gedichts, ähnlich wie beim Beginn, schwerer getan hat als bei den Strophen 2 bis 4. Differenziert werden können auf der Manuskriptseite vier umfänglichere Strophenentwürfe, von denen zwei gestrichen sind, und fünf separate, größtenteils durchgetrichene Zeilenfragmente, die Nietzsches erste Strophenansätze in Mp I 22, S. 60 darstellen.[432] An ihnen wird nachvollziehbar, wie Nietzsche zunächst Motive aus Rückerts Vorlage aufgreift, um von diesen ausgehend eine eigene Strophe aufzubauen:

> ~~E~~
> ~~Er zwinkt –~~
> ~~Von Elfenbein und Edelyn?stein~~
> ~~Ist~~
> Er wird das ~~Scepter~~
> (Mp I 22, S. 60)

Das Verb ‚zwinken' – nach Grimms *Deutschem Wörterbuch* eine alte Form für ‚zwinkern' (DWB 32, Sp. 1293), die ihrerseits schon im Entwurf in Mp I 22, S. 18 zum Einsatz kommt – und die darauffolgende Rede vom „Elfenbein" verweisen auf die Strophen 4 und 6 aus Rückerts Gedicht, wo Barbarossa träumend auf einem „elfenbeinern[en]" Stuhl sitzt, von dem aus er mit seinem „Aug' halboffen zwinkt" (Rückert 1817, S. 270–271). Indem Nietzsche das „Elfenbein" substantiviert und diesem einen „Edelyn?stein" beistellt – nicht einen Tisch aus Marmor („[M]armelstein[ ]"; Rückert 1817, S. 270) wie in der Vorlage –, versucht er zunächst, die Vorlage ausgehend von deren eigenen Motiven zu variieren. Erst im fünften Ansatz setzt

431 Namentlich die Motive der „Krone" und austreibenden „Eiche" in Mp I 22, S. 60, die Nietzsche schließlich in der fünften Strophe der Finalversion platziert, deuten darauf hin, dass vorliegende Seite vor den Entwürfen in Mp I 22, S. 57–59 entstanden ist. Dies deckt sich auch mit dem Befund zu den drei gestrichenen Zeilen in Mp I 22, S. 18, dem zufolge Nietzsche den Anfang und den Schluss seines geplanten Kyffhäuser-Gedichts zuerst entworfen hat.

432 Ein ad hoc nach dem bestimmten Artikel „Das" (Mp I 22, S. 60) verworfener Ansatz zwischen dem zweiten und dritten Entwurf kann als Indiz dafür gewertet werden, dass Nietzsche diesen zunächst mit dem Szepter-Motiv einleiten wollte.

Nietzsche mit dem „Scepter“ auf ein eigenes, nicht von Rückert oder Geibel stammendes Motiv, das eine Konstante in der weiteren Textgenese der sechsten Strophe bildet – es kommt auch in Mp I 22, S. 57 vor – und sich schließlich ebenfalls in ihrer finalen Version in Mp I 22, S. 21 findet. (Fast) genauso verhält es sich mit dem Satzteil „Er wird“ (beziehungsweise den Varianten „Es wird“ und „wird er“), den Nietzsche in allen weiteren Entwürfen der vorliegenden Manuskriptseite verwendet, nicht aber in der Endversion der Strophe in Mp I 22, S. 21 sowie in deren unmittelbarer Vorarbeit in Mp I 22, S. 57.[433]

Die vier umfangreicheren Entwürfe, die nach den einleitenden Versfragmenten den Hauptteil der Manuskriptseite Mp I 22, S. 60 einnehmen und das Heft abschließen, enthält Tabelle 14.

Tabelle 14: Entwürfe zur sechsten Strophe von Nietzsches Barbarossa-Gedicht in Mp I 22, S. 60

Entwurf 1	**Entwurf 2**
fortan ~~Er wird mit starker Hand die Kron~~ ~~xxx~~ ~~Den deutschen Scepter führen~~	Es wird ~~sich setzen dann die~~ ~~Er wird die Kron sich setzen dann~~ ~~Aufs alte graue Haupt~~ ~~Er wird das Scepter führn fortan~~ ~~Wehe dem! ders ihm graubt.~~
Entwurf 3	**Entwurf 4**
~~Das~~ Die Kron wird er ~~sich~~ auf~~s~~ das alte Haupt Sich setzen, das Scepter schwing~~t~~en	Und wenn die Eiche rings umlaubt Die Raben nicht mehr fliegen Da setzt er die Kron sich aufs alte Haupt

Sind die Entwürfe 1 bis 3 durch das Szepter-Motiv klar als Vorarbeiten der sechsten Strophe zu identifizieren, erweist sich der vierte Entwurf, die letzten drei Zeilen des Manuskripthefts, als Material, das der junge Nietzsche schon im nächsten Bearbeitungsschritt in Mp I 22, S. 58 der fünften Strophe zuordnet. Dabei fällt auf, dass Entwurf 2 bereits eine in sich stimmige Strophenvariante darstellt,[434] die der junge

433 Womöglich hat sich der junge Nietzsche dafür entschieden, den Satzteil aus stilistischen Gründen nur in der zweiten Strophe zu verwenden (vgl. Mp I 22, S. 20), in deren Entwurf in Mp I 22, S. 59 er ihn ebenfalls bereits nutzt.

434 Für den ersten Vers setzte Nietzsche zweimal an, daher kommt die Strophenvariante im Manuskript auf fünf Zeilen. Im zweiten Ansatz implementiert Nietzsche das wichtige Motiv der Krone und verwirft den womöglich metrisch ungünstig platzierten bestimmten Artikel am Zeilenende.

Nietzsche aus Entwurf 1 heraus entwickelt hat, wie die nur geringfügig variierende Übernahme von dessen Zeilen belegt. Der Weg von: „~~Er wird mit starker Hand die Kron~~fortan / […] / ~~Den deutschen Scepter führen~~“, zu: „~~Er wird die Kron sich setzen dann~~ / […] / ~~Er wird das Scepter führn fortan~~“, ist jedenfalls sehr kurz. Die im zweiten Entwurf hinzukommenden Motive des „alte[n] graue[n] Haupt[es]“, auf das sich Barbarossa die „Kron“ setzt, und der Drohung gegenüber den unbestimmt bleibenden ‚Räubern‘ des kaiserlichen Szepters übernimmt Nietzsche für die weiteren Bearbeitungsstufen der Strophe nur teilweise und wenn, dann temporär.[435] So geht er für den dritten Entwurf gleichsam einen Schritt zurück, lässt das Raubmotiv fallen und gestaltet einen Zweizeiler, der zwar nicht inhaltlich, aber dem Fertigungsstatus nach näher am fragmentarischen ersten Entwurf liegt als am geschlossen geformten zweiten. Das Motiv vom „alte[n] Haupt“ indes bleibt in Entwurf 3 bestehen; der junge Nietzsche rafft den Gehalt von drei der vier Verse des zweiten Entwurfs (die Variante von Vers 1 ausgenommen) für den dritten Entwurf in zwei Zeilen zusammen. Zudem erhöht er die Dynamik der Strophe, indem er Barbarossa das Szepter „schwingten“ statt „führn“ lässt.

Für Entwurf 4 übernimmt der junge Nietzsche den ersten Vers des dritten Entwurfs und setzt ihn in angepasster Formulierung ans Ende. Das Szepter-Motiv lässt er hingegen fallen; an dessen Stelle rücken wieder zwei Motive, die in der literarischen Tradition der Kyffhäuser-Sage prominent vertreten sind: die („nicht mehr“) um den Kyffhäuser fliegenden „Raben“ und die „umlaubt[e]“[436] „Eiche“. Erstere treten auch in Rückerts und Geibels Vorlagen auf,[437] zweitere könnte Nietzsche beispielsweise Grimms *Deutschen Sagen* entnommen haben, wo allerdings noch unbestimmt vom „dürren Baum“ die Rede ist, „der […] grünen und eine beßre Zeit“ ankündigen soll (Grimm 1816, S. 29). Den traditionellen Rekurs auf die Raben streicht Nietzsche im Zuge der weiteren Arbeit an Strophe 5 in Mp I 22, S. 28. Am

435 Letztlich trennt Nietzsche die Motive vom ‚alten Haupt‘ Barbarossas und dessen Krone, um letztere klar mit der Wiederauferstehung von Kaiser und Reich zu verknüpfen. In der Finalversion gehört das „Haupt“, das „trauert“ und sich „[herab]senkt“ (Mp I 22, S. 20), auch gar nicht mehr Barbarossa, sondern der Eiche, die während der Abwesenheit des Kaisers kahl bleibt. Die „Krone“ Barbarossas hingegen wird schon in Strophe 1 mit „Sonnenschimmer“ verglichen; in der fünften Strophe „glüht“ sie dann sogar wie die „Morgensonn[e]“ (Mp I 22, S. 20).

436 Nach Grimms *Deutschem Wörterbuch* ist ‚umlauben‘ „in poetischer sprache seit dem 17. jahrh.“ gebräuchlich und bedeutet „mit laub, blättern umgeben, schmücken“ (DWB 23, Sp. 997). In den weiteren Bearbeitungsstufen zieht Nietzsche das idealisierende Verb ‚erblühen‘ vor (vgl. Mp I 22, S. 58 u. 20).

437 Vgl. Geibel 1859, S. 38: „Bis der Adler stolzen Fluges / Um des berges Gipfel zieht, / Daß vor seines Fittigs Rauschen / Dort der Rabenschwarm entflieht.“ – Rückert 1817, S. 271: „Und wenn die alten Raben / Noch fliegen immerdar, / So muß ich auch noch schlafen / Verzaubert hundert Jahr.“

Eichen-Motiv hält er dagegen fest – in Mp I 22, S. 58 erwägt Nietzsche allerdings zunächst, ebenfalls unbestimmt von einem „Baum“ sprechen zu lassen, der „einst frisch erblüht“. Doch er entscheidet sich noch während der Niederschrift für die ältere, patriotischere Variante mit dem deutschen Nationalbaum[438] und korrigiert „Baum“ ad hoc zu „Eiche“ (Mp I 22, S. 58).

Für die Textgenese der letzten Strophe von Nietzsches Kyffhäuser-Gedicht lassen sich aus den erläuterten Beobachtungen folgende Schlüsse ziehen: Anschließend an die fragmentarischen Verse in Mp I 22, S. 18 orientiert sich Nietzsche zunächst, in den ersten vier ebenfalls stark fragmentarischen Zeilen von Mp I 22, S. 60, nah an Rückerts Gedicht, um sodann, in den Entwürfen 1 bis 3, durch die Wahl des vorbildlosen „Scepter“-Motivs eigene Akzente zu setzen. Diese in der Mitte der vorliegenden Manuskriptseite gefassten Entwürfe, die neben dem „Scepter“ auch bereits die Motive der „starke[n] Hand“ und der „Kron[e]“ enthalten, wie sie aus der finalen Strophenversion in Mp I 22, S. 21 bekannt sind, werden zunächst noch verworfen, um in Mp I 22, S. 57 – also in der letzten Bearbeitungsstufe vor der finalen Version der letzten Strophe – wieder aufgegriffen zu werden. Am Ende von Mp I 22, S. 60 steht damit zunächst ein (unvollständiger, weil dreizeiliger) Entwurf der fünften Strophe, der als einziger Entwurf noch ungestrichen sowohl das Motiv der „Eiche“ als auch das der „Raben“ umfasst. Bereits im nächsten Schritt, der Vorarbeit in Mp I 22, S. 58, wird Nietzsche das Raben-Motiv für die fünfte Strophe (und das Gedicht generell) streichen und in Mp I 22, S. 57 das hier noch verworfene Szepter-Motiv für die sechste Strophe wiederaufgreifen.

438 Vgl. hierzu die Erläuterungen zur finalen Version des Gedichts in Mp I 22, S. 20–21.

Verzeichnisse

Abbildungen

https://doi.org/10.1515/9783111332017-008

Quellen und Literatur

Bücher, die sich nachweislich in Nietzsches persönlicher Bibliothek befunden haben, werden mit einem Hinweis auf NPB gekennzeichnet.

Aischylos (1839): „Agamemnon". In: Heinrich Voss: *Äschylos*. Zum Theil vollendet von Johann Heinrich Voss. Wohlfeile Ausgabe. Heidelberg, S. 173–234.

Albrecht, Wolfgang/Kertscher, Hans-Joachim (Hrsg.) (1999): *Wanderzwang – Wanderlust. Formen der Raum- und Sozialerfahrung zwischen Aufklärung und Frühindustrialisierung*. Tübingen.

Anschütz, Hans-Peter/Müller, Armin Thomas/Rottmann, Mike/Souladié, Yannick (Hrsg.) (2021): *Nietzsche als Leser*. Berlin, Boston.

Apollodor von Athen (1828): *Mythologische Bibliothek*. Christian Gottlob Moser (Übers.). Bd. 2. Stuttgart.

Aratus von Soloi (1824): *Φαινόμενα καὶ Διοσήμεια – Sternerscheinungen und Wetterzeichen*. Übersetzt und erklärt von Johann Heinrich Voss. Heidelberg.

Arenas-Dolz, Francisco (2019): „Nietzsche, Don Quijote und Sancho Pansas ‚tiefsinnige Logik'". In: Ralph Häfner/Sebastian Kaufmann/Andreas Urs Sommer (Hrsg.): *Nietzsches Literaturen*. Berlin, Boston, S. 189–216.

Ariosto, Ludovico (1804–1808): *Rasender Roland*. Übersetzt von Johann Diederich Gries. 4 Bde. Jena.

Arndt, Johann (1610): *Das Vierdte Buch vom wahren Christenthumb / Liber Naturæ. Wie das grosse Weltbuch der Natur / nach Christlicher Außlegung / von Gott zeuget / und zu Gott führet / wie auch alle Menschen Gott zu lieben / durch die Creaturen gereitzet / und durch ihr eigen Hertz uberzeuget werden*. Magdeburg.

Arnim, Achim von/Brentano, Clemens (1806/1808): *Des Knaben Wunderhorn. Alte deutsche Lieder*. 3 Bde. Heidelberg, Frankfurt a. M.

Aschheim, Steven E. (1996): *Nietzsche und die Deutschen. Karriere eines Kults*. Aus dem Englischen von Klaus Laermann. Stuttgart, Weimar.

Atze, Marcel (2007): „‚... und kaum blieb etwas verschont.' Reale und fiktive Autoren als Zerstörer eigener Texte". In: Mona Körte/Cornelia Ortlieb (Hrsg.): *Verbergen, Überschreiben, Zerreißen. Formen der Bücherzerstörung in Literatur, Kunst und Religion*. Berlin, S. 91–105.

Aufgebauer, Peter (2006): „‚Die Erde ist eine Scheibe' – Das mittelalterliche Weltbild in der Wahrnehmung der Neuzeit". In: *Geschichte in Wissenschaft und Unterricht* 7/8, S. 427–441.

Baeumler, Alfred (1930): „Nachwort". In: Friedrich Nietzsche: *Werke*. Bd. 6. Alfred Baeumler (Hrsg.). Leipzig, S. 699–709.

Baeumler, Alfred (1931): *Nietzsche, der Philosoph und Politiker*. Leipzig.

Baßler, Moritz (Hrsg.) (1995): *New Historicism. Literaturgeschichte als Poetik der Kultur*. Frankfurt a. M.

Beck, Heinrich (1989): „Ermanarich. § 2. Sagengeschichtliches [Artikel]". In: Johannes Hoops: *Reallexikon der Germanischen Altertumskunde*. Zweite, völlig neu bearbeitete und stark erweiterte Auflage. Heinrich Beck u. a. (Hrsg.). Bd. 7. Berlin, New York, S. 512–515.

Belzer, Bernd (1993): *Wandel und Kontinuität. Zur Entstehung der ältesten Ermanarichsage und ihrer Wanderung nach dem Norden*. Regensburg.

Benne, Christian/Zittel, Claus (Hrsg.) (2017): *Nietzsche und die Lyrik. Ein Kompendium*. Stuttgart.

Bergk, Theodor (Hrsg.) (1867): *Poetae lyrici graeci*. Bd. 2. Leipzig. (NPB, S. 686–687)

Bernhard, Roland (2013): „Der Eingang des ‚Mythos der flachen Erde' in deutsche und österreichische Geschichtsschulbücher im 20. Jahrhundert". In: *Geschichte in Wissenschaft und Unterricht* 64, S. 687–701.

Berning, Stephan (1975): *Sinnbildsprache. Zur Bildstruktur des Geistlichen Jahrs der Annette von Droste-Hülshoff*. Tübingen.

Bertram, Ernst (1918): *Nietzsche. Versuch einer Mythologie*. Berlin.

Bieritz, Karl-Heinrich (2005): *Das Kirchenjahr. Feste, Gedenk- und Feiertage in Geschichte und Gegenwart*. 7., aktualisierte Auflage. München.

Binroth-Bank, Christine (1994): *Medea in den Metamorphosen Ovids. Untersuchungen zur ovidischen Erzähl- und Darstellungsweise*. Frankfurt a. M.

Bloch, André (1998): „Euterpe [Artikel]". In: Hubert Cancik/Helmuth Schneider (Hrsg.): *Der Neue Pauly. Enzyklopädie der Antike*. Bd. 4. Stuttgart, Weimar, Sp. 315.

Bock, Franz (1857): „Die Kleinodien des heil. römisch-deutschen Reiches". In: *Mittheilungen der K. K. Central-Commission zur Erforschung und Erhaltung der Baudenkmale* 2. Nr. 3, S. 124–129.

Bodmer, Johann Jakob (1771): *Conradin von Schwaben. Ein Gedicht mit einem historischen Vorberichte*.

Bohley, Reiner (1976): „Über die Landesschule zur Pforte. Materialien aus der Schulzeit Nietzsches". In: *Nietzsche-Studien* 5, S. 298–320.

Bohley, Reiner (1987): „Nietzsches christliche Erziehung [I]". In: *Nietzsche-Studien* 16, S. 164–196.

Bohley, Reiner (1989): „Nietzsches christliche Erziehung [II]". In: *Nietzsche-Studien* 18, S. 377–395.

Bohnenkamp, Anne (2002): „Autorschaft und Textgenese". In: Heinrich Detering (Hrsg.): *Autorschaft. Positionen und Revisionen*. Stuttgart, Weimar, S. 62–79.

Borgstedt, Thomas (2009): *Topik des Sonetts. Gattungstheorie und Gattungsgeschichte*. Tübingen.

Bötticher, Wilhelm (1845): *Gustav Adolph. König von Schweden. Ein Buch für Fürst und Volk*. Kaiserswerth am Rhein.

Braak, Ivo (2007): *Poetik in Stichworten. Literaturwissenschaftliche Grundbegriffe. Eine Einführung*. Unveränderter Nachdruck der 8., überarbeiteten und erweiterten Auflage von Martin Neubauer. Berlin, Stuttgart.

Brachmann, Louise (1834): *Auserlesene Dichtungen*. Friedrich Karl Julius Schütz (Hrsg.). Bd. 2. Leipzig.

Braun, Stephan (2007): *Topographien der Leere – Friedrich Nietzsche. Schreiben und Schrift*. Würzburg.

Brentano, Clemens (1847): „Das Märchen von dem Hause Staarenberg und den Ahnen des Müllers Radlauf". In: *Die Märchen*. Zum Besten der Armen nach dem letzten Willen des Verfassers von Guido Görres (Hrsg.). Bd. 1. Stuttgart, Tübingen, S. 161–355.

Brentano, Clemens (1852): „Die sonntäglichen Evangelien". In: *Gesammelte Schriften*. Christian Brentano (Hrsg.). Bd. 1. Frankfurt a. M., S. 274–362.

Brobjer, Thomas H. (1999): „Nietzsche's Education at the Naumburg Domgymnasium 1855–1858". In: *Nietzsche-Studien* 28, S. 302–322.

Brobjer, Thomas H. (2001a): „Why did Nietzsche Receive a Scholarship to Study at Schulpforta?" In: *Nietzsche-Studien* 30, S. 322–328.

Brobjer, Thomas H. (2001b): „A Discussion and Source of Hölderlin's Influence on Nietzsche. Nietzsche's Use of William Neumann's Hölderlin". In: *Nietzsche-Studien* 30, S. 397–412.

Brockes, Barthold Heinrich (1721): *Irdisches vergnügen in Gott, bestehend in Physicalisch- und Moralischen Gedichten, nebst einem Anhange etlicher übersetzten Fabeln des Herrn de la Motte*. Bd. 1. Zweyte, durchgehends verbesserte, und über die Hälfte vermehrte Auflage, mit einer gedoppelten Vorrede von Weichmann. Hamburg.

Broese, Konstantin (2004): „Nietzsches erste Begegnung mit Schopenahuer im Lichte eines bisher unveröffentlichten Manuskriptes aus seiner Bonner Studienzeit". In: *Schopenhauer-Jahrbuch* 85, S. 13–29.

Brücker, Tobias (2019): *Auf dem Weg zur Philosophie. Friedrich Nietzsche schreibt „Der Wanderer und sein Schatten"*. Paderborn.

Brunner, Horst u. a. (2009): *Walther von der Vogelweide. Epoche – Werk – Wirkung*. 2., überarbeitete und ergänzte Auflage. München.

Bundesarchiv (2021): „Schönberg, Familie von [Eintrag Sächsisches Staatsarchiv, Hauptstaatsarchiv Dresden]“. In: www.bundesarchiv.de. URL: https://www.bundesarchiv.de/nachlassdatenbank/viewsingle.php?person_id=40816&asset_id=46106, Stand: 20.5.2023.

Buschendorf, Bernhard (1999): „Die Geburt der Lyrik aus dem Geiste der Parodie. Friedrich Nietzsches Gedicht ‚An die Melancholie‘“. In: Manfred Riedel (Hrsg.): *„Jedes Wort ist ein Vorurtheil“. Philologie und Philosophie in Nietzsches Denken*. Köln, S. 105–130.

Büsching, Johann Gustav (1812): *Volks-Sagen, Märchen und Legenden*. Bd. 2. Leipzig.

Butz, Andreas (2000): „Die Herren von Lomersheim und das Kloster Maulbronn“. In: Thomas Adam/Konrad Dussel (Hrsg.): *Lomersheim an der Enz. (Mehr als) 1200 Jahre Geschichte*. Ubstadt-Weiher, S. 32–43.

Campioni, Giuliano (2006): „Die ‚ideelle Bibliothek Nietzsches‘. Von Charles Andler zu Mazzino Montinari“. In: Michael Knoche/Justus H. Ulbricht/Jürgen Weber (Hrsg.): *Zur unterirdischen Wirkung von Dynamit. Vom Umgang Nietzsches mit Büchern zum Umgang mit Nietzsches Büchern*. Wiesbaden, S. 133–142.

Campioni, Giuliano/Röllin, Beat/Trenkle, Franziska (2008): „Nachweise aus Paul Foucher, *Les coulisses du passé* (1873)“. In: *Nietzsche-Studien* 37, S. 298–301.

Cerquiglini, Bernard (1989): *Éloge de la variante. Histoire critique de la philologie*. Paris.

Chamisso, Adelbert von (1831): *Gedichte*. Leipzig.

Claudius, Matthias (1774): *ASMUS omnia sua SECUM portans, oder Sämmtliche Werke des Wandsbecker Bothen*. Bd. 4. Wandsbeck.

Corbineau-Hoffmann, Angelika (2008): „Medeia [Artikel]“. In: Maria Moos-Grünewald (Hrsg.): *Mythenrezeption. Die antike Mythologie in Literatur, Musik und Kunst von den Anfängen bis zur Gegenwart*. Stuttgart, Weimar, S. 418–428.

Columbus, Christoph (1986): *Das Bordbuch 1492. Leben und Fahrten des Entdeckers der Neuen Welt in Dokumenten und Aufzeichnungen*. Robert Grün (Hrsg.). Stuttgart.

Conrady, Karl Otto (1985): *Goethe. Leben und Werk*. Bd. 2. Königstein.

Conrady, Karl Otto (2008): *Der Große Conrady. Das Buch deutscher Gedichte. Von den Anfängen bis zur Gegenwart*. Erweiterte Neuausgabe. Düsseldorf.

Conterno, Chiara (2017): „Nietzsches ‚Dem unbekannten Gott‘“. In: Christian Benne/Claus Zittel (Hrsg.): *Nietzsche und die Lyrik. Ein Kompendium*. Stuttgart, S. 78–88.

Daemmrich, Horst S./Daemmrich, Ingrid G. (1995): *Themen und Motive in der Literatur. Ein Handbuch*. Zweite, überarbeitete und erweiterte Auflage. Tübingen, Basel.

Dambeck, Holger (2010): „Röcken bei Leipzig. Nietzsches trautes Dörflein“. In: Hilmar Schmundt/Miloš Vec/Hildegard Westphal (Hrsg.): *Mekkas der Moderne. Pilgerstätten der Wissenschaft*. Köln, Weimar, Wien, S. 398–401.

Danneberg, Lutz (2007): „Kontext [Artikel]“. In: Harald Fricke u. a. (Hrsg.): *Reallexikon der deutschen Literaturwissenschaft. Neubearbeitung des Reallexikons der deutschen Literaturgeschichte*. Bd. 2. Berlin, New York, S. 333–337.

Dante Alighieri (1825): „Das Fegefeuer“. In: *Die göttliche Komödie*. Übersetzt und erläutert von Karl Streckfuß. Bd. 2. Halle.

Décultot, Elisabeth (Hrsg.) (2014a): *Lesen, Kopieren, Schreiben. Lese- und Exzerpierkunst in der europäischen Literatur des 18. Jahrhunderts*. Berlin.

Décultot, Elisabeth (2014b): „Einleitung: Die Kunst des Exzerpierens. Geschichte, Probleme, Perspektiven“. In: Elisabeth Décultot (Hrsg.): *Lesen, Kopieren, Schreiben. Lese- und Exzerpierkunst in der europäischen Literatur des 18. Jahrhunderts*. Berlin, S. 7–47.

del Buono, Zora (2008): „Ins Wasser gehen“. In: *mare* 70, S. 90–96.

Detering, Heinrich (Hrsg.) (2002): *Autorschaft. Positionen und Revisionen*. Stuttgart, Weimar.

Detering, Heinrich/Trilcke, Peer (Hrsg.) (2013): *Geschichtslyrik. Ein Kompendium*. Unter Mitarbeit von Hinrich Ahrend/Alena Diedrich/Christoph Jürgensen. 2 Bde. Göttingen.

Detering, Heinrich (Hrsg.) (2017): *Reclams Buch der deutschen Gedichte. Vom Mittelalter bis ins 21. Jahrhundert*. 4., durchgesehene und erweiterte Auflage. Bd. 2. Stuttgart.

D'Iorio, Paolo (2003): „Geschichte der Bibliothek Nietzsches und ihrer Verzeichnisse“. In: Giuliano Campioni u. a. (Hrsg.) (2003): *Nietzsches persönliche Bibliothek*. Berlin, New York, S. 33–77.

D'Iorio, Paolo (2017): „Die Schreib- und Gedankengänge des Wanderers. Eine digitale genetische Nietzsche-Edition“. In: *editio* 31, S. 191–204.

Doebele-Flügel, Verena (1977): *Die Lerche. Motivgeschichtliche Untersuchung zur deutschen Literatur, insbesondere zur deutschen Lyrik*. Berlin, New York.

Droste-Hülshoff, Annette von (1851): *Das geistliche Jahr. Nebst einem Anhang religiöser Gedichte*. Stuttgart, Tübingen.

Düsing, Edith (2006): „‚Der einzige *logische* Christ' – ‚Pascal, den ich beinahe liebe'! Streiflichter zu Pascal im Spiegel Nietzsches“. In: Steffen Dietzsch/Gian Franco Frigo (Hrsg.): *Vernunft und Glauben. Ein philosophischer Dialog der Moderne mit dem Christentum*. Père Xavier Tilliette SJ zum 85. Geburtstag. Berlin, S. 297–313.

Emge, Theodor (1854): *Auswahl deutscher Gedichte für gelehrte Schulen*. Achte verbesserte und vermehrte Auflage. Robert Heinrich Hiecke (Hrsg.). Halle.

Eichberg, Ralf (2011): „‚Trautes Dörflein' Röcken – der Geburtsort Friedrich Nietzsches“. In: Harald Meller/Alfred Reichenberger (Hrsg.): *Kulturgeschichten aus Sachsen-Anhalt*. Fotos von Juraj Lipták. Halle, S. 294–295.

Eichendorff, Joseph von (1826): *Aus dem Leben eines Taugenichts und das Marmorbild. Zwei Novellen nebst einem Anhange von Liedern und Romanzen*. Berlin.

Eichendorff, Joseph von (1837): *Gedichte*. Berlin.

Eichendorff, Joseph von (1841): „Gedichte“. In: *Werke*. Bd. 1. Berlin.

Eichendorff, Joseph von (1864): „Biographische Einleitung und Gedichte“. In: *Sämmtliche Werke*. Zweite Auflage. [Hermann von Eichendorff (Hrsg.)] Bd. 1. Leipzig.

Emge, Carl August (Hrsg.) (1931/32): „Authentische Mitteilungen über Nietzsches Nachlaß“. In: *Die Literatur* 34, S. 5–8, 76–77, 137–138, 195–197, 257–259, 311–313, 374–378, 427–431, 491–494.

Engel, Manfred (2018): „Kontexte und Kontextrelevanzen in der Literaturwissenschaft“. In: *KulturPoetik* 18, S. 71–89.

Entner, Heinz (2007): „Imitatio [Artikel]“. In: Harald Fricke u. a. (Hrsg.): *Reallexikon der deutschen Literaturwissenschaft. Neubearbeitung des Reallexikons der deutschen Literaturgeschichte*. Bd. 2. Berlin, New York, S. 133–135.

Feldt, Michael (1990): *Lyrik als Erlebnislyrik. Zur Geschichte eines Literatur- und Mentalitätstypus zwischen 1600 und 1900*. Heidelberg.

Figl, Johann (1991): „Nietzsches Begegnung mit Schopenhauers Hauptwerk. Unter Heranziehung eines frühen unveröffentlichten Exzerptes“. In: Wolfgang Schirmacher (Hrsg.): *Schopenhauer, Nietzsche und die Kunst*. Wien, S. 89–100.

Figl, Johann (1994): „Edition des Frühen Nachlasses Friedrich Nietzsches – grundsätzliche Perspektiven“. in: *Nietzscheforschung* 1, S. 161–168.

Figl, Johann (1995): „Geburtstagsfeier und Totenkult. Zur Religiosität des Kindes Nietzsche“. In: *Nietzscheforschung* 2, S. 21–34.

Figl, Johann (1999): „Das religiös-pädagogische Kindheitsmilieu Nietzsches. Eine biographisch-philosophische Interpretation frühester Aufzeichnungen". In: Andreas Schirmer/Rüdiger Schmidt (Hrsg.): *Entdecken und Verraten. Zu Leben und Werk Friedrich Nietzsches*. Weimar, S. 24–36.

Figl, Johann (2007): *Nietzsche und die Religionen. Transkulturelle Perspektiven seines Bildungs- und Denkweges*. Berlin, New York.

Fischer-Rizzi, Susanne (2007): *Blätter von Bäumen. Heilkraft und Mythos einheimischer Bäume*. Mit Zeichnungen von Peter Ebenhoch. Aarau, München.

Forrer, Thomas (2019): „Nachwort". In. Friedrich Nietzsche: *Sämtliche Gedichte*. Mit einem Kommentar und einem Nachwort von Thomas Forrer (Hrsg.). Stuttgart, S. 453–484.

Förster-Nietzsche, Elisabeth (1895): *Das Leben Friedrich Nietzsche's*. Bd. 1. Leipzig.

Förster-Nietzsche, Elisabeth (1898): „Einleitung". In: Friedrich Nietzsche: *Gedichte und Sprüche*. Leipzig, S. XIII–XXII.

Forstner, Dorothea/Becker, Renate (Hrsg.) (1991): *Neues Lexikon christlicher Symbole*. Innsbruck.

Foucher, Paul (1873): *Les coulisses du passé*. Paris.

Frank, Horst Joachim (1993): *Handbuch der deutschen Strophenformen*. 2., durchgesehene Auflage. Tübingen, Basel.

Fraustadt, Albert (1878): *Geschichte des Geschlechtes von Schönberg. Meissnischen Stammes*. Bd. 1. Zweite Ausgabe. Leipzig.

Frenzel, Elisabeth (1998): *Stoffe der Weltliteratur. Ein Lexikon dichtungsgeschichtlicher Längsschnitte*. 9., überarbeitete und erweiterte Auflage, Stuttgart.

Freregger, Sandra Yvonne (2015): *Theorie und Praxis der Freundschaft bei Friedrich Nietzsche*. Dissertation. Universität Wien [E-Theses]. URL: http://othes.univie.ac.at/39009/1/2015-08-17_0047028.pdf, Stand: 11.8.2023.

Frühwald, Wolfgang (1977): *Das Spätwerk Clemens Brentanos (1815–1842). Romantik im Zeitalter der Metternich'schen Restauration*. Tübingen.

Gatz, Bodo (1967): *Weltalter, goldene Zeit und sinnverwandte Vorstellungen*. Hildesheim.

Geibel, Emanuel (1848): *Juniuslieder*. Stuttgart, Tübingen.

Geibel, Emanuel (1853): *Gedichte*. 30. Auflage. Berlin.

Geibel, Emanuel von (1859): „Friedrich Rothbart" [1837]. In: *Moderne Klassiker. Deutsche Literaturgeschichte der neueren Zeit in Biographien, Kritiken und Proben*. Bd. 4. 5., bearbeitete Auflage. Leipzig 1859, S. 37–39. (NPB, S. 241)

Geldschläger, Jonas/Willing, Rebekka (o. J.): „Schilderung [Artikel]". In: *Wortwuchs.net*. URL: https://wortwuchs.net/schilderung/, Stand: 11.8.2023.

Gerhardt, Paul (1855): *Geistliche Lieder*. Getreu nach der bei seinen Lebzeiten erschienenen Ausgabe wiederabgedruckt. Neue Auflage, in Taschenformat. Stuttgart.

Gerlach, K. A. (1972): „Die Ritter von Steinau-Steinrück". In: *Buchenblätter. Beilage der Fuldaer Zeitung für Heimatfreunde* 45. Nr. 12, S. 45–46.

Gittermann, L. (Hrsg.) (1857): *Deutschland, seine Natur, Geschichte und Sage, von seinen Dichtern besungen*. Magdeburg.

Glauser, Jürg/Heitmann, Annegret (Hrsg.) (1999): *Verhandlungen mit dem New Historicism. Das Text-Kontext-Problem in der Literaturwissenschaft*. Unter der redaktionellen Mitarbeit von Christiane Küster. Würzburg.

Gmelin, Otto (1933): *Konradin reitet*. Leipzig.

Goch, Klaus (1995): „Franziska Nietzsche in Röcken. Ein Blick auf die deutsch-protestantische Pfarrhauskultur". In: *Nietzscheforschung* 2, S. 107–140.

Goch, Klaus (1996): „Lyrischer Familienkosmos. Bemerkungen zu Nietzsches poetischer Kindheitserfahrung". In: *Nietzscheforschung* 3, S. 103–125.

Goedeke, Karl (1844): *Deutschlands Dichter von 1813 bis 1843. Eine Auswahl von 872 charakteristischen Gedichten aus 131 Dichtern, mit biographisch-literarischen Bemerkungen und einer einleitenden Abhandlung über die technische Bildung poetischer Formen*. Hannover.

Goedeke, Karl (Hrsg.) (1849): *Elf Bücher deutscher Dichtung. Von Sebastian Brant (1500) bis auf die Gegenwart. Aus den Quellen. Mit biographisch-literarischen Einleitungen und mit Abweichungen der ersten Drucke*. Bd. 2. Leipzig.

Goethe, Johann Wolfgang (1808): *Faust. Eine Tragödie*.

Goethe, Johann Wolfgang (1816): *Torquato Tasso. Ein Schauspiel*. Neue Auflage. Leipzig.

Goethe, Johann Wolfgang (1828a): *Werke*. Vollständige Ausgabe letzter Hand. Bd. 1. Stuttgart, Tübingen.

Goethe, Johann Wolfgang (1828b): *Werke*. Vollständige Ausgabe letzter Hand. Bd. 2. Stuttgart, Tübingen.

Goethe, Johann Wolfgang (1828c): *Werke*. Vollständige Ausgabe letzter Hand. Bd. 3. Stuttgart, Tübingen.

Goethe, Johann Wolfgang (1833): *Werke*. Vollständige Ausgabe letzter Hand. Bd. 47. Stuttgart, Tübingen.

Goethe, Johann Wolfgang (1855): *Sämmtliche Werke in 40 Bänden*. Vollständige, neugeordnete Ausgabe. Bd. 1. Stuttgart, Augsburg. (NPB, S. 246–247)

Goethe, Johann Wolfgang (1856): „Hermann und Dorothea". In: *Sämmtliche Werke in 40 Bänden*. Vollständige, neugeordnete Ausgabe. Bd. 5. Stuttgart, Augsburg, S. 1–92. (NPB, S. 248)

Goethe, Johann Wolfgang (1857): „Auswärtige Literatur und Volkspoesie". In: *Sämmtliche Werke in 40 Bänden*. Vollständige, neugeordnete Ausgabe. Bd. 33. Stuttgart, Augsburg. (NPB, S. 255)

Goethe, Johann Wolfgang (1858): „Iphigenie auf Tauris. Erster Entwurf. 1779". In: *Sämmtliche Werke in 40 Bänden*. Vollständige, neugeordnete Ausgabe. Bd. 34. Stuttgart, Augsburg, S. 153–210. (NPB, S. 255)

Görich, Knut (2008): *Die Staufer. Herrscher und Reich*. München.

Graf, Fritz (1997): „Astraia [Artikel]". In: Hubert Cancik/Helmuth Schneider (Hrsg.): *Der neue Pauly. Enzyklopädie der Antike*. Bd. 2. Stuttgart, Weimar, Sp. 121.

Grätz, Katharina (2016): „Zarathustra als fiktive Figur". In: Katharina Grätz/Sebastian Kaufmann (Hrsg.): *Nietzsche zwischen Philosophie und Literatur. Von der* Fröhlichen Wissenschaft *zu* Also sprach Zarathustra. Heidelberg, S. 357–376.

Grätz, Katharina (2018): „‚Kämpfer gegen seine Zeit': Alfred Baeumlers Nietzsche-Deutung und der Nationalsozialismus". In: Sebastian Kaufmann/Andreas Urs Sommer (Hrsg.): *Nietzsche und die Konservative Revolution*. Berlin, Boston, S. 405–433.

Grätz, Katharina/Kaufmann, Sebastian (Hrsg.) (2016a): *Nietzsche zwischen Philosophie und Literatur. Von der* Fröhlichen Wissenschaft *zu* Also sprach Zarathustra. Heidelberg.

Grätz, Katharina/Kaufmann, Sebastian (Hrsg.) (2016b): „Nietzsche zwischen Literatur und Philosophie. Zur Einführung". In: Katharina Grätz/Sebastian Kaufmann (Hrsg.): *Nietzsche zwischen Philosophie und Literatur. Von der* Fröhlichen Wissenschaft *zu* Also sprach Zarathustra. Heidelberg, S. 11–26.

Grätz, Katharina/Kaufmann, Sebastian (Hrsg.) (2017): *Nietzsche als Dichter. Lyrik – Poetologie – Rezeption*. Unter redaktioneller Mitarbeit von Armin Thomas Müller und Milan Wenner. Berlin, Boston.

Greif, Martin (1895): „Gedichte". In: *Gesammelte Werke*. Bd. 1. Sechste, reich vermehrte Auflage. Leipzig.

Grimm, Jacob und Wilhelm (1816): *Deutsche Sagen*. Bd. 1. Berlin.

Groddeck, Wolfram (1991a): „Textgenetische Edition der Vorstufen und Reinschriften". In: *Friedrich Nietzsche. „Dionysos-Dithyramben"*. Bd. 1. Berlin, New York.

Groddeck, Wolfram (1991b): „Die ‚Dionysos-Dithyramben'. Bedeutung und Entstehung von Nietzsches letztem Werk". In: *Friedrich Nietzsche. „Dionysos-Dithyramben"*. Bd. 2. Berlin, New York.

Groddeck, Wolfram (1991c): „‚Gedichte und Sprüche'. Überlegungen zur Problematik einer vollständigen, textkritischen Ausgabe von Nietzsches Gedichten". In: Gunter Martens, Winfried Woesler (Hrsg.): *Edition als Wissenschaft. Festschrift für Hans Zeller*. Tübingen, S. 169–180.

Grubmüller, Klaus (2007): „Fabel [Artikel]". In: Klaus Weimar u. a. (Hrsg.): *Reallexikon der deutschen Literaturwissenschaft. Neubearbeitung des Reallexikons der deutschen Literaturgeschichte*. Bd. 1. Berlin, New York, S. 555–558.

Grubmüller, Klaus/Weimar, Klaus (2007a): „Authentizität [Artikel]". In: Klaus Weimar u. a. (Hrsg.): *Reallexikon der deutschen Literaturwissenschaft. Neubearbeitung des Reallexikons der deutschen Literaturgeschichte*. Bd. 1. Berlin, New York, S. 168–169.

Grubmüller, Klaus/Weimar, Klaus (2007b): „Edition [Artikel]". In: Klaus Weimar u. a. (Hrsg.): *Reallexikon der deutschen Literaturwissenschaft. Neubearbeitung des Reallexikons der deutschen Literaturgeschichte*. Bd. 1. Berlin, New York, S. 414–418.

Grundlehner, Philip (1986): *The Poetry of Friedrich Nietzsche*. New York, Oxford.

Gryphius, Andreas (1658): *Freuden und Trauer-Spiele auch Oden und Sonnette sampt Herr Peter Squentz Schimpff-Spiel*. Breslau.

Gryphius, Andreas (1660): *Son- und Feyertags-Sonet*. Gotha.

Günderrode, Karoline von (1857): *Gesammelte Dichtungen*. Friedrich Götz (Hrsg.). Mannheim.

Günther, Friederike Felicitas (2020): „Sünder – Heiland – Atheist. Stimmenvielfalt in Nietzsches Jugendgedicht *Vor dem Crucifix* (1863)". In: *Nietzscheforschung* 27, S. 29–40.

Günther, Johann Christian (1764): *Gedichte*. Sechste, verbesserte und geänderte Auflage. Breslau, Leipzig.

Gymnich, Marion/Neumann, Birgit/Nünning, Ansgar (Hrsg.) (2006): *Kulturelles Wissen und Intertextualität. Theoriekonzeptionen und Fallstudien zur Kontextualisierung von Literatur*. Unter Mitarbeit von Martin Butler u. a. Trier.

Hagedorn, Friedrich von (1800): „Oden und Lieder". In: *Poetische Werke*. Bd. 3. Hamburg.

Haken, Christian Ludwig (1828): „Civilis [Artikel]". In: Johann Samuel Ersch/Johann Gottfried Gruber (Hrsg.): *Allgemeine Encyclopädie der Wissenschaften und Künste in alphabetischer Folge*. Von genannten Schriftstellern bearbeitet. Bd. 17. Leipzig, S. 332–335.

Harms, Wolfgang (2007): „Epigone" [Artikel]. In: Klaus Weimar (Hrsg.) gemeinsam mit Harald Fricke/Klaus Grubmüller/Jan-Dirk Müller: *Reallexikon der deutschen Literaturwissenschaft. Neubearbeitung des Reallexikons der deutschen Literaturgeschichte*. Bd. 1. Berlin, New York, S. 457–459.

Hattendorf, Manfred (1994): *Dokumentarfilm und Authentizität. Ästhetik und Pragmatik seiner Gattung*. Konstanz.

Haubrichs, Wolfgang (1977): „Grund und Hintergrund in der Kreuzzugsdichtung. Argumentationsstruktur und politische Intention in Walthers ‚Elegie' und ‚Palästinalied'". In: Heinz Rupp (Hrsg.): *Philologie und Geschichtswissenschaft. Demonstrationen literarischer Texte des Mittelalters*. Heidelberg, S. 12–62.

Haug, Walter (1980): „‚Ermenrikes dot' [Artikel]". In: Kurt Ruh u. a. (Hrsg.): *Die deutsche Literatur des Mittelalters. Verfasserlexikon*. Begründet von Wolfgang Stammler. Fortgeführt von Karl Langosch. Zweite, völlig neu bearbeitete Auflage unter Mitarbeit zahlreicher Fachgelehrter. Berlin, New York, Sp. 611–617.

Haym, Rudolf (1864): *Arthur Schopenhauer*. Berlin.

Hayoun, Maurice-Ruben (1997): „Nietzsches ‚Zarathustra' und die Bibel". In: Werner Stegmaier/Daniel Krochmalnik (Hrsg.): *Jüdischer Nietzscheanismus*. Berlin, New York, S. 327–344.

Heidegger, Martin (1961): *Nietzsche*. 2 Bde. Pfullingen.

Heine, Heinrich (1827): *Buch der Lieder*. Hamburg.

Heitmann, Annegret (1999): „Einleitung: Verhandlungen mit dem *New Historicism*". In: Jürg Glauser/Annegret Heitmann (Hrsg.): *Verhandlungen mit dem New Historicism. Das Text-Kontext-Problem in der Literaturwissenschaft*. Unter der redaktionellen Mitarbeit von Christiane Küster. Würzburg, S. 9–20.

Helmbold, Ludwig (1856): „581. Von Gott will ich nicht lassen …". In: Evangelisches Stadt-Ministerio in Halle (Hrsg.): *Evangelisches Gesangbuch zum Gebrauch der Stadt Halle und der umliegenden Gegend. Nebst einem Anhange von Gebeten für die öffentliche und häusliche Andacht*. 15. Ausgabe. Halle, S. 460–461.

Hempfer, Klaus W. (2007): „Gattung [Artikel]". In: Klaus Weimar u. a. (Hrsg.): *Reallexikon der deutschen Literaturwissenschaft*. Neubearbeitung des Reallexikons der deutschen Literaturgeschichte. Bd. 1. Berlin, New York, S. 651–655.

Hennig, Kurt (1909): *Die geistliche Kontrafaktur im Jahrhundert der Reformation. Ein Beitrag zur Geschichte des deutschen Volks- und Kirchenliedes im XVI. Jahrhundert*. Halle 1909. [Nachdruck: Hildesheim, New York 1977.]

Herder, Johann Gottfried von (1778): *Volkslieder*. Bd. 1. Leipzig.

Herder, Johann Gottfried (1805): *Der Cid. Nach spanischen Romanzen besungen*. Mit einer historischen Einleitung durch Johann von Müller. Tübingen.

Herder, Johann Gottfried von (1807): *Stimmen der Völker in Liedern*. Gesammelt, geordnet, zum Teil übersetzt von Johann von Müller (Hrsg.). Tübingen.

Herodot von Halikarnass (1828): *Geschichte*. Übersetzt von Adolf Schöll. Bd. 1. Stuttgart.

Herodot von Halikarnaß (1867): *Geschichte*. Übersetzt von Adolf Schöll. Bd. 6. 5. Auflage. Stuttgart. (NPB, S. 289)

Hesiod (1797): „Tagewerke". In: *Hesiods Gedichte*. Übersetzt von Christian Heinrich Schütze. Hamburg, Kiel, S. 1–52.

Hesiod (1843): *Theogonia*. Librorum mss. et veterum editionum. Lectionibus commentarioque instruxit David Iacobus van Lennep. Amsterdam.

Heuerding, Elgin (2020): „Golden, sphärisch, stimmungsvoll. Die schönsten Weihnachtslieder auf der Harfe". In: *BR Klassik* vom 18.12. URL: https://www.br-klassik.de/aktuell/news-kritik/weihnachtsinstrument-harfe-lieder-weihnachten-musik-der-welt-100.html, Stand: 20.5.2023.

Hildebrandt, Dieter (2008): *Die Sonne. Biographie unseres Sterns*. München.

Hirsch, Emanuel (1925): „Der werdende Nietzsche. Autobiographische Aufzeichnungen. Hrsg. v. Dr. phil. h. c. Elisabeth Förster-Nietzsche […] [Rezension]". In: *Theologische Literaturzeitung* 50. Nr. 5, S. 114–116.

Hödl, Hans Gerald (1992): „‚Röcken' in Nietzsches Autobiographien 1858–1863". In: *Mesotes* 2. Nr. 4, S. 478–487.

Hödl, Hans Gerald (1994): „Verklärt-reine Herbstlichkeit. Einige Anmerkungen Nietzsches erster Bekanntschaft mit Goethe". In: Tilman Borsche/Federico Gerratana/Aldo Venturelli (Hrsg.): *Centauren-Geburten. Wissenschaft, Kunst und Philosophie beim jungen Nietzsche*. Berlin, Boston, S. 257–267.

Hödl, Hans Gerald (1999): „Genie und Moral in der ‚Germania'. Zur Kritik Wilhelm Pinders an Nietzsches ‚Napoleon III. als Präseident'". In: Andreas Schirmer/Rüdiger Schmidt (Hrsg.): *Entdecken und Verraten. Zu Leben und Werk Friedrich Nietzsches*. Weimar, S. 37–58.

Hödl, Hans Gerald (2009): *Der letzte Jünger des Philosophen Dionysos. Studien zur systematischen Bedeutung von Nietzsches Selbstthematisierungen im Kontext seiner Religionskritik*. Berlin, New York.

Hoffmann, E. T. A. (1819/21): *Lebens-Ansichten des Katers Murr nebst fragmentarischer Biographie des Kapellmeisters Johannes Kreisler in zufälligen Makulaturblättern*. 2. Bde. Berlin.

Hoffmann, David Marc (1991): *Zur Geschichte des Nietzsche-Archivs. Elisabeth Förster-Nietzsche, Fritz Koegel, Rudolf Steiner, Gustav Naumann, Josef Hofmiller. Chronik, Studien und Dokumente*. Berlin, New York.

Holtei, Karl von (1829): *Lenore. Vaterländisches Schauspiel mit Gesang in drei Abtheilungen*. Berlin.

Hölty, Ludwig Christoph Heinrich (1783): *Gedichte*. Besorgt durch seine Freunde Friederich Leopold Grafen zu Stolberg und Johann Heinrich Voß. Hamburg.

Homer (1843): *Odyssee*. Übersetzt von Joh. Heinr. Voß. Erste Übersetzung. Neuer Abdruck. Vermehrt mit erläuternden Anmerkungen aus den hinterlassenen Papieren des Übersetzers. Abraham Voß (Hrsg.). Leipzig.

Homer (1854): „Die Ilias. Erster Band". In: *Homer's Gesänge*. Verdeutscht von Johannes Minckwitz. Bd. 1. Leipzig. (NPB, S. 304)

Homer (1856): „Odyssea". In: *Carmina ad optimorum librorum fidem expressa curante Guilielmo Dindorfio*. Praemittitur Maximiliani Sengebusch Homerica Dissertatio Duplex. Bd. 2. Editio Quarta Correctior. Leipzig. (NPB, S. 304)

Höppner, Stefan u. a. (Hrsg.) (2018): *Autorschaft und Bibliothek. Sammlungsstrategien und Schreibverfahren*. Göttingen.

Horaz (1854): *Q. Horatii Flacci opera omnia*. Edidit Godofredus Stallbaum. Editio stereotypa. Leipzig. (NPB, S. 307)

Horaz (1872): „Oden und Epoden". In: *Quinti Horatii Flacci opera omnia*. Ad optimorum librorum fidem edita. Editio tertia. Pars I. – *Horaz' Sämmtliche Werke*. In metrischen Uebersetzungen. Ausgewählt von Th. Obbarius. 3. Ausgabe. Bd. 1. Paderborn. (NPB, S. 307)

Huber, Gerald (2018): *Konradin, der letzte Staufer. Spiele der Macht*. Regensburg.

Hurlebusch, Klaus (1998): „Den Autor besser verstehen: aus seiner Arbeitsweise. Prolegomenon zu einer Hermeneutik textgenetischen Schreibens". In: Hans Zeller/Gunter Martens (Hrsg.): *Textgenetische Edition*. Tübingen, S. 7–51.

Immermann, Karl (1836): *Die Epigonen. Familienmemoiren in neun Büchern*. 3 Bde. Düsseldorf.

Immermann, Karl (1838/39): *Münchhausen. Eine Geschichte in Arabesken*. 4 Bde. Düsseldorf.

Irving, Washington (1828): „Die Geschichte des Lebens und der Reisen Christoph's Columbus". In: *Washington Irving's sämmtliche Werke*. Uebersetzt von mehrern und herausgegeben von Christian August Fischer. Bd. 20–31. Frankfurt am Main.

Jäger, Hermann (1877): *Deutsche Bäume und Wälder. Populär-ästhetische Darstellungen aus der Natur und Naturgeschichte und Geographie der Baumwelt*. Leipzig.

Jannidis, Fotis/Lauer, Gerhard/Winko, Simone (Hrsg.) (2014): „Special Issue: Context". In: *Journal of Literary Theory* 8. Nr. 1.

Janz, Curt Paul (1993): *Friedrich Nietzsche. Biographie*. 2., revidierte Auflage. Bd. 1. München, Wien.

Janz, Curt Paul (1999): „Kindheit, Jugend, die Basler Jahre". In: *Friedrich Nietzsche*. Bd. 1. Lizenzausgabe. Frankfurt a. M.

Jaspers, Karl (1935): *Nietzsche. Einführung in das Verständnis seines Philosophierens*. Berlin, Leipzig.

Jaspers, Anke/Kilcher, Andreas B. (Hrsg.): *Lese- und Gebrauchsspuren in Autorenbibliotheken des 19. und 20. Jahrhunderts*. Göttingen.

Jauslin, Kurt (1998): „Hexensprache der Vernunft. Bilderfluchten und Flucht der Bilder in den Kindertexten Friedrich Nietzsches". In: *Nietzscheforschung* 5/6, S. 345–367.

Kaufmann, Sebastian (2015): „Kommentar zu Nietzsches *Idyllen aus Messina*." In: Heidelberger Akademie der Wissenschaften (Hrsg.): *Historischer und kritischer Kommentar zu Friedrich Nietzsches Werken*. Bd. 3/1. Berlin, Boston, S. 457–543.

Kaufmann, Sebastian (2016): „Ob ‚Wahrheit noch Wahrheit bleibt, wenn man ihr die Schleier abzieht'? Das Verhältnis von Philosophie und Kunst in der Vorrede zur *Fröhlichen Wissenschaft*". In:

Katharina Grätz/Sebastian Kaufmann (Hrsg.): *Nietzsche zwischen Philosophie und Literatur. Von der Fröhlichen Wissenschaft zu* Also sprach Zarathustra. Heidelberg, S. 75–106.

Kaufmann, Sebastian (2017): „Lyrik und Lyriktheorie im Werk Nietzsches". In: Katharina Grätz/Sebastian Kaufmann (Hrsg.): *Nietzsche als Dichter. Lyrik – Poetologie – Rezeption*. Unter redaktioneller Mitarbeit von Armin Thomas Müller und Milan Wenner. Berlin, Boston, S. 7–23.

Kaufmann, Sebastian/Sommer, Andreas Urs (Hrsg.) (2018): *Nietzsche und die Konservative Revolution*. Berlin, Boston.

Kaufmann, Sebastian (2019a): „Der Wille zur Macht, die ewige Wiederkehr des Gleichen und das Sein des Seienden. Heideggers ‚Aus-einander-setzung' mit Nietzsche". In: *Nietzsche-Studien* 48, S. 272–313.

Kaufmann, Sebastian (2019b): *Heidegger liest Goethe. Ein vielstimmiges „Zwiegespräch" (ca. 1910–1976)*. Heidelberg.

Kaufmann, Sebastian (2022a): „Kommentar zu Nietzsches *Die fröhliche Wissenschaft*". In: Heidelberger Akademie der Wissenschaften (Hrsg.): *Historischer und kritischer Kommentar zu Friedrich Nietzsches Werken*. Bd. 3/2.1. Berlin, Boston.

Kaufmann, Sebastian (2022b): „Kommentar zu Nietzsches *Die fröhliche Wissenschaft*". In: Heidelberger Akademie der Wissenschaften (Hrsg.): *Historischer und kritischer Kommentar zu Friedrich Nietzsches Werken*. Bd. 3/2.2. Berlin, Boston.

Kaul, Camilla G. (2007a): *Friedrich Barbarossa im Kyffhäuser. Bilder eines nationalen Mythos im 19. Jahrhundert*. Textband. Köln, Weimar, Wien.

Kaul, Camilla G. (2007b): *Friedrich Barbarossa im Kyffhäuser. Bilder eines nationalen Mythos im 19. Jahrhundert*. Katalogband. Köln, Weimar, Wien.

Kjaer, Jørgen (1990): *Friedrich Nietzsche. Die Zerstörung der Humanität durch ‚Mutterliebe'*. Wiesbaden.

Klein, Johannes (1936): *Die Dichtung Nietzsches*. München.

Kleinschmidt, Erich (2007): „Dichter [Artikel]". In: Klaus Weimar u. a. (Hrsg.): *Reallexikon der deutschen Literaturwissenschaft. Neubearbeitung des Reallexikons der deutschen Literaturgeschichte*. Bd. 1. Berlin, New York, S. 357–360.

Kleist, Heinrich von (1995): „Der zerbrochne Krug". In: *Sämtliche Werke*. Brandenburger Ausgabe. Bd. I/3. Roland Reuß (Hrsg.) in Zusammenarbeit mit Peter Staengle. Basel, Frankfurt a. M.

Klopstock, Friedrich Gottlieb (1751): *Der Messias*. Bd. 1. Halle.

Klopstock, Friedrich Gottlieb (1769): *Hermanns Schlacht. Ein Bardiet für die Schaubühne*. Hamburg, Bremen.

Klopstock, Friedrich Gottlieb (1771): *Oden*. Hamburg.

Knapp, Albert (1850): *Evangelischer Liederschatz für Kirche, Schule und Haus. Eine Sammlung geistlicher Lieder aus allen christlichen Jahrhunderten*. Gesammelt und nach den Bedürfnissen unserer Zeit bearbeitet. Zweite, ganz umgearbeitete Ausgabe. Stuttgart, Tübingen.

Knoche, Michael (Hrsg.) (2015): *Autorenbibliotheken. Erschließung, Rekonstruktion, Wissensordnung*. Wiesbaden.

Koopmann, Helmut (2011): „Schillers Lyrik [Artikel]". In: Helmut Koopmann (Hrsg.): *Schiller-Handbuch*. In Zusammenarbeit mit der deutschen Schillergesellschaft Marbach. 2., durchgesehene Auflage. Stuttgart, S. 319–343.

Körner, Theodor (1814): *Leyer und Schwerdt*. Berlin.

Kornrumpf, Gisela (1989): „Walthers ‚Elegie'. Strophenaufbau und Überlieferungskontext". In: Jan-Dirk Müller/Franz Josef Worstbrock (Hrsg.): *Walther von der Vogelweide*. Stuttgart, S. 147–158.

Krause, Robert (2016): „In tierischer Gesellschaft. Espinas' verhaltensbiologische Untersuchung als Quelle der philosophisch-literarischen Reflexion des Lebensbegriffs in Nietzsches *Fröhlicher*

Wissenschaft". In: Katharina Grätz/Sebastian Kaufmann (Hrsg.): *Nietzsche zwischen Philosophie und Literatur. Von der* Fröhlichen Wissenschaft *zu* Also sprach Zarathustra. Heidelberg, S. 119–136.

Kroedel, Julia (1982): *Heimat und Fremde in der Lyrik des jungen Nietzsche*. Lizentiatsarbeit. Universität Basel. [Manuskript]

Krummacher, Hans-Henrik (1976): *Der junge Gryphius und die Tradition. Studien zu den Perikopensonetten und Passionsliedern*. München.

Krummel, Richard Frank (1998a): „Ausbreitung und Wirkung des Nietzscheschen Werkes im deutschen Sprachraum bis zum Todesjahr. Ein Schrifttumsverzeichnis der Jahre 1867–1900". In: *Nietzsche und der deutsche Geist*. Unter Mitwirkung von Evely S. Krummel. Bd. 1. 2., verbesserte und erweiterte Auflage. Berlin, New York.

Krummel, Richard Frank (1998b): „Ausbreitung und Wirkung des Nietzscheschen Werkes im deutschen Sprachraum vom Todesjahr bis zum Ende des Ersten Weltkrieges. Ein Schrifttumsverzeichnis der Jahre 1901–1918". In: *Nietzsche und der deutsche Geist*. Unter Mitwirkung von Evely S. Krummel. Bd. 2. 2., verbesserte und erweiterte Auflage. Berlin, New York.

Kugler, Franz (1830): *Skizzenbuch*. Berlin.

Kurscheidt, Georg (2008): „Kommentar". In: Friedrich Schiller: *Gedichte*. Georg Kurscheid (Hrsg.). Frankfurt a. M., S. 747–1489.

Kurz, Heinrich (1840): *Handbuch der poetischen Nationalliteratur der Deutschen von Haller bis auf die neueste Zeit. Vollständige Sammlung von Musterstücken aus allen Dichtern und Dichtungsformen, nebst Angabe der frühern Lesarten, biographischen Notizen und literarisch-ästhetischem Kommentar*. Bd. 1. Zürich.

Lachmann, Karl (Hrsg.) (1826): *Der Nibelunge Not mit der Klage*. In der ältesten Gestalt mit den Abweichungen von der gemeinen Lesart. Berlin.

[Lachmann, Karl] (1836): *Zu den Nibelungen und zur Klage*. Anmerkungen von Karl Lachmann. Wörterbuch von Wilhelm Wackernagel. Berlin.

Lachmann, Karl (1843): *Die Gedichte Walthers von der Vogelweide*. Zweite Auflage. Berlin.

Lachmann, Karl (Hrsg.) (1851): *Der Nibelunge Noth und die Klage*. Nach der ältesten Überlieferung mit Bezeichnung des Unechten und mit den Abweichungen der gemeinen Lesart. Dritte Ausgabe. Berlin.

Lange, Johann Peter (1832/34): *Biblische Dichtungen*. 2 Bde. Elberfeld.

Lechtermann, Christina (2018): „Material Philology [Artikel]". In: Susanne Scholz/Ulrike Vedder (Hrsg.): *Handbuch Literatur & Materielle Kultur*. Berlin, Boston, S. 117–125.

Lehmann, Albrecht (2001): „Der deutsche Wald". In: Etienne François/Hagen Schulze (Hrsg.): *Deutsche Erinnerungsorte*. Bd. 3. München, S. 187–200.

Lengiewicz, Adam (2012): „Taube [Artikel]". In: Günter Butzer/Joachim Jacob (Hrsg.): *Metzler Lexikon literarischer Symbole*. 2., erweiterte Auflage. Stuttgart, Weimar, S. 440–441.

Leonhard, Walter (1984): *Das große Buch der Wappenkunst. Entwicklung – Elemente – Bildmotive – Gestaltung*. 3. durchgesehene Auflage. München.

Lessau, Mathis/Zügel, Nora (Hrsg.) (2019): *Rückkehr des Erlebnisses in die Geisteswissenschaften? Philosophische und literaturwissenschaftliche Perspektiven*. Baden-Baden.

Lessing, Gotthold Ephraim (1858): *Minna von Barnhelm oder das Soldatenglück. Lustspiel in fünf Aufzügen*. Zum Uebersetzen in's Englische mit erläuternden Noten versehen von W. C. Wrankmore. Leipzig. (NPB, S. 353)

Lessing, Gotthold Ephraim (1867): „Minna von Barnhelm oder das Soldatenglück". In: *Werke*. Bd 2. Leipzig, S. 1–102. (NPB, S. 351)

Lichtenheldt, Mario (2018): *Fritz und der Weise im Walde*. Hamburg.

Lindner, Rolf (1998): „Die Idee des Authentischen". In: *Kuckuck* 1, S. 58–61.

Löwith, Karl (1935): *Nietzsches Philosophie der ewigen Wiederkunft des Gleichen*. Berlin.
Löwith, Karl (1986): *Nietzsches Philosophie der ewigen Wiederkehr des Gleichen*. 4. Auflage. Hamburg.
Losch, Ursula/Schmidt, Hermann Josef (1994): „‚Werde suchen mir ein Schwans Wo das Zipfelch(en) noch ganz'. Spurenlesen im Spannungsfeld von Text, Zeichnung, Phantasie und Realität beim zehnjährigen Nietzsche. Eine Anfrage an das Publikum". In: *Nietzscheforschung* 1, S. 267–287.
Luchte, James (2010): „Preface to the first edition". In: Friedrich Nietzsche: *The Peacock and the Buffalo. The Poetry of Nietzsche*. Translated by James Luchte. 2nd edition. London, New York, S. 24–33.
Luther, Martin (1836): *Sinnreiche Tischreden. Nach den Hauptstücken christlicher Lehre verfaßt*. Neue, wohlfeile Ausgabe. Bd. 1. Stuttgart, Leipzig.
Lütkehaus, Ludger (Hrsg.) (2007): *Mythos Medea. Texte von Euripides bis Christa Wolf*. Stuttgart.
Lütkehaus, Ludger (2019): „Krähengeschrei: Friedrich Nietzsche auf Winterreise". In: Ralph Häfner/ Sebastian Kaufmann/Andreas Urs Sommer (Hrsg.): *Nietzsches Literaturen*. Berlin, Boston, S. 9–17.
Mähl, Hans-Joachim (1965): *Die Idee des goldenen Zeitalters im Werk des Novalis. Studien zur Wesensbestimmung der frühromantischen Utopie und zu ihrern ideengeschichtlichen Voraussetzungen*. Heidelberg.
Mahlmann, Siegfried August (1839): „Herbstlied". In: *Sämmtliche Schriften. Nebst Mahlmanns Biographie*. Bd. 1. Leipzig, S. 110.
Malatrait, Solveig Kristina (2008): „Iason und die Argonauten [Artikel]". In: Maria Moos-Grünewald (Hrsg.): *Mythenrezeption. Die antike Mythologie in Literatur, Musik und Kunst von den Anfängen bis zur Gegenwart*. Stuttgart, Weimar, S. 357–366.
Martens, Gunter (1998): „Dichterisches Schreiben als editorische Herausforderung. Möglichkeiten und Grenzen der genetischen Textdarstellung in historisch-kritischen Ausgaben". In: Hans Zeller/ Gunter Martens (Hrsg.): *Textgenetische Edition*. Tübingen, S. 103–116.
Martin, Ariane (2014): „Republikanische Romantik: Heine und Büchner". In: Michael Simon/Wolfgang Seidenspinner/Christina Niem (Hrsg.): *Episteme der Romantik. Volkskundliche Erkundungen*. Münster, New York, S. 53–80.
Masius, Hermann (1857/58): *Deutsches Lesebuch für höhere Unterrichtsanstalten*. 3 Bde. 2. Auflage. Halle.
Masius, Hermann (1868): *Deutsches Lesebuch für höhere Unterrichts-Anstalten*. Bd. 2. Vierte verbesserte Auflage. Halle.
Matthisson, Friedrich von (1838): *Gedichte*. 13. Auflage. Zürich.
Mayer, Mathias (1996): „Das lyrische Spätwerk. 1819–1832 [Artikel]". In: Regine Otto/Bernd Witte (Hrsg.): *Goethe-Handbuch*. Bd 1. Stuttgart, Weimar, S. 436–449.
Mayer, Mathias (2010): „Nachwort". In: Friedrich Nietzsche: *Gedichte*. Mathias Mayer (Hrsg.). Stuttgart, S. 173–186.
Meid, Volker (2008): *Barocklyrik*. 2., aktualisierte und erweiterte Auflage. Stuttgart, Weimar.
Meißner, Alfred (1845): *Gedichte*. Leipzig.
Mendelssohn Bartholdy, Felix (o. J.a): *Duette für zwei Singstimmen mit Pianoforte-Begleitung*. Leipzig.
Mendelssohn Bartholdy, Felix (o. J.b): *Lieder für eine Singstimme mit Pianoforte-Begleitung (Mittlere Stimme)*. Leipzig.
Mendelssohn Bartholdy, Felix (o. J.c): *Sechs Lieder ohne Worte für das Pianoforte Op. 30. II.tes Heft*. Bonn.
Métayer, Guillaume (2019): „Introduction. La vocation de Nietzsche poète, ou la danse et les chaînes". In: Friedrich Nietzsche: *Poèmes complets*. Texte et traduction nouvelle intégrale, introduction et annotation par Guillaume Métayer. Paris, S. IX–XL.
Meyer, Theo (1991): *Nietzsche. Kunstauffassung und Lebensbegriff*. Tübingen.
Meyer-Sickendiek, Burkhard (2001): *Die Ästhetik der Epigonalität. Theorie und Praxis wiederholenden Schreibens im 19. Jahrhundert: Immermann – Keller – Stifter – Nietzsche*. Tübingen.

Migge, Walter (1977): „Die Staufer in der deutschen Literatur seit dem 18. Jahrhundert". In: Reiner Haussherr (Hrsg.): *Die Zeit der Staufer. Geschichte, Kunst, Kultur*. Bd. 3. Stuttgart, S. 275–290.

Möhring, Hannes (2008): „Die Weissagungen über einen Kaiser Friedrich am Ende der Zeiten". In: Wolfram Brandes/Felicitas Schmieder (Hrsg.): *Endzeiten. Eschatologie in den monotheistischen Weltreligionen*. Berlin, New York, S. 201–213.

Montinari, Mazzino (1982): *Nietzsche lesen*. Berlin, New York.

Müller, Wilhelm (1824): *Gedichte aus den hinterlassenen Papieren eines reisenden Waldhornisten*. Bd. 2. Dessau.

Müller, Renate G. (1994): „‚Wandrer, wenn du in Griechenland wanderst …'. Reflexionen zur Bedeutsamkeit von ‚Antike' für den jungen Friedrich Nietzsche". In: *Nietzscheforschung* 1, S. 169–180.

Müller, Armin Thomas (2017a): „Nietzsches Jugendlyrik am Beispiel des Gedichtzyklus *In der Ferne*". In: Katharina Grätz/Sebastian Kaufmann (Hrsg.): *Nietzsche als Dichter. Lyrik – Poetologie – Rezeption*. Unter redaktioneller Mitarbeit von Armin Thomas Müller und Milan Wenner. Berlin, Boston, S. 25–46.

Müller, Armin Thomas (2017b): „Nietzsches Gimmelwalder Melancholie-Gedichte aus dem Sommer 1871". In: Katharina Grätz/Sebastian Kaufmann (Hrsg.): *Nietzsche als Dichter. Lyrik – Poetologie – Rezeption*. Unter redaktioneller Mitarbeit von Armin Thomas Müller und Milan Wenner. Berlin, Boston, S. 47–77.

Müller, Armin Thomas (2017c): „Nietzsches Jugendlyrik und sein Gedicht *Jetzt und ehedem* (1863)". In: Christian Benne/Claus Zittel (Hrsg.): *Nietzsche und die Lyrik. Ein Kompendium*. Stuttgart, S. 32–45.

Müller, Armin Thomas (2019): „Nietzsches Jugendlyrik". In: Benjamin Mortzfeld (Hrsg.) für das Historische Museum Basel: *Übermensch. Friedrich Nietzsche und die Folgen*. Basel, S. 10–15.

Müller, Armin Thomas (2020a): „Nietzsches christliche Jugendlyrik". In: Helmut Heit/Andreas Urs Sommer (Hrsg.): *Nietzsche und die Reformation*. Berlin, Boston, S. 165–187.

Müller, Armin Thomas (2020b): „Lesend schreiben lernen. Die ideelle Bibliothek des jungen Nietzsche und die produktive Aufnahme seiner Lektüren in die Jugendlyrik". In: Anke Jaspers/Andreas B. Kilcher (Hrsg.): *Lese- und Gebrauchsspuren in Autorenbibliotheken des 19. und 20. Jahrhunderts*. Göttingen, S. 342–362.

Münter, Balthasar (1773): *Erste Sammlung geistlicher Lieder. Mit Melodien von verschiedenen Singkomponisten*. Leipzig.

Münter, Balthasar (1856): „431. Mein Gott! Du bist's, zu dem ich flehe …". In: Evangelisches Stadt-Ministerio in Halle (Hrsg.): *Evangelisches Gesangbuch zum Gebrauch der Stadt Halle und der umliegenden Gegend. Nebst einem Anhange von Gebeten für die öffentliche und häusliche Andacht*. 15. Ausgabe. Halle, S. 335–336.

Näser, Torsten (2008): „Authentizität 2.0 – Kulturanthropologische Überlegungen zur Suche nach ‚Echtheit' im Videoportal YouTube". In: *kommunikation@gesellschaft* 9. Nr. 2. Online-Publikation: http://www.soz.uni-frankfurt.de/K.G/B2_2008_Naeser.pdf, Stand: 14.8.2021.

Neumann, Birgit/Nünning, Ansgar (2006): „Kulturelles Wissen und Intertextualität: Grundbegriffe und Forschungsansätze zur Kontextualisierung von Literatur". In: Marion Gymnich/Birgit Neumann/Ansgar Nünning (Hrsg.): *Kulturelles Wissen und Intertextualität. Theoriekonzeptionen und Fallstudien zur Kontextualisierung von Literatur*. Unter Mitarbeit von Martin Butler u. a. Trier, S. 3–28.

Neumann, William (1854): *Felix Mendelssohn-Bartholdy. Eine Biographie*. Kassel. (NPB, S. 407)

Niendorf, Martin Anton (1854): *Das Nibelungenlied*. Aus dem Mittelhochdeutschen übertragen. Mit zehn Illustrationen von Holbein. 2 Bde. Berlin.

Niendorf, Martin Anton (1855): *Das Gudrun-Lied*. Berlin.

Niendorf, Martin Anton (1861): *Das Gudrun-Lied*. Zweite Auflage. Berlin.

Nietzsche, Friedrich (1897/98): „Jugendgedichte". In: *Pan* 3/2, S. 102a–104.

Nietzsche, Friedrich (1923): *Gedichte*. Leipzig. [Insel-Bücherei Nr. 361]
Nietzsche, Friedrich (1924): *Der werdende Nietzsche. Autobiographische Aufzeichnungen*. Elisabeth Förster-Nietzsche (Hrsg.). München.
Nietzsche, Friedrich (1927): *Die ewige Wiederkunft. Die fröhliche Wissenschaft. Dichtungen*. [Mit einer Einführung und einem Nachbericht von Elisabeth Förster-Nietzsche.] Leipzig.
Nietzsche, Friedrich (1930a): „Zur Genealogie der Moral. Der Fall Wagner. Nietzsche contra Wagner. Götzendämmerung. Der Antichrist. Ecce homo. Gedichte". In: *Werke*. Alfred Baeumler (Hrsg.). Bd. 5. Leipzig.
Nietzsche, Friedrich (1930b): „Der Willer zur Macht. Versuch einer Umwertung aller Werte". In: *Werke*. Alfred Baeumler (Hrsg.). Bd. 6. Leipzig.
Nietzsche, Friedrich (1930c): *Werke in zwei Bänden*. Ausgewählt und eingeleitet von August Messer. Bd. 2. Leipzig.
Nietzsche, Friedrich (1931a): *Werke in sieben Teilen*. Mit Lebensbild, Einleitungen und Anmerkungen versehen von Walther Linden (Hrsg.). Bd. 1. Berlin, Leipzig.
Nietzsche, Friedrich (1931b): *Gedichte*. Leipzig [Alfred Kröner Verlag].
Nietzsche, Friedrich (1931c): *Gedichte*. Mit einem Nachwort von Kurt Hildebrandt. Leipzig [Reclam Verlag].
Nietzsche, Friedrich (1931d): *Auswahl aus seinen philosophischen Schriften nebst einigen Briefen*. Hans Weichelt (Hrsg.). Breslau.
Nietzsche, Friedrich (1931e): *Hauptwerke*. Mit Nachworten von Alfred Baeumler. Bd. 2. Leipzig.
Nietzsche, Friedrich (1931 f): *Auswahl in vier Bänden*. Bd. 1. Leipzig.
Nietzsche, Friedrich (1934): *Der Wanderer und sein Schatten. Gedichte*. Berlin, Leipzig.
Nietzsche, Friedrich (1935): *Nietzsche*. Deutsche Akademie München (Hrsg.). Berlin, München.
Nietzsche, Friedrich (1944): *Gedichte. Feldauswahl*. Auswahl und Nachwort von Kläre Buchmann. Stuttgart.
Nietzsche, Friedrich (1947): *Gedichte*. Auswahl von Kläre Buchmann. Urach.
Nietzsche, Friedrich (1948a): *Gedichte*. Mit einem Essay von Rudolf Meyer: „Nietzsche als Apokalyptiker". Herford.
Nietzsche, Friedrich (1948b): „Liriche". In: Italo Maione: *La lirica di Nietzsche*. Messina, Firenze, S. 40–199.
Nietzsche, Friedrich (1949): *Poésies complètes*. Paul Arnold/Yanette Delétang-Tardif (trad.). 2 vol. Paris.
Nietzsche, Friedrich (1950): *Nietzsche poeta. Liriche ed epigrammi. Versione metrica con un saggio critico e un profilo biografico*. Giovanni Necco (Hrsg.). Mazara, Rom.
Nietzsche, Friedrich (1952): *Werke in zwei Bänden*. Bearbeitet und gedeutet für die Gegenwart von Gerhard Stenzel (Hrsg.). Bd. 1. Salzburg.
Nietzsche, Friedrich (1957): *Frédéric Nietzsche*. [*Poètes d'aujourd'hui* 59.] Prés. par Pierre Garnier. Choix de textes, bibliographie, portraits, fac-similés. Paris.
Nietzsche, Friedrich (1964): *Gedichte*. Mit einem Nachwort von Jost Hermand (Hrsg.). Stuttgart.
Nietzsche, Friedrich (1967): *Werke in zwei Bänden*. Ivo Frenzel (Hrsg.) [auf Grund der im Carl Hanser Verlag erschienenen dreibändigen Ausgabe von Karl Schlechta]. München.
Nietzsche, Friedrich (1973): *Gedichte. Deutsch – Englisch / Poems. German – English*. Übertragen und mit einem Vorwort versehen von Olga Marx. Zug, Düsseldorf.
Nietzsche, Friedrich (1980): *Poezii*. Trad. şi note de Simion Dănilă. Cuvînt înainte de Marian Popa. Bukarest.
Nietzsche, Friedrich (1990): *Kommentierte Werkausgabe*. Ausgewählt und eingeleitet von Alfred Läpple (Hrsg.). Aschaffenburg.
Nietzsche, Friedrich (1991): *Poésies*. Traduction nouvelle de Jean-Jacques Briu. Édition bilingue. Paris.

Nietzsche, Friedrich (1992): *Opere*. Giorgio Colli/Mazzino Montinari (Hrsg.). Bd. 1. Mailand.

Nietzsche, Friedrich (1994): *Gedichte*. Ausgewählt von Anton Friedrich. Mit einer Rede von Thomas Mann. Zürich.

Nietzsche, Friedrich (1997): *Poèmes 1858–1888. Dithyrambes pour Dionysos*. Présentation et traduction de Michel Haar. Paris.

Nietzsche, Friedrich (1999): *Sämtliche Gedichte*. Mit einem Nachwort von Ralph-Rainer Wuthenow. Zürich.

Nietzsche, Friedrich (2000): *Die schönsten Gedichte von Friedrich Nietzsche*. Ausgewählt von Anton Friedrich. Zürich.

Nietzsche, Friedrich (2003): *„Ich habe nun schon manches erfahren …". Die frühen autobiographischen Schriften*. Mit Anmerkungen und einem Nachwort von Kai Agthe (Hrsg.). Weimar.

Nietzsche, Friedrich (2006): *Aus meinem Leben*. Jens-Fietje Dwars (Hrsg.). Bucha bei Jena.

Nietzsche, Friedrich (2010a): *Gedichte*. Mathias Mayer (Hrsg.). Stuttgart.

Nietzsche, Friedrich (2010b): *Der andere Nietzsche. Gebete von Friedrich Nietzsche*. Alfred Läpple (Hrsg.). München.

Nietzsche, Friedrich (2010c): *The Peacock and the Buffalo. The Poetry of Nietzsche*. Translated by James Luchte. 2nd edition. London, New York.

Nietzsche, Friedrich (2019a): *Sämtliche Gedichte*. Mit einem Kommentar und einem Nachwort von Thomas Forrer (Hrsg.). Stuttgart.

Nietzsche, Friedrich (2019b): *Poèmes complets*. Texte et traduction nouvelle intégrale, introduction et annotation par Guillaume Métayer. Paris.

Nobis, Heribert Maria (1971): „Buch der Natur [Artikel]". In: Joachim Ritter u. a. (Hrsg.): *Historisches Wörterbuch der Philosophie*. Völlig neubearbeitete Ausgabe des ‚Wörterbuchs der Philosophischen Begriffe' von Rudolf Eisler. Bd. 1. Basel, Stuttgart, Sp. 957–959.

Novalis [Friedrich von Hardenberg] (1802): „Die Lehrlinge zu Sais". In: Friedrich Schlegel/Ludwig Tieck (Hrsg.): *Novalis Schriften*. Bd. 2. Berlin, S. 159–246.

Nutt-Kofoth, Rüdiger (2007): „Textkritik [Artikel]". In: Jan-Dirk Müller u. a. (Hrsg.): *Reallexikon der deutschen Literaturwissenschaft. Neubearbeitung des Reallexikons der deutschen Literaturgeschichte*. Bd. 3. Berlin, New York, S. 602–607.

Ottmann, Henning (1999): *Philosophie und Politik bei Nietzsche*. 2., verbesserte und erweiterte Auflage. Berlin.

O. V. (1808): „Die Schilderung [Artikel]". In: Johann Christoph Adelung: *Grammatisch-kritisches Wörterbuch der hochdeutschen Mundart, mit beständiger Vergleichung der übrigen Mundarten, besonders aber der Oberdeutschen*. Mit D. W. Soltau's Beyträgen revidiert und berichtigt von Franz Xaver Schönberger. Bd. 3. Wien, Sp. 1463.

O. V. (1820): „Dienstinstruktion für den ersten Adjunkten als Unterbibliothekar". In: *Archiv und Bibliothek der Landesschule Pforta*. Akte 832.

O. V. (1835): „Lyrik und lyrische Poesie [Artikel]". In: *Allgemeine deutsche Real-Encyklopädie für die gebildeten Stände. (Conversations-Lexikon.)*. Bd. 6. 8. Auflage. Leipzig, S. 788–790.

O. V. (1837): „Witz [Artikel]". In: *Allgemeine deutsche Real-Enzyklopädie für die gebildeten Stände. Conversations-Lexikon*. Bd. 12. 8. Auflage. Leipzig, S. 315–316.

O. V. (1847): *Gedichte und Briefe gesammelt für die liebe Jugend zum Gebrauch bei dem Wechsel des Jahres*. Nürnberg.

O. V. (1851): „Ballade [Artikel]". In: *Allgemeine deutsche Real-Encyklopädie für die gebildeten Stände. Conversations-Lexikon*. Bd. 2. 10., verbesserte und vermehrte Auflage. Leipzig, S. 219–220.

O. V. (1854a): *Gesangbuch des Haupt-Vereins für christliche Erbauungsschriften in den Preußischen Staaten*. Berlin.

O. V. (1854b): *Joseph Frhr. v. Eichendorff*. Kassel. (NPB, S. 209)

O. V. (1854–1859): *Ludwig Uhland. Kurzbiographie und Proben aus seinen Werken*. 2 Hefte. Cassel. (NPB, S. 628–629)

O. V. (1858): *Deutsches Lesebuch zur Uebung im richtigen und schönen Vortrage und zum Unterricht in der deutschen Sprache*. Bd. 2. Achte, mit der durchaus umgearbeiteten siebenten gleichlautende Auflage. Bremen.

O. V. (1859): *Emanuel von Geibel*. 5., neu bearbeitete Auflage. Leipzig. (NPB, S. 241)

O. V. (1861): „Verbrechen und Unglücksfälle [Rubrik]". In: *Illustrirte Zeitung* 37. Nr. 963, S. 426.

O. V. (1864): „Daheimliches." In: *Kladderadatsch* 17. Nr. 53, S. 211.

Ovid (1798a): *Verwandlungen*. Johann Heinrich Voss (Übers.). Bd. 1. Berlin.

Ovid (1798b): *Verwandlungen*. Johann Heinrich Voss (Übers.). Bd. 2. Berlin.

Ovid (1853): *Die Metamorphosen des P. Ovidius Naso*. Erklärt von Moriz Haupt. Bd. 1. Leipzig.

Parent, Ulrich (2002): „13. Tochter Zion, freue dich [Artikel]". In: Gerhard Hahn/Jürgen Henkys (Hrsg.) gemeinschaftlich mit Hans-Christian Drömann u. a. im Auftrag der Evangelischen Kirche in Deutschland: *Liederkunde zum Evangelischen Gesangbuch*. Ausgabe in Einzelheften. Heft 5. Göttingen, S. 17–20.

Pausanias (1829): *Beschreibung von Griechenland*. Aus dem Griechischen übersetzt von Karl Gottfried Siebelis. Abt. 1. Stuttgart.

Pausanias (1855): *Beschreibung von Griechenland*. Aus dem Griechischen übersetzt von Hans Reichardt. Abt. 2. Stuttgart.

Perkins, Richard (1993): „‚Little brier rose'. Young Nietzsche's Sleeping Beauty Poem as Legend and Swan Song". In: Donald Haase (Hrsg.): *The Reception of Grimms' Fairy Tales. Responses, Reactions, Revisions*. Detroit, Michigan, S. 127–148.

Pernet, Martin (1989): *Das Christentum im Leben des jungen Friedrich Nietzsche*. Opladen.

Pestalozzi, Karl (1984): „Nietzsches Gedicht ‚Noch einmal eh ich weiter ziehe …' auf dem Hintergrund seiner Jugendlyrik". In: *Nietzsche-Studien* 13, S. 101–110.

Phädrus (1853): *Ausgewählte Fabeln*. Erklärt von F. E. Raschig. Leipzig.

Pindar (1855): „Die Olympischen Oden". In: *Pindar's Werke*. Griechisch mit metrischer Uebersetzung und prüfenden und erklärenden Anmerkungen von J. A. Hartung. Bd. 1. Leipzig. (NPB, S. 673–674)

Pindar (1856): „Die Nemeischen Oden". In: *Pindar's Werke*. Griechisch mit metrischer Uebersetzung und prüfenden und erklärenden Anmerkungen von J. A. Hartung. Bd. 3. Leipzig. (NPB, S. 674)

Praz, Mario (1963): *Liebe, Tod und Teufel. Die schwarze Romantik*. München.

Pütz, Peter (1967): *Friedrich Nietzsche*. Stuttgart.

Rader, Olaf B. (2010): *Friedrich II. Der Sizialianer auf dem Kaiserthron. Eine Biographie*. München.

Redl, Philipp (2018): „Nietzsche im George-Kreis". In: Sebastian Kaufmann/Andreas Urs Sommer (Hrsg.): *Nietzsche und die Konservative Revolution*. Berlin, Boston, S. 103–121.

Reichardt, Louise (Hrsg.) (o. J.): *Christliche, liebliche Lieder*. Hamburg.

Reich-Ranicki, Marcel (Hrsg.) (1996): *1000 Deutsche Gedichte und ihre Interpretationen*. Bd. 4. Dritte Auflage. Frankfurt a. M., Leipzig.

Ringler, William (1941): „Poeta nascitur non fit: Some notes on the history of an aphorism". In: *Journal of the History of Ideas* 2. Nr. 4, S. 497–504.

Röllin, Beat/Stockmar, René (2007): „‚Aber ich notire mich, für mich.' Die IX. Abteilung der Kritischen Gesamtausgabe von Nietzsches Werken". In: *Nietzsche-Studien* 36, S. 22–40.

Röllin, Beat/Stockmar, René (2019): „Nietzsche lesen mit KGW IX. Zum Beispiel Arbeitsheft W II 1, Seite 1". In: Martin Endres/Axel Pichler/Claus Zittel (Hrsg.): *Text/Kritik: Nietzsche und Adorno*. Berlin, Boston, S. 1–38.

Rößler, Martin (2007): „Kirchenlied [Artikel]“. In: Harald Fricke u. a. (Hrsg.): *Reallexikon der deutschen Literaturwissenschaft*. Neubearbeitung des Reallexikons der deutschen Literaturgeschichte. Bd. 2. Berlin, New York, S. 260–263.

Rothacker, Erich (1979): *Das „Buch der Natur“. Materialien und Grundsätzliches zur Metapherngeschichte*. Aus dem Nachlaß bearbeitet von Wilhelm Perpeet (Hrsg.). Bonn.

Rottmann, Mike (2017): „Subtile Lektüren. Nietzsches Weg mit Winckelmann“. In: Franziska Bomski/Hellmuth Th. Seemann/Thorsten Valk (Hrsg.): *Die Erfindung des Klassischen. Winckelmann-Lektüren in Weimar*. Göttingen, S. 269–294.

Rottmann, Mike (2019): „Nietzsche als Leser und Exzerptor“. In: Benjamin Mortzfeld (Hrsg.) für das Historische Museum Basel: *Übermensch. Friedrich Nietzsche und die Folgen*. Basel, S. 59–63.

Rottmann, Mike (2020): „Verstehendes Entziffern eines ‚historisierten‘ Papierarbeiters. Methodische und responsive Reflexionen zur Erschließung, Edition und Kommentierung von Friedrich Nietzsches nachgelassener Bibliothek“. In: Anke Jaspers/Andreas B. Kilcher (Hrsg.): *Randkulturen. Lese- und Gebrauchsspuren in Autorenbibliotheken des 19. und 20. Jahrhunderts*. Göttingen, S. 110–137.

Rottmann, Mike (2025 [in Vorb.]): *Der ‚freie Geist‘ exzerpiert. Friedrich Nietzsches Lese- und Schreibpraktiken zwischen disziplinierter Gelehrsamkeit und schriftstellerischer Autonomie, 1869–1879*. Dissertationsprojekt.

Rückert, Friedrich (1817): *Kranz der Zeit*. Bd. 2. Stuttgart, Tübingen.

Runciman, Steven (1976): *Die sizilianische Vesper. Der Volksaufstand von 1282 und die europäische Geschichte im 13. Jahrhundert*. 2., durchgesehene Auflage. München.

Salehi, Djavid (2000): „Freunde und Herausgeber – zur Geschichte des Nietzsche-Archivs“. In: Andreas Schirmer/Rüdiger Schmidt (Hrsg): *Widersprüche. Zur frühen Nietzsche-Rezeption*. Weimar, S. 187–220.

Saller, Harald (2006): „HyperNietzsche und Nietzsche-Bibliothek“. In: Michael Knoche/Justus H. Ulbricht/Jürgen Weber (Hrsg.): *Zur unterirdischen Wirkung von Dynamit. Vom Umgang Nietzsches mit Büchern zum Umgang mit Nietzsches Büchern*. Wiesbaden, S. 83–92.

Saße, Günter (1993): *Liebe und Ehe. Oder: Wie sich die Spontaneität des Herzens zu den Normen der Gesellschaft verhält. Lessings „Minna von Barnhelm“*. Tübingen.

Scandone, Roberto (1993): „Activity of Vesuvio between 1631 and 1944“. In: www.geo.mtu.edu, URL: http://www.geo.mtu.edu/volcanoes/boris/mirror/mirrored_html/VESUVIO_1631-1944.html, Stand: 20.5.2023.

Scheitler, Irmgard (2007): „Geistliches Lied [Artikel]“. In: Klaus Weimar u. a. (Hrsg.): *Reallexikon der deutschen Literaturwissenschaft*. Neubearbeitung des Reallexikons der deutschen Literaturgeschichte. Bd. 1. Berlin, New York, S. 681–683.

Schenkendorf, Max von (1815): *Gedichte*. Stuttgart, Tübingen.

Scherf, Johannes (1999): „Kekrops [Artikel]“. In: Hubert Cancik/Helmuth Schneider (Hrsg.): *Der neue Pauly. Enzyklopädie der Antike*. Bd. 6. Stuttgart, Weimar, Sp. 381–382.

[Schiller, Friedrich] (1781): *Die Räuber. Ein Schauspiel*. Frankfurt a. M., Leipzig.

Schiller, Friedrich (1795): „Columbus“. In: Friedrich Schiller (Hrsg.): *Musen-Almanach für das Jahr 1796*. Neustrelitz, S. 179.

Schiller, Friedrich (1804): *Gedichte*. Bd. 1. Zweite, von neuem durchgesehene Auflage. Leipzig.

Schiller, Friedrich (1818): „Wallenstein. Ein dramatisches Gedicht“. In: *Friedrichs von Schiller sämmtliche Werke*. Bd. 9/2. Zweyte unveränderte Auflage. Stuttgart, Tübingen.

Schiller, Friedrich (1844): „Die Jungfrau von Orleans. Eine romantische Tragödie“. In: *Schillers sämmtliche Werke in zehn Bänden*. Bd. 6. Stuttgart, Tübingen, S. 161–308. (NPB, S. 528)

Schiller, Friedrich/Körner, Gottfried (1859): *Schillers Briefwechsel mit Körner. Von 1784 bis zum Tode Schillers*. 2., wohlfeile Ausgabe. Bd. 3. Leipzig.
Schilling, Erik (2020): *Authentizität. Karriere einer Sehnsucht*. München.
Schlegel, Friedrich von (1846): „Philosophie der Geschichte. In achtzehn Vorlesungen gehalten in Wien im Jahre 1828. Erster Band". In: *Sämmtliche Werke*. Zweite Original-Ausgabe. Bd. 13. Wien.
Schmidt, Hermann Josef (1991a): *Nietzsche absconditus oder Spurenlesen bei Nietzsche*. Bd. 1. Berlin, Aschaffenburg.
Schmidt, Hermann Josef (1991b): *Nietzsche absconditus oder Spurenlesen bei Nietzsche*. Bd. 2. Berlin, Aschaffenburg.
Schmidt, Hermann Josef (1993): *Nietzsche absconditus oder Spurenlesen bei Nietzsche*. Bd. 3. Berlin, Aschaffenburg.
Schmidt, Hermann Josef (1994): *Nietzsche absconditus oder Spurenlesen bei Nietzsche*. Bd. 4. Berlin, Aschaffenburg.
Schmidt, Hermann Josef (1995): „Friedrich Nietzsche aus Röcken". In: *Nietzscheforschung* 2, S. 35–60.
Schmidt, Hermann Josef (1997): „‚Auf nie noch betretener Bahn'. Poetische Selbstfindungsversuche des Kindes Nietzsche". In: Jørgen Kjaer (Hrsg.): *Nietzsche im Netze. Nietzsches Lyrik, Ästhetik und Kindheit im deutsch-dänischen Dialog – Nietzsche i dansk-tysk dialog*. Århus, S. 10–38.
Schmidt, Hermann Josef (1998): „‚stets mein Vorhaben, ein kleines Buch zu schreiben'. Nietzsches Leben und Texte 1844–1864. Ein Überblick". In: *Nietzscheforschung* 5/6, S. 325–343.
Schmidt, Jochen (2015): „Kommentar zu Nietzsches *Morgenröthe*". In: Heidelberger Akademie der Wissenschaften (Hrsg.): *Historischer und kritischer Kommentar zu Friedrich Nietzsches Werken*. Bd. 3/1. Berlin, Boston, S. 1–455.
Schneider, Mirjam (2012): „Reise [Artikel]". In: Günter Butzer/Joachim Jacob (Hrsg.): *Metzler Lexikon literarischer Symbole*. 2., erweiterte Auflage. Stuttgart, Weimar, S. 343–345.
Scholz, Susanne/Vedder, Ulrike (Hrsg.): *Handbuch Literatur & Materielle Kultur*. Berlin, Boston.
Schönke, Karl August (o. J.): *Die Sagenwelt der Alten. Für die Jugend bearbeitet*. Berlin.
Schopenhauer, Arthur (1854): *Ueber den Willen in der Natur. Eine Erörterung der Bestätigungen, welche die Philosophie des Verfassers, seit ihrem Auftreten, durch die empirischen Wissenschaften erhalten hat*. Zweite, verbesserte und vermehrte Auflage. Frankfurt a. M.
Schopenhauer, Arthur (1859): *Die Welt als Wille und Vorstellung*. Dritte, verbesserte und beträchtlich vermehrte Auflage. Bd. 1. Leipzig.
Schopenhauer, Arthur (1860): *Die beiden Grundprobleme der Ethik, behandelt in zwei akademischen Preisschriften*. Zweite verbesserte und vermehrte Auflage. Leipzig.
Schopenhauer, Arthur (1862): *Parerga und Paralipomena. Kleine philosophische Schriften*. Zweite, verbesserte und beträchtlich vermehrte Auflage, aus dem handschriftlichen Nachlasse des Verfassers von Julius Frauenstädt (Hrsg.). 2 Bde. Berlin.
Schopenhauer, Arthur (1864): *Ueber die vierfache Wurzel des Satzes vom zureichenden Grunde. Eine philosophische Abhandlung*. Dritte, verbesserte und vermehrte Auflage. Julius Frauenstädt (Hrsg.). Leipzig.
Schreiber, Aloys (1818): „Friedrich Barbarossa und Konradin". In: *Wünschelruthe* 9, S. 36.
Schreiner, Klaus (1977): „Die Staufer in Sage, Legende und Prophetie". In: Württembergisches Landesmuseum Stuttgart (Hrsg.): *Die Zeit der Staufer. Geschichte – Kunst – Kultur*. Katalog der Ausstellung. Bd. 3. Stuttgart, S. 249–262.
Schubert, Franz (1897): *An die Musik. Gedicht von Fr. v. Schober*. Leipzig, S. (87) 1.
Schumacher, Meinolf (1993): „Ein ‚Geistliches Jahr' um 1500. Die Sonn- und Festtagsgedichte des Johann von Sœst". In: *Zeitschrift für deutsches Altertum und deutsche Literatur* 122, S. 425–452.

Schumacher, Meinolf (1998): „Annette von Droste-Hülshoff und die Tradition. Das ‚*Geistliche Jahr*' in literarhistorischer Sicht". In: Ernst Ribbat (Hrsg.): *Dialoge mit der Droste*. Paderborn u. a., S. 113–145.

Schumacher, Meinolf (2007a): „Perikope [Artikel]". In: Jan-Dirk Müller u. a. (Hrsg.): *Reallexikon der deutschen Literaturwissenschaft. Neubearbeitung des Reallexikons der deutschen Literaturgeschichte.* Bd. 3. Berlin, New York, S. 43–45.

Schumacher, Meinolf (2007b): „*Ein Wüstenherold für die Noth*. Zu Pragmatik und Aktualität von Annette von Droste-Hülshoffs *Geistlichem Jahr*." In: *Droste-Jahrbuch* 6, S. 105–122.

Schwab, Gustav (1828): *Gedichte*. Bd. 1. Stuttgart, Tübingen.

Schwab, Gustav (1838–1840): *Die schönsten Sagen des klassischen Alterthums. Nach seinen Dichtern und Erzählern*. 3 Bde. Stuttgart.

Schwab, Philipp (2019): „‚Rück- und vorsichtig lesen'. Nietzsches ‚aphoristische' Denkform". In: Ralph Häfner/Sebastian Kaufmann/Andreas Urs Sommer (Hrsg.): *Nietzsches Literaturen*. Berlin, Boston, S. 49–82.

Seibert, Jutta (1980): *Lexikon christlicher Kunst. Themen, Gestalten, Symbole*. In Verbindung mit der Lexikonredaktion des Verlages Herder erarbeitet. Freiburg i. Br.

Seidel, Robert (2018): „Editionsphilologie [Artikel]". In: Susanne Scholz/Ulrike Vedder (Hrsg.): *Handbuch Literatur & Materielle Kultur*. Berlin, Boston, S. 126–134.

Shakespeare, William (o. J.): „Julius Caesar". In: *The Handy-Volume Shakspeare* [sic]. Bd. 9. London, S. 1–93. (NPB, S. 552)

Sharma, Rohit (2006): *On the Seventh Solitude. Endless Becoming and Eternal Return in the Poetry of Friedrich Nietzsche*. Oxford.

Silcher, Friedrich/Erk, Friedrich (1859): *Allgemeines Deutsches Commersbuch*. Sehr verbesserte und im Einverständnisse mit den Wünschen der deutschen Studirenden herausgegebene vierte Auflage des seit 1843 in Leipzig erschienenen Commersbuchs „Deutsche Lieder mit ihren Melodien." Lahr, Leipzig.

Silcher, Friedrich/Erk, Friedrich (1882): *Allgemeines Deutsches Commersbuch*. 25. Auflage. Jubiläums-Ausgabe, vermehrt durch viele neue Lieder […]. Lahr.

Silesius, Angelus [Johannes Scheffler] (1675): *Cherubinischer Wandersmann oder Geistreiche Sinn- und Schluß-Reime. Von dem Urheber a*[*u*]*fs neue übersehn / und mit dem Sechsten Buche vermehrt / den Liebhabern der geheimen Theologie und beschaulichen Lebens zur Geistlichen Ergötzligkeit zum andernmahl herauß gegeben*. [2. Auflage.] Glatz.

Simek, Rudolf (2002): „Kugel oder Scheibe? Das Bild von der Erde im Mittelalter". In: *Spektrum der Wissenschaft Spezial* 2, S. 20–24.

Simrock, Karl (1848): *Das deutsche Kinderbuch. Altherkömmliche Reime, Lieder, Erzählungen, Uebungen, Räthsel und Scherze für Kinder*. Frankfurt a. M.

Simrock, Karl (1851): *Altdeutsches Lesebuch zum Gebrauch bei Vorlesungen. Mit einer mittelhochdeutschen Formlehre*. Bonn.

Simrock, Karl (1854): *Altdeutsches Lesebuch in neudeutscher Sprache*. Mit einer Uebersicht der Literaturgeschichte. Stuttgart, Tübingen.

Simrock, Karl (1856): *Heliand. Christi Leben und Lehre*. Nach dem Altsächsischen. Elberfeld.

Sommer, Andreas Urs (2000): „Vom Nutzen und Nachteil kritischer Quellenforschung. Einige Überlegungen zum Fall Nietzsches". In: *Nietzsche-Studien* 29, S. 302–316.

Sommer, Andres Urs (2013): „Kommentar zu Nietzsches *Der Antichrist. Ecce homo. Dionysos-Dithyramben. Nietzsche contra Wagner*". In: Heidelberger Akademie der Wissenschaften (Hrsg.): *Historischer und kritischer Kommentar zu Friedrich Nietzsches Werken*. Bd. 6/2. Berlin, Boston.

Sommer, Andres Urs (2016): „Kommentar zu Nietzsches *Jenseits von Gut und Böse*". In: Heidelberger Akademie der Wissenschaften (Hrsg.): *Historischer und kritischer Kommentar zu Friedrich Nietzsches Werken*. Bd. 5/1. Berlin, Boston.

Sommer, Andreas Urs (2019): „Textisten und Inhaltisten – oder: Was bleibt von Nietzsches Philosophie?" In: Ralph Häfner/Sebastian Kaufmann/Andreas Urs Sommer (Hrsg.): *Nietzsches Literaturen*. Berlin, Boston, S. 103–112.

Sophokles (1850): „Antigone". In: *Sophokles' Werke*. Griechisch mit metrischer Uebersetzung und prüfenden und erklärenden Anmerkungen von Johann Adam Hartung. Bd. 2. Leipzig.

Sophokles (1851): „Rasender Ajas". In: *Sophokles' Werke*. Griechisch mit metrischer Uebersetzung und prüfenden und erklärenden Anmerkungen von Johann Adam Hartung. Bd. 3. Leipzig.

Sophokles (1856): „Trachinierinnen. Griechisch und Deutsch mit kritisch-exegetischen Anmerkungen". In: Wilhelm Hamacher: *Studien zu Sophokles*. Bd. 3. Regensburg.

Spielhagen, Friedrich (1867): „Durch Nacht zum Licht. (Fortsetzung von: *Problematische Naturen*.) Roman". In: *Gesammelte Werke*. Neue, vom Verfasser veranstaltete, revidirte Ausgabe. (Mit dem Portrait des Verfassers.) Bde. 10–12. Berlin.

Stackmann, Karl (1994): „Neue Philologie?" In: Joachim Heinzle (Hrsg.): *Modernes Mittelalter. Neue Bilder einer populären Epoche*. Frankfurt a. M., Leipzig, S. 398–427.

Steck, Odil Hannes (1992): „Zion als Gelände und Gestalt. Überlegungen zur Wahrnehmung Jerusalems als Stadt und Frau im Alten Testament". In: *Gottesknecht und Zion. Gesammelte Aufsätze zu Deuterojesaja*. Tübingen, S. 126–145.

Steinmetz, Horst (Hrsg.) (1979): *Gotthold Ephraim Lessings „Minna von Barnhelm". Dokumente zur Rezeptions- und Interpretationsgeschichte*. Königstein.

Stopp, Elisabeth (1969): „Eichendorff's ‚Die Lerche, 2': A Textual Problem". In: *The Modern Language Review* 64. Nr. 4, S. 809–817.

Strabon (1831): *Erdbeschreibung in siebzehn Büchern*. Nach berichtigtem griechischen Texte unter Begleitung kritischer und erklärender Anmerkungen von Christoph Gottlieb Groskurd (Übers.). Bd. 2. Berlin, Stettin.

Strauch, Andreas (1993): „Die Predigt zur Jahreswende. Eindrücke und Folgerungen aus der jüngeren Predigtgeschichte". In: Peter Cornehl (Hrsg.): *„... in der Schar derer, die da feiern". Feste als Gegenstand praktisch-theologischer Reflexion*. Friedrich Wintzer zum 60. Geburtstag. Göttingen, S. 98–116.

Sueton (1841): *De viris illustribus libellus*. Ludwig Troß (Übers.). Hamm.

Tacitus (1796a): „Annalen". In: *Sämtliche Werke*. Uebersetzet von Carl Friedrich Bahrdt. Bd. 1. Wien, Prag, S. 5–342.

Tacitus (1796b): „Geschichtbücher [Bücher II–V]". In: *Sämtliche Werke*. Uebersetzet von Carl Friedrich Bahrdt. Bd. 3. Wien, Prag, S. 5–342.

Tacitus (1801): „Geschichtbücher. Erstes Buch". In: *Sämtliche Werke*. Üebersetzet von Carl Friedrich Bahrdt. Bd. 2. Zweyte Auflage. Wien, Prag, S. 348–444.

Tasso, Torquato (1800/1803): *Befreytes Jerusalem*. 2 Bde. Übersetzt von Johann Diederich Gries. Berlin.

Tasso, Torquato (1855): *Das befreite Jerusalem*. 2 Bde. Übersetzt von Johann Diederich Gries. 10. Auflage. Jena.

Tegnér, Esaias (1825): *Frithiofs saga*. Stockholm.

Tegnér, Esaias (1842a): *Frithiofsage*. Uebersetzt von Julius Minding. Berlin, Stralsund.

Tegnér, Esaias (1842b): *Frithjofs Sage*. Gottlieb Mohnike (Übers.). Leipzig.

Tegnér, Esaias (1859): *Frithjof-Sage*. Aus dem Schwedischen übertragen von Martin Anton Niendorf. Berlin.

Ter-Nedden, Gisbert (2016): *Der fremde Lessing. Eine Revision des dramatischen Werks*. Robert Vellusig (Hrsg.). Göttingen.

Thatcher, David S. (1974): „Nietzsche and Byron". In: *Nietzsche-Studien* 3, S. 130–151.

Thum, Bernd (1977): „Die sog. ‚Alterselegie' Walthers von der Vogelweide und die Krise des Landesausbaus im 13. Jahrhundert, unter besonderer Berücksichtigung des Donau-Raumes". In: Gert Kaiser (Hrsg.): *Literatur – Publikum – historischer Kontext*. Bern, Frankfurt a. M., Las Vegas, S. 205–239.

Thüring, Hubert (2008): „Der alte Text und das moderne Schreiben. Zur Genealogie von Nietzsches Lektüreweisen, Schreibprozessen und Denkmethoden". In: Friedrich Balke/Joseph Vogl/Benno Wagner (Hrsg.): *Für Alle und Keinen. Lektüre, Schrift und Leben bei Nietzsche und Kafka*. Zürich, Berlin, S. 121–147.

Uhland, Ludwig (1815): *Gedichte*. Stuttgart, Tübingen.

Uhland, Ludwig (1823): „Konradin. Bruchstück". In: Ludwig Neuffer (Hrsg.): *Taschenbuch auf das Jahr 1824*. Ulm, S. 129–145.

Vergil (1830): *Des Publius Virgilius Maro ländliche Gedichte*. Übersetzt und erklärt von Johann Heinrich Voss. 2. vermehrte Auflage. Abraham Voss (Hrsg.). Bd. 1. Altona.

Vergil (1834): *Publii Vergilii Maronis Aeneis*. Mit Erläuterungen den Gymnasialzwecken und besonders der Beförderung der Privatlectüre auf Gymnasien bestimmt von Carl Thiel. Bd. 1. Berlin.

Verweyen, Theodor/Witting, Gunther (2007a): „Parodie [Artikel]". In: Jan-Dirk Müller u. a. (Hrsg.): *Reallexikon der deutschen Literaturwissenschaft. Neubearbeitung des Reallexikons der deutschen Literaturgeschichte*. Bd. 3. Berlin, New York, S. 23–27.

Verweyen, Theodor/Witting, Gunther (2007b): „Kontrafaktur [Artikel]". In: Harald Fricke u. a. (Hrsg.): *Reallexikon der deutschen Literaturwissenschaft. Neubearbeitung des Reallexikons der deutschen Literaturgeschichte*. Bd. 2. Berlin, New York, S. 337–340.

Vettin, M. (Hrsg) (1933): *Pförtner Liederbuch. 50 Lieder für den Pförtner-Abend*. Berlin.

Vieregge, André (2008): *Nachtseiten. Die Literatur der Schwarzen Romantik*. Frankfurt a. M.

Villwock, Peter (2017): „Chronotopografie. Nietzsches Erkenntnislandschaftslyrik". In: Christian Benne/Claus Zittel (Hrsg.): *Nietzsche und die Lyrik. Ein Kompendium*. Stuttgart, S. 11–31.

Volkmann, Berndt (1987): *Owê war sint verswunden. Die ‚Elegie' Walthers von der Vogelweide. Untersuchungen, kritischer Text, Kommentar*. Göppingen.

Volz, Pia Daniela (1998): „‚Mein Träumen und mein Hoffen?' Narzißtische Traumstimmung und Traumdichtung beim jungen Nietzsche". In: *Nietzscheforschung* 5/6, S. 383–404.

von den Brincken, Anna-Dorothee (1992): *Fines Terrae. Die Enden der Welt und der vierte Kontinent auf mittelalterlichen Weltkarten*. Hannover.

Wagenknecht, Christian (2007): „Ballade [Artikel]". In: Klaus Weimar u. a. (Hrsg.): *Reallexikon der deutschen Literaturwissenschaft. Neubearbeitung des Reallexikons der deutschen Literaturgeschichte*. Bd. 1. Berlin, New York, S. 192–196.

Wagner-Egelhaaf, Martina (2013a): „Einleitung: Was ist Auto(r)fiktion?" In: Martina Wagner-Egelhaaf (Hrsg.): *Auto(r)fiktion. Literarische Verfahren der Selbstkonstruktion*. Bielefeld, S. 7–21.

Wagner-Egelhaaf, Martina (Hrsg.) (2013b): *Auto(r)fiktion. Literarische Verfahren der Selbstkonstruktion*. Bielefeld.

Weiß, Konrad (1938): *Konradin von Hohenstaufen. Ein Trauerspiel*. Leipzig.

Welter, Theodor Bernhard (1847): *Lehrbuch der Weltgeschichte für Gymnasien und höhere Bürgerschulen*. Bd. 2. Achte vermehrte und verbesserte Ausgabe. Münster.

Welz, Gisela (2001): „Die Inszenierung von Authentizität im Kulturbetrieb. Vom Forschungsproblem zum Forschungsgegenstand". In: Klara Löffler (Hrsg.): *Dazwischen. Zur Spezifik der Empirien in der Volkskunde*. Wien, S. 93–99.

Wenner, Milan (2017): „‚Nach neuen Meeren‘. Nietzsches Abenteurer-Lyrik im Kontext der *Fröhlichen Wissenschaft*“. in: Katharina Grätz/Sebastian Kaufmann (Hrsg.): *Nietzsche als Dichter. Lyrik – Poetologie – Rezeption*. Unter redaktioneller Mitarbeit von Armin Thomas Müller und Milan Wenner. Berlin, Boston, S. 121–152.
Wolf, Gunther (1997): „Prolegomena zur Erforschung der Heiligen Lanze“. In: Hans-Jürgen Becker (Hrsg.): *Die Rechskleinodien. Herrschaftszeichen des Heiligen Römischen Reiches*. Göppingen, S. 130–145.
Wolf, Jürgen (2004): *Die Moderne erfindet sich ihr Mittelalter – oder wie aus der ‚mittelalterlichen Erdkugel‘ eine ‚neuzeitliche Erdscheibe‘ wurde*. Stuttgart.
Wolfram, H. (1989): „Ermanarich. § 1. Historisches [Artikel]“. In: Johannes Hoops: *Reallexikon der Germanischen Altertumskunde*. Zweite, völlig neu bearbeitete und stark erweiterte Auflage. Heinrich Beck u. a. (Hrsg.). Bd. 7. Berlin, New York, S. 510–512.
Wollek, Christian (2010a): *Die lateinischen Texte des Schülers Nietzsche. Übersetzung und Kommentar*. Marburg.
Wollek, Christian (2010b): „Philologia abscondita – Die lateinischen Texte des Schülers Nietzsche“. In: *Nietzscheforschung* 17, S. 267–281.
Wünsch, Marianne (2007): „Erlebnislyrik [Artikel]“. In: Klaus Weimar u. a. (Hrsg.): *Reallexikon der deutschen Literaturwissenschaft. Neubearbeitung des Reallexikons der deutschen Literaturgeschichte*. Bd. 1. Berlin, New York, S. 498–500.
Wuthenow, Ralph-Rainer (1999): „Nachwort: Narr und Dichter – ist das alles?“ In: Friedrich Nietzsche: *Sämtliche Gedichte*. Mit einem Nachwort von Ralph-Rainer Wuthenow. Zürich, S. 225–244.
Zanucchi, Mario (2019): „Nietzsches Goethe-Konstruktionen“. In: Ralph Häfner/Sebastian Kaufmann/ Andreas Urs Sommer (Hrsg.): *Nietzsches Literaturen*. Berlin, Boston, S. 217–242.
Zeller, Hans (1998): „Die Faksimile-Ausgabe als Grundlagenedition für Philologie und Textgenetik“. In: Hans Zeller/Gunter Martens (Hrsg.): *Textgenetische Edition*. Tübingen, S. 80–100.
Zeller, Hans/Martens, Gunter (Hrsg.) (1998): *Textgenetische Edition*. Tübingen.
Ziemann, Rüdiger (1994a): „Abschiede. Zu zwei Jugendgedichten Nietzsches“. In: *Nietzscheforschung* 1, S. 181–190.
Ziemann, Rüdiger (1994b): „Das liebe ewge Leben. Zur Brentano-Lektüre des jungen Nietzsche“. In: *Nietzscheforschung* 1, S. 335–350.
Ziemann, Rüdiger (2011): „Die Gedichte [Artikel]“. In: Henning Ottmann (Hrsg.): *Nietzsche-Handbuch. Leben – Werk – Wirkung*. Sonderausgabe. Stuttgart, S. 150–156.

Register

Namenregister

https://doi.org/10.1515/9783111332017-009

Sachregister

www.ingramcontent.com/pod-product-compliance
Lightning Source LLC
LaVergne TN
LVHW010627300926
849162LV00001B/90